新世纪土木工程专业系列规划教材

基 础 工 程

（第 2 版）

石名磊　主编

龚维明　主审

东南大学出版社

·南京·

内 容 摘 要

　　本教材内容体系主要由勘察概要、基础设计和地基处理三部分组成。主要内容包括：基础工程概念与设计原则，地基勘察概要，单独扩大浅基础与连续浅基础，桩基与沉井深基础，地基处理，土工支挡和基坑支护等。本教材各章均附有习题，并附有大量的工程案例。

　　本教材为高等学校土木工程、道路工程、桥梁工程、岩土工程和港口工程等专业教学用书，可供相关专业师生学习和参考，也可作为相关技术人员及参加国家注册结构工程师（岩土）考试的参考用书。

图书在版编目(CIP)数据

基础工程 / 石名磊主编. —2 版. —南京：东南大学
出版社，2015.3(2021.2 重印)
　　ISBN 978-7-5641-3026-8

　　Ⅰ. ①基… Ⅱ. ①石… Ⅲ. ①基础(工程)—高等学
校—教材 Ⅳ. ①TU47

中国版本图书馆 CIP 数据核字(2014)第 023013 号

基础工程

出版发行	东南大学出版社
社　　址	南京市四牌楼 2 号　　邮编　210096
出版人	江建中
网　　址	http://www.seupress.com
电子邮箱	press@seupress.com
经　　销	全国各地新华书店
印　　刷	广东虎彩云印刷有限公司
开　　本	787mm×1092mm　1/16
印　　张	25.50
字　　数	620 千
版　　次	2015 年 3 月第 2 版
印　　次	2021 年 2 月第 4 次印刷
书　　号	ISBN 978-7-5641-3026-8
定　　价	56.00 元

新世纪土木工程专业系列规划教材编委会

序

东南大学是教育部直属重点高等学校,在 20 世纪 90 年代后期,作为主持单位开展了国家级"20 世纪土建类专业人才培养方案及教学内容体系改革的研究与实践"课题的研究,提出了由土木工程专业指导委员会采纳的"土木工程专业人才培养的知识结构和能力结构"的建议。在此基础上,根据土木工程专业指导委员会提出的"土木工程专业本科(四年制)培养方案",修订了土木工程专业教学计划,确立了新的课程体系,明确了教学内容,开展了教学实践,组织了教材编写。这一改革成果,获得了 2000 年教学成果国家级二等奖。

这套新世纪土木工程专业系列教材的编写和出版是教学改革的继续和深化,编写的宗旨是:根据土木工程专业知识结构中关于学科和专业基础知识、专业知识以及相邻学科知识的要求,实现课程体系的整体优化;拓宽专业口径,实现学科和专业基础课程的通用化;将专业课程作为一种载体,使学生获得工程训练和能力的培养。

新世纪土木工程专业系列教材具有下列特色:

1. 符合新世纪对土木工程专业的要求

土木工程专业毕业生应能在房屋建筑、隧道与地下建筑、公路与城市道路、铁道工程、交通工程、桥梁、矿山建筑等的设计、施工、管理、研究、教育、投资和开发部门从事技术或管理工作,这是新世纪对土木工程专业的要求。面对如此宽广的领域,只能从终身教育观念出发,把对学生未来发展起重要作用的基础知识作为优先选择的内容。因此,本系列的专业基础课教材,既打通了工程类各学科基础,又打通了力学、土木工程、交通运输工程、水利工程等大类学科基础,以基本原理为主,实现了通用化、综合化。例如工程结构设计原理教材,既整合了建筑结构和桥梁结构等内容,又将混凝土、钢、砌体等不同材料结构有机地综合在一起。

2. 专业课程教材分为建筑工程类、交通土建类、地下工程类三个系列

由于各校原有基础和条件的不同,按土木工程要求开设专业课程的困难较大。本系列专业课教材从实际出发,与设课群组相结合,将专业课程教材分为建筑工程类、交通土建类、地下工程类三个系列。每一系列包括有工程项目的规划、选型或选线设计、结构设计、施工、检测或试验等专业课系列,使自然科学、工程技术、管理、人文学科乃至艺术交叉综合,并强调了工程综合训练。不同课群组可以交叉选课。专业系列课程十分强调贯彻理论联系实际的教学原则,融知识和能力为一体,避免成为职业的界定,而主要成为能力培养的载体。

3. 教材内容具有现代性,用整合方法大力精减

对本系列教材的内容,本编委会特别要求不仅具有原理性、基础性,还要求具有现代性,纳入最新知识及发展趋向。例如,现代施工技术教材包括了当代最先进的施工技术。

在土木工程专业教学计划中,专业基础课(平台课)及专业课的学时较少。对此,除了少而精的方法外,本系列教材通过整合的方法有效地进行了精减。整合的面较宽,包括了土木工程各领域共性内容的整合,不同材料在结构、施工等教材中的整合,还包括课堂教学内容与实践环节的整合,可以认为其整合力度在国内是最大的。这样做,不只是为了精减学时,更主要的是可淡化细节了解,强化学习概念和综合思维,有助于知识与能力的协调发展。

4. 发挥东南大学的办学优势

东南大学原有的建筑工程、交通土建专业具有 80 年的历史,有一批国内外著名的专家、教授。他们一贯严谨治学,代代相传。按土木工程专业办学,有土木工程和交通运输工程两个一级学科博士点、土木工程学科博士后流动站及教育部重点实验室的支撑。近十年已编写出版教材及参考书 40 余本,其中 9 本教材获国家和部、省级奖,4 门课程列为江苏省一类优秀课程,5 本教材被列为全国推荐教材。在本系列教材编写过程中,实行了老中青相结合,老教师主要担任主审,有丰富教学经验的中青年教授、教学骨干担任主编,从而保证了原有优势的发挥,继承和发扬了东南大学原有的办学传统。

新世纪土木工程专业系列教材肩负着"教育要面向现代化,面向世界,面向未来"的重任。因此,为了出精品,一方面对整合力度大的教材坚持经过试用修改后出版,另一方面希望大家在积极选用本系列教材中,提出宝贵的意见和建议。

愿广大读者与我们一起把握时代的脉搏,使本系列教材不断充实、更新并适应形势的发展,为培养新世纪土木工程高级专门人才作出贡献。

最后,在这里特别指出,这套系列教材,在编写出版过程中,得到了其他高校教师的大力支持,还受到作为本系列教材顾问的专家、院士的指点。在此,我们向他们一并致以深深的谢意。同时,对东南大学出版社所作出的努力表示感谢。

中国工程院院士 吕志涛

再版前言

2002 年 2 月《基础工程》第一版出版,并列入《新世纪土木工程专业系列教材》。

本次再版,作者在第一版基础上,通过工程实践、教学践行和广泛调研,遵循高校土木工程专业培养方案,以国内现行建设系统国家标准为核心,相关建筑、公路和港口等规范与规程为依据,吸收了国内外成功实践经验和成熟设计理论,对教材内容进行了重新的整合、拓宽和更新;依托东南大学《长学制广义基础工程课程体系一体化构建》教改项目,针对东南大学土木工程、道桥工程、岩土工程和港口工程等多个专业课程设置特点,强化了基础工程设计原则与分析原理等基础内容,兼顾了建筑类、交通类和港口类本科专业或专业方向"基础工程"模块化本科教学需要;同时再版教材的内容更新与近年来相关规范重新修订紧密衔接,并适度反映了勘察、设计与施工领域的新理念与新方法。

教学实践中,各专业或专业方向的基础工程教学大纲的内容选择,可以基于交通土木大类的基本内容(主要包括:简单浅基础设计、常规桩基础设计和地基处理)为核心,合理选择不同专业或方向的选修内容,实现"基础工程"本科教学的基本知识体系统一与方向选修模块多样的有机统一。例如陆域基础工程(土木工程专业),可增加连续浅基础设计;而水域基础工程(桥梁工程专业或港口工程专业),则宜增加沉井基础。此外,授课内容教学深度,亦可针对不同专业和方向特点调整,例如近岸基础工程(港口工程),桩基础内容宜加强水平作用下桩基分析与设计;而陆域基础工程,则宜增加体现桩土共同作用最新发展成果的"减沉"疏桩基础设计新理念。

本教材重新修订,力求适应多专业或多方向本科专业教学的不同要求,适用培养国家注册结构(岩土)工程师备选人才。限于水平,难免存在未尽善之处,请广大师生和读者不吝指正,以便于进一步修订完善。

东南大学交通学院、土木学院的多个专业教研室相关教师组成编写组,负责全书的编写工作。上海理工大学环境与建筑学院、内蒙古大学交通学院相关教师参与了本教材编写。本教材由东南大学石名磊教授主编,东南大学龚维明教授主审。本教材主要内容包括:基础工程设计方法、工程地质勘察概述、地基处理、简单扩展浅基础、连续浅基础、桩基础、沉井基础、支挡结构和支护结构。具体编写人员分工如下:绪论、第一章(章定文),第二章(童立元),第三章(邵俐),第四章(季鹏),第五章(谢耀峰),第六章(丁建文),第七章(张宏)第八章(李仁民)。

本教材编写时间较紧,难免存在不足之处,希望读者在使用过程中多提宝贵意见,以使本教材日臻完善。本课程备有教学课件等资源,如有需要可与主编联系。联系方式:mingleish@163.com。

编　者

2015 年 1 月

目　　录

绪　论

0.1　地基及基础的概念

　　任何建（构）筑物都建造在一定的地层（土层或岩层）上，通常将直接承受建筑物基础荷载或受建筑基础荷载影响的地层称为地基。地基岩土体是自然界的产物，自然环境与生成过程复杂，导致其物质组成、物理力学性质与工程特性多变。因此，建筑物设计之前，必须进行岩土工程勘察（Geotechnical Investigation）。

　　从材料属性角度，天然地基与天然岩土完全相同，天然地基为承受建（构）筑物基础荷载影响的那部分岩土，是天然岩土的一部分。天然沉积土是地壳组成部分除岩层、海洋外的统称。天然沉积土为基础主要持力层且控制基础工程设计时，称为土质地基。土质地基处于地壳的表层，施工方便，基础工程造价较经济，是一般房屋建筑、中、小型桥梁与涵洞、水库与水坝等建筑（构）筑物基础设计经常选用的持力层。地基基础工程设计中，地基承载力分析是决定基础底面尺寸的主要控制节点之一。当岩层距地表很近，或构筑物基底荷载水平偏高、作用复杂，土质地基不能满足设计要求时，则宜选择岩石地基。一般情况下，岩基相对土质地基的力学性能优越许多，基本属于连续高强度介质。因此，当岩层埋深浅，施工方便时，岩石地基应是首选地基持力层。

　　相对基础上部荷载和基础自重，天然地基综合承载性能（强度、稳定与变形）良好，且可以满足设计要求时，未进行加固处理的地基称为天然地基；反之，当天然地基软弱且综合承载性能不能满足设计要求时，或基础沉降超过正常使用允许值时，或环境变化引起特殊土胀缩与软化时，或地震荷载作用时的液化地基承载力丧失时，天然沉积土地基无法满足设计要求，则必须通过置换、密实、排水、胶结和加筋等进行特殊加固与处理，人工处理改善后的地基，则称为人工地基（一般系指土质地基中的软土地基或特殊土地基处置）。

　　基础是将建（构）筑物承受的各种荷载扩散、传递至地基的下部结构或构件，参见图 0-1。基础一般应埋入地面下一定深度，进入较好的地层（持力层）。根据基础的埋置深度、施工工艺特点，可分为浅基础和深基础。基础埋置深度浅（$D \leqslant 5$ m），基础结构简单，只需采用常规坑槽开挖工艺、敞坑排水等简单施工程序就可建造的基础，称为浅基础。浅基础结构形式主要有简单扩展基础（如柱下单独基础、墙下条形基础和结构下独立基础）、联合基础、连续浅基础（如柱下条形基础、十字型基础、筏板基础和箱型基础）。基础埋置或穿越较深进入良好持力层，并需借助特殊施工方法建造时，称为深基础。深基础结构形式主要有桩基础、沉井基础和地下连续墙基础等。其中，桩基础（Pile Foundation）应用十分广泛，相对其他类型深基础，桩基施工和易性（水域、陆域）、设置灵活性（垂直、倾斜）与经济造价等优势明显,且桩基可与多种类型浅基础灵活配伍优化,形成桩台基础、桩筏基础和桩箱基础等多种组合基础形式。

技术层面上,基础结构类型选择主要取决于上部结构特征(例如变形敏感性)、荷载水平与作用性质,以及地基性质。例如单层厂房排架结构(变形不敏感结构),荷载较小、作用简单,且场址工程地质良好、土层分布简单时,排架柱下单独扩展基础自然成为首选方案;反之,高层结构荷载较重、作用复杂(存在地震、风荷载等水平作用),且对地下空间有特殊使用要求,则宜根据工程地质条件,采用连续基础、桩基础和桩筏、桩箱组合基础等形式;大型、大跨索结构桥梁主墩、主锚基础(抗拔作用),则视具体情况可以分别采用大型桩台基础和沉井基础。此外,当浅表层地基主要持力层软弱(强度不足)或地基刚度偏低(沉降偏大)时,路基等柔性建(构)筑物或基础自身刚度(油罐下独立基础等)偏高等,宜可采用地基处理方式形成人工地基。

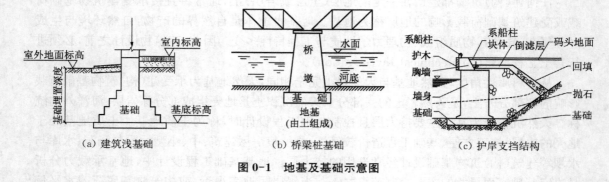

(a) 建筑浅基础   (b) 桥梁桩基础   (c) 护岸支挡结构

图 0-1　地基及基础示意图

地基与基础是建筑物的根基,广义上统称为基础工程(Foundation Enginering)。基础工程设计时,地基必须满足的两个基本条件:

(1) 作用于地基上的荷载不得超过地基承载能力,以保证地基具有足够抵抗承载力破坏的安全储备(地基强度);

(2) 地基沉降不得超过基础变形容许值,以保证建筑物不因地基变形而损坏或影响其正常使用(地基刚度)。

同时,特殊地质与地貌条件,或特殊荷载作用下,尚需考虑地基基础的稳定验算要求,例如水平荷载作用下的倾覆稳定、边坡上基础的整体滑动稳定等(整体稳定)。

基础工程设计在满足上述条件的同时,还应满足基础结构或构件结构设计要求,即基础结构(或构件)的强度、刚度与耐久性设计要求。

建(构)筑物荷载作用下,地基、基础和上部结构三部分彼此联系、相互制约。基础工程设计应根据工程地质勘察资料,综合考虑地基、基础与上部结构的相互作用以及施工条件,进行经济技术比较与环境影响分析,选取安全可靠、经济合理、技术先进、施工简便和环境安全的地基基础方案。

基础工程中地基勘察、基础设计和施工,将直接影响建筑物的安危、经济和正常使用。基础工程施工常在地下或水下进行,往往需要辅助以地下支护,截、降、排和止水等措施,施工难度大。在一般高层建筑中,其造价约占总造价的 25%,工期约占 25%~30%。若需采用深基础或人工地基,其造价和工期所占比例更大。此外,基础工程为隐蔽工程,一旦失事,损失巨大,基础托换补救技术复杂、造价高。因此,基础工程在土木工程中具有重要地位。

随着大型、重型、高层建筑和大跨径桥梁等建设项目的日益增多,在基础工程设计与施工方面积累了不少成功的经验和工程实例,也有不少失败的教训。例如1913年建造的加拿大特朗斯康谷仓,由 65 个圆柱形筒仓组成,高 31 m,宽 23.5 m,采用整体筏板基础。设计时未进行地基勘察,采用了毗邻建筑地基承载力参数 (352 kPa)。使用后,谷仓西侧突然陷入土中 8.8 m,东侧抬高 1.5 m,仓身整体倾斜 26°53′,参见图 0-2。事后(1952 年)工程勘察调查揭示,筏板基础下主要持力层为厚达 16 m 的黏土层,该土层地基极限承载力仅为 193.8～276.6 kPa,远小于筏板基底作用荷载(329.4 kPa),导致地基承载

图 0-2　加拿大特朗斯康谷仓地基破坏情况

力失稳破坏。由于谷仓筏板基础与上部结构的整体刚度良好,事故发生后筒仓结构完好无损,采用在筒仓筏板下增设 70 多个支承于基岩上的混凝土墩,并用 388 个 50 t 的千斤顶将其逐步纠偏,扶正后筏板基础标高相对原设计整体降低了 4 m。

上述表明,只有掌握完整地基工程勘察资料,深入认识地基岩土工程性状与分布特征,经过精心设计与施工,才能保证基础工程造价经济节约、技术先进合理,结构安全可靠。

0.2　基础工程发展概况

基础工程学是一门古老的工程技术和年轻的应用科学。远在古代人类就已创造了自己的地基基础工艺。如我国都江堰水利工程、举世闻名的万里长城、隋朝南北大运河、黄河大堤、赵州石拱桥以及许许多多遍及全国各地的宏伟壮丽的宫殿寺院、巍然挺立的高塔等等,都因奠基牢固,即使经历了无数次强震、强风仍安然无恙。又如秦代修筑驰道时采用的"隐以金椎"(《汉书》)路基压实方法,以及至今仍在使用的石灰桩,灰土、瓦渣垫层和水撼砂垫层等古有的传统地基处理方法。再如北宋初著名木工喻皓(公元 989 年)建造开封开宝寺木塔时,因当地多西北风而将建于饱和土上的塔身轴线向西北倾斜,以借长期风力作用而渐趋复正,克服建筑物地基不均匀沉降。我国木桩基础更是源远流长。如钱塘江南岸发现的河姆渡文化遗址中 7 000 年前打入沼泽地的木桩世所罕见;《水经注》记载的今山西汾水上三十墩柱木柱梁桥(公元前 532 年)、以及秦代的渭桥(公元前 221～公元 206 年,《三辅黄图》)等也都为木桩基础;再如郑州隋朝超化寺打入淤泥的塔基木桩(《法苑珠林》)、杭州湾五代大海塘工程木桩等都是我国古代桩基技术应用的典范。只因当时生产力发展水平所限,而未能提炼成技术与理论体系。

通过许多学者的不懈努力和经验积累,1925 年,美国太沙基(Terzaghi)在归纳发展已有成果的基础上,出版了第一本《土力学》(Erdbaumechanik)专著,较系统完整地论述了土力学与基础工程的基本理论和方法,促进了学科的高速发展。1936 年成立了国际土力学与基础工程学会,并举行了第一次国际学术会议,从此土力学与基础工程作为一门独立的现代学科而取得不断进展。许多国家和地区也都定期地开展各类学术活动,交流和总结本学科

新的研究成果和实践经验,出版各类土力学与基础工程刊物,有力地推动了本学科发展。

近年来,我国城市化进程和地下空间开发的需求,给我国基础工程技术提出了新的研究方向和课题。在同一大面积整体基础上建有多栋高层建筑或多层建筑的地基基础设计方法、基础变刚度调平设计方法;深大基础环境影响、回弹以及再压缩变形特征及计算方法;基础结构抗浮设计、桩基工程新技术、既有建筑地基基础的工作性状及工程应用方法;地铁交通枢纽工程的地基基础加固改造等技术方面,取得了丰硕成果,体现出我国基础工程技术的特点和技术先进性。此外,在基础耐久性问题、新材料、新工艺与新设备的使用,以及绿色施工技术的研发等新的发展方向上,我国也在积极开展前沿性探究性研究。在工程地质勘察技术、室内土工试验及原位测试技术;地基处理、新设备、新材料、新工艺的研究和应用方面,取得了很大的进展,近年来连续获得国家发明奖。随着电子技术及各种数值计算方法对各学科的逐步渗透,土力学与基础工程的各个领域都发生了深刻的变化,许多复杂的工程问题相应得到了解决,试验技术也日益提高。

在大量理论研究与实践经验积累的基础上,有关基础工程的各种设计与施工规范或规程等也相应问世或日臻完善,为我国基础工程设计与施工做到技术先进、经济合理、安全适用、确保质量提供了充分的理论与实践依据。

0.3　课程特点及学习要求

本课程是土木工程专业的一门主干专业课程,包括天然地基与基础工程,以及特殊土与人工地基、基坑支护工程和土工结构支挡等内容。本教材内容广泛,综合性和实践性强,主要介绍了基础工程的基本概念、设计原则、勘察要点、基础抗震、扩大浅基础、连续浅基础、桩基础、沉井基础、地基处理、土工支挡和基坑支护等。基础工程涉及工程地质学、土力学、结构设计、建筑材料等多门先修课程,且与材料力学、结构力学和弹性理论等基础课程有着密切的关系。本教材编写在涉及上述课程有关内容时,仅引述其条件和结论,学习时要求理解其本质意义、基本假设及适用条件,而不再过于注重公式的推导过程。必须指出,掌握上述先修课程的基本内容与原理,是学好本课程的基础。

我国地域辽阔,由于自然地理环境的不同,天然沉积岩土生成历史与赋存环境多样,分布着各种各样的土类。其中,某些土类(如湿陷性黄土、软土、膨胀土、红黏土、冻土以及山区地基等)作为地基具有其特殊性质,必须有针对性地采取适当的工程措施。同时,天然地基土层性质和分布特征也因地而异,且在较小范围内可能变化很大,使得基础工程中几乎找不到完全相同的实例,地基基础问题具有明显的区域性特征。因此,岩土工程勘探与测试分析成为正确揭示岩土分布,科学提取设计与施工计算参数指标,合理分析评价地基工程特性,科学设计基础工程的前提。因此,学习时应注意理论基础、试验研究与实践经验的综合,通过各个教学环节,紧密结合工程实践,提高理论认识和增强处理地基基础问题的实践能力。

基础工程的设计和施工必须遵循法定的规范、规程。而不同行业(建设部、交通部、铁道部等部门)又有不同的专门规范,尽管广义土木工程专业的应用基础知识相同或相近,但各规范针对各行业特点不尽相同。因此,本课程的学习涉及规范规程较多,建议在课堂教学阶段以大类的基础工程基本内容为核心,掌握一般基础工程设计和施工中的主要内容和基本方法;同时,应针对不同专业或方向及其课程体系设置的特点,合理组织教学内容,重视通识性国家标准掌握,且应在课程设计中,根据不同专业方向,使用相应行业规范,进行具体工程设计的综合实践训练。

综上所述,学习本课程时,应该重视工程地质的基本知识、培养阅读和使用工程地质勘察资料的能力;必须牢固地掌握土的应力、变形、强度和地基计算等土力学基本原理;熟练掌握基础工程设计原理与验算方法;结合有关建筑结构设计理论和施工知识;遵循法定的规范、规程,分析和解决地基基础问题。

思 考 题

0-1　简述地基与基础概念。

0-2　试述土质地基、岩石地基的优缺点。

0-3　试述浅基础、深基础概念与特点,简述选取原则。

0-4　试述基础工程设计中地基、基础必须满足的基本条件。

第1章　地基基础设计基础知识

建（构）筑物基础是连接上部结构与地基之间的过渡结构,其作用是将上部结构承受的各种荷载安全传递至地基,即确保地基承载力满足基础荷载作用要求、地基沉降满足建筑结构允许限值要求、特殊作用或特殊环境条件下地基基础整体稳定,以及基础结构设计要求。

1.1　设计原则

基础工程设计的主要任务包括地基承载力、地基变形和地基基础稳定性分析。同时,还包括基础结构内力分析、截面高度和配筋设计。

以国家标准《建筑地基基础设计规范》(GB 50007)为代表,地基基础工程设计采用了结构工程极限状态设计(Limit State Approach)方法,分别按承载能力极限状态(Ultimate Limit State)和正常使用极限状态(Serviceability Limit State)进行双控设计。当按承载能力极限状态设计时,根据材料和基础结构对作用的响应,可采用线性、非线性或塑性理论计算;当按正常使用极限状态设计时,可采用线性理论计算,必要时可采用非线性理论计算。两种极限状态分析的计算结果,均应满足地基基础的抗力与限值要求。

地基承载力、地基变形和地基基础稳定性分析等涉及岩土介质时(基底地基承载力、基桩承载力验算或桩数确定等),极限状态选择与相应荷载组合的规定具有特殊性。基础结构或构件(截面尺寸、配筋等)的设计,则与一般结构工程极限状态设计相同。

1.1.1　极限状态

结构设计的极限状态设计法,从结构的可靠度指标(或失效概率)来度量结构的可靠度,并且建立了结构可靠度与结构极限状态方程关系。这种设计方法就是以概率论为基础的极限状态设计法,简称概率极限状态设计法。该方法一般要已知基本变量的统计特性,然后根据预先规定的可靠度指标求出所需的结构构件抗力平均值,并选择截面。该方法能比较充分地考虑各有关影响因素的客观变异性,使所设计的结构比较符合预期的可靠度要求,并且在不同结构之间设计可靠度具有相对可比性。但是,对一般常见的结构使用这种方法设计工作量很大,且设计中有些参数统计资料不足,在一定程度上还要依赖经验确定各项参数。

整个结构或构件超过某一特定状态,就不能满足设计规定的某一功能要求。此特定状

态,称为该功能的极限状态。功能极限状态分为下列两类:

1. 承载能力极限状态

承载能力极限状态对应于结构或结构构件达到最大承载能力或不适于继续承载的变形或变位。当基础结构出现下列状态之一时,应认为超过了承载能力极限状态。

(1) 整个结构或结构的一部分作为刚体失去平衡(如倾覆等);

(2) 结构构件或连接因超过材料强度而破坏(包括疲劳破坏,或因过度塑性变形而不适于继续承载);

(3) 结构转变为机动体系;

(4) 结构或结构构件丧失稳定(如压屈等);

(5) 地基丧失承载能力而破坏(如失稳等)。

2. 正常使用极限状态

正常使用极限状态对应于结构或构件达到正常使用或耐久性能的某项规定限值。当结构、结构构件或地基基础出现下列状态之一时,应认为超过了正常使用极限状态。

(1) 影响正常使用或外观的变形;

(2) 影响正常使用或耐久性能的局部破坏(包括裂缝);

(3) 影响正常使用的振动;

(4) 影响正常使用的其他特定状态。

1.1.2　地基基础设计原则

由基础以上的建筑物功能要求,长期荷载作用下地基变形对上部结构的影响程度,地基基础设计和验算,应该满足以下设计原则:

(1) 各级建(构)物均应进行地基承载力分析,防止地基土体剪切破坏,对于经常受水平荷载作用的高层建筑、高耸结构和挡土墙以及斜坡上的建筑物,尚应验算基础稳定性;

(2) 应根据规定进行地基变形分析,控制地基的变形计算值不超过建(构)筑物地基变形特征值限制,以免影响建筑物使用、耐久性和外观;

(3) 基础结构或构件的尺寸,配筋、材料与构造应满足建筑物长期荷载作用下的强度、刚度和耐久性的要求。另外,应力求灾害荷载作用(地震、风载等)时,经济损失最小。

1.1.3　设计等级

按照现行国家标准《工程结构可靠性设计统一标准》(GB 50153)规定:土木工程结构设计时,应根据结构破坏可能产生的后果(危及人的生命、造成经济损失、产生社会影响等)的严重性,分别采用一级(很严重)、二级(严重)和三级(不严重)不同的安全等级。现行国家标准《建筑地基基础设计规范》(GB 5007)根据地基复杂程度、建筑物规模和功能特征以及由于地基问题可能造成建筑物破坏或影响正常使用的程度将地基基础设计分为甲级、乙级和丙级三个设计等级,参见表 1-1。

表 1-1　地基基础设计等级

设计等级	建筑和地基类型
甲级	重要的工业与民用建筑； 30 层以上的高层建筑； 体型复杂，层数相差超过 10 层的高低层连成一体建筑物； 大面积的多层地下建筑物(如地下车库、商场、运动场等)； 对地基变形有特殊要求的建筑物； 复杂地质条件下的坡上建筑物(包括高边坡)； 对原有工程影响较大的新建建筑物； 场地和地基条件复杂的一般建筑物； 位于复杂地质条件及软土地区的二层及二层以上地下室的基坑工程
乙级	除甲级、丙级以外的工业与民用建筑物
丙级	场地和地基条件简单、荷载分布均匀的七层及七层以下民用建筑及一般工业建筑；次要的轻型建筑物

地基基础设计均应满足承载力分析设计的有关规定，设计等级为甲级或乙级的建筑物均应按地基变形进行设计验算。等级为丙级的建筑物，需要时尚需进行基础稳定验算。

此外，对经常受水平荷载作用的高层建筑、高耸结构、挡土墙和基坑支护工程等，以及建造在斜坡上或边坡附近的建筑物和构筑物尚应验算其稳定性；当地下水埋藏较浅，建筑地下室或地下构筑物存在地下室上浮问题时，尚应进行抗浮稳定验算。

1.1.4　设计状况

在设计规定的期限内，结构或结构构件只需进行正常的维护便可按其预定的目的使用，而不需进行修理加固，这一规定设计期限即为结构的设计工作寿命，参见表 1-2。

表 1-2　设计使用年限分类

类别	设计工作寿命(年)	举例	可变荷载调整系数 γ_L
1	1～5	临时性结构	0.9
2	25	易于替换的结构构件	
3	50	普通房屋和一般建筑物	1.0
4	100 及以上	纪念性建筑及其他特殊重要建筑结构	1.1

地基基础设计工作寿命不小于其承载上部结构的设计工作寿命。根据地基基础设计等级、设计工作寿命等，首先应根据结构在施工中和使用中的环境条件及影响，区分下列三种设计状况：

(1) 持久状况：在结构使用过程中一定出现，其持续期很长的状况。持续期一般与设计工作寿命为同一数量级。

(2) 短暂状况：在结构施工和使用过程中出现概率较大，而与设计工作寿命相比，持续期很短的状况，如施工和维修等。

(3) 偶然状况：在结构使用过程中出现概率很小，且持续期很短的状况，如火灾、爆炸或撞击等。

对应上述三种设计状况，工程结构均应进行承载能力极限状态设计。其中，对持久状况，尚应进行正常使用极限状态设计；对短暂状况，可根据需要进行正常使用极限状态设计；

对偶然状况,可不进行正常使用极限状态设计。结构设计中,各种极限状态应采用相应的最不利荷载组合,参见表1-3。

表 1-3　设计状况与荷载组合

设计状况	极限状态			
	承载力		正常使用	
	设计	荷载组合	设计	最不利荷载组合
持久状况	必须	基本组合	必须	永久性损坏:标准组合
短暂状况	必须	基本组合	可	局部损坏或大变形或短暂振动:频遇组合
偶然状况	必须	偶然组合	可不	长期效应控制:准永久组合

1.1.5　荷载作用效应

1. 荷载传递

一般建筑物结构设计时(或称常规设计),将上部结构、基础与地基三者分开独立进行。建筑结构中,以平面框架柱下条形基础的结构分析为例:①分析时首先求解荷载作用下底层框架柱内力(包括轴力、剪力和弯矩),将该柱脚内力作为基础结构顶面外荷载;②假设基底反力直线分布,按静力平衡条件分析计算基底反力;③考虑基础顶面外荷载与基础自重(标准组合),可得基础结构基底(总)反力,反向施加于地基,作为地基外荷载,验算地基承载力;基底反力扣除基底面自重应力得到基底附加反力(准永久荷载)可用于求解地基的内力与变形,验算基础沉降;④不考虑基础自重时的基底净反力(基本组合),可求解基础内力,进行基础结构截面、配筋设计;基底净反力(标准组合)可用于基础结构或构件裂缝验算等,参见图1-1。

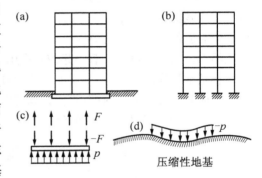

图 1-1　地基、基础、上部结构分析简图

桥梁结构中,可根据上部结构类型与墩台顶约束条件,确定墩台顶的荷载作用;再根据墩台底与基础连接约束特征,由墩台顶的荷载与自重确定墩台底内力;将该内力施加于基础顶面作为基础上部荷载,再按上述②～④步骤进行分析设计。

显然,在上述常规设计中,基础荷载作用效应隔离体静力平衡分析方法,满足静力平衡条件,完全忽略了地基、基础与上部结构三者间受荷前后的变形连续性——位移协调性。事实上,地基、基础和上部结构三者是按各自的刚度对变形产生相互制约的作用,相互联系成整体来承担荷载而发生变形的。当地基软弱或不均匀、结构与基础联合刚度偏低或荷载变化较大时等情况,上述常规设计作用效应分析结果与实际情况的差别较大。

2. 荷载组合

基础结构或构件的内力计算是根据基础顶面作用荷载,基础底面土体净反力,运用静力学与结构力学的方法求解得到。荷载组合要考虑多种荷载同时作用在基础顶面,分别按承载力极限状态和正常使用状态进行组合,并取各自的最不利组合。

1) 基本组合

表 1-4 房屋建筑的结构重要性系数 γ_0

结构重要性系数	对持久设计状况和短暂设计状况			对偶然设计状况和地震设计状况
	安全等级			
	一级	二级	三级	
γ_0	1.1	1.0	0.9	1.0

对于承载力极限状态,根据一级、二级和三级不同的结构安全等级分别选取结构重要性系数 γ_0(基础工程 γ_0 不应小于 1.0),按下列表达式进行设计验算:

$$\gamma_0 S_d \leqslant R_s \tag{1-1}$$

式中　R_s——结构构件的抗力设计值;

　　　S_d——荷载效应组合的设计值,取下列两类组合值中的不利值。

在极限状态设计表达式中,荷载是以代表值的形式出现。荷载效应与荷载水平呈线性关系时,荷载组合以控制节点对应各作用效应累加方式表达。例如,某构件控制截面上作用效应分别由 m 项永久荷载标准值和 n 项可变荷载标准值产生,则各项永久荷载标准值在该断面产生的作用效应值为 $S_{Gjk}(j=1,2,\cdots,m)$,即永久荷载一般以标准值作为其代表值。可变荷载标准值对应作用效应值为 $S_{Qik}(i=1,2,\cdots,n)$,当可变荷载效应控制的荷载组合时,$i=1$ 时对应的 S_{Q1k} 为 n 项可变荷载中起控制作用的主导可变荷载效应值,以标准值作为其代表值(可变荷载基本代表值),其他 $n-1$ 项为伴随可变荷载,且以组合值 $\psi_{ci}S_{Qik}(i\neq1)$ 作为其代表值;当永久荷载效应控制的荷载组合时,以组合值 $\psi_{ci}S_{Qik}$ 作为其代表值。根据上述规定可得:

由可变荷载效应控制的组合为

$$S_d = \sum_{j=1}^{m}\gamma_{Gj}S_{Gjk} + \gamma_{Q1}\gamma_{L1}S_{Q1k} + \sum_{i=2}^{n}\gamma_{Qi}\gamma_{Li}\psi_{ci}S_{Qik} \tag{1-2}$$

由永久荷载效应控制的组合为

$$S_d = \sum_{j=1}^{m}\gamma_{Gj}S_{Gjk} + \sum_{i=1}^{n}\gamma_{Qi}\gamma_{Li}\psi_{ci}S_{Qik} \tag{1-3}$$

式中　γ_{Gj}、γ_{Qi}——分别为第 j 个永久荷载标准值产生的荷载效应分项修正系数和第 i 个可变荷载标准值产生的荷载效应修正系数,一般取值参见表 1-5;

　　　γ_{Li}——第 i 个可变荷载的设计使用年限修正系数,参见表 1-2;

　　　ψ_{ci}——第 i 个可变荷载组合系数,考虑了多个可变荷载出现概率折减。

表 1-5 荷载分项修正系数取值

永久荷载 γ_{Gj}			可变荷载 γ_{Qi}
可变荷载控制	永久荷载控制	有利作用时	
1.2	1.35	1.0	1.3

2) 标准组合、频遇组合和准永久组合

对于正常使用极限状态,荷载效应组合的设计值仍为 S_d,设计验算采用下列表达式:

$$S_d \leqslant C \qquad (1-4)$$

式中　C——结构构件达到正常使用要求的规定限制。

荷载效应组合的设计值 S_d 分别按标准组合、频遇组合和准永久组合。永久荷载采用标准值 S_{Gjk} 作为其代表值。标准组合中,主导可变荷载效应采用标准值 S_{Q1k} 为代表值,伴随可变荷载仍采用组合值 $\psi_{ci}S_{Qik}$ 为代表值。频遇组合时,主导可变荷载效应采用频遇值 $\psi_{fi}S_{Qik}$ 为代表值,伴随可变荷载采用准永久值 $\psi_{qi}S_{Qik}$ 为代表值。准永久组合时,可变荷载作用效应代表值为准永久值 $\psi_{qi}S_{Qik}$。其中,系数 ψ_{fi} 和 ψ_{qi} 分别为频遇值系数和准永久值系数。

标准组合
$$S_d = \sum_{j=1}^{m} S_{Gjk} + S_{Q1k} + \sum_{i=2}^{n} \psi_{ci}S_{Qik} \qquad (1-5)$$

频遇组合
$$S_d = \sum_{j=1}^{m} S_{Gjk} + \psi_{f1}S_{Q1k} + \sum_{i=2}^{n} \psi_{qi}S_{Qik} \qquad (1-6)$$

准永久组合
$$S_d = \sum_{j=1}^{m} S_{Gjk} + \sum_{i=2}^{n} \psi_{qi}S_{Qik} \qquad (1-7)$$

综上所述,根据表 1-5 规定可以看出,对由永久荷载效应控制的基本组合设计值 S_d,可采用简化规则,按标准组合设计值 S 乘以 1.35 确定。工程实践中,可将表达式(1-5)标准组合设计值 S_d 改写成 S_k,则由永久荷载效应控制的基本组合设计值 S_d 可简化为:

$$S_d = 1.35S_k \qquad (1-8)$$

如上所示,荷载作用标准值是作用的基本代表值,可根据作用在设计基准期内最大值概率分布的某一分位值确定(包括期望值)。永久作用的标准值中,结构自重可按结构构件的设计尺寸与材料的重力密度计算确定。可变作用的标准值可按现行《建筑结构荷载规范》(GB 5009)、《公路桥涵设计通用规范》(JTG D60)等有关章节中的规定采用,当其乘以频遇值系数 ψ_1 或准永久值系数 ψ_2 时,即可转变为相应的作用频遇值或作用准永久值。偶然作用应根据调查、试验资料,结合工程经验确定其标准值。对于可变作用,作用准永久值实际上是考虑可变作用施加的时间间歇性和分布不均匀性的一种折减,可根据在足够长观测期内作用任意时点概率分布的 0.5(或略高于 0.5)分位值确定;作用频遇值可根据在足够长观测期内作用任意时点概率分布的 0.95 分位值确定。

基础顶面作用的荷载来源于上部结构的力学解答,例如上部底层框架柱、排架柱的柱端轴力、剪力、弯矩值,或墙体底部的轴力、弯矩值等。这些数值的取值应根据最不利条件选取。例如偏心受压柱的柱端内力值有四种组合:

(1) $+M_{max}$ 及相应的 N、V;
(2) $-M_{max}$ 及相应的 N、V;
(3) N_{max} 及相应的 M、V;
(4) N_{min} 及相应的 M、V。

以上四种状况均可以传递至基础顶面,加上基础自重则可得基底反力,并反作用于地基持力层。例如,在确定基础底面尺寸时应以永久荷载为主,即采用第三种情况初步确定基底尺寸;而第一、二种情况也会发生,必须应用这两种情况求解基底最大压力值验算地基承载力与偏心稳定,验算初步确定的基础底面尺寸是否合理。当计算基础沉降变形时,不计风荷载和地震作用,且应扣除基底上土层自重,即采用附加反力计算地基沉降值。

相对上述一般结构设计中的两种极限状态分析及其荷载组合,地基基础设计极限状态选择及其相应荷载组合、抗力与限值确定等,不尽相同,参见表 1-6。

表 1-6　荷载效应最不利组合与相应的抗力限值

验算内容	极限状态	荷载组合	抗力限值	主要用途
地基承载力	承载力极限状态	标准组合	地基承载力特征值 基桩承载力特征值	基础底面积 基础底埋深 基桩数量
地基变形	使用极限状态	准永久组合 不考虑地震、风荷载	基础沉降特征值容许值	基础沉降
基础承载力	承载力极限状态	基本组合	结构或构件强度设计值	基础截面、配筋
基础抗裂	使用极限状态	标准组合	基础容许裂缝宽度	基础耐久性
地基基础稳定	承载力极限状态	基本组合 分项系数均为 1.0	安全系数	挡土墙稳定 坡体基础稳定 高耸结构基础稳定 水下基础抗浮稳定

地基承载力验算是典型的强度问题,但地基承载力分析中采用承载力极限状态设计时,按地基承载力确定基底面积或埋深、按单桩承载力确定桩数等情况,传于基础或承台顶面荷载效应组合取标准组合设计值 S_k,相应抗力则采用地基承载力特征值 f_a 或单桩承载力特征值 R_a。地基变形验算属于正常使用极限状态设计,但由于地基变形主要是土层固结压缩,需要延续很长时间,不应计入风荷载和地震作用,传至基底的荷载效应按准永久组合设计值,相应的限值应为不同上部结构对应的地基变形特征值的允许值。特殊结构或环境条件,例如护岸结构基础、斜坡上地基基础等,需按承载能力极限状态进行滑坡推力稳定验算,对应的荷载效应为基本组合设计值,但荷载分项系数均为 1.0,即实际的荷载还是取的标准值。

基础结构或构件的结构设计与一般结构设计相同,并采用表 1-5 规定的荷载分项系数。必须指出,基础工程中同一作用在不同验算时取值不尽相同,且不完全对应于相应的极限状态。例如,桩台基础承台自重,当用于基桩承载力验算或承台下桩数确定时,承台自重取标准值 G_k;当进行基桩构件截面偏心压屈验算时,承台自重取基本组合设计值,准永久组合时为 $G_d = 1.35G_k$。

3. 墩台荷载

桥涵墩台传至基础顶面荷载作用有多种,例如结构自重、汽车荷载和地震作用,在结构使用期间,三者在量值变化幅度、持续时间长短、出现概率大小上存在很大的差异。因此,从设计的安全性和经济性出发,有必要对各种作用进行分类,并针对不同设计目的采用不同的计算量值,即作用代表值。在现行《公路桥涵设计通用规范》(JTG D60)中,将公路桥涵设计采用的作用分为永久作用(如结构自重)、可变作用(汽车荷载)和偶然作用(地震作用)三类。

结构的自重、预加力等永久作用可以视为不随时间变化的荷载。汽车荷载、人群荷载、风荷载、流水压力等可变作用则随时间变化。可变作用均应看成随机变量,但其概率分布规律各不一样,应分别选用合适的概率模型进行统计分析,选取作用的代表值。《公路桥涵设计通用规范》(JTG D60)中作用代表值有多种,包括作用标准值、准永久值和频遇值,工程设计中选取见表 1-7。

表 1-7　作用代表值

作用分类	作用代表值取用
永久作用	ULT——作用标准值
可变作用	SLT——作用标准值(弹性阶段结构强度分析)
	SLT——作用频遇值(Short-Term)
	SLT——作用准永久值(Long-Term)
偶然作用	作用标准值

《公路桥涵设计通用规范》(JTG D60)规定,承载力极限状态时,采用作用效应的基本组合和偶然组合;正常使用极限状态时,采用短期效应组合和长期效应组合。偶然组合表达式如下:

$$\gamma_0 S_d = \gamma_0 \left(\sum_{j=1}^{m} \gamma_{Gj} S_{Gjk} + \gamma_a S_a + \psi_{11} S_{Q1k} + \sum_{i=2}^{n} \psi_{2i} S_{Qik} \right) \tag{1-9}$$

式中　S_a、γ_a——分别为偶然荷载标准值与分项修正系数;

ψ_1、ψ_2——分别为频遇值系数和准永久值系数。

其他组合与系数取值等详见《公路桥涵设计通用规范》(JTG D60),桥涵基本组合类似于上述可变荷载控制的表达式(1-2),短期效应组合类似于式(1-6)的频遇组合,长期效应组合则类似于式(1-7)准永久性组合。

桥涵地基基础设计中,地基竖向承载力验算时,传至基(承台)底的作用效应按正常使用极限状态的短期效应组合(频遇系数 $\psi_1 = 1.0$);同时考虑偶然组合(不含地震作用,且重要性系数 γ_0 和分项修正系数 γ_G 均为 1.0)。基础沉降验算时,传至基(承台)底的作用效应按正常使用极限状态的长期效应组合,即直接施加于结构上的永久作用标准值和可变作用(汽车、人群)准永久值。因此,桥涵地基基础设计时,应视验算目标与验算项目的不同,以各种作用代表值为基础进行多种作用效应组合,进而形成各种验算工况,确保桥梁结构的安全与经济。

1.1.6　地基勘察资料

基础结构是以其下部的地基作为依托,基础工程设计包括基础结构设计验算和地基承载力、变形(沉降)和稳定的验算。因此地基勘察资料成为基础工程设计必备的基础资料之一。

其中甲级建筑物应提供载荷试验指标、抗剪强度指标、变形参数指标、原位触探资料和原位载荷试验资料;乙级建筑物应提供抗剪强度指标、变形参数指标和原位触探资料;丙级建筑物应提供原位触探及必要的钻探和土工试验资料。目前,地基与基础承载能力的可靠评价与指标提取,大部分来源是静载荷试验。即使在计算机技术和数值分析技术充分发展和广泛应用的今天,仍是如此。因此,对于重要建筑(设计等级为甲级)的地基基础工程设计,必须具备地基或单桩的静载荷试验资料。

1.2　共同工作基本原理

1.2.1　共同工作基本概念

砌体结构的多层房屋由于地基不均匀沉降而产生开裂,参见图 1-2。上部结构对基础不均匀沉降或挠曲变形的抵抗能力,称为上部结构的刚度。上部结构整个承重体系对基础的不均匀沉降有很大的顺从性,称为柔性结构,如排架结构。对基础不均匀沉降反应较强烈的砖石砌体承重结构和钢筋混凝土框架结构,称为敏感结构。水塔、高炉和高层核心筒等上、下结构浑然一体,整个结构体系刚度很大的结构,称为刚性结构。上部结构的刚度不同,在地基发生变形时,承重体系对不均匀沉降顺从反应不同。因此,基础结构内力与变形求解时,往往要考虑地基与基础的相互作用和基础与上部结构(刚度)的变形协调。

图 1-2 不均匀沉降引起砌体开裂

相对常规设计不考虑地基与基础相互作用、基础与上部结构变形协调,亦可称为"刚性设计";相对而言基于相互作用与变形协调分析的设计方法可以称为"合理设计"。"合理设计"方法进行整体的相互作用分析是相当复杂的,不但要建立能正确反映结构刚度影响的分析理论和便于借助计算机分析的有效计算方法,而且还要研究选用能合理反映土变形特征的地基计算模型及其合理模型参数。因此,"合理设计"目前处于研究阶段,一般基础设计仍然采用常规设计方法。尽管如此,掌握地基、基础与上部结构相互作用的基本概念,将有助于了解各类基础的性能、正确选择地基基础方案、评价常规分析与实际工程之间的可能差异及结构措施设计的补偿原理;有助于理解影响地基特征变形允许值的因素和采取防止不均匀沉降损害的措施等有关问题。

1.2.2 地基基础相互作用

1. 刚性基础"架越作用"

基础刚度不同对地基变形的顺从性差别较大,基底压反力的分布规律不尽相同。对于均布荷载作用的柔性基础,基础的挠度曲线为中部大、边缘小,见图 1-3(a)。柔性基础只有增大边缘处的变形值,即增大边缘荷载作用水平;减小中部的变形值,即降低中部荷载作用水平,才可能达到沉降后基础底面保持平面(等沉面)。根据地基与基础接触面的变形协调方程,按弹性半空间理论(不考虑土体局部屈服)求得的基底反力,参见图 1-3(b)。因此,基础挠曲变形与基底反力分布形式息息相关。地基沉降后基础底面仍保持平面(偏心时为倾斜平面),此类基础称为刚性基础,参见图 1-3(a)。刚性基础的基底位移边界条件与图 1-3(b)柔性基础的相同,因此必然形成跨越基底中部,将荷载相对集中地传至基底边缘的架越作用。但是,由于基础的架越作用使得基底边缘处基底反力值应趋于无限大,但实际数值不可能超过地基土体的强度,因而势必引起基底边角局部区域塑性区开展而发生的反力重分布特征。因此,刚性基础基底架越作用与局部塑性区开展应力重分布两者综合,形成基底反力马鞍形分布特征,参见图 1-3(b)。基底反力分布的现场原位测试,揭示了基底反力的分布图为马鞍形特征,并统称为基底反力分布的架越作用。

如上所述,随着荷载的增加,基础的架越作用以及由于土中塑性区的开展而发生基底反力重分布这两方面的综合影响下,基底反力的分布规律变得更加复杂了。基底边缘处土体的剪应力增大与其抗剪强度达到极限平衡时,土体中产生塑性区且塑性区逐渐增大,塑性区

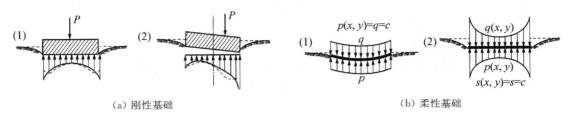

（a）刚性基础　　　　　　　　　　　（b）柔性基础

图 1-3　基础基底反力和沉降关系

发展的范围与荷载大小、地基土的抗剪强度、基础埋深(侧边超载)以及基底尺寸等因素有关。随着基底边缘塑性区逐渐开展并退出工作,继续增加的荷载必然由基底中部反力的增大来平衡,因而基底反力分布将由低作用水平的马鞍形逐渐变为抛物线形,而地基土体接近整体破坏(高应力水平)时,将呈现钟形分布。

2. 基础相对刚度影响

基础架越作用的强弱取决于基础与地基的相对刚度(地基压缩性)以及基底反力应力水平(塑性区大小)。基底作用水平相对较低时,黏性土地基上基础刚度相对刚度较高时,地基土中塑性区范围相对较小时,则基础的架越作用显著。随着荷载作用水平的提高或地基较软时,基底边缘塑性区扩大,基底反力逐渐趋于均匀,甚至出现抛物型或吊钟型更加接近破坏的基底反力分布特征。刚性基础基底反力的分布,只与基础顶面荷载合力的大小和作用点位置有关,而与顶面荷载分布情况无关。随着基础刚度相对地基刚度的降低,基底反力架越作用减弱,且基底反力与基础顶面分布荷载对应的关联性增加,参见图 1-4。位于岩石或压缩性很低的地基上抗弯刚度相对很小的基础,其架越作用甚微,基础上的集中荷载直接传播到靠近荷载作用点附近的窄小面积内,参见图 1-4(c)。当荷载合力偏心较大时,与偏心相反一侧的基底,刚性基础可能与地基脱离接触,参见图 1-5(a)。此时,基础荷载与基底反力二者的分布有着明显的一致性,因而基础的弯拉内力相对很小。相对柔性基础在远离集中荷载作用点的基底更容易出现与地基脱开的现象,且基底反力主要分布在荷载作用点附近的窄小面积内,参见图 1-5(b)。

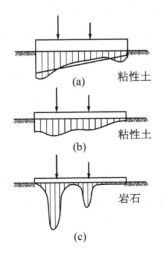

图 1-4　基础与地基相对刚度

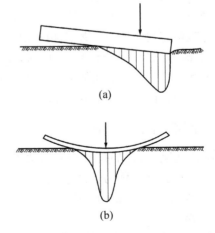

图 1-5　基础与地基脱离接触

总之,基础相对地基刚度愈高,荷载作用水平相对愈低,基底应力分布的架越作用愈强,且基础顶面荷载分布情况影响相对愈小。

3. 地基非均质性影响

地基土层分布的变化和非均质性对基础挠曲和内力的影响可能很大,而应给予足够的重视。地基压缩性不均匀的两种相反情况,参见图 1-6。

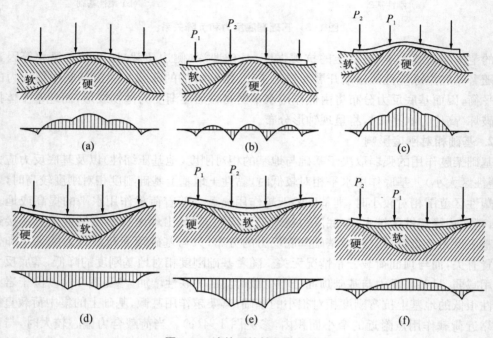

图 1-6 地基压缩性与荷载分布

可以看出,两类地基上基础的柱荷载分布相同时,其挠曲情况和弯矩图截然不同。此时,如增大基础刚度以调整不均匀沉降,则二者弯矩图的差别将更加突出。基于基础内力大小,柱荷载大小分布特征与两种典型不均匀地基间协配优劣,读者可自行判断。

此外,常规设计假设基底反力为简单直线分布模型,然后根据作用于基础上的荷载与基底反力的静力平衡条件计算基础任意截面的弯矩和剪力。因为这一分析过程是静定的,所以又可称为"静定分析法"。当基础相对地基刚度较大时,才可能忽略基础顶面荷载分布特征,当同时忽略基底反力分布架越效应时,就可以简单采用基底反力线性分布模式的常规设计方法。因此,只有当基础的刚度相对很大,地基相对较软时才比较符合实际,所以常规设计又称为"刚性设计"(Rigid Design)。

1.2.3 上部结构刚度影响

上部结构的刚度,指的是整个上部结构对基础不均匀沉降或挠曲的抵抗能力;上部结构与基础系统的联合刚度称为整体刚度。根据上部结构刚度,可将建(构)筑物结构分为柔性结构、敏感性结构和刚性结构三类。

1. 柔性结构

以屋架、柱与基础为承重体系的木结构或排架结构等是典型的柔性结构。其中,典型的二跨对称排架结构,参见图1-7。

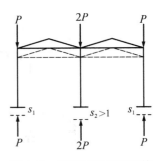

可以看出,二跨对称排架结构的三个柱基的条件相同,由于屋架铰接于柱顶,整个承重体系对基础的不均匀沉降有很大的顺从性,故在图示柱顶荷载作用下发生的柱基沉降差不会引起主体结构的附加应力(次应力),传给基础的柱荷载也不因此而有所变动。由此可见,一般静定结构与地基变形之间并不存在彼此制约、相互作用的关系,均可以划为柔性结构一类。相对而言,这类上部结构基础设计也最适合采用常规方法设计方法。

图1-7 二跨对称排架结构

实际上,高压缩性地基上的排架结构也会因柱基不均匀沉降而出现围护结构(当与主体结构有超静定冗余约束时)的开裂损坏、以及其他结构上和使用功能上的问题。因此,对这类结构的地基差异变形虽然限制较宽,但仍然不允许基础出现过量的沉降或差异沉降。

2. 敏感性结构

工程实践中,常见的砖石砌体承重结构和钢筋混凝土框架结构,对基础不均匀沉降的响应十分敏感,可称之为敏感性结构。

一般房屋墙砌体的长高比(L/H)比普通梁构件要小很多,都具有相当高的平面内抗弯刚度。如果将整个墙体视为地基上的"深梁",整体作为"基础",并设想顶面作用均布荷载发生纵向挠曲,此时由于架越作用,墙下基底反力将呈与基础上荷载分布不一致的马鞍型基底反力分布,使墙身产生上述柔性基础所没有的基础次应力。由于一般砌体的抗拉、抗剪强度都很低,墙身往往因此出现裂缝。随着长高比的降低,刚度提高后增强的架越作用虽然还会使砌体结构的总内力有所提高,但次应力随着墙身增高后的作用水平相对降低,这就是软土地基上体型简单的五、六层以上砌体结构房屋损坏率反而相对较低的主要原因。

框架结构各构件间刚性联结,使之在调整地基不均匀沉降的同时,也引起了结构构件中的次应力,参见图1-8。按柱分离配置的扩展基础上的框架结构,在按其整体刚度的强弱对基础不均匀沉降进行调整的同时,也使中柱一部分荷载向边柱转移,且基础转动、梁柱挠曲,结构构件出现次应力,严重时可以导致结构的损坏,参见图1-8(a)。事实上,由于框架结构配筋设计使其抗弯拉能力提高,结构刚度增强引起的次应力与其结构强度之间的矛盾不再像无筋砌体那样突出。这就是软土地基框架结构房屋的损坏率比砌体结构房屋低的缘故。框架的柱下扩展基础一般按常规设计,柱基的沉降差如超过一定的允许值,在某种程度可先通过基础尺寸的调整,即基础上荷载分布与基础变形的协配加以解决。

典型的三柱共用条形基础,参见图1-8(b)。条形基础的整体抗弯刚度,加强了框架结构调整各柱不均匀沉降的能力,并使框架的变形和次应力都得到改善。这时,条形基础的挠曲、基底反力以及弯矩分布图就不仅与地基的变形特性有关,且同时受到框架刚度的制约。由于地基、基础与框架三者相互作用,基础刚度降低了中柱荷载向边柱转移(相对单独基础),同时框架边柱柱脚弯矩减少基础正向挠曲的力矩增量,使柱间基础的弯矩图上移,从而减少了基础的正弯矩(图中虚线为未考虑框架刚度影响时的基础弯矩图)。

典型压缩性地基上对称多层框架结构,参见图1-8(c)。框架整体刚度和传至基础的柱荷载都随层数而增加。在地基沉降和基础挠曲都相应增加的同时,框架与条形基础双方都将发挥与其刚度相适应的作用,共同参与调整地基的不均匀沉降。此时,基础分担内力的比

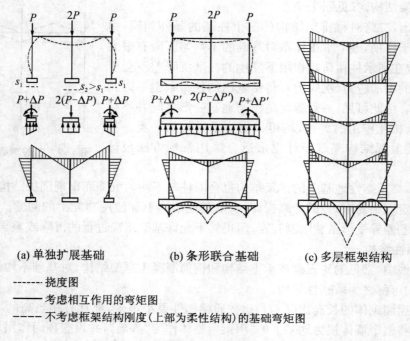

(a) 单独扩展基础　　　(b) 条形联合基础　　　(c) 多层框架结构

------ 挠度图

—— 考虑相互作用的弯矩图

---- 不考虑框架结构刚度(上部为柔性结构)的基础弯矩图

图 1-8　框架结构—基础—地基的相互作用

例将随框架层数的增加而降低,宏观表现为基础内力向上部结构转移的现象。这种作用转移特征取决于框架结构、条形基础和地基的相对刚度,即当增加基础结构的抗弯刚度,则上部结构的次应力减小,基础内力相应增加。

由此可见,对于高压缩性地基上的框架结构,按不考虑相互作用的常规方法设计,结果常使上部结构偏于不安全,而使柱下条形基础或连续基础的设计偏于不经济。

3. 刚性结构

烟囱、水塔、高炉和筒仓等高耸结构物之下整体配置的独立基础与上部结构浑然一体,使整个结构体系具有很大的刚度,当地基不均匀或在邻近建筑物荷载或地面大面积堆载的影响下,基础将转动、倾斜,但几乎不会发生相对挠曲。此外,体型简单、长高比很小、通常采用框架、剪力墙或筒体结构的高层建筑,其基础常采用配置相对挠曲很小的箱形基础,或桩基及其他型式的深基础,也可以作为刚性结构考虑。对天然地基上的刚性结构的基础应验算其整体倾斜和沉降量。

显然,随着地基抵抗变形能力的增强,考虑地基—基础—上部结构三者相互作用的意义也将相应降低。可以说:在相互作用中起主导作用的是地基,其次是基础,而上部结构则是在压缩性地基上基础刚度有限时起重要作用。

1.3　地震工程基础概述

1.3.1　工程地震概述

地震是影响人类活动的自然灾害之一,会造成地表的破坏和建筑物的损坏,同时还可能引起次生灾害,给人类生命财产安全造成危害。地震产生的工程灾害通常划分为直接震害和间接震害。直接震害主要包括地基失效和结构振动破坏两大类。震害经验表明,一般建(构)筑物的震害大多数是由地震产生的地面运动加速度使建构筑物产生惯性力,承重结构因承载或抵抗变形能力的不足引起破坏,导致结构丧失整体性。此时,结构中连接部位、突变和削弱部位为薄弱环节,在抗震设计中需采用各种设计措施进行加强。

地震还可能导致含水饱和砂土、粉土层地基液化和不均匀软土地基的地基震陷,降低甚至丧失地基承载力,导致地基破坏。易发生震害的地基中,不均匀地基的抗震性能更差,在烈度 6 度或 7 度地震作用下就可能发生严重震害。含水饱和砂土层、粉土层地基抗震性能也较差,在烈度 7 度的地震作用下就可能发生地基液化震害。软黏土地基发生严重震陷所要求的地震烈度一般为 8 度或 8 度以上,淤泥、淤泥质土等软弱黏性土可能产生相当大的地震附加变形。

地震除直接造成建(构)筑物的破坏、导致财产损失和人员伤亡外,还可能引发火灾、海啸和海岸洪水、水灾、滞后性滑坡、泥石流、山崩、砂层液化、地面沉降和地下水位变化等间接震害,即次生灾害。而由于地震造成的社会秩序混乱、生产停滞、家庭破坏、生活困苦所造成的人们心理的损害,往往比地震直接损失还大。例如,2006 年、2010 年的印度尼西亚爪哇岛南部和西苏门答腊省明打威群岛附近海域发生的地震引发了巨大海啸,造成了大量人员伤亡,数十亿财产损失。

虽然地震无法避免,但可以采用一定的抗震措施和抗震设计分析加以预防,降低因地震引起的震害。为了尽量减少这种灾害的损失,必须解决抗震设计的依据,即从工程角度来考察和描述地震现象,并针对某一地区或场地,一定时期内可能遭遇的地震破坏进行定性和定量的分析,一般称之为地震危害性分析和设计地震动参数确定,这些都是属于工程地震学范畴的问题。

1.3.2　地震作用效应

1. 场地的地震效应

场地条件一般指局部地质条件,如近地表几十米至几百米内的地基土层、地下水位等工程地质情况、地形及断层破碎带等。场地条件是决定地震作用大小和地震破坏程度的重要因素。根据场地条件的不同,场地的地震效应主要包括以下几个方面:

(1)放大作用:地震引起的振动以波的形式从震源向各个方向传播,地震波是一种波形十分复杂的行波,根据谐波分析原理,可以将它看作由 n 个简谐波叠加而成。场地表面沉积土对基岩传来的各种谐波分量都有放大作用。当由基岩破裂或已有断层错动产生的地震波由震源发出,传至地表沉积物下基岩表面后,又经土层向地面传递,地震波一经传入土层立即得到增强。不同场地土对地震波有不同的放大作用,一般说土层愈厚,放大作用也愈大。愈接近地表地震水平加速度越大,参见图 1-9。

(2)共振作用:场地具有自己的固有周期,称为场地的卓越周期。当地震运动中场地覆盖土层的卓越周期

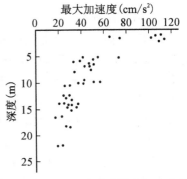

图 1-9　土中地震波最大加速度与深度关系

与工程结构的自振周期相近,就会发生共振作用,使震害加重。地震时场地的卓越周期随场地土层分布、震级大小、震源机制、震中距离的变化而不同($T=4H/v$,H 为场地覆盖层厚度,v 为土的剪切波速)。当覆盖土层较硬且较薄时,场地卓越周期较短,地震波中的短周期分量得到更加充分的响应,建在这类场地上的刚度较大的短周期结构物将产生较为强烈的影响;反之,当土层较软较厚时,场地卓越周期可能与柔性结构的固有周期相近。因此,坚硬场地土上自振周期短的刚性建筑物和软弱场地土上长周期柔性建筑物的震害均会增加。在结构抗震设计中,应使结构的自振周期避开场地土的卓越周期,以免产生共振现象。

(3) 破坏进行性:典型硬场地反应谱,参见图 1-10 中曲线 a。此场地上自振周期为 A 的建筑物受到很大的地震力作用后产生局部损伤,使其自振周期增大到 B,此时地震力下降,损伤不再加重,系一次性破坏。软场地的反应谱,参见图 1-10 中曲线 b。此场地上的建筑物在受到对应于 A 点的地震力后产生局部破坏,其自振周期延长到 B 点,这时地震力反倒更大,使破坏进一步加重甚至倒塌,这种破坏属于进行性破坏。因此,较软地基建筑结构的进行性破坏特征相对硬场地出现的一次性破坏特征相比,显然更不利。

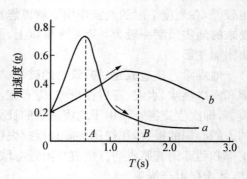

图 1-10 软、硬场地上结构地震破坏特征

(4) 耗散作用:系指地震能量通过地震波在地壳内传播,并以声、光、电、热、振动等方式将能量耗散的现象。当建筑物受地震力作用后产生振动,使其本身成为一个震源,向地基放散能量,而土则因内摩阻力等,要消耗反馈来的能量,使振动衰减。能量衰减的快慢与土的阻尼特性有关,硬土耗散的能量小,而软土耗散的能量多。

2. 场地评价与划分

场地,即工程群体所在地,具有相似的地震反应谱特征,其评价范围相当于厂区、居民小区和自然村或不小于 1.0 km^2 的平面面积。不同场地上的建筑物,震害的差异十分明显。一般而言,场地土越坚硬,覆盖层厚度越薄,震害越轻;反之,场地土越软弱,覆盖层厚度越大,建筑物震害越严重。因此,选择适当的场地条件是抗震设计的一个重要方面。

1) 场地的评价

断裂的地震工程分类包括全新活动断裂和非全新活动断裂。全新地质时期(一万年)内有过地震活动或正在活动,在今后一百年可能持续活动的断裂,称为全新活动断裂。其中,近 500 年来发生过震级 $M \geqslant 5$ 级地震的断裂,或今后 100 年内,可能发生过震级 $M \geqslant 5$ 级地震的断裂,可定为发震断裂。场地内存在发震断裂时,应对断裂的工程影响进行评价。对处于发震断裂 10 km 以内的结构,地震参数应计入近场影响,5 km 以内宜乘以 1.5 的增大系数,以外时宜乘以不小于 1.25 的增大系数。

《建筑抗震设计规范》(GB 50011)规定按表 1-8 划分对建筑抗震有利、一般、不利和危险的地段。对危险地段,严禁建造抗震甲、乙类的建筑,不应建造丙类建筑。对不利地段应提出避开要求,当无法避开时应采取有效措施。

表 1-8　有利、一般、不利和危险地段的划分

地段类别	地质、地形、地貌
有利地段	稳定基岩、坚硬土、开阔、平坦、密实、均匀的中硬土等
一般地段	不属于有利、不利和危险地段
不利地段	软弱土，液化土，条状突出的山嘴，高耸孤立的山丘，非岩质的陡坡河岸和边坡的边缘，平面分布上成因、岩性、状态明显不均匀的土层(如故河道、疏松的断层破碎带、暗埋的塘浜沟谷和半填半挖地基)等
危险地段	地震时可能发生滑坡、崩塌、地陷、地裂、泥石流等及发震断裂带上可能发生地表错位的部位

当符合下列条件之一时，①抗震设防烈度小于 8 度；②或发震断裂为非全新世活动断裂(一万年内未发生活动，之前发生活动)；③或抗震设防烈度为 8 度和 9 度时，前第四纪基岩隐伏断裂的土层覆盖厚度分别大于 60 m 和 90 m，可忽略发震断裂错动对地面建筑的影响。不符合上述条件的情况，应避开主断裂带，其避让距离不宜小于表 1-9 对发震断裂最小避让距离的规定。

表 1-9　发震断裂的最小避让距离(m)

设防烈度	场地类别			
	甲	乙	丙	丁
8	专门研究	200	100	—
9	专门研究	400	200	—

当需要在条状突出的山嘴、高耸孤立的山丘、非岩石的陡坡、河岸和边坡边缘等不利地段建造丙类及丙类以上建筑时，除保证其在地震作用下的稳定性外，尚应估计不利地段对设计地震动参数可能产生的放大作用，其地震影响系数最大值应乘以增大系数。其值可根据不利地段的具体情况确定，在 1.1～1.6 范围内采用。

2) 场地类别划分

建筑场地的类别划分，应以土层等效剪切波速和场地覆盖层厚度为准，按表 1-10 划分。土层的等效剪切波速 v_{se}(m/s)，根据剪切波在地面至计算深度 d_0(取覆盖层厚度和 20 m 二者的较小值)之间的传播时间 t，按下列公式计算：

$$v_{se} = \frac{d_0}{t} = \frac{d_0}{\sum\limits_{i=1}^{n} \dfrac{d_i}{v_{si}}} \qquad (1-10)$$

式中　d_i——计算深度范围内第 i 土层的厚度(m)；

　　　v_{si}——计算深度范围内第 i 土层的剪切波速(m/s)；

　　　n——计算深度范围内土层的分层数。

对丁类建筑及层数不超过 10 层且高度不超过 30 m 的丙类建筑，当无实测剪切波速时，可根据岩土名称和性状，按表 1-10 划分土的类型，再利用当地经验在表 1-10 的剪切波速范围内估计各土层的剪切波速。

表 1-10 土的类型划分和剪切波速范围

土的类型	岩土名称和性状	剪切波速(m/s)
岩石	坚硬、较硬且完整的岩石	$v_s>800$
坚硬土或岩石	破碎和较破碎的岩石或软和较软的岩石,密实的碎石土	$v_s>500$
中硬土	中密、稍密的碎石土,密实、中密的砾、粗、中砂,$f_{ak}>200$ kPa 的黏性土和粉土,坚硬黄土	$500 \geqslant v_s>250$
中软土	稍密的砾、粗、中砂,除松散外的细、粉砂,$f_{ak}\leqslant200$ kPa 的黏性土和粉土,$f_{ak}\leqslant130$ 的填土,可塑黄土	$250\geqslant v_s>140$
软弱土	淤泥和淤泥质土,松散的砂,新近沉积的黏性土和粉土,$f_{ak}\leqslant130$ kPa 的填土,流塑黄土	$140\geqslant v_s$

注:f_{ak}为由载荷试验等方法得到的地基承载力特征值(kPa);v_s为岩土剪切波速(m/s)。

一般情况下,建筑场地覆盖层厚度应按地面至剪切波速大于 500 m/s 的土层顶面的距离确定,同时应符合下列要求:

(1) 当地面 5 m 以下存在剪切波速大于相邻上层土剪切波速 2.5 倍的土层,且其下卧岩土的剪切波速均不小于 400 m/s 时,可按地面至该土层顶面的距离确定;

(2) 剪切波速大于 500 m/s 的孤石、透镜体,应视同周围土层;

(3) 土层中的火山岩硬夹层,应视为刚体,其厚度应从覆盖土层中扣除。

表 1-11 各类建筑场地的覆盖层厚度(m)

剪切波速(m/s)	场地类别				
	I_0	I_1	II	III	IV
$v_s>800$	0				
$500<v_s\leqslant800$		0			
$250<v_{se}\leqslant500$		<5	$\geqslant5$		
$140<v_{se}\leqslant250$		<3	$3\sim50$	>50	
$v_{se}\leqslant140$		<3	$3\sim15$	$\geqslant15\sim80$	>80

注:表中为 v_s 岩石剪切波速;v_{se} 为土的等效剪切波速。

3. 地震动特性

地震动系指由震源释放出来的地震波在岩土介质的传播过程中所引起的地面运动,可以用地面质点的加速度、速度或位移的时间函数表示。由于地震作用的复杂性和不确定性,地震动具有时间函数的不规则性,但从已有强震观测记录研究,地震动具有振幅、频谱和持续时间三要素。

(1) 振幅:地震动的振幅表示了地震振动的强度,通常以峰值表示的最多,如峰值加速度、峰值速度和峰值位移。地震动峰值的大小反映了地震过程中某一时刻地震动的最大强度,直接反映了地震力及其产生的振动能量和引起结构地震变形的大小,是地震对结构影响大小的尺度。在以烈度为基础作为抗震设防标准时,往往以相应的烈度换算成相应的峰值加速度标准体系,抗震设防烈度与设计基本地震加速度对应关系,参见表 1-12。

表 1-12 设计基本地震加速度

抗震设防烈度(第二水准烈度)	6 度	7 度	8 度	9 度
设计基本地震加速度(g)	0.05	0.10(0.15)	0.20(0.30)	0.40

（2）频谱：地震动频谱特性就是强震地面运动对具有不同自振周期的结构的响应，反应谱是工程抗震用来表示地动频谱的一种特有的方式，由单自由度体系的反应来定义，容易为工程界所接受。反应谱 $S(T, \xi)$ 的定义是：具有同一阻尼比 ξ（一般取 0.05）的一系列单自由度体系（其自振周期为 T_i，$i=1, 2, \cdots, N$）的最大反应绝对值 $S(T_i, \xi)$ 与自振周期 T_i 的关系，有时也写为 $S(T)$。近震小震坚硬场地上的地震动，$S(T)$ 的反应谱峰值在高频部分；远震大震软厚场地上的 $S(T)$ 的反应谱峰值在低频部分。震害经验表明：坚硬场地上小震近震的地震动容易使刚性结构产生震害，而软厚场地上大震远震的地震动容易使高柔结构产生震害。这一规律从地震动的频谱特性去理解就很容易解释，前一种地震动的高频比较丰富，而后一种则以低频含量较强，由于共振效应，前者易使高频结构受到破坏，后者易使低频结构受损。

（3）持续时间：持续时间是指地震剧烈震动那一段持续时间。强地震动的持续时间在震害及对结构的影响中，主要发生在结构反应进入非线性化之后，持时延长使出现较大永久变形的概率提高，持时愈长，反应愈大，且产生震害的积累效应。地震动持时与震级有关，震级低时持时短，震级高者持时长。在岩石场地上，持时随震中距的增加而增长，且土层上的持时比岩层中的长。持时愈长，且地震动强度达到一定下限值以上时，结构破坏愈严重。

4. 地震作用

地震作用并非直接作用在结构上的荷载，而是由于地面运动使地面上结构出现相对运动而产生的惯性力。其中，地震时的地面运动，不仅有水平面内垂直和平行结构纵轴线的两个地震分量，还有竖向分量和转动分量，工程设计中地震作用的计算分析十分复杂。工程抗震设计中，应在符合结构地震反应特点和规律的基础上给予尽量简化。

为方便设计计算，《建筑抗震设计规范》(GB 50011) 采用的单质点绝对值最大加速度相对于重力加速度 g 的地震影响系数与结构单自由体系的自振周期 T 的关系作为设计用反应谱，如图 1-11。其中，建筑结构地震影响系数曲线的阻尼调整和形状参数，除有专门规定外，建筑结构的阻尼比应取 $\xi=0.05$，对应地震影响系数曲线的阻尼调整系数 $\eta_2=1.0$；形状系数中，曲线下降段的衰减指数 $\gamma=0.9$，直线下降段的下降斜率调整系数 $\eta_1=0.02$。设计反应谱形状参数应符合下列规定：①直线上升段，周期小于 0.1 s 的区段；②水平段，自 0.1 s 至特征周期 T_g 区段，应取最大值 $\eta_2\alpha_{\max}$；③曲线下降段，自特征周期 T_g 至 5 倍特征周期 $5T_g$ 区段，衰减指数应取 $\gamma=0.9$；④直线下降段，自 5 倍特征周期 $5T_g$ 至 6 s 区段。

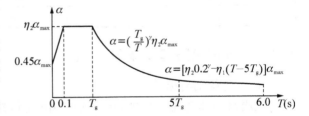

图 1-11　建筑结构地震影响系数曲线

α—地震影响系数；$\alpha_{\max}$—地震影响系数最大值；η_1—直线下降段的下降斜率调整系数；γ—衰减指数；T_g—特征周期；η_2—阻尼调整系数；T—结构自振周期

当建筑结构的阻尼比 ζ 按有关规定不等于 0.05 时，地震影响系数曲线的阻尼调整系数 η_2、形状参数 γ 和 η_1 分别应按下列表达式确定：

$$\eta_2 = 1 + \frac{0.05 - \zeta}{0.08 + 1.6\zeta} \tag{1-11a}$$

$$\gamma = 0.9 + \frac{0.05 - \zeta}{0.3 + 6\zeta} \qquad (1\text{-}11b)$$

$$\eta_1 = 0.02 + \frac{0.05 - \zeta}{4 + 32\zeta} \qquad (1\text{-}11c)$$

式中,阻尼调整系数 $\eta_2 < 0.55$ 时,应取 0.55;直线下降段的下降斜率调整系数 $\eta_1 < 0$ 时,应取 0。

水平地震影响系数最大值 α_{max},可根据场地所在地区抗震设防烈度和建筑结构抗震设防水准,按表 1-13 取值。地震分组综合反映了地震的震级、震源机制和震中距影响,抗震设计规范的设计地震分组共分为三组,分别为第一组、第二组和第三组,可按《建筑抗震设计规范》(GB 50011)附录选用。各分组特征周期,应根据场地类别和设计地震分组,按表 1-14 取值。抗震设防烈度 8、9 度地区,计算罕遇地震(第三水准烈度)作用时的特征周期应增加 0.05 s。

必须指出,建筑的特征周期大于 6.0 s 的建筑结构,所采用的地震影响系数应专门研究。

表 1-13 水平地震影响系数最大值 α_{max}

地震影响	6 度	7 度	8 度	9 度
多遇地震(第一水准烈度)	0.04	0.08(0.12)	0.16(0.24)	0.32
罕遇地震(第三水准烈度)	—	0.50(0.72)	0.90(1.20)	1.40

注:括号中数值分别用于设计基本地震加速度为 $0.15g$ 和 $0.30g$ 的地区。

表 1-14 特征周期值 T_g(s)

设计地震分组	场地类别				
	I_0	I_1	II	III	IV
第一组	0.20	0.25	0.35	0.45	0.65
第二组	0.25	0.30	0.40	0.55	0.75
第三组	0.30	0.35	0.45	0.65	0.90

1.3.3 抗震设防基本原则

1. 设防类别与标准

抗震设防即对建构筑物进行地震作用分析,并采取相应的抗震措施(包括构造措施)进行抗震设计。抗震设防烈度为 6 度及以上地区的建筑,必须进行抗震设计。建筑应根据其使用功能的重要性分为甲类、乙类、丙类和丁类四个抗震设防类别。抗震设防标准一方面取决于建设地点预期地震强弱(抗震设防烈度或设计地震动参数),同时取决于建筑抗震设防类别,是一种衡量抗震能力要求高低的综合尺度。《建筑工程抗震设防分类标准》(GB 50223)规定:

(1)甲类建筑为特殊设防类,应属于重大建筑工程和地震时可能发生严重次生灾害的建筑,设计时在提高一度要求加强抗震措施的基础上,地震作用应按高于本地区抗震设防烈度计算,其值应按批准的地震安全性评价结果确定。此时地震作用可采用罕遇地震第三水准烈度计算,即抗震设防烈度为 6 时取 7 度强、7 度时取 8 度强、8 度时取 9 度弱、9 度时取 9度强;或应按符合本地区抗震设防烈度提高一度的要求(6~8 度);当为 9 度时,应符合比 9

度抗震设防更高的要求。

（2）乙类建筑为重点设防类，应属于地震时使用功能不能中断或需尽快恢复的建筑，设计时的地震作用应符合本地区抗震设防烈度的要求，但需按提高一度的要求加强其抗震措施，即加强关键部位结构抗震安全储备。对较小的乙类建筑，当其结构改用抗震性能较好的结构类型时，应允许仍按本地区抗震设防烈度的要求采取抗震措施。

（3）丙类建筑为标准设防类，应属于除甲乙丁类以外的一般建筑，设计时的地震作用和抗震措施均应符合本地区抗震设防烈度的要求。

（4）丁类建筑为适度设防类，应属于抗震次要建筑。一般情况下，地震作用仍应符合本地区抗震设防烈度的要求，且抗震措施应允许比本地区抗震设防烈度的要求适当降低，但抗震设防烈度为 6 度时不应降低。

此外，建筑场地为Ⅰ类时，应允许甲类、乙类建筑按本地区抗震设防烈度采取抗震构造措施，丙类建筑允许降低一度采取抗震构造措施，但 6 度区不再降低。建筑场地为Ⅲ、Ⅳ类时，设计基本加速度为 $0.15g$（7 度）和 $0.30g$（8 度）的地区，宜分别按抗震设防烈度 8 度（$0.30g$）和 9 度（$0.40g$）抗震设防类别采取抗震构造措施（除另有规定外）。

2. 设防目标与水准

根据《中华人民共和国建筑法》和《中华人民共和国防震减灾法》建筑抗震设计预防为主的方针，抗震设计规范中，建筑基本的抗震设防目标是：

（1）小震不坏。当遭受低于本地区抗震设防烈度的多遇地震影响时，主体结构不受损坏或不需进行修理可继续使用。

（2）中震可修。当遭受相当于本地区抗震设防烈度的地震影响时，结构的损坏经一般性修理仍可继续使用。

（3）大震不倒。当遭受高于本地区抗震设防烈度的预估的罕遇地震影响时，不致倒塌或发生危及生命的严重破坏。

使用功能或其他方面有专门要求的建筑，当采用抗震性能化设计时，应具有更具体或更高的抗震设防目标。

作为抗震设防"小震不坏、中震可修、大震不倒"三个水准目标的具体化，根据我国华北西北和西南地区地震发生概率的统计分析，参见图 1-12。50 年设计基准期内超越概率约为 63%（重现期 50 年）的地震烈度为众值烈度 I_m（概率密度曲线上峰值处对应遭遇频率最高的"多遇地震"或"小震"），规范取为第一水准烈度。目前，国际上多按 50 年设计基准期超越概率约 10%（重现期 475 年）确定的地震动参数作为抗震设防标准。基于类似原理，粗略按 50 年超越概率约 10% 的烈度 $I_{0.1}$，即 1990 中国地震烈度区划图规定的地震基本烈度或新修订的中国地震动参数区划图规定的峰值加速度所对应的烈度，作为"设防地震"的概率水准，规范取为第二水准烈度，或称地震基本烈度，参见图 1-12。50 年设计基准期超越概率 2%～3%（重现期 1600—2400 年）的烈度 I_r，可作为"罕遇地震"（或"大震"）的概率水准，规范取为第三水准烈度。

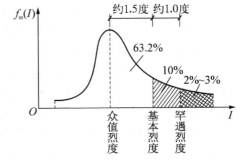

图 1-12　地震烈度与超越概率

表 1-15 三水准设防目标

设防目标 / 设防水准	设计基准期内超越概率	结构工作状态及震后修复	简称
第一水准多遇地震作用	63.2%	处于弹性工作阶段,按弹性理论计算,震后变形完全恢复	小震不坏
第二水准基本烈度地震作用	10%	结构的弹性变形发展范围小,结构损坏较轻	中震可修
第三水准罕遇地震作用	2%~3%	结构弹性塑性变形发展范围大,较难修复	大震不倒

我国现行规范采用二阶段设计实现上述三水准的设防目标,第一阶段设计,对绝大多数结构,取第一水准多遇地震动参数计算结构的弹性地震作用标准值及其作用效应,进行结构构件截面承载力抗震验算,即可满足第一水准下具有必要的承载力可靠度,又同时满足第二水准破坏可修的目标,第三水准的设计要求则通过概念设计与抗震构造设计来满足。绝大多数结构,可仅进行第一阶段设计。第二阶段是对一些规范规定结构的薄弱部位进行罕遇地震作用下的层间弹塑性变形验算,并采取相应的构造措施,实现第三水准设防要求。

地基基础抗震设计中,地基为软弱黏性土、液化土、新近填土或严重不均匀土时,应估计地震时地基液化、震陷或其他不利影响,并采取相应的措施,且同一结构单元的基础不宜设置在性质截然不同的地基上;基础选型不宜在同一结构单元下部分采用天然地基部分采用桩基,且同一结构单元的基础类型和埋深差异较大时,应在基础与上部结构相关部位采取相应措施。

1.4 岩土工程勘察概述

岩土工程勘察按工程建设阶段不同要求宜相应地分阶段组织实施,通过调查、测绘、勘察和试验,揭示评价场地与地基地质条件,分析提出解决各类(含施工过程中出现的新的)岩土工程问题的建议,动态服务于工程建设全过程。因此,建筑物的选址、布局、方案选择和设计参数,以及施工组织与监测方案确定等,都需有工程勘察资料作为基础依据。岩土工程勘察工作的主要对象具体到某个建构筑物基础范围内,称为地基勘察。应在搜集建筑物上部荷载、功能特点、结构类型、基础形式、埋置深度和变形限制等方面技术资料的基础上进行。地基勘察主要是查明、分析和评价建筑场地的地质、环境特征和岩土体的工程条件,为地基基础工程设计、施工和安全运行提供可靠的工程地质资料。

岩土工程勘察任务包括:①揭示场地不良地质作用(如断裂、岩溶和滑坡等)发育状况及其对在建工程影响,分析与评价场地与地基稳定性,科学选择地质条件优越的建筑场地;②提供地基范围内各岩土体类型、地层结构与变化以及地下水赋存条件等工程地质资料;提供设计、施工和整治所需要的地基持力层和下卧层承载力、压缩性等物理力学参数;通过地基承载力、变形及稳定特征分析与评价,提出有关建筑物基础类型、规模及施工方法的合理建议。此外有针对性的岩土工程勘察具体任务还应包括:③基坑支护、工程降水等工程环境稳定评价与分析;④对工程建设有影响的不良地质作用防治与整治的建议;⑤对于抗震设防烈度等于或大于 6 度地区,场地与地基的地震效应评价等。

不同领域岩土工程技术具有相近的普适性技术特征,但在建筑工程、港口与水利工程、铁路、公路和隧道工程等领域的专业性强,岩土工程技术的应用具有特殊要求。因此,岩土工程勘察应符合不同工程领域的现行有关标准、规程的规定。

1.4.1　工程勘察等级划分

工程勘察等级划分的主要目的,是合理确定勘察工作量的大小和勘察项目选择,确定勘察工作的主要内容与深度。勘察等级合理划分可以使勘察工作突出重点,区别对待,且利于监督和管理。尽管各行业设计阶段划分不完全一致,且工程规模和技术要求亦不尽相同,但是勘察分级的基本原则是一致的。勘察等级是由工程重要性等级、场地复杂程度和地基复杂程度三个方面因素所决定的。

工程重要性等级是根据拟建工程的规模、特征以及由于岩土工程问题造成工程破坏或影响正常使用的后果的严重性进行划分,一般划分为一级工程、二级工程和三级工程,参见表 1-16。根据场地抗震稳定性、不良地质作用等条件的有关规定,将场地复杂程度等级划分为一级场地(复杂场地)、二级场地(中等复杂场地)和三级场地(简单场地)三个等级,参见表 1-17。一级场地、二级场地只要符合表 1-17 中任意一条即可,且从一级开始,向二级、三级推定,以最先满足的为准。根据建筑基础下地基的复杂程度和变化规律,可以划分为一级地基、二级地基和三级地基三个等级,参见表 1-18。

表 1-16　工程重要性等级划分标准

重要性等级	破坏后果	工程类型
一级工程	很严重	重要工程
二级工程	严重	一般工程
三级工程	不严重	次要工程

表 1-17　场地复杂程度等级划分标准

等级 场地条件	一级场地	二级场地	三级场地
建筑抗震稳定性	危险	不利	有利或设防烈度 6 度
不良地质作用	强烈发育	一般发育	不发育
地质环境破坏程度	已经或可能受到强烈破坏	已经或可能受到一般破坏	基本未受到破坏
地形地貌条件	复杂	较复杂	简单
地下水对工程影响	水文地质条件复杂,需专门研究	基础位于地下水位以下	无影响

表 1-18　地基复杂程度等级划分标准

地基等级	岩土种类与分布	岩土介质性质	特殊性岩土
一级地基	多、很不均匀	变化大	严重的湿陷、膨胀、盐渍、污染的特殊性土,及其他需专门处理的图
二级地基	较多,不均匀	变化较大	除"一级"规定以外的特殊性土
三级地基	单一,均匀	变化不大	无

综合上述工程重要性等级、场地复杂程度等级和地基复杂程度等级划分,可以按表 1-19 划分工程地基勘察等级,分别为甲级、乙级和丙级。显然,对应不同的工程地基勘察等

级,勘查工作内容、数量和深度不尽相同。

表 1-19 工程地基勘察等级

勘察等级	勘察等级的划分标准
甲级	在工程重要性、场地复杂程度和地基复杂程度中,有一项或多项为一级
乙级	除勘察等级为甲级和丙级以外的勘察项目
丙级	工程重要性、场地复杂程度和地基复杂程度等级均为三级

注:建筑在岩质地基上的一级工程,当场地复杂程度和地基复杂程度等级均为三级时,工程勘察等级可定为乙级。

1.4.2 工程勘察阶段划分

岩土工程勘察的基本任务是为工程设计、施工和岩土体的治理加固等,主要包括:①揭示场地与地基的地质条件;②提供必要的技术参数;③提出有关工程地质问题的分析、评价与专项设计。

基于一般建筑工程设计可分为场址选择、初步设计和施工图三个阶段。与之相呼应,国家标准《岩土工程勘察规范》(GB 50021)中相应提出了可行性研究勘察、初步勘察和详细勘察三个阶段,根据分阶段勘察应与不同设计阶段、施工阶段的要求相适应的基本原则,规定了各阶段勘察工作的内容和工作深度。《公路工程地质勘察规范》(JTG C201)中围绕路线方案选择、构造物设计方案优化和施工图设计,对应提出了可行性研究勘察、初步工程地质勘察和详细工程地质勘察三个阶段。

此外,对于地质条件复杂或有特殊施工要求的重大建筑物地基,例如重大基坑工程、或特殊岩溶地基桩基工程等,尚应进行施工勘察。对地质条件简单、面积不大的场地,其勘察阶段可适当合并简化。例如,当建筑物平面布置已经确定,且场地或其附近已有岩土工程资料时,可直接进程详细勘察。

1. 可行性研究勘察

可行性研究勘察主要目的是对拟选场地的工程稳定性和适宜性做出工程地质评价。如果有两个或两个以上拟选场地时,应取得几个场址的主要工程地质资料并进行比选分析。可行性研究勘察阶段主要采用资料收集、踏勘方法,必要时采用工程地质测绘辅助必要的勘探和试(实)验方法,侧重于:①调研拟选场址的区域地质特征、地形与地貌、地震、矿产资料;②收集区域内既有岩土工程资料和建筑经验;③初步了解场址区域地层岩性、地质构造、地下水情况以及不良地质作用。

可行性研究勘察时,通过技术经济分析,明确不宜建造的工程地质条件恶劣的地区或地段。例如:严重滑坡等不良地质作用特别发育且对建筑物构成直接危害或潜在的威胁,人工治理难度很大的场地;设计地震设防烈度为 8 度或 9 度的发震断裂带;受洪水威胁或地下水的不利影响十分严重的场地;以及在可开采的地下矿床或矿区未稳定采空区上方的场地等。

2. 初步勘察

经过可行性研究勘察,对场地区域稳定性做出全面评价以后,进入初步勘察(简称初勘)阶段。初勘的主要目的主要是密切结合工程初步设计要求,对场地内拟建建筑地段的稳定性做出评价,为主要建筑物的地基基础方案选择、不良地质作用防治方案论证提供工程地质资料,同时为建筑总平面布置优化提供依据。初步勘察的基本任务要点包括:①收集拟建工程的有关设计文件、工程地质和岩土工程资料及工程场地的地形图等;②初步查明地层结构及其地质构造、岩土体的工程特性、地下水埋藏条件,查明土的冻结深度等,初步确定建筑物的持力层;③查明建筑场地不良地质作用的成因、分布范围、危害程度及其发展趋势,以便使场地内主要建筑物(如工业主厂房)的布置避开不良地质现象发育的地段;④抗震设防烈度等于或大于 6 度场地,初步评价场地和地基的地震效应。此外,对于高层建筑的可选地基基础类型、基坑开挖与支护、工程降水等方案进行初步分析与评价。因此,初步勘察在需要时,应根据相应设计阶段的工作深度要求,开展相应水文地质工作。

初步勘察阶段的勘察勘探线应结合地貌单元、地层结构和土的工程性质布置,宜垂直于地貌单元界线、地质构造线和地层界线,且对一级建筑物应按建筑物的体型纵横两个方向布置勘探线。根据地基复杂程度等级,初步勘察勘探线与勘探点间距布置可按表 1-20 规定取值。综合土层分布特征和均匀布置双控原则,在地质、地貌分界线附近区域或土层变化较大的地段,勘探点布置应予以加密;在地形平坦土层简单的地区,也可按方格网基本均匀地布置勘探点。对岩质地基,初步勘察和详细勘察阶段的勘探点布置和勘探孔深度,应根据地质构造、岩体特性、风化情况等,结合建筑物对地基的要求,按地方标准或当地经验综合确定。

表 1-20　初步勘察勘探线、勘探点间距(m)

地基复杂程度等级	勘探线间距	勘探点间距
一级(复杂)	50～100	30～50
二级(中等复杂)	75～150	40～100
三级(简单)	150～300	75～200

对每个地貌单元都应设有控制性勘探孔(勘探孔是指钻孔、探井、原位测试孔等),且应到达预定深度,一般控制性勘探孔占勘探孔总数的 $1/5$～$1/3$。控制性勘探孔的深度,可根据地基复杂程度等级和工程重要性等级按勘察规范相关条文规定执行,参见表 1-21。一般性勘探孔只需达到适当深度即可。同时,在预计深度内遇到基岩后,一般勘探孔可终止钻进,控制性勘探孔仍应进入基岩适当深度;遇到较厚均匀分布坚实土层(碎石土、密实砂或老沉积土时),一般性勘探孔的深度可适当减小。当然,在预计深度内遇到软弱土层时,深度应适当增加,部分控制性勘探孔应穿透软土层。在井、孔中取试样或进行原位测试的竖向间距,应按地层的特点和土的均匀性确定,各土层一般均需采取试样或取得原位测试数据,其数量不宜少于 6 个(各类方法不应叠加)。取样和原位测试勘探孔数量应占勘探孔点总数的 $1/4$～$1/2$。

表 1-21　初步勘察勘探孔深度(m)

工程重要性等级	一般性勘探孔	控制性勘探孔
一级(重要工程)	≥15	≥30
二级(一般工程)	10～15	15～30
三级(次要工程)	6～10	10～20

3. 详细勘察

经过可行性研究勘察和初步勘察之后,场地内拟建建筑地段工程地质条件已初步查明,工程建设进入施工图设计阶段,详细勘察应为该阶段单体建筑或建筑群设计提供更详尽的岩土工程资料和设计、施工所需要的岩土参数;对建筑地基做出岩土工程评价;对地基类型与处理,基础形式与基坑支护降水和不良地质作用防治等提出建议。

关于一般建筑基础工程详细勘察阶段的基本任务要点包括:①收集建筑总平面图和场地整平后的高程、建筑物的性质、规模、荷载水平和结构特征,以及基础形式、埋置深度、地基允许变形等资料;②必须查明建筑物范围内的地层结构、岩土体的物理力学性质,并对地基的稳定性、均匀性及承载能力做出评价;对需要进行沉降计算的建筑物,提供地基变形计算参数,预计建筑物的变形特征;③查明不良地质作用的类型、成因、分布范围、发展趋势和危害程度,并提供不良地质现象防治设计施工所需指标及资料,并提出整治方案建议;④查明地下水的埋藏条件和腐蚀性、各地层的透水性和水位变化规律等情况,如需要应提出具体的防水设计方案。此外,应查明建筑影响范围内地下埋藏的河道、沟浜、墓穴、防空洞和孤石等对工程施工和建筑物安全不利的埋藏物或地下空洞。

详细勘察的手段主要以勘探、原位测试和室内土工试验为主。必要时,可以补充一些物探和工程地质测绘和调查工作。详勘勘探点的布置应视建筑物基础方案,按岩土工程等级分析确定,对一、二级建筑物,宜按主要柱列线或建筑物的周边线布置勘探点;对三级建筑物可按建筑物或建筑群的范围布置勘探点;对重大设备基础或高耸构筑物基础,应单独布置勘探点,不宜少于 3 点。高层建筑应满足地基均匀性评价(倾斜控制)要求,单栋高层地基勘探点不应少于 4 个;密集高层建筑群,每栋不少于 1 个控制点。对土质地基,详细勘察勘探点的间距布置,可参考表 1-22。

表 1-22　详细勘察勘探点的间距(m)

地基复杂程度等级	一级(复杂)	二级(中等复杂)	三级(简单)
勘探点间距	10~15	15~30	30~50

详勘勘探孔深度自基础底面算起,以能控制地基主要影响层为原则。当基础短边不大于 5 m,且在地基沉降计算深度内又无软弱下卧层存在时,勘探孔深度对条形基础不应小于基础底面宽度的 3 倍;对单独柱基不应小于 1.5 倍,且不应小于 5 米。对高层建筑和需要进行变形验算的地基,控制性勘探孔的深度应超过地基变形计算影响深度(采用应力影响层深度控制,对中、低压缩性地基,附加作用与原位作用应力比可取 20%,高压缩性地基,则按10%确定;且高层建筑的一般性勘探孔应达到基底下 0.5~1.0 倍的基础宽度,并深入稳定分布的地层。对仅有地下室的建筑或高层建筑的裙房,当不能满足抗浮设计要求,需要设置抗浮桩或锚杆时,勘探孔的深度应满足抗拔桩设置深度的要求。当有大面积堆载或软弱下卧层时,或遇到基岩或碎石土等稳定土层时,也应适当加深或调整控制性勘探孔的深度。

根据地基(厚度>0.5 m)土层结构、均匀性和工程特点,确定采取土试样和进行原位测试的勘探孔的数量,一般不应少于勘探孔总数的 1/2,钻探取土试样孔的数量不应少于勘探孔总数的 1/3。每个场地主要土层的原状试样和原位测试数据不应少于 6 件(组),当采用连续记录触探测试为主进行勘察时,每个场地不应少于 3 孔。

1.4.3　道路岩土工程勘察

道路是指公路和铁路,两者共同组成陆路运输网络。道路工程是一种线形构造物,主要包括路基、路面、桥梁、涵洞、隧道、排水工程、防护安全工程、路线交叉工程及沿线设施。因此,公路工程地质勘察专项包括,路线、路基(一般路基、高路堤、深路堑、陡坡路堤和涵洞)、支挡、桥梁、隧道、护岸、沿线设施与筑路材料场等,勘察专项种类多,要求不尽相同。公路和铁路在结构上各有特点,但有许多相同之处:①都是条带状构造物,跨越不同的地貌单元,穿过地质条件复杂多变;②沿线的不良地质现象是道路的主要威胁,而地形条件又是制约线路的纵向坡度和曲率半径的重要因素;③线路结构主要由四类建(构)筑物所组成:路基工程(包括路堤和路堑)、桥梁工程、隧道工程和防护建筑物。

从地质地貌角度看,道路主要穿越山岭区和平原区两大地貌单元。在山岭区,公路路线一般沿河谷岸边布置,因为河谷区居民点多,有充足的筑路材料和水源可供施工和养护使用,在路线标准、使用质量和工程造价等方面往往优于其他线型。但是仍然存在选择走河谷的哪一岸、路线线位高度和在什么地方跨河等问题。有时为了缩短路线长度或避开不良地质条件区,线路要翻越山岭,上山和下山有很大高差,在两侧山坡上常有较多的展线,一般越岭点选在最低标高的垭口处,但应充分考虑越岭展线山坡的地形坡度和地质条件。现在随着施工技术和能力的提高,很多越岭线采用隧道穿越的方法,而隧道施工和运行对于山体岩石质量和地质构造条件有更高的要求。在平原区的施工条件较山区好,但平原区河流湖泊多、地下水埋藏浅、常常会遇到软土、淤泥和泥炭等软弱地基,桥隧建造和地基处理增加筑路成本。所以在平原区线路应尽量选择在沿线河湖少、地势较高、地下水埋深大和软土分布少的地区穿越。

公路工程地质勘察,包括新建道路和改建与扩建道路的勘察工作,均应按照规定的设计程序分阶段进行。类似于勘察国标,公路工程地质勘察分为可行性工程地质勘察、初步设计工程地质勘察(初步勘察)和施工图工程地质勘察(详细勘察)。其中,可行性工程地质勘察又可分为预可行性(预可勘察)和工程可行性勘察(工可勘察),与公路建设审批管理制度相协调。同样,类似于表1-18场地复杂程度国标的划分原则,公路工程工程地质条件分为复杂、较复杂和简单三大类,不赘述。公路工程地质勘察主要方法有资料收集与分析、遥感工程地质解译、现场踏勘调查、工程地质调绘、工程地质勘探与试验等,参见表1-23。

表 1-23　公路工程地质勘察阶段划分与主要方法

可行性勘察		初步勘察	详细勘察
预可	工可		
资料收集分析 现场踏勘调查 遥感地质解译	资料收集分析 工程地质调绘 必要的勘探手段*	工程地质调绘 工程地质勘探 遥感地质解译*	工程地质勘探 地质调绘、简易触探*

注:* 标注为辅助勘察方法

在公路工程地质勘察中,条带状构造物的工程地质调绘尤为重要。公路工程的工程地质调绘是路线方案比选、工程场址选择的重要依据,对避开可能发生严重地质灾害区域、减少筑路工作量和道路的安全运行起决定性作用;同时工程地质调绘也是勘探、测试布置与工作量确定的基础。工程地质调绘是工可勘察、初步设计勘察的主要勘察方法,是路线专项勘察的重要手段,也是公路工程地质详细勘察中多个专项勘察的辅助勘察方法之一。因此,贯穿公路工程地质勘察的工程地质调绘应与基本建设程序各阶段的工作内容、深度相适应。

1.4.4 港工岩土工程勘察

岸边工程主要有码头、船台、船坞、护岸、防波堤、取水建筑等在水陆交界处或浅水近岸处兴建的水工建筑和构筑工程。岸边工程具有以下特点：第一，建筑场地工程地质条件复杂。地形坡度大、在水陆交互地带、地层复杂，常分布有高灵敏软土和混合土及软弱风化岩、受地表水的冲刷或淤积作用和地下水的渗透作用；第二，岸边工程遭受的外力作用频繁多变（如波浪和潮汐作用）；第三，施工条件复杂艰苦，多为水下施工。岸边工程位于地貌单元交界处，地层复杂，具有高灵敏度软土、层状土、混合土等特殊土和基本质量等级为Ⅴ级岩体分布和工程特性，且可能存在岸边滑坡、崩塌、冲刷、淤积和潜蚀等不良地质作用。因此，岸边岩土工程各勘察阶段的主要工作如下。

可行性研究勘察阶段应以收集资料、工程地质测绘和踏勘调查为主，内容包括地层分布、构造特点、地貌特征、岸坡形态、冲刷淤积、水位升降、暗滩变迁、淹没范围等情况和发展趋势，必要时可进行少量的勘探工作，并对岸坡稳定性和适宜性进行分析评价，提出最优场址的建议。

初步设计勘察应满足合理确定总平面图、结构形式、基础类型和施工方案的需要，对不良地质作用的防治提出方案和建议，以工程地质测绘、钻探、原位测试和室内岩土试验为主要勘察方法。初步勘察阶段勘探孔的深度应根据工程规模、设计要求和岩土条件确定，且应符合下列规定：

（1）工程地质测绘，应调查动力地质作用对岸线变迁的影响；埋藏河、湖、沟谷的分布及其对工程的影响；潜蚀、沙丘等不良地质作用的成因、分布发展趋势及其对场地稳定性的影响。

（2）勘探线宜垂直岸向布置；勘探点、线的间距应根据工程要求、地貌特征、岩土分布、不良地质作用等确定，岸坡地段、岩体和土层组合地段宜适当加密。

（3）水域地段可采用浅层地震剖面和其他物探方法。

（4）对场地的稳定性作进一步评价，并对总平面布置、结构和基础形式、施工方法和不良地质作用的防治提出建议。

施工图设计勘察阶段的勘察方法主要是钻探、原位测试和室内岩土物理力学实验、渗透试验等。该阶段应详细查明各个建（构）筑物影响范围内的岩土分布和物理力学性质、影响岸坡和地基稳定性的不良地质条件，为岸坡、地基稳定性验算、地基基础设计、岸坡设计、地基处理与不良地质作用治理提供详细的岩土工程资料。勘探点、线的布置应结合地貌特征和地质条件，根据工程总平面图确定，复杂地基地段应予加密。勘探孔深度应根据工程规模、设计要求和岩土条件确定，除建筑物和结构特点与荷载外，应考虑岸坡稳定性、坡体开挖、支护结构、桩基等的分析计算需要。

思 考 题

1-1 基础工程设计的主要内容和方法。

1-2 何谓极限状态？极限状态分为哪两类，各有什么不同？

1-3　按现行《地基基础设计规范》,地基基础设计分成几个等级? 相应于各等级,地基计算有什么要求?

1-4　地基设计中的地基变形验算时,荷载取什么组合? 抗力取什么值?

1-5　地基设计中的地基承载力验算、基础稳定性验算荷载分别取什么组合?

1-6　相应于地基基础设计不同阶段与施工过程,岩土工程勘察分为哪些阶段?

1-7　试述基础工程工作寿命规定与结构重要性系数 γ_0 取值特点。

1-8　试述柱下条形基础上部结构、基础与地基共同工作特征。

1-9　何为刚性基础"架越作用",为什么基底反力的数值求解与基础相对刚度关系密切?

1-10　为什么常规设计又称"刚性设计"?

1-11　简述上部结构、基础与地基共同作用的概念。

1-12　基础工程设计中不同设计等级对地基勘察资料的要求?

1-13　简述可变荷载代表值的种类和取值特点。

1-14　简述建筑荷载组合与桥涵荷载组合异同点。

1-15　简述地基基础设计极限状态与荷载组合特点。

1-16　简述不同设计状况对应不同极限状态设计的要求。

1-17　什么是地震动的三要素,它们的作用是什么?

1-18　简述抗震设防目标,抗震设防水准和两阶段设计方法。

1-19　一般结构抗震设计地震作用采用哪个烈度水准? 设防烈度一般相应于哪个水准?

1-20　何谓场地抗震类别,何谓沉积物厚度和剪切波速计算深度,怎样划分场地土类型和场地类别?

1-21　为什么在一次地震中,同一种建筑物在同一地区的不同场地上,破坏情况会产生很大的差别?

1-22　地震设计反应谱由哪几段组成? 简述各区段的参数含义。

1-23　简述地震分组和场地特征周期概念与影响因素。

1-24　简述抗震设计主要包括设计内容,建筑抗震设防类别,目前我国丙类建筑二、三级设防烈度水准如何实现?

1-25　何谓断裂? 简述近场影响和规避原则。

1-26　何谓岩土工程勘察? 岩土工程勘察的目标和任务是什么?

1-27　简述场地复杂程度的判定条件。

1-28　岩土工程勘察可分为哪几个等级? 各等级划分标准是什么?

1-29　岩土工程勘察阶段如何划分? 各阶段所采用的勘察方法有何不同?(按建筑工程勘察、道路勘察、港口勘察分别论述)

1-30　房屋建筑岩土工程勘察中详细勘察阶段如何布置钻孔间距? 孔深有何要求?

1-31　某建筑场地土层分布及实测剪切波速如表所示,试计算深度范围内土层等效剪切波速。

层序	岩土名称	层厚 d_i(m)	层底深度 (m)	实测剪切波速 v_s(m/s)	层序	岩土名称	层厚 d_i(m)	层底深度 (m)	实测剪切波速 v_s(m/s)
1	填土	2.0	2.0	150	5	花岗岩孤石	2.0	17.0	500
2	粉质黏土	3.0	5.0	200	6	残积粉质黏土	8.0	25.0	300
3	淤泥质粉质黏土	5.0	10.0	100	7	风化花岗岩	—	—	>500
4	粉质黏土	5.0	15.0	300					

1-32 某建筑场地震设防烈度为8度,设计基本地震加速度为0.30g,设计地震分组为第二组,场地类别为Ⅱ类,建筑物结构自震周期 $T=1.65$ s,结构阻尼比 ζ 取0.05,当进行多遇地震作用下的截面抗震验算时,试求相应结构自震周期的水平地震影响系数值。

第2章　单独扩展浅基础

常用的浅基础(如扩展基础、双柱联合基础等)体型不大、结构简单。单个基础计算时，一般采用常规设计方法。地基基础设计工作往往要反复进行才能取得满意的结果。对规模较大的基础工程，宜对若干可能方案做出技术经济比较，然后择优采用。地基基础问题分析与解决，不宜单纯着眼于地基基础本身，机械地应用常规设计方法，更应把地基、基础与上部结构视为一个统一的整体，从三者相互作用的概念、原理和协配原则出发，采取适当的建筑、结构和施工等不同方面措施，综合考虑地基基础方案，以达到技术合理与经济节省的统一。

2.1　单独扩展基础分类

地基相对良好时，框架建筑柱下的扩展基础或小跨度桥梁墩台下的扩展基础，一般可采用单独基础，见图 2-1(a)。柱下单独基础相互独立，基础长、宽调整灵活，作用在基础顶面的底层框架柱(或墩台底)荷载不等时，或各单独基础下地基性状明显差异时，可以调整相邻柱下单独基础底面积或埋置深度，控制各基础不均匀沉降小于沉降特征值的允许值。此外，在基础顶面设置钢筋混凝土基础梁，并于梁上砌筑砖墙体形成墙下单独基础，参见图 2-1(b)。单独基础采用如砖、毛石、素混凝土等脆性材料时，仅可在满足材料刚性角构造要求条件下有限扩展，通常称为无筋扩展基础，或简称为刚性基础，适应地基性状相对良好的情况。单独基础采用钢筋混凝土材料时，基础配筋设计提供了良好的抗弯拉性能，基础扩展更加有效，可称为钢筋混凝土单独基础，或简称扩展基础，更加适用于浅埋扩展。

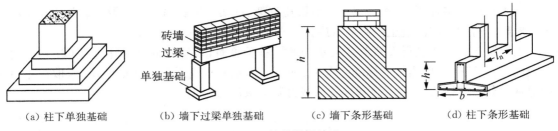

(a) 柱下单独基础　　(b) 墙下过梁单独基础　　(c) 墙下条形基础　　(d) 柱下条形基础

图 2-1　简单扩展基础

民用住宅砌体结构大部分采用墙下条形基础，可视为平面应变问题，按纵向单位长度(例如每延米)墙体传递的荷载，类似于单独扩展基础进行墙下条形基础设计，见图 2-1(c)。同样，墙下条形基础可以根据材料的抗弯、抗剪强度性能，分为墙下刚性条形基础和墙下扩展条形基础。此外，当柱底荷载偏高，或地基承载力与刚度不足时，将上述单独基础连成整体形成柱下条形基础，承受一排柱列的总荷载，见图 2-1(d)。显然，柱下条形基础建立了柱列下纵向基础联系刚度,一般为钢筋混凝土材料,即柱下扩展条形基础。底层框架柱集中荷载较大,或跨度偏大时,尚需设置纵向结构配筋,因此柱下条形基础抵抗地基不均匀沉降能力相对单独基础明显提升,可更好地抑制上部结构次应力水平。柱下条形基础是连续浅基础最简单形式之一,不再属于简单扩展基础范畴。

2.2 地基承载力

地基承载力是指地基土单位面积上承受荷载的能力,是地基最主要的抗力指标。当选定基础类型及其埋深后,基础底面积确定首先必须保证荷载作用下地基土体具有足够抵抗剪切破坏的安全度,即地基承载力满足设计要求。

2.2.1 地基承载力验算规定

《建筑地基基础设计规范》(GB 50007)采用概率法确定地基承载力特征值,根据规定荷载组合得到基底作用效应值,各级各类建筑物浅基础的地基承载力验算均应满足下列要求。

当基底竖向荷载为中心轴向荷载时,应满足:

$$p_k \leqslant f_a \tag{2-1a}$$

当基底竖向荷载为偏心荷载时,在满足式(2-1a)的同时,还应满足:

$$p_{kmax} \leqslant 1.2 f_a \tag{2-1b}$$

式中 p_k——相应于荷载效应标准组合时,基础底面的平均压力值(kPa);

p_{kmax}——相应于荷载效应标准组合时,基础底面边缘的最大压力值(kPa);

f_a——修正后的地基承载力特征值(kPa)。

《建筑抗震设计规范》(GB 50011)中规定不需进行上部结构抗震验算的建筑,可不进行地基及基础的抗震验算。地基主要持力层深度范围内不存在软弱黏性土层(设防烈度 7 度、8 度和 9 度时对应地基承载力特征值分别小于 80 kPa、100 kPa 和 120 kPa)的部分建筑同样不需进行天然地基及基础的抗震验算。其中包括:一般单层厂房、单层空旷房屋、砌体房屋以及不超过 8 层且高度 24 m 以下一般民用框架、框架-抗震墙房屋以及荷载与之相当的多层框架厂房和多层混凝土抗震墙房屋。

当建筑基础需要进行天然地基及基础的抗震验算时,表达式同样采用上述(2-1)。此时,基底荷载应采用地震效应标准组合 p_{kE} 和 p_{kmaxE},地基抗震承载力特征值 f_{aE} 应取修正后的地基承载力特征值 f_a 乘以地基抗震承载力调整系数 ζ_E,即:

$$f_{aE} = \zeta_E f_a \tag{2-2}$$

地基抗震承载力调整系数 $\zeta_E = 1.0 \sim 1.5$,取决于地基岩土类别和性状,土颗粒的粒度愈大,物理状态愈密(硬),基本承载力特征值 f_{ak} 愈高,地基抗震承载力调整系数 ζ_E 取高值。此外,考虑到基础埋深地震作用稳定性控制,《建筑抗震设计规范》(GB 50011)中规定建筑高宽比 $H/B > 4.0$ 时,地震作用下的基底荷载地震效应标准组合不宜出现零应力脱离区;其他建筑基础底面零应力脱离区面积不应超过基底面积的 15%。

《公路桥涵地基与基础设计规范》(JTG D63)采用定值法,即安全系数确定地基容许承载力$[f_a]$(kPa)。设计桥梁墩台基础下地基竖向承载力验算时,应考虑在修建和使用期间实际可能发生的各种不利荷载作用及其效应组合,基底平均应力 p(kPa)采用正常使用极限状态的短期效应组合,同时考虑作用效应的偶然组合(不包括地震作用)。基础底面地基承载力,当不考虑嵌固深度影响时,可根据轴向荷载或偏心荷载按下式(2-3)进行验算。

$$\text{轴向荷载} \qquad\qquad p \leqslant [f_a] \qquad\qquad (2\text{-}3a)$$

$$\text{偏心荷载} \qquad\qquad p_{max} \leqslant \gamma_R[f_a] \qquad\qquad (2\text{-}3b)$$

式中　γ_R——综合地基不同阶段作用荷载性质与地基性质的抗力系数,当基底仅承受轴向荷载时 $\gamma_R=1.0$,其他情况参见表 2-1。

表 2-1　地基抗力系数取值规定

地基抗力系数 γ_R	荷载性质与地基条件	
	加载阶段	荷载组合与地基条件
1.0	使用阶段	地基承载力容许值$[f_a]$<150 kPa 时; 短暂状况荷载组合仅考虑交通荷载(车辆、人群)时; 基础建于旧桥岩石地基时
1.25	使用阶段	考虑短暂状况或偶然状况荷载组合时; 基础建于旧桥土质地基上,且$[f_a]$<150 kPa 时
	施工阶段	地基在施工荷载作用下
1.5	使用阶段	基础建于固结稳定的旧桥土质地基,且$[f_a]$≥150 kPa 时
	施工阶段	墩台仅承受单向推力时

《港口工程地基规范》(JTS 147)根据极限状态设计原则,针对基础底面的承载力验算,提出如下表达式

$$\gamma_0' V_d \leqslant \frac{1}{\gamma_R} F_k \qquad\qquad (2\text{-}4)$$

$$V_d = \gamma_s V_k$$

式中　γ_0'——重要性系数,安全等级一、二和三级的建筑物分别取 1.1、1.0 和 1.0;

　　　V_d、V_k——分别为无抛石基床基础底面竖向合力设计值和标准值,也为有抛石基床抛石基床底面有效面积或有效宽度范围内的竖向合力设计值和标准值(kN/m);

　　　F_k——地基极限承载力竖向分力标准值,同样按无抛石基床和有抛石基床两种情况分别确定(kN/m);

　　　γ_R、γ_s——综合安全等级、土质条件等的地基抗力分项修正系数,参见表 2-2,竖向合力的标准值综合分项系数 γ_s(一般取 1.0)。

表 2-2　各种计算情况采用的抗剪强度指标

设计状况	强度指标	抗力分项系数 γ_R	说明
持久状况	直剪固结快剪	2.0~3.0	—
饱和软黏土地基短暂状况	十字板剪	1.5~2.0	有经验时可采用直剪快剪

注:① 持久状况时,安全等级为一级、二级的建筑物取高值,安全等级为三级的建筑物取较低值,以黏性土为主的地基取高值,以砂土为主的地基取低值,基床较厚取高值;
　　② 短暂状况时,由砂土和饱和软黏土组成的非均质地基取高值,以波浪力为主导可变作用时取较高值。

如采用安全系数法,则根据极限承载力除以安全系数,根据基底面积 $A(\mathrm{m}^2)$ 和基底与土接触的有效基底面积 $A'(\mathrm{m}^2)$,可得:

$$K = \frac{p_\mathrm{u} A'}{f_\mathrm{a} A} \quad \text{或} \quad f_\mathrm{a} = \frac{p_\mathrm{u}}{K} \frac{A'}{A} \qquad (2\text{-}5)$$

式中　K——安全系数;

　　　p_u——地基土极限承载力(kPa)。

综上所述,不同规范中关于地基承载力验算方法与分析原则不尽相同。其中,表达式(2-1)和表达式(2-4)均是基于极限状态设计原则,但前者地基承载力验算采用特征值,以基底应力进行控制,单位 kPa;后者采用了地基承载力极限标准值,且以单位长度横断面合力进行控制,单位为 kN/m。表达式(2-3)则仍采用传统的容许状态设计原则,地基抗力采用容许值概念,但作用效应分析采用了极限状态设计原理,为正常使用极限状态的短期效应组合,且抗力系数综合考虑了不同阶段作用于地基荷载性质与地基条件的影响。上述地基承载力验算,分别采用了地基承载力特征值 f_a、容许值 $[f_\mathrm{a}]$ 或极限标准值 F_k,如设 $[F] = F_\mathrm{k}/\gamma_\mathrm{R}$,可以看出不同规范地基承载力验算时,本质上均为地基承载力容许值。地基确定方法大致可归纳为三类:①按土的抗剪强度指标以理论公式计算;②按地基载荷试验或触探试验确定;③按有关规范提供的承载力或经验公式确定。

2.2.2　理论计算方法

按土的抗剪强度指标确定地基承载力,可采用极限承载力除以安全系数(或分项系数)。地基承载力极限平衡理论应用中,安全系数 K 的取值与建筑物的安全等级、荷载的性质、土的抗剪强度指标的可靠程度、以及地基条件等因素有关,对长期承载力一般取 $K = 2\sim3$。

《港口工程地基规范》(JTS 147)针对港口工程基础结构大偏心作用和倾斜作用的基本特征,充分考虑了作用于基础底面的合力偏心距和倾斜率的影响。基础底面受压反力分布宽度为 $B_1(\mathrm{m})$,基底下抛石基床厚度为 $d(\mathrm{m})$,参见图 2-2。则抛石基床底面的有效宽度或称计算宽度为 $B_\mathrm{e}(\mathrm{m})$ 可按下式计算:

$$B_\mathrm{e} = B_1 + 2d \qquad (2\text{-}6)$$

显然,当基础底面下无抛石河床时,$d = 0$ 时则计算宽度 $B_\mathrm{e} = B_1$。地基承载力的竖向合力标准值按断面整体合力计算时,将计算宽度 B_e 分成 M 个小区间 $[b_{j-1}, b_j]$($j = 1, 2, \cdots, M$),参见图 2-3。小区间宽度 ΔB 与区间分点坐标 $b_j(\mathrm{m})$ 可按下式计算($b_0 = 0$):

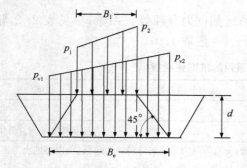
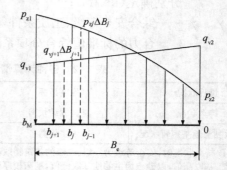

图 2-2　计算面计算宽度与荷载示意图　　　图 2-3　地基承载力的竖向合力计算示意图

$$\Delta B = \frac{B_e}{M}, \quad b_j = j\Delta B \quad j = 0, 1, 2, \cdots, M, \text{且一般} M \leqslant 20$$

计算宽度 B_e 内地基承载力竖向合力标准值 F_k(kN/m)，按下列公式计算：

$$F_k = \sum_{j=1}^{M} \min\{p_{zj}, q_{vj}\}\Delta B \qquad j = 1, 2, \cdots, M \tag{2-7}$$

$$q_{vj} = \frac{P_z}{V_d}p_{vj} \qquad p_{v1}(\text{或} p_{v2}) = \frac{B_1}{B_e}p_1(p_2) + \gamma d \tag{a}$$

$$P_z = \sum_{j=1}^{M} p_{zj}\Delta B \tag{b}$$

式中　p_{zj}——$[b_{j-1}, b_j]$ 区间地基极限承载力竖向分量的平均值(kPa)；

　　　p_{vj}，q_{vj}——分别为作用于 $[b_{j-1}, b_j]$ 区间荷载竖向应力的平均值(kPa)和承载力修正后的平均值(kPa)；

　　　P_z——计算面纵向单位延米计算宽度 B_e 的承载力竖向合力标准值(kN/m)；

　　　V_d——作用于计算面上竖向合力的设计值；

　　　γ、d——分别为抛石基床的重度标准值(kN/m³)和基床厚度(m)，水下取浮重度。

区间 $[b_{j-1}, b_j]$ 上，地基极限承载力竖向应力的平均值 p_{zj} 计算，当为均质土地基、均布边载时，分别按 $\varphi > 0$ 和 $\varphi = 0$ 计算。

当 $\varphi > 0$ 时，根据地基土处于极限状态下承载力系数 N_γ、N_q 和 N_c，引入计算参数 α、δ' 和 λ，区间 $[b_{j-1}, b_j]$ 上 p_{zj} 宜按下列公式计算：

$$p_{zj} = 0.5\gamma_k(b_j + b_{j-1})N_\gamma + q_k N_q + c_k N_c \quad j = 1, 2, \cdots, M \tag{2-8a}$$

$$N_c = \frac{\left\{\exp\left[\left(\frac{\pi}{2} + 2\alpha - \varphi_k\right)\tan\varphi_k\right]\tan^2\left(45° + \frac{\varphi_k}{2}\right)\dfrac{1 + \sin\varphi_k \sin(2\alpha - \varphi_k)}{1 + \sin\varphi_k} - 1\right\}}{\tan\varphi_k}$$
$$\tag{2-8b}$$

$$N_q = N_c \tan\varphi_k + 1 \tag{2-8c}$$

$$N_\gamma = f(\lambda, \tan\varphi_k, \tan\delta') \tag{2-8d}$$

$$\approx 1.25 \left\{ \begin{aligned} &(N_q + 0.28 + \tan\delta') \\ &\tan[\varphi_k - 0.72\delta'(0.9455 + 0.55\tan\delta')] \end{aligned} \right\} A$$

$$A = 1 + \frac{1}{\sqrt{1 + 0.8[\tan\varphi_k - 0.7(1 - \tan\delta')]} + (\tan\varphi_k - \tan\delta')\lambda} \tag{a}$$

$$\tan\left(\alpha - \frac{\varphi_k}{2}\right) = \frac{\sqrt{1 - \left(\dfrac{\tan\delta'}{\tan\varphi_k}\right)^2} - \tan\delta'}{1 + \dfrac{\tan\delta'}{\sin\varphi_k}} \tag{b}$$

$$\tan \delta' = \frac{\gamma_{RH} H_k}{V_k + \dfrac{B_e c_k}{\tan \varphi_k}} \tag{c}$$

$$\lambda = \frac{\gamma_k B_e}{c_k + q_k \tan \varphi_k} \tag{d}$$

式中 γ_k——计算面以下土的重度标准值,可取均值且水下用浮重度(kN/m³);

q_k——计算面以上边载的标准值(kPa);

c_k、φ_k——分别为地基土的黏聚力标准值(kPa)和内摩擦角标准值(°),可取均值;

H_k——作用于计算面以上的水平合力标准值(kN/m);

γ_{RH}——水平抗力分项系数,取 1.3。

当饱和软黏土地基 $\varphi=0$ 时,则 $N_r=0$、$N_q=1$,根据地基土处于极限状态下承载力系数 N_c,引入计算参数 κ,区间 $[b_{j-1}, b_j]$ 上 p_{zj} 按下列公式计算:

$$p_{zj} = q_k + c_{uk} N_c \qquad j=1, 2, \cdots, M \tag{2-9a}$$

$$N_c = 1 + \frac{\pi}{2} + 2 \tan^{-1} \sqrt{\frac{1-\kappa}{1+\kappa}} + \sqrt{1-\kappa^2} \tag{2-9b}$$

$$\kappa = \frac{\gamma_{RH} H_k}{B_e c_{uk}}$$

式中 c_{uk}——地基土的十字板剪切强度标准值(kPa),可取均值。

受力层由多层土组成,各土层的抗剪强度指标相差不大且边载变化不大时,可采用加权平均的强度指标和重度,引入计算参数 ε,主要持力层计算最大深度可按下式计算:

$$Z_{max} = B_e \exp(\varepsilon \tan \varphi_{mk}) \sin \varepsilon \exp\left(-\frac{0.87 \lambda^{0.75}}{4.8 + \lambda^{0.75}}\right) \tag{2-10}$$

$$\varepsilon = \frac{\pi}{4} + \frac{\varphi_{mk}}{2} - \frac{\delta'}{2} - \frac{1}{2} \sin^{-1}\left(\frac{\sin \delta'}{\sin \varphi_k}\right)$$

式中 φ_{mk}——内摩擦角标准值(弧度)。

受力层的最大深度 Z_{max}(m)计算时,先假定深度 Z_{max},得到该深度内各土层厚度为权重的地基加权平均 φ_{mk}, c_{mk} 和 γ_{mk},计算参数 λ、ε 和 δ'(以弧度表示),再代入上式计算 Z_{max},直至计算与假定的 Z_{max} 基本相等为止。

《港口工程地基规范》(JTS 147)地基承载力极限平衡理论计算方法具有如下特征:①采用了平面应变条件下的单位宽度总荷载进行承载力验算;②地基承载力竖向合力标准值 F_k 计算中,任意单元 ΔB_j 的地基极限承载力取值与承载力修正后的荷载水平(q_{vj})有关,修正系数为地基极限承载力 P_z 和荷载设计值 V_d 之比,参见表达式(2-7);③基于地基极限平衡状态(向 b_0 一侧)单侧滑动假定进行基础下滑体重度承载力修正,参见表达式(2-8)中 $0.5\gamma_k(b_j+b_{j-1})N_\gamma$ 一项,平面应变条件下的极限平衡理论推导中,充分考虑了水平荷载标准值 H_k 影响,参见表达式(2-8);饱和软黏土地基极限承载力推导,应采用原位十字板不排水剪切强度,且 $\varphi_{uk}=0$。

《建筑地基基础设计规范》(GB 50007)中,对于竖向荷载偏心距 $e \leqslant b/30(b$ 为偏心方向基础边长)时,根据土的抗剪强度指标,推荐以浅基础地基的临界荷载为地基承载力特征值 f_a,可按下式计算:

$$f_a = M_b \gamma b + M_d \gamma_m d + M_c c_k \tag{2-11}$$

式中 M_b、M_d、M_c——承载力系数,可由 φ_k 查取,参见表 2-3;

γ——基础底面以下土的重度(kN/m³),地下水位以下取浮重度;

γ_m——基础埋深范围内各层土的加权平均重度(kN/m³)。

上式中规定,基础底面宽度 b 大于 6 m 时按 6 m 取值,对于砂土,当 $b < 3$ m 时,按 3 m 考虑;关于黏性土地基,则按实际基础宽度 b 取值,这一点不同于一般地基承载力经验公式。地基强度特征值 c_k 和 φ_k 相当于基底下一倍基础宽度的深度范围内土的黏聚力标准值和内摩擦角标准值,多层土时可取加权平均值。

显然,临界荷载公式(2-11)是在平面应变和简化土体自重应力假设条件下的解答,假设基础宽度上限值 $b = 6.0$ m,可以有效控制基础下塑性区开展最大深度,但应用于空间问题的修正,忽略了基础几何尺寸 l/b 变化的影响。

表 2-3 承载力系数 M_b、M_d、M_c

土的内摩擦角标准值 φ_k(°)	M_b	M_d	M_c	土的内摩擦角标准值 φ_k(°)	M_b	M_d	M_c
0	0	1.00	3.14	22	0.61	3.44	6.04
2	0.03	1.12	3.32	24	0.80	3.87	6.45
4	0.06	1.25	3.51	26	1.10	4.37	6.90
6	0.10	1.39	3.71	28	1.40	4.93	7.40
8	0.14	1.55	3.93	30	1.90	5.59	7.95
10	0.18	1.73	4.17	32	2.60	6.35	8.55
12	0.23	1.94	4.42	34	3.40	7.21	9.22
14	0.29	2.17	4.69	36	4.20	8.25	9.97
16	0.36	2.43	5.00	38	5.00	9.44	10.80
18	0.43	2.72	5.31	40	5.80	10.84	11.73
20	0.51	3.06	5.66				

2.2.3 原位载荷试验

地基平板载荷试验(Plate Loading Test)是工程地质勘察工作中的一项重要的原位试验方法,主要试验成果为 p-s 曲线,用于提取载荷板应力主要影响区的地基承载力与变形特征指标。对于组成或结构很不均匀的土层,无法取得原状土样,载荷试验方法显示出难以代替的作用。就地基承载力而言,主要有浅层载荷板试验和深层载荷板试验(深度 $\geqslant 6$ m)。其中,深层载荷板试验可以用于端承桩的桩端极限承载力确定。

对于密实砂土、较硬的黏性土等低压缩性土,浅层载荷板地基载荷试验的 p-s 曲线通常有较明显的起始直线段和极限值,即是急剧破坏的"陡降型",如图 2-4(a)。考虑到低压缩性土的承载力特征值一般由强度安全控制,故可取图中曲线特征值,即比例界限荷载 p_1 作为承载力基本特征值。此时,地基的沉降量很小,能为一般建筑物所允许,强度安全贮备也足够,因为从 p_1 发展到破坏还有很长的过程。但是,对于少数呈"脆性"破坏的土,从 p_1 发展到破坏(极限荷载)过程较短,从安全角度出发,当 $p_u < 2.0p_1$ 时,取 $p_u/2$ 作为承载力基本特征值。

对于松砂、较软的黏性土,其 $p-s$ 曲线并无明显转折点,但曲线的斜率随荷载的增大而逐渐增大,最后稳定在某个最大值,即呈渐进性破坏的"缓变型",如图 2-4(b)。此时,极限荷载 p_u 可取曲线斜率开始到达最大值时,起始点所对应的荷载。但此时要取得 p_u 值,必须把载荷试验进行到载荷板有很大的沉降,而实践中往往因受加荷设备的限制,或出于对试验安全的考虑,不便使沉降过大,因此有时无法取得 p_u 值。对中、高压缩性土,地基承载力往往受建筑物基础沉降量的控制,故应从允许沉降的角度出发来确定承载力。规范总结了许多实测资料,当承压板面积为 $0.25 \sim 0.5 \ \text{m}^2$,可取 $s/b = 0.01 \sim 0.015$(b 为承压板的宽度或直径)所对应的荷载为承载力基本特征值,但其值不应大于最大加载量或 p_u 的一半。

浅层载荷板试验一般采用分级加载维持荷载法,刚性承压板水平设置在建筑基底设计标高处,面积为 $0.25 \sim 0.5 \ \text{m}^2$。试坑宽度或直径不应小于载荷板宽度或直径的 3 倍,试验面应平整、避免扰动,并保持良好接触。平板载荷试验某级加载施加后破坏终止加载条件有:①加载后载荷板

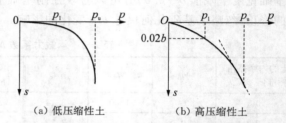

(a) 低压缩性土 (b) 高压缩性土

图 2-4 按荷载试验成果确定地基承载力基本值

周边土体明显挤出、隆起和径向裂缝持续发展;②加载后本级荷载产生载荷板沉降量大于上一级 5 倍,$p-s$ 曲线出现陡降特征;③加载后 24 h 载荷板沉降率仍不能满足相对沉降稳定标准;④加载后载荷板累计总沉降量超过承压板直径或宽度的 0.06 倍。出现上述地基破坏终止加载条件之一时,可取前一级荷载为地基极限承载力 p_u。对同一层土,宜选取三个以上的试验点,当各试验点所得的承载力基本特征值的极差不超过其平均值的 30% 时,则取此平均值作为该土层的地基承载力特征值 f_{ak}。平板载荷试验得到的地基变形特征指标,主要为地基变形模量值 E_0,同时还可计算地基基准河床系数 K_v,详见《岩土工程勘察规范》(GB 50021)。

必须再次指出,现场平板载荷试验所测得的结果一般能反映相当于 $1 \sim 2$ 倍载荷板宽度的深度(应力主要影响区)以内土体的平均性能。基底深度超过 6 m 时,可以采用深层平板载荷试验,测定较深下卧层的地基岩土体的力学性质。深层载荷板试验载荷板直径为 d(例如 80 cm)时,则试井直径(80 cm)应等于承压板直径,或试井直径(>80 cm 且 $\leqslant 120$ cm)大于承压板直径时,紧靠载荷板周围(试井直径为 80 cm)的土层高度不应小于载荷板直径。深层平板载荷试验的本质不仅在于深度(>6.0 m),更重要的是载荷板周围边载竖向作用水平的物理模拟,考虑了基础边载对地基承载力的影响。因此,深层载荷板提取的地基承载力特征值不再需要进行基础埋置深度的修正,仅考虑实际基础宽度修正即可。

2.2.4 承载力经验公式

鉴于我国的国土辽阔,地基土的性质具有很强的区域特性,无法建立统一的地基承载力

特征值表。因此,《建筑地基基础设计规范》(GB 50007)规定地基承载力特征值 f_{ak} 可由载荷试验或其他原位测试与公式计算,并结合工程实践经验等方法综合确定。当基础宽度大于 3 m 或埋置深度大于 0.5 m 时,应按下式进行基础宽度和深度修正,得到修正后的基础地基承载力特征值 f_a:

$$f_a = f_{ak} + \eta_b \gamma (b-3) + \eta_d \gamma_m (d-0.5) \tag{2-12}$$

式中　η_b、η_d——基础宽度和埋深的地基承载力修正系数,按基底下土的类别查表 2-4;

　　　　γ——基础底面以下土的重度,地下水位以下取浮重度(kN/m^3);

　　　　b——基础底面宽度(m),当基底宽度小于 3 m 时按 3 m 取值,大于 6 m 时按 6 m 取值;

　　　　γ_m——基础底面以上土的加权平均重度,地下水位以下取浮重度(kN/m^3)。

基础埋置深度 d(m),一般自室外地面算起。在填方整平地区,可自填土地面标高算起,但填土在上部结构施工后完成时,应从天然地面标高算起。对于地下室,如采用箱形基础或筏基时,基础埋置深度自室外地面标高算起;如果采用单独基础或条形基础时,应从室内地面标高算起。基底埋深 d 取值方法不尽相同,本质上体现了基底两侧土层盖重(边载水平)对承载力提高的实际情况与可信度。

表 2-4　承载力修正系数

土 的 类 别		η_b	η_d
淤泥和淤泥质土		0.0	1.0
人工填土 e 或 I_L 大于等于 0.85 的黏性土		0.0	1.0
红黏土	含水比 $\alpha_w > 0.8$ 含水比 $\alpha_w \leqslant 0.8$	0.0 0.15	1.2 1.4
大面积压实填土	压实系数大于 0.95、粘粒含量 $\rho_c \geqslant 10\%$ 的粉土 最大干密度大于 2.1 t/m^3 的级配砂石	0.0 0.0	1.5 2.0
粉土	粘粒含量 $\rho_c \geqslant 10\%$ 的粉土 粘粒含量 $\rho_c < 10\%$ 的粉土	0.3 0.5	1.5 2.0
e 及 I_L 均小于 0.85 的黏性土 粉砂、细砂(不包括很湿与饱和的稍密状态) 中砂、粗砂、砾砂和碎石土		0.3 2.0 3.0	1.6 3.0 4.4

注:① 强风化和全风化的岩石,可参照所风化成的相应土类取值,其他状态下的岩石不修正;
　　② 地基承载力特征值按《地基规范》附录 D 深层平板载荷试验确定时,η_d 取 0。

《公路桥涵地基与基础设计规范》(JTG D63)规定采用地基承载力基本容许值 $[f_{a0}]$ 经过修正后,得到的地基承载力容许值 $[f_a]$,进行地基承载力验算。地基承载力基本容许值 $[f_{a0}]$,应首先考虑原位载荷试验或其他原位测试取得,且其值不得大于极限承载力的一半。但是,由于桥涵基础的场址条件,相对一般建筑基础场址更加复杂,甚至不具备进行原位测试的条件,或测试工作与施工交互影响严重。因此,对于中小桥、涵洞,受到场地条件限制,或载荷试验等原位测试确有困难时,地基承载力基本容许值 $[f_{a0}]$ 可根据岩土类别、物理状态及其力学特性查表选用,以一般黏性土为例,参见表 2-5。

表 2-5　一般黏性土地基承载力基本容许值[f_{a0}]

[f_{a0}](kPa) ＼ I_L ＼ e	0	0.1	0.2	0.3	0.4	0.5	0.6	0.7	0.8	0.9	1.0	1.1	1.2
0.5	450	440	430	420	400	380	350	310	270	240	220	—	—
0.6	420	410	400	380	360	340	310	280	250	220	200	180	—
0.7	400	370	350	330	310	290	270	240	220	190	170	160	150
0.8	380	330	300	280	260	240	230	210	180	160	150	140	130
0.9	320	280	260	240	220	210	190	180	160	140	130	120	100
1.0	250	230	220	210	190	170	160	150	140	120	110	—	—
1.1	—	—	160	150	140	130	120	110	100	90	—	—	—

地基承载力基本容许值[f_a]确定之后,当基础宽度 b 超过 2 m,基础埋置深超过 3 m,且 $h/b \leqslant 4$ 时(浅基础),根据基底深度、基础宽度修正,按下式计算实际基础下地基承载力容许值:

$$[f_a] = [f_{a0}] + k_1\gamma_1(b-2) + k_2\gamma_2(h-3) \qquad (2-13)$$

式中　b——基础底面的最小边长度(或直径),当 $b < 2$ m 时,取 2 m;$b > 10$ m 时,按 10 m 计。

γ_1——基底下持力层土天然重度(kN/m³)。如持力层位于水下且透水时,应采用浮重度。

γ_2——基底以上土层的加权平均重度(kN/m³)。如持力层在水面以下,且为不透水者,不论基底以上土的透水性质如何,应一律采用饱和重度;如持力层为透水者,应一律采用浮重度。

k_1、k_2——地基土容许承载力随基础宽度、深度的修正系数,按持力层土选取,参见表 2-6。

基础底面的埋置深度 h(m),对于受水流冲刷的基础,由一般冲刷线算起;不受水流冲刷者,由天然地面算起,对于挖方内的基础,由开挖后地面算起。当 $h < 3$ m 时,取 3 m 计算。同时,基础位于水下不透水土层时,应适当考虑平均常水位至一般冲刷线水深(水重力效应)的修正,一般每米水深再增加约 10 kPa 承载力,体现了基底两侧土层和水重叠加的盖重效应对地基承载力提高。

表 2-6　地基承载力宽度、深度修正系数

系数 ＼ 土类	黏性土			粉土	砂土								碎石土			
	老 Q_3	一般 Q_4		新近堆积	粉砂		细砂		中砂		砾砂、粗砂		碎石、圆砾、角砾		卵石	
		$I_L \geqslant 0.5$	$I_L < 0.5$		中密	密实	中密	密实	中密	密实	中密	密实	中密	密实	中密	密实
k_1	0	0	0	0	1.0	1.2	1.5	2.0	2.0	3.0	3.0	4.0	3.0	4.0	3.0	4.0
k_2	2.5	1.5	2.5	1.0	1.5	2.0	2.5	3.0	4.0	4.0	5.5	5.0	6.0	5.0	6.0	6.0	10.0

注:① 对于稍密和松散状态的砂、碎石土,k_1、k_2 值可采用表列中密值的 50%。
② 强风化和全风化的岩石,可参照所风化成的相应土类取值;其他状态下的岩石不修正。

关于软土地基承载力确定,《公路桥涵地基与基础设计规范》(JTG D63)规定应采用载荷试验等原位测试方法,但原位测试确有困难时,可以采用如下方法:

(1)根据天然地基饱和软黏土的含水量 w,确定软土地基承载力基本容许值 $[f_{a0}]$,参见表2-5。然后采用下式修正得到地基承载力容许值 $[f_a]$

$$[f_a] = [f_{a0}] + \gamma_2 h \tag{2-14}$$

表2-7 软土地基承载力基本容许值 $[f_{a0}]$

天然含水量 $w(\%)$	36	40	45	50	55	65	75
$[f_{a0}]$(kPa)	100	90	80	70	60	50	40

(2)根据软土地基天然沉积饱和软黏土的不排水强度 c_u,可按下式确定软土地基的承载力容许值 $[f_a]$:

$$[f_a] = \frac{5.14}{m} k_p c_u + \gamma_2 h \tag{2-15}$$

其中

$$k_p = \left(1 + 0.2\frac{b}{l}\right)\left(1 - \frac{0.4H}{blc_u}\right)$$

式中 m——抗力修正系数,可视软土灵敏度及基础长宽比等因素选用 $1.5 \sim 2.5$;

c_u——不排水抗剪强度(kPa),可用三轴仪、十字板剪力仪或无侧限抗压试验测得;

b、l——分别为基础宽度和垂直于 b 边的基础长度,当有偏心荷载时,b 与 l 分别由 $b'=b-2e_b$ 与 $l'=l-2e_l$ 代替;

e_b、e_l——分别为荷载在基础宽度方向、长度方向的偏心距(m);

H——荷载的水平分力(kN)。

【例题2-1】 某柱下扩展基础,基底底面尺寸为 $2.5\ \text{m} \times 4.5\ \text{m}$,埋置深度为 2 m。地基为黏性土,孔隙比、天然重度、内摩擦角和黏聚力标准值,参见例表2-1。根据3组现场载荷板试验数据分析,得到地基临塑荷载平均值为 $p_{cr}=233.3$ kPa,极限荷载平均值 $p_u=616.7$ kPa,且试验值极差不超过平均值 $1/3$。试确定该基础下的地基承载力特征值。

例表2-1 地基参数

e	γ(kN/m³)	φ_k(°)	c_k(kPa)
0.769	18.33	26	15

解:

(1)原位载荷板试验

由于 $p_u > 2p_{cr}$,地基承载力特征值 f_{ak} 为:

$$f_{ak} = p_{cr} = 233.3\ \text{kPa}$$

(2)国标建议经验法

考虑基础宽度和深度修正后的地基承载力特征值,按式(2-12)计算。基础宽度 $b=2.5\ \text{m} < 3.0\ \text{m}$,取 $\eta_b = 0$;基底埋深 $d=2.0\ \text{m}$,基底以上土的天然重度取 $\gamma_m = \gamma = 18.33\ \text{kN/m}^3$;黏性土地基孔隙比 $e=0.769$,查表2-4,得 $\eta_d = 1.6$,由此可得:

$$f_a = f_{ak} + \eta_b\gamma(b-3) + \eta_d\gamma_m(d-0.5) = 233.3 + 1.6 \times 18.33 \times (2-0.5)$$
$$= 233.3 + 44 = 277.3\ \text{kPa}$$

（3）国标建议临界荷载

设竖向荷载偏心距 $e \leqslant b/30$ 时，浅基础地基临界荷载可采用式（2-11）计算。地基土内摩擦角标准值 $\varphi_k = 26°$，查表 2-3 得 $M_b = 1.1$、$M_d = 4.37$、$M_c = 6.90$，又 $\gamma_m = 18.33 \text{ kN/m}^3$，可得：

$$f_a = M_b \gamma b + M_d \gamma_m d + M_c c_k = 1.1 \times 18.33 \times 2.5 + 4.37 \times 18.33 \times 1.6 + 6.9 \times 15$$
$$= 50.41 + 128.2 + 103.5 = 282.11 \text{ kPa}$$

2.3　基础埋置深度

确定基础的埋置深度是地基基础设计中的重要内容之一，它涉及到结构物的牢固、稳定及正常使用问题。对于一般建筑结构，基础埋置深度一般是指基础底面到室外设计地面的距离。桥梁工程中，非岩石河床目前采用总冲刷线下（或局部冲刷线）至基底深度进行墩台（涵洞）基础埋置深度的控制。考虑地表土一般较松软，易受雨水及外界影响，除岩石地基外，最小基础埋深不应浅于 0.5 m。另外，为了尽量避免基础外露，遭受外界的侵蚀及破坏，基础顶面距设计地面的距离宜大于 100 mm。

基础埋深应综合考虑基底荷载大小、性质与基础底面尺寸，宜将基础底面设置在强度较高、刚度较大的持力层上，以满足地基承载力要求，且不致产生过大沉降或不均匀沉降。同时，基础还应具有足够的埋置深度，以保证基础的稳定性。此外，基础埋置深度合理确定，必须综合考虑建筑物的用途，有无地下设施，基础形式和构造；工程地质和水文地质条件；相邻建筑物的埋置深度；地基土冻胀和融沉以及地形、河流的冲刷影响等因素。

2.3.1　工程地质条件

地质条件是影响基础埋置深度的重要因素之一。通常地基由多层土组成，直接支撑基础的土层称为持力层，其下的各土层称为下卧层。在满足地基稳定和变形要求的前提下，基础应尽量浅埋，需要时应验算下卧软弱层地基承载力。当上层土的承载力低于下层土时，若取下层土为持力层，所需基底面积较小而埋深较大；而取上层土为持力层则情况恰好相反，此时应做方案比较后才能确定埋深大小，且应综合考虑基坑开挖难易程度影响。地下水位变化及其影响区干湿交替环境，对基础结构腐蚀作用相对严重，基底宜尽可能位于最高水位以上一定高度（如 0.2 m），或位于最低水位下一定深度（如 0.2 m）。当地基土在水平方向很不均匀时，同一建筑物的基础埋深可不相同，以调整基础的不均匀沉降，各埋深不同的分段长度不宜小于 1.0 m，底面标高差异不宜大于 0.5 m，如图 2-5 所示。如岩层倾斜时，应尽可能避免将基础的一部分置于基岩上，而另一部分置于土层中，以防基础由于不均匀沉降而发生倾斜甚至断裂。在陡峭山坡上修建桥台时，还应注意岩体的稳定性。

基础在风化岩石层中的埋置深度应根据其风

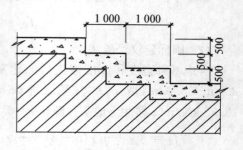

图 2-5　阶形基础

化程度、冲刷深度及相应的承载力来确定。当基础埋置在易风化软质岩层上时,施工时应在基坑开挖之后立即铺垫层,以免岩层表面暴露时间过长而被风化。对于浸水或失水体积不安定的特殊土地基(膨胀土、盐渍土等)地基,同样应重视基础坑槽开挖后临时防护稳定措施。

2.3.2 水文地质条件

选择基础埋深时应注意地下水的埋藏条件和动态以及地表水的情况。当有地下水存在时,基础底面应尽量埋置在地下水位以上。若基础底面必须埋置在地下水位以下时,除应考虑基坑排水、坑壁围护以及保护地基土不受扰动等措施外,还应考虑可能出现的其他施工与设计问题,例如出现涌土、流砂现象的可能性;地下水浮托力引起基础底板的内力变化等,并采取相应的措施。

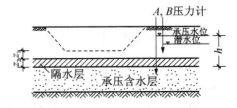

图 2-6 基坑下埋藏有承压含水层的情况

对基础坑槽底埋藏有承压含水层时,基础埋坑槽开挖时必须考虑承压水坑底突涌稳定控制,参见图 2-6。承压含水层顶部的静水压力 u 小于该处由坑底土产生的总覆盖压力 σ,宜取:

$$\frac{u}{\sigma} = \frac{\gamma_w h}{\sum \gamma_i z_i} < 0.7 \tag{2-16}$$

式中,h 可按预估的最高承压水位确定,或以孔隙压力计确定;坑槽底至承压含水层顶板间各层土的覆盖层厚度和重度分别为 z_i 和 γ_i。不能满足式(2-16)时,应设法排水降压降低承压水头。

河床水流冲刷是影响桥梁墩台基础埋深重要因素之一,桥梁墩台往往使流水面积缩小,流速增加,引起水流冲刷河床,特别是在山区和丘陵地区的河流,更应注意考虑季节性洪水的冲刷作用。在有冲刷的河流中,为防止桥梁墩、台基础四周和基底下土层被水流掏空,基础必须埋置在设计洪水的最大冲刷线以下一定深度,以保证基础稳定性。一般情况下,小桥涵的基础底面应设置在设计洪水冲刷线以下不小于 1 m。基础在设计冲刷线以下的最小埋置深度合理选择与河床地层的抗冲刷能力、计算设计流量的可靠性、选用计算冲刷深度的方法、桥梁的重要性,以及破坏后修复的难易程度等因素有关。非岩石河床桥梁墩台基底埋深在总冲刷深度(一般冲刷与局部冲刷深度之和)下的安全值,参见表 2-8。

表 2-8 基底埋深安全深度(m)

总冲刷深度(m) 桥梁类别	0	5	10	15	20
大桥、中桥、小桥(不铺砌)	1.5	2.0	2.5	3.0	3.5
特大桥	2.0	2.5	3.0	3.5	4.0

2.3.3 地基冻融条件

季节性冻土地区,土体出现冻胀和融陷。土体发生冻胀是由于土层在冻结区土颗粒表面结合水膜变薄,土粒产生剩余的分子引力;结合水膜中离子浓度增加,产生渗附压力,两种力联合作用形成不平衡引力,引起周围未冻区土中的水分向冻结区迁移、积聚所致。未冻结区存在水源及水源补给通道(毛细通道),则能连续不断地补充到冻结区来,形成开敞型冻胀,加剧冻胀病害。季节性冻土地区当温度升高土体解冻时,土中的水分高度富集,使土体软化融陷。地基土的冻胀性划分为不冻胀、弱冻胀、冻胀、强冻胀和特强冻胀五类,可参见《建筑地基基础设计规范》(GB 50007)附录 G 取值。

季节性冻土地基的设计冻深 $z_d(m)$,当有实测资料时,可以根据最大冻深出现时的场地最大冻土厚度 z_1 和场地地表冻胀量 Δz,按下式计算:

$$z_d = z_1 - \Delta z \tag{2-17}$$

当没有实测资料时,可以根据标准冻深 $z_0(m)$ 按下式计算:

$$z_d = z_0 \cdot \psi_{zs} \cdot \psi_{zw} \cdot \psi_{ze} \tag{2-18}$$

式中,标准冻深 z_0 系采用在地表平坦、裸露、城市之外的空旷场地中不少于 10 年实测最大冻深的平均值,可参见《建筑地基基础设计规范》(GB 50007)附录 F 取值。土的类别对冻深的影响系数为 $\psi_{zs} = 1.0 \sim 1.4$,土的冻胀性对冻深的影响系数 $\psi_{zw} = 0.8 \sim 1.0$。黏性土与特强冻胀土的孔隙水冻结体量相对较大,伴随水分冻结水化热的产生,冻深相对较小,且冻结速度相对较慢,土类冻深系数 ψ_{zs} 和冻胀性冻结系数 ψ_{zw} 相应取低值。环境对冻深的影响系数 $\psi_{ze} = 1.0 \sim 0.9$,市区人口超过 50 万时,应计入市区影响 $\psi_{ze} = 0.9$,且市区人口超过 100 万以上时尚应计入 5 km 以内郊区的近郊影响系数 $\psi_{ze} = 0.95$;市区人口 20~50 万时,仅按郊区影响计入作为市区影响系数,其他情况环境对冻深的影响系数 $\psi_{ze} = 1.0$。

基于季节性冻土地区冻胀与融陷病害控制,基础埋置深度宜大于场地冻结深度。但对于深厚季节冻土地区,当建筑基础底面土层不属于强冻胀和特强冻胀时,基础埋置深度可以小于场地冻结深度,基底允许冻土层最大厚度应根据当地经验确定或可按相关规范查取。此时,基础最小埋深 d_{min} 可按下式计算:

$$d_{min} = z_d - h_{max} \tag{2-19}$$

式中　h_{max}——基础底面下允许残留冻土层的最大厚度(m),可根据当地经验,或按相关规范根据冻土冻胀性划分,可按《建筑地基基础设计规范》(GB 50007)附录 G 取值。

类似于上式(2-18),《公路桥涵地基与基础设计规范》(JTG D63)规范中的设计冻深确定还考虑地形坡向影响系数 ψ_{zg}、基础结构的影响系数 ψ_{zf},前者 ψ_{zg} 对应平坡为 1.0、阳坡为 0.9、阴坡为 1.1;后者一般 $\psi_{zg} = 1.1$。

2.3.4　建筑环境条件

在靠近原有建筑物修建新基础时,为了保证在施工期间原有建筑物的安全和正常使用,减小对原有建筑物的影响,新建建筑物的基础埋深不宜大于原有建筑基础。否则两基础间应保持一定净距,其数值应根据原有建筑物荷载大小、基础形式、土质情况及结构刚度大小而定,且不宜小于该相邻两基础底面高差的 1~2 倍,如图 2-7 所示。如果不能满足这一要求时,应采取措施,如分期施工、设临时加固支撑或板桩支撑、设置地下连续墙等。

当建筑物内采用不同类型基础,如单层工业厂房排架柱基础与邻近的设备基础,如果两基础间的净距与其底面间的标高差不满足图 2-7 的要求时,则应按埋深大的基础统一考虑,例如先施工埋深大的基础。

位于稳定土坡坡顶上的建筑,靠近土坡边缘的基础与土坡边缘应具有一定距离,参见图 2-8。当垂直于坡顶边缘线的基础底面边长小于或等于 3 m 时,其基础底面边缘线至坡顶的水平距离应符合下式要求,但不得小于 2.5 m。

条形基础
$$a \geqslant 3.5b - \frac{d}{\tan\beta} \qquad (2\text{-}20\text{a})$$

矩形基础
$$a \geqslant 2.5b - \frac{d}{\tan\beta} \qquad (2\text{-}20\text{b})$$

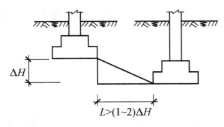

图 2-7　相邻基础的埋深　　　　　图 2-8　基础底面外边缘线至坡顶的水平距离

当不满足式(2-20)的构造稳定要求时,或土坡高度超过 8.0 m、倾角大于 45°时,尚应进行地基稳定性验算。

2.3.5　上部结构型式

建筑物的结构类型不同,对基础产生的位移适应能力不尽相同,地基沉降可能造成的危害程度不一样。

对于静定结构、中、小跨度的简支梁来说,上部结构对确定基础埋置深度影响不大。但是,对超静定结构,即使基础发生较小的不均匀沉降,也会使结构构件内力发生明显变化。由于高层建筑荷载大,且又承受较大的风力荷载和地震作用等水平荷载,在抗震设防区,除岩石地基外,天然地基上的箱形和筏形基础埋置深度,不宜小于建筑物高度的 1/15;桩箱或桩筏基础埋置深度(不计桩长),不宜小于建筑物高度的 1/18~1/20。因此,高层建筑和对不均匀沉降要求严格的建筑设计中,为了减小沉降,往往把基础埋置在较深的良好土层上。此外,承受较大水平荷载的基础,应有足够大的埋置深度,以保证地基的稳定性。例如拱桥桥台,为了减少可能产生的水平位移和沉降差值,有时须将基础设置在埋藏较深的坚实土层上。

2.4　地基承载力、变形与稳定分析

根据 1.1.3 节有关内容,建筑物地基基础设计应根据地基基础设计等级,长期荷载作用下地基变形对上部结构的影响程度,应在满足承载力分析设计基础上,设计等级为甲级或乙级的建筑物均应按地基变形验算进行设计,且需要时尚需进行基础稳定验算。

2.4.1 地基承载力验算

如前所述,直接支承基础的地基土层称为持力层,在持力层下面的各土层称为下卧层,若某下卧层承载力较持力层明显偏低,则称为软弱下卧层。地基承载力的验算应包括持力层的地基承载力验算和软弱下卧层的承载力验算。

1. 中心受荷基础

各级各类建筑物浅基础的地基承载力验算均应满足式(2-1)的基本要求,需要进行地基抗震承载力验算时,尚应满足式(2-2)要求。单独基础基础埋深为 d,相应于荷载效应标准组合时的基础顶面承担通过基础底面中心的竖向荷载为 $F_k(kN)$,基础底面积为 A,参见图 2-9。则相应于荷载效应标准组合时,基底平均压力 $p_k(kPa)$ 可以表示为:

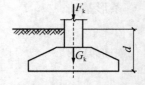

图 2-9 中心受荷单独基础

$$p_k = \frac{F_k + G_k}{A} \tag{2-21}$$

式中 G_k——基础自重和基础上土重的标准组合值(kN)。

上式中,对一般实体基础,基础自重和基础上的土重可近似地取 $G_k = \gamma_G A d$,其中 γ_G 为基础及回填土的平均重度,可取 $\gamma_G = 20\ kN/m^3$。但在地下水位以下部分应扣去浮托力。

根据式(2-1)的浅基础地基承载力验算要求,基础底面积 A 必须满足:

$$A \geqslant \frac{F_k}{f_k - \gamma_G d} \tag{2-22a}$$

对墙下条形基础,通常沿墙长度方向取 1 m 进行计算,当基础每米长度上的外荷载为 $F_k(kN/m)$ 时,可得条形基础宽度必须满足:

$$b \geqslant \frac{F_k}{f_k - \gamma_G d} \tag{2-22b}$$

基础底面面积确定时,上式中基础埋深已经确定,地基承载力特征值一般可考虑基础埋深的修正,但无法进行基础宽度的修正,因此采用地基承载力特征值 f_k 表示。当基础尺寸确定后,地基承载力验算则应按式(2-1)或(2-2),采用修正后的地基承载力特征值 f_a。

2. 偏心受荷基础

工程实践中,基础一般不仅承受竖向荷载,还可能承受柱、墩传来的弯矩 M_k 及水平力 Q_k。此时,基底反力将呈梯形或三角形分布,如图 2-10 所示。相应于荷载效应标准组合时的基底反力梯形分布时对应的基础底面边缘的最小反力 $p_{kmin}(kN)$、最大反力 $p_{kmax}(kN)$ 和基础底面弯矩 $M_{yk}(kN \cdot m)$ 分别为:

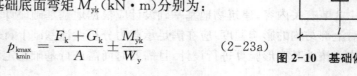

$$p_{kmax \atop kmin} = \frac{F_k + G_k}{A} \pm \frac{M_{yk}}{W_y} \tag{2-23a}$$

图 2-10 基础偏心荷载作用

$$M_{yk} = M_k + Q_k d \tag{2-23b}$$

式中　W_y——基础底面 y 轴的截面抵抗距 $W_y = l^2 b/6 (\mathrm{m}^3)$，$l$ 为矩形基础底面沿水平力或弯矩作用面方向（x 方向）的边长（m），b 为基础矩形底面的另一边长（m）。

基础底面总的竖向荷载为 $F_k + G_k$，l 方向偏心距为 e_x，则根据对基础中心的力矩平衡条件，可得：

$$M_{yk} = (F_k + G_k)e_x \quad \text{或} \quad e_x = \frac{M_{yk}}{F_k + G_k} \tag{2-24}$$

再将上式代入表达式（2-23a），则得到：

$$p_{\substack{kmax \\ kmin}} = \frac{F_k + G_k}{A}\left(1 \pm \frac{6e_x}{l}\right) \tag{2-25}$$

对于承受双向偏心荷载作用的基础，基底边缘的最大、最小压力值可按下式计算

$$p_{\substack{kmax \\ kmin}} = \frac{F_k + G_k}{A} \pm \frac{M_{xk}}{W_x} \pm \frac{M_{yk}}{W_y} \tag{2-26a}$$

或

$$p_{\substack{kmax \\ kmin}} = \frac{F_k + G_k}{A}\left(1 \pm \frac{6e_y}{b} \pm \frac{6e_x}{l}\right) \tag{2-26b}$$

必须指出基底压力 p_{kmax} 和 p_{kmin} 相差过大则易使基础倾斜，为了减少因地基应力不均匀引起过大的不均匀沉降，p_{kmax} 和 p_{kmin} 相差不宜悬殊。相应于荷载效应标准组合时，尤其是准永久性组合时，基础底面不应出现零应力脱离区，偏心距 e 不宜大于 $l/6$。在中、高压缩性土上的基础，或有吊车的厂房柱基础，偏心距 e 不宜大于 $l/6$；对低压缩性地基土上的基础，考虑暂短工况时，偏心距 e 应控制在 $l/4$ 以内。当上述条件不能满足时，则应调整基础尺寸，使基底形心与荷载重心尽可能重合，或采用非对称基础形式。

某些短暂工况基底压力可能出现 $p_{kmin} < 0$ 情况，即基底出现零压力脱离区。此时，引入基础底面核心半径 ρ 概念，单向偏心受力时，基础底面面积 A 和 y 方向截面抵抗距为 W_y，弯矩作用面方向矩形基础边长为 l，则基础底面核心半径 ρ 定义为：

$$\rho = \frac{W_y}{A} = \frac{l}{6} \tag{2-27}$$

对于承受双向偏心荷载作用的基础，根据应力等效概念简化计算方法，可以得到：

$$p_{kmin} = p_k\left(1 - \frac{e_x}{\rho_x} - \frac{e_y}{\rho_y}\right) = p_k\left(1 - \frac{e}{\rho}\right)$$

或

$$\frac{e}{\rho} = 1 - \frac{p_{kmin}}{p_k} \tag{2-28}$$

单向偏心受力时，当 $e_x < \rho$ 时，基底压力分布为梯形；当 $e_x = \rho$ 时，基底压力分布为三角形。当 $e_x > \rho$ 时，此时基底出现 $p_{kmin} < 0$ 情况，基底压力重新分布，参见图 2-11。根据合力作用与基底反力重合，且符合静力平衡条件，受压区压力重新分布后，基础边缘最大压力 p_{kmax} 按下式计算：

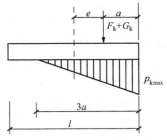

图 2-11　偏心距 $e > l/6$ 时基底压力

$$p_{kmax} = \frac{2(F_k + G_k)}{3ba} = \frac{2(F_k + G_k)}{3b\left(\frac{l}{2} - e\right)} \qquad (2-29)$$

$$a = l/2 - e$$

式中 a——偏心荷载合力作用点至基础底面最大反力作用边缘的距离(m)。

《公路桥涵地基与基础设计规范》(JTG D63)中,桥梁墩台应验算作用于基底的合理偏心距容许值$[e_0]$,参见表 2-9。

表 2-9 墩台基底的合力偏心距容许值$[e_0]$

作用情况	地基条件	合力偏心距	备 注
墩台仅承受永久作用标准值效应组合	非岩石地基	桥墩 $\frac{[e_0]}{\rho} \leqslant 0.1$ 桥台 $\frac{[e_0]}{\rho} \leqslant 0.75$	拱桥、钢构桥墩台,其合力作用点应尽量保持在基底中心附近
墩台承受作用标准值效应组合或偶然作用(地震作用除外)标准值效应组合	非岩石地基	$\frac{[e_0]}{\rho} \leqslant 1.0$	拱桥单向推力墩不受限制,但应符合本规范表 4.4.3 规定的抗倾覆稳定系数
	较破碎-极破碎岩石地基	$\frac{[e_0]}{\rho} \leqslant 1.2$	
	完整、较完整岩石地基	$\frac{[e_0]}{\rho} \leqslant 1.5$	

3. 基础底面确定

单独扩展基础基底面积确定,工程实践中通常采用逐次渐进试算法分析计算。

(1)先按基础埋深确定地基承载力特征值 f_k,仅考虑基底中心荷载 f_k 按式(2-22)预估基础底面积 A_0 或宽度 b_0;

(2)根据偏心距的大小将 A_0 或 b_0 增大 10%~40%,作为首次试算尺寸 A 或 b;

(3)矩形基础底面偏心距位置特征,根据 A 的大小初步选定矩形基础底面边长 l 和 b,一侧偏心时,长边 l 一般为偏心方向;两侧偏心时,长边 l 一般为偏心较大方向;

(4)根据初定的基础底面边长 l 和 b,计算修正后的地基承载力特征 f_a,再按式(2-24)(2-25)验算基底边缘最大压力 p_{kmax},以及基础长边偏心距 e_x 和短边偏心距 e_y;

(5)如满足式(2-1),一般应稍有富余时,则选定基底尺寸 l 和 b 合适;如不满足要求(基底尺寸偏小)或富裕过大(基底尺寸太大),则需要重新调整 l 和 b 再进行验算。

如此反复一、二次,便可定出合适的尺寸。此外,需要抗震地基承载力验算时,尚需考虑地震作用的地震效应标准组合 p_{kE} 和 p_{kmaxE},按地基抗震承载力调整系数 ζ_E 调整修正后地基承载力特征值 $f_{aE} = \zeta_E f_a$,按式(2-1)进行基底面积的抗震承载力验算。当基础持力层下卧软土层时,尚需进行基底面积的软弱下卧层验算。

【例题 2-2】 试确定例图 2-2 中,设有吊车的厂房柱下矩形基础的底面尺寸。

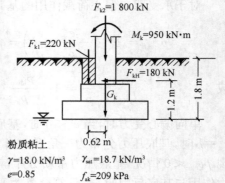

例图 2-2 柱下矩形基础

解：

(1) 估算基础底面积 A_0

根据粉质黏土 $e=0.85$，查表 2-4，得 $\eta_d=1.0$，计算地基承载力特征值 f_k 如下：

$$f_k = 209 + 1.1 \times 18 \times (1.8 - 0.5) = 234.7 \text{ kPa}$$

基础及回填土的平均重度 $\gamma_G = 20 \text{ kN/m}^3$，考虑偏心荷载影响，将 f_k 乘以折减系数 $\xi = 0.8$，按中心荷载估算基底面积 A_0 如下：

$$A_0 = \frac{1\,800 + 220}{0.8 \times 234.7 - 20 \times 1.8} = 13.3 \text{ m}^2$$

单向偏心荷载，取基底边宽长比 $l/b = 2$（l 为荷载偏心方向边长，设为 x 轴），则有：

$$A = lb = 2b^2 = 13.3 \text{ m}^2，\text{取 } b = 2.6 \text{ m}, \ l = 5.2 \text{ m}$$

(2) 验算荷载偏心距 e_x

计算基础底面作用总的竖向荷载标准组合值如下：

$$F_k + G_k = 1\,800 + 220 + 20 \times 2.6 \times 5.2 \times 1.8 = 2\,507 \text{ kN}$$

$$p_k = \frac{F_k + G_k}{A} = \frac{2\,507}{5.2 \times 2.6} = 185.4 \text{kPa}$$

计算基础底面作用对基底中心点力矩 M_{yk} 和偏心距 e_x：

$$M_{yk} = 950 + 180 \times 1.2 + 220 \times 0.62 = 1\,302 \text{ kN} \cdot \text{m}$$

$$e_x = \frac{1\,302}{2\,507} = 0.519 \text{ m} < \frac{l}{6} = 0.867 \text{ m},$$

满足要求。

(3) 地基承载力验算

基础宽度（短边）$b = 2.6 \text{ m} < 3 \text{ m}$，故 $f_a = f_k = 234.7 \text{ kPa}$，验算基底承载力如下：

平均反力，$p_k = 185.4 \text{ kPa} < f_a = 234.7 \text{ kPa}$，满足要求；

偏心作用，$p_{max} = 185.4 \times \left(1 + \frac{6 \times 0.519}{5.2}\right) = 299 \text{ kPa} > 1.2 f_a = 281.6 \text{ kPa}$，不满足要求。

(4) 基底尺寸调整

调整基底尺寸如下 $b = 2.7 \text{ m}$, $l = 5.4 \text{ m}$，则

$$F_k + G_k = 1\,800 + 220 + 20 \times 2.7 \times 5.4 \times 1.8 = 2\,545 \text{ kN}$$

$$e_x = \frac{1\,302}{2\,545} = 0.512 \text{ m} (< l/6 = 0.867 \text{ m})$$

$$p_k = \frac{2\,545}{2.7 \times 5.4} = 174.6 \text{ kPa} < f_a = 234.7 \text{ kPa}$$

满足要求；

$$p_{\max} = 174.6 \times \left(1 + \frac{6 \times 0.512}{5.4}\right) = 274 \text{ kPa} < 1.2 f_a = 281.6 \text{ kPa}$$

满足要求。

偏心荷载作用下,基底承载力折减系数计算如下:

$$\xi = \frac{1.2}{1 + 6 \times \dfrac{0.512}{5.4}} = 0.76$$

可以看出,偏心荷载作用下承载力验算,尽管采用表达式(2-1b),但对平均作用下的地基承载力的要求并未降低,相反明显提高。

4. 软弱下卧层验算

建筑场地土大多数是成层的,一般土层的强度随深度而增加,而外荷载引起的附加应力则随深度而减小,一般基础底面持力层承载力满足设计要求即可。但是也有不少情况,基底良好,持力层相对基础宽度较薄,在持力层以下地基主要受力影响范围内存在软弱土层,此时仅满足持力层的承载力要求是不够的,还需验算软弱下卧层地基承载力。即相应于荷载效应标准组合时,传递到软弱下卧层顶面处土体的附加应力 p_z(kPa)与自重应力 p_{cz}(kPa)之和,不超过软弱下卧层顶面处经深度修正后的地基承载力特征值 f_{az}(kPa)。

$$p_z + p_{cz} \leqslant f_{az} \tag{2-30}$$

根据弹性半空间体理论,下卧层顶面土体的附加应力在基础中轴线处最大,向四周扩散呈非线性分布,且上硬下软双层体系存在复杂的应力扩散效应。通过试验研究,并参照双层地基中附加应力分布的理论解答,当持力层与下卧软弱土层的压缩模量比值 $E_{s1}/E_{s2} \geqslant 3$ 时,根据附加应力某一压力扩散角 $\theta(°)$ 向外扩散的基本原理和附加应力合力不变的静力平衡条件,《建筑地基基础设计规范》(GB 50007)提出了软弱下卧层顶面处土体的附加应力 p_z 的简化计算方法:

矩形基础

$$p_z = \frac{(p_k - p_c)lb}{(l + 2z\tan\theta)(b + 2z\tan\theta)} \tag{2-31a}$$

条形基础

$$p_z = \frac{(p_k - p_c)b}{b + 2z\tan\theta} \tag{2-31b}$$

式中　l、b——分别为基础的长度(m)和宽度(m),
　　　　条形基础时的 $l = 1.0$ m;

　　　　p_c——基础底面处土的自重应力(kPa);

　　　　z——基础底面到软弱下卧层顶面的距离(m)。

基底持力层压力扩散角 θ 与持力层相对基础宽度的归一化厚度 z/b 和持力层相对软弱下卧层的归一化模量 E_{s1}/E_{s2},按表 2-10 选用。按双层地基中应力分布原理,当持力层相对愈刚(E_{s1}/E_{s2} 愈大)时,附加应力传递扩散效应愈显著(θ 值越大);随着持力层

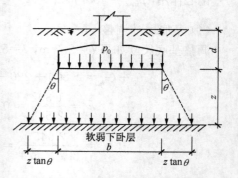

图 2-12　软弱下卧层附加应力

相对深度的增加(z/b 增加),附加应力扩散效应愈显著。此外,附加应力水平相对持力层承载力愈低,扩散效应愈显著,表 2-10 中的附加应力扩散角 θ 是根据附加应力水平接近持力层承载力时,即附加应力水平相对较高时所对应最小扩散角确定,实践中具有充足的安全储备。

表 2-10　地基压力扩散角 $\theta(°)$

$\dfrac{E_{s1}}{E_{s2}}$	$\dfrac{z}{b}$	
	0.25	0.50
3	6°	23°
5	10°	25°
10	20°	30°

注:$z/b<0.25$ 时取 $\theta=0°$;必要时,宜由试验确定;$z/b>0.50$ 时 θ 值不变;$0.25<z/b<0.5$ 时,可以内插取值。

【例题 2-3】　在例题 2-2 中假如存在软弱下卧层,试根据例图中各项资料验算软弱下卧层的承载力是否满足要求。

解:(1) 下卧层顶面荷载 p_z 和 p_{cz}

$$p_k = 174.6 \text{ kPa}$$

$$\left.\begin{aligned}\frac{E_{s1}}{E_{s2}} = \frac{7.5}{2.5} = 3 \\ \frac{z}{b} = \frac{2.5}{2.7} > 0.50 \end{aligned}\right\} \Rightarrow \theta = 23°$$

计算下卧层顶面附加应力:

$$p_k - p_c = 174.6 - 18.0 \times 1.8 = 142.2 \text{ kPa}$$

$$\chi = \frac{lb}{(l+2z\tan\theta)(b+2z\tan\theta)} = 0.402$$

$$p_z = \chi(p_k - p_c) = 57.2 \text{ kPa}$$

$$p_{cz} = 18.0 \times 1.8 + (18.7 - 10) \times 2.5 = 54.2 \text{ kPa}$$

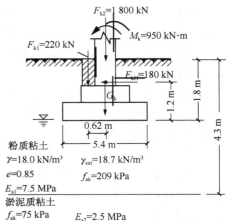

例图 2-3　软弱下卧层验算

(2) 下卧层地基承载力验算

$$\gamma_m = \frac{p_{cz}}{d+z} = \frac{54.2}{4.3} = 12.6 \text{ kN/m}^3$$

$$f_{az} = 75 + 1.0 \times 12.6 \times (4.3 - 0.5) = 122.9 \text{ kPa}$$

$$p_z + p_{cz} = 54.2 + 57.2 = 111.4 \text{ kPa} < f_{az}$$

满足下卧层地基承载力要求。

2.4.2　基础稳定性验算

对经常承受水平荷载的建(构)筑物,如水工建筑物;挡土结构以及高层建筑和高耸建筑,地基的稳定问题可能成为控制地基强度的主要方面。在水平和竖向荷载共同作用下,地基失去稳定而破坏的形式有三种:①沿基底产生表层滑动;②偏心荷载过大而使基础倾覆;③深层整体滑动破坏。

1. 水平滑动稳定

当水平荷载较大,而竖向荷载相对较小的情况下,一般需验算地基抗水平滑动稳定性。目前,地基的稳定验算仍采用单一安全系数的方法。当表层滑动时,定义基础底面的抗滑动摩擦阻力(抗力)与作用于基底的水平力(荷载)之比为安全系数 K,即

$$K = \frac{(F+G)f}{H} \tag{2-32}$$

式中　K——表层滑动安全系数,根据建筑物安全等级,取 1.2~1.4;

　　　f——基底与地基土的摩擦系数。

《建筑地基基础设计规范》(GB 50007)中关于稳定性基础验算,相应于荷载效应基本组合时,作用于基底的竖向力的总和 $F+G$(kPa),作用于基底的水平力的总和 H(kPa)。必须指出,上述 F、G 和 H 组合时分项修正系数均取 1.0,本质上类似于标准组合值。

2. 倾覆稳定性验算

基础倾覆往往发生在承受较大的单向水平推力,而其合力作用点又远离基础底面中心点的结构物上,如挡土墙或高桥台受侧向土压力作用,拱桥施工中墩、台承受的不平衡的推力等情况,均属于基础的倾覆和倾斜稳定问题。此时,除了验算地基承载力外,尚应考虑基础的倾覆稳定性。

理论和实践证明,基础倾覆稳定性与其所受到的合力偏心距有关,合力偏心距愈大,则基础抗倾覆的安全储备愈小。因此,在设计时,可以用限制合力偏心距来保证基础的倾覆稳定性。设基底截面重心至压力最大一边的距离为 y,外力合力偏心距为 e_0,则两者的比值 $K = y/e_0$ 可反映基础倾覆稳定性的安全度,称为抗倾覆稳定系数,参见图 2-13。外力合力偏心距为 e_0 计算荷载组合,同上述水平稳定性验算。不同荷载组合,对抗倾覆稳定系数有不同的要求值。一般在主要荷载组合时,要求相对较高,$K \geqslant 1.5$;在各种附加荷载组合时,可相应降低,$K = 1.1 \sim 1.3$。《公路桥涵地基与基础设计规范》(JTG D63)中,验算墩台抗倾覆和抗滑动稳定性时,稳定系数取值参见表 2-11。

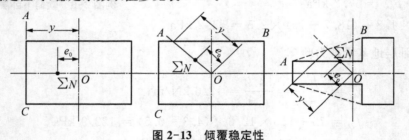

图 2-13　倾覆稳定性

表 2-11　抗倾覆和抗滑动的稳定性系数

作 用 组 合		验算项目	稳定性系数
使用阶段	永久作用(不计混凝土收缩及徐变、浮力)和汽车、人群的标准值效应组合	抗倾覆	1.5
		抗滑动	1.3
	各种作用(不包括地震作用)的标准值效应组合	抗倾覆	1.3
		抗滑动	1.2
施工阶段作用的标准值效应组合		抗倾覆 抗滑动	1.2

3. 抗浮稳定验算

基础作用简单浮力时,浮力作用可根据抗浮设计水位和基底埋深按阿基米德原理计算,其核心在于确定合理的设计抗浮水位。当有长期地下水位观测资料时,场地抗浮设计水位可采用实测最高水位。当无长期观测资料或资料缺乏时,按勘察期间实测最高水位并结合枯水或丰水状态,考虑地形地貌与地下水补给、排泄条件等因素综合确定。例如,勘察期间地下水最高水位值 h_1,地下水位的年变化幅值为 h_2(正值),意外补给后的水位上升值为 h_3,则枯水期抗浮水位为 $h=h_1+h_2+h_3$;而丰水期则为 $h=h_1+h_3$。关于相对不透水地基的基底抗浮验算的浮力作用计算是否需要折减或折减多少,认识尚不统一。但是,相对不透水黏性土地基基底浮力作用存在时效性毋庸置疑,长期运营抗浮验算按设计抗浮水位不进行折减,也是偏于安全的。

基础作用简单浮力时,采用基础自重标准值 G_k 和浮力作用标准值 $N_{w,k}$,基础抗浮稳定性按下式验算:

$$K_w = \frac{G_k}{N_{w,k}} \tag{2-33}$$

一般情况抗浮稳定安全系数 $K_w=1.05$,且可采用增加压重或设置抗浮构件等被动抗浮措施。当基础整体抗浮稳定满足要求但局部抗浮不足时,可采用增加基础结构刚度的措施。此外,地下水位以下的大型地下结构的抗浮亦可以采用基底下抽水降压主动抗浮设计。

4. 地基整体滑动稳定验算

在竖向和水平向荷载共同作用下,若地基内又存在软土或软土夹层,则需进行地基整体滑动稳定性验算。实际观察表明,地基整体滑动形成的滑裂面在空间上通常形成一个弧形面。稳定计算通常采用土力学中的圆弧滑动法,滑动稳定安全系数是指最危险滑动面上诸力对滑动中心所产生的抗滑力矩与滑动力矩之比值,$K=M_R/M_s$。一般要求 $K \geqslant 1.2$;若考虑深层滑动时,滑动面可为软弱土层界面,即为一平面,此时安全系数 K 应大于 1.3。

关于建造在斜坡上的建筑物,也可根据具体情况,采用圆弧滑动法或其他方法验算地基的稳定性。

2.4.3　地基变形验算

地基基础设计中,需控制地基的变形在允许的范围内,以保证上部结构不因地基变形过大而丧失其使用功能或破坏。对于设计等级为甲、乙级建筑物和部分丙级建筑物,在确保地基承载力满足要求的基础上,一般采用变形验算控制地基基础设计。

1. 变形验算

在常规变形控制地基基础设计中,针对各类建筑物的结构特点、整体刚度和使用要求的不同,计算地基基础变形的某一特征值,验证其是否超过相应容许值[Δ],即:

$$\Delta \leqslant [\Delta] \tag{2-34}$$

基础的地基变形特征值 Δ 计算时,应采用相应长期效应荷载准永久组合(不计入风荷载和地震作用)时的基础底面的附加应力,按线性变形体压缩理论计算地基沉降量后分析求得。相应变形特征值的允许值[Δ],则是根据建筑物的结构特点、使用条件和地基土的类别而确定的。基础变形特征值主要有沉降量、沉降差、倾斜和局部倾斜 4 种,参见表 2-12。

表 2-12　基础的地基沉降特征值分类

地基变形指标	图例	计算方法
沉降量		s_1基础中点沉降值
沉降差		两相邻独立基础沉降值之差 $\Delta s = s_1 - s_2$
倾斜		$\tan \theta = \dfrac{s_1 - s_2}{b}$
局部倾斜		$\tan \theta' = \dfrac{s_1 - s_2}{l}$

　　由于建筑地基不均匀、荷载差异很大、体型复杂等因素引起的地基变形,对于砌体承重结构应由局部倾斜值控制;对于框架结构和单层排架结构应由相邻柱基的沉降差控制;对于多层或高层建筑和高耸结构应由倾斜值控制,必要时应控制平均沉降量。

2. 允许变形

　　由于各类建筑物的结构特点和使用要求不同,对地基变形的反应敏感程度不同,变形验算的特征值各异,相应的允许值也不同。中等压缩性地基上,根据上部结构对地基变形的适应能力和使用上的要求,建筑物地基实际最终变形允许值,参见表 2-13。其中,差异沉降容许值系指建筑相邻柱基的沉降差,表示为相邻柱基间距 l 的函数;倾斜系指基础倾斜方向两端点的沉降差与其距离的比值;局部倾斜指砌体承重结构沿纵向 6～10 m 内基础两点的沉降差与其距离的比值。

表 2-13　建筑物地基变形容许值

变 形 特 征	地基土类别	
	中、低压缩性土	高压缩性土
砌体承重结构基础的局部倾斜	0.002	0.003
工业与民用建筑相邻柱基的沉降差 (1) 框架结构 (2) 砌体墙填充的边排柱 (3) 当基础不均匀沉降时不产生附加应力的结构	0.002*l* 0.0007*l* 0.005*l*	0.003*l* 0.001*l* 0.005*l*
单层排架结构(柱距为 6 m)柱基的沉降量(mm)	(120)	200
桥式吊车轨面的倾斜(按不调整轨道考虑) 　　　纵向 　　　横向	0.004 0.003	

续表 2-13

变 形 特 征	地基土类别	
	中、低压缩性土	高压缩性土
多层和高层建筑的整体倾斜 $H_g \leqslant 24$ $24 < H_g \leqslant 60$ $60 < H_g \leqslant 100$ $H_g > 100$	0.004 0.003 0.002 5 0.002	
体型简单的高层建筑基础的平均沉降量(mm)	200	
高耸结构基础的倾斜 $H_g \leqslant 20$ $20 < H_g \leqslant 50$ $50 < H_g \leqslant 100$ $100 < H_g \leqslant 150$ $150 < H_g \leqslant 200$ $200 < H_g \leqslant 250$	0.008 0.006 0.005 0.004 0.003 0.002	
高耸结构基础的沉降量(mm) $H_g \leqslant 100$ $100 < H_g \leqslant 200$ $200 < H_g \leqslant 250$	400 300 200	

地基的变形允许值对于不同类型的建筑物、不同的建筑结构特点和使用要求,以及上部结构对不均匀沉降的敏感程度和结构安全储备要求,而有所不同。单纯技术层面,基础的地基变形特征值标准制定,考虑了结构自身变形附加作用和地基附加应力变化的稳定控制。例如,砌体承重结构的裂缝主要是由局部倾斜过大而引起的,砖墙可见裂缝的临界拉应变约为 0.05%,据此制定了相应局部倾斜允许值标准;框架结构主要由柱基的不均匀沉降引起构件受剪扭曲损坏控制,填充墙框架结构的相邻柱基沉降差不超过 $0.002l$ 时是安全的,A. W. 斯肯普顿曾得出敞开式框架结构不发生损毁的柱基差异沉降宜小于 $0.007l$ 的结论,据此并考虑一定安全储备制定了相应差异沉降允许值标准;高层建筑横向倾斜允许值主要取决于人们视觉的敏感程度,倾斜明显可见程度时大致为 1/250(M. I. ESRIC, 1973),而结构损坏则大致相当于倾斜值达到 1/150 时开始,考虑到倾斜允许值应随建筑物的高度增加而递减,且根据基础倾斜引起建筑物重心偏移使基底边缘压力增量不超过平均压力的 1/40,制定相应允许倾斜值控制标准。

3. 地基沉降分析

地基沉降计算中,采用相应于作用的准永久组合时,基础底面处的附加压力 p_0(kPa),且不考虑地震、风荷载作用。地基沉降计算仍基于线性变形体地基压缩规律与地基附加应力场弹性理论,采用经典土力学分层总和法计算地基固结沉降量 s_c,经沉降计算经验系数 ψ_s 修正后得到,即:

$$s = \psi_s s_c = \psi_s p_0 \sum_{i=1}^{n} \frac{A_i}{E_{si}}, \ A_i = z_i \bar{\alpha}_i - z_{i-1} \bar{\alpha}_{i-1} \tag{2-35}$$

式中　n——地基变形计算深度范围内所划分的土层数,参见图 2-14;

　　　z_i——基础底面至第 i 层土底面的距离(m);

　　　$\bar{\alpha}_i$——基础底面计算点至第 i 层土底面范围内平均附加应力系数,可按《建筑地基基础设计规范》(GB 50007)附录 K 查取；

A_i——第 i 层土附加应力系数沿土层厚度的积分值(m)；

E_{si}——基础底面下第 i 层土的压缩模量(MPa)，应取第 i 层土平均深度处的土体自重压力至土体自重压力与附加压力之和之间的压力段计算。

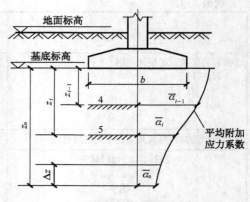

图 2-14　基础沉降计算的分层示意

沉降计算经验系数 ψ_s，综合考虑基底附加应力水平和地基土层压缩性的影响。基底压力水平相对(地基承载力特征值)偏高时，地基附加应力可导致地基土体天然结构损伤引起土体压缩性提高；地基土层压缩性较高时，附加应力作用下的侧向变形影响愈大，因此经验系数 ψ_s 取高值，且可超过 1.0。反之，附加应力水平相对较低，地基土体天然结构完好，其固有压缩性较低，压缩土层的侧向变形影响较小，因此经验系数 ψ_s 取低值，且可小于 1.0。沉降计算经验系数 ψ_s，可根据地区沉降观测资料及经验确定。无地区经验时，《建筑地基基础设计规范》(GB 50007)推荐采用变形计算深度范围内土层压缩模量当量值 $\overline{E}_s$ 和基底附加压力水平，按表 2-14 取值。压缩模量当量值 $\overline{E}_s$，应按下式计算：

$$\overline{E}_s = \frac{\sum A_i}{\sum \dfrac{A_i}{E_{si}}} \tag{2-36}$$

表 2-14　沉降计算经验系数 ψ_s

$\overline{E}_s$(MPa) 基底附加压力	2.5	4.0	7.0	15.0	20.0
$p_0 \geqslant f_{ak}$	1.4	1.3	1.0	0.4	0.2
$p_0 \leqslant 0.75 f_{ak}$	1.1	1.0	0.7	0.4	0.2

当无相邻荷载影响，基础宽度在 1~30 m 范围内时，基础中点的地基变形计算的影响深度 z_n，可根据基础宽度 b(m)按下式计算。

$$z_n = b(2.5 - 0.4\ln b) \tag{2-37}$$

一般情况，根据基础宽度 b，由经验拟定的计算深度 z_n 向上取厚度为 Δz 土层(参见表 2-15)，计算 Δz 分层固结压缩变形值 Δs_{cn}(mm)和 z_n 以上土层累计固结沉降 S_c。当满足拟定计算深度 z_n 符合下式要求时，地基变形计算深度取 z_n。否则，继续向下计算。

$$\Delta z = 0.3(1 + \ln b) \tag{2-38}$$

$$\Delta s_{cn} \leqslant \frac{s_c}{40} = 0.025 \sum_{i=1}^{n} \Delta s_{ci}$$

表 2-15　Δz

b(m)	$\leqslant 2$	$2 < b \leqslant 4$	$4 < b \leqslant 8$	$b > 8$
Δz(m)	0.3	0.6	0.8	1.0

此外,当计算深度 z_n 取值符合上述规定,但 z_n 深度下部有较软土层时,应继续向下试算。在计算深度范围内存在基岩时,z_n 可取至基岩表面;当存在较厚的坚硬黏性土层,其孔隙比小于 0.5、压缩模量大于 50 MPa,或存在较厚的密实砂卵石层,其压缩模量大于 80 MPa时,z_n 可取至该层土表面。此时,地基土附加压力分布应考虑相对(下卧)硬层存在附加应力集中的影响,按下式修正方法计算具有刚性下卧层时地基最终变形量 s_{gz}。

$$s_{gz} = \beta_{gz}s = \beta_{gz}\psi_s s_c \qquad (2-39)$$

式中　β_{gz}——刚性下卧层对上覆土层的变形增大系数,按表 2-16 采用。

表 2-16　具有刚性下卧层时地基变形增大系数 β_{gz}

h/b	0.5	1.0	1.5	2.0	2.5
β_{gz}	1.26	1.17	1.12	1.09	1.00

注:h 为基底下至刚性下卧层顶的土层厚度;b 为基础底面宽度。

当存在相邻荷载时,应计算相邻荷载引起的地基变形,其值可按应力叠加原理,采用角点法计算。

由于目前沉降计算的误差较大,理论计算结果常和实际沉降有较明显偏差。因此,对于重要的、新型的、体型复杂的房屋和结构物,或使用上对不均匀沉降有严格要求的结构,应在施工期间及使用期间进行系统的沉降变形观测。沉降观测结果也可用于验证设计计算的正确性,并可总结经验,完善设计理论。同时,在必要的情况下,需要分别预估建筑物在施工期间和使用期间的地基变形值,以便预留建筑物有关部分之间的净空,考虑连接方法和施工顺序,一般浅基础的建筑物在施工期间完成的沉降量占最终沉降量比例,参见表 2-17。

表 2-17　不同土类施工期完成沉降

地基土层	砂土	其他低压缩性土	中等压缩性土	高压缩性土
施工期完成沉降比例(%)	>80%	50~80	25~50	5~20

2.5　单独扩展基础设计

在满足地基承载力要求条件下,按变形控制设计,需要时进行基础稳定性验算,确定单独扩展基础的埋深、基底几何尺寸后,需要进行单独扩展基础的结构设计,确定基础高度和配筋,并绘制施工图。单独扩展基础设计采用两种极限状态极其相应的荷载组合,类似于上部结构设计验算,主要包括承载力极限状态分析及其相应基本组合时的荷载作用效应设计值进行基础冲切计算确定基础高度,基础剪切计算验算基础高度,基础弯矩计算确定基础配筋;同时根据正常使用极限状态及其相应标准组合时的荷载作用效应标准值,进行基础结构或构件裂缝验算、变形验算与耐久性设计。

基础自重及其周围土重(简称基础自重)所引起的基底反力在常规设计方法中假定为线性分布,当基础自重可近似线性分布荷载时与线性分布基底反力恰好相抵,对基础结构不产生内力。因此,在基础结构设计中一般采用基底净反力 p_j(kPa),进行基础结构截面内力计算。

2.5.1 无筋扩展基础

无筋扩展基础系指由砖毛石、混凝土或毛石混凝土、灰土和三合土等材料组成的墙下条形基础或柱下独立基础,适用于多层民用建筑和轻型厂房。

单独扩展基础在上部外力以及基础自重作用下,基础底面将承受地基的反力,工作条件像个倒置的两边外伸的悬臂。在靠近柱、墙边或断面高度突然变化的台阶边缘处容易产生弯曲破坏或剪切破坏。无筋扩展基础材料的共同特点是具有较大的抗压强度,而抗弯、抗剪强度较低。因此,设计时必须保证基础内力(拉应力和剪应力)不超过相应的材料强度设计值。这种保证通常采用对基础构造要求来实现,即基础每个台阶的宽度与其高度之比 $\tan \alpha$ 都不超过相应的允许值,参见图 2-15。在这样的基础构造限制条件下,基础的高度相对都比较大,几乎不发生挠曲变形,因此称为刚性基础或称无筋扩展基础,且台阶宽度与其高度比值的允许值所对应的角度 α 称之为刚性角。允许宽高比 $\tan \alpha$ 不仅与材料性质有关,且随基底反力水平提高而降低,参见表 2-18。基底反力水平系指相应于荷载效应标准组合时的基础底面平均压力值 p_k(kPa)。

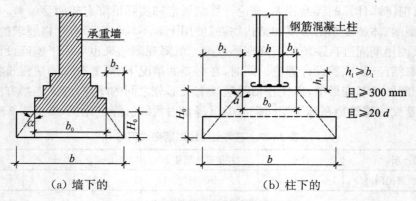

图 2-15 无筋扩展基础构造示意

表 2-18 无筋扩展基础台阶宽高比的允许值

基础材料	质量要求	台阶宽高比的允许值		
		$p_k \leqslant 100$	$100 < p_k \leqslant 200$	$200 < p_k \leqslant 300$
混凝土基础	C15 混凝土	1:1.00	1:1.00	1:1.25
毛石混凝土基础	C15 混凝土	1:1.00	1:1.25	1:1.50
砖基础	砖不低于 MU10、M5 砂浆	1:1.50	1:1.50	1:1.50
毛石基础	M5 砂浆	1:1.25	1:1.50	—
灰土基础	体积比为 3:7 或 2:8 的灰土,其最小干密度:粉土 1.55 t/m³,粉质黏土:1.50 t/m³,黏土 1.45 t/m³	1:1.25	1:1.50	—
三合土基础	体积比 1:2:4~1:3:6(石灰:砂:骨料),每层约虚铺 220 m,夯至 150 mm	1:1.50	1:2.00	—

注:当基础由不同材料叠合组成时,应对接触部分作抗压验算。

设基础底面宽度为 b(m),基础顶面的墙体宽度或柱脚宽度为 b_0(m),基础高度为 H_0

(m)，基础顶面的踏面宽度为 b_2，则无筋扩展基础高度构造设计应符合刚性角要求，即：

$$H_0 \geqslant \frac{b_2}{\tan \alpha} = \frac{b - b_0}{2\tan \alpha} \qquad (2-40)$$

多级台阶扩展刚性基础的变阶处台阶高度刚性角构造验算时，b_2 为某一台阶面踏面宽度，H_0 则为该台阶面以下基础高度。钢筋混凝土柱下无筋扩展基础，其柱脚高度 h_1 构造要求，参见图 2-15b。当柱纵向钢筋在柱脚内的竖向锚固长度不满足锚固要求时，可沿水平方向弯折，弯折后的水平锚固长度不应小于 $10d$，且不大于 $20d$。此外，对于阶梯形毛石基础的每阶伸出宽度，不宜大于 200 mm。当混凝土基础的基底平均压力值超过 300 kPa 时，应进行柱或台阶边的抗剪验算。立柱强度大于刚性扩展基础材料强度，基础下岩石地基的刚度较高且基底反力可能集中在柱截面附近区域时，则需进行局部抗压承载力验算。

刚性基础在砌筑材料方面也有一定要求，主要有：

（1）砖和砂浆砌筑基础所用砖和砂浆的强度等级，根据地基土的潮湿程度和地区的严寒程度而要求不同。地面以下或防潮层以下的砖砌体，所用材料强度等级不得低于表 2-19 所规定的数值。

（2）岩质料石（经过加工，形状规则的块石）、毛石和大漂石有较高的抗压强度和抗冻性，是基础的良好材料。山区石料可以就地取材，应该充分利用。基础石料要选用质地坚硬、不易风化的岩石，最小厚度不宜小于 150 mm。石料强度等级要求，参见表 2-19。

表 2-19　基础用砖、石材及砂浆最低强度等级

地基的潮湿程度	黏土砖		石材	白灰、水泥混合砂浆	水泥砂浆
	严寒地区	一般地区			
稍潮湿的	MU10	MU7.5	MU20	M2.5	M2.5
很潮湿的	MU15	MU15	MU20	M5	M5
含水饱和的	MU20	MU20	MU30	—	M5

（3）混凝土的抗压强度、耐久性、抗冻性都较砖好，且便于机械化施工，但水泥耗量较大，造价稍高，且一般需要支模板，较多用于地下水位以下的基础。强度等级一般常采用 C10～C15。为了节约水泥用量，可以在混凝土中掺入不超过基础体积 20%～30% 的毛石，称为毛石混凝土基础。

（4）灰土基础在我国华北和西北地区，环境比较干燥，且冻胀性较小，广泛应用。灰土是经过消解后的石灰粉和黏性土按一定比例加适量的水拌和夯击而成，其配合比为 3:7 或 2:8，一般采用 3:7，即 3 份石灰粉 7 份黏性土（体积比），通常称"三七灰土"。灰土在水中硬化慢，早期强度低，抗水性差；此外，灰土早期的抗冻性也较差。所以，灰土作为基础材料，一般只用于地下水位以上。

（5）三合土一般由消石灰、砂浆或黏性土和碎砖组成，其体积比为 1:2:4 或 1:3:6，亦称碎砖三合土。三合土所用的碎砖，其粒径应为 20～60 mm，不得夹有杂物；砂或黏性土中不得有草根、贝壳等有机杂物。

刚性基础的特点是稳定性好，施工简便，地基强度能够满足要求时，是房屋、桥梁、涵洞等结构物优先考虑的基础形式之一。刚性基础为了满足刚性角的要求，需较大的基础高度，

导致基础埋深增加,因此材料用量多且自重大,一般适于六层和六层以下(三合土基础不宜超过 4 层)的民用建筑和砌体承重的厂房以及荷载较小的桥梁基础。

2.5.2　扩展基础构造

钢筋混凝土扩展基础系指柱下钢筋混凝土独立基础和墙下钢筋混凝土条形基础。当不便于采用刚性基础或采用刚性基础不经济时,可以采用钢筋混凝土扩展基础。钢筋混凝土扩展基础的抗弯和抗剪性能良好,可在竖向荷载较大、地基承载力相对不高等情况下使用。该类基础的高度不受台阶宽高比的构造限制,同等基底扩展程度下,其基础高度远小于刚性基础扩展基础,更适宜于需要"宽基浅埋"的情况。例如,有些建筑场地浅层土承载力较高,即表层具有一定厚度的所谓"硬壳层",而在该硬壳层下土层的承载力相对较低,此时考虑采用此类钢筋混凝土扩展基础方案,可以充分利用地基浅层硬壳层作为持力层。

墙下钢筋混凝土扩展基础是砌体承重墙体及挡土墙、涵管下常用的基础形式,参见图 2-16。如果地基不均匀或承受荷载有差异时,为了增强基础的整体性和抗弯能力,可以采用有肋的墙基础,肋部配置足够的纵向钢筋和箍筋,参见图 2-16b。桥梁中的桥墩、建(构)筑物中的柱下常采用钢筋混凝土独立基础,参见图 2-17。其中,现浇柱基础参见图(a)和图(b);预制柱基础(杯口基础),参见图(c)和图(d)。

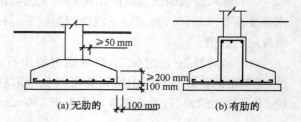

图 2-16　墙下钢筋混凝土扩展基础

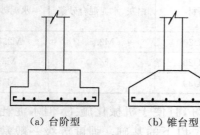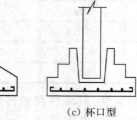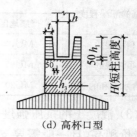

(a) 台阶型　　　(b) 锥台型　　　(c) 杯口型　　　(d) 高杯口型

图 2-17　独立扩展基础

1. 现浇扩展基础

锥形基础的边缘高度不宜小于 200 mm,坡度不宜大于 1:3;阶梯形基础的每阶高度,宜为 300~500 mm;扩展基础的混凝土强度等级不应低于 C20,且应满足耐久性要求。垫层混凝土强度等级宜取 C10,厚度不宜小于 70 mm。扩展基础底板受力钢筋最小配筋率不宜小于1.5%,钢筋最小直径不宜小于 ϕ10 mm,间距不宜大于@200,也不宜小于@100。当有垫层时,钢筋保护层的厚度不小于 40 mm,无垫层时不小于 70 mm,工程上常为 100 mm。

当柱下钢筋混凝土独立基础的边长和墙下钢筋混凝土条形基础的宽度大于等于 2.5 m时,底板受力钢筋的长度可取边长或宽度的 0.9 倍并宜交错布置,参见图 2-18(a)。

墙下钢筋混凝土条形基础纵向分布钢筋的直径不小于 8 mm,间距不大于 300 mm,每延米分布钢筋的面积应不小于受力钢筋面积的 1/10。钢筋混凝土条形基础底板在 T 形及十字形交接处,底板横向受力钢筋仅沿一个主要受力方向通长布置,另一方向的横向受力钢筋,可布置到主要受力方向底板宽度 1/4 处,参见图 2-18(b);在拐角处底板横向受力钢筋应沿两个方向布置,参见图 2-18(c)。

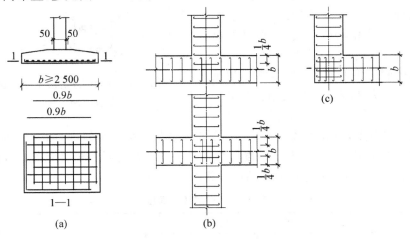

图 2-18　扩展基础底板受力钢筋布置示意图

钢筋混凝土柱和剪力墙纵向受力钢筋在基础内的锚固长度 l_a,应根据钢筋在基础内的最小保护层厚度,按《混凝土结构设计规范》(GB 50010)有关规定确定。当基础高度小于锚固长度 l_a(或 l_{aE})时,锚固总长度满足要求的同时,直锚段不应小于 $20d$,弯折段不应小于 150 mm。有抗震设防要求时,纵向受力钢筋的最小锚固长度 l_{aE} 应按纵向受拉钢筋的锚固长度 l_a,按下式计算:

$$l_{aE} = \xi l_a \tag{2-41}$$

式中参数 ξ 按建筑抗震等级,按表 2-20 取值。

表 2-20　抗震设防时最小锚固长度计算参数 ξ

建筑抗震等级	甲、乙	丙	丁
ξ	1.15	1.15	1.0

现浇柱的基础,其插筋的数量、直径以及钢筋种类,应与柱内纵向受力钢筋相同。插筋的锚固长度,应满足上述要求。插筋与柱的纵向受力钢筋的连接方法应符合《混凝土结构设计规范》(GB 50010)的规定。插筋的下端宜制作直钩放在基础底板钢筋网上。当柱为轴心受压或小偏心受压,基础高度大于等于1 200 mm,或柱为大偏心受压,基础高度大于等于1 400 mm时,可仅将四角的插筋伸至底板钢筋网上,其余插筋锚固在基础顶面下 l_a(或有抗震设防要求时的 l_{aE})处,参见图 2-19。

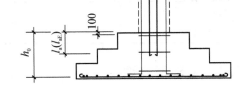

图 2-19　现浇柱的基础中插筋构造示意图

2. 预制扩展基础

预制钢筋混凝土柱与杯口基础的连接应满足预制柱基础杯口深度、杯底厚度、杯壁厚度及配筋要求。

柱的插入深度 h_1，在满足上述钢筋锚固长度的要求及吊装时柱的稳定性的条件下，可根据柱截面长边尺寸 h，按表 2-21 选用。当柱轴心受压或小偏心受压时，h_1 可适当减小；偏心距大于 $2h$ 时，h_1 应适当加大。

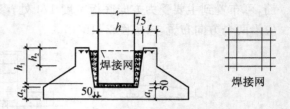

图 2-20　预制钢筋混凝土柱独立基础示意图 $(a_2 \geq a_1)$

基础的杯底厚度和杯壁厚度，同样根据柱截面长边尺寸 h，按表 2-22 选用。双肢柱的杯底厚度值，可适当加大。当有基础梁时，基础梁下的杯壁厚度，应满足其支承宽度的要求。底层柱插入杯口部分的表面应凿毛，柱与杯口之间的空隙应用比基础混凝土强度等级高一级的细石混凝土充填密实。当达到材料设计强度的 70% 以上时，方能进行上部结构吊装。

表 2-21　柱的插入深度

矩形或工字型柱				双肢柱
$h<500$	$500 \leq h<800$	$800 \leq h<1\,000$	$h \geq 1\,000$	
$h \sim 1.2h$	h	$0.9h$ 且 ≥ 800	$0.8h$ 且 $\geq 1\,000$	$(1/3 \sim 2/3)h_a$ 和 $(1.5 \sim 1.8)h_b$

注：h 为柱截面长边尺寸；h_a 为双肢柱全截面长边尺寸；h_b 为双肢柱全截面短边尺寸。

表 2-22　基础的杯底厚度和杯壁厚度

柱截面长边尺寸 h(mm)	杯底厚度 a_1(mm)	杯壁厚度 t(mm)
$h<500$	≥ 150	$150 \sim 200$
$500 \leq h<800$	≥ 200	≥ 200
$800 \leq h<1\,000$	≥ 200	≥ 300
$1\,000 \leq h<1\,500$	≥ 250	≥ 350
$1\,500 \leq h<2\,000$	≥ 300	≥ 400

当柱为轴心受压或小偏心受压，且 $t/h_2 \geq 0.65$ 时，或大偏心受压，且 $t/h_2 \geq 0.75$ 时，杯壁可不配筋；当柱为轴心受压或小偏心受压且 $0.5 \leq t/h_2 \leq 0.6$ 时，杯壁构造配筋布置于杯口顶部，每边两根（见图 2-20），配筋规格按表 2-23 取值。其他情况下，应按计算配筋。

表 2-23　杯壁构造配筋

柱截面长边尺寸(mm)	$h<1\,000$	$1\,000 \leq h<1\,500$	$1\,500 \leq h<2\,000$
钢筋直径(mm)	$8 \sim 10$	$10 \sim 12$	$12 \sim 16$

2.5.3　基础高度确定

柱下单独扩展基础设计时，基础截面高度可按抗冲切验算或剪切验算确定，墙下条形基础则按剪切验算确定。基础有效高度 h_0，即基础的总高度减去钢筋保护层厚度。基底设置垫层时，$h_0 = h - 40$(mm)；无垫层时，$h_0 = h - 75$(mm)。

1. 冲切验算

对柱下单独矩形基础，底层柱高度和宽度分别为 h_c 和 b_c；基础底面长边和短边分别为 l

和 b,当底层柱 45°冲切破坏锥体落在基础底面以内时,应验算柱与基础交接处承受冲切的承载力;当变阶处 45°冲切锥体落在基础底面以内时,应验算变阶处冲切承载力,分别参见图 2-21(a)和图 2-21(b)。此外,当基础混凝土强度等级小于柱的混凝土强度等级时,需要时尚应验算柱下基础顶面的局部受压承载力。

抗冲切验算的基本原则是基础可能冲切面以外地基净反力产生的冲切力,应小于基础可能冲切面(即冲切角锥体)上的混凝土抵抗冲切抗力。当基础混凝土轴心抗拉强度设计值 $f_t(\text{N/mm}^2)$ 已知,拟定冲切破坏锥体的有效高度 h_0 时,可按下式(2-42a)验算基础冲切高度;当基础受力钢筋直径为 d,亦可直接由下式(2-42b)冲切稳定分析确定基础高度 h_0 $\left(\text{或基础高度 } h = h_0 + \text{钢筋保护层厚度} + \dfrac{d}{2}\right)$。柱下矩形底面基础高度冲切验算或确定时,应按最不利一侧斜截面进行分析,参见图 2-21。

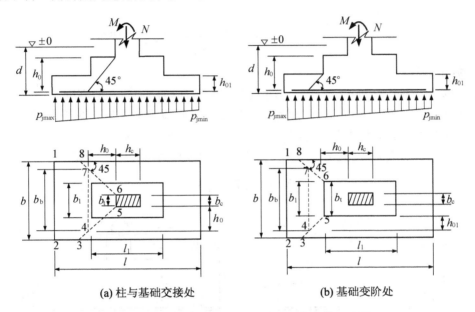

(a) 柱与基础交接处　　　　(b) 基础变阶处

图 2-21　计算阶形基础的受冲切承载力截面位置

$$F_1 \leqslant 0.7\beta_{hp}f_t b_m h_0 \tag{2-42a}$$

或
$$h_0 \geqslant \frac{F_1}{0.7\beta_{hp}f_t b_m} \tag{2-42b}$$

式中　β_{hp}——基础受冲切承载力截面高度(无量纲)影响系数,当 $h \leqslant 800$ mm 时,β_{hp} 取 1.0, $h \geqslant 2\,000$ mm 时,β_{hp} 取 0.9,其间按线性内插法取值。

基础冲切验算时,最不利一侧斜截面在基底平面的投影面积为 $b_m h_0$,冲切破坏锥体最不利一侧计算长度 b_m,为梯形斜截面的上边长 b_t 与下边长 b_b 的平均值。当计算底层柱与基础交接处的受冲切承载力时,上边长为底层柱的柱宽 $b_t = b_c$,相应下边长则为柱宽加两倍基础有效高度 $b_b = b_c + 2h_0$;当计算基础变阶处的冲切承载力时,上边长取上级台阶宽 $b_t = b_1$,相应下边长则取上阶宽加两倍台阶面下基础有效高度 $b_b = b_1 + 2h_{01}$。由此可得:

$$b_b = b_t + 2h_0 （或 h_{01}）$$

$$b_m = \frac{b_t + b_b}{2} = \begin{cases} b_c + h_0 & 基础顶面 \\ b_1 + h_{01} & 台阶顶面 \end{cases}$$

冲切验算时,冲切荷载为相应于荷载效应基本组合时的地基基底土净反力设计值为 p_j（kN）,对偏心受压基础可取基础边缘处最大地基土单位面积净反力 $p_j = p_{j\max}$。相应作用面积为斜截面下边线外侧部分基底面积 $A_1 = S_{123478}$,参见图 2-21(a)和(b)。因此,最不利一侧斜截面冲切荷载 F_1,即为基本组合时地基土净反力 p_j 作用在部分基底面积 A_1 的合力,即:

$$F_1 = p_j A_1$$

$$A_1 = \begin{cases} \left(\frac{l-h_c}{2} - h_0\right)b - \left(\frac{b-b_c}{2} - h_0\right)^2 & 柱端 \\ \left(\frac{l-l_1}{2} - h_{01}\right)b - \left(\frac{b-b_1}{2} - h_{01}\right)^2 & 变阶 \end{cases}$$

2. 剪切验算

柱下单独扩展基础的基底短边 b 小于或等于柱宽加两倍基础有效高度 $b \leqslant b_b = b_c + 2h_0$ 时,冲切锥体一侧落在基底面以外,此时柱下独立基础则应类似于墙下条形基础,验算柱与基础交接处的基础受剪切承载力,参见图 2-22a。同理,基础变阶处 $b \leqslant b_b = b_1 + 2h_{01}$ 时,验算变阶处受剪切承载力,参见图 2-22b。基础受剪切承载力可按下式验算:

$$V_s \leqslant 0.7\beta_{hs}f_t A_0 \tag{2-43}$$

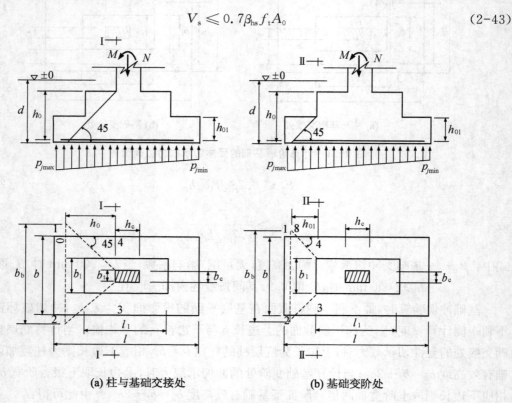

(a) 柱与基础交接处　　　　(b) 基础变阶处

图 2-22　验算阶形基础受剪切承载力示意图

$$\beta_{\text{hs}} = \left(\frac{800}{h_0}\right)^{1/4}$$

式中　f_{t}——混凝土轴心抗拉强度设计值（N/mm^2）；

β_{hs}——剪切承载力截面高度影响系数，当 $h_0 \leqslant 800$ mm 时，取 $h_0 = 800$ mm；当 $h_0 \geqslant$ 2 000 mm 时，取 $h_0 = 2\,000$ mm，$h_0 = 800 \sim 2\,000$ mm 时按上式计算或内插法取值。

基础高度剪切验算时，剪力设计值 V_{s}（kN）可采用相应于荷载效应基本组合时的基底平均净反力 $p_j = p_{jm}$ 计算，柱与基础交接处剪切验算时，作用面积为图 2-22（a）中Ⅰ—Ⅰ断面至该侧基础边缘所围成的基底面积 $A_{\text{s}} = A_{\text{I}} = S_{1234}$；变阶处剪力设计值 V_{s} 则采用图 2-22 （b）中Ⅱ—Ⅱ断面至该侧基础边缘所围成的基底面积 A_{II} 计算。由此可得：

$$V_{\text{s}} = A_{\text{s}} p_j$$

$$A_{\text{s}} = \begin{cases} A_{\text{I}} = \dfrac{l - h_{\text{c}}}{2} b & \text{柱底处} \\[3mm] A_{\text{II}} = \dfrac{l - l_1}{2} b & \text{变阶处} \end{cases}$$

基础高度剪切验算时，对于柱下等厚扩展基础，基础最不利剪切面的有效截面面积 $A_{0\text{I}}$（m^2）计算时的截面有效高度为 h_0，计算宽度为基础底面宽度 b。如图 2-23，对于台阶形或锥形承台基础的高度剪切验算时，柱与基础交接处受剪验算截面的有效高度仍为 h_0，验算截面计算宽度 $b_{0\text{I}}$（台阶形）或 $b_{0\text{II}}$（锥形）则应折算成有效高度不变的矩形截面计算宽度计算，即台阶形基础的柱与承台交接处Ⅰ—Ⅰ剪切验算截面的计算宽度 $b_{0\text{I}}$、锥形承台顶面Ⅱ—Ⅱ截面的计算宽度 $b_{0\text{II}}$，可分别按下式进行换算：

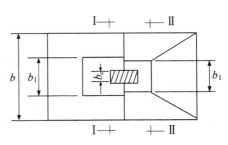

图 2-23　剪切验算截面折算宽度 b_0

$$A_0 = b_0 h_0$$

$$b_{0\text{I}} = \frac{b h_{01} + b_1 (h_0 - h_{01})}{h_0}$$

$$b_{0\text{II}} = \left[1 - 0.5\left(1 - \frac{h_{01}}{h_0}\right)\left(1 - \frac{b_1}{b}\right)\right] b$$

式中　h_{01}——台阶基础下台阶高度或锥形基础边缘高度（m）；

b_1——上层台阶宽度或锥形承台顶宽度（m）。

基于上述基本原理，柱下台阶基础的变阶处截面受剪承载力分析时，下级台阶变阶处验算截面有效高度为 h_{01}，计算宽度为基础底面宽度 b。

如图 2-24，墙下条形扩展基础截面高度剪切验算表达式同上式（2-43），

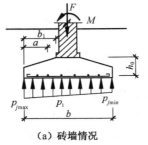

（a）砖墙情况

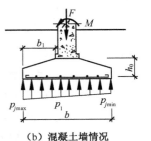

（b）混凝土墙情况

图 2-24　墙下条形基础的验算截面

采用墙与基础交接处验算截面,其有效面积为基础底板的单位长度垂直截面 $A_0 = h_0$。基底平均净反力 p_j 在墙与基础交接处验算截面单位长度的剪力设计值 V_s(kN/m)为:

$$V_s = ap_j$$

式中　a——墙与基础交接处验算截面 $\mathrm{I}—\mathrm{I}$ 距基础边缘的距离(m),一般最不利断面时取 $a = b_1$,参见图 2-24。

2.5.4　基础底板配筋

在轴心荷载或单向偏心荷载作用下,对于矩形基础基底偏心方向一般为基础长边 l(m),短边为 b(m),参见图 2-25。当台阶的宽高比小于或等于 2.5 和偏心距 e 小于或等于 $l/6$ 基础宽度时,相应于柱端荷载效应基本组合及基础自重设计值 G(kN)时,基础底面边缘最大反力设计值 p_{max}(kPa)和最小值 p_{min}(kPa),基础长边 l 方向任意截面 $\mathrm{I}—\mathrm{I}$ 处正截面弯矩设计值为 M_{I}(kN·m),短边 l 方向任意截面 $\mathrm{II}—\mathrm{II}$ 处为 M_{II}(kN·m),可按下式计算。

$$M_{\mathrm{I}} = \frac{1}{12}a_{\mathrm{I}}^2\left[(2b+b')\left(p_{max}+p_{\mathrm{I}}-\frac{2G}{A}\right)+(p_{max}-p_{\mathrm{I}})b\right] \tag{2-44a}$$

$$M_{\mathrm{II}} = \frac{1}{48}(b-b')^2(2l+l')\left(p_{max}+p_{min}-\frac{2G}{A}\right) \tag{2-44b}$$

基础自重为基础自重和基底范围内基础上填土自重之和,基础自重设计值 G 为由永久荷载控制时为 $G = 1.35G_k = 1.35\gamma_G Ad$。当基础自重设计值 G 可视为均布荷载时,根据基础工程常规设计概念基底反力为对称的线性分布,则基础自重不产生基础内力。此时,可以直接采用相应的基底最大净反力设计值 $p_{j max}$(kPa)和最小值 $p_{j min}$(kPa)将上式改写成:

$$M_{\mathrm{I}} = \frac{1}{12}a_{\mathrm{I}}^2\big[(2b+b')(p_{j max}+p_{j\mathrm{I}})+$$

$$(p_{j max}-p_{j\mathrm{I}})b\big] \tag{2-45a}$$

$$M_{\mathrm{II}} = \frac{1}{48}(b-b')^2(2l+l')(p_{j max}+p_{j min})$$

$$= \frac{1}{24}(b-b')^2(2l+l')p_j \tag{2-45b}$$

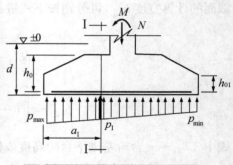
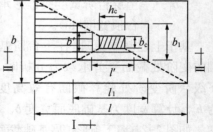

式中　a_{I}——长边 l 边方向任意截面 $\mathrm{I}—\mathrm{I}$ 至基底边缘最大反力处的距离(m);

p_{I}——相应于荷载效应基本组合时截面 $\mathrm{I}—\mathrm{I}$ 处基础底面地基反力设计值(kPa);

b',l'——分别为长边和短边弯矩验算断面的计算顶宽(m),参见图 2-25。

图 2-25　矩形基础底板弯矩

基础结构设计的构造配筋要求,参见 2.5.2 节。基础底板计算配筋时,柱下单独基础的配筋设计控制截面是柱边或阶梯形基础的变阶处,根据表达式(2-44)或(2-45)求出相应的制截面弯矩值设计值 M_{I} 和 M_{II} 后,当高宽比小于 2.5,且偏心距小于 $b/6$ 时,取 $0.9h_0$ 为截面内力矩臂的近似值,按表达式(2-46)分别采用弯矩值设计值 M_{I} 和 M_{II},可以计算出基础长边 l 方向基础底板的配筋面积 A_{sI} 和短边 b 方向配筋面积 A_{sII}。

$$A_s = \frac{M_{\mathrm{I}}}{0.9 f_y h_0} \tag{2-46}$$

式中　f_y——钢筋抗拉强度设计值($\mathrm{N/mm^2}$)。

柱下独立柱基矩形底面长边方向布筋,长短边之比 $l/b<2$ 时的短边方向布筋,分别按基础全宽或全长均匀布置。当柱下独立柱基矩形底面长短边之比 $2<l/b\leqslant3$ 时,基础底板短边方向布筋数量应在柱轴长边方向宽度为基础短边 b 的横向中间板带范围内适当增加,余下钢筋均匀布置在基础板纵向中间板带两侧,参见图 2-26。设基础底板短边横向布筋计算用量为 A_s,则中间板带加强配筋用量 A_{s2} 和两侧板带配筋量 A_{s1} 分别为:

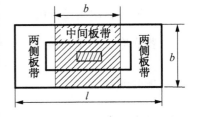

图 2-26　矩形基础底板弯矩

$$A_{s1} = \left(1 - \frac{l}{6b}\right)A_s \tag{2-47a}$$

$$A_{s2} = A_s - A_{s1} = \frac{l}{6b}A_s \tag{2-47b}$$

对于墙下条形基础任意截面的弯矩,也可采用基础底面边缘最大和最小地基反力设计值 $p_{\max}$ 和 $p_{\min}$,取 $b=b'=1\,\mathrm{m}$ 代入表达式(2-44a)或(2-45a),可得基础底板的配筋验算截面的弯矩设计值:

$$M_1 = \frac{a^2}{2}p_1 + \frac{a^2}{3}(p_{j\max} - p_{j\min}) \tag{2-48}$$

式中　p_1——计算截面地基净反力(kPa)。

按上式计算时,最大弯矩截面的位置,即验算截面至基础最大反力边缘的计算距离 $a(\mathrm{m})$ 应符合条形扩展基础的有关规定,参见图 2-24。验算截面 I—I 在墙脚处距离基础最大反力边缘为 $b_1(\mathrm{m})$,当墙体材料为混凝土时,截面计算距离 $a=b_1$;当墙体材料如为砖墙且墙脚伸出不大于 1/4 砖长时,验算截面 I—I 计算距离 $a=b_1+1/4$ 砖长 $=b_1+0.06\,\mathrm{m}$。

应该指出,一般柱的混凝土强度等级较基础的混凝土强度等级偏高,基础设计除了按以上方法验算其高度,计算底板配筋外,尚应验算基础顶面的局部受压承载力,具体验算方法可参见混凝土结构方面的文献或规范。

【例题 2-4】　设计例图 2-4 所示的柱下独立基础,荷载效应基本组合时的底层柱荷载 $F=700\,\mathrm{kN}$,$M=87.8\,\mathrm{kN\cdot m}$,底层柱截面尺寸 $300\,\mathrm{mm}\times400\,\mathrm{mm}$,基础底面尺寸 $1.6\,\mathrm{m}\times2.4\,\mathrm{m}$。基础采用 C20 混凝土,$f_y=210\,\mathrm{N/mm^2}$;钢筋型号 HPB235,$f_t=1.1\,\mathrm{N/mm^2}$,垫层采用 C10 混凝土。设计验算基础高度并计算配筋。

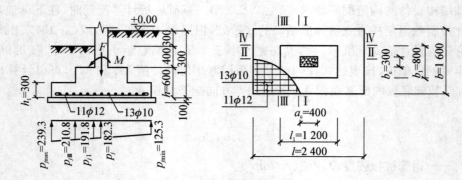

例图 2-4　柱下独立基础结构设计

解：

（1）基底作用设计值

基底净反力平均值　　$p_j = \dfrac{F}{bl} = \dfrac{700}{1.6 \times 2.4} = 182.3 \text{ kPa}$

偏心距　　$e_0 = \dfrac{M}{F} = \dfrac{87.8}{700} = 0.125 \text{ m} < \dfrac{l}{6} = 0.4 \text{ m}$

基底最大净反力设计值　　$p_{j\max} = p_j\left(1 + \dfrac{6e_0}{l}\right) = 182.3 \times \left(1 + \dfrac{6 \times 0.125}{2.4}\right) = 239.3 \text{ kPa}$

（2）基础高度

柱边与承台交接处 I—I 截面高度 h_0 验算，取 $h = 600$ mm，$h_0 = 600 - 40 - \dfrac{10}{2} = 555$ mm。

$$b_c + 2h_0 = 0.3 + 2 \times 0.555 = 1.41 \text{ m} < b = 1.6 \text{ m}$$

冲切验算确定基础高度，冲切破坏锥体最不利一侧冲切面上的冲切力作用面积 A_1 和冲切力设计值 F_1：

$$A_1 = \left(\dfrac{l}{2} - \dfrac{h_c}{2} - h_0\right)b - \left(\dfrac{b}{2} - \dfrac{b_c}{2} - h_0\right)^2$$
$$= \left(\dfrac{2.4}{2} - \dfrac{0.4}{2} - 0.555\right) \times 1.6 - \left(\dfrac{1.6}{2} - \dfrac{0.3}{2} - 0.555\right)^2 = 0.703 \text{ m}^2$$
$$F_1 = p_{j\max}A_1 = 239.3 \times 0.702 = 168.2 \text{ kN}$$

由 $h = 600$ mm < 800 mm，$\beta_{hp} = 1.0$；截面 I—I 的计算长度 $b_m = b_c + h_0 = 0.855$ m。

$$R_1 = 0.7\beta_{hp}f_t b_m h_0 = 0.7 \times 1.0 \times 1\,100 \times 0.855 \times 0.555 = 365.4 \text{ kN}$$
$$F_1 < R_1$$

满足冲切验算要求。

下阶台阶高度 $h_1 = 300$ mm，则 $h_{01} = 255$ mm，对于基础变阶处截面 III—III

$$b_1 + 2h_{01} = 0.8 + 2 \times 0.255 = 1.31 \text{ m} < b = 1.60 \text{ m}$$

基础变阶处冲切破坏锥体最不利一侧冲切力验算为

$$F_1 = p_{j\max}\left[\left(\frac{l}{2} - \frac{l_1}{2} - h_{01}\right)b - \left(\frac{b}{2} - \frac{b_1}{2} - h_{01}\right)^2\right] = 127.1 \text{ kN}$$

$$R_1 = 0.7\beta_{hp}f_t(b_1 + h_{01})h_{01} = 207.1 \text{ kN}$$

$$F_1 < R_1$$

满足冲切验算要求。

（3）配筋计算

基础长边方向柱截面 Ⅰ—Ⅰ 和变阶处截面 Ⅲ—Ⅲ 的弯矩设计值分别为：

Ⅰ—Ⅰ 断面：$b' = b_c$，$2b + b_c = 3.5$ m，$a_{\mathrm{I}} = \dfrac{l - h_c}{2} = 1.0$ m，$\dfrac{h_c}{l} = 0.167$ 则：

$$p_{j\mathrm{I}} = \frac{h_c}{l}p_{j\max} + \left(1 - \frac{h_c}{l}\right)p_j = 0.167 \times 239.3 + 0.833 \times 182.3$$

$$= 191.8 \text{ kPa}$$

$$M_{\mathrm{I}} = \frac{1}{12}a_{\mathrm{I}}^2\left[(2b + b')(p_{j\max} + p_{j\mathrm{I}}) + (p_{j\max} - p_{j\mathrm{I}})b\right]$$

$$M_{\mathrm{I}} = \frac{a_{\mathrm{I}}^2}{12}\left[(p_{j\max} + p_{j\mathrm{I}})(2b + b_c) + (p_{j\max} - p_{j\mathrm{I}})b\right]$$

$$= \frac{(239.3 + 191.8) \times 3.5 + (239.3 - 191.8) \times 1.6}{12}$$

$$= 132.1 \text{ kN} \cdot \text{m}$$

Ⅲ—Ⅲ断面：$b' = b_1$，$2b + b_1 = 4.0$ m，$a_{\mathrm{III}} = \dfrac{l - l_1}{2} = 0.6$ m，$\dfrac{l_1}{l} = 0.5$ 则：

$$p_{j\mathrm{III}} = \frac{l_1}{l}p_{j\max} + \left(1 - \frac{l_1}{l}\right)p_j = 0.5 \times 239.3 + 0.5 \times 182.3 = 210.8 \text{ kPa}$$

$$M_{\mathrm{III}} = \frac{a_{\mathrm{III}}^2}{12}\left[(p_{j\max} + p_{j\mathrm{III}})(2b + b_1) + (p_{j\max} - p_{j\mathrm{III}})b\right]$$

$$= \frac{(239.3 + 210.8) \times 4.0 + (239.3 - 210.8) \times 1.6}{12}$$

$$= 153.833 \text{ kN} \cdot \text{m}$$

柱截面 Ⅰ—Ⅰ 和变阶处截面 Ⅲ—Ⅲ 的配筋设计分别为：

$$A_{s\mathrm{I}} = \frac{M_{\mathrm{I}}}{0.9f_y h_0} = \frac{132.1 \times 10^6}{0.9 \times 210 \times 555} = 1\,259 \text{ mm}^2$$

$$A_{s\mathrm{III}} = \frac{M_{\mathrm{III}}}{0.9f_y h_{01}} = \frac{53.3 \times 10^6}{0.9 \times 210 \times 255} = 3\,191.89 \text{ mm}^2$$

1.6 m 宽度范围内长度方向配筋为 $12\phi12$，可得 $A_s = 1\,357$ mm$^2 > 1\,259$ mm^2。

短边方向配筋根据柱与承台交接面验算截面 Ⅱ—Ⅱ 和变阶截面 Ⅳ—Ⅳ，可得：

Ⅱ—Ⅱ 断面：$b' = b_c$，$l' = h_c$；Ⅳ—Ⅳ 断面：$b' = b_1$，$l' = l_1$，则

$$M_{\text{II}} = \frac{1}{24}p_j(b-b_c)^2(2l+h_c)$$
$$= \frac{1}{24}\times182.3\times(1.6-0.3)^2\times(2\times2.4+0.4)$$
$$= 66.8 \text{ kN}\cdot\text{m}$$
$$M_{\text{IV}} = \frac{1}{24}p_j(b-b_1)^2(2l+l_1)$$
$$= \frac{1}{24}\times182.3\times(1.6-0.8)^2\times(2\times2.4+1.2)$$
$$= 29.2 \text{ kN}\cdot\text{m}$$

柱端截面Ⅱ—Ⅱ和变阶截面Ⅳ—Ⅳ计算短边方向配筋量分别为：

$$A_{s\text{II}} = \frac{M_{\text{II}}}{0.9f_yh_0} = \frac{66.8\times10^6}{0.9\times210\times(555-12)} = 651 \text{ mm}^2$$

$$A_{s\text{IV}} = \frac{M_{\text{IV}}}{0.9f_yh_{01}} = \frac{29.2\times10^6}{0.9\times210\times(255-12)} = 636 \text{ mm}^2$$

计算钢筋用量偏低，按构造要求@200φ10进行配筋设计，$n=\frac{2.4}{0.2}+1=13$ 根，配 13φ10，$A_s=1\ 021 \text{ mm}^2>651 \text{ mm}^2$。基础配筋见例图。

2.6 减轻不均匀危害的措施

高压缩性土软土、膨胀土、湿陷性黄土以及软硬不均等不良地基上的建筑物，由于总沉降量较大或不均匀沉降较大，地基的过量变形将使建筑物损坏或影响其使用功能。

不均匀沉降常引起砌体承重结构开裂，尤其是在墙体窗口门洞的角位处。裂缝的位置和方向与不均匀沉降的状况有关，参见图2-27。此外，对于框架等超静定结构来说，各柱的沉降差必将在梁柱等构件中引起附加内力，附加内力与设计荷载联合作用下的内力超过构件的承载能力时，梁、柱或楼板将会出现裂缝。

防止或减轻不均匀沉降造成损害的主要途径有：一是设法增强上部结构对不均匀沉降的适应能力；二是设法减少不均匀沉降或总沉降量。具体措施包括：①采用

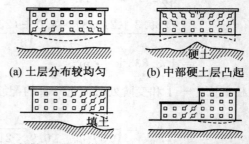

(a) 土层分布较均匀　(b) 中部硬土层凸起
(c) 松散土层厚度变化较大　(d) 上部结构荷载差别较大

图 2-27 不均匀沉降引起砖墙开裂

柱下条形基础、筏形基础和箱形基础等，提高基础整体刚度减少地基的不均匀沉降；②采用桩基、地基加固或其他深基础，减少总沉降量；③地基基础变刚度调平设计，减少差异沉降；④采取建筑、结构和施工等方面的措施，以增强上部结构对不均匀沉降的适应能力。

2.6.1　建筑措施

1. 建筑物体型

建筑物的体型指的是其在平面和立面上的轮廓形状。体型简单的建筑物,其整体刚度大,抵抗变形的能力强。因此. 在满足使用要求的前提下,软弱地基上的建筑物应尽量采用简单的体型,如等高的"一"字形。同时,应注意平面形状复杂的建筑物(如"L"、"T"、"H"形等),由于地基附加应力互相重叠,在建筑物转折处的沉降相对较大,且这类建筑物的整体性差,各部分的刚度和作用不对称,很容易因地基不均匀沉降而开裂。图 2-28 是软土地基上一幢"L"形平面的建筑物开裂的实例。图 2-29 是软土地基砌体承重结构房屋接建部分高差超过一层引起建筑干裂的实例。

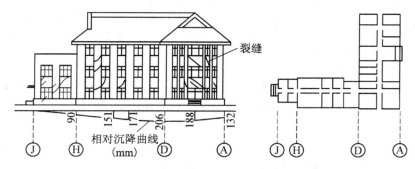

图 2-28　某 L 形建筑物一翼墙身开裂

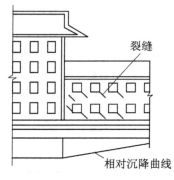

建筑物在平面上的长度和从基础底面起算的高度之比,称为建筑物的长高比。长高比大的砌体承重房屋,其整体刚度差,纵墙根容易因挠曲过度而开裂,参见图 2-30。

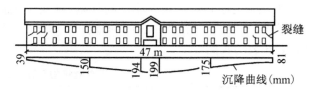

图 2-29　建筑物因高差太大而开裂　　**图 2-30　建筑物因长宽比过大而开裂**

当预估的最大沉降量超过 120 mm 时,三层和三层以上房屋的长高比不宜大于 2.5;对于平面简单,内、外墙贯通,横墙间隔较小的房屋,长高比的控制可适当放宽,但一般不大于3.0。不符合上述要求时,一般要设置沉降缝。合理布置纵、横墙,内、外纵墙不转折或少转折、内横墙间距不宜过大且连接牢靠是增强砌体承重结构房屋整体刚度的重要措施之一。

2. 设置沉降缝

当建筑物的体型复杂或长高比过大时,可以用沉降缝将建筑物(包括基础)分割成两个或多个独立的沉降单元。每个单元一般应体型简单、长高比小、结构类型相同,且地基比较均匀。这样的沉降单元具有较大的整体刚度,沉降比较均匀,一般不会再开裂。为了使各沉降单元的沉降均匀,结构设计拟设置伸缩缝处应设置沉降缝(沉降缝可兼作伸缩缝)且在建筑物下列部位设置沉降缝：

    ① 建筑物平面的转折处；

    ② 建筑物高度或荷载有很大差别处、建筑结构或基础类型不同处；

    ③ 长高比不合要求的砌体承重结构以及钢筋混凝土框架结构的适当部位；

    ④ 地基土的压缩性有显著变化处；

    ⑤ 分期建造房屋的交界处。

沉降缝应有足够的宽度，以防止缝两侧的结构相向倾斜而相互挤压。缝内一般不得填塞材料（寒冷地区需填松软材料）。沉降缝的造价颇高，且要增加建筑及结构处理上的困难，所以不宜轻率多用。如果沉降缝两侧的结构可能发生严重的相向倾斜，可以考虑将两者拉开一段距离，其间另外用能自由沉降的静定结构连接。对于框架结构，还可选取其中一跨（一个开间）改成简支或悬挑跨，使建筑物分为两个独立的沉降单元，参见图 2-31。

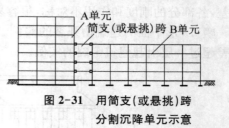

图 2-31　用简支（或悬挑）跨分割沉降单元示意

有防渗要求的地下室一般不宜设置沉降缝。因此，对于具有地下室和裙房的高层建筑，为减少高层部分与裙房间的不均匀沉降，常在施工时采用后浇带将两者断开，待两者间的后期沉降差能满足设计要求时再连接成整体。

3. 邻建或接建

当两基础相邻过近时，由于地基附加应力扩散和叠加影响，会使两基础的沉降比各自单独存在时增大很多。可能造成建筑物的开裂或互倾。同期建造的两相邻建筑物之间会彼此影响，特别是当两建筑物轻（低）、重（高）差别较大时，轻者受重者的影响较大，接建时的病害实例，参见图 2-29。

既有建筑与临建建筑物基础之间所需的净距，决定于受影响建筑（被影响者）的刚度和影响建筑（产生影响者）的预估平均沉陷量，参见表 2-24。当被影响建筑物 $1.5 < L/H_f \leqslant 2.0$ 时，表中规定的净距可适当缩小。高耸结构（或对倾斜要求严格的构筑物）临建工程与外墙间隔距离，可根据倾斜容许值计算确定。图 2-32 是原有的一幢二层房屋，在临建六层大楼影响下开裂的实例。

表 2-24　相邻建筑物基础间的净距(m)

影响建筑的预估平均沉降量 s(mm) ＼ 被影响建筑的长高比	$2.0 \leqslant \dfrac{L}{H_f} < 3.0$	$3.0 \leqslant \dfrac{L}{H_f} < 5.0$
70～150	2～3	3～6
160～250	3～6	6～9
260～400	6～9	9～12
＞400	9～12	＞12

2.6.2　结构措施

1. 减轻建筑物的自重

建筑物的自重（包括基础及覆土重）在基底压力中所占的比例很大，据估工业建筑为 1/2 左右，民用建筑可达 3/5 以上。因此，减轻建筑物自重可以减少地基沉降量。具体的措施有：

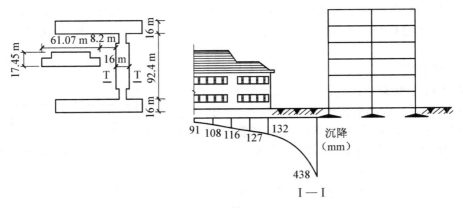

图 2-32　相邻建筑影响实例

（1）减少墙体的重量。如采用空心砌块、多孔砖或其他轻质墙；

（2）选用轻型结构。如采用预应力混凝土结构、轻钢结构及各种轻型空间结构；

（3）减少基础及其上回填土的重量。可以选用覆土少、自重轻的基础形式，如壳体基础、空心基础；如室内地坪较高，可以采用架空地板代替室内厚填土等应力补偿措施。

2. 设置圈梁

圈梁的作用在于提高砌体结构抵抗弯曲的能力，即增强建筑物的抗弯刚度。它是防止砖墙出现裂缝和阻止裂缝开展的一项有效措施。当建筑物产生碟形沉降时，墙体产生正向挠曲，下层的圈梁将起作用；反之，墙体产生反向挠曲时，上层的圈梁则起作用。由于不容易正确估计墙体的挠曲方向，故通常在房屋的上、下方都设置圈梁。

圈梁的布置，多层房屋宜在基础顶面附近和顶层门窗顶处各设置一道，其他各层可隔层设置（必要时也可每层设置），位置在窗顶或楼板下面。对于单层工业厂房及仓库，可结合基础梁、连梁、过梁等酌情设置。圈梁必须与砌体结合成整体，每道圈梁应尽量贯通全部外墙、承重内纵墙及主要内横墙，即在平面上形成封闭系统。当没法连通（如某些楼梯间的窗洞处）时，应按图 2-33 所示的要求利用搭接圈梁进行搭接。如果墙体开洞过大而受到严重削弱，且地基又很软弱时，还可考虑在削弱部位适当配筋或利用钢筋混凝土边框加强。

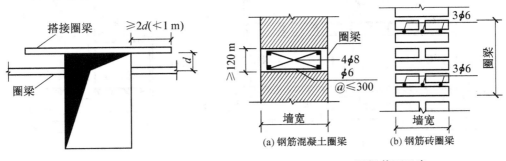

图 2-33　圈梁的搭接　　　　图 2-34　圈梁截面示意

圈梁有两种，一种是钢筋混凝土圈梁，梁宽一般同墙厚，梁高不应小于 120 mm，混凝土强度等级宜采用 C20，纵向钢筋不宜少于 4ϕ8，绑扎接头的搭接长度按受力钢筋考虑，箍筋间距不宜大于 300 mm，参见图 2-34(a)。兼作跨度较大的门窗过梁时，应按过梁计算另加钢筋。另一种是钢筋砖圈梁,即在水平灰缝内加筋形成钢筋砖带,高度为 4~6 皮砖。用 M5 砂浆砌筑,水平通长钢筋不宜少于 6φ6,水平间距不宜大于 120 mm,分上、下两层设置,参见图 2-34(b)。

3. 设置基础梁

钢筋混凝土框架结构对不均匀沉降很敏感,很小的沉降差异就足以引起较大的附加次应力。对于采用单独柱基的框架结构,在基础间设置基础梁是加大结构刚度、减少不均匀沉降的有效措施之一,参见图 2-35。

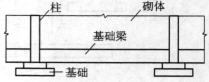

图 2-35 支承维护墙的基础梁

基础梁的设置常带有一定的经验性(承重作用时例外),其底面一般置于基础顶面(或略高些),过高则作用下降,过低则施工不便。基础梁的截面高度可取柱距的 1/14~1/8,上下均匀通长配筋,每侧配筋率为 0.4%~1.0%。

4. 调整基底附加压力

基底附加压力调整主要包括向下基底埋深增加(或空腔结构)的地基应力补偿减载和基底尺寸扩大地基应力扩展减载两种途径。

(1) 设置地下室(或半地下室)的地基应力补偿减载作用,即以挖除的土重去抵消(补偿)一部分甚至全部的建筑物重量,从而达到减小基底附加压力和沉降的目的。地下室(或半地下室)还可只设置于建筑物荷载特别大的部位,通过这种方法可以使建筑物各部分的沉降趋于均匀。结合地基下建筑使用要求,采用地下空腔结构的补偿减载作用十分明显,地下水位以下,应考虑施工工况等短暂工况的空腔结构抗浮稳定。

(2) 调整基底尺寸系指加大基础的底面积,可以减小沉降量,对于浅层高压缩性土层减沉效果明显。例如对于图 2-36(a),可以加大两侧承重墙下条形基础的宽度。对于图 2-36(b)所示的情况,如果采用增大框架基础的尺寸来减小与廊柱基础之间的沉降差,显然并不经济合理。通常的简单结构方案是将门廊和主体建筑分离,或取消廊柱(也可另设装钢柱)改用飘檐等结构方案。

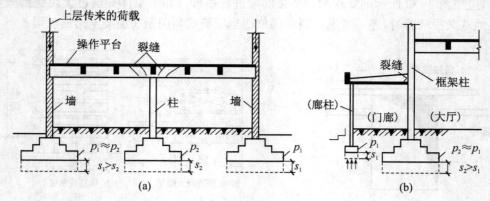

图 2-36 基础尺寸不妥当引起的损坏

5. 采用欠敏感结构型式

砌体承重结构、钢筋混凝土框架结构对不均匀沉降很敏感,而排架、三铰拱(架)等铰接结构则对不均匀沉降有很大的顺从性,支座发生相对位移时不会引起很大的附加应力,故可以避免不均匀沉降的危害。铰接结构的这类结构型式通常只适用于单层的工业厂房、仓库和某些公共建筑。必须注意的是,严重的不均匀沉降仍会对这类结构的屋盖系统、围护结构、吊车梁及各种纵、横联系构件造成损害,因此应采取相应的防范措施,例如避免用连续吊车梁及刚性屋面防水层,墙面加设圈梁等。

图 2-37 是建造在软土地基上的某仓库所用的三铰门架结构,使用效果良好。

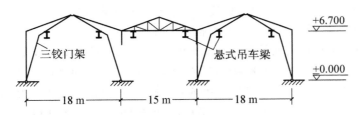

图 2-37 某仓库三铰门架示意图

油罐、水池等的基础底板常采用柔性底板,以便更好地顺从、适应不均匀沉降。

2.6.3 施工措施

在软弱地基上进行工程建设时,采用合理的施工顺序和施工方法至关重要,这是减小或调整不均匀沉降的最为简易且有效的措施之一。

(1)遵照先重(高)后轻(低)的施工程序。当拟建的相邻建筑物之间轻(低)重(高)悬殊时,一般应按照先重后轻的程序进行施工,必要时还应在重建筑物竣工后间歇一段时间,再建造轻的邻近建筑物。如果重的主体建筑物与轻的附属部分相连时,也应按上述原则进行施工组织设计。

(2)注意堆载、沉桩和降水等对邻近建筑物的影响。在已建成的建筑物周围,不宜堆放大量的建筑材料或土方等重物,以免地面堆载引起建筑物产生附加沉降。拟建的密集建筑群内如有采用桩基础的建筑物,桩的设置应首先进行,并应注意采用合理的沉桩顺序。在进行降低地下水位及开挖深基坑时,应密切注意对邻近建筑物可能产生的不利影响,必要时可以采用设置截水帷幕、控制基坑变形支护结构等措施。

(3)注意保护坑底土体。在淤泥及淤泥质土地基上开挖基坑时,要注意尽可能不扰动土的原状结构。在雨期施工时,要避免坑底土体受雨水浸泡。通常的做法是:在坑底保留大约 200 mm 厚的原土层,待施工混凝土垫层时才用人工临时挖去。如发现坑底软土被扰动,可挖去扰动部分,用砂、碎石(砖)等回填处理。

思考题与习题

2-1 何谓基础的埋置深度?确定基础埋深时应考虑哪些因素?

2-2 确定地基承载力的方法有哪些?地基承载力的深、宽修正系数与哪些因素有关?

2-3 何谓刚性基础?它与钢筋混凝土基础有何区别?适用条件是什么?构造上有何要求?台阶允许宽高比(刚性角)的限值与哪些因素有关?

2-4 钢筋混凝土柱下单独基础、墙下条件基础构造上有何要求?适用条件是什么?如何计算?

2-5 为什么要进行地基变形验算？为什么首先要区分变形特征？地基变形特征值主要有哪些？

2-6 基础的基底平均压力、基底平均附加压力、基底平均净反力在基础工程设计中各用在什么情况？

2-7 何谓上部结构、基础与地基的相互作用？

2-8 由于地基不均匀变形引起的建筑物裂缝有什么规律？

2-9 减轻建筑物不均匀沉降危害的措施有哪些？

2-10 某砌体承重结构底层墙厚为 490 mm，在荷载效应标准组合下，传至±0.00 标高（室内地面）的竖向荷载 $F_k=310$ kN/m，室外地面标高为负 0.30 m。建设地点的标准冻深 1.5 m，地基土层由上层黏土和下层中砂组成，其中，天然地面下黏土层厚 4.5 m，黏土层的 $e=0.73$，$\gamma=19$ kN/m³，$w=28\%$，$w_L=39\%$，$w_P=18\%$，$c_k=22$ kPa，$\varphi=18°$；下层中砂厚 30.0 m，中密稍湿状态，中砂层的 $\gamma=18$ kN/m³，$\varphi_k=30°$。试设计该基础。

补充条件和要求如下：①基础为 C15 混凝土刚性条形基础；②基础底面低于标准冻深线；③选择地基持力层，确定基础底面宽度并验算地基承载力；④确定基础各部分尺寸，使之满足基础刚性角的要求并绘制剖面草图（砖墙不设置大放脚）。

2-11 如习图 2-1 所示的柱下单独基础处于 $\gamma=17.5$ kN/m³ 的均匀的中砂中，地基承载力 $f_a=250$ kPa。已知基础的埋深为 2 m，基底为 2 m×4 m 的矩形，作用在柱基上的荷载（至设计地面）如图中所示，试验算地基承载力（并计算偏心距 e）。

2-12 如习图 2-2 所示的墙下条形基础处于 $\gamma=18$ kN/m³ 的均匀的粉质黏土中，地基承载力 $f_a=180$ kPa。已知基础的埋深为 1.5 m，所受荷载如图中所示。试验算地基承载力（并计算偏心距 e）。

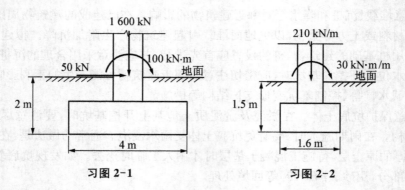

习图 2-1   习图 2-2

2-13 某钢筋混凝土条形基础和地基土情况如习图 2-3，已知条形基础宽度 $b=1.65$ m，上部结构荷载 $F_k=220$ kN/m。试验算地基承载力。

2-14 如习图 2-4，有一桥墩墩底为矩形（2 m×8 m），刚性扩大基础（C20 混凝土）顶面设在河床下 1 m，作用于基础顶面荷载（组合Ⅱ）：轴心垂直力 $N=5\,200$ kN，其它荷载见图。地基土为一般黏性土，第一层厚 2 m（自河床算起），$\gamma=19.0$ kN/m³，$e=0.9$，$I_L=0.8$，第二层厚 5 m，$\gamma=19.5$ kN/m³，$e=0.45$，$I_L=0.35$，低水位在河床下 1 m（第二层下为泥质页岩），请确定基础埋深及尺寸，并通过验算说明其合理性。

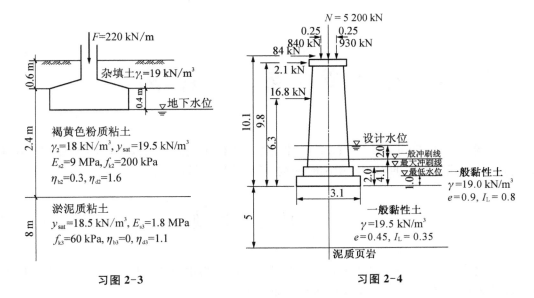

习图 2-3　　　　　　　　　　　　　习图 2-4

2-15　有一柱下独立基础,柱的截面尺寸为 400 mm×600 mm,荷载效应标准组合下,传至±0.00 标高(室内地面)的竖向荷载 $F_k=2\,400$ kN, $M_k=210$ kN·m,水平力 $H_k=180$ kN(产生弯矩与 M_k 同方向),室外地面标高为 -0.15 m。试设计该基础。

补充条件如下:取基础底面标高为负 1.5 m,底面尺寸为 2.5 m×3.5 m,基础的长边和柱的长边平行且与弯矩的作用方向一致,材料用 C20 混凝土和 I 级钢筋,垫层用 C10 混凝土,厚度 100 mm。

要求:(1) 设计成钢筋混凝土扩展基础;
　　　(2) 确定基础的高度和配筋(可以用简化公式);
　　　(3) 确定基础各部分尺寸并绘制剖面草图。

提示:将荷载的标准组合改为荷载的基本组合。

2-16　某厂房采用钢筋混凝土条形基础,墙厚 240 mm,上部结构基本组合条件下,传至基础顶部(墙底)竖向荷载 $N=350$ kN/m,弯矩 $M=28.0$ kN·m/m。由地基承载力条件确定条形基础底面宽度 $b=2.0$ m,并设置素混凝土垫层。试设计此基础高度并进行底板配筋。

2-17　某柱下锥形独立基础的底面尺寸为 2 200×3 000 mm,上部结构柱荷载的基本组合为 $N=750$ kN, $M=110$ kN·m,柱截面尺寸为 400×400 mm,基础采用 C20 混凝土和 HPB235 级钢筋。试确定基础高度并进行配筋。

2-18　某厂房墙基,上部准永久荷载标准组合条件下的轴心荷载 $F_k=180$ kN/m,基础埋深 1.1 m,地基为粉质黏土, $\gamma=20$ kN/m³, $e=0.85$, $I_L=0.75$,地基承载力特征值 $f_{ak}=200$ kPa。地面以下砖台墙厚 38 cm,基础采用砖砌体。试确定所需基础宽度和高度,并绘出基础剖面图。

提示:刚性基础高度确定需采用上部荷载基本组合值。

第3章 支 挡 结 构

挡土墙(Earth Retaining Walls)是一种墙体或类似于墙体的结构,是为了保证填土位置或挖方位置稳定而修筑的永久性或临时性构造物,应用领域广泛。

3.1 挡土墙类型

挡土墙分类方法较多,按结构形式常规挡土墙可分为重力式、悬臂式和扶壁式挡土墙,以及加筋土挡墙、板桩墙和锚索式挡墙等特殊形式。

重力式挡土墙依靠墙身自重支撑平衡土压力来维持稳定,一般多用片(块)石砌筑,尤其适用于石料料源丰富的山区,在缺乏石料的地区有时也用混凝土修建。重力式挡土墙型式简单,施工方便,但圬工量大。重力式挡土墙适用于一般地区、浸水地区和地震地区的各类支挡工程。重力式挡土墙一般墙高不宜超过 8 m,干砌挡土墙的高度不宜超过 6 m。高速公路等重要构造物支挡不应采用干砌挡土墙。

为适应不同地形、地质条件及经济要求,重力式挡土墙具有多种墙背型式。墙背为直线形的普通重力式挡土墙可分为俯斜、直立和仰斜三种形式,断面型式最简单,土压力计算简便,参见图 3-1(a)、(b)和(c)。衡重式挡土墙的衡重台上填土重量使全墙重心后移,增加了墙身稳定,参见图 3-1(d)。衡重式挡土墙的墙前胸面直立,下墙背面仰斜,减小了墙的高度和开挖工作量,缓解卸载牵引作用对山体稳定的影响,且有时还可以利用台后净空拦截落石。衡重式挡土墙适用于山区公路建设,由于其基底面积较小且截面自重较大,对地基承载力要求较高,一般墙基应设置在坚实地基上。不带衡重台的折线形墙背挡土墙,则介乎上述普通重力式挡土墙和衡重式挡土墙之间,参见图 3-1(e)。

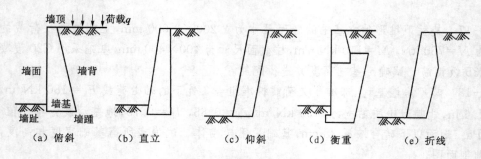

图 3-1 重力式挡土墙

薄壁式挡土墙为钢筋混凝土结构,包括悬臂式和扶壁式两种主要型式。悬臂式挡土墙是由立壁板和底板组成,具有三个悬臂构件,即立壁、趾板和踵板,参见图 3-2(a)。当墙身较高时,纵向每隔一定距离,设置一道肋板(扶壁)联结墙面板及底踵板,则形成扶壁式挡土墙结构,参见图 3-2(b)。薄壁式挡土墙具有墙身断面较小,主要依靠踵板上的填土重量平衡土压力,确保支挡结构稳定。薄壁式挡土墙自重轻,适用于墙高相对重力式挡墙偏高的情况。当地区石料缺乏或地基承载力较低时,悬臂式墙高度一般不宜超过 6 m,扶壁式挡土墙高度不宜超过 10 m。

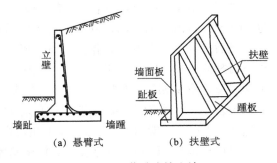

图 3-2　薄壁式挡土墙

3.2　荷载效应分析

3.2.1　一般荷载作用

按作用在挡土墙上的力系性质,可分为主要力系、附加力和特殊力。主要力系是经常作用于挡土墙的各种力,包括:①挡土墙自重及位于墙顶宽范围上的恒载;②墙后土体的主动土压力 E_a;③基底的法向反力 $N = \sum N$ 及摩擦力 $T = \mu \sum N$;④墙前土体的被动土压力 E_p,参见图 3-3。对浸水挡土墙而言,在主要力系中尚应包括常水位时的静水压力和浮力。

边坡工程的挡土墙背土压力一般按主动土压力计算,仍以楔体试算法为主。分析计算与实际观测结果的对比分析表明,高大挡土结构采用古典土压力理论计算的结果偏小,且土压力分布也存在较大偏差。同时,对于高大挡土墙通常也不允许出现达到主动土压力极限状态时的位移值。设挡土墙高度为 H(m),墙后土体重度为 γ(kN/m³),《建筑地基基础设计规范》(GB 50007)用于边坡工程的挡土墙墙背主动土压力 E_a(kN/m)的计算计入了增大系数。

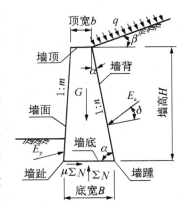

图 3-3　挡土墙上作用体系

$$E_a = \frac{\varphi_c}{2}\gamma H^2 K_a \tag{3-1}$$

式中　φ_c——主动土压力增大系数,$H < 5$ m 时,宜取 1.0;H 为 $5 \sim 8$ m 时,宜取 1.1;$H > 8$ m 时,宜取 1.2;

　　　K_a——主动土压力系数。

当填土为无黏性土时,墙背主动土压力系数可按库仑土压力理论确定;当挡土墙满足朗肯条件时,主动土压力系数可按朗肯土压力理论确定。黏性土或粉土的主动土压力也可采用楔体试算法图解求得。当挡墙基础埋置深度相对较浅、土体性质较差时,可以忽略墙前被动土压力的抗力稳定作用,视为挡墙结构的附加安全储备。因此,《建筑地基基础设计规范》(GB 50007)明确提出不计挡土墙前的被动土压力的稳定作用。《公路路基设计规范》(JTG

D30)则建议设计中宜不计挡土墙前的被动土压力稳定作用,但当基础埋置较深且地层稳定、不受水流冲刷和扰动破坏时,可计入墙前被动土压力,但应按规定计入作用分项系数。

墙后土体强度参数应根据土工试验确定。墙后填土缺乏可靠试验数据时,土体内摩擦角 φ 可按表 3-1 取值。一般认为墙背摩擦角与填土性质、墙背粗糙程度和墙背接触面上填土含水量等密切相关,另外还与墙移动方式和排水过程有关,但与墙背倾角和墙顶填土表面形状关系不大。实验测得的墙背摩擦角均大于 $0.75\varphi_D$(φ_D 墙后填土排水内摩擦角),有的甚至达到 $0.8\varphi_D$。一般情况下,墙背摩擦角可根据墙背粗糙程度和排水条件确定。《建筑地基基础设计规范》(GB 50007)建议土对挡土墙墙背的摩擦角取值,参见表 3-2。

表 3-1 填料内摩擦角与综合内摩擦角

填料种类		综合内摩擦角 φ_D(°)	内摩擦角 φ(°)	重度(kN/m³)
黏性土	墙高 $H \leqslant 6$ m	35～40	—	17～18
	墙高 $H > 6$ m	30～35	—	
碎石、不易风化的块石		—	45～50	18～19
大卵石、碎石类土、不易风化的岩石碎块		—	40～45	18～19
小卵石、砾石、粗砂、石屑		—	35～40	18～19
中砂、细砂、砂质土		—	30～35	17～18

注:填料重度可根据实测资料作适当修正,计算水位以下的填料重度采用浮重度。

表 3-2 土对挡土墙墙背的摩擦角 δ

挡土墙情况	摩擦角 δ
墙背平滑,排水不良	$(0\sim0.33)\varphi_k$
墙背粗糙,排水良好	$(0.33\sim0.50)\varphi_k$
墙背很粗糙,排水良好	$(0.50\sim0.67)\varphi_k$
墙背与填土之间不可能滑动	$(0.67\sim1.00)\varphi_k$

注:φ_k 墙背填土的内摩擦角标准值。

3.2.2 库伦土压力

目前,挡土墙土压力 E_a 计算上广泛采用基于库伦土压力理论的楔体试算法。根据图 3-4 所示的符号规定,库伦土压力理论以墙后刚性滑动土楔体 $\triangle ABC$ 的静力平衡条件推导得到:

$$E_a = G\frac{\sin(\theta-\varphi)}{\sin(\theta+\psi)}, \ \psi = \alpha - \delta - \varphi \tag{3-2}$$

对上式(3-2)求导并令 $\dfrac{\mathrm{d}E_a}{\mathrm{d}\theta}=0$,可求出土压力最小值临界状态对应 θ 值,回代上式(3-2)即可得到主动土压力 E_a 如下:

$$E_a = \frac{1}{2}\gamma H^2 K_a$$

$$= K_a \frac{\sin^2(\alpha-\varphi)}{\sin^2\alpha\sin(\alpha-\delta)\left[1+\sqrt{\dfrac{\sin(\varphi+\delta)\sin(\varphi-\beta)}{\sin(\alpha-\delta)\sin(\alpha+\beta)}}\right]^2} \tag{3-3a}$$

式中 φ——填土的内摩擦角(°);

    δ——墙背与填土间的摩擦角(°);

    β——墙后填土表面的倾斜角(°);

    α——墙背倾斜角(°),俯斜墙背 $\alpha<90°$ 为正,直立墙背 $\alpha=90°$,仰斜墙背 $\alpha>90°$。

根据图 3-4 力系三角形,土压力 E_a 的水平分力 E_x 和垂直分力 E_y 分别为:

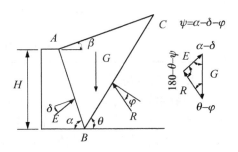

图 3-4 库伦土压力

$$E_x = E_a \sin(\alpha-\delta) \qquad (3\text{-}3b)$$

$$E_y = E_a \cos(\alpha-\delta) \qquad (3\text{-}3c)$$

考虑黏聚力的影响,当库伦土压力适用于不同墙背坡度和粗糙度,不同墙后土体表面形状和荷载作用情况,且计算结果一般均能满足工程要求。必须指出,当俯斜墙背的坡度较缓时,破裂棱体不一定沿着墙背(或假想墙背)滑动,墙后土体中将出现第二破裂面,此时应按第二破裂面法计算。库伦理论用于仰斜墙背时,同样墙背坡度不宜太缓,一般以不缓于 1:0.30~1:0.35 为宜,否则将出现较大误差,导致计算土压力明显偏小。库伦理论计算被动土压力常会引起很大的误差,而且它会随 α、δ 和 β 的增大而迅速增大,且实际被动土压力作为结构抗力达不到理论计算值。因此,设计中被动土压力作为抗力时,应对被动土压力的计算值进行大幅度折减。

1. 特殊边界

破裂棱体破裂角交于路基表面形式,一般可分为①破裂面交于荷载内侧、②破裂面交于荷载中部和③破裂面交于荷载外侧破裂面,分别参见图 3-5(a)、(b)和(c)。三种破裂棱体形式的断面面积 S,可以写成通式,填土重度为 γ,可得破裂棱体重量 G 如下:

$$G = \gamma(A_0 \cot\theta - B_0) \qquad (3\text{-}4)$$

破裂棱体破裂面交于荷载内侧、交于荷载中部和交于荷载外侧三种情况,对应计算参数 A_0、B_0 分别参见表 3-3。类似于传统库伦理论推导,可将表达式(3-4)所示的三种破裂棱体形式的破裂棱体重量 G 代入(3-2),同样令 $\psi=90°-\alpha-\delta$,令 $\mathrm{d}E_a/\mathrm{d}\theta=0$,即可得:

$$\tan\theta = -\cot(\psi-\varphi) \pm \sqrt{\left[\cot\varphi + \cot(\psi-\varphi)\right]\left[\frac{B_0}{A_0} + \cot(\psi-\varphi)\right]} \qquad (3\text{-}5)$$

将上式求得的 θ 值代入式(3-2),即可求得破裂棱体破裂角交于路基表面不同形式对应的主动土压力 E_a。

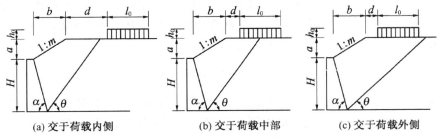

(a) 交于荷载内侧   (b) 交于荷载中部   (c) 交于荷载外侧

图 3-5 破裂面交于路基面

表 3-3 确定断面面积 S 的计算参数 A_0、B_0

破裂面相交形式	计算参数 A_0	计算参数 B_0
①	$\dfrac{1}{2}(a+H)^2$	$\dfrac{1}{2}ab - \dfrac{1}{2}H(H+2a)\tan\alpha$
②	$\dfrac{1}{2}(a+H+2h_0)(a+H)$	$\dfrac{1}{2}ab + (b+d)h_0 - \dfrac{1}{2}H(H+2a+2h_0)\cot\alpha$
③	$\dfrac{1}{2}(a+H)^2$	$\dfrac{1}{2}ab - l_0 h_0 - \dfrac{1}{2}H(H+2a)\tan\alpha$

2. 第二破裂面

一般俯斜式挡土墙为避免土压力过大,很少采用平缓背坡,故不易出现第二破裂面,参见图 3-1(a)。但是,折线形挡土墙的上墙墙背、衡重式挡土墙上墙或悬臂式挡土墙的假想墙背,往往会遇到俯斜很缓情况。以图 3-36 所示衡重式挡墙上墙假想墙背为例。当墙后土体达到主动极限平衡状态时,远离墙背的第一破裂面 OC_1 与水平线倾角为 θ_1,破裂棱体另一破裂面并不沿假想墙背 OA 滑动,而是沿着土体内的俯角为 α_2 的第二破裂面 OC_2 滑动。设 E_x 是 E_y 分别为第二破裂面上的土压力 E_a 的水平分力和垂直分力,第二破裂面 OC_2 上土体内摩擦角为 φ,故可以列出以下函数关系:

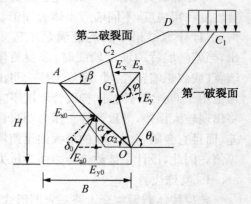

图 3-6 出现第二破裂面的条件

$$E_x = f(\alpha_2, \theta_1) \tag{3-6}$$

出现第二破裂面的条件包括:①墙背(或假想墙背)OA 的倾角 α 必须大于第二破裂面倾角 α_2,不妨碍第二破裂面出现;②墙背 OA 上的抗滑抗力必须大于其下滑力,即 $N_R > N_G$。

当极限平衡时,刚性土楔体 $\triangle AOC_2$ 重力为 G_2,第二滑裂面 OC_2 上的土压力为 E_x 和 E_y,则作用于墙背 OA 上的土压力 E_{x0} 和 E_{y0} 分别为:

$$E_{x0} = E_x \text{ 和 } E_{y0} = E_y + G_0 \tag{3-7}$$

作用于墙背 OA 上的土压力 E_{x0} 和 E_{y0} 的合力 E_{a0} 与墙背 OA 法线的夹角为 δ_0,则有:

$$E_{x0}\cot(\alpha - \delta_0) = E_y + G_0$$

当墙背上抗滑力大于其下滑力时,E_{a0} 与墙背 OA 法线的夹角 δ_0 应小于墙背摩擦角 δ(假想墙背时取 $\delta = \varphi$),即 $\delta_0 < \delta$,则破裂棱体 $\triangle OAC_2$ 不会沿墙背下滑必须满足下式(3-8),即出现第二滑动面前提条件:墙背 OA 上荷载作用合力与墙背法线夹角小于墙背摩擦角,即 $\delta_0 < \delta$(假想墙背时取 $\delta = \varphi$),上式可以改写成:

$$E_{x0}\cot(\alpha - \delta) > E_y + G_0 \tag{3-8}$$

如图 3-6 所示,设假想破裂棱体 OC_2DC_1 的第二滑动面 OC_2 面俯角为 α_{2i},第一滑动面 OC_1 的倾角为 θ_{1i},相应的水平向主动土压力值 E_{xi},可通过下列偏微分方程组求解得到主动土压力临界状态时对应的 α_2 和 θ_1 以及主动土压力 E_x:

$$\left.\begin{aligned}\frac{\partial E_{xi}}{\partial \alpha_{2i}} &= 0 \\ \frac{\partial E_{xi}}{\partial \theta_{1i}} &= 0\end{aligned}\right\} \tag{3-9a}$$

并满足下列条件：
$$\left.\begin{aligned}&\frac{\partial^2 E_{xi}}{\partial \alpha_{2i}^2} < 0, \quad \frac{\partial^2 E_{xi}}{\partial \theta_{1i}^2} < 0 \\ &\frac{\partial^2 E_{xi}}{\partial \alpha_{2i}^2}\frac{\partial^2 E_{xi}}{\partial \theta_{1i}^2} - \frac{\partial^2 E_{xi}}{\partial \alpha_{2i}\theta_{1i}} > 0\end{aligned}\right\} \tag{3-9b}$$

衡重式挡墙的上墙或悬臂式墙的假想墙背平缓 $\delta = \varphi \geqslant \delta_0$ 时，只要满足上述第一个条件，即出现第二破裂面。如图 3-7 所示的衡重式路堤墙的墙后土体第一破裂交于荷载内，第二破裂交于边坡的情况为例，说明公式的推导过程。

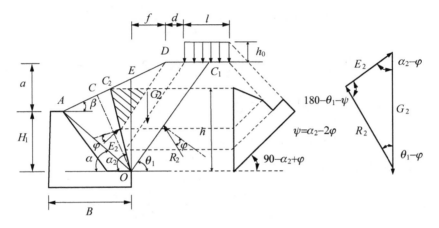

图 3-7 第二破裂面土压力公式推导

根据边界条件可知，坡顶分布荷载为 $q(\text{kPa})$，墙背土体平均重度为 $\gamma(\text{kN/m}^3)$，荷载等效高度为 $h_0 = q/\gamma(\text{m})$。墙背或假想墙背俯角为 α，假想破裂棱体 OC_2DC_1 的重量为 G_2（包括棱体上的荷载 q），自衡重台后缘 O 点作倾斜坡面线垂线 OC 和竖直线 OE，长度分别为 h_C 和 h_E，其他几何参数参见图 3-7。假想破裂棱体 OC_2DC_1 自重 G_2 求解如下：

由三角形 $\triangle C_2OE$，应用正弦定律可得

$$k = h = \frac{h_E \cos \beta}{\sin(\alpha_2 + \beta)} \tag{a}$$

OC 线垂直于 AD，OC 线俯角 $\alpha = 90° - \beta$，替代上式 α_2，可得

$H_0 = a + H_1$，$h_E = H_1(\cot \alpha \tan \beta + 1)$，$h_C = h_E \cos \beta$

$f = [H_0 - H_1(\cot \alpha \tan \beta + 1)]\cot \beta$

$$\begin{aligned}A(x, y) &= \frac{1}{2}H_0^2 \cot \theta_{1i} + \frac{h_C^2}{2}[\tan \beta + \cot(\alpha_{2i} + \beta)] - \frac{f^2 \tan \beta}{2} + (H_0 \cot \theta_{1i} - f - d)h_0 \\ &= \left(\frac{1}{2}H_0^2 + H_0 h_0\right)y + \frac{h_C^2}{2}x + \frac{h_C^2}{2}\tan \beta - \frac{f^2 \tan \beta}{2} - (f + d)h_0\end{aligned}$$

$$G = \gamma A(x, y) = \frac{1}{2} h_C^2 \gamma (x + cy + s) = G_0 (x + cy + s) \tag{3-10}$$

上式(3-10)中 x 和 y 分别为变量 α_i 和 θ_i 的函数，x 和 y 与各常数项的表达式如下：

$$x = \cot(\alpha_{2i} + \beta), \quad y = \cot \theta_{1i} \tag{b}$$

$$G_0 = \frac{1}{2} h_C^2 \gamma, \quad c = \frac{H_0^2 + 2H_0 h_0}{h_C^2}, \quad s = \tan \beta - \frac{f^2 \tan \beta + 2(f+d)h_0}{h_C^2} \tag{c}$$

(1) 根据表达式(3-10)和图 3-7 的力三角形，结合正弦定理可得第二破裂面 AC 上土压力 E_a 和其水平向分力 E_x，如下：

$$E_a = G \frac{\sin(\theta_{1i} - \varphi)}{\sin(\theta_{1i} + \psi)} \tag{d}$$

$$E_x = E_a \sin(\alpha_{2i} - \varphi) = \frac{G}{\cot(\alpha_{2i} - \varphi) + \cot(\theta_{1i} - \varphi)}$$

$$\cot(\alpha_{2i} - \varphi) = \cot[(\alpha_{2i} + \beta) - (\varphi + \beta)] = \frac{x + a}{1 - ax} \tag{e}$$

$$\cot(\theta_{1i} - \varphi) = \frac{y + b}{1 - by}$$

$$a = \tan(\varphi + \beta), \quad b = \tan \varphi \tag{f}$$

将上式(d)和(e)带入式(c)可得：

$$E_x = G_0 \frac{(x + cy + s)(1 - ax)(1 - by)}{(x + a)(1 - by) + (y + b)(1 - ax)} \tag{3-11}$$

(2) 求主动土压力极限状态的 E_x 及相应的破裂角 α_2 和 θ_1

将表达式(3-11)代入表达式(3-9a)整理后，再代入上式(3-11)可得：

$$\left.\begin{array}{l} \dfrac{\partial E_{xi}}{\partial \alpha_{2i}} = 0 \xrightarrow{3-11} E_x = G_0 \dfrac{(1 - ax)^2}{1 + a^2} \\[3mm] \dfrac{\partial E_{xi}}{\partial \theta_{1i}} = 0 \xrightarrow{3-11} E_x = \dfrac{G_0 c (1 - by)^2}{1 + b^2} \end{array}\right\} \tag{3-12}$$

或

$$x = \tan(\alpha_{2i} - \beta) = \frac{1}{a} - \frac{1 - by}{a} \sqrt{\frac{c(1 + a^2)}{1 + b^2}} \tag{g}$$

同样，将表达式(3-11)代入表达式(3-9a)联立，并根据 E_x 出现最大值时的二阶微商 (3-9b)式，可求解土压力 E_x 最大值时的 x_c 和 y_c，分别代入上式(3-12)可得：

$$\left.\begin{array}{l} E_x = G_0 \dfrac{(1 - ax)^2}{1 + a^2} = \dfrac{1}{2} \gamma h_C^2 [1 - \tan(\varphi + \beta) \cot(\alpha_2 + \beta)]^2 \cos(\varphi + \beta) \\[3mm] \text{或} \quad E_x = \dfrac{G_0 c (1 - by)^2}{1 + b^2} = \dfrac{1}{2} \gamma H_0^2 \left(1 + \dfrac{2h_0}{H_0}\right)(1 - \tan \varphi \cot \theta_1)^2 \sin^2 \theta_1 \end{array}\right\} \tag{3-13}$$

且有
$$E_a = E_x/\sin(\alpha_2 - \varphi) \qquad E_y = E_x/\tan(\alpha_2 - \varphi)$$

上述第二破裂面土压力 E_x 表达式中,第一破裂角正切值 $y_c(\theta_1)$ 表达式如下:

$$y_c = \tan\theta_1 = -Q \pm \sqrt{Q^2 - R} \tag{h}$$

$$Q = \frac{1}{\sqrt{1 + \dfrac{2h_0}{H_0}}} \csc(2\varphi + \beta) \frac{h_C}{H_0} - \cot(2\varphi + \beta)$$

$$R = \cot\varphi\cot(2\varphi+\beta) + \frac{1}{1+\dfrac{2h_0}{H_0}}\frac{\cos(\varphi+\beta)}{\sin\varphi\sin(2\varphi+\beta)}\left\{\frac{h_C^2}{H_0^2} - \frac{2h_C}{H_0}\sqrt{1+\frac{2h_0}{H_0}}\frac{\cos\varphi}{\cos(\varphi+\beta)}\right.$$

$$\left. + \tan(\varphi+\beta)\left[\frac{2}{\sin\beta}\frac{h_C}{H_0} - \cot\beta\left(1+\frac{h_C^2}{H_0^2}\right) - \frac{2h_0}{H_0}\left(\cot\beta - \frac{1}{\sin\beta}\frac{h_C}{H_0} + \frac{d}{H_0}\right)\right]\right\}$$

y_c(或 $\tan\theta_1$)有两个根,有效根取其正值中较小的一个,再代入上式(f)可得 x_c(或第二破裂面俯角 α_2)如下:

$$x_c = \cot(\alpha_2 + \beta) = \cot(\varphi + \beta) - \frac{\cos\varphi}{\sin(\varphi+\beta)}\frac{H_0}{h_C}\sqrt{1 + \frac{2h_0}{H_0}}(1 - \tan\varphi\cot\theta_1) \tag{i}$$

(3) 求主动土压力 E_a 的作用点

根据图 3-7 的几何关系,第二破裂面 OC_2 破裂角为 α_2,第一破裂面 OC_1 的破裂角为 θ_1,设第二破裂面 OC_2 垂直高度为 h,图中平行于第一破裂面 OC_1 的虚线可将 h 划分为 h_1、h_2 和 h_3。根据图 3-7 中阴影部分三角形的几何关系并应用正弦定律可得:

$$\frac{\overline{C_2G_2}}{\sin(90-\theta_1+90-\alpha_2)} = \frac{(H_0-h)(\cot\beta-\cot\theta_1)}{\sin(\theta_1+\alpha_2)} = \frac{h_1}{\sin\theta_1\sin\alpha_2}$$

$$h_1 = \frac{(H_0-h)(\cot\beta-\cot\theta_1)}{\cos\theta_1+\cos\alpha_2} \tag{a}$$

将 d 代替上式(a)中的 C_2G_2,则可得:

$$h_2 = \frac{d}{\cos\theta_1+\cos\alpha_2} \tag{b}$$

$$h_3 = h - h_1 - h_2 \tag{c}$$

由此,可绘制土压应力分布图,参见图 3-7。

$$\sigma_0 = \gamma h_0 K_a, \quad \sigma_a = \gamma(H_0-h)K_a, \quad \sigma_h = \gamma h K_a$$

$$\left.\begin{aligned} Z_x &= \frac{\int_0^h \sigma y\,\mathrm{d}y}{\int_0^h \sigma\,\mathrm{d}y} = \frac{h^3 + (H_0-h)(3h^2-3h_1h+h_1^2) + 3h_0h_3^2}{3[h^2 + (H_0-h)(2h-h_1) + 2h_0h_3]} \\ Z_y &= B - Z_x\tan\alpha_2 \end{aligned}\right\} \tag{3-14}$$

式中,Z_x 为第二破裂面上土压力合力至 O 点高度,Z_y 为土压力合力至 O 点水平面与挡土墙胸面交点的水平距离。各种边界条件第二破裂面解答详见有关设计手册。

3. 黏性土的土压力

经典库伦理论仅适用于黏聚力为零的砂性土土压力问题,由于其边角条件相对灵活,实践中提出了一些以库伦理论为基础计算黏性土主动土压力的近似方法。

(1) 等效内摩擦角法

目前,土压力计算中的黏性摩擦角 φ 与黏聚力 c 取值还存在一些问题,例如土体流变及墙身位移等对其影响尚不十分清楚。因此,在设计黏性土的挡土墙时,可采用将 φ 与 c 换算成"等效内摩擦角" φ_D,按砂性土的公式来计算土压力。通常把黏性土的内摩擦角值增大 $5° \sim 10°$ 作为"等效内摩擦角" φ_D,或黏聚力 c 每增加 $10\ \mathrm{kPa}$,φ_D 增加 $2° \sim 7°$,一般情况等效内摩擦角 $\varphi_D = 30° \sim 35°$,参见表 3-1。

此外,可以按图 3-4 墙后第一滑动面 BC 上的土体抗剪强度相等原则,换算墙后黏性土视砂性土时的等效内摩擦角 φ_D,即:

$$\sigma_{BC} \tan \varphi_D = \sigma_{BC} \tan \varphi + c \tag{3-15}$$
$$\varphi_D = \arctan\left(\tan \varphi + \frac{c}{\sigma_{BC}}\right)$$

式中,σ_{BC} 为滑动棱体第一滑动面 BC 上正应力,且同等条件下的正应力 σ_{BC} 水平愈高,等效内摩擦角相对愈低。当简化挡土墙模型为墙背垂直($\alpha = 90°$)、光滑($\delta = 0°$)且墙顶坡面水平($\beta = 0°$)时,滑动棱体第一滑动面 BC 上的正应力有如下三种形式:

$$\sigma_{BC} = \frac{\gamma H}{2} \tag{a}$$

$$\sigma_{BC} = \frac{\gamma H}{2} \cos\left(45° + \frac{\varphi}{2}\right) \tag{b}$$

$$\sigma_{BC} = \frac{\gamma H}{2} \cos^2\left(45° + \frac{\varphi}{2}\right) \tag{c}$$

上式(a)简单假设 BC 上的正应力等于滑动棱体平均竖向应力,式(b)为平均竖向应力在 BC 面法向分力;式(c)为平均竖向应力在 BC 面法向分力再除以 BC 面长度的法向分力。针对简化挡土墙模型,显然式(c)相对最合理。此外,还可以根据土压力相等的原则或土压力力矩相等的原则计算等效内摩擦角值 φ_D。由于影响土压力数值的因素是多方面的,包括墙高、墙型、墙后填料的表面以及荷载的情况等,简化挡土墙模型存在局限,不可能用上述方法确定一个固定的换算关系或固定的换算值。最好是按实际测定的 c、φ 值,采用力多边形法来计算黏性土的主动土压力。

(2) 力多边形法(数解法)

当墙身向外有足够位移时,黏性土土层顶部会出现拉应力,产生竖向裂缝,裂缝从地面向下延伸至拉应力趋于零处。裂缝深度 h_c 按下式计算

$$h_c = \mathrm{CD} = \frac{2c}{\gamma} \tan\left(45° + \frac{\varphi}{2}\right) \tag{3-16}$$

在垂直裂缝区 h_c 范围内的竖直面上的侧压力等于零,在此范围内不计土压力。根据库伦理论,假设破裂面为一平面,沿破裂面的土的抗剪强度由土的内摩擦力 $\sigma \tan \varphi$ 和黏聚力 c 组成。至于墙背和土之间的黏聚力 c',由于影响因素很多,为简化计算及使用安全,可忽略不计,即 $c'=0$。

现以路堤墙后破裂面交于荷载内的情况为例,介绍公式的推导方法。图 3-8(a)所示路堤式挡土墙,填土表面有局部荷载,其裂缝假定在荷载作用面以下产生。BC 为破裂面,破裂棱体为 $ABCDMN$ 且面积为 A_0。在主动极限平衡状态下,棱体在自重 G、墙背反力 E_a、破裂面反力 R 和破裂面黏聚力 $E_{c0}=cBC$ 四个力的作用下保持静力平衡,构成力多边形。根据公式(3-3a),从图 3-8 所示的力多边形可知:

$$E + E_c = \frac{\cos(\theta - \varphi)}{\sin(\theta + \psi)}G \tag{3-17}$$

考虑裂缝深度 h_c 影响,并设 $a = b\tan \beta$,纵向单位长度棱体 $ABCDMN$ 自重同样可以写成表达式(3-4)形式如下:

$$G = \gamma(A_0 \cot \theta - B_0)$$

$$A_0 = \frac{1}{2}(H+a)^2 - \frac{1}{2}h_c^2 + h_0(H+a-h_c)$$

$$B_0 = \frac{1}{2}ab + (b+d)h_0 - \frac{H}{2}(h_c + a + 2h_0)\cot \alpha$$

将上式 G 的表达式代入式(3-17)可得

$$E + E_c = \gamma(A_0 \tan \theta - B_0)\frac{\cos(\theta - \varphi)}{\sin(\theta + \psi)} \tag{3-18}$$

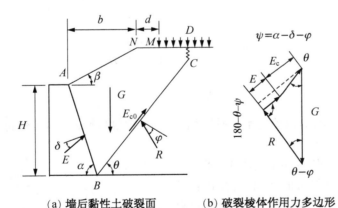

(a) 墙后黏性土破裂面　　　(b) 破裂棱体作用力多边形

图 3-8　路堤墙黏性土主动土压力计算

滑动棱体滑动面 BC 上土体黏聚力 c,滑动面黏聚力减少的土压力可按下式计算

$$E_{c0} = cBC = \frac{c(H + a - h_c)}{\sin \theta}$$

$$E_c = E_{c0}\cos(\alpha - \delta - \theta) = \frac{c(H + a - h_c)}{\sin\theta}\cos(\alpha - \delta - \theta) \qquad (3\text{-}19)$$

根据

$$\frac{dE_a}{d\theta} = \frac{d(E + E_c)}{d\theta} - \frac{dE_c}{d\theta} = 0$$

可以得到最大土压力(即主动土压力状态)对应的破裂角 θ_c 计算公式

$$\tan\theta_c = -\tan\varphi \pm \sqrt{\sec^2\varphi - D} \qquad (3\text{-}20)$$

式中:

$$D = -\frac{A_0\cos(\alpha - \delta) + B_0\sin(\alpha - \delta)}{\cos\psi\left[A_0\sin\varphi + \dfrac{c}{\gamma}(H + a - h_c)\cos\varphi\right]}$$

将表达式(3-20)得到的 θ_c,代入表达式(3-18)和表达式(3-19),分别求得 E 和 E_c,再代入表达式(3-21)即可求得主动土压力 E_a。

《建筑地基基础设计规范》(GB 50007)中考虑墙背填料黏聚力和倾斜坡面上作用均匀分布荷载条件下,挡土墙在土压力作用下其主动压力系数,应按下列公式计算

$$k_a = \frac{\sin(\alpha + \beta)}{\sin^2\alpha\sin^2(\alpha + \beta - \varphi - \delta)}\{k_q[\sin(\alpha + \beta)\sin(\alpha - \delta) + \sin(\varphi + \delta)\sin(\varphi - \beta)] +$$

$$2\eta\sin\alpha\cos\varphi\cos(\alpha + \beta - \varphi - \delta) -$$

$$2[(k_a\sin(\alpha + \beta)\sin(\varphi - \beta) + \eta\sin\alpha\cos\varphi)(k_q\sin(\alpha - \varphi)\sin(\varphi + \delta) + \eta\sin\alpha\cos\varphi)]^{1/2}\}$$

$$(3\text{-}21)$$

式中

$$k_q = 1 + \frac{2q}{rh}\frac{\sin\alpha\cos\beta}{\sin(\alpha + \beta)}$$

$$\eta = \frac{2c}{rh}$$

式中,q 为地表均布荷载,以单位水平投影面上的荷载强度计(kPa),其他符号同上。

(3) 有限范围填土土压力

如果挡土墙修在陡坡的半路堤上,或者山坡岩土体有倾向路基的层面,则墙后存在着已知坡面或潜在滑动面,当其倾角陡于由计算求得的破裂面的倾角时,墙后填料将沿着陡坡面(或滑动面)下滑,而不是沿着计算破裂面下滑,如图 3-9 所示。此时,土楔及其上荷载重为 G(kN),稳定滑动面的倾角,即原地面的横坡或层面倾角为 θ,且 $\theta > (45 + \varphi/2)$ 时,作用在墙上的主动土压力为:

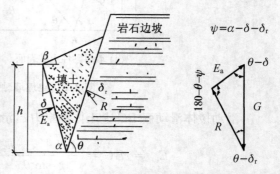

图 3-9 有限范围填土的土压力计算

$$E_a = G \frac{\sin(\theta - \delta_r)}{\cos(\psi + \theta)} \tag{3-22}$$

$$\psi = \alpha - \delta_r - \delta$$

式中　δ_r——土体与稳定区滑动面上的摩擦角,根据试验确定。当无试验资料时,可取 $\delta_r =$ $0.33\varphi_k$,φ_k 为填土的内摩擦角标准值;当坡面无地下水,并按规定挖台阶填筑时,可采用土的内摩擦角 $\varphi(°)$。

如图 3-9 边界条件,当支挡结构后缘有较陡峻的稳定岩石坡面岩坡的坡角 $\theta > \dfrac{45° + \varphi}{2}$ 时,应按有限范围填土计算土压力,取岩石坡面为破裂面,按下式计算滑动棱体重量和主动土压力系数。

$$G = \gamma \left[(h\cot\alpha + h\cot\theta)\frac{h}{2} + \frac{h\sin(180° - \alpha - \theta)(h\cot\alpha + h\cot\theta)\sin\beta}{2\sin\alpha\sin[180° - (180° - \alpha - \theta) - (\alpha + \beta)]} \right]$$

$$= \frac{\gamma h^2}{2} \frac{\sin(\alpha + \theta)\sin(\alpha + \beta)}{\sin^2\alpha\sin(\theta - \beta)}$$

$$k_a = \frac{\sin(\alpha + \theta)\sin(\alpha + \beta)\sin(\theta - \delta_r)}{\sin^2\alpha\sin(\theta - \beta)\sin(\theta + \psi)} \tag{3-23}$$

4. 折线墙背土压力

凸形墙背的挡土墙和衡重式挡土墙,其墙背不是一个平面而是折面,称为折线形墙背。对这类墙背,以墙背转折点或衡重台为界,分成上墙与下墙,分别按库伦方法计算主动土压力,然后取两者的矢量和作为全墙的土压力。

（1）上墙土压力计算

计算上墙土压力时,不考虑下墙的影响,按俯斜墙背计算土压力。衡重式挡土墙的上墙,由于衡重台的存在,通常都将墙顶内缘和衡重台后缘的连线作假想墙背,假想墙背与实际墙背间的土楔假定与实际墙背一起移动,参见图 3-6。计算时先按墙背倾角 α 或假想墙背倾角 α' 是否大于第二破裂 α_{I} 进行判断,如不出现第二破裂面,应以实际墙背或假想墙背为边界条件,按一般直线俯斜墙背库伦主动土压力计算;如出现第二破裂面,则按第二破裂面的主动土压力计算。

（2）下墙土压力计算

下墙土压力计算较复杂,目前普遍采用各种简化的计算方法,主要有延长墙背法和力多边形法。延长墙背法的概念简单,偏于安全,可以满足一般工程设计的需要。

如图 3-10 所示,在上墙土压力算出后,延长下墙墙背交于填土表面 C,以 $B'C$ 为假想墙背,根据延长墙背的边界条件,用相应的库伦公式计算土压力,并绘出墙背应力分布图,从中截取下墙 BB' 部分的应力图作为下墙的土压力。将上下墙两部分应力图叠加,即为全墙土压力。

这种方法存在着一定误差。

第一,忽略了延长墙背与实际墙背之间的土楔及其荷载重,但考虑了在延长墙背和实际墙背上土压力方向不同

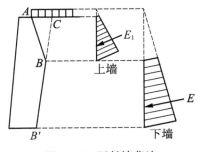

图 3-10　延长墙背法

而引起的垂直分力差,虽然两者能相互补偿,但未必能相抵消。

第二,绘制土压应力图形时,假定上墙破裂面与下墙破裂面平行,但大多数情况下两者是不平行的,由此存在计算下墙土压力所引起的误差。以上误差一般偏于安全,由于此法计算简便,至今仍被广泛采用。

鉴于上述下墙延长墙背法存在问题,《铁路路基支挡结构设计规范》(TB 10025)建议下墙土压力计算采用力多边形法,参见图 3-11。图中上墙墙背或假想墙背上土压力 E_1 可按式(3-3)库伦土压力计算;但当墙背俯角偏大出现第二破裂面时,α_1 为上墙第二破裂面俯角,H_1 为第二破裂面垂直高度,上墙第二破裂面上土压力 E_1 按式(3-13)计算。上墙第一破裂面倾角为 θ_1。上墙墙背与土接触面摩擦角为 δ_1,当为假想墙背或第二破裂面时即为土体内摩擦角 $\delta_1=\varphi$。因此,图 3-11 力多边形中的 E_1、R_1 和 G_1 的力三角形为已知,且可得:

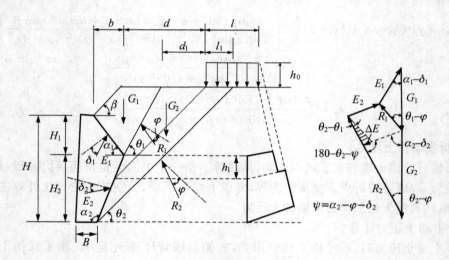

图 3-11 下墙力多边形法

$$R_1 = \frac{E_1 \sin(\alpha_1 - \delta_1)}{\sin(\theta_1 - \varphi)} \tag{a}$$

根据图 3-11 力多边形,下墙第一破裂面倾角为 θ_1,墙背与土接触面摩擦角为 δ_2,下墙破坏棱体自重为 G_2(包括棱体上的荷载 q)可按上述表达式(3-4)计算,根据正弦定律可得:

$$E_2 + \Delta E = G_2 \frac{\sin(\theta_2 - \varphi)}{\sin(\theta_2 + \psi)}, \quad \psi = \alpha_2 - \varphi - \delta_2 \tag{b}$$

同理,根据图 3-11 力多边形中阴影所示的力三角形可得:

$$\Delta E = R_1 \frac{\sin(\theta_2 - \theta_1)}{\sin(\theta_2 + \psi)} \tag{c}$$

将上式(a)代入式(c),再代入式(b),且 G_2 采用表达式(3-4)计算,则有:

$$E_2 = \gamma(A_0 \cot\theta_2 - B_0)\frac{\sin(\theta_2 - \varphi)}{\sin(\theta_2 + \psi)} - \frac{E_1 \sin(\alpha_1 - \delta_1)}{\sin(\theta_1 - \varphi)}\frac{\sin(\theta_2 - \theta_1)}{\sin(\theta_2 + \psi)} = f(\theta_2)$$

$$(3-24)$$

由

$$\frac{\partial E_2}{\partial \theta_2} = \frac{\partial f(\theta_2)}{\partial \theta_2} = 0$$

可得

$$\tan \theta_2 = -\cot \psi \pm \sqrt{\left(\cot \psi + \cot \varphi\right)\left(\cot \psi + \frac{B_0}{A_0}\right) - \frac{E_1 \sin(\alpha_1 - \delta_1)\cos(\psi - \theta_1)}{A_0 \gamma \sin \varphi \sin \psi \sin(\theta_1 - \varphi)}} \quad \text{(d)}$$

由上式(d)求出代入上式(3-24)可求出下墙主动土压力 E_2。合力作用点位置计算原理同式(3-14)。

3.2.3 朗肯土压力

朗肯(Rankine)应用极限平衡理论,是以应力圆得出了经典土压力计算理论。当水平半无限土体侧面扩张,处于极限平衡状态时,作用于垂直面上深度为 z 的主动土压力强度为 p_a 为:

$$p_a = \gamma z \frac{1 - \sin \varphi}{1 + \sin \varphi} - 2c \sqrt{\frac{1 - \sin \varphi}{1 + \sin \varphi}} \quad \text{(3-25)}$$

当填土面倾斜角为 β,填土为无黏性土时,墙后填土中 A 点微单元受力模型,参见图 3-12(a)。作用于垂直面上的深度为 z,由土体重力产生的竖直向力 p,可得 A 点微单元 β 倾斜面上作用法向力 σ_A 和切向力 τ_A:

$$p = \frac{\gamma z \mathrm{d}x}{\dfrac{\mathrm{d}x}{\cos \beta}} = \gamma z \cos \beta \quad \text{(a)}$$

$$\left.\begin{array}{l} \sigma_A = \gamma z \cos^2 \beta \\ \tau_A = \gamma z \sin \beta \cos \beta \end{array}\right\} \quad \text{(b)}$$

平行于土面倾斜角 β 的作用力为主动土压力 p_a,在 A 点微单元竖直面上产生的法向力 σ_B 和切向力 τ_B 分别为:

$$\left.\begin{array}{l} \sigma_B = p_a \cos \beta \\ \tau_B = p_a \sin \beta \end{array}\right\} \quad \text{(c)}$$

根据土体强度指标 $\varphi(c=0)$ 得到摩尔圆与库伦破坏准则,A 点微单元在土体重力 p 作用下,土体侧向扩张达到极限平衡状态时,该微单元倾斜面上作用法向力 σ_A 和切向力 τ_A、竖直面法向力 σ_B 和切向力 τ_B 在极限摩尔圆上的位置,参见图 3-12(b)。令:

$$\left.\begin{array}{l} \sigma_m = \overline{OO'} \\ r = \sigma_m \sin \varphi \end{array}\right\} \quad \text{(d)}$$

则

$$r^2 = (\sigma_A - \sigma_m)^2 + \tau_A^2$$

将式(b)和式(d)代入上式,整理后可得:

$$\sigma_{\mathrm{m}} = \frac{1}{\cos^2\varphi}(\gamma z\,\cos^2\beta - \gamma z\cos\beta\sqrt{\cos^2\beta - \cos^2\varphi}) \tag{e}$$

根据图 3-12(b)的几何关系,由割线定理 $\overline{OB}\times\overline{OA}=\overline{OC}\times\overline{OD}$ 可知

$$p_{\mathrm{a}}\gamma z\cos\beta = \sigma_{\mathrm{m}}^2 - r^2 = \sigma_{\mathrm{m}}^2\cos^2\varphi \tag{f}$$

将式(e)代入上式(f),整理后可得土压力分布如下:

$$p_{\mathrm{a}} = \gamma z\cos\beta\frac{\cos\beta - \sqrt{\cos^2\beta - \cos^2\varphi}}{\cos\beta + \sqrt{\cos^2\beta - \cos^2\varphi}} \tag{3-26a}$$

由此,填土面倾斜(且 $c=0$)时,墙后总土压力和 E 如下:

$$E = \frac{1}{2}\gamma H^2 K_{\mathrm{a}} \tag{3-26b}$$

$$K_{\mathrm{a}} = \cos\beta\frac{\cos\beta - \sqrt{\cos^2\beta - \cos^2\varphi}}{\cos\beta + \sqrt{\cos^2\beta - \cos^2\varphi}}$$

式中 γ——填土重度(kN/m³);

c,φ——分别为填土抗剪强度指标的黏聚力(kN)和内摩擦角(°)。

填土内出现两破裂面,即第一破裂面、第二破裂面,两破裂面的夹角为 $90°-\varphi$,参见图 3-12。根据应力圆的几何关系,第一破裂面与 β 倾斜面夹角 θ'_1 为:

$$\theta'_1 = \frac{90° + \varphi}{2} - \frac{\varepsilon + \beta}{2}$$

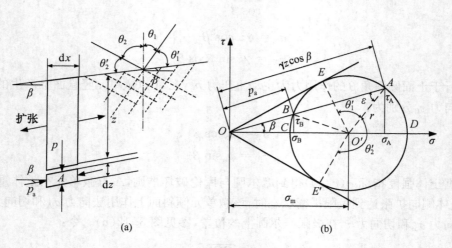

图 3-12 填土面倾斜朗肯土压力计算

由此,可得第一破裂面与竖直面夹角 θ_1 如下:

$$\theta_1 = 90° - \beta - \theta'_1 = \frac{90° - \varphi}{2} + \frac{\varepsilon - \beta}{2} \tag{3-27a}$$

同理,可得第二破裂面与 β 倾斜面夹角 θ'_2 和第二破裂面与竖直面夹角 θ_2 如下:

$$\theta'_2 = \frac{90° + \varphi}{2} + \frac{\chi + \beta}{2}$$

$$\theta_2 = 90° + \beta - \theta'_2 = \frac{90° - \varphi}{2} - \frac{\varepsilon - \beta}{2} \qquad (3\text{-}27\text{b})$$

根据正弦定律以及三角形 $\triangle OAO'$,可得上式(3-27)中的角 $\varepsilon = \angle OAO'$ 如下:

$$\varepsilon = \arcsin \frac{\sin \beta}{\sin \varphi} \qquad (3\text{-}27\text{c})$$

当填土面水平 $\beta = 0$ 时,上式(3-26b)中的土压力系数转换为经典郎金土压力系数,即:

$$K_a = \frac{1 - \sin \varphi}{1 + \sin \varphi} = \tan^2\left(45° - \frac{\varphi}{2}\right)$$

3.2.4 地震荷载作用

挡土墙修建在设防烈度为 8 度及 8 度以上的地震区,以及修筑在地震时可能发生大规模滑坡、崩塌的地段或软弱地基(如软弱黏性土层)时,应进行地震作用分析与强度稳定验算。验算时要考虑破裂棱体和挡土墙身分别承受的地震作用,将地震荷载与恒载组合,并考虑常年水位的浮力。季节性浸水、车辆荷载作用等其他外力均不考虑。

1. 地震荷载的计算

在公路挡土墙设计中,一般只考虑水平地震力,忽略竖向地震力。破裂棱体与挡土墙的重量为 $G(\text{kN})$,作用于破裂棱体与挡土墙重心上的最大水平地震力 P_s 为

$$P_s = C_z k_h \psi_i G \qquad (3\text{-}28)$$

式中 C_z——综合影响系数,表示实际建筑物的地震反应与理论计算间的差异,采用 0.25。

水平地震系数 k_h 取值与挡墙建造地区设防烈度和抗震设防类别有关,挡土墙的抗震设计作用分析一般采用第一水准烈度。抗震作用分析中,水平地震荷载沿墙高分布增益系数 ψ_i,当高速公路、一、二级公路墙高 $H > 12$ m 时,参见表 3-4,其他情况 $\psi_i = 1.0$。

表 3-4　水平地震荷载沿墙高的分布系数 ψ_i

墙高(m) ＼ 公路等级	高速公路、一、二级公路	三、四级公路	重力式挡墙 ψ_{iw} 计算简图
$H \leqslant 12$	$\psi_{iw} = 1$	$\psi_{iw} = 1$	
$H > 12$	$\psi_{iw} = 1 + \dfrac{H_{iw}}{H}$	$\psi_{iw} = 1$	$\psi_{iw} = 1 + \dfrac{H_{iw}}{H} \quad \psi_{iw} = 1$

注:(1) H 为挡土墙的高度(m)。

　　(2) H_{iw} 为验算第 i 截面以上墙身重心至墙底的高度(m)。

2. Mononobe-Okabe 地震主动土压力理论

Mononobe-Okabe 分析法(1926)采用上述库伦主动土压力公式经修正考虑竖向和水平向地震加速度,该方法的基本假设如下:

(1) 土沿图 3-13 所示 BC 面破坏;

(2) 墙的移动足够产生最小主动土压力;

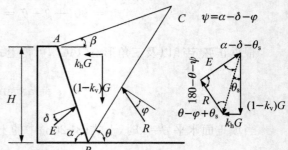

(3) 干砂的抗剪强度可以用下式计算 $\tau_f = \sigma' \tan \varphi'$, σ' 为有效应力;

(4) 破坏时,沿破裂面土的抗剪强度得到充分发挥;

(5) 挡墙背后的土体可视为刚体。

图 3-13 地震作用下的主动土压力

根据图 3-13 力系条件,作用在单位长度的破坏楔体△ABC 上的力为:楔体自重 G,主动土压力 E_{as},沿破裂面上剪力和法向力的合力 R,以及水平惯性力 $k_h G$ 和竖向惯性力 $k_v G$,其中 k_h 和 k_v 分别为水平向和竖向平均地震加速度系数。地震角 θ_s 为水平惯性力 $k_h G$ 与竖向惯性力 $k_v G$ 和滑楔体重力 G 的合力对铅垂线的夹角,参见下式:

$$\theta_s = \arctan \frac{k_h}{1 - k_v} \tag{3-29}$$

由此可得:

$$G_s = \frac{\gamma H^2}{2} \frac{1 - k_v}{\cos \theta_s}$$

$$\varphi_s = \varphi - \theta_s$$

$$\delta_s = \delta + \theta_s$$

设考虑地震影响主动土压力系数 K_{as},将上式(3-28)得到地震角 θ_s,进而得到上述 G_s、φ_s 和 δ_s 代入表达式(3-3a)后,可得 Mononobe-Okabe 主动土压力表达式如下:

$$E_{as} = \frac{1}{2} \gamma H^2 (1 - k_v) K_{as}$$

$$K_{as} = \frac{\sin(\alpha - \varphi + \theta_s)}{\cos \theta_s \sin^2 \alpha \sin(\alpha - \delta - \theta_s) \left[1 + \sqrt{\dfrac{\sin(\varphi + \delta) \sin(\varphi - \theta_s - \beta)}{\sin(\alpha - \delta - \theta_s) \sin(\alpha - \beta)}} \right]^2} \tag{3-30}$$

上式中,$\sin(\varphi - \theta_s - \beta)$ 项在式中具有重要含义。如果 $\varphi - \theta_s - \beta < 0$,则 K_{as} 没有实数解,本质上说即不满足平衡条件。因此,墙顶回填土坡面倾角应满足平衡条件为 $\beta \leqslant \varphi - \theta_s$。在没有地震的情况 $\theta_s = 0°$,库伦理论的平衡条件为 $\beta \leqslant \varphi$。对于水平回填土 $\beta = 0$,平衡条件为 $\theta_s \leqslant \varphi$。根据表达式(3-28)可得:

$$k_h \leqslant (1 - k_v) \tan \varphi \tag{3-31a}$$

因此,临界水平加速度系数可定义为:

$$k_{hcr} = (1 - k_v) \tan \varphi \tag{3-31b}$$

挡土墙设计主要参数,即墙背摩擦角 δ、土的摩擦角 φ 和填土表面坡度 β 在不同程度上影响主动土压力系数 K_{as} 值。在大多数情况下,墙背摩擦角 $\delta(0°\sim\varphi/2)$ 对 K_{as} 的影响不大。但是,填土内摩擦角影响很大,且细小差错会导致 K_{as} 很大误差;随着填土坡脚 β 的增加,K_{as} 值亦急剧增大。

原始的 Mononobe-Okabe 解假设挡土墙的主动土压力合力作用点位于 $H/2$(H 为挡土墙的高度)处,这与静止状态($k_h=k_v=0$)是一致的。但试验表明,实际合力作用点位置> $H/2$,Seed 和 Whitman(1970)提出一种实用的设计方法,计算步骤如下:

(1) 根据库伦主动土压力公式(3-3)计算 K_a;

(2) 由式(3-30)计算 E_{as};

(3) 再计算由于地震引起的合力增量 $\Delta E_{as}=E_{as}-E_a$;

(4) 假设 E_a 作用在 $\dfrac{H}{3}$ 处,如图 3-14 所示;

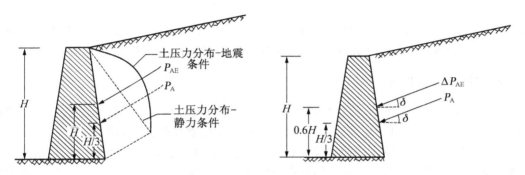

图 3-14　主动土压力合力作用点

(5) 再假设 ΔE_{as} 作用在 $0.6H$ 处,得到 E_{as} 作用位置:

$$\overline{H}=\frac{E_a\left(\frac{1}{3}H\right)+(\Delta E_{as})0.6H}{E_{as}} \tag{3-31c}$$

3. 地震主动土压力简化计算

《公路工程抗震设计规范》(JTG B02)中,挡土墙设计一般只考虑水平地震力作用,则水平地震系数 $k_v=0$,此时地震角定义为 $\theta_s=\arctan(C_zk_h)$,且可按表 3-5 取值。可以看出,当用 $\gamma_s=\gamma\cos^{-1}\theta_s$、$\delta=\delta+\theta_s$、$\varphi=\varphi-\theta_s$ 取代 γ、δ 和 φ 值时,地震作用下的力三角形 ABC 与不考虑地震作用时的力三角形完全相似。因此,可采用 γ_s、δ_s 和 φ_s 取代 γ、δ 和 φ 之后,再按用而按一般土压力公式(3-3)计算,或按 Mononobe-Okabe 主动土压力表达式(3-30)计算,取竖直向地震系数 $k_v=0$。

表 3-5　地震角 θ_s

基本烈度(度)	7	8	9
非浸水	1°30'	3°	6°
浸水	2°30'	5°	10°

对于地震作用下的路肩挡土墙,地震时作用于台背每延米长度上的主动土压力为 E_{as} (kN/m),其作用点为距台底 $0.4H$ 处,可用下面的简化公式计算

$$E_{as} = \frac{1}{2}\gamma H^2 K_a (1 + 3C_i C_z K_h \tan\varphi) \tag{3-32}$$

式中:C_i——结构重要性系数。

《水工建筑物抗震设计规范》在计算地震主动土压力时,土表面单位长度的荷重 q_0 (kPa),对表达式(3-30)的库伦主动土压力进行折减,见下式:

$$E_{as} = \left[q_0 \frac{\sin\alpha}{\sin(\alpha+\beta)} H + \frac{1}{2}\gamma H^2 \right] (1 - \zeta k_v) K_{as} \tag{3-33a}$$

$$\theta_s = \arctan^{-1} \left[\frac{\zeta k_h}{1 - \zeta k_v} \right] \tag{3-33b}$$

式中 ζ——计算系数,动力法计算地震作用效应时取 1.0;拟静力法计算地震作用效应时一般取 0.25,对钢筋混凝土结构取 0.35,其他符号同表达式(3-30)。

3.2.5 浸水荷载作用

对于常年浸水的挡土墙,静水压力及上浮力作用在荷载作用效应分析中应视为主要荷载组合中的作用力;而对于季节性浸水的挡土墙,则当作附加组合中的作用力。

设计长期或季节性浸水的挡土墙,除了按一般挡土墙考虑所作用的力系外,还应考虑水对墙后填料和墙身的影响。砂性土填料内摩擦角浸水影响较小;但黏性土浸水后抗剪强度显著降低,主动土压力相应增加。如图 3-15 所示,当墙背与墙胸存在水位差时,则墙身受到静水压力差所引起的推力作用。墙前、墙背土体为渗水性填料良好的岩块和粗粒土(粉砂除外)时,可不计墙身两侧静水压力和墙背动水压力。墙外水位骤然降落或者墙后暴雨下渗在填料内出现渗流时,填料受到渗透动水压力。弱渗水性填料,动水压力一般很小,可略而不计。浸水的填料受到水的浮力作用而使土压力减小,但墙身受到水的浮力作用,而使其抗倾覆及抗滑动稳定性降低。

墙身所受浮力计算应考虑地基地层浸水情况,当墙身位于砂类土、碎石类土和节理很发育的岩石地基上,按计算水位的 100% 计算浮力;当位于岩石地基,则按计算水位的 50% 计算,参见表 3-6。

表 3-6 上浮力折减系数 C 值

墙基底面水的渗透情况	C
透水的地基	1.0
不能肯定是否透水的地基	1.0
岩石地基,在基底与岩石间浇注混凝土,认为相对不透水	0.5

1. 浸水挡土墙土压力计算

当墙后填料为透水性材料,如砂性土时,浸水部分填料重度按有效重度计,浸水前后的砂性填土的内摩擦角基本不变,且不考虑浸水对破裂面的影响。当墙后填料为粘性土时,应

考虑黏性填土浸水后强度指标 c、φ 值的显著降低，将填土层分成水位以上、水位以下两部分，视为不同性质的土层，分别计算土压力。首先，求出计算水位以上填土的土压力，然后再将上层填土重量作为荷载，下部采用有效重度，计算浸水部分的土压力，再将两者矢量相加，即为全墙土压力。

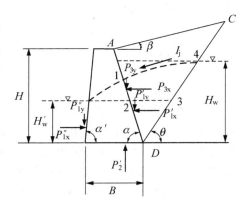

2. 静水压力、动水压力和上浮力

如图 3-15 所示，作用于墙背和墙胸的静水压力 P_1' 和 P_1''，垂直作用于挡土墙墙背和墙胸，应按墙面倾角分解为水平向水压力 P_{1x}' 和 P_{1x}'' 和竖直向水压力 P_{1y}' 和 P_{1y}''。当墙背与墙胸存在水位差时，应计入静水压力差值对挡土墙稳定的影响，可得：

图 3-15　作用在浸水挡土墙上的力系

$$P_{1x} = P_{1x}' - P_{1x}'' \tag{3-34}$$
$$P_{1y} = P_{1y}' + P_{1y}''$$

墙身受到的总上浮力 P_2 为基底上浮力与墙胸、墙背所受的静水压力竖直分力 P_{1y} 的代数和，参见图 3-15。基底宽度为 $B(\mathrm{m})$ 时，作用于基底的上浮力 P_2' 和墙身总上浮力 P_2，可分别按下式计算

$$P_2' = \frac{H_w + H_w'}{2} C \gamma_w B \tag{3-35a}$$

$$P_2 = P_2' - P_{1y} - P_{1y} = \frac{1}{2} \gamma_w \left[CB(H_w + H_w') - (H_w'^2 \cos \alpha' + H_w^2 \cos \alpha) \right] \tag{3-35b}$$

式中　H_w、H_w'——分别为浸水部分墙胸与墙背高度(m)；

　　　α、α'——分别为浸水部分墙胸与墙背倾角(°)；

　　　C——上浮力折减系数，根据墙基底面水的渗透情况而定，如表 3-6。

动水压力计算一般考虑墙后为弱透水性填料的情况，当墙外水位急骤下降等情况下，在填料内部将产生渗流，由此而引起动水压力 P_3，参见图 3-15。可按下式计算渗流压力

$$P_3 = I_j \Omega \gamma_w \tag{3-36}$$

式中　I_j——降水曲线的平均坡度；

　　　Ω——产生动水压力的浸水部分，即图中 1234 围成部分面积可近似取梯形计算。

$$\Omega = \frac{1}{2} (H_w^2 - H_w'^2)(\cot \theta + \cot \alpha)$$

动水压力 P_3 的作用点为 Ω 面积的重心，其方向平行于 I_j。如上所述，墙后填筑透水性材料时，动水压力一般很小，可略而不计。

3.3　挡土墙设计

目前，挡土墙设计一般采用强度稳定控制设计方法。挡土墙强度破坏模式主要有

挡土墙的倾覆破坏与滑动破坏。此外,还包括挡土墙地基承载力稳定和支挡边坡整体稳定。

3.3.1 设计原则

1. 基本原则

《公路路基设计规范》(JTG D30)采用以极限状态设计的分项系数法为主的设计方法,根据挡土墙的某一荷载作用效应组合设计值 S,以及对应挡土墙结构抗力函数 $R(\cdot)$,可以得到挡土墙构件承载能力极限状态设计采用的一般表达式,参见表达式(3-37)。其中,挡土墙结构抗力函数 $R(\cdot)$,根据材料强度标准值 R_k 和结构或构件的几何参数设计值 α_d(当无可靠数据时,可采用几何参数标准值),按有关力学方法分析确定。

$$\gamma_0 S \leqslant R \tag{3-37a}$$

$$R = R\left(\frac{R_k}{\gamma_f}, \alpha_d\right) \tag{3-37b}$$

式中 γ_0——结构重要性系数,按表 3-7 的规定采用;

γ_f——结构材料、岩土性能的分项系数。

表 3-7 结构重要性系数 γ_0

墙高	公路等级	
	高速公路、一级公路	二级及以下公路
≤5.0 m	1.0	0.95
>5.0 m	1.05	1.0

《建筑地基基础设计规范》(GB 50007)填土强度指标采用统计后的标准值,滑动和倾覆稳定验算时,相应于荷载效应为承载力极限状态基本组合,但分项修正系数均为 1.0,安全系数采用传统经验的限定值。地基承载力验算时,则采用相应作用效应标准组合时的基底压力值,相应抗力取修正后的地基承载力特征值即相应于荷载效应标准组合时基础底面压力值应小于修正后的地基承载力特征值,且基底合力的偏心距 e 不应大于 0.25 倍基础宽度,即 $e \leqslant B/4$。挡土墙结构与构件设计则按极限状态法按两种极限状态及相应分项系数进行设计。《公路路基设计规范》(JTG D30)建议挡土墙地基验算时,各类荷载作用作用效应值的分项系数,除被动土压力(作为稳定抗力)分项系数 $\gamma_{Q2}=0.3$ 外,其余的分项系数规定均等于 1.0。基底容许承载力值可按《公路桥涵地基与基础设计规范》(JTG D63)的规定执行,当为作用(或荷载)组合Ⅲ及施工荷载且 $[\sigma_0]>150$ kPa 时,基底的容许承载力 $[\sigma_0]$ 可提高 25%。基底合力的偏心距 e_0,对土质地基不应大于 $B/6$;岩石地基不应大于 $B/4$。

此外,设置于不良土质地基、表土下为倾斜基岩地基及斜坡上的挡土墙,应对地基及填土的整体稳定性进行验算,其稳定系数不应小于 1.25,可采用圆弧滑动面法。

2. 荷载作用组合

《公路路基设计规范》(JTG D30)中将施加于挡土墙上作用(或荷载)可分为永久作用、可变作用和偶然作用。可变作用又可分为基本可变作用、其他可变作用和施工荷载。常用的作用组合中车辆荷载、洪水与地震力不同时考虑,冻胀力(或冰压力)与流水压力(或波浪压力)不同时考虑,参见表3-8。

表 3-8　常用作用(或荷载)组合

组合	作 用 名 称
Ⅰ	挡土墙与填土重力、墙上永久有效荷载、土压力及其他永久荷载组合
Ⅱ	组合Ⅰ＋基本可变组合(车辆荷载引起土压力、人群荷载、人群荷载引起土压力)
Ⅲ	组合Ⅱ＋其他荷载组合(动水力、冻胀力等)、偶然荷载(地震作用力等)

挡土墙按承载能力极限状态设计时,在某一类作用(或荷载)效应组合下,荷载作用效应的组合设计值 S,可按公式(3-38)计算。

$$S = \Psi_{ZL}\left(\gamma_G \sum S_{Gik} + \sum \gamma_{Qi} S_{Qik}\right) \qquad (3-38)$$

式中　γ_G, γ_{Qi}——作用(或荷载)的分项系数,按表3-9采用;

S_{Gik}——第 i 个垂直恒载的标准值;

S_{Qik}——土侧压力、水浮力、静水压力和其他可变作用(或荷载)的标准值;

Ψ_{ZL}——荷载效应组合系数,按表3-10采用。

表 3-9　承载力极限状态作用分项系数

情况	荷载增大有利作用时		荷载增大不利作用时	
组合	Ⅰ,Ⅱ	Ⅲ	Ⅰ,Ⅱ	Ⅲ
垂直恒载 γ_G	0.9		1.2	
恒载或车辆荷载、人群荷载的主动土压力 γ_{Q1}	1	0.95	1.4	1.3
被动土压力 γ_{Q2}	0.3		0.5	
水浮力 γ_{Q3}	0.95		1.1	
静水压力 γ_{Q4}	0.95		1.05	
动水压力 γ_{Q5}	0.95		1.2	

表 3-10　荷载效应组合系数 Ψ_{ZL} 值

荷载组合	Ψ_{ZL}
Ⅰ、Ⅱ	1.0
Ⅲ	0.8
施工荷载	0.7

3. 基础埋深

挡土墙宜采用明挖基础。基底建筑在大于5%纵向斜坡上的挡土墙,基底应设计为台阶式。基础位于横向斜坡地面上时,如图3-16所示的前趾埋入地面的深度和距地表的水平距离应满足表3-11的要求。

表 3-11　斜坡地面基础埋置条件

土层类别	最小埋入深度 h(m)	距地表水平距离 L(m)
较完整的硬质岩石	0.25	0.25～0.50
一般硬质岩石	0.60	0.60～1.50
软质岩石	1.00	1.00～2.00
土质	≥1.00	1.50～2.50

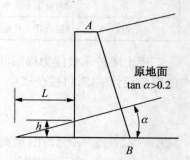

图 3-16　倾斜地面基础埋深

《公路路基设计规范》(JTG D30)建议,当冻结深度小于或等于 1 m 时,基底应在冻结线以下不小于 0.25 m,并应符合基础最小埋置深度不小于 1 m 的要求。当冻结深度超过 1 m 时,基底最小埋置深度不小于 1.25 m,还应将基底至冻结线以下 0.25 m 深度范围的地基土换填为弱冻胀材料。受水流冲刷时,应按路基设计洪水频率计算冲刷深度,基底应置于局部冲刷线以下不小于 1 m。路堑式挡土墙基础顶面应低于路堑边沟底面不小于 0.5 m。在风化层不厚的硬质岩石地基上,基底一般应置于基岩表面风化层以下,且不小于 0.3 m;在软质岩石地基,基底最小埋置深度不小于 1 m。

3.3.2　抗滑移稳定

《建筑地基基础设计规范》(GB 50007)中,忽略墙前被动土压力作用,建议挡土墙抗滑移稳定性应按下式验算

$$\frac{(G_n + E_{an})\mu}{E_{at} - G_t} \geqslant 1.3$$

$$G_n = G\cos\alpha_0, \quad G_t = G\sin\alpha_0$$

$$E_{at} = E_a\sin(\alpha - \alpha_0 - \delta), \quad E_{an} = E_a\cos(\alpha - \alpha_0 - \delta)$$

(3-39)

式中　G——挡土墙每延米自重(kN);

α_0——挡土墙基底的倾角(°);

α——挡土墙墙背的倾角(°);

δ——土与挡土墙墙背摩擦角(°),按表 3-2 选用;

μ——土对挡土墙基底的摩擦系数,由试验确定,也可按表 3-12 选用。

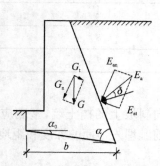

图 3-17　挡土墙抗滑稳定验算示意

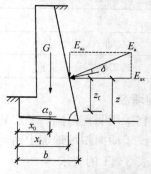

图 3-18　挡土墙抗倾覆稳定验算示意

表 3-12 土对挡土墙基底的摩擦系数 μ

《建筑地基基础设计规范》		《公路路基设计规范》	
土的类别	摩擦系数 μ	地基土的分类	摩擦系数 μ
黏性土 可塑	0.25~0.30	软塑性性土	0.25
黏性土 硬塑	0.30~0.35	硬塑性性土	0.3
黏性土 坚硬	0.35~0.45	砂类土、粘砂土、半干硬的黏土	0.30~0.40
粉土	0.30~0.40	砂类土	0.4
中砂,粗砂,砾砂	0.40~0.50	碎石类土	0.5
碎石土	0.40~0.60	软质岩石	0.40~0.60
软质岩	0.40~0.60	硬质岩石	0.60~0.70
表面粗糙的硬质岩	0.65~0.75		

注：1. 对易风化的软质岩和塑性指数 I_P 大于 22 的黏性土,基底摩擦系数应通过试验确定;
　　2. 对碎石土,可根据其密实程度,填充物状况,风化程度等确定。

《公路路基设计规范》(JTG D30)根据极限状态设计原理,采用分项修正系数,建议挡土墙的滑动稳定方程与抗滑稳定系数按下列公式计算:

① 滑动稳定方程

$$[1.1G + \gamma_{Q1}(E_y + E_x \tan\alpha_0) - \gamma_{Q2}E_p \tan\alpha_0]\mu + (1.1G + \gamma_{Q1}E_y)\tan\alpha_0 - \gamma_{Q1}E_x + \gamma_{Q2}E_p > 0$$

(3-40)

式中　G——作用于基底以上的重力(kN),浸水挡土墙的浸水部分应计入浮力;

　　　E_y——墙后主动土压力的竖向分量(kN);

　　　E_x——墙后主动土压力的水平分量(kN);

　　　E_p——墙前被动土压力的水平分量(kN),当为浸水挡土墙时,$E_p = 0$;

　　　α_0——基底倾斜角(°),基底为水平时,$\alpha_0 = 0$,由于一般基底倾斜角相对较小,上述推导过程中,采用 $\tan\alpha_0 = \sin\alpha_0$,$\cos\alpha_0 = 1.0$ 的近似计算;

　　　γ_{Q1}、γ_{Q2}——主动土压力分项系数、墙前被动土压力分项系数,按表 3-9 规定采用;

　　　μ——基底与地基间的摩擦系数,当缺乏可靠试验资料时,按表 3-12 规定采用。

② 抗滑动稳定系数 K_c

$$K_c = \frac{[N + (E_x - E'_p)\tan\alpha_0]\mu + E'_p}{E_x - N\tan\alpha_0}$$

(3-41)

式中　N——作用于基底上合力的竖向分力(kN),浸水挡土墙应计浸水部分的浮力;

　　　E'_p——墙前被动土压力水平分量的 0.3 倍(kN)。

3.3.3 抗倾覆稳定

《建筑地基基础设计规范》(GB 50007)建议挡土墙抗倾覆稳定性应按下式验算:

$$\frac{Gx_0 + E_{az}x_f}{E_{ax}z_f} \geqslant 1.6$$

(3-42)

$$E_{ax} = E_a \sin(\alpha - \delta), \quad E_{az} = E_a \cos(\alpha - \delta)$$

基 础 工 程

$$x_f = b - z\cot\alpha, \quad z_f = z - b\tan\alpha_0$$

式中　z——土压力作用点离墙踵的高度(m)；

　　　z_f——土压力作用点离墙趾的高度(m)；

　　　x_0——挡土墙重心离墙趾的水平距离(m)；

　　　b——基底的水平投影宽度(m)。

《公路路基设计规范》(JTG D30)建议挡土墙的倾覆稳定方程与抗倾覆稳定系数,按下列公式计算。

① 倾覆稳定方程：

$$0.8GZ_G + \gamma_{Q1}(E_y Z_x - E_x Z_y) + \gamma_{Q2} E_p Z_p > 0 \tag{3-43}$$

式中　Z_G——墙身重力、基础重力、基础上填土的重力及作用于墙顶的其他荷载的竖向力合力重心到墙趾的距离(m)；

　　　Z_x——墙后主动土压力的竖向分量到墙趾的距离(m)；

　　　Z_y——墙后主动土压力的水平分量到墙趾的距离(m)；

　　　Z_p——墙前被动土压力的水平分量到墙趾的距离(m)。

② 抗倾覆稳定系数 K_0 按下式计算：

$$K_0 = \frac{GZ_G + E_y Z_x + E'_p Z_p}{E_x Z_y} \tag{3-44}$$

《公路路基设计规范》(JTJ D30)建议在规定墙高范围内,验算挡土墙的抗滑动和抗倾覆稳定时,稳定系数不宜小于表 3-13 的规定。

表 3-13　抗滑动和抗倾覆的稳定系数

荷载情况	验算项目	稳定系数	
荷载组合Ⅰ、Ⅱ	抗滑动	K_c	1.3
	抗倾覆	K_0	1.5
荷载组合Ⅲ	抗滑动	K_c	1.3
	抗倾覆	K_0	1.3
施工阶段验算	抗滑动	K_c	1.2
	抗倾覆	K_0	1.2

3.4　重力式挡土墙

普通重力式挡土墙,适用于高度一般小于 6 m。土质边坡衡重式挡墙高度不宜超过 8 m,岩质边坡衡重式挡墙不宜超过 10 m。

3.4.1　基本构造要求

一般认为,重力式挡土墙墙身为混凝土浇筑时,墙顶宽度不应小于 0.4 m;当为浆砌时,不应小于 0.5 m；当为干砌圬工时，不应小于 0.6 m。《建筑地基基础设计规范》(GB 50007)规定块石挡土墙的墙顶宽度不宜小于 400 mm，混凝土挡土墙的墙顶宽度不宜小于 200 mm。应根据墙趾处地形情况及经济比较，合理选择重力式挡土墙的墙背坡度。衡重式路肩挡土墙的衡重台与上墙背相交处，应采取适当的加强措施，提高该处墙身截面的抗剪能力。重力式挡土墙基础的基底可设置逆坡，对于土质地基底逆坡坡度不宜大于 1：10，对于岩质地基基底逆坡坡度不宜大于 1：5。重力式挡墙的基础埋置深度应根据地基承载力、水流冲刷、岩石裂隙发育及风化程度等因素进行确定，在特强冻胀、强冻胀地区，应考虑冻胀的影响。在土质地基中基础埋置深度不宜小于 0.5 m，在软质岩地基中基础埋置深度不宜小于 0.3 m。

为了避免不均匀沉陷变形引起的墙身开裂，重力式挡土墙沉降缝设置应根据地质条件的变化、挡土墙高度、墙身断面的变化情况设置。为了防止圬工砌体因收缩硬化和温度变化而产生裂缝，应设置伸缩缝。设计时，一般将沉降缝与伸缩缝合并设置，沿路线方向隔 10～20 m 设置一道，兼起两者的作用。当地基有变化时，宜加设沉降缝，在挡土结构的拐角处，应采取加强的构造措施。沉降缝与伸缩缝的缝宽 2～3 cm，缝内一般可用胶泥填，但在渗水量大，填料容易流失或冻害严重地区，则宜用沥青麻筋或沥青木板等具有弹性的材料，沿内、外、顶三方填塞，填深不宜小于 0.15 m。当墙为岩石路堑或填石路堤时，可设置空缝。干砌挡土墙，缝的两侧应选用平整石料砌筑，使成垂直通缝。显然，沉降缝为贯通缝，可兼作墙身收缩缝；但收缩缝可不与基础贯通，即不一定可以作为沉降缝。

重力式挡土墙应设置排水措施，以疏干墙后土体和防止地面水下渗，防止墙后积水形成静水压力，减少寒冷地区回填土的冻胀压力，消除黏性土填料浸水后的膨胀压力。干砌挡土墙因墙身透水，可不设泄水孔。排水措施主要包括：设置地面截排水沟，引排地面水；夯实回填土顶面和地面松土，防止雨水及地面水下渗，必要时可铺砌硬化；对路堑挡墙墙趾前的边沟应予以铺砌加固，以防边沟水渗入基础；设置墙身泄水孔，排除墙后水。

浆砌块(片)石墙身应在墙前地面以上设一排泄水孔，参见图 3-19(a)。墙高时，可在墙上部加设一排汇水孔，参见图 3-19(b)。汇水孔的尺寸一般为 5×10 cm、10×10 cm 或 15×20 cm 的方孔或直径为 5～10 cm 的圆孔。孔眼间距一般为 2～3 m，对于浸水挡土墙孔眼间距一般 1.0～1.5 m，干旱地区可适当加大，孔眼上下错位布置。下排排水孔的出口应高出墙前地面 0.3 m；若为路堑墙，应高出边沟水位 0.3 m；若为浸水挡土墙，应高出常水位 0.3 m。为防止水分渗入地基，下排泄水孔进水口的底部应铺设 30 cm 厚的夯实黏土隔水层。泄水孔的进水口部分应设置粗粒料反滤层，以免孔道阻塞。当墙背填土透水性不良或可能发生冻胀时，应在最低一排泄水孔至墙顶以下 0.5 m 的范围内铺设厚度不小于 0.3 m 的砂卵石排水层，参见图 3-19(c)。

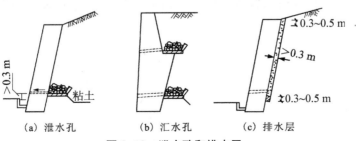

图 3-19　泄水孔和排水层

3.4.2　挡土墙墙身设计

重力式挡墙墙身设计,主要按偏心受压构件验算弯曲平面内的纵向稳定,必要时应进行墙身剪应力验算。挡土墙的墙身材料强度可按《公路砖石及混凝土桥涵设计规范》(JTJ 022)规定执行。

1. 墙身荷载偏心

挡土墙墙身或基础为圬工截面时,根据某一类荷载组合对应作用效应基本组合时的计算截面形心的总力矩设计值 M_0(kN·m)以及对应荷载组合下的计算截面上的轴向力设计值 N_0 (kN),考虑相应荷载分项系数,按下式计算轴向力偏心距 e_0,且应符合表 3-14 的规定。

$$e_0 = \left| \frac{M_0}{N_0} \right| \tag{3-45}$$

表 3-14　圬工结构轴向力合力的容许偏心距 e_0

荷载组合	容许偏心距
Ⅰ、Ⅱ	$0.25B$
Ⅲ	$0.3B$
施工荷载	$0.33B$

注:B 为沿力矩转动方向的矩形计算截面宽度。

混凝土截面在受拉一侧配有不小于截面面积 0.05% 的纵向钢筋时,表 3-14 中的容许偏心距规定值可增加 $0.05B$;当截面配筋率大于表 3-15 的规定时,按钢筋混凝土构件计算,偏心距不受限制。

表 3-15　按钢筋混凝土构件计算的受拉钢筋最小配筋率

钢筋牌号(种类)	钢筋最小配筋率(%)	
	截面一侧钢筋	全截面钢筋
Q235 钢筋(Ⅰ级)	0.20	0.50
HRB335、HRB400 钢筋(Ⅱ、Ⅲ级)	0.20	0.50

注:钢筋最小配筋率按构件的全截面计算。

2. 墙身截面验算

挡土墙构件轴心或偏心受压时,根据验算截面上对应作用效应基本组合时的轴向力组合设计值 N_d(kN)及挡墙的重要性系数 γ_0、材料抗压极限强度 R_a(kN)及对应圬工构件或材料的抗力分项系数 γ_f 以及挡土墙构件的计算截面面积 A(m^2),正截面强度和稳定按下列公式(3-46)计算。

计算强度时:

$$\gamma_0 N_d \leqslant \frac{a_k A R_a}{\gamma_f} \tag{3-46a}$$

计算稳定时:

$$\gamma_0 N_d \leqslant \frac{\psi_k a_k A R_a}{\gamma_f} \tag{3-46b}$$

式中　a_k——轴向力偏心影响系数,按下式(3-47a)计算;

γ_f——圬工构件或材料的抗力分项系数,参见表 3-16;

ψ_k——偏心受压构件在弯曲平面内的纵向弯曲系数;轴心受压构件的纵向弯曲系数, 可按下式(3-47b)计算或查表 3-17 取值。

表 3-16 圬工构件或材料的抗力分项系数 γ_f

圬工种类	受力情况	
	受压	受弯、剪、拉
石料	1.85	2.31
片石砌体、片石混凝土砌体	2.31	2.31
块石、粗料石、混凝土预制块、砖砌体	1.92	2.31
混凝土	1.54	2.31

挡土墙构件轴心受压时,根据挡土墙计算截面的轴向力偏心距 e_0(m)和计算截面宽度 B(m),正截面强度验算的轴向力偏心影响系数 a_k 可按下式确定:

$$a_k = \frac{1 - 256\left(\frac{e_0}{B}\right)^8}{1 + 12\left(\frac{e_0}{B}\right)^2} \tag{3-47a}$$

挡土墙构件偏心受压时,根据挡土墙验算截面以上高度 H(m)与对应计算截面宽度 B(m),正截面稳定验算中偏心受压构件在弯曲平面内的纵向弯曲系数 ψ_k 可按下式确定:

$$\psi_k = \frac{1}{1 + a_s\beta_s(\beta_s - 3)\left[1 + 16\left(\frac{e_0}{B}\right)^2\right]} \tag{3-47b}$$

上式中的材料性能计算参数 a_s 与圬工材料种类与材料强度等级有关,可按表 3-17 取值。计算截面几何参数归一化指标 $\beta_s = 2H/B$,反映挡土墙构件偏心受压时挠曲稳定特征,因此根据表达式(3-47b)可得到的偏心受压构件在弯曲平面内的纵向弯曲系数 ψ_k,当 $\beta_s < 3$ 时,按 $\beta_s = 3$ 代入上式(3-47b)即可。

表 3-17 a_s 取值

圬工名称	浆砌砌体采用以下砂浆强度等级			混凝土
	M10、M7.5、M5	M2.5	M1	
a_s 值	0.002	0.0025	0.004	0.002

3.4.3 增加稳定措施

1. 抗滑稳定措施

重力式挡土墙增加抗滑稳定技术措施主要包括:基底内倾逆坡、延展墙趾台阶和基底设置混凝土凸榫等,参见图 3-20。基底内倾逆坡设置,一般坡率 $n \leq 0.1$,岩质地基 $n \leq 0.2$,同上述重力式挡墙构造要求。延展墙趾台阶,不仅有利于重力式挡土墙抗滑稳定,同时增加墙趾点稳定力臂。构造要求一般台阶高度与踏面之比 $d/a \geq 2.0$,且踏面宽度 $a \geq 200$ mm。挡土墙基础底面设置刚接混凝土凸榫，利用榫前土体产生的被动土压力，增加挡土墙的抗滑稳定性。为了增加榫前被动阻力，应使榫前被动土楔不超过墙趾。同时，为了防止因设凸榫而增加墙背的主动土压力，应使凸榫后缘与墙踵的连线同水平线的夹角不超过 φ 角。因此，应将整个凸榫置于通过墙趾并与水平线成 $45°-\varphi/2$ 角线和通过墙踵并与水平线成 φ 角线所形成的三角形范围内。

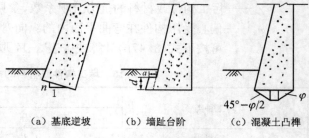

(a) 基底逆坡　　(b) 墙趾台阶　　(c) 混凝土凸榫

图 3-20　抗滑技术措施

设基底宽度为 B，凸榫高度 T_h 一般根据抗滑稳定验算，凸榫宽度的构造要求 $T_b \geqslant 3$ m，且应满足构件剪切与弯拉强度验算。设凸榫外边缘（胸面）距离底板趾点为 l_t，内边缘（背面）距离底板踵点为 l_h，根据 3-20(c) 几何关系可得凸榫位置：

$$l_t = T_h \cot\left(45° - \frac{\varphi}{2}\right) \tag{a}$$

$$0.3 \text{ m} \leqslant T_b \leqslant B - l_t - T_h \cot \varphi \tag{b}$$

$$l_h \geqslant B - l_t - b_t \tag{c}$$

设置凸榫抗滑构件时，基底滑动抗力由凸榫胸面前被动土压力和胸面后摩擦力组成。其中，凸榫胸前被动土压力可由基底 l_t 范围内的平均基底反力按 Rankin 土压力理论计算，再考虑控制滑动位移控制等，乘以 $\gamma_p = 0.3 \sim 0.4$ 折减系数即可。基底摩擦抗滑原理同 3.3.2 节，可由单位延米基底摩擦宽度 $B' = B - l_t$ 乘以相应基底反力平均值得到。设挡墙底板基底趾点、土榫胸面和踵点的基底反力分别为 p_{max}、p_T 和 p_{min}，可得到设置凸榫的基底抗滑稳定验算表达式如下：

$$\gamma_p \frac{p_{max} + p_T}{2} \gamma T_h^2 K_p + \frac{p_{min} + p_T}{2}(B' - l_t)\mu \geqslant 1.3 S_H \tag{3-48}$$

式中　γ、K_p——挡土墙基底持力层地基土的重度和被动土压力系数；

S_H——挡土墙基底滑动荷载作用效应标准值。

此外，挡土墙基底垫层或称基床材料选择与填筑质量亦可提高基底抗滑稳定，例如采用 $300 \sim 500$ mm 密实填筑的碎石基床，可以显著改善基底抗滑性能。

2. 抗倾稳定措施

增加抗倾覆稳定性技术措施，一般采取加大稳定力矩和减小倾覆力矩的办法，主要包括延展墙趾台阶、改变墙胸面及墙背面坡度和改变墙身断面类型。其中，延展墙趾台阶和放缓墙面坡度，可增加稳定力臂，从而提高重力式挡土墙抗倾力矩；墙背由俯斜至直立，直立至仰斜，可减少土压力，减小重力式挡土墙的倾覆力

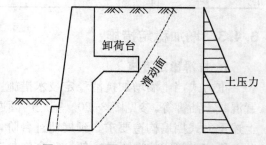

图 3-21　设置水平卸荷台的挡土墙

矩。在地面纵坡较陡处,墙胸与墙背坡度调整,会相应增加挡土墙高度,需综合考虑。重力式挡土墙折线型、衡重型墙身断面类型,可以减小土压力作用,且不增加挡土墙墙高。但这类方案,墙身自重增加,显然对地基承载力要求相应提高,同样应综合考虑。设置水平卸荷台的挡土墙,技术上十分合理,且可以采用多种措施组合技术,提高挡土墙抗倾覆稳定,参见图 3-21。

【例题 3-1】 试设计一公路浆砌毛石挡土墙。墙高 $H=5$ m,墙背垂直光滑,墙后填土为中砂,$\gamma=18$ kN/m³,$\varphi=38°$,$c=0$。墙后填土面水平,基底摩擦系数 $\mu=0.55$,地基土承载力特征值为 $f_{ak}=140$ kPa。浆砌毛石重度 $\gamma_1=22$ kN/m³。

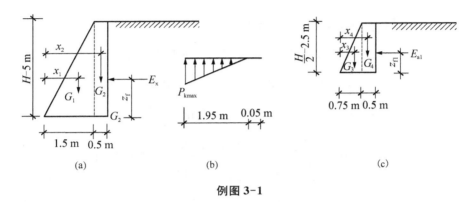

例图 3-1

解:

挡土墙断面尺寸

顶宽采用 $\dfrac{H}{10}=0.5$ m,底宽 $\left(\dfrac{1}{2}\sim\dfrac{1}{3}\right)H=2.5\sim2.7$ m,取 2.0 m,参见例图 3-1a。

(2)墙背主动土压力与土压力作用点距墙趾的距离 z_f

$$E_a=\frac{1}{2}\gamma h^2\tan^2\left(45°-\frac{\varphi}{2}\right)=\frac{1}{2}\times18\times5^2\times\tan^2\left(45°-\frac{38°}{2}\right)=53.5 \text{ kN/m}$$

$$z_f=\frac{1}{3}H=\frac{1}{3}\times5=1.67 \text{ m}$$

(3)挡土墙自重计算

挡土墙截面可分成一个三角形(自重 G_1)和一个矩形(自重 G_2),浆砌毛石重度 $\gamma_1=22$ kN/m³,则自重 G_1 和 G_2 及其作用点距墙趾点的水平距离分别为:

$$G_1=\frac{1}{2}\times1.5\times5\times22=82.5 \text{ kN/m}, \quad G_2=\frac{1}{2}\times5\times22=55 \text{ kN/m}$$

$$x_1=\frac{2}{3}\times1.5=1.0 \text{ m}, \quad x_2=1.5+\frac{1}{2}\times0.5=1.75 \text{ m}$$

(4)抗滑稳定性验算

$$K_s=\frac{(G_1+G_2)\mu}{E_a}=\frac{(82.5+55)\times0.55}{53.5}=1.4>1.3$$

满足要求。

（5）抗倾覆稳定性验算

$$K_t = \frac{G_1 x_1 + G_2 x_2}{E_a z_f} = \frac{82.5 \times 1.0 + 55 \times 1.75}{53.5 \times 1.67} = 2.0 > 1.6$$

满足要求。

（6）地基承载力验算

如例图 3-1 所示，挡土墙基底宽度为 $B = 2.0$ m，不考虑基础埋深影响，则：

$$f_a = f_{ak}$$

$$F_k = G_1 + G_2 = 82.5 + 55 = 137.5 \text{ kN/m}$$

$$M_k = G_1 \times 0 + G_2 \times \left(0.5 + \frac{0.5}{2}\right) - E_a \times 1.67$$

$$= 55 \times 0.75 - 53.5 \times 1.67 = -48 \text{ kN} \cdot \text{m/m}$$

$$e = \frac{M_k}{F_k} = 0.35 \text{ m} \approx \frac{B}{6} = 0.33 \text{ m}$$

$$\therefore p_{kmax} = \frac{2F_k}{3\left(\frac{b}{2} - e\right)} = \frac{2 \times 137.5}{3\left(\frac{2}{2} - 0.33\right)} = 136.8 \text{ kPa}$$

$$p_{kmax} < 1.2 f_a = 1.2 \times 140 = 168 \text{ kPa}$$

$$p_k = \frac{1}{2} \times 136.8 = 68.4 \text{ kPa} < f_a = 140 \text{ kPa}$$

满足要求。

（7）强身强度验算

采用 MU20 毛石、M2.5 混合砂浆，砌体抗压强度设计值 $f_c = 440$ kPa，砌体的摩擦系数 $f = 0.6$。验算挡土墙半高处 $\frac{H}{2}$ 截面的抗压强度，参见例图 3-1c。

该截面土压力：

$$E_{ak1} = \frac{1}{2}\gamma H_1^2 \tan^2\left(45° - \frac{\varphi}{2}\right) = \frac{1}{2} \times 18 \times 2.5^2 \times \tan^2\left(45° - \frac{38°}{2}\right) = 13.4 \text{ kN/m}$$

土压力作用点距 $\frac{H}{2}$ 截面的距离：

$$z_{f1} = \frac{1}{3}h_1 = \frac{1}{3} \times 2.5 = 0.83 \text{ m}$$

$\frac{H}{2}$ 截面以上挡土墙自重 G_3 和 G_4 及其作用点距 O_1 的距离：

$$G_{3k} = \frac{1}{2} \times 0.75 \times 2.5 \times 22 = 20.6 \text{ kN/m}, \quad G_{4k} = 0.5 \times 2.5 \times 22 = 27.5 \text{ kN/m}$$

$$x_3 = \frac{2}{3} \times 0.75 = 0.5 \text{ m}, \quad x_4 = 0.75 + 0.25 = 1.0 \text{ m}$$

$\dfrac{H}{2}$ 截面上总法向压力设计值 N_1、总力矩设计值 M_1 及 N_1 偏心距 e_1 分别为：

$$N_{1k} = G_{3k} + G_{4k} = 20.6 + 27.5 = 48.1 \text{ kN/m} \Rightarrow N_1 = \gamma_G N_{1k} = 1.2 N_{1k} = 57.7 \text{ kN/m}$$

$$M_1 = \gamma_G G_3 x_3 + \gamma_G G_4 x_4 - \gamma_Q E_{ak1} z_{f1}$$
$$= 0.9 \times (20.6 \times 0.5 + 27.5 \times 1.0) - 1.4 \times 13.4 \times 0.83 = 18.4 \text{ kN} \cdot \text{m/m}$$

M_1 计算中，土压力为有利按表 3-9 取 $\gamma_G = 0.9$。

$$c_1 = \frac{M_1}{F_1} = \frac{18.4}{57.7} = 0.32 \text{ m}$$

偏心距： $e_1 = \dfrac{B_1}{2} - c_1 = \dfrac{1.25}{2} - 0.32 = 0.30 \text{ m} < \dfrac{b_1}{4} = 0.31$

根据表达式(3-47)，可得：

$$a_k = \frac{1 - 256 \left(\dfrac{e_1}{B_1} \right)^8}{1 + 12 \left(\dfrac{e_1}{B_1} \right)^2} = \frac{1 - 256 \left(\dfrac{0.30}{1.25} \right)^8}{1 + 12 \left(\dfrac{0.30}{1.25} \right)^2} = 0.58$$

$$\psi_k = \frac{1}{1 + a_s \beta_s (\beta_s - 3) \left[1 + 16 \left(\dfrac{e_0}{B} \right)^2 \right]} = \frac{1}{1 + 0.0025 \times 4 \times \left[1 + 16 \times \left(\dfrac{0.3}{1.25} \right)^2 \right]} = 0.98$$

抗压强度 $R_a = 440 \text{ kN/m}^2$，砌体圬工材料抗力分项系数 $\gamma_f = 2.31$，重要性系数 $\gamma_0 = 1.0$，垂直恒载分项系数 $\gamma_G = 1.2$，则 $\dfrac{H}{2}$ 截面上压屈验算如下：

$$\gamma_0 N_d = 1.0 N_1 = 57.2 \text{ kN/m} \leqslant \frac{\psi_k a_k A R_a}{\gamma_f} = \frac{0.98 \times 0.58 \times 1.25 \times 440}{2.31} = 138 \text{ kN/m}$$

满足要求。

$\dfrac{H}{2}$ 截面上的剪应力验算时，垂直恒载 G 有利取分项系数 $\gamma_G = 0.9$，土压力荷载分项系数取 $\gamma_Q = 1.35$，取砌体圬工材料摩擦系数 $f = 0.6$，则有：

$$\tau = \frac{\gamma_Q E_{ak1} - \gamma_G N_{1k} f}{B_1} = \frac{1.4 \times 13.4 - 0.9 \times 48.1 \times 0.6}{1.25} < 0$$

满足要求。

3.5　悬臂式、扶壁式挡土墙

钢筋混凝土挡土墙常见结构形式有悬臂式、扶壁式两种，适用于土质填方边坡工程。挡墙结构各部分钢筋混凝土构件,分别按构件的承载能力极限状态(强度)和正常使用极限状态(变形)进行内力计算,并结合构造要求等进行截面与配筋设计。悬臂式、扶壁式挡土墙的地基承载力、抗滑稳定和抗倾稳定验算原理同上述 3.3 节。

3.5.1　一般要求与构造

悬臂式挡土墙高度 $H(m)$ 一般不超过 6 m,由立板和底板构成,底板包括趾板和踵板,当墙高 H 大于 4 m 时,立板墙胸与趾板顶面交接处宜设置贴脚,参见图 3-22(a)。墙身较高时立板下部的弯矩较大,为减少钢筋与混凝土用量可采用扶壁式挡土墙结构形式。扶壁式挡土墙一般不宜超过 10 m,且需要时立板底部可两面均可设置贴脚,参见图 3-22(b)。

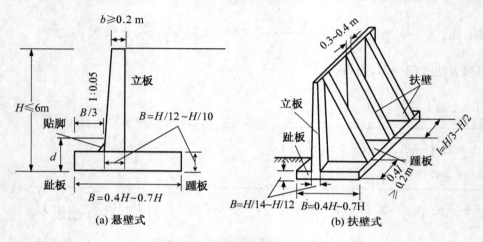

图 3-22　钢筋混凝土挡土墙构造

悬臂式挡墙的立板顶宽 b 不得小于 0.2 m,扶壁式挡墙 b 一般大于 0.3 m,立板底宽与底板厚度不应小于 0.3 m。悬臂式、扶壁式挡土墙的混凝土强度等级不应低于 C20;配置于墙中的主筋直径不宜小于 $\Phi12$,间距不宜大于 250 mm,立板混凝土保护层厚度 c 不应小于 25 mm(一般 $c=35$ mm),底板 $c \geqslant 70$ mm。扶壁式挡土墙扶壁间距 $l(m)$ 宜取挡土墙高度 H (m)的 $1/3 \sim 1/2$,扶壁构件厚度宜取间距 $l(m)$ 的 $1/8 \sim 1/6$,宜取 $300 \sim 400$ mm。混凝土构件最大裂缝验算应满足各行业规范耐久性要求,且小于 0.2 mm。

钢筋混凝土挡土墙的伸缩缝分段长度不宜超过 20 m,扶壁式每一分段宜设三个或三个以上的扶壁。

3.5.2　挡土墙稳定分析

悬臂式、扶壁式挡土墙的地基承载力、抗滑稳定和抗倾稳定验算同上述 3.3 节,也即悬臂、扶臂式挡土墙应满足条形基础承载力设计,稳定性验算时(包括立板内力计算与设计时),可不计墙前土的作用。

悬臂式挡土墙,通常采用朗肯理论来计算通过墙踵的竖直面 CD 上的土压力 E_{aR},再综合位于该竖直面与墙背间梯形楔体 $AOCD$ 的自重 G_R 等,进行地基承载力、基底抗滑稳定与基底抗倾稳定验算,参见图 3-22。朗肯理论土压力可按表达式(3-26)计算,土压力方向平行于墙后填土坡面 $AD(\beta>0)$,参见图 3-22。当墙后填土坡面 AD 为水平时($\beta=0°$),可按

经典朗肯土压力理论(3-25)计算。同
理,悬臂式挡土墙也可以采用库伦方法
计算来计算通过踵板下缘与立板内侧顶
点连线 AC(假想墙背)上的土压力 E_{aC},
在与楔体△AOC 的自重 G_C 等叠加,进行
地基承载力、基底抗滑稳定与基底抗倾
稳定验算,参见图 3-23。采用库伦方法
计算土压力时,应验算是否出现第二破
裂面。若条件成立,踵板上承担的楔体
竖向荷载作用 G_C 为第二破裂面以下滑
动梯形楔体的自重,此时假想墙背俯角 α
为第二滑动面俯角 α_2。

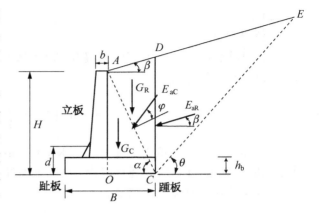

图 3-23 悬臂式挡土墙土压力计算图

一般认为,采用库伦土压力计算悬扶壁式挡土墙的抗倾覆稳定安全度,相对朗肯土压力
计算的安全储备偏高,只有在墙后填土水平,且无黏聚力时,库伦土压力计算的安全储备稍
低。一般而言,采用假想墙背库伦理论或第二破裂面土压力计算在国外应用更加广泛。

限于篇幅,仅通过例题介绍悬臂式挡土墙朗肯理论计算实例。

【例题 3-2】 试设计一挡土墙,位于无石料地区,墙背填土与墙前地面高差为 2.4 m。
填土表面水平,其上作用均布荷载 $p_k=10$ kN/m²。地基为砂性土,未经修正地基承载力特
征值 $f_{ak}=100$ kPa,内摩擦角为 $\varphi=30°$。墙前基坑开挖平面尺寸足够大,且回填碎石压密重
度 $\gamma_g=20$ kN/m³。填土重度 $\gamma_f=17$ kN/m³,内摩擦角 $\varphi=30°$。采用钢筋混凝土挡土墙,墙
背竖直光滑,假定墙背与填土之间摩擦角 $\delta=0$。

解:

1) 截面选择

由于挡墙场址为无石料地区,且墙高低于 6 m,选择钢筋混凝土悬臂式挡土墙结构形
式。截面尺寸按照悬臂式挡土墙规定初步拟定如例图 3-2,几何尺寸单位为 mm。

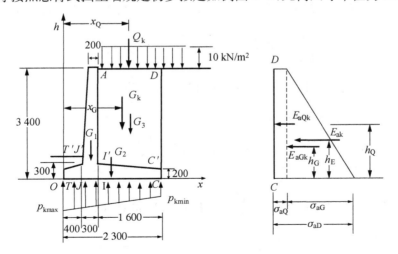

例图 3-2 悬臂挡土墙计算图

2) 荷载计算

(1) 土压力

由于地面水平 $\beta=0$，假想竖直墙背 CD 光滑 $\delta=0$，且墙背填土 $c=0$，土压力计算可按经典朗肯理论公式计算：

$$K_a = \tan^2\left(45° - \frac{\varphi}{2}\right) = 0.333$$

如例图 3-2 所示，填土重度 $\gamma_f=17 \text{ kN/m}^3$，地表作用均布荷载 $p_k=10 \text{ kN/m}^2$。相应于作用效应标准组合时，假想竖直墙背 CD 在地面处 D 点、踵板底边缘点 C 的土压力、总土压力 E_{ak} 及其作用点高度 h_f 分别为：

$$\sigma_{aQ} = qK_a = 10 \times \frac{1}{3} = 3.33 \text{ kPa}$$

$$\sigma_{aG} = \gamma_f H K_a = 3.4 \times 17 \times \frac{1}{3} = 19.27 \text{ kPa}$$

$$E_{ak} = \sigma_{aQ}H + \frac{\sigma_{aG}}{2}H = 3.33 \times 3.4 + \frac{19.27}{2} \times 3.4 = 11.33 + 32.75 = 44.08 \text{ kN/m}$$

$$h_E = \frac{11.33 \times \frac{3.4}{2} + 32.75 \times \frac{3.4}{3}}{44.08} = 1.28 \text{ m}$$

(2) 竖向荷载

如例图 3-2 所示，钢筋混凝土标准重度 $\gamma_c=25 \text{ kN/m}^3$ 和填土重度 $\gamma_f=17 \text{ kN/m}^3$，可得立板自重标准值 G_{1K}、底板自重标准值 G_{2k}、假想竖直墙背 CD 范围内踵板上填土自重标准值 G_{3k} 与表面分布荷载标准值 Q_{1k}，以及上述各项荷载作用点至趾板边缘 O 点的距离分别为 x_{f1}、x_{f2}、x_{f3} 和 x_{f4} 可分别计算如下：

$$G_{1k} = \frac{0.3-0.2}{2} \times 2.4 \times 25 + 0.2 \times 2.4 \times 25 = 3.0 + 12.0 = 15.0 \text{ kN/m}$$

$$x_{G1} = \frac{3 \times (0.4 + 0.1 \times 2/3) + 12 \times (0.4+0.2)}{15.0} = 0.57 \text{ m}$$

$$G_{2k} = 0.3 \times 2.3 \times 25 - 0.1 \times 0.4 \times \frac{25}{2} - 0.1 \times 1.6 \times \frac{25}{2}$$

$$= 17.25 - 0.5 - 2 = 14.75 \text{ kN/m}$$

$$x_{G2} = \frac{17.25 \times 1.15 - 0.5 \times 0.4 \times \frac{2}{3} - 2 \times \left(0.7 + \frac{1.6}{3}\right)}{14.75} = 1.17 \text{ m}$$

$$G_{3k} = 1.6 \times 3.1 \times 17 + 0.1 \times 1.6 \times \frac{17}{2} = 84.32 + 1.36 = 85.68 \text{ kN/m}$$

$$x_{G3} = \frac{84.32 \times \left(0.4 + 0.3 + \frac{1.6}{2}\right) + 1.36 \times \left(0.4 + 0.3 + 1.6 \times \frac{2}{3}\right)}{85.68} = 1.50 \text{ m}$$

$$G_k = G_{1k} + G_{2k} + G_{3k} = 15.0 + 14.75 + 85.68 = 115.43 \text{ kN/m}$$

$$x_G = \frac{G_{1k}x_{G1} + G_{2k}x_{G2} + G_{3k}x_{G3}}{G_k} = \frac{15.0 \times 0.57 + 14.75 \times 1.17 + 85.68 \times 1.5}{115.43} = 1.34 \text{ m}$$

$$Q_k = 1.6 \times 10 = 16.0 \text{ kN/m}, \quad x_Q = 1.50 \text{ m}$$

3）抗倾覆稳定验算

忽略趾板上土重对倾覆稳定的贡献,且上述各项荷载分项系数均取 1.0,则抗倾覆稳定安全系数如下：

$$K_t = \frac{G_k x_{Gk} + Q_k x_{Qk}}{E_a z_{Ek}} = \frac{115.43 \times 1.34 + 16.0 \times 1.5}{44.08 \times 1.28} = \frac{178.72}{56.43} = 3.17 > 1.6$$

满足要求。

4）抗滑移稳定验算

如忽略趾板上土重对基底滑动稳定的贡献,且同样上述各项荷载分项系数均取 1.0,根据表 3-12 中砂性土基底摩擦系数 $\mu = 0.4$,则抗滑稳定安全系数如下：

$$K_s = \frac{(G_k + Q_k)\mu}{E_{ak}} = \frac{(115.43 + 16) \times 0.4}{44.08} = 1.19 < 1.3$$

考虑墙前砂性土被动土压力 E_{pk},内摩擦 $\varphi = 35°$,采用 Rankin 被动土压力理论可得：

$$E_{pk} = \frac{1}{2}\gamma H_p^2 K_p = \frac{1}{2} \times 19 \times 1^2 \times \tan^2\left(45° + \frac{30°}{2}\right) = 28.50 \text{ kN/m}$$

根据表 3-9,引入墙前被动土压力 E_{pk} 分项系数 $\gamma_{Q2} = 0.3$,由此可得

$$K_s = \frac{(G_k + Q_k)\mu + \gamma_{Q2}E_{pk}}{E_a} = \frac{131.43 \times 0.4 + 0.3 \times 28.50}{44.08} = 1.39 > 1.3$$

满足要求。

5）地基承载力验算

同样上述各项荷载分项系数均取 1.0,基础底面竖向合力至趾板边缘距离为 c(m)为：

$$c = \frac{G_k x_G + Q_k x_Q - E_a h_E}{G_k + Q_k} = \frac{178.72 - 56.43}{131.43} = 0.93 \text{ m}$$

偏心距 e_0 如下：

$$e_0 = \frac{b}{2} - c = \frac{2.3}{2} - 0.83 = 0.22 \text{ m} < \frac{B}{6} = 0.38 \text{ m}$$

地基承载力验算如下：

$$p_k = \frac{G_k + Q_k}{B} = \frac{131.43}{2.3} = 57.14 \text{ kPa} < f_a = 100 \text{ kPa}$$

$$p_{kmax} = p_k\left(1 + \frac{6e_0}{B}\right) = \frac{131.43}{2.3}\left(1 + \frac{6 \times 0.22}{2.3}\right) = 89.87 \text{ kPa} < 1.2f_a = 120 \text{ kPa}$$

满足要求。

3.5.3 挡土墙结构分析

悬臂式挡土墙、扶壁式挡土墙的结构设计应按常规极限状态设计方法,分为承载力极限状态设计和使用极限状态设计两个方面。

1. 悬臂式挡土墙

悬臂式挡土墙立板、趾板和踵板各部分钢筋混凝土构件的内力均按悬臂板计算。计算挡土墙实际墙背土压力和墙踵板上竖向荷载时,可不计填料与板间的摩擦力。悬臂式挡土墙立板背面的土压力按直线分布计算,墙顶表面无荷载时即按三角形直线分布计算。计算悬臂式挡墙趾板内力时,应计地表下墙胸前趾板上的填土重力。各项荷载作用的分项系数应按表 3-9 规定取值,且基底应力作为竖向荷载时,采用竖向恒载分项系数。

【例题 3-3】 同上述例题 3-2,立板与底板均采用 C20 混凝土和 II 级钢筋,材料参数为 $f_t = 1.10 \text{ N/mm}^2$, $f_c = 9.6 \text{ N/mm}^2$, $f_{tk} = 1.54 \text{ N/mm}^2$;HRB335 II 级钢筋 $f_y = 300 \text{ N/mm}^2$, $E_s = 2 \times 10^5 \text{ N/mm}^2$,试进行该挡墙结构设计。

1)立板构件设计

悬臂式挡土墙钢筋混凝土立板构件的内力按悬臂板计算,弯拉作用配筋设计时单位延米立板底正截面弯矩设计值采用承载力极限状态下荷载效应的基本组合,永久荷载效应控制时,按表 3-9 荷载分项系数可得 $\gamma_G = 1.2$ 和 $\gamma_Q = 1.4$;裂缝验算时采用荷载作用标准组合值。如例图 3-3-1 所示,计算立板高度 $H_1 = 3.1 \text{ m}$ 对应 $C'D$ 垂直面上的单位延米土压力标准值 E_{aGk} 和 E_{aQk}、土压力设计值 E_{aG} 和 E_{aQ} 分别计算如下:

$$E_{aGk} = \frac{1}{2} K_a H_1^2 = 0.5 \times 0.33 \times 17 \times 3.1^2 = 27.56 \text{ kN/m}$$

$$E_{aG} = \gamma_G E_{aGK} = 1.2 \times 27.56 = 32.67 \text{ kN/m}$$

$$E_{aQk} = K_a q H_1 = 0.33 \times 10 \times 3.1 = 10.33 \text{ kN/m}$$

$$E_{aQ} = \gamma_Q E_{aQk} = 1.4 \times 10.33 = 14.47 \text{ kN/m}$$

不计填料与板间的摩擦力,可得立板根部弯矩标准值 M_{kI} 和设计值 M_I 分别如下:

$$M_{kI} = E_{aGk} z_G + E_{aQk} z_Q = 10.33 \times \frac{3.1}{2} + 27.56 \times \frac{3.1}{3} = 49.78 \text{ kN} \cdot \text{m/m}$$

$$M = E_{aG} z_G + E_{aQ} z_Q = 14.47 \times \frac{3.1}{2} + 32.67 \times \frac{3.1}{3} = 56.19 \text{ kN} \cdot \text{m/m}$$

配筋设计时采用立板根部弯矩设计值 $M = 56.19 \text{ kN} \cdot \text{m/m}$,钢筋保护层净厚度为 $c = 35 \text{ mm}$,则立板计算高度 $h_0 = 300 - 35 - 5 = 260 \text{ mm}$,每延米对应宽度 $b = 1000 \text{ mm}$,可得:

$$\alpha_s = \frac{2M}{\alpha_1 f_c b h_0^2} = \frac{2 \times 56.19 \times 10^6}{1 \times 9.6 \times 1000 \times 260^2} = 0.17$$

$$\gamma_s = 0.5 \times (1 + \sqrt{1 - 2a_s}) = 0.5 \times (1 + \sqrt{1 - 2 \times 0.17}) = 0.90$$

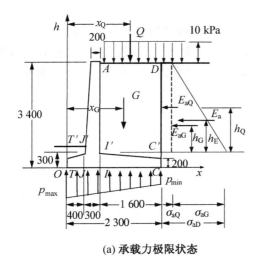
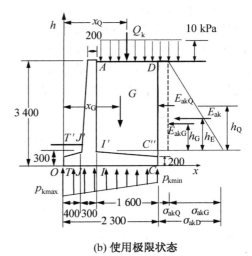

(a) 承载力极限状态　　　　　　　(b) 使用极限状态

例图 3-3

$$A_s = \frac{M}{\lambda_s f_y h_0} = \frac{56.19 \times 10^6}{0.90 \times 300 \times 260} = 720 \text{ mm}^2$$

由此,立板根部截面弯拉控制配筋可选用 $\phi 12@125$, $A_s = 905 \text{ mm}^2$。

最大裂缝宽度验算按承载力使用极限状态设计,对应作用效应标准组合时立板底部弯矩标准值 $M_k = 49.78$ kN·m/m,受弯构件应力状态系数 $\alpha_{cr} = 2.10$,最外层钢筋外缘至受拉区边缘距离 $c = 35$ mm,钢筋等效直径 $d_{eq} = d_g = 12$ mm。有效受拉混凝土截面面积计算配筋率 ρ_{te} 为:

$$\rho_{te} = \frac{A_s}{A_{te}} = \frac{A_s}{0.5hb} = \frac{905}{0.500 \times 300 \times 100} = 0.0075 \Rightarrow \rho_{te} = 0.01$$

裂缝截面处钢筋应力 σ_{sk} 标准值与裂缝间受拉混凝土对受拉钢筋应变影响系数 ψ 分别按下式计算:

$$\sigma_{sk} = \frac{M_k}{\lambda_s h_0 A_s} = \frac{49.78 \times 10^6}{0.90 \times 260 \times 905} = 234 \text{ N/mm}^2$$

$$0.2 < \psi = 1.10 - 0.65 \frac{f_{tk}}{\rho_{te}\sigma_{sk}} = 1.10 - 0.65 \times \frac{1.54}{0.01 \times 234} = 0.67 < 1.0$$

最大裂缝宽度验算如下:

$$W_{max} = \alpha_{cr}\psi\frac{\sigma_{sk}}{E_s}\left(1.9c + 0.08\frac{d_{eq}}{\rho_{te}}\right)$$

$$= 2.10 \times 0.67 \times \frac{234}{2 \times 10^5} \times \left(1.9 \times 35 + 0.08 \times \frac{12}{0.01}\right) = 0.268 \text{ mm} > 0.2 \text{ mm}$$

根据使用极限状态裂缝验算需要增加配筋用量,选用 $\phi 12@100$, $A_s = 1131 \text{ mm}^2$, $\sigma_{sk} = 187.21$ N/mm^2, $W_{max} = 0.18 < 0.2$ mm,满足设计要求。

2）底板构件设计

悬臂式挡土墙底板结构设计可分别按趾板构件和踵板构件均按悬臂板分别计算。如例图 3-3-1 所示，悬臂式挡土墙踵板根部 I—I' 断面、趾板根部 J—J' 弯矩计算中，基底反力作为底板竖向荷载时取竖向恒载分项系数 $\gamma_G = 1.2$，可得基底反力设计值对 I—I' 断面和 J—J' 断面产生弯矩设计值 M_{pI} 和 M_{pJ} 如下：

$$p = \gamma_G p_k = 1.2 \times 57.14 = 68.57 \text{ kPa}$$

$$p_{max} = \gamma_G p_{maxk} = 1.2 \times 89.87 = 107.84 \text{ kPa}$$

$$p(x) = p + (p_{max} - p)\left(\frac{B - 2x}{B}\right)$$

$$p_I = p(0.7) = 68.57 + (83.94 - 68.57) \times \left(\frac{2.3 - 2 \times 0.7}{2.3}\right) = 89.94 \text{ kPa}$$

$$p_J = p(0.4) = 94.18 \text{ kPa}$$

$$p_{min} = p(2.3) = 29.30 \text{ kPa}$$

$$M_{pI} = 29.30 \times 1.6 \times \frac{1.6}{2} + (60.82 - 29.30) \times 1.6 \times \frac{1.6}{3} = 60.82 \text{ kN} \cdot \text{m/m}$$

$$M_{pJ} = 94.18 \times 0.4 \times \frac{0.4}{2} + (107.84 - 94.18) \times 0.4 \times \frac{0.4}{3} = 8.26 \text{ kN} \cdot \text{m/m}$$

不考虑墙前趾板上填土与趾板自重影响时，可得趾板根部计算断面弯矩设计值 M_{II} 如下：

$$M_J = M_{pJ} = 8.26 \text{ kN} \cdot \text{m/m}$$

踵板上自重设计值 G 与表面荷载设计值 Q 对 I—I' 断面产生的弯矩设计值计算如下：

$$Q = \gamma_Q Q_k = 1.4 \times 16.0 = 22.40 \text{ kN/m}$$

$$M_{QI} = Q(x_Q - 0.7) = 22.4 \times (1.5 - 0.7) = 17.92 \text{ kN} \cdot \text{m/m}$$

$$G = \gamma_G G_k = 1.2 \times 115.43 = 138.52 \text{ kN/m}$$

$$M_{GI} = G(x_G - 0.7) = 138.52 \times (1.34 - 0.7) = 88.65 \text{ kN} \cdot \text{m/m}$$

叠加后，可得踵板根部 I—I' 断面弯矩设计值如下：

$$M_I = M_Q + M_G - M_P = 17.92 + 88.65 - 60.82 = 45.75 \text{ kN} \cdot \text{m/m}$$

由于趾板根部弯矩 M_{II} 较小，仅进行构造设计。根据踵板弯矩 M_I 和相应截面尺寸，结合立板设计情况，选取 $\Phi 12@125$，$A_s = 905 \text{ mm}^2$，即可满足计算断面弯拉承载力要求。

对应荷载效应标准组合时的踵板根部 I—I' 断面弯矩标准值，可进行裂缝验算如下：

$$p_k = 57.14 \text{ kPa}, \quad p_{kmax} = 89.87 \text{ kPa}$$

同理：$p_{kI} = p_k(0.7) = 69.95 \text{ kPa}$，$p_{kmin} = p_k(x = B) = 24.42 \text{ kPa}$，由此计算得到：

$$M_{pkI} = 50.68 \text{ kN} \cdot \text{m/m}, \quad M_{QkI} = 12.80 \text{ kN} \cdot \text{m/m}, \quad M_{GkI} = 73.86 \text{ kN} \cdot \text{m/m}$$

$$M_{kI} = M_{QkI} + M_{GkI} - M_{PkI} = 36.0 \text{ kN} \cdot \text{m/m}$$

根据立板设计材料参数,以及上述弯矩标准值,可得:

$$\alpha_s = 0.11, \quad \gamma_s = 0.94, \quad \sigma_{sk} = 162 \text{ N/mm}^2, \quad c = 35 \text{ mm}, \quad \rho_{te} = 0.006 \text{ 取 } \rho_{te} = 0.01$$

$$0.2 < \psi = 1.10 - 0.65 \frac{f_{tk}}{\rho_{te}\sigma_{sk}} = 0.48 < 1.0$$

最大裂缝宽度

$$W_{max} = \alpha_{cr}\psi\frac{\sigma_{sk}}{E_s}\left(1.9c + 0.08\frac{d_{eq}}{\rho_{te}}\right) = 0.13 \text{ mm} < 0.2 \text{ mm}$$

满足要求。

挡土墙大样图,见例图 3-4。材料:垫层为 C10 混凝土,立板及底板用混凝土 C20,钢筋为II级 Φ12 和I级 Φ12。

2. 扶壁式挡土墙

扶壁式挡土墙地基承载力、基底滑动与倾覆稳定验算要求与悬臂式相同,参见 3.3 节。土压力计算模型类似悬臂式挡土墙,可分为库伦土压力模型和朗肯土压力模型,参见图 3-21。一般取踵板底边缘与立板顶内侧边缘连线作为假想墙背,一般采用库伦土压力理论计算,当假想墙背俯角满足出现第二破裂面要求时,经判定出现第二破裂面时,按第二破裂面计算土压力。

扶壁式挡土墙立板、底板和扶壁钢筋混凝土构件应按常规极限状态法设计,构件内力计算模型较为复杂,一般采用简化计算方法。扶壁式挡土墙的趾板同悬臂式挡土墙,按固定在立板上的悬臂板计算内力与配筋。扶壁则简化为固定在底板上的悬臂 T 形梁进行内力计算与配筋设计。其中,立板为扶壁 T 梁的翼板,厚度不变但宽度由底板梁固端的扶壁跨距逐渐减小至

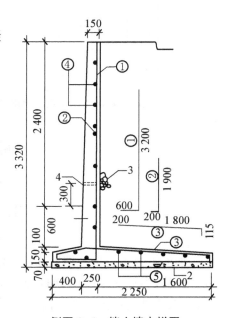

例图 3-4 挡土墙大样图
1—墙体;2—垫层;3—砾石;4—泄水孔

立板顶处扶壁厚度;扶壁为该 T 梁的腹板,厚度不变但高度由底板梁固端的踵墙宽度逐渐减小至立板顶处为零,扶壁 T 梁为变截面梁。扶壁式挡土墙立板由底板和扶壁支撑的板结构,简化方法假设立板背土压力沿墙高呈梯形分布,参见图 3-24(a)。设扶壁跨距为 l_x 与另一方向跨度为 l_y,则当 $l_y/l_x \leqslant 2$ 时,可近似按三边固定、一边自由的双向板计算立板内力;$l_y/l_x > 2$ 时则以扶壁为固定支撑按单向板计算内力。显然,踵板支撑约束类似于立板,内力计算模型与之相同。

《铁路路基支挡结构规范》(TB 10025)和《公路路基设计规范》(JTG D30)中,不计立板对踵板端的约束作用,且踵板横向弯矩可不验算。因此,扶壁式挡土墙踵板可按支承在扶壁上的连续板计算内力与配筋,且应计算趾板弯矩在踵板上产生的等代荷载。底板上立板存在竖向弯曲引起的水平向弯矩,配筋时应加以考虑。同时,基于图 3-24(a)立板背土压力呈梯形分布模型,立板竖向弯曲引起的水平向弯矩沿墙高分布的简化模型,参见图 3-24(b)。顺路线方向弯曲产生的立板竖向弯矩,以扶壁为支点按连续梁计算,该弯矩沿扶壁跨间分布可简化成台阶形,参见参见 3-24(c)。构件荷载作用效应分析简化模型中,忽略混凝土构件

与土体摩擦力影响,可由库伦土压力模型或朗肯土压力模型得到立板底水平向土压力σ_H,由此可得跨中弯矩M_d如下:

$$M_d = 0.05\sigma_H l_n \tag{3-49}$$

式中 l_n——扶壁间净跨距(m)。

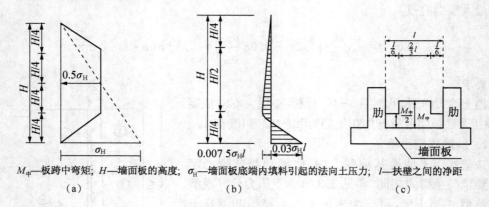

$M_中$—板跨中弯矩;H—墙面板的高度;σ_H—墙面板底端内填料引起的法向土压力;l—扶壁之间的净距

(a)　　　　　　　　　(b)　　　　　　　　　(c)

图 3-24　荷载及弯矩分布

3.6　加筋土挡墙

加筋土挡墙与传统挡墙相比,技术上具有更好的柔性特征,抗震稳定性良好;且造价上具有优势,参见图 3-25。美国每年新建加筋土挡墙超过 70 万 m^2,主要集中在交通工程领域,在该领域已占到各类支挡的 2/3 以上。

土工合成材料(Geosynthetics)作为一种新型建筑材料广泛应用于加筋土挡墙,主要的形式有反折自锚型、拼装面板型、整体面板型和圬工块拼装型 4 大类,参见图 3-26。由于暴露于空气介质中的土工合成材料对于紫外线、高温等反应敏感,反折自锚加筋土挡墙一般应采用某种与该支挡结构柔性相似的材料做一外封层,例如可以采用喷浆混凝土、喷射水泥砂浆等。

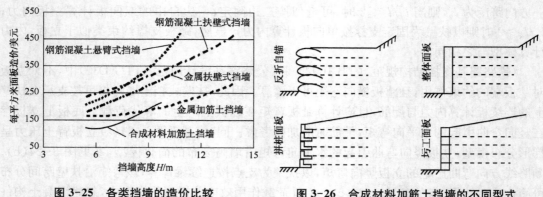

图 3-25　各类挡墙的造价比较　　　图 3-26　合成材料加筋土挡墙的不同型式

3.6.1 加筋土挡墙加固机理

加筋土复合体中拉应力通过筋土间剪切作用传递到相邻拉筋上,而土体仅承受压应力及剪切应力,使加筋土体成为具有一定自承约束的复合结构。加筋土"黏聚力理论"(Coherent Gravity Theory)较为完善,同时考虑了加筋材料的张拉破坏(Tensile Failure)和加筋材料与土接触面的锚固破坏(Bond Failure),并阐述加筋土破坏模式与应力水平、筋带用量、张拉特性、以及筋土间剪切特征等的相关性,参见图 3-28。

加筋砂土复合体,随着应力水平 σ_3 提高,剪切破坏时筋土接触面法向应力 σ_1 随之增加,通过筋土间剪切作用,提供了足够大的接触面抗拔抗力,且该抗力超过加筋材料张拉强度而"拉断"时,呈现筋材的张拉破坏模式。此时,筋材张拉作用形成的"预约力" P_r(Prestress)由筋材张拉特性和筋材用量(间距)所决定,且达到该加筋土系统的最大值 P_{rmax}。反之,随着应力水平 σ_3 降低,剪切破坏时的筋土接触面法向应力 σ_1 随之降低,接触面剪切抗力将小于筋材张拉强度,此时加筋土复合体破坏将呈现筋材与土接触面的锚固失稳破坏,筋材数量和锚固长度决定了加筋土复合体"预约力" P_r,且小于拉断时的 P_{rmax}。

1. 张拉破坏模式

假设砂土加筋复合体试样截面积为 A,大主应力为 σ_1,小主应力为 σ_3,参见图 3-27(a)。破坏时,滑动隔离体滑动面上筋材张拉力为 T,滑动隔离体的力系平衡,参见图 3-27(b)。根据滑动隔离体的力三角形,可以得到

$$A\sigma_1\tan(\alpha-\varphi) = T + A\sigma_3\tan\alpha \tag{a}$$

引入加筋土复合体的"预约力" $P_r = T$,可得

$$\sigma_1 A\tan(\alpha-\varphi) = P_r + \sigma_3 A\tan\alpha \tag{b}$$

当砂土加筋复合体剪切破坏为筋材张拉破坏时,"预约力" P_r 为加筋土系统的最大值"预约力" P_{rmax},根据筋材张拉强度设计值 T_D 与数量 n(与布置间距 S_y 有关)有关,可得

$$n = \frac{A\tan\alpha}{S_y}$$

$$P_{rmax} = nT_D = \frac{A\tan\alpha}{S_y}\frac{T_{ult}}{F_m} \tag{c}$$

式中　F_m——筋材张拉强度设计值 T_D 确定中,多个因素分项修正系数的乘积,在上述工作机理的分析中,可以简单视为筋材张拉强度的安全系数;

T_{ult}——筋材极限张拉强度(kN)。

将表达式(c)代入表达式(b),可以得到

$$\sigma_1 A\tan(\alpha-\varphi) = \frac{A\tan\alpha}{S_y}\frac{T_{ult}}{F_m} + \sigma_3 A\tan\alpha \tag{d}$$

根据传统土压力理论,令加筋土复合体的破裂面为 $\alpha = 45° + \dfrac{\varphi}{2}$,代入上式整理后,可得到

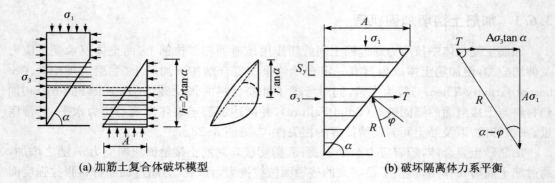

(a) 加筋土复合体破坏模型   (b) 破坏隔离体力系平衡

图 3-27　加筋土黏聚力加固原理

$$\sigma_1 = \frac{A}{S_y}\frac{\tan\left(45°+\dfrac{\varphi}{2}\right)}{\tan\left(45°-\dfrac{\varphi}{2}\right)}\frac{T_{ult}}{F_m} + \sigma_3\frac{\tan\left(45°+\dfrac{\varphi}{2}\right)}{\tan\left(45°-\dfrac{\varphi}{2}\right)} = 2c_r\sqrt{k_p} + \sigma_3 k_p \qquad (3\text{-}50)$$

$$c_r = \frac{A}{2h}\sqrt{k_p}\frac{T_{ult}}{F_m}$$

式中　k_p——土的被动土压力系数。

可以看出,砂土加筋复合体剪切破坏为筋材张拉破坏时,筋材张拉作用宏观表现为增加了土体的一个附加黏聚力 c_r,而内摩擦角则与土体相同,参见图 3-28。

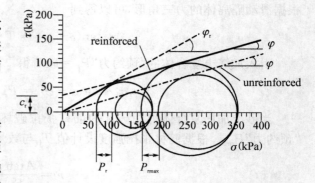

图 3-28　加筋土黏聚力加固原理

2. 锚固破坏

当加筋材料与土接触面边界剪切破坏时,"预约力"P_r 不仅与筋材布置间距 S_y、锚固长度有关,同时直接与筋土接触面法向应力 σ_1 作用水平有关。设破坏隔离体滑动面上切过筋材的数量为 n,筋材平均锚固段长度为 l_m,截面周长为 u_m,则拔出筋材总面积 A_f 为

$$A_f = nl_m u_m = \frac{A\tan\alpha}{S_y}l_m u_m$$

$$P_r = \sigma_1 A_f \tan\delta = \sigma_1\frac{A\tan\alpha}{S_y}l_m u_m \tan\delta = \sigma_1 FA\tan\alpha \qquad (e)$$

$$F = \frac{l_m u_m \tan\delta}{S_y}$$

式中　$\tan\delta$——筋材与土接触面摩擦系数;

　　　　F——计算参数。

将表达式(e)代入表达式(b),同样令 $\alpha = 45° + \dfrac{\varphi}{2}$,整理后得到

$$\sigma_3 = \sigma_1 \left[\frac{\tan\left(45° - \dfrac{\varphi}{2}\right)}{\tan\left(45° + \dfrac{\varphi}{2}\right)} - F \right] = \sigma_1(k_a - F) = \sigma_1 k_{ar} = \sigma_1 \frac{\tan\left(45° - \dfrac{\varphi_r}{2}\right)}{\tan\left(45° + \dfrac{\varphi_r}{2}\right)}$$

$$\varphi_r = \sin^{-1}\left(\frac{k_a - F - 1}{F - K_a - 1}\right) \text{ 且 } \varphi_r > \varphi \tag{3-51}$$

可以看出,砂土加筋复合体剪切破坏为接触面锚固破坏时,筋材张拉作用宏观表现提高了土体的内摩擦角 $\varphi_r > \varphi$,参见图 3-28。

综上所述,砂土加筋复合体系的强度包络线为一折线,低应力水平接触面锚固破坏时,增加了土体内摩擦角;高应力水平筋材张拉破坏时,增加了土体黏聚力,参见图 3-28。

3.6.2 加筋土挡墙设计概述

美国 NCMA(1993),FHWA(1995)和 AASHTO(1997)颁布了合成材料加筋土设计规范,主要包括外部稳定性分析、内部稳定性分析和其他附属构件的设计。一般设计中,首先考虑加筋土支挡结构的外部稳定性,将整个加筋复合体视为刚性体,与普通重力式挡墙一样进行设计,不再赘述。现以土工布合成材料加筋挡墙为例,简述内部稳定性的分析如下:

内部稳定性的分析,主要用于土工合成材料间距、长度和外端反折自锚长度的确定。一般采用朗肯(Ranken)破裂面,将加筋土体分为稳定区和滑动区两部分。规定填土侧压力按主动土压力(K_a)计算,活载内力计算则采用(Boussinesq)的弹性理论解答,如图 3-29 所示。

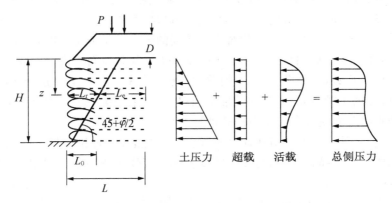

图 3-29 内部稳定性分析

根据土工合成材料容许张拉强度 T_{allow},采用张拉破坏模式,确定加筋材料竖向最大布置间距。设某一深度 z 处的总土压力 σ_h,并考虑一的安全系数 $F_s(F_s > 1)$,则可以得到土工合成材料竖向最大的间距 S_v:

$$S_v = \frac{T_{allow}}{\sigma_h} \frac{1}{F_s} \tag{3-52}$$

然后,根据上述得到的 S_v,参照图 3-29。可以根据土工合成材料与填土间接触面摩擦系数 $\tan\delta$,采用锚固破坏模式,分析得到锚固区的各层合成材料的锚固加固长度 L_e;再根据墙高 H 所确定的加筋土破裂面位置分为稳定区和锚固区,以及筋材深度 z,根据几何条件确定滑动区非加固长度 L_r，累加后即可得到各层合成材料的设计长度 L。

$$L = L_r + L_e \tag{3-53a}$$

其中

$$L_e = \frac{S_v\sigma_h}{2\gamma z \tan\delta C_i}F_s \tag{3-53b}$$

$$L_r = (H-z)\tan\left(45° - \frac{\varphi}{2}\right) \tag{3-53c}$$

式中　γ、φ——分别为填土的重度（kN/m^3）和内摩擦角（°）；

　　　C_i——拉拔修正系数。

再者，基于与上述锚固破坏模式分析相同的原理，可以求出合成材料的端部反折自锚的长度 L_0，即

$$L_0 = \frac{S_v\sigma_h}{4\gamma z \tan\delta C_i}F_s \tag{3-54}$$

最后，其他附属构件的设计，例如面板设计等，参见有关结构设计文件执行。同时，尚应考虑面板、各类联接、防腐以及排水等的设计内容。

加筋土挡墙填土土压力计算和破裂面形式，一直是设计理论研究的重点内容之一。Farrag 等（1990）提出了一般指导性原则：对于筋材与土的相对刚度较低的土工织物，采用传统土压力计算方法和直线破坏面的基本原理，参见图 3-30。但是，对于相对刚度稍大的土工格栅，埋深较浅，即 $z<6$ m 时，土压力计算与破坏模式，均与上述传统主动土压力计算方法和直线破坏模式不尽相同；至于相对刚度更高的金属条带或金属网，则上述传统直线性模型不再适用，而应采用更加符合实际情况的 $0.3H$ 经验破裂面模式，且土压力系数明显高于传统主动土压力系数，参见图 3-31。因此，加筋土挡墙土压力作用分析计算和破坏模式合理选择，应区分筋土模量差别，相对柔性加筋材料，宜采用传统土压力计算方法；反之则应采用 $0.3H$ 经验破裂面模式和土压力提高计算方法。

近二十年来，加筋土挡墙的应用研究不断发展，虽然设计理论未发生质的变化，但是关于合成材料的张拉应变特征，筋材与填土的复合体的应变协调性等，在新的设计方法中有所考虑。例如，Gourc（1989）最先提出了"位移法"（Displacement Method）用于合成材料加筋土挡墙设计，位于潜在破裂面上的合成筋材采用了"嵌压薄膜"（Anchored Membrane）机理加以描述，考虑了合成材料变形和模量，并与结构容许变形相联系，实现了加筋土挡墙的变形控制设计。Juran（1990）提出了一种考虑合成材料与土应变协调性（Strain Compatibility Design

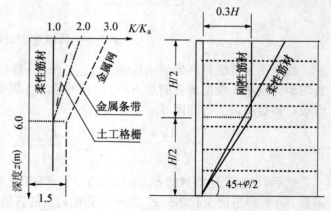

图 3-30　关于加筋挡墙土压力的设计原则

Approach)的设计方法,考虑了筋材变形和土的剪胀,能够算出筋材在结构中发挥的张力(Tension Forces Mobilized)、最大张力和加筋体内部潜在破裂面的位置。

思考题与习题

3-1 挡土墙有哪几种类型,各有什么特点? 其适用条件是什么?

3-2 第二破裂面产生的条件是什么?

3-3 以库伦理论为基础计算黏性土主动土压力的近似方法有哪些?

3-4 加筋土挡墙的作用机理是什么?

3-5 挡土墙抗滑稳定性、抗倾覆稳定性或地基承载力不足时,可采取哪些改进措施?

3-6 挡土墙的排水设施是如何设计的?

3-7 加筋土挡土墙中筋带有什么作用? 筋带长度如何确定? 加筋材料的类型有哪些?

3-8 挡土墙的防震措施有哪些?

3-9 简述悬臂式挡墙与扶壁式挡墙结构设计简化分析模型。

3-10 如习图 3-1 所示重力式挡土墙采用毛石砌筑,砌体重度为 22 kN/m³,挡土墙下方为坚硬的黏性土,摩擦系数 $\mu=0.45$。作用于墙背的主动土压力 $E_a=46.6$ kN/m,作用方向水平,作用点距墙底 1.08 m,试对该挡土墙进行抗倾覆和抗滑移稳定验算。

3-11 某俯斜式重力挡墙如习图 3-2 所示,墙面为 1∶0.25($\alpha=14.02°$),墙背坡度为 1∶0.25。经计算其墙背主动土压力 $E_a=50.23$ kN,土压力其作用点到墙底的垂直距离为 $z_x=2.33$ m。已知墙背填料的外摩擦角为 $\delta=17.5°$,墙身的容重为 22.5 kN/m³,地基土的摩擦系数为 $f=0.5$,地基承载力特征值 $f_a=350$ kPa,请验算该挡土墙的稳定性和地基的承载力是否满足要求。

3-12 某悬臂式挡土墙截面如习图 3-3 所示,地面上活荷载 $q=2$ kPa,墙后填土的内摩擦角 $\varphi=30°$,黏聚力 $c=0$,重度 $\gamma=19$ kN/m³。地基土的摩擦系数 $\mu=0.5$,地基承载力特征值 $f_a=120$ kPa。假定挡土墙的底面处于地下水位以上。挡土墙材料采用 C25 混凝土及 HPB235 和 HRB335 级钢筋。要求对挡土墙墙身和基础底板进行配筋,并验算该挡土墙的抗滑移和抗倾覆稳定性及地基承载力。

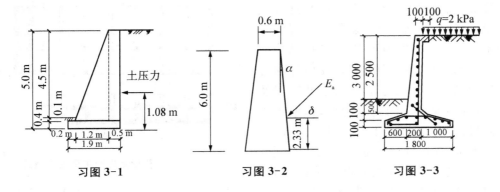

习图 3-1   习图 3-2   习图 3-3

第4章 连续浅基础

相对单独扩展浅基础，连续浅基础适合作为各种地质条件较复杂、建设规模较大、层数多和结构复杂的建筑物基础。连续浅基础形式常见的有：①柱下条形基础（单向或双向）、②筏形基础和③箱形基础，分别见图4-1、图4-2和图4-3。连续浅基础的整体刚度增强，不

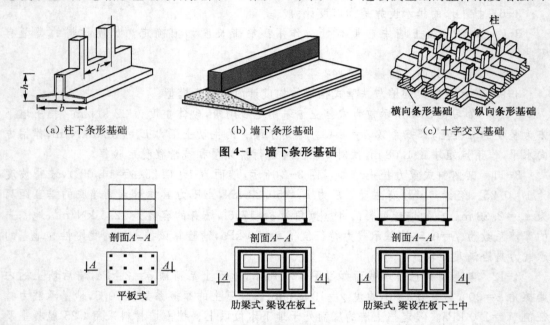

|(a) 柱下条形基础|(b) 墙下条形基础|(c) 十字交叉基础|

图 4-1　墙下条形基础

图 4-2　筏形基础示意图

仅有利于地基承载力与基础稳定性的提高，且可部分抑制地基差异沉降。同时，连续筏形和箱形基础构成较大的地下空间，提供安置设备和公共设施的地下空间，空腔结构补偿效应可减小基底附加应力，减小基础沉降。连续基础平面尺寸远远大于基础截面高度，可视为地基上的受弯构件，即地基梁或地基板，而其挠曲特征、基底反力和截面内力与地基、基础以及上部结构的相对刚度有关，对于规模较大连续基础的分析计算，

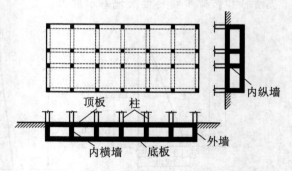

图 4-3　箱形基础的中空结构型式

应考虑地基基础相互作用、基础与上部结构位移协调，否则容易引起较大误差。但是，鉴于这一问题的复杂性，目前连续基础工程设计仍以"构造为主，计算为辅"为原则。

4.1　弹性地基梁

由于地基梁搁置在地基上,梁上作用有荷载 q 使地基梁挠曲竖向位移与地基变形 w(沉降)相同,即地基梁底面满足变形协调条件。地基梁与地基接触面存在地基 p,其大小与地基沉降大小相关,弹性地基梁系指梁底地基反力与该点地基沉降呈线弹性关系。目前,弹性地基的计算模型主要包括局部弹性地基模型和半无限体弹性地基模型两大类。相对而言,半无限体弹性地基模型可反映地基变形的连续性,继承了半无限弹性体既有弹性理论分析的经典解答,但没有反映地基非弹性、成层性等基本特征,且数学处理相对复杂。因此,目前仍然主要采用局部弹性地基模型。

4.1.1　局部弹性地基模型

典型局部弹性地基模型为文克勒(E. Winkler,1867)地基模型,系指地基表面任一点沉降 w(m)仅与该点单位面积上作用压力 p(kPa)成正比,即

$$w = \frac{p}{k} \quad \text{或} \quad p = wk \tag{4-1}$$

式中　k——地基系数,物理意义为:使地基产生单位沉陷所需的压力(kPa·m^{-1})。

本质上,文克勒地基模型是把地基简化为刚性支座上一系列独立的线性弹簧,且模型中反映的基底压力分布与相应基底的竖向位移形状类似,参见图 4-4。如果基础刚度非常大,荷载作用后基础结构无挠曲变形,且基础底面仍为一平面,则基底反力分布图呈常规设计方法中的直线分布,这也是常规设计可以称之为"刚性设计"的原因之一。显然,弹性地基模型无法考虑基础相对刚度引起基底反力的架越作用。基础相对刚度较小时,文克勒地基模型在基底静力平衡条件下,考虑了梁身实际弹性挠曲变形,避免了常规设计仅考虑静力平衡条件反力直线分布的误差。但是,文克勒地基模型无法反映地基的剪切变形连续性,即基底各点反力对地基沉降的相互影响。当地基剪切扩散效应相对较弱时,例如基底

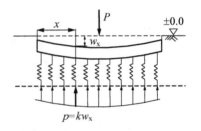

图 4-4　局部弹性地基模型

地基持力层主要为软土或地基沉积土层较薄,下卧坚硬岩石较浅等条件时,文克勒弹性地基模型相对比较接近实际情况,也可得出比较满意的结果。但是,对于密实厚土层地基和整体岩石地基,文克勒地基将会引起较大的误差。

尽管如此,文克勒局部弹性地基模型由于其模型参数少、便于应用,仍是目前最常用的地基模型之一。

4.1.2　弹性地基梁挠曲方程

弹性地基梁分析中应满足的两个基本条件是:①基底变形协调条件,外力作用下地基梁基底与地基接触面始终相贴,地基沉陷与地基梁位移(挠曲与刚性位移)处处相等;②基底静

力平衡条件,基础外荷载和基底反力必须满足静力平衡,且忽略接触面摩擦力。

1. 微分控制方程

在外荷作用下,文克勒地基上等截面梁在位于梁主平面内的挠曲变形及梁元素受力,参见图 4-5。梁顶作用分布荷载 q(kN/m),集中荷载 P_0(kN) 和弯矩 M(kNm);当梁宽为 b(m),沿长度方向分布的梁底反力为 bp(kN/m),且任一点梁和地基的竖向位移均为 w,参见图 4-5(a)。取微段梁元素 $\mathrm{d}x$,其上作用有分布荷载 q 和梁底反力 pb 及相邻截面作用的弯矩 M 和剪力 V,参见图 4-5(b)。根据梁单元上竖向力静力平衡条件可得梁微单元平衡方程如下:

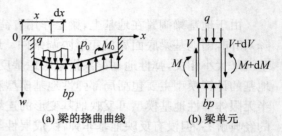

(a) 梁的挠曲曲线　(b) 梁单元

图 4-5　文克勒地基上梁的计算图式

$$\frac{\mathrm{d}V}{\mathrm{d}x} = bp - q \tag{4-2}$$

根据材料力学,如果已知等截面梁的挠度方程,则梁任意截面 x 的转角 θ、弯矩 M 和剪力 V,可分别表示如下:

$$\theta = \frac{\mathrm{d}w}{\mathrm{d}x} \tag{4-3a}$$

$$M = -EI\,\frac{\mathrm{d}\theta}{\mathrm{d}x} = -EI\,\frac{\mathrm{d}^2 w}{\mathrm{d}x^2} \tag{4-3b}$$

$$V = \frac{\mathrm{d}M}{\mathrm{d}x} = -EI\,\frac{\mathrm{d}^3 w}{\mathrm{d}x^3} \tag{4-3c}$$

将上式(4-3c)代入静力平衡方程(4-2),再根据式(4-1)文克勒地基模型和接触面变形连续条件,可得文克勒地基上梁的梁身微单元挠曲微分控制方程为:

$$EI\,\frac{\mathrm{d}^4 w}{\mathrm{d}x^4} = -bkw + q \tag{4-4}$$

2. 齐次微分方程与通解

文克勒弹性地基梁的挠曲微分控制方程(4-4)为一个四阶常系数非齐次微分方程。令表达式(4-4)中的 $q=0$,则得到对应齐次微分控制方程如下:

$$\frac{\mathrm{d}^4 w}{\mathrm{d}x^4} + 4\lambda^4 w = 0 \tag{4-5a}$$

$$\lambda = \sqrt[4]{\frac{bk}{4EI}} \tag{4-5b}$$

上述常系数线性齐次方程中,参数 λ 称为弹性地基梁的弹性特征值,量纲为 $[\text{长度}^{-1}]$,它的倒数 $1/\lambda$ 称为特征长度。显然,特征长度 $1/\lambda$ 愈大,则梁相对愈刚。因此,λ 值是影响挠曲线形状与大小的一个重要因素。常系数线性齐次方程(4-5)的通解为

$$w = \mathrm{e}^{\lambda x}(A_1 \cos\lambda x + A_2 \sin\lambda x) + \mathrm{e}^{-\lambda x}(A_3 \cos\lambda x + A_4 \sin\lambda x) \tag{4-6a}$$

或　　　　$w = B_1 \operatorname{ch} \lambda x \cos \lambda x + B_2 \operatorname{ch} \lambda x \sin \lambda x + B_3 \operatorname{sh} \lambda x \cos \lambda x + B_4 \operatorname{sh} \lambda x \sin \lambda x$　　(4-6b)

根据材料力学公式(4-3),对表达式(4-6)中 x 求导,即可得梁的角变位 θ、弯矩 M 和剪力 V 的表达式。在连续的梁段中,挠曲方程积分常数 A_1、A_2、A_3 和 A_4(或 B_1、B_2、B_3 和 B_4)是不变的,可由初始条件及边界条件确定。

4.1.3　弹性地基梁计算

在工程实践中,经计算比较及分析表明,可以根据弹性地基等截面梁换算长度 λl,将地基梁进行分类,并相应提出了简化分析计算方法。

1. 弹性地基梁分类

短梁,又称有限长梁,参见图 4-6(a)。当弹性地基梁的换算长度 $1 < \lambda l < 2.75$ 时,属于短梁,它是弹性地基梁的一般情况。

当换算长度 $\lambda l \geqslant 2.75$ 时,属于长梁。若荷载作用点距梁两端的换算长度均不小于 2.75 时,可忽略该荷载对梁两端的影响,这段梁称为无限长梁,参见图 4-6(b)。若荷载作用点仅距梁一端的换算长度不小于 2.75 时,可忽略该荷载对这一端的影响;而对另一端的影响不能忽略,这类梁称为半无限长梁,参见图 4-6(c)。

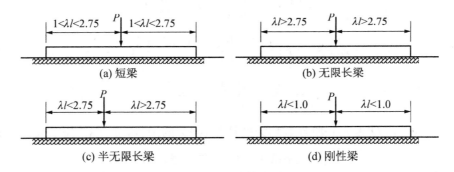

图 4-6　弹性地基梁分类

当换算长度 $\lambda l \leqslant 1$ 时,属于刚性梁,参见图 4-6(d)。这时,可认为梁是绝对刚性的,即或 $EI \to \infty$ 或 $\lambda \to 0$。

换算长度 λl 划分长梁、短梁和刚性梁的标准,综合了弹性地基梁长度与相对刚度的影响,划分的目的是为了简化计算。事实上,长梁和刚性梁均可按短梁的一般表达式(4-6)进行计算,只是长梁和刚性梁相对短梁的受力特点与边界条件,可进一步简化计算。

2. 集中作用长梁计算

1) 集中力作用

集中荷载 P_0 作用于无限长梁,两端换算长度 $\lambda l \geqslant 2.75$,设该集中作用点为坐标原点 O,假定梁两侧对称,参见图 4-7(a)。其边界条件如下:

(1) 当 $x \to \infty$ 时,$w = 0$,代入通解(4-6a),可得到:$A_1 = A_2 = 0$。则对梁的右半部有

$$w = \mathrm{e}^{-\lambda x}(A_3 \cos \lambda x + A_4 \sin \lambda x)$$　　(a)

(2) 当 $x = 0$ 时,荷载和地基反力均对称于集中力作用原点 O,该点挠曲斜率为零 $\mathrm{d}w/\mathrm{d}x = \theta = 0$,由此可得:$A_3 = A_4 = A$,代入上式(a)可得:

$$w = \mathrm{e}^{-\lambda x} A (\cos \lambda x + \sin \lambda x) \tag{b}$$

(3) 再根据地基反力 $p=kw$ 与梁上外荷载 P_0 的静力平衡条件,可得:

$$2kbA \int_0^\infty \mathrm{e}^{-\lambda x} (\cos \lambda x + \sin \lambda x) \mathrm{d}x = P_0 \tag{c}$$

$$A = \frac{P_0 \lambda}{2kb} \tag{d}$$

代入表达式(b)可得集中荷载 P_0 作用于无限长梁的梁身挠曲方程:

$$w = \frac{P_0 \lambda}{2kb} \mathrm{e}^{-\lambda x} (\cos \lambda x + \sin \lambda x) = \frac{P_0 \lambda}{2kb} (D_x + B_x) = \frac{P_0 \lambda}{2kb} A_x \tag{4-7a}$$

将表达式(4-7a)代入表达式(4-1)和表达式(4-3),整理后可得

$$p = kw = k \frac{P_0 \lambda}{2kb} A_x = \frac{P_0 \lambda}{2b} A_x \tag{4-7b}$$

$$\theta = \frac{\mathrm{d}w}{\mathrm{d}x} = \frac{P_0 \lambda}{2kb} \frac{\mathrm{d}A_x}{\mathrm{d}x} = -\frac{P_0 \lambda^2}{kb} B_x \tag{4-7c}$$

$$M = -EI \frac{\mathrm{d}\theta}{\mathrm{d}x} = EI \frac{P_0 \lambda^2}{kb} \frac{\mathrm{d}B_x}{\mathrm{d}x} = \frac{4EI\lambda^3}{kb} \frac{P_0}{4} C_x = \frac{P_0}{4\lambda} C_x \tag{4-7d}$$

$$V = \frac{\mathrm{d}M}{\mathrm{d}x} = \frac{P_0}{4\lambda} \frac{\mathrm{d}C_x}{\mathrm{d}x} = -\frac{P_0}{2} D_x \tag{4-7e}$$

式中,A_x、B_x、C_x 和 D_x 及其一阶导数均为换算距离 λx 的函数,可由 λx 按下表 4-1 计算。

表 4-1　参数 A_x、B_x、C_x 和 D_x 表达式汇总

参数	A_x	B_x	C_x	D_x
表达式	$D_x + B_x$	$e^{-\lambda x} \sin \lambda x$	$D_x - B_x$	$e^{-\lambda x} \cos \lambda x$
一阶导数	A_x'	B_x'	C_x'	D_x'
表达式	$-2\lambda B_x$	λC_x	$-2\lambda D_x$	$-\lambda A_x$

根据对称条件,对于集中力作用点左半部分应用式(4-7)时,计算点 x 取距离的绝对值,梁的挠度 w,弯矩 M 及基底反力 p 计算结果与梁的右半部分相同;但梁的转角 θ 与剪力 V 则取相反的符号,参见图 4-7(a)。

由式(4-7)可知,当 $x=0$ 时,$w_0 = P_0 \lambda / 2K$;当 $x = 2\pi/\lambda$ 时,$w_{x=2\pi/\lambda} = 0.00187 w_0$。梁的挠度 w 随距离 x 的增加迅速衰减,在 $x = 2\pi/\lambda$ 处的挠度仅为 w_0 处挠度的 0.187%。经计算,在 $x = \pi/\lambda$ 处的挠度仅为 w_0 处挠度的 4.3%。因此,当集中荷载作用点离梁的两端距离 $x > \pi/\lambda$ 时,可近似按无限长梁计算。鉴于此,工程实践中将弹性地基梁分为以下四种类型:

(1) 无限长梁:荷载作用点与梁两端的距离都大于 π/λ;

(2) 半无限长梁:荷载作用点与梁一端的距离小于 π/λ,与另一端距离大于 π/λ;

(3) 有限长梁:荷载作用点与梁两端的距离都小于 π/λ,且长度大于 $\pi/4\lambda$;

(4) 当梁的长度小于 $\pi/4\lambda$ 时,梁的挠曲很小,可以忽略,称为刚性梁。

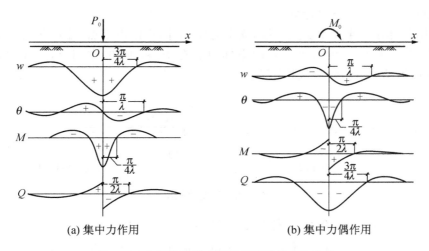

(a) 集中力作用   (b) 集中力偶作用

图 4-7 文克勒地基上无限长梁的挠度和内力

2) 集中力偶作用下的计算

集中力偶 M_0（顺时针方向）作用于一无限长梁，仍取集中力偶作用点为坐标原点 O，参见图 4-7(b)。通解表达式(4-6a)中的积分常数，可由以下边界条件确定。

(1) 当 $x \to \infty$ 时，$w = 0$；

(2) 当 $x = 0$ 时，$w = 0$；

(3) 当 $x = 0$ 时，$M = M_0/2$。

取梁身作用点右半部分，根据上述边界条件，可得 $A_1 = A_2 = A_3 = 0$，$A_4 = M_0\lambda^2/(kb)$，代入通解表达式(4-6a)可得到下式(4-8a)地基梁挠曲方程，在将挠曲方程(4-8a)分别代入表达式(4-1)和表达式(4-3)，则集中力偶作用下梁的右半部分解答如下：

$$w = \frac{M_0\lambda^2}{kb}\mathrm{e}^{-\lambda x}\sin\lambda x = \frac{M_0\lambda^2}{kb}B_{\mathrm{x}} \tag{4-8a}$$

$$p = k\frac{M_0\lambda^2}{bk}B_{\mathrm{x}} = \frac{M_0\lambda^2}{b}B_{\mathrm{x}} \tag{4-8b}$$

$$\theta = \frac{\mathrm{d}w}{\mathrm{d}x} = \frac{M_0\lambda^2}{kb}\frac{\mathrm{d}B_{\mathrm{x}}}{\mathrm{d}x} = \frac{M_0\lambda^3}{kb}C_{\mathrm{x}} \tag{4-8c}$$

$$M = -EI\frac{\mathrm{d}\theta}{\mathrm{d}x} = -EI\frac{M_0\lambda^3}{kb}\frac{\mathrm{d}C_{\mathrm{x}}}{\mathrm{d}x} = \frac{M_0}{2}D_{\mathrm{x}} \tag{4-8d}$$

$$V = \frac{\mathrm{d}M}{\mathrm{d}x} = \frac{M_0}{2}\frac{\mathrm{d}D_{\mathrm{x}}}{\mathrm{d}x} = -\frac{M_0\lambda}{2}A_{\mathrm{x}} \tag{4-8e}$$

其中，系数 A_{x}、B_{x}、C_{x}、和 D_{x} 均为换算距离 λx 的函数，同表达式(4-7)，参见表 4-1。

与集中力作用分析同理，集中力偶作用点左半部分计算时，根据反对称条件，表达式(4-8)中 x 仍取绝对值，计算梁的左半部分转角 θ 与剪力 V 与梁的右半部分相同；计算梁的挠度 w 及弯矩 M 后，则取相反的符号。w、θ、M、V 随换算距离 λx 的变化情况，参见图 4-7(b)。

3. 集中作用半无限长梁计算

集中力 P_0 作用于半无限长梁一端,集中力偶 M_0 同样作用该点,分别参见图 4-8(a)和图 4-8(b),另一端延至无穷远。若取坐标原点在 P_0 和 M_0 的作用点,采用通解表达式 (4-6b),则边界条件求解积分常数如下。

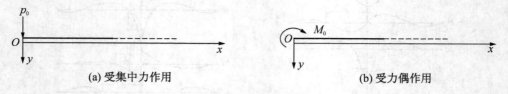

图 4-8　半无限长梁

(1) 当 $x \to \infty$ 时,$w = 0$,代入表达式(4-6b),得到:

$$B_1 \operatorname{ch}\lambda x + B_3 \operatorname{sh}\lambda x = 0 \quad \text{和} \quad B_2 \operatorname{ch}\lambda x + B_4 \operatorname{sh}\lambda x = 0 \qquad\text{(a)}$$

故有 $B_1 = -B_3$ 和 $B_2 = -B_4$。

(2) 再由当 $x = 0$ 时,$M = M_0$ 和 $V = -P_0$,可得

$$B_1 = \frac{P_0}{2EI\lambda^3} - \frac{M_0}{2EI\lambda^2} \text{ 和 } B_2 = \frac{M_0}{2EI\lambda^2} \qquad\text{(b)}$$

将表达式(b)得到积分常数 B_1、B_2 代入表达式(a),则可得到积分常数 B_3、B_4,代入通解表达式(4-6b),则梁的挠度 w、从而可得反力 p、转角 θ、弯矩 M 和剪力 V 如下:

$$w = \frac{2\lambda}{bk}(P_0 D_{\mathrm{x}} - M_0 \lambda C_{\mathrm{x}}) \qquad\text{(4-9a)}$$

$$p = \frac{2\lambda}{b}(P_0 D_{\mathrm{x}} - M_0 \lambda C_{\mathrm{x}}) \qquad\text{(4-9b)}$$

$$\theta = \frac{2\lambda^2}{bk}(-P_0 A_{\mathrm{x}} + 2M_0 \lambda D_{\mathrm{x}}) \qquad\text{(4-9c)}$$

$$M = \frac{1}{\lambda}(-P_0 B_{\mathrm{x}} + M_0 \lambda A_{\mathrm{x}}) \qquad\text{(4-9d)}$$

$$V = -P_0 C_{\mathrm{x}} - 2M_0 \lambda B_{\mathrm{x}} \qquad\text{(4-9e)}$$

式中,A_{x}、B_{x}、C_{x}、和 D_{x} 均为换算距离 λx 的函数,同样可由换算距离 λx 按表(4-1)计算。

4. 有限长梁

对于有限长梁,本节介绍一种以上述无限长梁计算公式为基础,基于叠加原理的有限长梁分析方法,即利用求得满足有限长梁两端边界条件的解答,从而避开了直接确定积分常数的繁琐。

设长为 l 的弹性地基梁(梁Ⅰ)上作用有任意的已知荷载,其端点 A、B 均为自由端,参见图 4-9。设想将 A、B 两端向外无限延长形成无限长梁(梁Ⅱ),该无限长梁在已知荷载作用下在相应于 A、B 两截面产生的弯矩 M_a 和 M_b,剪力 V_a 和 V_b。由于实际上梁Ⅰ的 A、B 两端是自由界面,不存在任何内力。为了利用无限长梁Ⅱ公式以叠加法计算,而能得到相应

于有限长梁 I 的解答,就必须设法消除发生在梁 II 中 A、B 两截面的弯矩和剪力,以满足原来梁端的边界条件。为此,可在无限长梁 II 的 A、B 两点外侧分别加上一对集中荷载 M_A、P_A 和 M_B、P_B,参见图 4-9 梁 III,并要求这两对附加荷载在 A、B 两截面中所产生的弯矩和剪力分别等于 $-M_a$、$-V_a$、及 $-M_b$、$-V_b$。根据上述原理,可利用集中力作用下无限长梁内力解答(4-7)和集中力偶的解答(4-8),即当 $x=0$ 时所对应参数 $A_0=C_0=D_0=1$;$x=l$ 时对应参数 A_1、C_1 和 D_1,且注意集中力作用时的左边梁 A 点剪力取相反的符号,集中力偶作用时的左边梁 A 点弯矩取相反的符号。根据叠加原理可以列出 M_A、P_A、M_B 和 P_B 方程组如下:

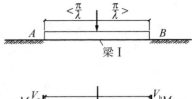

图 4-9 有限长梁内力、位移计算

$$\frac{P_A}{4\lambda} + \frac{P_B}{4\lambda}C_1 + \frac{M_A}{2} - \frac{M_B}{2}D_1 = -M_a \tag{a}$$

$$-\frac{P_A}{2} + \frac{P_B}{2}D_1 - \frac{\lambda M_A}{2} - \frac{\lambda M_B}{2}A_1 = -V_a \tag{b}$$

$$\frac{P_A}{4\lambda}C_1 + \frac{P_B}{4\lambda} + \frac{M_B}{2}D_1 - \frac{M_B}{2} = -M_b \tag{c}$$

$$-\frac{P_A}{2}D_1 + \frac{P_B}{2} - \frac{\lambda M_A}{2}A_1 - \frac{\lambda M_B}{2} = -V_b \tag{d}$$

解上列方程组得:

$$P_A = (E_1 + F_1 D_1)V_a + \lambda(E_1 - F_1 A_1)M_a - (F_1 + E_1 D_1)V_b + \lambda(F_1 - E_1 A_1)M_b \tag{4-10a}$$

$$M_A = -(E_1 + F_1 C_1)\frac{V_a}{2\lambda} - (E_1 - F_1 D_1)M_a + (F_1 + E_1 C_1)\frac{V_b}{2\lambda} - (F_1 - E_1 D_1)M_b \tag{4-10b}$$

$$P_B = (F_1 + E_1 D_1)V_a + \lambda(F_1 - E_1 A_1)M_a - (E_1 + F_1 D_1)V_b + \lambda(E_1 - F_1 A_1)M_b \tag{4-10c}$$

$$M_B = (F_1 + F_1 C_1)\frac{V_a}{2\lambda} + (F_1 - E_1 D_1)M_a - (E_1 + F_1 C_1)\frac{V_b}{2\lambda} + (E_1 - F_1 D_1)M_b \tag{4-10d}$$

式中 $E_1 = \dfrac{2\mathrm{e}^{\lambda l}\,\mathrm{sh}\,\lambda l}{\mathrm{sh}^2\lambda l - \sin^2\lambda l}$,$F_1 = \dfrac{2\mathrm{e}^{\lambda l}\sin\lambda l}{\sin^2\lambda l - \mathrm{sh}^2\lambda l}$。

原来的梁 I 延伸为无限长梁 II 之后,其 A、B 两截面处的连续性是靠内力 M_a、V_a 和 M_b、V_b 来维持,而附加荷载 M_A、P_A 和 M_B、P_B 的作用则正好抵消了这两对内力。其效果相当于把梁 II 在 A 和 B 处切断而成为梁 I。由于 M_A、P_A 和 M_B、P_B 是为了在梁 II 上实现梁

I 的边界条件所必需的附加荷载,所以叫做梁端边界条件力。

综上所述,有限长梁 I 上任意点 x 的 ω、θ、M 和 V 的计算步骤归纳如下:

(1) 按式(4-7)和(4-8),以叠加法计算已知荷载在无限长梁 II 上相应于梁 I 两端的 A 和 B 截面的弯矩和剪力(内力)M_a、V_b、M_b、V_b;

(2) 按式(4-10)计算梁端边界条件力(外力)M_A、P_A、和 M_B、P_B;

(3) 再按叠加法计算在已知荷载和边界条件力的共同作用下,无限长梁 III 上相应于梁 I 段内的任一 x 点处的 w、θ、M 和 V 值,即为所要求的结果。

5. 短梁

如上所述,当弹性地基等截面梁的换算长度 $\lambda l \leqslant 1.0$ 时,称为刚性梁。此时,梁的相对刚度很大,挠曲很小且可忽略。因此,这类梁发生的位移近似为平面刚性移动,在局部文克勒弹性地基模型假定条件下,基底反力呈直线分布。地基梁任意截面弯矩及剪力,可根据梁顶荷载大小与分布,基础梁基底线性分布地基反力,按静力平衡条件求得,参见图 4-10。这也是常规设计可称为"刚性"设计或静力平衡设计的原因。

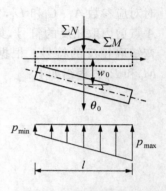

图 4-10　刚性地基梁分析

设刚性等截面地基梁自重为 G,梁底面宽度为 b,底面形心处的梁顶上部竖向荷载分别为 $\sum N$ 和弯矩 $\sum M$,设梁底中心点位移初参数 w_0 和 θ_0,由此可得刚性地基梁的变形与基底反力分别如下:

$$\theta_x = \theta_0 \tag{4-11a}$$

$$w_x = w_0 + \theta_0 x \tag{4-11b}$$

$$p_x = (w_0 + \theta_0 x)k \tag{4-11c}$$

$$\frac{p_{max}}{p_{min}} = \frac{\sum N + G}{l\,b} \pm \frac{6\sum M}{l^2 b} \tag{4-12}$$

设刚性等截面地基梁自重为 G 视为均布荷载,对梁底形心不产生弯矩作用,梁底弯矩即等于上部荷载作用于梁顶弯矩 $\sum M$,根据文克勒地基模型(4-1)按静力平衡条件可得:

$$P = pb = w_0 kb = \sum N + G \Rightarrow w_0 = \frac{\sum N + G}{bk} \tag{a}$$

$$\Delta p = \frac{p_{max} - p_{min}}{2} = \frac{6\sum M}{l^2 b} = \frac{\theta_0 lk}{2} \Rightarrow \theta_0 = \frac{12\sum M}{l^3 bk} \tag{b}$$

刚性地基梁基础自重为均布荷载时,弹性地基反力同样为线性分布,两者相互抵消。因此,基底反力线性分布常规设计中,基础自重 G 不产生地基梁截面内力和挠曲,这也是简单扩展浅基础内力计算、截面高度与配筋设计中,采用基底净反力,不考虑基础自重的原因。

4.2　地　基　模　型

4.2.1　文克勒局部地基模型

文克勒局部弹性地基模型中,基床系数值取决基底地基土的压缩性及土层厚度、基底压力大小及分布、以及邻近荷载影响等。下面介绍几种确定基床系数的确定方法,以供参考。

1. 按基础的预估沉降量确定

对于某个特定的地基和基础条件,根据表达式(4-1)定义,可以采用基底平均附加压力 p_0 和基础的平均沉降量 s_m,按下式估算基床系数:

$$k = p_0/s_m \tag{4-13}$$

对于厚度为 h 的薄压缩层地基,平均压缩模量为 E_s(MPa),基底平均沉降可以写成

$$s_m = \frac{\sigma_z h}{E_s} \approx \frac{p_0 h}{E_s}$$

代入式(4-13)可以得到:

$$k = \frac{E_s}{h} \tag{4-14a}$$

如薄压缩层地基内分布若干分层时,则上式可写成:

$$k = \frac{1}{\sum \dfrac{h_i}{E_{si}}} \tag{4-14b}$$

式中　h_i,E_{si}——第 i 层土的厚度(m)和压缩模量(MPa)。

2. 按载荷试验成果确定

如果地基压缩层范围内的土质均匀,则可利用载荷试验成果来估算基床系数。《岩土工程勘察规范》(GB 50021)中建议采用板宽 $b_p=30$ cm 刚性承压板,按 $p \sim s$ 曲线线性段的压力 p(MPa)和对应的沉降 s(m)计算,即承压板实测基床系数为 $k_p = p/s$(MPa/m)。设基础宽度和载荷板宽度分别为 b(m)和 b_p(m),基础基床系数和载荷板实测基床系数分别为 k 和 k_p,单位均取 MPa/m。K. 太沙基根据 1 英尺×1 英尺(305 mm ×305 mm)的方形载荷板试验成果,提出了考虑载荷板尺寸效应修正的地基基床系数修正方法:

砂土　　　　　$$k = k_p \left(\frac{b+0.3}{2b}\right)^2 \frac{b_p}{b} \tag{4-15a}$$

粘性土　　　　$$k = k_p \frac{m+0.5}{1.5\,m} \frac{b_p}{b} \tag{4-15b}$$

式中　m——基础长宽比,$m=l/b$。

4.2.2 弹性半空间地基模型

弹性半空间地基模型是将地基视为均质的线性变形半空间,并用弹性力学公式求解地基位移场。此时,地基上任意点的沉降与基底反力分布有关,属于整体弹性地基模型。根据布辛奈斯克(Boussinesq)解,在弹性半空间表面上作用一个竖向集中力 P 时,半空间表面上距离竖向集中力作用点 r(m)处的地基表面沉降 s(m)解答,参见下式(4-16a)。设矩形荷载作用面的长度和宽度分别为 l(m)和 b(m),集中力弹性解答(4-16a)在均布荷载 p_0(kPa)作用的矩形面积上积分,可得均布荷载矩形面积中心点的沉降的表达式(4-16b)。

$$s = \frac{p(1-\mu^2)}{\pi E_0 r} \tag{4-16a}$$

$$s = \frac{2(1-\mu^2)}{\pi E_0}\left[l\ln\frac{b+\sqrt{l^2+b^2}}{l} + b\ln\frac{l+\sqrt{l^2+b^2}}{b}\right]p_0 \tag{4-16b}$$

式中 E_0、μ——地基土的变形模量(kPa)和泊松比。

设地基表面作用任意分布荷载时,将基底平面划分为 n 个矩形网格,第 j 个矩形网格的长短边分别为 l_j(m)和 b_j(m),参见图 4-11。当网格划分足够小时,作用于各网格面积(f_1,f_2,…,f_n)上的基底压力(p_1,p_2,…,p_n),可以近似的认为是均布的。设网格 j 上作用力为 R_j,且当 $R_j = p_j f_j = 1$ 为单位作用时,在网格 i 的中点处产生的沉降为 δ_{ij},并称为沉降系数或柔度系数。则按叠加原理,网格 i 中点的沉降 s_i 应为所有 n 个网格上的基底压力引起的沉降之总和,可以表示为:

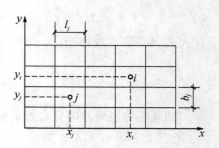

图 4-11 基底网格的划分

$$s_i = \delta_{i1}p_1 f_1 + \delta_{i2}p_2 f_2 + \cdots\cdots + \delta_{in}p_n f_n = \sum_{j=1}^{n}\delta_{ij}R_j \quad (i = 1,2,\cdots,n)$$

对于整个基础,上式可用矩阵形式表示为:

$$\begin{Bmatrix} s_1 \\ s_2 \\ \vdots \\ s_n \end{Bmatrix} = \begin{bmatrix} \delta_{11} & \delta_{12} & \cdots & \delta_{1n} \\ \delta_{21} & \delta_{22} & \cdots & \delta_{2n} \\ \vdots & \vdots & & \vdots \\ \delta_{n1} & \delta_{n1} & \cdots & \delta_{nn} \end{bmatrix} \begin{Bmatrix} R_1 \\ R_2 \\ \vdots \\ R_n \end{Bmatrix}$$

$$\{s\} = [\delta]\{R\} \tag{4-17}$$

式中 $[\delta]$——地基柔度矩阵。

地基柔度矩阵确定时,对 δ_{jj} 按作用于 j 网格($l_j \times b_j$)上的均布荷载 $p_j = 1/f_j = 1/(l_j b_j)$,采用式(4-16b)计算,而对 δ_{ij}($i \neq j$),则可近似地按作用于 j 点上的单位集中基底压力 $R_j = 1$,采用式(4-16a)计算,即:

$$\delta_{ij} = \frac{1-\mu^2}{\pi E_0}\begin{cases} 2\left[\dfrac{1}{b_j}\ln\dfrac{b_j+\sqrt{l_j^2+b_j^2}}{l_j}+\dfrac{1}{l_j}\ln\dfrac{l_j+\sqrt{l_j^2+b_j^2}}{b_j}\right] & (i=j) \\[2mm] \dfrac{1}{\sqrt{(x_i-x_j)^2+(y_i-y_j)^2}} & (i\neq j)\end{cases} \tag{4-18}$$

4.2.3　有限压缩层地基模型

有限压缩层地基模型是把计算沉降的分层总和法应用于地基上梁和板基床系数分析,地基沉降等于沉降计算深度范围内各计算分层在侧限条件下的压缩量之和。这种模型能够较好地反映地基土扩散应力效应与应变叠加,不仅可以反映邻近荷载的影响,亦可考虑到土层沿深度和水平方向的变化。但是,该方法仍无法考虑土的非线性和基底反力分布基础相对刚度的"架越"效应影响。

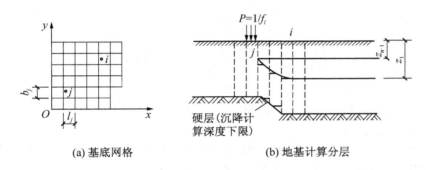

(a) 基底网格　　　　　　　(b) 地基计算分层

图 4-12　有限压缩层地基模型

有限压缩层地基模型的表达式形式同式(4-17),但柔度矩阵$[\delta]$需按分层总和法计算。如图 4-12 所示,将基底划分成 n 个矩形网格,并将其下面的地基分割成截面与网格相同的棱柱体,其下端到达硬层顶面或沉降计算深度 z_n。各棱柱体依照天然土层分层面和计算精度要求分成若干计算分层。于是,沉降系数 δ_{ij} 的计算公式可以写成:

$$\delta_{ij} = \sum_{m=1}^{n_c}\frac{\sigma_{mi}h_{mi}}{E_{mi}} = \sum_{m=1}^{n_c}\frac{h_{mi}}{E_{mi}}\sum_{j=1}^{n}\sigma_{mij} \tag{4-19}$$

式中　h_{ti}、E_{ti}——第 i 个棱柱体中第 t 分层的厚度(m)和压缩模量(kPa);

$\quad\quad n_c$——第 i 个棱柱体的累积分层数。

上式沉降系数 δ_{ij} 计算中,基础底面第 i 个棱柱体中第 m 分层中点深度附加应力值 σ_{mi} 由 n 基底个网格单位作用叠加得到,其中基底第 j 个网格单位作用时均布荷载 $p_j = 1/f_j$ 引起的第 i 个棱柱体的第 m 个分层的竖向附加应力的平均值 σ_{mij},可以采用矩形均布荷载附加应力弹性解答由角点法计算,参见土力学教材。

【例题 4-1】　例图 4-1-1 中所示的条形基础,抗弯刚度 $EI = 4.3\times10^3\,\text{MPa}\cdot\text{m}^4$,长 $l = 17\,\text{m}$,底面宽 $b = 2.5\,\text{m}$,预估平均沉降 $s_m = 39.7\,\text{mm}$。试计算基础中点 C 处的挠度、弯矩和基底净反力。

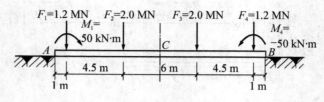

例图 4-1.1

解:

(1) 基床系数 k 和梁的换算长度 λl

不考虑梁底埋深时,基底附加压力 p_0 等于基底平均净反力 p_j,可得:

$$p_0 = p_j = \frac{\sum F}{lb} = \frac{(12\ 00 + 2\ 000) \times 2}{17 \times 2.5} = 150.6\ \text{kPa}$$

地基基床系数,$k = \dfrac{p_0}{s_m} = \dfrac{0.150\ 6}{0.039\ 7} = 3.8\ \text{MN/m}^3$

地基梁特征值,$\lambda = \sqrt[4]{\dfrac{kb}{4EI}} = \sqrt[4]{\dfrac{3.8 \times 2.5}{4 \times 4.3 \times 10^3}} = 0.153\ 3\ \text{m}^{-1}$

梁换算长度,$\lambda l = 0.153\ 3 \times 17 = 2.606$

因为 $\pi/4 < \lambda l < \pi$,所以该梁属有限长梁。

(2) 无限长梁端点内力

无限长梁上相应于基础右端 B 处的弯矩 M_b 和剪力 V_b,叠加计算结果列于例表 4-1.1 中。由于作用与地基梁的对称性,故 $M_a = M_b$,$V_a = -V_b$。

例表 4-1.1　无限长梁 B 点内力计算

外荷载	F_1(kN)	M_1(kN·m)	F_1(kN)	F_1(kN)	F_1(kN)	M_1(kN·m)	总计
	1 200	50	2 000	2 000	1 200	−50	
x(m)	16.0	16.0	11.5	5.5	1.0	1.0	
λ_x(m^{-1})	2.452 8	2.452 8	1.763 0	0.843 2	0.153 3	0.153 3	
A_x		−0.011 7				0.978 8	
C_x	−0.121 1		−0.201 1	−0.035 1	0.716 8		
D_x	−0.066 4	−0.066 4	−0.032 8	0.286 2	0.847 8	0.847 8	
M_b(kN·m)	−237.03	−1.66	−656.03	−114.60	1 402.76	−21.20	372.24
V_b(kN)	39.86	0.05	32.76	−286.23	−508.69	3.75	−718.49

(3) 梁端边界条件力 P_A、M_A 和 P_B、M_B

考虑作用的对称性,即 $M_a = M_b$,$V_a = -V_b$ 代入表达式(4-10)可得:

$$\begin{cases} P_A = P_B = (E_1 + F_1)\left[(1 + D_1)V_a + \lambda(1 - A_1)M_a\right] \\ M_A = -M_B = -(E_1 + F_1)\left[(1 + C_1)\dfrac{V_a}{2\lambda} + (1 - D_1)M_a\right] \end{cases}$$

根据 $\lambda l = 2.606$,按表达式(4-10)计算得到 $A_1 = -0.025\ 79$,$C_1 = -0.101\ 17$,$D_1 =$

$-0.063\,48$。$E_1=4.045\,15$，$F_1=-0.306\,50$，代入上式可得：

$$P_A=P_B=(4.045\,22-0.306\,66)\times[(1-0.063\,48)\times718.49+$$
$$0.153\,3\times(1+0.025\,79)\times372.24]=2\,737.57\text{ kN}$$
$$M_A=-M_B=-9\,355.15\text{ kN}\cdot\text{m}$$

（4）有限长梁内力与地基位移

外荷载与梁端边界条件力同时作用于无限长梁时，计算基础中点 C 的弯矩 M_c、地基竖向位移 w_c，可只计算对称 C 点左半部荷载作用，参见例表 4-1.2。

例表 4-1.2　对称 C 点左半部作用荷载产生 $M_c/2$ 和 $w_c/2$

外荷载和边界条件力	F_1(kN)	M_1(kN·m)	F_2(kN)	P_A(kN)	M_A(kN·m)	总计
	1 200	50	2 000	2 728.92	−9 337.44	
x(m)	7.5	7.5	3	8.5	8.5	
λ_x(m^{-1})	1.149 8	1.149 8	0.459 9	1.303 1	1.303 1	
A_x	0.418 5		0.846 0	0.333 9		
B_x		0.289 1			0.262 0	
C_x	−0.159 6		0.285 5	−0.190 1		
D_x		0.129 4			0.071 9	
$M_c/2$(kN·m)	−312.35	3.24	931.22	−846.19	−335.56	−559.65
$w_c/2$(mm)	4.05	0.04	13.65	7.35	−6.05	19.04

基础中点 C 的弯矩 M_c、挠度 w_c 为上表计算成果两倍，再根据文克勒地基模型可得基底净反力 p_c：

$$M_c=2\times(-559.65)=-1\,119.30\text{ kN}\cdot\text{m}$$
$$w_c=2\times19.0=38.0\text{ mm}$$
$$p_c=kw_c=3\,800\times0.038=144.4\text{ kPa}$$

依法对其他各点进行计算后，可绘制基底净反力图、剪力图和弯矩图（略）。如按静定分析法计算基础中点 C 处的弯矩（设基底反力为线性分布），其值为 $-1\,348.9$ kN·m，相对文克勒地基模型计算结果增大约 20%。若将例题中的基床系数减小一半，即取 $k=1.9$ MN/m^3，则 $M_c=-1\,217.6$ kN·m、$w_c=77.5$ mm、$p_c=147.3$ kPa，分别比原结果增加了 8.1%、103.8% 和 2%。由此可见，基床系数 k 的计算误差对弯矩影响不大，但对基础沉降影响很大。

4.3　柱下条形基础

柱下条形基础包括一个方向的基础梁条形基础，参见图 4-1(a)；或由两个方向的交叉基础梁十字形基础，参见图 4-1(c)。条形基础设计包括基础底面宽度的确定、基础长度的确定、基础高度及配筋计算，并应满足一定的构造要求，参见图 4-13。

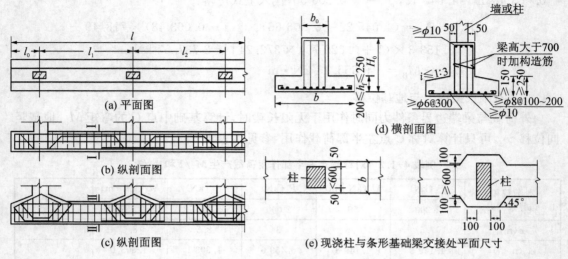

图 4-13 柱下条形基础的构造

4.3.1 柱下条形基础构造

柱下条形基础横截面一般做成倒 T 型,下部伸出部分称为翼板,中间部分称为肋梁。一般情况,柱下条形基础梁的翼板宽度 b(m)在满足地基承载力稳定验算条件下,根据地基沉降控制设计。基础梁高度 H 应按柱边缘处基础梁剪切验算确定,需要时尚应进行基础梁扭转验算。当底层柱混凝土等级高于基础梁混凝土等级时,应验算基础梁顶面局部抗压承载力。柱下条形基础梁构造要求如下:

(1) 在地基比较均匀,荷载分布较均匀且上部结构刚度较好,当条形基础高度不小于 1/6 柱距时,基底反力可按线性分布,条形基础梁内力可按连续梁计算,此时边跨跨中弯矩及第一支座的弯矩作用宜乘以 1.2 的系数,考虑基础相对刚度架越效应(否则基底反力按弹性地基梁计算)。

(2) 为了调整基础底面形心的位置,使各柱下弯矩与跨中弯矩均衡以利配筋,条形基础两端宜伸出柱边,外伸悬臂长度 l_0 宜为边跨柱距的 1/3~1/4,参见图 4-13(a);当柱荷载相对结构尺寸较大时,可在柱位处加腋,以提高梁的抗剪切能力,参见图 4-13(c)和图 4-13(e);翼板厚度 h_f 不宜小于 200 mm,当 $h_f = 200 \sim 250$ mm 时,翼板宜取等厚;当 $h_f > 250$ mm 时,可做成坡度 $i \leqslant 1:3$ 的变厚翼板,参见图 4-13(d);基础梁高度 H 应由计算确定,初估截面高度时宜取柱距的 1/8~1/4 以确保基础梁足够抗弯拉刚度调整不均匀沉降;肋梁宽 b_0 应由截面的抗剪条件确定,且应满足图 4-13(d)的构造要求;基础梁平面尺寸应大于柱的截面尺寸,柱边缘至基础边缘距离不得小于 50 mm,参见图 4-13(e)。

(3) 条形基础肋梁的纵向受力钢筋应按计算确定,肋梁上部纵向钢筋应通长配置,下部的纵向钢筋至少应有 2~4 根通长配置,且其面积不得少于底部纵向受力钢筋面积的 1/3。翼板受力钢筋应按结构计算确定,直径不宜小于 10 mm,间距 100~200 mm;条形基础采用混凝土强度等级不应低于 C20,垫层强度为 C10,厚度一般宜为 70~100 mm。

4.3.2　柱下条形基础计算

当满足上述构造要求(1)时的地基反力按直线分布假定确定,基于上部结构柱墙布置及尽量使基础形心与所受外合力重心重合,确定基础长度 l。基础为中心受荷时,基底反力均匀分布,见图 4-14(a);偏心受荷时的基底反力沿长度呈梯形分布,参见图 4-14(b)。当条形基础不满足上述构造要求(3)时,按弹性地基梁计算基底地基反力。

根据基础埋深和上述确定的条形基础长度 l,相应作用效应标准组合时基底反力标准值 N_k(kN)与基础自重标准值 G_k(kN)得到的基底总反力标准值 $P_k = N_k + G_k$(kN),按地基承载力特征值进行基础下地基承载力验算,确定条形基础底面翼板宽度 b(m)。

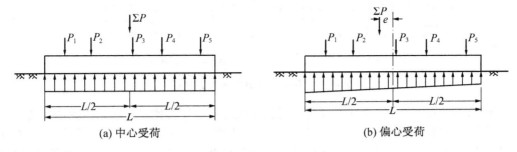

图 4-14　简化计算法的基底反力分布

按上述条形基础构造要求(2)初步拟定条形基础截面高度等尺寸设计,相应作用效应基本组合时基底净反力设计值,按连续梁计算条形基础内力,按柱边缘处基础梁剪切承载力验算基础高度,按跨中或柱下基础梁弯矩设计值,进行纵向配筋设计和验算,且边跨跨中弯矩及第一支座的弯矩作用设计值宜乘以 1.2 的放大系数。按平面应变问题选择最不利断面按纵向单位长度的刚性矩形基础,进行翼板剪切与弯拉验算,确定或验算翼板高度与配筋。

1. 静定分析法

如上所述,当上部结构相对较柔,基础自身刚度相对较大的条形基础或联合基础,基底反力分布假定为线性时,在地基梁顶面荷载和基底线性分布净反力作用下,可按静定结构的静力平衡原理,按条形基础梁整体弯曲进行设计,所得基础控制截面的弯矩绝对值相对偏高。静定分析设计的基本步骤如下:

(1)已知地基梁基础顶面所有荷载作用,假定基底反力呈线性分布,相应作用效应基本组合时求得基底净反力设计值 p_j,参见图 4-14;

(2)按梁上荷载和梁底反力的静力平衡条件,按条形基础整体弯曲计算出任意截面上的剪力 V 及弯矩 M 设计值,绘制沿基础长度方向的剪力图和弯矩图;

(3)根据结构设计原理,进行肋梁最不利截面抗剪计算分析,确定其高度;最不利截面弯矩计算分析,确定其纵向配筋。

2. 倒梁法

倒梁法假定上部结构是刚性的,各柱之间没有差异沉降。因此,柱脚视为条形基础的固定铰支座,且基础局部挠曲变形不致改变基底压力,可以简化为连续倒梁按局部弯曲法计算条形基础内力。倒梁法设计步骤如下:

(1)根据地基梁顶面所有荷载作用,鉴于基础局部挠曲变形不致改变基底反力的假

定,相应作用效应基本组合时基底净反力呈线性分布,可求得基底净反力 p_j,参见图4-15(a);

(2) 假定上部结构底层柱的柱脚为固定铰支座,根据步骤①求得的基底净反力,按倒置连续梁,采用结构力学力矩分配法、力法和位移法等求解地基梁纵向不同位置正截面内力,参见图4-15(b);

(3) 结构设计同上述静定分析法,即最不利剪切截面确定基础梁高度;最不利弯矩截面确定基础配筋。

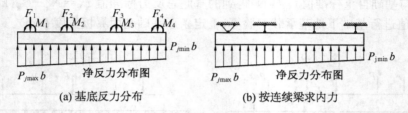

(a) 基底反力分布	(b) 按连续梁求内力

图 4-15 用倒梁法计算地基梁简图

倒梁法简化模型中,柱底约束视为固定铰支座的假定使得倒梁法求得的支座反力,一般不等于实际原柱作用的竖向荷载。上部结构整体刚度对基础整体弯曲抑制作用的绝对化,仅考虑了柱间基础梁的局部弯曲,计算得到的柱位处截面的正弯矩与柱间跨中最大负弯矩绝对值,相对其他方法更加均衡,基础不利截面的计算弯矩相对偏小。

综上所述,基底反力线性分布假设,忽略了基础梁刚度引起的基底反力"架越"作用与局部塑性区开展应力重分布综合效应,设计时边跨的跨中和柱下截面受力钢筋宜在计算钢筋面积的基础上适当增加(15%~20%)是合理的,或按《建筑地基基础设计规范》(GB 50007)将边跨的跨中弯矩及第一内支座的弯矩效应值宜乘以1.2的扩大系数。

3. 弹性地基梁方法

弹性地基上梁的方法是将条形基础视为地基上的梁,考虑基础与地基的相互作用,简单边界条件下可以采用基于文克勒弹性地基模型的解析方法计算基底反力,再按静力平衡条件计算任意截面内力。边界条件相对复杂时,可采用链杆法、或采用相对严格的数值分析法(例如有限差分法、有限单元法)进行求解。

1) 链杆法

链杆法的基本思路是将连续支承于地基上的地基梁,简化离散为支承在有限个弹性支座上的连续梁,采用结构力学方法求解,参见图4-16。链杆传递基础梁基底与地基接触面的竖向力,单个链杆代表一段接触面积上地基反力的合力,从而将基底连续分布地基反力简化为阶梯形分布的反力,地基梁基本体系转化为等效固定端的悬臂梁,参见图4-16(a)。因此,只要求出各链杆内力(即地基反力)和等效固定端

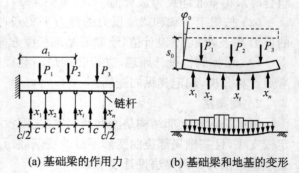

(a) 基础梁的作用力	(b) 基础梁和地基的变形

图 4-16 链杆法计算条形基础

初始截面初参数——等效固端转角 φ_0 和竖向变位 s_0，即可根据静力平衡原理，按整体弯曲求得梁身各截面的弯矩和剪力。

设支承链杆数为 n，各链杆内力分别为 F_1，F_2，$\cdots$，F_n，再加上等效固定端初参数 φ_0 和 w_0，未知数共有 $n+2$ 个，参见图 4-16(b)。

以等效固定端悬臂梁为分析对象，假定等效固定端悬臂梁上链杆 i 作用梁底一单位力，在链杆 k 处引起梁的挠度为 ρ_{ki}（梁身柔度系数），可得第 k 根链杆处，地基梁在链杆 k 处的竖向位移 w_k 为：

$$\{F\} = \begin{bmatrix} F_1, & F_2, & \cdots, & F_i, & \cdots, & F_n \end{bmatrix}^{-T}$$
$$\{\rho_k\} = \begin{bmatrix} \rho_{k1}, & \rho_{k2}, & \cdots & \rho_{ki} \cdots, & \rho_{kn} \end{bmatrix}, \quad k = 1, 2, 3, \cdots, n$$
$$w_k = -\{\rho_k\}\{F\} + w_0 + x_k \varphi_0 + w_{kp} \tag{4-20a}$$

式中　x_k——固定端悬臂梁的固定端与链杆 k 的距离(m)；

w_{kp}——固定端悬臂梁在外荷载 $\sum P_i$ 作用下，引起链杆 k 处的挠度，可采用结构力学叠加方法求得(m)。

与之类似，以弹性地基为分析对象，假定链杆 i 处作用于地基一单位力，在链杆 k 处引起的地基表面竖向位移为 δ_{ki}（地基柔度系数），则第 k 根链杆处的地基的变形 s_k 为：

$$\{\delta_k\} = \begin{bmatrix} \delta_{k1}, & \delta_{k2}, & \cdots, & \delta_{ki}, & \cdots, & \delta_{kn} \end{bmatrix}, \quad k = 1, 2, 3, \cdots, n$$
$$s_k = \{\delta_k\}\{F\} \tag{4-20b}$$

根据地基与基础底面接触面位移协调条件，任意第 k 根链杆处的位移约束方程为：

$$w_k = s_k \quad k = 1, 2, 3, \cdots, n \tag{4-20c}$$

此外，第 i 个链杆内力 F_i 的力臂为 x_i，按地基梁整体静力平衡条件，还可建立竖向力和弯矩的两个平衡方程，即

$$-\sum_{i=1}^{n} F_i + \sum P_i = 0 \tag{4-21a}$$

$$-\sum_{i=1}^{n} F_i x_i + \sum P_i b_i = 0 \tag{4-21b}$$

式中　P_i——悬臂梁上作用的第 i 个外荷载(kN)；

b_i——梁的固定端与第 i 个外荷载的距离(m)。

联立上述 n 个链杆处的位移约束方程(4-20)和两个静力平衡方程(4-21)，共 $n+2$ 个方程即可求解上述 $n+2$ 个未知数，得到第 i 个链杆的内力 F_i 再除以该链杆相应区段基底面积，则可得该区段单位面积上地基反力值 p_i。明确了悬臂梁荷载 P_i 和基底反力 p_i 的条件下，利用简单静力平衡条件，即可得到梁身任意截面的剪力及弯矩。

2) 有限单元法

限于篇幅，本处仅以结构力学为基础，简要介绍地基上梁的矩阵位移法原理。将一长 l，宽为 b 的梁，以 1，2，3，$\cdots n$ 和 $n+1$ 为结点，分成 n 个梁单元，参见图 4-17。每个单元有 i，j 两个结点，每个结点有竖向位移 w 及角位移 θ 两个自由度，相应的结点力为剪力 Q 和弯

矩 M，参见图 4-18。

在对梁划分为 n 个单元的同时，地基也被相应地分割成 $n+1$ 个长度为 a_i 的子域，结点 i 的子域长度 a_i 为相邻梁单元长度的一半。假设每个子域的地基反力 p_i 为均匀分布，则每个子域地基反力的合力记为 R_i，该集中力 R_i 作用于结点 i 上。

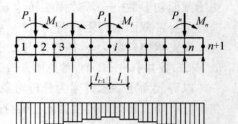

图 4-17　基础梁的有限单元划分

$$R_i = a_i b_i p_i$$

$$a_i = \begin{cases} \dfrac{l_1}{2} & i=1 \\[2mm] \dfrac{l_i + l_{i-1}}{2} & 1 < i < n+1 \\[2mm] \dfrac{l_n}{2} & i = n+1 \end{cases}$$

梁单元结点力 $\{\boldsymbol{F}_e\}$ 与结点位移 $\{\boldsymbol{\delta}_e\}$ 之间的关系，可采用矩阵位移法原理表示为：

$$\{\boldsymbol{F}_e\} = [\boldsymbol{k}_e]\{\boldsymbol{\delta}_e\} \tag{4-22}$$

其中

$$[k_e] = \frac{EI}{l^2}\begin{bmatrix} 12 & 6l \\ 6l & 4l^2 \\ -12 & -6l \\ 6l & 2l^2 \end{bmatrix}$$

k_e 称为梁的单元刚度矩阵。

将所有的梁单元刚度矩阵集合成梁的整体刚度矩阵 $[\boldsymbol{K}]$，同时将单元荷载列向量集合成总荷载列向量 $\{\boldsymbol{F}\}$，单元节点位移集合成位移列向量 $\{\boldsymbol{U}\}$，梁的整体平衡方程表示为：

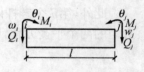

图 4-18　梁的单元

$$\{\boldsymbol{F}\} = [\boldsymbol{K}]\{\boldsymbol{U}\} \tag{4-23}$$

其中，荷载列向量包括梁上的外荷载 P 和地基反力 R 组成的向量。

$$\{\boldsymbol{P}\} = \begin{bmatrix} P_1 & M_1 & P_2 & M_2 & \cdots & P_n & M_n \end{bmatrix}^T$$

$$\{\boldsymbol{R}\} = \begin{bmatrix} R_1 & 0 & R_2 & 0 & \cdots & R_n & 0 \end{bmatrix}^T$$

$$\{\boldsymbol{F}\} = \{\boldsymbol{P}\} - \{\boldsymbol{R}\} \tag{4-24}$$

上式 $\{\boldsymbol{R}\}$ 中的各元素可用梁的结点位移 $\{\boldsymbol{s}\}$ 表示，引入文克勒地基模型 $p_i = k_i s_i$。

$$\{\boldsymbol{s}\} = \begin{bmatrix} s_1 & 0 & s_2 & 0 & \cdots & s_n & 0 \end{bmatrix}^T$$

$$\{\boldsymbol{R}\} = [\boldsymbol{K}_s]\{\boldsymbol{s}\} \tag{4-25}$$

式中　$[\boldsymbol{K}_s]$——地基刚度矩阵；

考虑地基沉降 s 与基础挠度 w 之间的位移连续条件，即 $s=w$，将 w 加入转角项增扩为

位移列向量 $\{U\}$，表达式可写成

$$\{\boldsymbol{R}\} = [\boldsymbol{K}_s]\{\boldsymbol{U}\} \qquad (4\text{-}26)$$

将式(4-23)，(4-26)代入式(4-24)，则得梁与地基共同作用方程：

$$([\boldsymbol{K}] + [\boldsymbol{K}_s])\{\boldsymbol{U}\} = \{\boldsymbol{P}\} \qquad (4\text{-}27)$$

求解方程式(4-27)，便可得结点的挠度 w_i 及转角 θ_i，再代入式(4-23)即可求出结点处的弯矩和剪力。

显然，上述方法中后面两个方法相对更加全面，适用性也相对更好，上述（4-20b）中的 $\{s_k\}$ 和式(4-25)中 $[\boldsymbol{K}_s]$ 均可引入弹性半空间地基模型，考虑地基剪切影响。但是，基于局部文克勒地基模型的弹性地基梁法解析解，概念明确，计算方便，工程实践更加广泛。

【例 4-2】　某厂房柱下钢筋混凝土条形基础，倒 T 型断面，采用 C20 混凝土，梁长 $2a = 18.6$ m，基础埋置深度 $d = 1.0$ m，对应荷载效应基本组合时的梁顶承受各柱集中力设计值，参见例题图 4-2.1。基础下黏性土地基承载力标准值 $f_{ak} = 110$ kPa，$\eta_d = 1.6$，地基土变形模量 $E_0 = 16.9$ MPa，泊松比 $\mu = 0.4$。基底以上土的平均重度 $\gamma_m = 19.0$ kN/m³。请按倒梁法设计此基础梁。

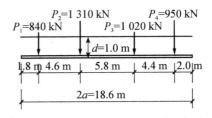

例图 4-2.1　荷载分布

解:（1）基础梁翼板宽度

确定修正后地基承载力特征值 f_a 如下：

$$f_a = f_{ak} + \eta_d\gamma_m(d - 0.5) = 110 + 1.6 \times 19.0 \times 0.5 = 125.2 \text{ kPa}$$

对应荷载效应标准组合时的梁顶承受各柱集中力标准值 P_k，确定基础宽度 b 如下：

$$P_k = \frac{\sum P_i}{1.35}$$

则，$p_k = \dfrac{P_k + G_k}{lb} = \dfrac{P_k}{lb} + \gamma_G d = \dfrac{840 + 1\,310 + 1\,020 + 950}{1.35 \times 18.6 \times b} + 20 \times 1.0$

$$= \frac{164.08}{b} + 20$$

$$p = \frac{164.08}{b} + 20 < f_a = 125.2 \text{ kPa} \Rightarrow b > 1.56 \text{ m}$$

初定的基础宽度 $b = 1.7$ m > 1.53 m，满足地基承载力要求。

（2）确定地基净反力

根据对应荷载效应基本组合时的梁顶柱脚集中力设计值 P_i，计算净反力偏心距 e_j 如下：

$$e_j = \frac{\sum P_i x_i}{\sum P_i} = \frac{840 \times 7.8 + 1\,310 \times 3.2 - 1\,020 \times 3.2 + 950 \times 7.6}{4\,120} = 0.06 \text{ m}$$

由于净反力的偏心距 e_j 较小,基础梁基底净反力 p_j 可按均布线性计算如下:

$$p_j = \frac{\sum P_i}{2a} = 221.51 \text{ kN/m}$$

(3)基础梁弯矩与剪力

采用连续梁弯矩分配法求解基础梁内力,参见例图 4-2.2。

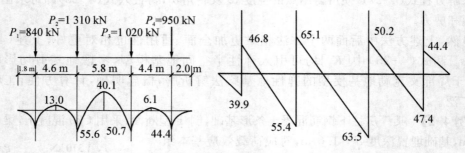

例图 4-2.2 弯矩剪力图

(4)基础肋梁截面设计和配筋

采用上述内力计算最大弯矩 $M_2 = 556$ kN·m 确定基础梁的截面高度,采用 C20 混凝土 $f_t = 1.1$ N/mm²,Ⅱ级钢筋 $f_y = 310$ N/mm²,先假设配筋率 $\rho = 0.4\%$,肋梁宽度 $2b_0 = 700$ mm,则:

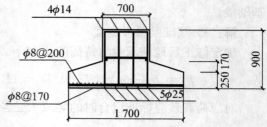

例图 4-2.3 基础梁配筋图

$$\xi = \rho \frac{f_y}{f_t} = 0.4\% \times \frac{310}{1.1} = 0.113$$

根据《建筑地基基础设计规范》(GB5007)相应附表,由 ξ 查得 $\alpha_s = 0.107$,按下式计算 h_0(式中 b 取 $2b_0$):

$$h_0 = \sqrt{\frac{M_{max}}{\alpha_s b f_t}} = \sqrt{\frac{556 \times 10^6}{0.107 \times 700 \times 1.1}} = 812 \text{ mm}$$

考虑 35 mm 钢筋保护层厚度,实际取 $h = 900$ mm,$h_0 = 865$ mm。基础梁跨高比为:$1/2 \times (4.4+5.8)/0.9 = 5.8$,在 4~6 之间。

基础梁受拉钢筋面积

$$A_s = \xi b h_0 \frac{f_t}{f_y} = 0.113 \times 700 \times 865 \times \frac{11}{310} = 2\,428 \text{ mm}^2$$

采用 5ϕ25,实际受拉钢筋面积 2 454 mm²。受压钢筋为 $25\% \times 2\,454 = 614$ mm²,采用 4ϕ14,实际受压钢筋面积 615 mm²。

基础翼板高度为基础梁高的 0.2~0.5,设计取 420 mm,翼缘高度取 250 mm。翼板受力钢筋用Ⅰ级分布筋,一般受力钢筋配筋率为 0.1%,取 ϕ10@170,翼板构造分布筋 ϕ8@200。

例表 4-2.1　弯矩剪力计算表

跨距	1.8 m	4.6 m		5.8 m		4.4 m		2.0 m
				p_j=222 kN/m				
		1		2		3		4
分配系数 μ	0	1	0.557	0.443	0.432	0.568	1	0
固端弯矩	1/2×222×1.8²	1/12×222×4.6²		1/12×222×5.8²		1/12×222×4.4²		1/2×222×2.0²
	+359	−391	+391	−622	+622	−358	+358	−444
	0	+32	+129	+102	−114	−150	+86	0
		+65	+16	−57	+51	+43	−75	
	0	−65	+23	+18	−41	−53	+75	0
		+12	−33	−21	+9	+38	−27	
		−12	+30	+24	−20	−27	+27	
计算弯矩 M(kN·m)	+359	−359	+556	−556	+507	−507	+444	−444
支座剪力	222×1.8	1/2×222×4.6		1/2×222×5.8		1/2×222×4.4		222×2.0
	+399	−511	+511	−643	+643	−488	+488	−444
修正		(−359+556)/4.6=+43		(−556+507)/5.8=−8		(−507+444)/4.4=−14		
计算剪力 V(kN)	+399	−468	+554	−651	+635	−502	+474	−444
计算跨中弯矩 M(kN·m)		1/8×222×4.6²−(359+556)/2 =130		1/8×222×5.8²−(556+507)/2 =401		1/8×222×4.4²−507+444)/2 =61		

4.3.3　十字交叉梁基础计算

柱下十字交叉梁基础可视为双向的柱下条形基础,两个方向的条形基础构造与计算基本与前述相同。基础梁平面尺寸应大于柱的截面尺寸,柱边缘至十字梁基础边缘距离不得小于 50 mm,参见图 4-19。

柱的竖向荷载传递由两个方向的条形基础承担,故需在两个方向上进行分配。柱传递的弯矩 M_x、M_y 直接加于相应方向的基础梁上,不必再做分配,即不考虑基础梁承受的扭矩。柱传递的竖向荷载在正交的两个条形基础上的分配,必须满足静力平衡条件和变形协调条件。静力平衡条件系指在节点 i 处分配给 x 方向和 y 方向条形基础的荷载 F_{ix} 和 F_{iy} 之和应等于柱荷载 F_i,即:

$$F_i = F_{ix} + F_{iy} \tag{4-28}$$

位移协调条件系指竖向荷载分离后,节点 i 处 x 方向和 y 方向的条形基础在该交叉节点 i 处的竖向位移 w_{ix} 和 w_{iy} 两者应相等,即:

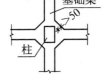

图 4-19　十字交叉梁基础

$$w_{ix} = w_{iy} \tag{4-29}$$

1. 节点荷载的初步分配

为简化计算,可采用文克勒地基模型略去其他节点荷载对本结点挠度影响。柱节点可以分为中柱节点、边柱节点和角柱节点。对中柱节点,两个方向的基础可视为无限长梁;对边柱节点,一个方向基础视为无限长梁,而另一方向则视为半无限长梁;对角柱节点两个方向基础均视为半无限长梁,参见图 4-20。

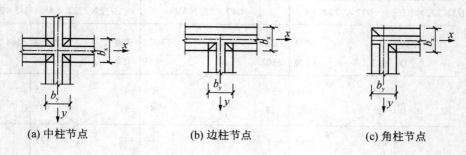

(a) 中柱节点   (b) 边柱节点   (c) 角柱节点

图 4-20 交叉条形基础节点类型

中柱节点荷载的初步分配,参见图 4-20(a)。并引入弹性特征长度 $s=1/\lambda$,按上述变形连续条件,利用式(4-7a)无限长梁集中力作用的挠度方程。柱节点 i 处,x 方向和 y 方向基础梁在柱点处($x=y=0$)的挠度分别为 w_{cx} 和 w_{cy},则

$$\left. \begin{array}{l} w_{cx} = \dfrac{F_{ix}}{2kb_x s_x} A_x \\[3mm] w_{cy} = \dfrac{F_{iy}}{2kb_y s_y} A_y \end{array} \right\} \tag{4-30}$$

$$s_x = 1/\lambda_x = \sqrt[4]{\frac{4EI_y}{b_x k}}, \quad s_y = 1/\lambda_y = \sqrt[4]{\frac{4EI_x}{b_y k}}$$

式中 s_x、s_y——分别为 x 方向和 y 方向基础梁的弹性特征长度。

中柱节点荷载的初步分配时,交叉结点不对称分配调整参数 $A_x = A_y$,将上式代入柱点处位移约束方程(4-31),可得:

$$\frac{F_{ix}}{F_{iy}} = \frac{b_x s_x}{b_y s_x} \tag{4-31}$$

联立上式(4-30)和(4-31),可得:

$$\left. \begin{array}{l} F_{ix} = \chi_{ix} F_i = \dfrac{b_x s_x}{b_x s_x + b_y s_y} F_i \\[3mm] F_{iy} = \chi_{iy} F_i = \dfrac{b_y s_y}{b_x s_x + b_y s_y} F_i \end{array} \right\} \tag{4-32}$$

同理,可以得到边柱节点荷载的初步分配和角柱节点荷载的初步分配,表达式同上式(4-32)。其中,参量 χ_{ix} 和 χ_{iy} 的取值,参见表 4-2。对边柱有伸出悬臂长度 $l_y=(0.6\sim0.75)$

s_y 的情况,查表 4-3 确定荷载分配调整系数 α;角柱下节点有一个方向伸出悬臂时,同样根据悬臂长度 $l_y = (0.6 \sim 0.75)s_y$,查表 4-3 确定系数 β。边柱或角柱下节点无伸出悬臂时,按 $l/s = 0$ 查表 4-3。

表 4-2　节点荷载的初步分配

边柱节点		角柱节点	
χ_{ix}	χ_{iy}	χ_{ix}	χ_{iy}
$\alpha b_x s_x (\alpha b_x s_x + b_y s_y)^{-1}$	$b_y s_y (\alpha b_x s_x + b_y s_y)^{-1}$	$b_x s_x (b_x s_x + \beta b_y s_y)^{-1}$	$\beta b_y s_y (b_x s_x + \beta b_y s_y)^{-1}$

表 4-3　计算系数 α 和 β 值

l/s	0	0.60	0.62	0.64	0.65	0.66	0.67	0.68	0.69	0.70	0.72	0.73	0.75
α	4.0	1.43	1.41	1.38	1.36	1.35	1.34	1.32	1.31	1.30	1.29	1.26	1.24
β	1.0	2.80	2.84	2.91	2.94	2.97	3.00	3.03	3.05	3.08	3.10	3.18	3.23

2. 节点荷载分配的调整

按照以上方法进行柱荷载分配计算时,在交叉点处基底重叠面积重复计算了一次,地基反力相应减少,计算结果偏于不安全,故节点荷载初步分配后还需进行调整。

首先,求得调整前的地基平均反力如下:

$$p = \frac{\sum F}{\sum A + \sum \Delta A} \tag{4-33}$$

式中　$\sum F$——交叉条形基础上竖向荷载总和(kN);

　　　$\sum A$——交叉条形基础支撑总面积(m^2);

　　　$\sum \Delta A$——交叉条形基础节点处重复面积之和(m^2)。

然后,按基础梁交叉重叠面积相对基础梁总面积的比例,求出基底反力增量如下:

$$\Delta p = \frac{\sum \Delta A}{\sum A} p \tag{4-34}$$

再将基底反力增量 Δp,按任一节点 i 的重叠面积 ΔA_i 和节点分配荷载比例折算成分配荷载增量如下:

$$\left. \begin{array}{l} \Delta F_{ix} = \chi_{ix} \Delta A_i \Delta p \\ \Delta F_{iy} = \chi_{iy} \Delta A_i \Delta p \end{array} \right\}$$

于是,调整后节点荷载在 x,y 两向的分配荷载分别为

$$\left. \begin{array}{l} F'_{ix} = F_{ix} + \Delta F_{ix} = \chi_{ix} F'_i \\ F'_{iy} = F_{iy} + \Delta F_{iy} = \chi_{iy} F'_i \end{array} \right\} \qquad F'_i = F_i + \Delta A_i \Delta p \tag{4-35}$$

以上荷载分配应用了文克勒地基上梁的解答,虽然做了一些简化,实用上还有更简便的直接按相交纵、横梁线刚度分配节点竖向荷载,显然未考虑地基基础的变形协调条件。

4.4 筏形、箱形基础

4.4.1 筏、箱基础布置

1. 平面布置

筏、箱基础的基底压力必须满足地基持力层承载力、下卧层承载力、地基变形和抗震承载力验算要求,参见 2.4 节。

筏、箱基础平面布置时,应尽量使筏形基础底面形心与结构竖向永久荷载合力作用点重合。对于非抗震设防的高层建筑筏形与箱形基础,相应于荷载效应标准组合时的基础底而边缘最小压力值不得小于零,即 $p_{\min} > 0$。当建筑竖向永久荷载重心与影响范围内的基底平面形心无法重合时,单幢建筑物且地基土较均匀时,准永久组合时的偏心距 e 应满足:

$$e \leqslant 0.1W/A \tag{4-36}$$

式中　W——与偏心距方向一致的基础底面边缘抵抗矩(m^3);

　　　A——基础底面面积(m^3);

若偏心距较大,可通过调整筏、箱底板基础外伸悬挑跨度的办法进行调整,尽量使其偏心效应最小。当需要扩大底板面积时,宜优先扩大基础的宽度。筏板边缘应伸出边柱和角柱外侧包线,伸出长度一般不大于伸出方向边跨跨度 1/4。肋梁不外伸的悬挑板,挑出长度不宜超过 1.5~2.0 m,且悬跳板为锥坡状时,边缘最小厚度不宜小于 200 mm。

2. 埋置深度

高层建筑筏、箱形基础的埋置深度应满足地基承载力、变形和稳定性要求,且应符合 2.3 节关于基础埋深的基本要求。在抗震设防区,除岩石地基外,天然地基上的筏形与箱形基础的埋置深度不宜小于建筑物高度的 1/15;桩筏与桩箱基础的埋置深度(不计桩长)不宜小于建筑物高度的 1/18。当基础埋深不符合上述要求或地基土层不均匀时,应进行基础的抗滑移和抗倾覆稳定性验算及地基整体稳定性验算。

高层建筑筏、箱形基础的埋置深度一般都较大,有时甚至为地下 3~4 层结构,应重视深基坑应力补偿效应,需要时应验算基础抗浮稳定,且地基最终沉降验算应考虑地基的回弹再压缩变形影响。

3. 嵌固与连接

上部结构的嵌固部位选择与上部结构形式、地下室一层的侧向刚度、地下室层数和地下室外墙与主体结构墙距离等有关。

地下室单层箱形基础的顶板可作为上部结构的嵌固部位。筏、箱型基础多层地下室的四周外墙与土层紧密接触且土层为非松散填土、松散粉细砂土、软塑流塑粘性土时,当地下一层的结构侧向刚度 KB 大于或等于与其相连的上部结构底层楼层侧向刚度 KF 的 1.5 倍时,地下一层结构顶板可作为的结构上部结构的嵌固部位,参见图 4-21。

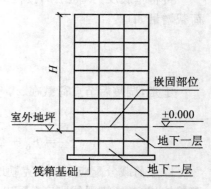

图 4-21　上部结构的嵌固部位示意

对大底盘整体筏形基础,当地下室内、外墙与主体结构墙体之间的距离满足表 4-4 要求时,地下一层的结构侧向刚度可计入该范围内的地下室内、外墙刚度,但此范围内的侧向刚度不能重复使用于相邻建筑。当 $KB < 1.5KF$ 时不满足表 4-4 要求时,嵌固部位应设在筏、箱形基础顶部,结构整体计算分析时宜考虑基底地基和基础侧壁土的抗力。

表 4-4　地下室墙与主体结构墙之间的最大间距 d

抗震设防烈度	
7 度、8 度	9 度
$d \leqslant 30$ m	$d \leqslant 20$ m

在满足上述地下室一层顶板嵌固要求条件下,当上部结构为剪力墙结构,地下一层结构顶板可作为上部结构的嵌固部位,此时应采用梁板式楼盖,板厚不应小于 180 mm,其混凝土强度等级不宜小于 C30;应采用双层双向配筋,且每层每个方向的配筋率不宜小于 0.25%。此外,为了确保将上部结构的地震作用或水平力传递到地下室抗侧力构件上,沿地下室外墙和内墙边缘的顶板板面不应有大洞口。

高层建筑地下室底层柱或剪力墙与梁板式筏基的基础梁连接时,柱与墙边缘至基础梁边缘的距离不应小于 50 mm。其中,柱至基础梁边缘规定同 4.4 节;墙至基础梁边缘规定同 2.5 节。

当主体结构旁边设有裙房,主体采用筏形基础时,当高层建筑与相连的裙房之间设置沉降缝时,其基础埋深应大于裙房基础的埋深至少 2 m,参见图 4-22(a)。若高层建筑与相连的裙房之间不设沉降缝,宜在裙房一侧设置后浇带,后浇带宜设在与高层建筑相邻裙房的第一跨内。在地基土质较均匀的条件下,为减小高层建筑与裙房间的沉降差而需增大高层建筑下基础面积时,后浇带的位置宜设在主楼边柱的第二跨内,且后浇带与主楼连接一侧(紧邻一跨)的裙房基础底板厚度与高层建筑的基础底板厚度相同,

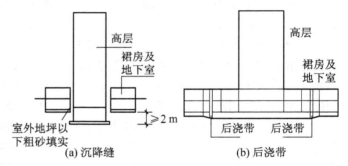

图 4-22　高层与裙房间连接

裙房地下室和裙房结构层数不少于两层且结构刚度较好,参见图 4-22(b)。后浇带混凝土宜根据实测沉降使并计算后期沉降差能满足设计要求后方可进行浇注。当高层建筑与相连的裙房之间不允许设置沉降缝和后浇带时,应考虑地基与结构变形的相互影响进行地基变形验算并采取相应的有效措施。带裙房的高层建筑下的大面积整体筏形基础,其主楼下筏板的整体挠度值不宜大于 0.5‰,主楼与相邻的裙房柱的差异沉降不应大于 1‰。

4.4.2　筏形基础

筏形基础分为平板式筏形基础和梁板式筏形基础,筏形基础可用于墙下,也可用于柱下,参见图 4-2。当建筑物开间尺寸不大,或柱网尺寸较小,为便于施工,一般采用等厚度钢筋混凝土平板,即平板式筏形基础。此外,当上部为框架-核心筒结构和筒中筒结构时,宜采

用平板式筏形基础。鉴于梁板式或肋梁式筏形基础刚度相对更高,当上部框架结构的刚度相对偏低且地基较不均匀时,可优先考虑梁板式筏基。

1. 筏板构造

筏板基础底板的厚度应满足抗弯、抗冲切、抗剪切等强度要求。一般多层建筑物的筏形基础,底板厚度不宜小于 200 mm,梁板式筏形基础底板不应小于 300 mm,同时不小于最大柱网跨度或支撑跨度的 1/20,亦可每层楼按 50 mm 叠加考虑。对 12 层以上建筑物的梁板式筏基,底板厚度与最大双向板格的短边净跨之比不应小于 1/14,且梁板式板厚不应小于 400 mm、平板式板厚不应小于 500 mm。

基础板底部钢筋可按柱下板带的正弯矩计算配置,顶部钢筋可按跨中板带的负弯矩计算配置。筏形基础受力钢筋的最小直径,一般不小于 ϕ12,间距常为 @100~200 mm。当板厚 $h < 250$ mm 时,分布钢筋可采用 ϕ8@250,当板厚 $h > 250$ mm 时,分布钢筋可采用 ϕ10@200。

平板式筏形基础柱下板带和跨中板带顶部钢筋应按计算配筋全部连通,底部钢筋应有 1/2~1/3 贯通全跨,且上下两面连通的配筋率均不应小于 0.15%。当平板筏基板厚大于 2 000 mm 时,宜在板厚中间部位设置直径不小于 ϕ12 mm,间距不大于 300 mm 的双向钢筋网。为保证地震效应下板与柱之间有效传递弯矩,柱根部实现预期的塑性铰与筏板弹性状态,即"强柱弱梁"的目的。柱下板带中柱宽及其两侧各 0.5 倍板厚,且不大于 1/4 板跨的有效宽度范围内,其配筋量不应小于柱下板带钢筋数量的一半,且应能承受通过弯曲传递来的不平衡弯矩 $\alpha_m M_{unb}$。(不平衡弯矩的弯曲分配系数为 $\alpha_m = 1 - \alpha_s$)。

梁板式筏形基础的底板和基础梁的配筋除满足计算要求外,纵、横向支座钢筋尚应有 1/2~1/3 贯通全跨,且配筋率不应小于 0.15%,跨中钢筋按计算全部连通配筋。对肋梁不外伸的双向外伸悬挑板,边缘部位最好切角;并在板底配置辐射状、直径与边跨的受力钢筋相同、内锚长度大于外伸长度且大于混凝土受拉锚锢长度的附加钢筋,其外端的最大间距不大于 200 mm,见图 4-23。

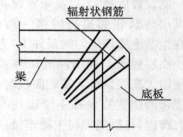

图 4-23 双向外伸板切角及辐射钢筋

筏形基础的混凝土强度等级不应低于 C30,箱形基础的混凝土强度等级不应低于 C25,且应满足耐久性的要求。当有地下室时,应采用防水泥凝土,其抗渗等级参见表 4-5。对重要建筑,宜采用自防水并设置架空排水层(防渗与主动抗浮)。采用筏形基础的地下室.钢筋混凝土外墙厚度不应小于 250 mm,内墙不应小于 200 mm,墙的截面设计除满足承载力要求外,尚应考虑变形、抗裂及防渗等要求。墙体内应设置双面钢筋网,竖向钢筋的直径不应小于 ϕ10 mm,水平钢筋的直径不应小于 ϕ12 mm,间距不应大于 200 mm。筏板与地下室外墙的接缝及地下室外墙沿高度处的水平接缝应严格按施工缝的要求施工,必要时可设通长止水带。

表 4-5 防水混凝土抗渗等级

埋置深度 d(m)	设计抗渗等级	埋置深度 d(m)	设计抗渗等级
$d < 10$	P6	$20 \leq d < 30$	P10
$10 \leq d < 20$	P8	$30 \leq d$	P12

2. 计算模型

筏基内力近似简化计算方法中，一般认为基础是绝对刚性。例如，筏形基础上的柱网布置及荷载分布都比较均匀一致，且平均柱距 $l_m \leqslant 1.75/\lambda$（$\lambda$ 文克勒地基梁弹性特征值）或筏形基础上支撑着剪力墙等刚性上部结构时，可视为刚性基础。《建筑地基基础设计规范》（GB—50007）规定，当地基土比较均匀，上部结构刚度较好，梁板式筏基梁的高跨比或平板式筏基的厚跨比不小于 $l/6$，且相邻柱荷载及柱间距的变化不超过 20％时，筏形基础可仅考虑局部弯曲作用，筏基内力可按基底静反力直线分布计算。边跨跨中以及第一内支座的弯矩值乘以 1.2 的放大系数来考虑基础架越作用引起基础板底端部反力增加效应。对无地下室且抗震等级为一、二级的框架结构，基础梁除满足抗震构造要求外，计算时尚应将柱底对应于荷载作用效应基本组合时的弯矩设计值分别乘以 1.5 和 1.25 的增大系数。

筏形基础与上部结构组合刚度可视为刚性时，基底净反力呈直线分布且可以作为已知荷载，相应采用静力学方法（整体弯曲）或倒楼盖法（局部弯曲）等简化方法计算筏形基础内力。例如，框架柱网在两个方向跨度之比小于 2，且柱网内无基础次肋梁时，底板可按双向多跨连续板计算；若柱网内有小基础梁且可将底板分割成边长比大于 2 的矩形格板时，底板可按单向板计算。柱网内设置基础次肋梁时，按柱端板带负荷面积确定荷载，再按多跨连续梁（筏基肋梁）计算筏板基础内力。此外，上部框架柱下梁板式筏基的纵、横肋梁一般设置为等截面高度和宽度，纵、横方向的基础梁在交叉节点处，可按十字交叉梁节点荷载分配计算方法，求得柱荷载在交叉节点处纵、横两个方向的分配值，再按条形基础计算。

当不满足上述刚性基础构造要求即筏基刚度相对较柔时，应按弹性地基梁板进行分析计算。例如，当柱网及荷载分布仍比较均匀，可将筏形基础划分成相互垂直的条状板带，板带宽度即为相邻柱中心线间的距离，以实际的柱脚荷载为外力，按前述文克勒弹性地基梁的方法计算基底反力和筏板基础内力；若柱距相差过大，荷载分布不均匀，则应按弹性地基上的板理论进行内力分析。

按前述方法计算出筏形基础的内力后，还需按《混凝土结构设计规范》（GB—50010）中的有关规定计算基础梁的弯、剪及冲切承载力，同时还应满足有关的构造要求。

3. 平板式筏基

《建筑地基基础设计规范》（GB—50007）规定，当筏板的有效高度为 h_0（m），平板式筏基应验算距内筒和柱边缘 h_0 处的截面受剪承载力，距内筒和柱边缘 $h_0/2$ 处截面抗冲切验算。筏板变厚度时，尚应验算变阶处筏板受剪承载力。

1）柱底冲切验算

高层建筑平板式筏形基础，柱下板厚按受冲切承载力验算时，冲切荷载不仅包括底层柱柱底轴力和基底净反力，且应考虑作用在冲切临界截面重心上的不平衡弯矩产生的附加剪力。以图 4-24 所示的角柱为例，角柱柱脚轴向力设计值 N（kN）到冲切临界截面重心的距离为 e_N（m），冲切临界截面范围内的基底反力设计值 P_j（kN）到冲切临界截面重心的偏心距 e_P（m），则作用在冲切临界截面重心上的不平衡弯矩设计值 M_{unb} 可按下式计算：

$$M_{unb} = Ne_N - P_je_P \pm M_c \tag{4-37}$$

式中 M_c——相应于作用效应基本合时的角柱柱底弯矩设计值（kN·m）。显然，对内柱对称柱脚冲切时，$e_N = e_P = 0$，$M_{unb} = M_c$，参见图 4-25。

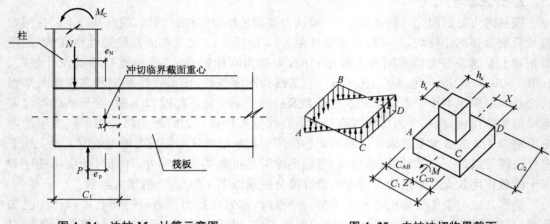

图 4-24　边柱 M_{unb} 计算示意图　　　　图 4-25　内柱冲切临界截面

　　筏板内柱的柱脚冲切筏板截面高度验算时,竖向力产生的冲切作用 F_l 取柱脚集中力设计值为 N 减去相应筏板冲切破坏锥体内的地基反力设计值 P_j,参见图 4-25。对边柱和角柱,冲切作用 F_l 取轴力设计值 N 减去筏板冲切临界截面与基础板外边界最小范围内的地基净反力设计值 P_j,参见图 4-26 和图 4-27。柱脚冲切验算时,距柱边 $h_0/2$ 处冲切临界截面的最大剪应力 τ_{max} 应按下式计算且应满足:

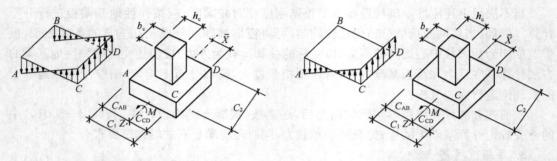

图 4-26　边柱冲切临界截面　　　　图 4-27　角柱冲切临界截面

$$\tau_{max} = \frac{F_l}{\mu h_0} + \frac{\alpha_s M_{unb} c_{AB}}{I_s} \leqslant 0.7\left(0.4 + \frac{1.2}{\beta_s}\right)\beta_{hp} f_t \qquad (4\text{-}38)$$

式中　I_s——冲切临界截面对其重心的极惯性矩(m^4);

　　　　μ——距柱边不小于 $h_0/2$ 处冲切临界截面的最小周长(m);

　　　　c_{AB}——沿弯矩作用方向冲切临界截面重心至冲切临界截面最大剪应点距离(mm);

　　　　β_{hp}——受冲切承载力截面高度影响系数,取值规定同表达式(2-42);

　　　　β_s——柱截面长、短边的比值,当 $\beta_s < 2$ 时,β_s 取 2,当 $\beta_s > 4$ 时,β_s 取 4。

　　作用在冲切临界截面重心上的不平衡弯矩 M_{unb},通过冲切临界截面上偏心剪力传递分配系数可按下式计算:

$$\alpha_s = 1 - \frac{1}{1 + \frac{2}{3}\sqrt{c_1/c_2}} \qquad (4\text{-}39)$$

式中 c_1——弯矩作用面方向的冲切临界截面的边长(m);

  c_2——垂直于 c_1 的冲切临界截面边长(m)。

冲切临界截面的周长 μ、冲切临界截面对其重心的极惯性矩 I_s 等参数,应根据柱所处位置的不同分别进行计算。弯矩作用面方向的柱截面边长为 h_c(m),另一柱截面边长为 b_c(m),内柱冲切临界截面、边柱冲切临界截面和角柱冲切临界截面分别参见图 4-25、图 4-26 和图 4-27。边柱冲切临界截面中心位置 $\bar{x}$ 等参数计算,参见表 4-6。

表 4-6 不同柱处冲切临界截面计算参数

计算参数	内柱冲切	边柱冲切	角柱冲切
临界截面周长 μ	$2c_1 + 2c_2$	$2c_1 + c_2$	$c_1 + c_2$
同向截面边长 c_1	$h_c + h_0$	$h_c + h_0/2$	$h_c + h_0/2$
垂直截面边长 c_2	$b_c + h_0$	$b_c + h_0$	$b_c + h_0/2$
重心位置 $\bar{x}$	$c_1/2$	$c_1^2(2c_1 + c_2)^{-1}$	$c_1^2(2c_1 + 2c_2)^{-1}$
最大剪应点距离 c_{AB}	$c_1/2$	$c_1 - \bar{x}$	$c_1 - \bar{x}$
极惯性矩 I_s	$c_1 h_0^3/6 + c_1^3 h_0/6$ $+ c_2 h_0 c_1^2/2$	$c_1 h_0^3/6 + c_1^3 h_0/6 +$ $2c_1 h_0 (c_1/2 - \bar{x})^2 + c_2 h_0 \bar{x}^2$	$c_1 h_0^3/12 + c_1^3 h_0/12 +$ $h_0 c_1^2 (c_1/2 - \bar{x})^2/2 + c_2 h_0 \bar{x}^2$

当柱荷载较大,等厚度筏板的抗冲切承载力不能满足要求时,可在筏板上面增设柱墩或在筏板下局部增加板厚或采用抗冲切箍筋来提高抗冲切承载能力。

2) 内柱剪切验算

内柱下平板筏基剪切验算单元为板格中线围成区域,底板有效高度为 h_0(m),参见图 4-28。相应于作用效应基本组合时的板格内基底平均净反力设计值 p_j(kN/m²),距内柱边缘 h_0 处作用剪切力设计值 V_s(kN/m)为图 4-28 中阴影部分面积(受剪作用区域)A_s(m²)乘以基底平均净反力设计值 p_j。柱下平板式筏基剪切承载力可按下式验算:

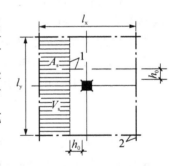

图 4-28 内柱筏基剪切验算

$$V_s = A_s p_j \leqslant 0.7\beta_{hs} f_t l_y h_0 \qquad (4\text{-}40)$$

$$\beta_{hs} = (800/h_0)^{1/4}$$

式中 f_t——混凝土轴心抗拉强度设计值(kN/m²);

  β_{hs}——受剪承载力截面高度影响系数,取值规定同第二章式(2-43)。

3) 内筒底板冲、剪验算

采用平板式筏基时,内筒下的板厚也应满足抗冲切承载力的要求,参见图 4-29。距内筒外表面 $h_0/2$ 处冲切临界截面周长为 μ(m),冲切破坏锥体的板底所围面积为 A_l(m²)。竖向力引起的冲切荷载 F_l 取相应于作用效应基本组合时的内筒底所承受的轴力设计值 N(kN)减去筏板破坏锥体内的地基反力设计值 $A_l p_j$(kN),则内筒底板厚度抗冲切承载力按下式计算:

$$F_l = N - A_l P_j \leqslant 0.7\beta_{hp} f_t \mu h_0/\eta \qquad (4\text{-}41a)$$

式中 h_0——距内筒外表面$h_0/2$
处筏板的截面有效高度
（m）；

η——内筒冲切临界截面
周长影响系数，取 1.25。

当需要考虑内筒底部弯矩
影响时，距内筒外表面$h_0/2$处
冲切临界截面的最大剪应力则
应按表达式(4-38)计算，此时内
筒底板截面高度冲切验算应满足：

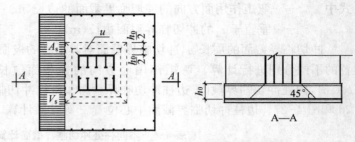

图 4-29　内筒筏基冲切临界截面位置

$$\tau_{\max} \leqslant 0.7\beta_{\mathrm{hp}}f_{\mathrm{t}}/\eta \tag{4-41b}$$

4. 梁板式筏基

《建筑地基基础设计规范》(GB—50007)规定，当梁板式筏基板格符合双向多跨连续板
分析模型时，底板厚度应满足梁板式筏基双向底板的板格冲切验算和斜截面受剪承载力验
算。当梁板式筏基板格符合单向板分析模型时，则底板厚度按 2.5.3 节墙下条形基础进行
底板剪切验算。

1）板格冲切验算

板格符合双向板模型时，底板厚度与最大双向板格的短边净跨之比不应小于 1/14，且
板厚不应小于 400 mm。梁板式筏基底板冲切面临界面距肋梁边$h_0/2$处，图 4-30 中虚线所
示的临界冲切面的周长为u(m)。相应于作用效应基本组合时板格内基底地基净反力平均
值为p_{j}(kN/m^2)，冲切作用面积A_l(m^2)为图 4-30 中阴影部分面积，则板格冲切力设计值为
$F_l = p_{\mathrm{j}} \times A_l$(kN)。由此，梁板式筏基底板厚度板格冲切验算应符合下式要求：

$$F_l = p_{\mathrm{j}}A_l \leqslant 0.7\beta_{\mathrm{hp}}f_{\mathrm{t}}\mu h_0 \tag{4-42}$$

底板区格为矩形双向板时，计算板格的短边净长度为l_{n1}(m)和长边净长度为l_{n2}(m)，
则矩形双向板底板的截面高度h_0(m)的冲切所需的厚度，可按下式进行计算：

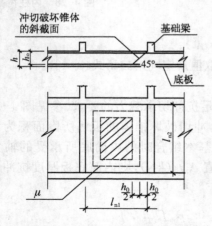

图 4-30　底板冲切计算示意图

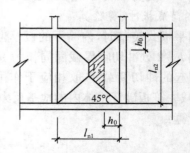

图 4-31　底板剪切计算示意图

$$h_0 = \frac{(l_{n1} + l_{n2}) - \sqrt{(l_{n1} + l_{n2})^2 - \dfrac{4pl_{n1}l_{n2}}{p_j + 0.7\beta_{hp}f_t}}}{4} \tag{4-43}$$

2）板格剪切验算

梁板式筏基双向底板斜截面受剪承载力验算时，计算底板区格的短边、长边净长度分别为 $l_{n1}(\mathrm{m})$ 和 $l_{n2}(\mathrm{m})$，参见图 4-31。验算断面距肋梁（或墙）边缘为 h_0 的底板斜截面受剪承载力应符合下式要求：

$$V_s \leqslant 0.7\beta_{hs}f_t(l_{n2} - 2h_0)h_0 \tag{4-44}$$

式中　V_s——距肋梁（墙）边缘 h_0 处剪切力设计值（kN），由作用在图 4-31 中阴影部分面积 $A_s(\mathrm{m}^2)$ 乘以相应作用效应基本组合时的板格内地基平均净反力设计值 $p_j(\mathrm{kN})$ 得到。

【例 4-3】 已知框架结构下的平板式筏板基础的埋深 $d = 1.4~\mathrm{m}$，基底地基承载力设计值 $f_a = 110~\mathrm{kPa}$，基床系数 $k = 1\,500~\mathrm{kN/m^3}$。基础混凝土弹性模量 $E_h = 2.6 \times 10^7~\mathrm{kPa}$。柱网尺寸，以及对应荷载效应基本组合时的柱脚集中力设计值，参见例图 4-3.1。试计算该框架结构下平板式筏板基础内力。

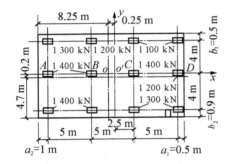

例图 4-3.1　柱网尺寸与荷载

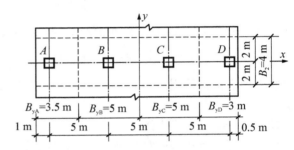

例图 4-3.2　板带划分简图

（1）决定底板尺寸

框架柱端荷载合力对柱网中心 O' 的偏心距 e_x 和 e_y 计算如下：

$$P = \sum P_i = 1\,100 \times 2 + 1\,200 \times 2 + 1\,300 \times 3 + 1\,400 \times 5 = 15\,500~\mathrm{kN}$$

$$M_y = 1\,400 \times (2 \times 7.5 + 2.5) - 1\,300 \times 2.5 + 1\,200 \times (2.5 - 7.5) -$$
$$1100 \times (2.5 + 7.5) = 4\,250~\mathrm{kNm}$$

$$M_x = (1\,400 \times 2 + 1\,300 - 1\,200 - 2 \times 1\,100) \times 4 = 2\,800~\mathrm{kNm}$$

对应标准组合效应时的筏板顶面柱网总荷载标准值 P_k 和 M_k，则有：

$$P_k = \frac{P}{1.35}, \quad M_k = \frac{M}{1.35}$$

由此可得：

$$e_x = \frac{M_{yk}}{P_k} = \frac{M_y}{P} = \frac{4\,250}{15\,500} = 0.274~\mathrm{m}, \quad e_y = \frac{M_{xk}}{P_k} = \frac{M_x}{P} = \frac{2\,800}{15\,500} = 0.181~\mathrm{m}$$

选定筏板外挑尺寸 $a_1 = b_1 = 0.5~\mathrm{m}$，再按合力作用点尽量通过底板形心拟定出 $a_2 =$

1.0，$b_2 = 0.9$ m。因此，筏板基底面积 A 为：

$$A = L_c B_c = (1 + 5 \times 3 + 0.5) \times (0.5 + 4 \times 2 + 0.9) = 16.5 \times 9.4 = 155 \ m^2$$

基底地基承载力设计值 $f_a = 130$ kPa，对应标准组合效应时基础自重标准值为 G_k，则筏板基底压力 p_k，以及按地基承载力验算底板面积如下：

$$G_k = \gamma_G d A$$

$$p_k = \frac{P_k + G_k}{A} = \frac{P}{1.35A} + \gamma_G d = \frac{15\ 500}{1.35 \times 155} + 20 \times 1.4 = 102 \ kPa < f_a = 110 \ kPa$$

满足地基承载力要求。

基底平面形心至框架柱网中心点 O' 的偏心距分别为：$e_{Gx} = 0.25$，$e_{Gy} = 0.2$。根据基底竖向总荷载 $P_k + G_k$ 对框架柱网中心点 O' 的偏心距 e'_x 和 e'_y 分别为：

$$G_k = \gamma_G d A = 20 \times 1.4 \times 155 = 4\ 340 \ kN$$

$$e'_x = \frac{P_k e_x + G e_{Gx}}{P_k + G} = \frac{15\ 500 \times 0.274/1.35 + 4\ 340 \times 0.25}{15\ 500/1.35 + 4\ 340} = 0.268 m$$

$$e'_y = \frac{15\ 500 \times 0.181/1.35 + 4\ 340 \times 0.2}{15\ 500/1.35 + 4\ 340} = 0.186 \ m$$

基底竖向总荷载 $P_k + G_k$ 对基础底面形心的偏心距 e_{0x} 和 e_{0y} 分别为：

$$e_{ox} = 0.25 - 0.268 = -0.018 \ m, \quad e_{oy} = 0.2 - 0.186 = 0.014 \ m$$

底板形心调整采用 $a_2 = 1.0$，$b_2 = 0.9$ m 合理，且基底最大压力 $p_{max} = 104$ kPa$< 1.2 f_a$，满足地基承载力要求。

（2）沿 x 轴向板带计算

相邻柱荷载及相邻柱距之差$< 20\%$，可按柱网跨度对称划分板带，例如对沿 x 轴的中间 $ABCD$ 板带宽度为 $B_x = 4$ m，参见例图 4-3.2。多层平板式筏基板厚 h 应大于柱网跨度的 1/20，即 $h > 250$ mm，根据筏板基压力 $p_k = 110$ kPa，可按上部楼层数为 6 层考虑，则取筏板厚度 $h = 400$ mm$> 6 \times 50$ mm。根据基床系数 $k = 1\ 500$ kN/m³，基础混凝土弹性模量 $E_h = 2.6 \times 10^7$ kN/m²，可得 x 轴方向 $ABCD$ 板带的截面惯性矩和弹性特征系数 λ_x 如下：

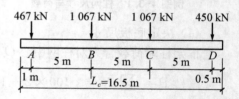

例图 4-3.3　板带计算简图

$$I_x = \frac{B_x h^3}{12} \Rightarrow \lambda_x = \sqrt[4]{\frac{kB_x}{4E_h I_x}} = \sqrt[4]{\frac{3k}{E_h h^3}} = \frac{1}{s_x}$$

由于是平板式筏基的板厚相等均为 $h = 400$ mm，沿 y 轴方向板带分为板带 A、板带 B、板带 C 和板带 D 的弹性特征系数均与 x 轴方向 $ABCD$ 板带相同。则由上式可得 x 轴板带的弹性特征系数和其他各板带的弹性特征系数和弹性特征长度如下：

$$\lambda_x = \sqrt[4]{\frac{3k}{E_h h^3}} = \sqrt[4]{\frac{3 \times 1\ 500}{2.6 \times 10^7 \times 0.4^3}} = 0.228, \quad s_x = \frac{1}{\lambda_x} = \frac{1}{0.228} = 4.386,$$

$$\lambda_{yA} = \lambda_{yB} = \lambda_{yC} = \lambda_{yD} = \lambda_x = 0.228$$

$$s_{yA} = s_{yB} = s_{yC} = s_{yD} = s_x = 4.386$$

鉴于 $l/s < 0.6$ 时不计边柱伸出悬臂长度,可得节点荷载分配如下:

$$p = \frac{\sum F}{\sum A + \sum \Delta A} \xrightarrow{\sum \Delta A = A} p = \frac{p_j}{2} = \frac{P}{2A} = \frac{15\ 500}{2 \times 155} = 50\ \text{kPa}$$

$$\Delta p = \frac{\sum \Delta A}{\sum A} p = 50\ \text{kPa} \Rightarrow F'_i = F_i + \Delta A_i \Delta p = F_i + 50 \Delta A_i$$

$\Delta A_A = B_x B_{yA} = 4 \times 3.5 = 14\text{m}^2$,同理 $\Delta A_B = \Delta A_C = 4 \times 5 = 20\text{m}^2$, $\Delta A_D = 4 \times 3 = 12\text{m}^2$

节点 A: $F_{xA} = \dfrac{B_x s_x}{B_x s_x + 4B_{yA} s_{yA}}(F_A + 50\Delta A_A) = \dfrac{4}{4 + 4 \times 3.5} \times (1\ 400 + 50 \times 14) = 467\ \text{kN}$

节点 B 和 C: $F_{xB} = F_{xC} = \dfrac{B_x s_x}{B_x s_x + B_{yB} s_{yB}} F'_B = \dfrac{4}{4 + 5} \times (1\ 400 + 50 \times 20) = 1\ 067\ \text{kN}$

节点 D: $F_{xD} = \dfrac{B_x s_x}{B_x s_x + 4B_{yD} s_{yD}} F'_D = \dfrac{4}{4 + 4 \times 3} \times (1\ 200 + 50 \times 12) = 450\ \text{kN}$

板带 $ABCD$ 内力计算简图,其他板带亦可类似求解,参见例题图 4-3.3。板带内力计算与柱列下条形基础相同。

4.4.3　箱形基础

箱形基础是由顶板、底板、内墙和外墙等组成的一种空间整体结构,由钢筋混凝土整浇而成,空间部分可结合建筑物地下空间的使用功能设计。

1. 箱形基础构造

类似与筏基平面布置原则,高层建筑箱形基础的平面尺寸应满足地基承载力、上部结构布局及荷载分布等条件,且箱形基础平面上应尽量使箱基底面形心与结构竖向永久荷载合力作用点重合。箱形基础外墙应沿建筑物四周布置,内墙宜按上部结构柱网尺寸和剪力墙位置纵、横交叉布置。高层建筑同一结构单元内,箱形基础埋深宜一致,且不得局部采用箱形基础。当采用整体扩大箱形基础时,扩大部分的墙体应与箱形基础的内墙或外墙连通成整体,且扩大部分墙体的挑出长度不宜大于地下结构埋入土中的深度。

箱形基础高度应满足结构强度、刚度和使用要求,不宜小于箱形基础长度(不包括底板悬挑部分)的 1/20,且不宜小于 3 m。箱形基础的底板厚度应根据实际受力情况、整体刚度及防水要求确定,底板厚度不应小于 400 mm,且板厚与最大双向板格的短边净跨之比不应小于 1/14。当上部结构为框架或框剪结构时,箱型基础墙体水平截面总面积不宜小于箱基水平

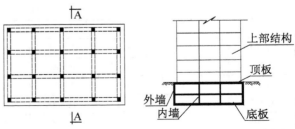

图 4-32　箱形基础组成示意图

投影面积的 1/12;当基础平面长宽比大于 4 时,纵墙水平截面面积(计算墙体水平截面面积时,可不扣除洞口部分)不宜小于箱形基础水平投影面积的 1/18。箱基的墙体厚度应根据实际受力情况确定,外墙不应小于 250 mm,常用 250～400 mm;内墙不宜小于200 mm,常用 200～300 mm,且每平方米基础面积上墙体长度不小于 400 mm 或墙体水平截面面积不小于基础面积的 1/10(不包括底板悬挑部分面积)。

纵墙配置量不少于墙体总配置量的 3/5。墙体一般采用双向、双层配筋,无论竖向、横向其配筋均不宜少于 $\Phi10@200$,除上部结构为剪力墙外,箱形基础墙顶部均宜配置两根以上不小于 $\Phi20$ 的通长构造钢筋。底层柱主筋应伸入箱形基础一定的深度,三面或四面与箱形基础墙相连的内柱,除四角钢筋直通基底外,其余钢筋伸入箱型基础顶板底面以下长度应满足高估长度要求,且不小于其直径的 35 倍。外柱以及与剪力墙相连的柱内主筋应直通到板底。箱形基础中尽量少开洞口,必须开设洞口时,应符合《高层建筑筏形与箱形基础技术规程》(JGJ6—2011)要求。

2. 地基反力计算

箱形基础的基底反力分布特征与地基持力层性质、基础与上部结构刚度等有关,十分复杂。典型工程实测资料揭示,一般的软黏土地基上,纵向基底反力分布呈"马鞍型",反力最大值距基底端部约为基础长边的 $1/8～1/9$,反力最大值约为平均值的 $1.06～1.34$ 倍;一般第四纪黏性土地基纵向基底反力分布呈"抛物线形",基底反力最大值为平均值的 $1.25～1.37$ 倍,参见图 4-33。《高层建筑筏形与箱形基础技术规程》(JGJ6—2011)中建议了基底反力的实用计算法,把基础底面的

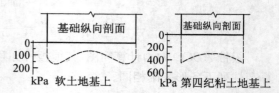

图 4-33 箱形基础实测基底反力分布网

纵向分成 8 个区格,横向分成 5 个区格,总计 40 个区格;对于方形基底面积,则纵向、横向均分为 8 个区格,总计 64 个区格。黏性土地基和软土地基上箱型基础的基底反力区格系数,分别参见表 4-7 和 4-8。不同的区格采用所示不向的基底平均反力的倍数。该适用于上部结构与荷载比较均匀的框架结构,地基土比较均匀,底板悬挑部分不超过 0.8 m,不考虑相邻建筑物影响及满足各项构造要求的单幢建筑物的箱形基础。

当纵横方向荷载不很均匀时,应分别求出由于荷载偏心引起的不均匀的地基反力,将该地基反力与按反力系数表求得的反力相叠加,此时偏心所引起的基底反力可按直线分布考虑。对于上部结构刚度及荷载不对称、地基土层分布不均匀等不符合基底反力系数法计算的情况,应采用其他有效的方法进行基底反力的计算。

表 4-7 黏性土地基反力系数

$l/b=1$							
1.381	1.179	1.128	1.108	1.108	1.128	1.179	1.381
1.179	0.952	0.898	0.879	0.879	0.898	0.952	1.179
1.128	0.898	0.841	0.821	0.821	0.841	0.898	1.128
1.108	0.879	0.821	0.800	0.800	0.821	0.879	1.108
1.108	0.879	0.821	0.800	0.800	0.821	0.879	1.108

续表

			l/b=1				
1.128	0.898	0.841	0.821	0.821	0.841	0.898	1.128
1.179	0.952	0.898	0.879	0.879	0.898	0.952	1.179
1.381	1.179	1.128	1.108	1.108	1.128	1.179	1.381
			l/b=3~4				
1.265	1.115	1.075	1.061	1.061	1.175	1.115	1.265
1.073	0.904	0.865	0.853	0.853	0.865	0.904	1.703
1.046	0.875	0.835	0.822	0.822	0.835	0.875	1.046
1.073	0.904	0.865	0.853	0.853	0.865	0.904	1.703
1.265	1.115	1.075	1.061	1.061	1.175	1.115	1.265

注：表中的 l、b 分别为包括悬挑部分在内的箱形基础底板的长度、宽度。

表 4-8　软土地区基底反力系数

0.906	0.966	0.814	0.738	0.738	0.814	0.966	0.906
1.124	1.197	1.009	0.914	0.914	1.009	1.197	1.124
1.235	1.314	1.109	1.006	1.006	1.109	1.314	1.235
1.124	1.197	1.009	0.914	0.914	1.009	1.197	1.124
0.906	0.966	0.814	0.738	0.738	0.814	0.966	0.906

3. 箱形基础内力分析

1）内力分析模型

在上部结构荷载和基底反力共同作用下，箱形基础整体上是一个多次超静定体系，产生整体弯曲和局部弯曲。

若上部结构为平面布置规则的剪力墙体系（有时也包括框架、框架剪力墙体系），箱基墙体与剪力墙直接相连，且地基压缩层较为均匀时，箱基的抗弯刚度可视为无穷大。此时，箱型基础的顶板和底板犹如一个支撑在不动支座上的受弯构件，仅发生局部弯曲。其中，箱基底板受力可视为一倒置的楼盖。在局部弯曲作用下，箱基墙上的顶板和底板可视为双向或单向多跨连续板，顶板承受上部荷载及顶板自重，底板基底作用地基净反力，可按弹性理论的双向或单向多跨连续肋梁板或平板计算方法，可求出局部弯曲作用时的弯矩值。箱基实测数据揭示，基底反力分布将发生由纵横墙划分的板格中部向四周墙下转移的架越现象，底板板格中部局部弯曲分析时，计算弯矩应乘以 0.8 的折减系数后。若需考虑到整体弯曲影响，配置钢筋时除符合计算要求外，纵、横向支座尚应分别有 0.15% 和 0.10% 的钢筋连通配置，跨中钢筋全部连通。

当上部结构为框架体系时，上部结构刚度较弱，基础的整体弯曲效应增大，箱形基础内力分析应同时考虑整体弯曲与局部弯曲的共同作用。整体弯曲分析时，箱型基础底板作用一个阶梯形变化的基底压力，可按前述基底反力系数法确定；顶板则作用上部荷载和顶板自重。工程上整体弯曲计算时，常将箱形基础简化成一块空心截面厚板，沿纵、横两个方向分别进行单向受弯计算，荷载及地基反力均重复使用一次。再按照截面面积、截面惯性矩等效原则，将箱型基础纵、横隔墙两个方向分别等效成工字形截面。单向受弯静力分析（或其他有效的方法）时，箱型基础任一截面的等效工字形上、下翼缘的拉、压形成的力矩与截面弯曲荷载效应相抗衡,其拉力或压力等于箱基所承受的整体弯矩除以箱基的高度,相应截面剪力亦可按静力平衡原理求得,参见图 4-34。具体步骤如下:

(1) 先将箱基沿纵向(x 长度方向)作为梁,用静定分析法可计算出任一横截面上的总弯矩 M_x 和总剪力 V_x,并假定它们沿截面均匀分布;

(2) 同样,再沿横向(y 长度方向)将箱基作为梁计算出 M_y,V_y;

(3) 弯矩 M_x 和 M_y 使顶、底板在两个方向均处于轴向受压或轴向受拉状态,压力或拉力值分别为 $C_x=T_x=M_y/z$,$C_y=T_y=M_x/z$,见图 4-34;

(4) 截面剪力 V_x 和 V_y 则分别由箱基的纵墙和横墙承受。

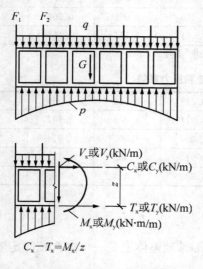

图 4-34　整体弯曲时顶板和底板内力

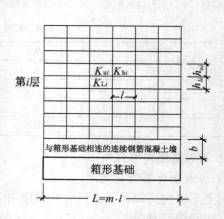

图 4-35　框架结构示意图

2) 结构刚度修正

由于上部结构共同工作,上部结构刚度对基础的受力有一定的调整与分担,基础的实际弯矩值要比按静力分析法的计算值偏小。因此,应将计算的弯矩值按上部结构刚度的大小进行调整。1953 年,梅耶霍夫(Meyerhof)首次提出了框架结构等效抗弯刚度计算式,适用等柱距的框架结构。该方法对柱距相差不超过 20% 的框架结构也适用,且柱距取平均值。当建筑物层数 n 不大于 5 层时,n 取实际层数;当 n 大于 5 层时,n 取 5。对于图 4-35 所示的框架结构,第 i 层上柱和下柱的高度分别为 h_{ui}(m)和 h_{1i}(m),柱距为 l(m),等效抗弯刚度,上部结构总折算刚度 $E_B I_B$ 的计算公式如下:

$$E_B I_B = \sum_{i=1}^{n}\left[E_b I_{bi}\left(1+\frac{K_{ui}+K_{Li}}{2K_{bi}+K_{ui}+K_{Li}}m^2\right)\right]+E_w I_w \qquad (4-45)$$

$$K_{ui}=I_{ui}/h_{ui},\ K_{Li}=I_{Li}/h_{Li}、K_{bi}=I_{bi}/l;$$

式中　E_b——梁、柱混凝土弹性模量(kPa);

K_{ui}、K_{1i} 和 K_{bi}——分别为第 i 层上柱、下柱和梁的线刚度(m³),参见上式(4-45);

I_{ui}、I_{1i}、I_{bi}——分别为第 i 层上柱、下柱和第 i 层梁的截面惯性矩(m⁴);

m——在弯曲面方向上的节间数 $m=L/l$。

上部结构在弯曲方向同时有与箱形基础相连的连续钢筋混凝土墙时,墙体的厚度和高度分别为 $b(\text{m})$ 和 $h(\text{m})$,墙体混凝土弹性模量为 $E_w(\text{kPa})$,墙体的惯性矩为 $I_w(\text{m}^4)$,则上部结构折算刚度还应包括连续钢筋混凝土墙的折算刚度 E_wI_w,参见上式(4-45)。

筏形与箱形基础的整体弯矩计算,可将上部框架简化为等代梁并通过结构的底层柱与筏形或箱形基础连接,参见图 4-36。上部框架结构等效刚度(包括上部结构存在剪力墙时)E_BI_B,可按实际情况布置在图 4-36 上,按式(4-45)一并计算。筏形或箱形基础的混凝土弹性模量为 $E_F(\text{kPa})$;基础截面惯性矩为 $I_F(\text{m}^4)$,筏形或箱形基础刚度按 E_FI_F 计算。如前所述,箱形基础按工字形截面计算截面惯性矩,上、下翼缘宽度分别为箱形基础顶、底板的全宽,腹板厚度为在弯曲方向

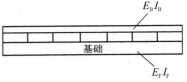

图 4-36　整体弯曲计算模型

的墙体厚度的总和。梁板式筏形基础按倒 T 字形截面计算 I_F,平板式筏形基础按基础底板全宽计算 I_F。

有了上部结构的等效刚度 $EBIB$ 和筏形与箱形基础刚度 $EFIF$ 后,筏形或箱形基础就可按下式计算考虑上部结构共同作用时箱基或筏基的基础整体弯矩 $M_F(\text{kN}\cdot\text{m})$:

$$M_F = \frac{E_FI_F}{E_FI_F + E_BI_B}M \tag{4-46}$$

式中　M——不考虑上部结构共同作用时箱形基础的整体弯矩$(\text{kN}\cdot\text{m})$,按前述的静定分析法或其他有效方法计算。

由于箱基的顶、底板多为双层、双向配筋,所以按混凝土结构中的拉、压构件计算出顶板或底板整体弯曲时所需的钢筋用量应除以 2,均匀的配置在顶板或底板的顶部和底部,即可满足整体受弯的要求。且上述局部弯曲时计算弯矩算出的配筋量与整体弯曲配筋量叠加,即得顶、底板的最终配筋量。配筋时,应综合考虑承受整体弯曲和局部弯曲钢筋的位置,以充分发挥钢筋的作用。箱形基础的顶、底板除了满足正截面的抗弯要求外,还需要满足抗剪及抗冲切要求,且类似于筏板基础,不赘述。箱形基础内外墙内力分析与结构设计,参见《高层建筑筏形与箱形基础技术规程》(JGJ6—2011)。

与高层建筑相连的门厅等低矮单元基础,可采用从箱形基础挑出的基础梁方案,参见图 4-37。箱型基础挑出长度不宜大于 0.15 倍箱基宽度,并应考虑挑梁对箱基产生的偏心荷载的影响。挑出部分基底下面应填充一定厚度的松散材料,或采取其他能保证挑梁自由下沉的措施。

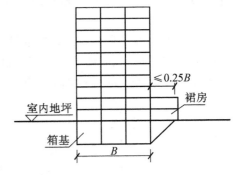

图 4-37　箱形基础挑出部位示意

底层柱与箱形基础交接处,柱边与墙边或柱角和八字角之间的净距不宜小于 50 mm,并应验算底层柱下墙体的局部受压承载力;当不能满足时,应增加墙体的承压面积或采取其他有效措施。

4.5　地下室设计中几个问题

4.5.1　补偿性设计概念

在软弱地基上建造采用浅基础的高层建筑时,常会遇到地基承载力不足或地基沉降偏大的情况,除了传统基础调整与地基加固方法之外,采用补偿性基础设计是解决这一问题的另一有效途径。只要将建筑物基础或地下部分做成中空、封闭的结构形式,挖去土重相当于地基自重的卸载,可补偿上部结构部分荷载,甚至全部重量。理想简化条件下,即使地基软弱,减载补偿设计的地基稳定性和沉降相对更加容易得到保证。按照上述地基自重卸载原理进行的地基基础设计,可称为补偿性基础设计,且这类基础可称为补偿性基础。

当基底实际平均压力 p(扣除水的浮力)等于基底接触面地基土的自重应力 σ_c 时,称全补偿性基础;小于 σ_c 称超补偿的基础;大于 σ_c 为部分补偿的基础。箱形基础和具有地下室的筏形基础是常见的补偿性基础类型。迄今为止,国外已成功地在深厚的软土地基上采用补偿性基础,建造了不少高层建筑。例如,美国纽约的 Albany 电话大楼,上部结构为 11 层,由于电话交换系统对沉降很敏感,要求建筑物不能有不均匀沉降。经过方案比较,最后采用了筏形基础上设置 3 层地下室的补偿性基础方案。虽然补偿性基础使得基底附加压力 p_0 大为减小,由 p_0 产生的地基沉降自然也大大减小,甚至可以不予考虑,但基础仍然存在沉降问题。因为在深基坑开挖过程中所产生的坑底回弹及随后修筑基础和上部结构的再加荷,可能引起显著的卸载再压缩沉降。可以说,任何补偿性基础,都不免有一定的沉降发生。《建筑地基基础设计规范》(GB—50007)最新修订中,采用再压缩变性折线双线性压缩规律,充分考虑了再压缩变形与卸载回弹变形量的关系,意图提高深基坑卸载再压缩沉降计算精度。

坑底的回弹是在开挖过程中连续、迅速发生的,因而无法完全避免。但是,如能减少应力的解除量,再压缩曲线的滞后程度也将相应减小,则再加荷时的随后沉降将显著减小,参见图 4-38。因此,为了尽量减少应力的解除,可以设法用建筑物的重量不断地替换被挖除

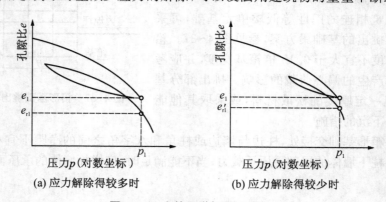

(a) 应力解除得较多时　　　　　(b) 应力解除得较少时

图 4-38　土的回弹与再压缩曲线

的土体重量,以保持地基内的应力状态不变,或降低在加载水平幅度。L·齐瓦特(Zeevaert)在墨西哥的著名高压缩性土地基上建造补偿性箱形基础时,运用了一种旨在尽可能减少应力解除的特殊施工方法。该法最大的特点是基坑的分阶段开挖和荷载的逐步替换,即在第一阶段,基坑只开挖到预定总深度的一半左右,这样可以减少坑底回弹;同时也有利于坑底土体的稳定。为了进一步减少应力解除,还可以在基坑内布置深井进行抽水,以便大幅度降低地下水位,使地基中的有效自重压力增加。第二阶段的开挖,采用重量逐步置换法,即按照箱基隔墙的位置逐个开挖基槽,到达基底标高后,在槽内浇筑钢筋混凝土隔墙,让墙体的重量及时代替挖除的土重。接着建造一部分上部结构,然后次第挖去墙间的土并浇捣底板,形成封闭空格后,立即充水加压。

此外,基坑开挖时还需注意避免长时间浸水,减小土体体积膨胀和坑底隆起,开挖后且应及时修建基础。

4.5.2　地下室抗浮设计

上述有关筏基和箱基分析,主要是针对建筑物的使用阶段工况进行的。在地下室底板(箱基底板或筏板)完工后、上部结构荷载施加的初期,如果地下水位高出底板底标高很多,应对地下室的抗浮稳定性和底板强度进行验算,地下室的抗浮稳定性验算同浅基础抗浮稳定验算,参见 2.4.2 节。此外,还需考虑自重 G_k 与浮力 F_w 作用点是否基本重合。如果偏心过大,可能出现地下室一侧上抬的情况。当特殊短暂工况等出现抗浮稳定验算不足时,可以采用如下措施以提高地下室的抗浮稳定性:

(1)尽快施工上部结构,增大自重;

(2)在箱格内充水、在地下室底板上堆砂石等重物或在顶板上覆土,作为平衡浮力的临时措施;

(3)将底板沿地下室外墙向外延伸,利用其上的填土压力来平衡浮力;

(4)在底板下设置抗拔桩或抗拔锚杆,当基坑周围有支护桩(墙)时,可将其作为抗拔桩来加以利用。

地下室在特殊施工工况与长期使用工况的底板强度验算,均应满足底板在地下水浮力作用下的足够强度和刚度,并满足抗裂要求。使用工况的地下室底板可按上述倒楼盖法进行内力分析。但是,在施工短暂工况,由于上部结构尚未建造或上部结构已建造但其刚度尚未形成时,底板的内力分析不能按倒楼盖法进行,应结合具体情况选择合适的计算简图。为了避免抗浮稳定验算导致连续基础底板的截面尺寸过大或配筋过多,可考虑在底板下设置抗拔锚杆或抗拔桩以改善底板的受力状态。

4.5.3　结构缝设置

地下室一般均属于大体积钢筋混凝土结构。为避免大体积混凝土因收缩而开裂,当地下室长度超过 40 m 时,宜设置贯通顶、底板和内、外墙的后浇施工缝.缝宽不宜小于 800 mm。在该缝处,钢筋必须贯通。为减少高层建筑主楼与裙房间的差异沉降,施工时通常在裙房一侧设置后浇带。后浇带的处理方法与施工缝相同。施工缝与后浇带的防水处理要与整片基础同时做好,并要采取必要的保护措施,以防止施工时损坏。

思考题与习题

4-1 常用的地基计算模型有哪几种? 分别说明各自的原理。

4-2 集中荷载及集中力偶作用下,弹性地基梁的挠曲变形有何特征,受哪些因素影响?

4-3 如何区分无限长梁和有限长梁? 文克勒地基上无限长梁和有限长梁的内力如何分析?

4-4 何谓有限长梁的边界条件力,为什么要施加该力系?

4-5 静定分析法与倒梁法分析柱下条形基础纵向内力有何差异,各适用什么条件?

4-6 柱下十字交叉梁基础节点荷载怎样分配,为什么要进行调整?

4-7 简述按弹性板法计算筏板基础的优缺点。

4-8 在软土地区采用箱形基础时,对偏心荷载的验算做了哪些更严格规定。

4-9 上部结构为框架结构时,箱形基础顶、底板的弯曲内力如何确定?

4-10 简述补偿性基础设计概念。

4-11 柱下条形基础所受外荷载大小及位置如习图 4-11。地基为均质黏性土,地基承载力特征值 $f_{ak}=160$ kPa,土的重度 $\gamma=19$ kN/m^3,基础埋深为 2 m,试确定基础底面尺寸,翼缘的高度及配筋;并用倒梁法计算基础的纵向内力(基础梁材料、图中 L_1、L_2 及截面尺寸自定)。

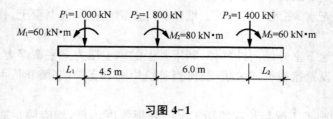

$P_1=1\ 000$ kN $P_2=1\ 800$ kN $P_3=1\ 400$ kN
$M_1=60$ kN·m $M_2=80$ kN·m $M_3=60$ kN·m
L_1 4.5 m   6.0 m L_2

习图 4-1

4-12 用文克勒地基上梁的计算方法计算习题 4-11 中 P_2 点的竖向位移、梁的弯矩及剪力,EI 取习题 4-11 中所确定的数值计算,基床系数 $k=5.0$ MN/m^3。

4-13 基础梁长 24 m,柱距 6 m,受柱荷载 $P=800$ kN。基础梁为 T 形截面,尺寸如习图 4-2 所示。试用倒梁法求地基反力分布和截面弯矩。

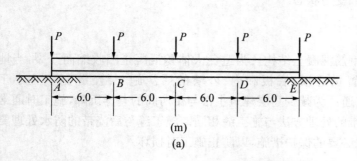

P P P P P
A B C D E
6.0   6.0   6.0   6.0
(m)
(a)

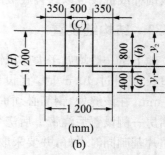

350 500 350
(C)
(H) 1 200   800 (h) y_2
(d) 400 y_1
1 200
(mm)
(b)

习图 4-2

4-14　十字交叉梁基础,某中柱节点承受荷载 $F=2\,000$ kN,一个方向基础宽度 $b_x=1.5$ m,抗弯刚度 $EI_x=750$ MPa·m⁴,另一个方向基础宽度 $b_y=1.2$ m,抗弯刚度 $EI_y=500$ MPa·m⁴,基床系数 $k=4.5$ MN/m³。计算两个方向分别承受荷载 F_x、F_y。（要求只进行初步分配,不做调整）

4-15　习图 4-3 为一承受对称柱荷载的条形基础,基础抗弯刚度为 $EI=4.3\times10^{-6}$ kN·m²,基础底板宽度 b 为 2.5 m,长度 l 为 17 m。地基土的压缩模量 $E_s=10$ MPa,压缩层在基底下 5 m 的范围内。用地基梁解析法计算基础梁中点 C 出的挠度、弯矩和地基净反力。

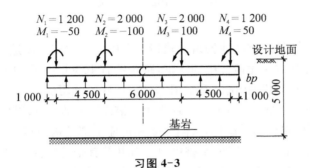

习图 4-3

4-16　均质黏土地基,其孔隙比 $e=0.89$,土的重度 $\gamma=19$ kN/m³,在如习图 4-4 所示的框架结构中拟修建柱下筏形基础。按正常使用极限状态下的荷载效应标准组合时,传至各柱室内地面（±0.00）标高的荷载如图,室外算起的基础埋深 $d=1.50$ m,室外标高负 0.30 m,地基土承载力特征值 $f_{ak}=106$ kPa,试设计该基础。（注:习图 4-17 中的柱荷载单位为 kN,柱采用 C50 现浇混凝土,截面尺寸为 600×600 mm,柱外边缘悬挑跨度自定）

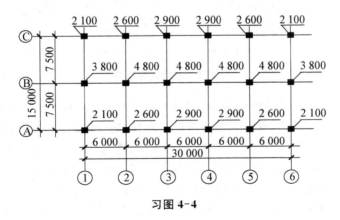

习图 4-4

4-17　有一正方形片筏基础置于弹性地基上,片筏边长为 12.5 m,厚度 200 mm。在板中心位置的 300 mm×300 mm 范围内作用 0.6 MN/m² 的均布荷载,试求板的挠度。已知地基变形模量 $E_0=80$ MPa,泊松比 $\upsilon=0.3$;板的弹性模量 $E=21\,000$ MPa,泊松比 $\upsilon=0.15$。

第5章 桩 基 础

5.1 概 述

桩基础(简称桩基)是人类在建构筑物建造实践中的一项伟大创造,是最古老、最基本的深基础类型。例如智利古文化遗址中的木桩,距今约有12000年至14000年;河姆渡遗址揭示,在7000年前新石器时代,我国已有采用木桩支承房屋的历史。

桩基系由基桩和承台组成的深基础。通常由2根或以上的基桩,以单排或多排布置,通过承台联合成灵活多样的桩台组合结构,共同承受和传递上部结构荷载。基桩不仅可以与各类浅基础联合应用,参见图5-1。此外,基桩也可与沉井等其他特种深基础联合使用,形成多种深基础组合形式。基桩施工工艺相对简单,不仅能适应各种复杂的水文地质条件和承担多种复杂荷载作用,而且桩基的抗震性能良好,在桥梁工程、港口工程、海洋采油平台、高耸和高重建筑物、支挡结构以及抗震工程结构等各种大型建(构)筑工程中,桩基的应用十分广泛。

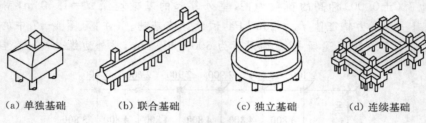

(a) 单独基础　　　(b) 联合基础　　　(c) 独立基础　　　(d) 连续基础

图5-1　基桩联合基础

桩基础一般由若干根基桩所组成,桩基中的一个桩,称之为基桩。工程实践中,单独基础下可采用单根桩支承形式,称之为单桩基础。单桩(Single Piles)系指仅承受桩顶荷载作用的一根桩,是桩基的基本分析单元,不存在桩与桩、桩与台之间的相互作用。基桩同样系指一根桩,是群桩(Pile Group)基础中的一根桩,是考虑群桩间和桩台间等各种相互作用影响均质概化后的一根桩,是特定桩基础结构中具有平均承载性能的一根桩。设计中可直接将基桩承载力,按桩数叠加求得桩台基础的总承载能力。因此,单桩与基桩就数量而言均指一个桩,但两者承载性能与变形特征不尽相同。

5.1.1 基桩分类

桩的基本要素包括结构材料、设置方向和桩土相互作用三个方面。根据桩的基本要素分类,有利于发挥不同型式桩基的优势。此外,桩的性能与成桩工艺和设置效应等有关。工程实践中,按桩身材料可分为混凝土桩、钢桩、木桩及组合材料桩等。按桩径分为小直径桩

($d \leqslant 250$ mm)、普通桩(250 mm$< d < 800$ mm)和大直径桩($d \geqslant 800$ mm)三种。按桩长可分为一般桩(桩长 $L \leqslant 40$ m,相对桩长 $L/D \leqslant 30$)、深长桩(40 m$< L \leqslant 50$ m,$30 < L/D \leqslant 40$)和超长桩($L > 50$ m,$L/D > 40$)。根据基桩桩顶荷载性质(作用方向),可以分为竖向抗压桩、竖向抗拔桩、水平承载桩和复合承载桩。

1. 按承载特征分类

桩的竖向抗压承载力由桩端土的承载力和桩侧摩阻力承载力组成。基桩作为传递荷载的杆件,通过桩端持力层与桩侧桩土接触面,将上部结构荷载向地基中水平扩散或向深层良好岩土层传递。根据桩顶垂直荷载作用下桩侧阻力和桩端阻力的分担比例,可将桩分为摩擦型桩和端承型桩。

摩擦型桩,桩顶竖向压力荷载全部或主要由桩侧阻力承担。根据桩侧阻力分担荷载的比例,摩擦型桩又可以进一步分为:①摩擦桩:桩顶极限荷载的绝大部分由桩侧阻力承担,桩端阻力可忽略不计;②端承摩擦桩:桩顶极限荷载由桩侧阻力和桩端阻力共同承担,但桩侧阻力分担的荷载较大。端承摩擦桩,工程实践中的端承摩擦桩所占比例很大。

端承型桩,桩顶竖向压力荷载全部或主要由桩端阻力承受根据桩端阻力与桩侧阻力分担桩顶荷载的比例,可进一步分为:①端承桩:桩顶极限荷载绝大部分由桩端持力层承担,桩侧阻力可忽略不计;②摩擦端承桩:桩顶极限荷载大部分由桩端持力层承担,桩侧阻力仍提供一定的抗力,桩端阻力与桩侧阻力共同承担桩顶荷载。当桩端嵌入良好岩层一定深度(嵌入微风化或中等风化岩体的最小深度不小于 0.5 m)时,称为嵌岩桩。嵌岩桩的嵌岩深度、孔底清孔质量与桩的相对长度。基桩长细比愈小(刚度愈高),清孔质量愈好,则为端承桩承载特征;反之,则接近摩擦端承型桩。

2. 按施工方法分类

基桩施工机具和设置工艺的不同,直接影响到桩与桩周土接触边界处的状态。根据桩的施工方法,主要可分为预制桩和灌注桩两大类。

预制桩是将预先制备好的桩体,以锤击、振动或静压等不同的沉桩方式设置至预定深度,主要适用于一般细粒均质土层地基。预制桩成桩设置快且施工环境友好,但需接桩与截桩,且设置排土效应显著,灌注桩是先在设计桩位处直接成孔,然后在孔内下放钢筋笼(也有直接插筋或省去钢筋的)再浇灌混凝土而成。灌注桩可选择适当的钻具设备和施工方法而适用于各种类型的地基土,可避免预制桩打桩时对周围土体的挤压影响和振动及噪声对周围环境的影响。在灌注桩成孔成桩过程中应采取相应的措施和方法,保证孔壁稳定和提高桩体质量。

灌注桩横截面一般呈圆形(也有采用异形截面,增加桩土侧壁接触面),可做成大直径和扩底桩。灌注桩承载变形特征与成孔质量、桩身成型与混凝土质量有关。灌注桩可分为钻(冲)孔灌注桩、沉管灌注桩和人工挖孔灌注桩等类型。

3. 按设置效应分类

预制桩沉桩或沉管灌注桩沉管设置过程中排土作用,将改变天然沉积土的天然结构与应力状态,影响桩的承载力和变形性质,并产生环境效应,可称之为桩的设置效应。根据桩基施工排土效应强弱可以分为:非排土桩、部分排土桩和排土桩。

非排土桩包括钻(冲或挖)孔灌注桩、机挖井形灌注桩及机动洛阳铲成孔灌注桩等。非排土桩和部分排土桩对桩周土体影响较小,一般可用原状土的强度指标估算桩基承载力和沉降量。但成孔卸载与机械扰动,同样会使局部桩周土体抗剪强度降低,尤其是大直径钻孔灌注桩的桩侧摩阻力降低。排土沉桩设置对地基的排土效应,对于松散透水性砂性土地基,具有一定的挤密增强桩间土的作用;但对于饱和(软)黏性土地基,可产生严重扰动或破坏,且引起桩周饱和软黏土超孔压积聚,强度与刚度降低;同时排土效应引起水平位移和隆起变形,对相邻既有基桩、毗邻建筑基础或环境产生不利的附加作用。

4. 按设置方式分类

根据桩顶荷载特点,桩基设置方式可按桩轴方向、承台位置、桩墩设置等方式进行分类。

按基桩设置方向(桩身轴线方向)可分为竖直桩、斜桩等,如图5-2所示。一般采用简单直桩设置方式。斜桩能承受较大的水平荷载和更高的抗侧刚度,轴线与竖直线所成倾斜角的正切不宜小于1/8,否则斜桩作用不大。打入桩倾斜度取决于打桩设备,目前国内一般不超过3∶1(竖∶横)。

桩基一般由基桩和承台两部分组成,根据承台与地面的相对位置,可分为高桩承台基础和低桩承台基础。高桩承台的承台底面位于地面(或冲刷线)以上,可避免或减少水下作业,如图5-2所示。低桩承台的承台底面位于地面(或冲刷线)以下,低承台桩基承载性能与稳定性能相对更好,实践中广泛采用。

桩墩是通过在地基中成孔后灌注混凝土形成的大口径断面柱形深基础,即以单个桩墩代替群桩及承台。桩墩基础底端可支于基岩之上,也可嵌入基岩或较坚硬土层之中,且类似于基桩承载性能分类,可分为端承桩墩和摩擦桩墩两种,如图5-3所示。

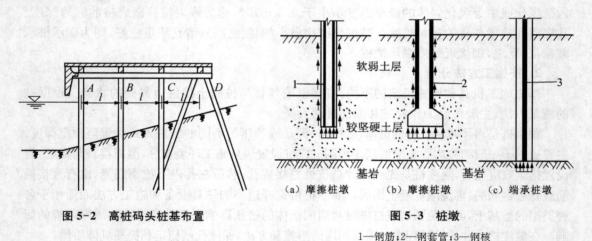

图5-2 高桩码头桩基布置 　　　图5-3 桩墩

1—钢筋;2—钢套管;3—钢核

5.1.2 单桩轴向荷载传递

在桩顶轴向压力荷载作用下,桩顶沉降为桩身弹性压缩和桩端下土层压缩量之和。桩身相对于桩周土向下位移时,桩土接触面产生正摩阻力,桩顶荷载沿桩身向下传递时,必须不断地克服正摩阻力,桩身轴向力随深度逐渐减小,并产生弹性压缩变形。传递至桩端荷载作用于桩端持力层,可压缩性持力层随之压缩变形。设桩顶垂直荷载为Q(kN),桩侧总摩阻力为Q_s(kN),桩端总阻力为Q_p(kN),根据静力平衡条件可得:

$$Q = Q_s + Q_p \tag{5-1}$$

当桩侧摩阻力和桩端阻力同时达到极限值时的Q_{su}(kN)和Q_{pu}(kN),则可以得到桩顶

荷载极限值 Q_u(kN)如下：

$$Q_u = Q_{su} + Q_{pu} \tag{5-2}$$

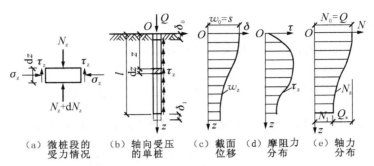

（a）微桩段的　　（b）轴向受压　　（c）截面　　（d）摩阻力　　（e）轴力
　　受力情况　　　　的单桩　　　　　位移　　　　分布　　　　分布

图 5-4　单桩轴向荷载传递

桩顶垂直荷载 Q 作用下，桩身任意深度 z(m)截面的轴向力为 N_z(kN)，且 $z=0$ 时 $N_0=Q$。由于桩侧土的摩阻力作用，N_z 随深度 z 的增大而减小，其衰减变化率反映了桩侧土摩阻大小。单桩典型 $N_z \sim z$ 曲线，参见图 5-4(e)。设桩的长度为 l(m)，周长为 u(m)，根据桩身任意深度 z 处取 $\mathrm{d}z$ 微分段的竖向静力平衡条件（忽略桩身自重），可得桩的荷载传递基本微分方程：

$$N_z - \tau_z u \mathrm{d}z - (N_z + \mathrm{d}N_z) = 0$$

$$\tau_z = -\frac{1}{u}\frac{\mathrm{d}N_z}{\mathrm{d}z} \tag{5-3}$$

桩身任意深度 z 处的单位侧摩阻力 τ_z 的大小与该处轴力 N_z 随深度 z 的变化率（一阶导数）成正比，式中负号表明当 τ_z 方向向上时，桩身轴力 N_z 将随深度 z 增加而减少。

对应桩顶垂直荷载 Q，桩顶截面位移 w_0(m)由桩端截面位移 w_L(m)和桩身压缩 δ_p(m)组成，即 $w_0 = w_L + \delta_p$。设桩顶沉降 $s = w_0$，可得任意深度处的桩截面位移 w_z 如下：

$$w_z = s - \frac{1}{EA}\int_0^z N_z \mathrm{d}z \tag{5-4a}$$

式中　A、E——分别为桩的横截面面积 A(m²)和桩身材料的弹性模量(MPa)。

将上式求导后，得到桩身微单元物理几何方程如下：

$$\partial w_z = -\frac{N_z \mathrm{d}z}{EA} \quad \text{或} \quad N_z = -\frac{\partial w_z}{\mathrm{d}z}EA \tag{5-4b}$$

将上式桩身微单元物理几何方程代入平衡方程式(5-3)，可以得到桩身微单元竖向荷载传递微分控制方程如下：

$$\frac{\partial^2 w_z}{\mathrm{d}z^2} - \frac{u}{AE}\tau_z = 0 \tag{5-5}$$

1. 剪切位移原理

在均质地基中单桩桩顶小变形时，可忽略桩土接触面相对滑移，满足接触面位移协调条

件任一深度 z 的位移 w_z 等于桩周土体的剪切位移 $w_{sz}(r=r_0)$,且 $\tau_z=\tau_{sz}(r=r_0)$。根据桩周土体任意径向 r 环面上剪切力平衡条件,可得

$$\tau_{sz}(r) = \frac{\tau_z r_0}{r} \tag{5-6a}$$

如图 5-5,由上式可得环面上土体弹性剪切物理方程如下:

$$\gamma_{zx}(r) \approx -\frac{\partial w_{sz}(r)}{\partial r} = \frac{\tau_{sz}(r)}{G_s} = \frac{\tau_z r_0}{r}\frac{1}{G_s} \tag{5-6b}$$

上式积分后,可得桩身任一深度 z 处,半径为 r 的环面上的剪切位移如下:

$$w_{sz}(r) = \int_r^{r_m} \frac{\partial w_{sz}(r)}{\partial r} dr = \frac{\tau_z r_0}{G}\ln\left(\frac{r_m}{r}\right) \tag{5-6c}$$

$$r_m = 2.5L\rho_m(1-v),\ \rho_m = G_{L/2}/G_L$$

式中　r_m——为环面剪切变形的最大影响半径(m);

　　　ρ_m——为有限深度均质土中的影响修正系数;

　　$G_{L/2}$、G_L——分别为深度 $L/2$ 处和深度 L 处土的土体剪切模量。

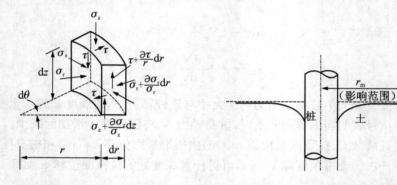

图 5-5　剪切位移解析原理　　　　图 5-6　剪切位移影响范围

将 $r=r_0$ 代入表达式(5-6c),可得:

$$\tau_z = k_s w_z = k_s w_{sz}(r_0) = \frac{G}{r_0}\ln^{-1}\left(\frac{r_m}{r_0}\right)w_z \tag{5-7}$$

$$k_s = Gr_0^{-1}\ln^{-1}(r_m r_0^{-1})$$

将(5-7)代入表达式(5-5)可得桩身微单元微分控制方程

$$\frac{\partial^2 w_z}{\partial z^2} - \frac{k}{AE}w_z = 0 \tag{5-8a}$$

$$k = k_s u = 2\pi G\ln^{-1}(r_m/r_0)$$

求解方程(5-8a),可得通解如下:

$$w_z = c_1 e^{\alpha z} + c_2 e^{-\alpha z}, \quad \alpha = \left(\frac{k}{AE}\right)^{0.5} \tag{5-8b}$$

将式(5-8b)代入(5-4b),可得桩身任一截面轴力 N_z 如下:

$$N_z = -\alpha AE(c_1 e^{\alpha z} - c_2 e^{-\alpha z}) \tag{5-8c}$$

联立式(5-8b)和(5-8c)可得:

$$\begin{Bmatrix} w_z \\ N_z \end{Bmatrix} = \begin{bmatrix} e^{\alpha z} & e^{-\alpha z} \\ -\alpha AE e^{\alpha z} & \alpha AE e^{-\alpha z} \end{bmatrix} \begin{Bmatrix} c_1 \\ c_2 \end{Bmatrix} \tag{5-8d}$$

$$\begin{Bmatrix} c_1 \\ c_2 \end{Bmatrix} = \frac{1}{2\alpha AE} \begin{bmatrix} \alpha AE e^{-\alpha z} & -e^{-\alpha z} \\ \alpha AE e^{\alpha z} & e^{\alpha z} \end{bmatrix} \begin{Bmatrix} w_z \\ N_z \end{Bmatrix} \tag{5-8e}$$

根据边界条件:①桩顶截面深度 $z=0$,对应桩顶轴力和位移分别为 $N_0=Q$ 和 $w_0=s$;②桩端截面深度 $z=L$,对应桩端轴力和位移分别为 $N_L=Q_b$ 和 $w_L=s_b$。由上式可得:

$$\begin{Bmatrix} w_z \\ N_z \end{Bmatrix} = \begin{bmatrix} \mathrm{ch}(\alpha z) & -\frac{1}{\alpha AE}\mathrm{sh}(\alpha z) \\ -\alpha AE \mathrm{sh}(\alpha z) & \mathrm{ch}(\alpha z) \end{bmatrix} \begin{Bmatrix} s \\ Q \end{Bmatrix} \tag{5-9a}$$

$$\begin{Bmatrix} s \\ Q \end{Bmatrix} = \begin{bmatrix} \mathrm{ch}(\alpha L) & \frac{1}{\alpha AE}\mathrm{sh}(\alpha L) \\ \alpha AE \mathrm{sh}(\alpha L) & \mathrm{ch}(\alpha L) \end{bmatrix} \begin{Bmatrix} s_b \\ Q_b \end{Bmatrix} \tag{5-9b}$$

Randolph(1978)基于刚性体压入弹性半空间的解,给出了桩端持力层刚度系数 k_b 双曲线模型:

$$k_{sb} = \frac{4G_L}{\pi r_0 \rho (1-\mu)} \tag{5-10a}$$

$$Q_b = k_b A s_b = K_b s_b \tag{5-10b}$$

$$K_b = k_{sb} A = \frac{4G_L r_0}{\rho(1-\mu)} = \frac{2E_s r_0}{\rho(1-\mu^2)} = 2.35 \frac{E_s r_0}{1-\mu^2}$$

$$G_L = E_s/2(1+\mu)$$

式中,ρ 为桩端深度影响系数,Randolph 建议 $\rho=0.85$;E_s 和 μ 为对应桩端 L 处的持力层的压缩模量和泊松比。

根据上式式(5-9)和式(5-10),则可得桩顶 $Q \sim s$ 关系曲线和桩端荷载分担比 R_b 如下:

$$Q = \frac{\alpha AE \mathrm{sh}(\alpha L) + K_b \mathrm{ch}(\alpha L)}{\mathrm{ch}(\alpha L) + K_b (\alpha AE)^{-1}\mathrm{sh}(\alpha L)} s = K_0 s \tag{5-11a}$$

$$R_b = \frac{Q_b}{Q} = \frac{1}{\alpha AE K_b^{-1}\mathrm{sh}(\alpha L) + \mathrm{ch}(\alpha L)} \tag{5-11b}$$

【例题 5-1】 均质黏性土中的单桩,入土桩长 $L=25$ m,桩径 $d=1\,000$ mm,为典型中长桩。桩身混凝土等级 C30,土体压缩模量 $E_s=5$ MPa,泊松比 $v_s=0.4$。试分析单桩桩顶荷载沉降规律。

解：

由桩身混凝土等级 C30，可得弹性模量 $E_C = 30\ 000$ MPa；由 $r = 500$ mm，可得桩身正截面抗压刚度 $EA = 23\ 562$ MN；黏性土均质地基的 $E_s = 5$ MPa 和 $\nu_s = 0.4$，可得：

$$G = E_s/2(1+\mu) = 1.79 \text{ MPa}$$

$$\rho_m = G_{L/2}/G_L = 1 \Rightarrow r_m = 2.5L\rho_m(1-\nu_s) = 37.5\text{m}$$

$$k_s = Gr_0^{-1}\ln^{-1}(r_m r_0^{-1}) = 0.87 \text{ MPa/m} \Rightarrow k = k_s u = 4.14 \text{ MN/m}$$

$$\alpha = \left(\frac{k}{AE}\right)^{0.5} = 0.012 \text{ m}^{-1}$$

黏性土均质地基中的桩端持力层材料常数同上，可得：

$$K_b = 2.35\frac{E_s r_0}{1-\nu_s^2} = 7.0 \text{ MN/m}$$

根据上述计算参数，由表达式（5-11a），可得桩顶荷载沉降 $Q \sim s$ 曲线，参见例图 5-1(a)。深度 z 处桩身截面的竖向位移 w_z、轴力 N_z 及对应桩侧摩阻力 τ_z 随深度 z 增加而减小的分布特征，参见例图 5-1(b)～5-1(d)。

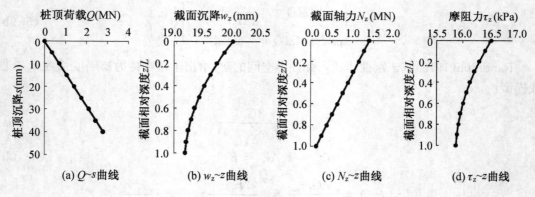

例图 5-1

2. 荷载传递特征

在桩顶轴向荷载 Q 作用下，桩侧阻力发挥一般先于桩端阻力，两者既非同步，更不是同时达到极限状态。桩侧摩阻力充分发挥时的临界相对位移 w_{cs}，黏性土中时约为 $w_{cs} = 4\sim 6$ mm；砂土中时约为 $w_{cs} = 6\sim 10$ mm。桩端持力层承载力充分发挥时的桩端刺入位移临界值 w_{cb}，砂类土时的 $w_{cb} = (1/12\sim 1/10)d$（$d$ 为桩端直径），黏性土时 $w_{cb} = (1/10\sim 1/4)d$，且桩端持力层密实坚硬时的 w_{cb} 取小值，反之亦然。相对而言，桩端持力层承载力充分发挥时的 w_{cb} 明显大于 w_{cs}，桩侧阻力先于桩端阻力发挥。

设桩侧土体、桩端土体和桩身的材料模量分别为 E_s、E_b 和 E_p，根据例题 5-1 的有关参数，则分别对应不同的桩端持力层相对刚度 E_b/E_s（$L/d = 25$ 和 $E_p/E_s = 30\ 000$）、不同的相对桩长 L/d（$E_b/E_s = 1$ 和 $E_p/E_s = 30\ 000$）和桩身相对刚度 E_p/E_s（$L/d = 25$ 和 $E_b/E_s = 1$），可以得到例图 5-2。

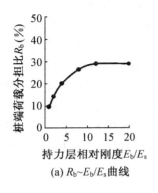

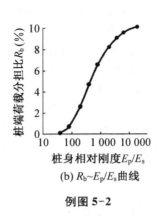

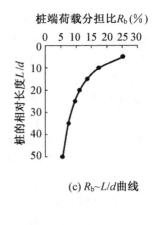

(a) $R_b \sim E_b/E_s$ 曲线　　　(b) $R_b \sim E_p/E_s$ 曲线　　　(c) $R_b \sim L/d$ 曲线

例图 5-2

澳大利亚著名学者 Poulos 等运用弹性理论对均质土中的中长桩($L/d \approx 25$)分析成果,揭示了单桩的竖向荷载传递规律如下:

(1)桩端荷载分担比 R_b 随着桩端持力层相对刚度 E_b/E_s 增大而提高,但持力层相对刚度达到一定程度后,R_b 增大幅度逐渐减缓并趋于稳定,例图 5-2(a)亦揭示了类似的规律。

(2)桩端荷载分担比 R_b 随着桩身相对刚度 E_p/E_s 增大而提高,但 E_p/E_s 超过一定值后,增幅逐渐降低,例图 5-2(b)亦揭示了类似的规律。此外,桩身相对刚度低($E_p/E_s \leqslant 10$)时的中长桩的桩端阻力基本为零;偏低($E_p/E_s \leqslant 100$)时接近于零,参见例图 5-2(b)。因此,碎石桩、灰土桩等低刚度桩体不具备基桩荷载传递特征,应按复合地基原理进行设计。

(3)桩端荷载分担比 R_b 随着相对桩长 L/d 增大而减小。对应深长桩或超长桩时桩端荷载分担比 $R_b \leqslant 5\%$,且不论桩端土刚度多大,端阻均可忽略不计,及接近荷载全部由桩侧阻力分担的摩擦桩,例图 5-1(c)揭示了类似的规律。因此,深长桩与超长桩时的继续增加桩长以提高桩基承载力的效率较低,有时甚至是徒劳的。

(4)增大扩底直径与桩身直径之比 D/d,桩端分担的荷载可以提高。均质土中等直径中长桩的桩端分担百分比 $R_b \approx 5\%$,而对 $D/d = 3$ 时的扩底桩可增至 $R_b \approx 35\%$。

5.2　单桩竖向抗压承载力

基桩一般垂直向设置,桩顶轴向压力荷载作用下,单桩到达破坏状态前,或出现不适于继续承载的变形时,所对应的最大荷载称为单桩极限承载力。单桩极限承载能力破坏形式分为两种:①桩周(岩)土抗力不足,或位移量过大(刚度)而不适于继续承载;②基桩构件的结构强度破坏。单桩极限承载力应采用上述两种破坏模式中的较小者。单桩承载力设计值必须具有一定的承载力安全储备,且应确保桩基变形在容许范围之内,在极限状态设计中称为单桩承载力特征值,需要时应考虑桩基承台效应等修正。

5.2.1　单桩静载荷试验

现场足尺试桩竖向抗压静载试验,综合了土岩支撑与桩身构件强度稳定。破坏性试桩可提取单桩承载力直接用于桩基设计;验证性试桩可校验基桩承载力是否满足设计要求,评价桩基安全性。因此,对重要的工程一般都应通过现场静载试验确定单桩轴向抗压承载力。

试桩静载试验应有效模拟某一桩型、桩顶荷载和工程地质条件。基于安全角度,试桩位置应选择地基条件最不利处;基于代表性,试桩桩位应选择工程地质条件最具代表性的场址。试桩的数量应根据地质条件复杂程度、基桩类型(桩材、桩径、桩长)和工程总桩数确定。《地基基础设计规范》(GB 50007)中规定:单桩的竖向抗压承载力应通过现场静载试验确定,在同一条件下的试桩数量不宜少于总桩数的 1‰,并不少于 3 根。港工桩基规范规定:总桩数在 500 根以下时,试桩不少于 2 根,每增加 500 根宜增加 1 根试桩。此外,可在试桩桩身与桩底埋设若干测试元件(如钢筋计、应变片、应变杆等),提取典型土层极限摩阻力和端阻力等桩基设计参数。

1. 静载试验装置

单桩竖向抗压静载荷试验主要由加载反力系统和桩顶沉降观测系统组成,加载反力系统主要形式有:①锚桩横梁反力装置,参见图 5-7(a);②压重平台反力装置,参见图 5-7(b);③锚桩压重联合反力装置。压重平台支墩的地基承载力验算时的地基承载力特征值可适当提高($1.0\sim1.5f_a$)。桩顶沉降测量系统由百分表或电子位移计,基准梁与基准桩等组成。沉降测点沿桩 2 个正交的直径方向对称安置 4 个,测点平面距离桩顶不应小于 $0.5d$(桩径)。沉降观测系统精度应达到 0.01 mm,夹具和基准梁构造上应确保不受气温影响而发生竖向变形,基准点(桩)的设置原则上应该是固定的,不受加卸载影响。试桩静载试验系统设计应控制试桩与锚桩、试桩与压重平台支墩、或试桩与地锚之间相互作用对桩顶沉降测试的影响,都应留有足够的间距,参见表 5-1。

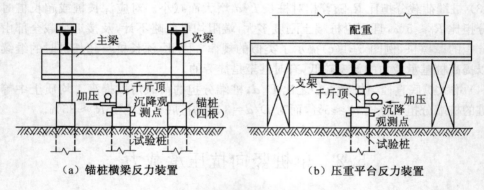

（a）锚桩横梁反力装置　　　　　　（b）压重平台反力装置

图 5-7　单桩静载荷试验的加载装置

表 5-1　试桩、锚桩和基准桩之间的中心距离

反力系统	试桩与锚桩(或压重平台支座墩边)	试桩与基准桩	基准桩与锚桩(或压重平台支座墩边)
锚桩横梁反力装置	≥4d 且>2.0 m	≥4d 且>2.0 m	≥4d 且>2.0 m
压重平台反力装置	≥4d 且>2.0 m	≥4d 且>2.0 m	≥4d 且>2.0 m

注:d 为试桩或锚桩设计直径,取其较大者;当试桩与锚桩为扩底桩时,试桩与锚桩中心距不应小于 2 倍扩大端直径。

2. 静载试验方法

由于预制桩等设置排土效应产生的孔隙水压力集聚与消散机制的影响,单桩静载荷试验的间歇休止期:砂类土不少于 7~10 d;粉土和黏性土不少于 15 d;饱和黏性土不少于

25 d。《港口工程桩基规范》(JGJ—254)规定:对黏性土不少于 2 周,对砂土不少于 3 d,水冲沉桩一般不少于 4 周。此外,对于灌注桩则应在桩身混凝土强度达到设计要求后,开始加载试验。桩顶加载方式主要有慢速维持荷载法、快速维持荷载法、等贯入速率法以及循环加载法等。慢速维持荷载法应用最为普遍,得到桩顶荷载与沉降 $Q\sim S$ 特征曲线不仅可确定单桩承载力,且可揭示桩顶刚度特征。

慢速维持荷载法桩顶荷载按 $10\sim12$ 等量分级加载(不少于 8 级),每级加载为预计桩顶最大试验荷载的 $1/10\sim1/12$,每级荷载施加后维持荷载时间不小于 2 h,且桩顶沉降应满足小于 0.1(0.2) mm/h 稳定标准后,方可施加下一级荷载。当桩顶加载达到规定终止条件后,便可停止加载。然后分级卸荷至零,每级卸载值为加载 2 倍。快速维持荷载法将预计最大加荷等量分级(12 级或以上),以相等时间间隔(60 min)累计分级施加,主要用于确定极限承载力。港口等水域工程中的特殊环境及其测试精度的影响,外海试桩宜优先采用快速法。其他加载方法各有特点,等贯入速率法试验时的荷载以保持桩顶等速率贯入土中而连续施加,可确定桩顶极限荷载;循环加载卸载试验则通过试验测得各循环荷载的残余下沉量和弹性变形,从而确定桩的容许荷载和桩的刚性系数。

试桩竖向抗压慢速维持荷载法试验中,对于破坏性试桩,一般出现下列情况之一时即可终止加载:①加载至某级荷载时,桩顶沉降量超过前一级荷载下沉降量的 5 倍;②在某级荷载作用下,24 h 未达到稳定;③已达到锚桩最大抗拔力或压重平台提供反力极限重量时。对于工程桩单桩承载力验证性试桩,桩顶加载达到设计要求单桩极限承载力或其 1.2 倍时,可终止加载。此外,④加载进行到出现可判定极限承载力的陡降段,或由于桩顶不停滞下沉无法继续加载时,可终止加载。

3. 试桩承载力分析

一般认为,在某级荷载作用下,桩顶发生剧烈或不停滞的沉降处于破坏状态时,例如上述终止加载条件①、②和④,相应该级荷载的前一级荷载称为极限荷载 Q_u。因此,分级加载宜不小于 8 级。根据单桩静载试验得到的桩 $Q\sim s$ 曲线,可分析确定单桩垂直极限承载力 Q_u。

(1) 极限承载力特征点法。绘制比例为 2:3(横:竖)的桩顶荷载位移 $Q\sim s$ 曲线,对于陡降型 $Q\sim s$ 曲线,可取曲线陡降段起始点(第二拐点)所对应的荷载为单桩垂直抗压极限承载力 Q_u,参见图 5-8 中曲线①。对于缓变型 $Q\sim s$ 曲线,可取对应 $s=40\sim60$ mm 时的荷载值为单桩 Q_u;对于大直径桩($d\geq800$ mm),可取对应 $s=0.03\sim0.06d$(d 为桩端直径)时的所对应的荷载值(大桩径取低值,小桩径取高值);对于细长桩($l/d>80$),可取对应 $s=60\sim80$ mm 时的荷载值,参见图 5-8 中曲线②。

对于某些 $Q\text{-}s$ 特征曲线特征点模糊时,可采用切线交会法,即取相应于 $Q\sim s$ 曲线始段和末段两切线交点所对应的荷载作为极限荷载 Q_u。此外,辅助 $S\sim\log P$ 特征曲线法的陡降直线段在拐弯后更加明显,且易于判别。取 $S\sim\log P$ 曲线出现陡降直线段的起始点所对应的荷载为桩的极限荷载 Q_u,参见图 5-10。同时,依据经验该法还可划分桩侧摩阻力和桩尖阻力,即将以极限荷载为起点破坏段直线段向上延长与横坐标相交,其交点与坐标原点间的荷载值即为桩侧的极限摩阻力 Q_{su},剩余部分为桩的端阻力 Q_{bu}。

(2) 桩顶 $Q\sim s$ 曲线破坏荷载特征点法(又称为沉降速率法)。分级绘制 $S\sim\log t$ 成果曲线,每级荷载的 $S\sim\log t$ 直线斜率反映了试桩沉降的时间速率,试桩破坏荷载前的 $S\sim\log t$ 成果曲线接近线性关系,当对应某级荷载,桩顶 $S\sim\log t$ 线不是直线而呈折线时,则表明在该级荷载作用下桩顶沉降稳定时间延长且单桩塑性变形增加,可作为试桩破坏荷载特征点,其前一级荷载即为单桩的极限荷载 Q_u,参见图 5-9。

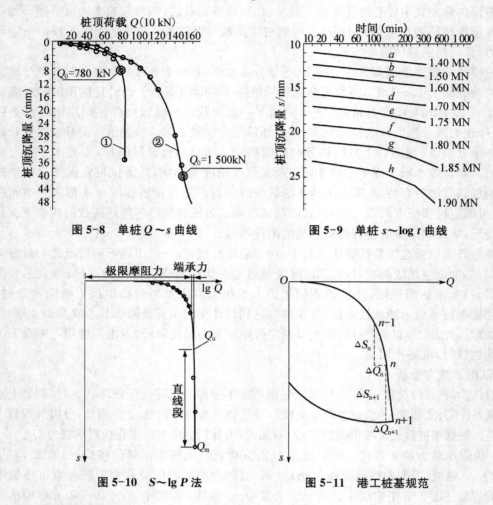

图 5-8 单桩 $Q \sim s$ 曲线   图 5-9 单桩 $s \sim \log t$ 曲线

图 5-10 $S \sim \lg P$ 法   图 5-11 港工桩基规范

4. 单桩承载力确定

根据 n 组试桩(3 根或以上)实测极限承载力值 Q_{ui},计算 n 根试桩的极限承载力平均值 Q_{um},实测极限承载力最大值与最小值极差小于 30% 时,取平均值 Q_{um} 为单桩极限承载力。否则,宜增加试桩数量并分析极差过大原因,结合具体工程情况确定单桩极限承载力。此外,当单独承台下基桩数量不超过 3 根时,取最小值作为单桩承载力。单桩承载力特征值 R_a 可按上述极限承载力除以 2 得到。

5. 平板载荷试验

深层平板载荷试验不仅适用于确定深层($\geqslant 5$ m)地基土持力层承载力和变特性,且可用于确定大直径桩桩端土质持力层承载力,参见 2.2.3 节。完整、较完整和较破碎岩基承载力可采用岩基平板荷载试验确定,深层基岩载荷板试验同样适用于大直径端承桩的桩端持力层极限端阻力确定。基岩平板试验载荷试验一般采用圆形刚性承压板,面积不小于 0.07 m²,详见《岩土工程勘察规范》(GB 50021)。

符合深层平板载荷试验规定条件下得到的深层地基土极限承载力,可不进行深度修正。岩石地基平板试验得到的极限承载力,均不考虑深宽修正。一般要求每个场地载荷试验的数量不应少于 3 点,将各点极限荷载除以安全系数 3 与对应于比例界限的荷载比较后取小值,多组试验数据取最小值作为岩石地基承载力特征值。

5.2.2 单桩承载力理论计算

单桩极限承载力 Q_u 由桩侧总极限摩阻力 Q_{su} 与桩端极限端阻力 Q_{bu} 之和,减去因桩的设置的地基重力增量 ΔG,可以表示成

$$Q_u = Q_{su} + Q_{bu} - \Delta G = Q_{su} + Q_{bu} - (\gamma_p - \gamma)Al \qquad (5-12)$$

式中　γ_p、γ——分别桩材料重度和桩长以内土的平均重度(kN/m^3);

　　　　A、l——分别为桩身截面面积(m^2)和桩长(m)。

1. 极限端阻力

桩端极限端阻力 Q_{bu} 一般采用地基承载力塑性解理论,将桩端视为一宽度为 d,埋深为 l 的深基础,求出桩端极限端阻力 Q_{bu}。桩端土地基承载力塑性解的计算模型常用的有太沙基型、梅耶霍夫型、别列赞捷夫型和魏西克型等,其通用式可以写成:

$$q_b = 0.5\gamma dN_\gamma + N_q\sigma_{vl} + N_c c \qquad (5-13)$$

式中　σ_{vl}——桩端平面桩间土垂直有效应力,一般为地基自重应力(kPa);

　　　　d——桩端截面直径或宽度(m);

　　　　N_γ、N_q、N_c——桩端持力层土的地基承载力塑性解的承载力系数。

当桩端持力层为饱和黏性土时,桩在设置过程中和受荷初期,桩端持力层来不及排水固结,基于安全考虑一般采用饱和黏性土的短期(Short-term)不排水状态控制桩端承载力。此时,$\varphi_u = 0$、$N_\gamma = 0$ 和 $N_q = 1.0$。大量学者研究成果表明,不排水状态时黏性土的承载力系数 $N_c = 5.0 \sim 9.3$,随桩端入土深度增长而增加,且当深度 $z > 4d$ 后,稳定于上限值 $N_c = 9.0$。因此,将 $N_c = 9.0$,$N_\gamma = 0$ 和 $N_q = 1.0$ 代入式(5-13),可得桩端极限端阻力:

$$q_b = \sigma_{vl} + N_c c_u = \sigma_{vl} + 9c_u \qquad (5-14)$$

当桩端持力层为砂性土等透水性土层时,应采用排水状态控制桩端承载力。按正常固结土假定 $c' = 0$,且 $0.5\gamma_d N_\gamma \approx 0$,代入式(5-13)可得桩端极限端阻力:

$$q_b = N_q\sigma_{vl} \qquad (5-15)$$

式中,地基承载力系数 N_q 值确定,可根据换算内摩擦角 φ 按图 5-12 确定。φ 取值考虑了基桩设置后对桩周土的强度影响。

砂性土土层在打桩前的标准击数为 N 时,相应砂土的内摩擦角可按大崎(Kishida)经验公式确定:

$$\varphi'_1 = \sqrt{20N} + 15 \qquad (5-16a)$$

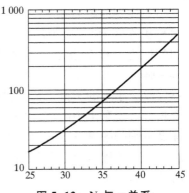

图 5-12　N_q 与 φ 关系

排土桩施打后,桩周土体受到成桩设置的影响,相应砂性土的内摩擦角可按下式计算:

$$\varphi_2' = (\varphi_1' + 40°)/2 \tag{5-16b}$$

综合考虑打入桩和钻孔灌注桩不同类型基桩设置效应,可得相应的换算内摩擦角 φ:

钻孔灌注桩 $\varphi = \varphi_1' - 3$ \qquad (5-17a)

预制打入桩 $\varphi = (\varphi_1' + \varphi_2')/2 = \dfrac{3}{4}\varphi_1' + 10$ \qquad (5-17b)

2. 极限侧阻力

桩的极限侧阻力 Q_{su} 计算中,假定桩土接触剪切强度 τ_{sf}(极限侧阻力)符合传统土力学中的库仑强度破坏准则,即:

$$\tau_{sf} = c_a + \mu\sigma_{hz} = c_a + \mu k\sigma_{vz} \tag{5-18}$$

式中 μ、c_a——分别为桩侧与桩周土接触面摩擦系数和附着力(kPa);

σ_{hz}、σ_{vz}——桩身深度 z 处水平和垂直应力(kPa);

k——桩间土的侧压力系数。

当桩侧为饱和黏性土时,基于安全同样按饱和黏性土不排水状态取 $\mu = 0$,则由桩周土不排水强度 c_u 和附着系数 α(Adhesoin Factor)按下式计算 τ_{sf}:

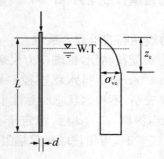

图 5-13   临界深度 h_{cs} 概念

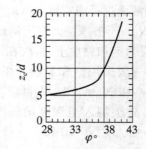

图 5-14   临界深度与换算摩擦角

$$\tau_{sf} = c_a = \alpha c_u \tag{5-19}$$

上式中的附着系数 α 为不排水状态时确定桩土接触面极限侧阻力 τ_{sf} 的关键,因此上述方法称之为"总应力法"或"α 法"。一般 $\alpha = 0.35 \sim 0.8$,且黏性土 $f_s \leqslant 80$ kPa。随着饱和黏性土不排水强度 c_u 增加,附着系数 α 值降低(负相关),且先快后慢。当饱和黏性土不排水强度 $c_u < 25$ kPa,$\alpha = 1.0$;当 $c_u > 150$ kPa,附着系数趋于稳定值 $\alpha = 0.35$。附着系数 α 不仅取决于土的不排水抗剪强度,且与桩身进入黏性土层深度与桩径之比 h_c/d 有关。例如全长打入硬黏土中的桩,由于靠近桩身泥面处出现土的开裂和脱开现象,当桩身上部 $<20d$ 深度范围的附着系数宜取 $\alpha = 0.4$;对穿越上部土层打入到下卧硬黏性土中的桩,上部覆盖层为砂或砂砾时,$h_c/d < 20$ 深度范围内的附着系数可提高至 $\alpha = 1.25$;反之覆盖层为软土层时,则取 $\alpha = 0.4$。

当桩侧为砂性土等透水性土层(正常固结土)时,一般按排水状态假定桩土接触面剪切

强度 $c_a' = 0$，桩与桩周土接触面有效摩擦角 δ'，按下式计算 τ_{sf}：

$$\tau_{sf} = k \tan\delta' \sigma_{vz}' = \beta \sigma_{vz}' \tag{5-20}$$

式中复合参数 β 为排水状态确定桩土接触面极限侧阻力 τ_{sf} 关键。因此，上述方法称之为 "有效应力法" 或 "β 法"。

深度 z 处的垂直向有效应力 σ_{vz}' 计算应考虑临界深度 z_c 影响，参见图 5-13。侧阻临界深度 h_{cs}，可根据式 (5-17) 得到的桩侧土体换算内摩擦角 φ，查图 5-14 确定。无边载作用时，σ_{vz}' 即为地基自重应力。砂性土预制桩的复合参数 β 可以根据式 (5-17b) 得到的换算摩擦角 φ，查图 5-15(a) 确定。对于其他桩型，则可由桩体设置前的式 (5-16a) 确定的天然沉积砂土的内摩擦角 φ_1'，查图 5-15b 确定。

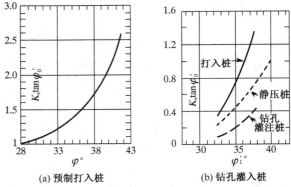

图 5-15　复合参数 β 和换算摩擦角 φ 关系

5.2.3　原位触探法与动测试桩法

1. 原位触探法

基于静力触探探头贯入土层物理过程与预制桩沉桩相类，采用单桥或双桥探头可以连续测读各种土层锥尖阻力 q_c 和侧壁摩阻力 f_s 指标，并算出单桩承载力。目前，国内外提出了不少反映地区经验的计算单桩垂直极限承载力标准值的公式。《建筑桩基础技术规范》(JGJ 94) 根据双桥探头静力触探确定混凝土预制桩单桩垂直极限承载力标准值 Q_{uk} 时，对于黏性土、粉土和砂土，如无当地经验时，可按下式计算：

$$Q_{uk} = \alpha q_c A + u \sum l_i \beta_i f_{si} \tag{5-21}$$

式中　q_c——桩端持力层锥尖阻力换算值 (kPa)，即桩端以上 $4d$ 范围内探头阻力加权平均值与桩端以下 $1d$ 范围内的探头平均阻力，再取平均值；

　　　α——桩端阻力修正系数，参见表 5-2；

　　　f_{si}——第 i 层土的探头平均锥侧阻力 (kPa)；

　　　β_i——第 i 层土桩侧阻力综合修正系数，计算公式参见表 5-2。

表 5-2　双桥探头静力触探桩端阻力、桩侧阻力综合修正系数

α		β_i	
黏性土、粉土	饱和砂土	黏性土和粉土	砂类土
2/3	1/2	$10.04 f_{si}^{-0.55}$	$5.05 f_{si}^{-0.45}$

2. 动测试桩法

桩的动力检测，也称为动力试桩。试桩时，桩顶施加瞬态冲击荷载，使桩产生显著的加速度和土的阻尼效应，加速度所引起的惯性力对桩的应力和变形有明显的影响。桩土对动

态力作用的反映称为动力响应,采用不同功能的传感器可以在桩头量测到不同的动力响应信号,如位移、速度或加速度响应信号,动力响应不仅反应桩土特性,而且和动态力作用强、弱频谱成分和持续时间密切相关。动力检验法具有费用低、快速和轻便等优点,受到人们的重视和欢迎。在欧洲,使用动力试桩的桩数已超过静力试桩。

动测试桩法,一般可用于试桩检测和基桩检测两个阶段进行。试桩检验的目的是为施工图设计提供基桩承载力参数;基桩检测是对工程基桩按一定比例进行随机抽检,验证基桩承载力是否满足设计要求,评价桩身结构完整性与强度等级是否满足设计要求。

根据作用在桩顶上冲击荷载能量大小,动测试桩法分为高、低应变法。当作用在桩顶上冲击能量较高时,能使桩土之间产生一定的塑性相对位移,桩侧土阻力和桩尖土强度得到一定程度发挥,即桩顶产生大于 2.0 mm 贯入度,称之为高应变法。该法可以较可靠地确定单桩承载力,不仅可用于试桩检验,提取单桩承载力设计参数;且可用于基桩检验,验证校核基桩承载力是否满足设计要求,同时还可评价桩身结构完整性和桩身混凝土强度等级。作用在桩顶冲击能量小,桩土间无相对位移时,则称为低应变法。低应变法一般仅用于基桩结构完整性和桩身混凝土强度等级评价,广泛应用于桩基工程质量检测领域。

5.2.4 设计规范经验公式法

现行规范中一般规定了以经验公式计算单桩竖向抗压承载力的方法,主要适用于初步设计。通常根据桩周土和桩端土分类、物理状态和成桩工艺等,结合桩基承载力参数的统计分析,建立相应经验关系公式分析确定单桩承载力。

1. 一般桩承载力

根据土的分类和物理指标,非嵌岩单桩垂直极限承载力标准值 Q_{uk},由单桩总的极限侧阻力 Q_{sk} 和总的极限端阻力 Q_{pk} 累加得到,可采用如下通式计算:

$$Q_{uk} = Q_{sk} + Q_{pk} = u \sum \psi_{si} q_{sik} l_i + \psi_p q_{pk} A_p \qquad (5-22)$$

式中　q_{sik}——桩侧第 i 层土的极限侧阻力标准值(kPa),如无当地经验时,可查表 5-3,但对于尚未完成自重固结的填土和以生活垃圾为主的杂填土,不计其侧阻力;

　　　q_{pk}——极限端阻力标准值(kPa),如无当地经验时,可查表 5-8;

　　　ψ_{si}、ψ_p——大直径桩侧阻、端阻尺寸效应系数,可查表 5-4;

　　　u——桩身周长(m)。

《建筑地基基础设计规范》(GB 50007)建议上述特征值 q_{pa} 和 q_{sia} 应根据当地单桩静载荷试验中试桩的桩身应力测试数据统计分析得到,充分考虑了基桩设计参数区域特征。《建筑桩基技术规范》(JGJ 94)、《桥涵地基基础设计规范》(JTG D63)和《港工工程桩基规范》(JTS 254)等行业相关规范中在建议执行上述原则外,仍保留了基桩设计参数 q_{pk} 和 q_{sik} 标准值的推荐用表,可供基桩初步设计时使用。

大直径钻孔灌注桩($d \geqslant 800$ mm)按式(5-22)估算单桩极限承载力 Q_{uk} 时,需按表 5-4 考虑单桩侧阻、端阻的尺寸效应系数,且对于扩底桩斜面与变截面以上 $2d$ 长度范围不计侧阻力。对预制桩和直径 $d < 800$ mm 的灌注桩,不考虑侧阻与端阻尺寸效应,即 $\psi_{si} = 1.0$ 和 $\psi_p = 1.0$。

表 5-3 《建筑桩基技术规范》(JGJ 94)极限侧阻力标准值 q_{sik} (kPa)

土的名称	土的状态		混凝土预制桩	泥浆护壁钻(冲)孔桩	干作业钻孔桩
填土			22~30	20~28	20~28
淤泥			14~20	12~18	12~18
淤泥质土			22~30	20~28	20~28
黏性土	流塑	$I_L>1$	24~40	21~38	21~38
	软塑	$0.75<I_L\leq1$	40~55	38~53	38~53
	可塑	$0.50<I_L\leq0.75$	55~70	53~68	53~66
	硬可塑	$0.25<I_L\leq0.50$	70~86	68~84	66~82
	硬塑	$0<I_L\leq0.25$	86~98	84~96	82~94
	坚硬	$I_L\leq0$	98~105	96~102	94~104
红黏土	$0.7<a_w\leq1$		13~32	12~30	12~30
	$0.5<a_w\leq0.7$		32~74	30~70	30~70
粉土	稍密	$e>0.9$	26~46	24~42	24~42
	中密	$0.75\leq e\leq0.9$	46~66	42~62	42~62
	密实	$e<0.75$	66~88	62~82	62~82
粉细砂	稍密	$10<N\leq15$	24~48	22~46	22~46
	中密	$15<N\leq30$	48~66	46~64	46~64
	密实	$N>30$	66~88	64~86	64~86
中砂	中密	$15<N\leq30$	54~74	53~72	53~72
	密实	$N>30$	74~95	72~94	72~94
粗砂	中密	$15<N\leq30$	74~95	74~95	76~98
	密实	$N>30$	95~116	95~116	98~120
砾砂	稍密	$5<N_{63.5}\leq15$	70~110	50~90	60~100
	中密(密实)	$N_{63.5}>15$	116~138	116~130	112~130
圆砾、角砾	中密、密实	$N_{63.5}>10$	160~200	135~150	135~150
碎石、卵石	中密、密实	$N_{63.5}>10$	200~300	140~170	150~170
全风化软质岩		$30<N\leq50$	100~120	80~100	80~100
全风化硬质岩		$30<N\leq50$	140~160	120~140	120~150
强风化软质岩		$N_{63.5}>10$	160~240	140~200	140~220
强风化硬质岩		$N_{63.5}>10$	220~300	160~240	160~260

注：① a_w 为含水比，$a_w=w/w_L$，w 为土的天然含水量，w_L 为土的液限；
② N 为标准贯入击数；$N_{63.5}$ 为重型圆锥动力触探击数；
④ 全风化、强风化软质岩和全风化、强风化硬质岩系指其母岩分别为 $f_{rk}\leq15$ MPa、$f_{rk}>30$ MPa 岩石。

表 5-4 大直径灌注桩侧阻尺寸效应系数 ψ_{si}、端阻尺寸效应系数 ψ_p

土类型	黏性土、粉土	砂土、碎石类土
ψ_{si}	$(0.8/d)^{1/5}$	$(0.8/d)^{1/3}$
ψ_p	$(0.8/D)^{1/4}$	$(0.8/D)^{1/3}$

对于清底干净的干作业挖孔灌注桩,桩径 800 mm 时的桩端极限端阻力可采用深层载荷板试验确定,当不具备条件时可按表 5-5 取值。当桩端进入持力层深度 h_b 分别为 $h_b \leqslant D$, $D < h_b \leqslant 4D$, $h_b > 4D$ 时,q_{pk} 可相应取表中的低、中和高值。当桩的长径比 $l/d \leqslant 8$ 时,q_{pk} 宜取较低值;当对沉降要求不严时,q_{pk} 可取高值。当人工挖孔桩桩周护壁为振捣密实的混凝土时,桩身周长 u 可按护壁外直径计算。

表 5-5 干作业挖孔桩(清底干净,$D = 800$ mm) 极限端阻力标准值 q_{pk} (kPa)

土名称		状态		
黏性土		$0.25 < I_L \leqslant 0.75$	$0 < I_L \leqslant 0.25$	$I_L \leqslant 0$
		800~1800	1800~2400	2400~3000
粉土			$0.75 \leqslant e \leqslant 0.9$	$e < 0.75$
			1000~1500	1500~2000
砂土碎石类土		稍密	中密	密实
	粉砂	500~700	800~1 100	1 200~2 000
	细砂	700~1 100	1 200~1 800	2 000~2 500
	中砂	1 000~2 000	2 200~3 200	3 500~5 000
	粗砂	1 200~2 200	2 500~3 500	4 000~5 500
	砾砂	1 400~2 400	2 600~4 000	5 000~7 000
	圆砾、角砾	1 600~3 000	3 200~5 000	6 000~9 000
	卵石、碎石	2 000~3 000	3 300~5 000	7 000~11 000

注:① 砂土密实度可根据标贯击数判定。

2. 嵌岩桩承载力

嵌岩桩是指桩端置于完整、较完整(中等风化、微风化或新鲜)硬质基岩中的桩,嵌岩灌注桩桩端以下 $3d$ 范围内应无软弱夹层、断裂破碎带和洞穴分布,并应在桩底应力扩散范围内无岩体临空面。对于桩端置于强风化岩中的嵌岩桩,其承载力的确定可根据岩体的风化程度,类似于砂土、碎石类土取值。嵌岩深度内侧阻力作用优先发挥,桩端嵌岩深度(系指桩端嵌入完整、较完整的硬质基岩中的深度)超过某一临界值 $5d$,传递到桩端的荷载已接近于零,继续增加嵌岩深度将无助于桩竖向抗压承载力进一步提高。

《建筑地基基础设计规范》(GB 50007)建议,当桩长较短,桩端嵌入完整或较完整硬质岩中且嵌入深度较小时,根据桩端岩石承载力特征值按端承桩计算单桩承载力特征值。《建筑桩基技术规范》(JGJ 94)建议嵌岩桩单桩垂直抗压极限承载力由桩周土总极限侧阻力 Q_{sk} 和嵌岩段总极限阻力 Q_{rk} 组成,并可按下列公式计算:

$$Q_{uk} = Q_{sk} + Q_{rk} \tag{5-23}$$

$$Q_{sk} = u \sum q_{sik} l_i \tag{5-24a}$$

$$Q_{rk} = \zeta_r f_{rk} A_p \tag{5-24b}$$

式中　q_{sik}——桩周第 i 层土的极限侧阻力标准值(kPa),无当地经验时,可根据成桩工艺,按表 5-3 取值。

f_{rk}——岩石饱和单轴抗压强度标准值,黏土岩取天然湿度强度标准值(kPa)。

ζ_r——嵌岩段侧阻和端阻综合系数。与嵌岩深径比 h_r/d、岩石软硬程度和成桩工艺有关,泥浆护壁成桩时,可按表 5-6 取用。对于干作业成桩(清底干净)和泥浆护壁成桩后注浆,ζ_r 取表列数值的 1.2 倍。

表 5-6 嵌岩段侧阻和端阻综合系数 ζ_r

嵌岩深径比 h_r/d	0	0.5	1.0	2.0	3.0	4.0	5.0	6.0	7.0	8.0
极软岩、软岩	0.60	0.80	0.95	1.18	1.35	1.48	1.57	1.63	1.66	1.70
较硬岩、坚硬岩	0.45	0.65	0.81	0.90	1.00	1.04				

注:① 极软岩、软岩指 $f_{rk}\leqslant15$ MPa,较硬岩、坚硬岩指 $f_{rk}>30$ MPa,介于二者之间可内插取值;
② h_r 为嵌岩深度,当岩面倾斜时,以坡下方嵌岩深度为准;当 h_r/d 为非表列值时,ζ_r 可内差取值。

3. 液化效应修正

对于桩身周围有液化土层的低承台桩基的单桩极限承载力标准值计算,当承台底面上、下分别有厚度不小于 1.5 m 和 1.0 m 的非液化土(非软弱土)层时,桩侧液化土层极限侧阻力可乘以相应土层的液化折减系数 ψ_l。定义饱和粉细砂层实测标贯击数 N 除以液化判别临界击数 N_{cr} 为液化指数 λ_N,结合自地面算起的液化土层深度 d_L(m),查表 5-7 确定系数 ψ_l。

$$\lambda_N = \frac{N}{N_{cr}} \tag{5-25}$$

表 5-7 土层液化折减系数 ψ_l

$\lambda_N\leqslant0.6$		$0.6<\lambda_N\leqslant0.8$		$0.8<\lambda_N\leqslant1.0$	
$d_L\leqslant10$	$10<d_L\leqslant20$	$d_L\leqslant10$	$10<d_L\leqslant20$	$d_L\leqslant10$	$10<d_L\leqslant20$
0	1/3	1/3	2/3	2/3	1

对于挤土桩当桩距小于 4 d,且桩的排数不少于 5 排、总桩数不少于 25 根时,土层液化系数 ψ_l 可取 2/3~1;桩间土标贯击数达到 N_{cr} 时,取 $\psi_l=1.0$。当承台底以下非液化土层厚度小于 1 m 时,土层液化折减系数按表上表 5-7 中 λ_N 降低一档取值。此外,承台在水平力和弯矩作用下的基桩与承台的水平抗力系数取值,同样可参照上述进行折减。

【例题 5-2】 均质黏性土中大直径干作业挖孔灌注桩入土桩长 $L=20$ m,桩径 $d=1\,000$ mm,桩端扩孔直径 $D=3\,000$ mm,桩端变截面高度 $h_c=2$ m,试分析单桩承载力特征值。

解:由黏性土 $I_L=0.25$,查表 5-3 得 $q_{sk}=82$ kPa,查表 5-5 得 $q_{pk}=1\,800$ kPa;

$d=1$ m$\geqslant0.8$ m,由表 5-4 得:$\psi_s=\left(\frac{0.8}{d}\right)^{0.2}=0.96$,$\psi_p=\left(\frac{0.8}{D}\right)^{0.25}=0.72$

桩端变截面高度 $h_c=2$ m,可得桩侧摩阻力有效长度如下:$l'=L-h_c-2d=20-2-2\times1=16$ m

单桩极限承载力标准值如下:

$$Q_{uk}=Q_{sk}+Q_{pk}=u\sum\psi_{si}q_{sik}l_i+\psi_p q_{pk}A_p=3.14\times1\times0.96\times82\times16+0.72\times$$
$$1\,800\times(3/2)^2\times3.14=3\,942+9\,143=13\,085 \text{ kN}$$

单桩承载力特征值如下:

$$R_a=Q_{uk}/2=13085/2=6\,543 \text{ kN}$$

表 5-8 桩的极限端阻力标准值 q_{pk} (kPa)

土名称	桩型	土的状态	混凝土预制桩桩长 l(m)				泥浆护壁钻(冲)孔桩桩长 l(m)				干作业钻孔桩桩长 l(m)		
			l≤9	9<l≤16	16<l≤30	l>30	5≤l<10	10≤l<15	15≤l<30	30≤l	5≤l<10	10≤l<15	15≤l
黏性土	软塑	0.75<I_L≤1	210~850	650~1400	1200~1800	1300~1900	150~250	250~300	300~450	300~450	200~400	400~700	700~950
	可塑	0.50<I_L≤0.75	850~1700	1400~2200	1900~2800	2300~3600	350~450	450~600	600~750	750~800	500~700	800~1100	1000~1600
	硬可塑	0.25<I_L≤0.50	1500~2300	2300~3300	2700~3600	3600~4400	800~900	900~1000	1000~1200	1200~1400	850~1100	1500~1700	1700~1900
	硬塑	0<I_L≤0.25	2500~3800	3800~5500	5500~6000	6000~6800	1100~1200	1200~1400	1400~1600	1600~1800	1600~1800	2200~2400	2600~2800
粉土	中密	0.75<e≤0.9	950~1700	1400~2100	1900~2700	2500~3400	300~500	500~650	650~750	750~850	800~1200	1200~1400	1400~1600
	密实	e<0.75	1500~2600	2100~3000	2700~3600	3600~4400	650~900	750~950	900~1100	1100~1200	1200~1700	1400~1900	1600~2100
粉砂	稍密	10<N≤15	1000~1600	1500~2300	1900~2700	2100~3000	350~500	450~600	600~700	650~750	500~950	1300~1600	1500~1700
	中密、密实	N>15	1400~2200	2100~3000	3000~4500	3800~5500	600~750	750~900	900~1100	1100~1200	900~1000	1700~1900	1700~1900
细砂	中密、密实	N>15	2500~4000	3600~5000	4400~6000	5300~7000	650~850	900~1200	1200~1500	1500~1800	1200~1600	2000~2400	2400~2700
中砂	中密、密实	N>15	4000~6000	5500~7000	6500~8000	7500~9000	850~1050	1100~1500	1500~1900	1900~2100	1800~2400	2800~3800	3600~4400
粗砂	中密、密实	N>15	5700~7500	7500~8500	8500~10000	9500~11000	1500~1800	2100~2400	2400~2600	2600~2800	2900~3600	4000~4600	4600~5200
砾砂	中密、密实	N>15	6000~9500	6000~9500	9000~10500	9000~10500	1400~2000	1400~2000	1400~2000	2000~3200	3500~5000	3500~5000	3500~5000
角砾、圆砾	中密、密实	$N_{63.5}$>10	7000~10000	7000~10000	9500~11500	9500~11500	1800~2200	1800~2200	1800~2200	2200~3600	4000~5500	4000~5500	4000~5500
碎石、卵石	中密、密实	$N_{63.5}$>10	8000~11000	8000~11000	10500~13000	10500~13000	2000~3000	2000~3000	2000~3000	3000~4000	4500~6500	4500~6500	4500~6500
全风化软质岩		30<N≤50	4000~6000	4000~6000	4000~6000	4000~6000	1000~1600	1000~1600	1000~1600	1000~1600	1200~2000	1200~2000	1200~2000
全风化硬质岩		30<N≤50	5000~8000	5000~8000	5000~8000	5000~8000	1200~2000	1200~2000	1200~2000	1200~2000	1400~2400	1400~2400	1400~2400
强风化软质岩		$N_{63.5}$>10	6000~9000	6000~9000	6000~9000	6000~9000	1400~2200	1400~2200	1400~2200	1400~2200	1600~2600	1600~2600	1600~2600
强风化硬质岩		$N_{63.5}$>10	7000~11000	7000~11000	7000~11000	7000~11000	1800~2800	1800~2800	1800~2800	1800~2800	2000~3000	2000~3000	2000~3000

注：①砂土和碎石类土中桩的极限端阻力取值，宜综合考虑土的密实度，桩端进入持力层的深径比 h_b/d，土愈密实，h_b/d 愈大，取值愈高。

②预制桩的岩石极限端阻力指桩端支承于中、微风化及新鲜岩体表面或进入强风化岩、软质岩一定深度条件下极限端阻力。

③全风化、强风化软质岩和全风化、强风化硬质岩指其母岩分别为 f_{rk}≤15 MPa、f_{rk}>30 MPa 的岩石。

4. 桥涵方法简介

《公路桥涵地基基础规范中》(JTG D63)采用单桩容许承载力概念,各类基桩单桩容许承载力$[R_a]$可写成通式如下:

$$[R_a] = \frac{1}{2}\zeta_s u \sum \alpha_i q_{ik} l_i + \alpha_r q_r A_{pb} \tag{5-26}$$

式中　α_i,α_r——分别为预制桩设置工艺对桩侧阻力和桩端阻力修正系数,锤击和静压沉桩时均取 1.0,振动沉桩时,参见表 5-9。

ζ_s——基岩支承桩和嵌岩桩桩身沉积土层侧阻力发挥系数,根据桩端基岩饱和单轴抗压强度 f_{rk} 大小取值,当 $f_{rk} < 2$ MPa(或桩端土质持力层)时,取 $\zeta_s = 1.0$;当 2 MPa $\leqslant f_{rk} < 15$ MPa 时,取 $\zeta_s = 0.8$;当 15 MPa $\leqslant f_{rk} < 30$ MPa 时,取 $\zeta_s = 0.5$;当 $f_{rk} \geqslant 30$ MPa 时,取 $\zeta_s = 0.2$。

表 5-9　振动沉桩侧阻、端阻修正系数

系数 α_i、α_r 桩径或边长 d(m)	黏土	粉质黏土	粉土	砂土
$d \leqslant 0.8$	0.6	0.7	0.9	1.1
$2.0 \geqslant d > 0.8$	0.6	0.7	0.9	1.0
$d > 2.0$	0.5	0.6	0.7	0.9

钻(挖)孔灌注桩持力层为黏性土、砂性土和碎石土等非岩土介质时,桩的端阻力容许值 q_r 可根据持力层修正后承载力容许值 $[f_a]$,按下式(5-27)计算:

$$q_r = m_0 \lambda [f_a] = m_0 \lambda [[f_{a0}] + k_2 \gamma_2 (h-3)] \tag{5-27a}$$

式中　k_2——桩端持力层基本容许承载力 $[f_a]$ 的深度修正系数,参见表 2-6 取值;

γ_2——桩端以上土层的加权平均重度(kN/m^3),位于地下水位以下时,持力层不透水时,取天然重度;透水时,取有效重度;

λ——相对桩长与持力层渗透性修正系数,参见表 5-10;

m_0——清底系数。

砂性土和碎石土持力层中,按式(5-27)计算得到的桩的端阻力容许值 q_r 不能超过表 5-11 上限值。当满足桩径 $d \leqslant 1.5$ m 时的桩底沉渣厚度 $t \leqslant 30$ cm 或 $d > 1.5$ m 时的 $t \leqslant 50$ cm 时,根据桩底沉渣相对厚度 $t/d = 0.3 \sim 1.0$,清底系数 $m_0 = 0.7 \sim 1.0$ 线性插值得到。

表 5-10　端阻力发挥系数

l/d 桩端土情况	4~20	20~25	>25
透水性土	0.70	0.70~0.85	0.85
不透水性土	0.65	0.65~0.72	0.72

表 5-11　桩的端阻力容许值 q_r

土类	粉砂	细砂	中\粗\砾砂	碎石土
承载力上限值(kPa)	1 000	1 150	1 450	2 750

钻(挖)孔灌注桩持力层为岩体时,《公路桥涵地基基础规范》(JTG D63)根据岩石单轴抗压强度标准值 f_{rk}、按端阻修正系数 c_1 和侧阻修正系数 c_2 联合修正得到:

$$q_r = u\sum_1^m c_{2i} f_{rki} l_i + c_1 A_p f_{rk} \tag{5-27b}$$

式中 f_{rki}——桩端嵌岩深度分为 m 层岩层时,各岩层岩石单轴饱和抗压强度标准值。

预制桩桩端阻力容许值 q_r 可根据桩端持力层岩土的承载力标准值 q_{rk},除以安全系数 2 得到。桩端持力层岩土的承载力标准值 q_{rk},可按岩土分类、物理状态和桩端进入持力层相对深度 h_c/d,查规范相关表格确定。有条件时,宜按单桩静载荷试验、深层平板载荷试验或静力触探试验测定。

5.3　特殊作用基桩承载力

5.3.1　基桩竖向抗拔承载力

基桩承受竖向抗拔承载力主要取决于桩身抗拉强度、桩土间抗拔侧阻力和桩身自重。一般情况下,抗拔桩的承载力往往由桩周土的阻力决定,对于长期或经常承受上拔力的基桩,视环境条件限制桩身裂缝宽度,甚至不允许其出现裂缝进行设计控制。

目前,单桩抗拔极限承载力应通过现场单桩抗拔静载荷试验确定,或按经验估算抗压桩侧阻力值乘以经验折减系数,估算桩抗拔侧阻力值。

1. 单桩抗拔静载试验

对于设计等级为甲级和乙级建筑桩基,基桩的抗拔极限承载力应通过现场单桩上拔静载荷试验确定,且应根据上拔力作用特征验算桩身裂缝。类似于抗压静载试验一样,按加载方法的不同,抗拔试验也有多种方法。

慢速维持荷载法,每级荷载下位移达到相对稳定后,再加下一级荷载。鉴于单桩抗拔承载力一般远低于竖向抗压承载力,在选择千斤顶和压力表时,应注意量程和精度问题;同时对于大直径的高承载力试桩,采用两台或四台同规格千斤顶并联同步工作时,应对称加载,且桩顶上拔量测量平面上传感器安装时,应尽可能远离主筋。慢速维持荷载法的加载分级、变形观测、变形相对稳定标准与竖向抗压试验相似,但要记录桩身上露部分裂缝开展情况。

其他加载方法主要有:①等时间间隔法,即每级荷载维持 1 h,然后加下一级荷载,没有相应的稳定标准,美国材料与试验学会(ASTM)推荐此法;②连续上拔法,以一定的速率连续加载,美国材料与试验学会(ASTM)推荐的加载速率为 0.5～1.0 mm/min;③循环加载法,加载分级进行,每级荷载均进行加载和卸载(到零)多次循环,稳定后再加下一级荷载,此方法为前苏联国家标准推荐方法之一。

实际工程中基桩上拔荷载具有间歇性或周期性特征,抗拔试桩加载方式应能够体现出实际荷载作用特点。工程桩验收检测时,混凝土桩抗拔承载力可能受抗裂或钢筋强度制约,一般仍取最大荷载或取上拔量控制值对应的荷载作为极限荷载,不能轻易外推。

2. 经验公式法

桩基受拔破坏模式主要有:①单桩或群桩基础中部分基桩受拔时的单桩破坏模式;②群

桩基础中所有基桩均承受上拔力时的整体受拔破坏受拔。桩基设计等级为丙级的建筑桩基,且无当地经验时,基桩的抗拔极限载力取值可按经验公式法确定。桩的抗拔侧阻力与抗压侧阻力相似,但随着上拔量的增加导致桩侧土层拉伸松动及侧面积减少而降低,因此引入经验性的抗拔折减系数 λ,参见表 5-12。

(1) 单桩或群桩基础呈非整体性破坏时,基桩抗拔极限承载力标准值 T_{uk} 的计算式为

$$T_{uk} = \sum \lambda_i q_{sik} u_i l_i \tag{5-28a}$$

式中 u_i——桩身周长,对于等直径桩取 $u = \pi d$(m);对于扩底桩按表 5-12 取值;

    q_{sik}——桩侧表面第 i 层土的抗压极限侧阻力标准值(kPa),可按表 5-3 取值。

表 5-12　扩底桩破坏表面周长 u_i

自桩底起算的长度 l_i	$\leq (4 \sim 10)d$	$> (4 \sim 10)d$
u_i	πD	πd

注:l_i 对于软土取低值,对于卵石、砾石取高值;l_i 取值按内摩擦角增大而增加;D 为扩底桩直径。

表 5-13　抗拔系数 λ

土类	λ 值
砂土	$0.50 \sim 0.70$
黏性土、粉土	$0.70 \sim 0.80$

注:桩长 l 与桩径 d 之比小于 20 时,λ 取小值。

(2) 群桩基础呈整体性破坏时,基桩的抗拔极限承载力标准值 T_{gk} 计算式为

$$T_{gk} = \frac{1}{n} u_1 \sum \lambda_i q_{sik} l_i \tag{5-28b}$$

式中 u_1——群桩外围周长(m);

    n——群桩基础的基桩数。

5.3.2　桩的水平承载力

港口工程、海洋工程和桥梁工程中的高桩结构和海洋平台等深水工程的水平荷载(如船舶荷载、波浪作用力、水流作用力等)往往控制基桩断面设计。基桩水平变位控制及水平承载能力提高,可采用斜桩或叉桩设置方式。一般认为,外荷载合力 R 与竖直线所成的夹角 $\theta < 5°$ 时,可采用竖直桩;当 $5° < \theta \leq 15°$ 时,应采用斜桩;当 $\theta > 15°$ 或受双向荷载时,可采用叉桩。工程实践表明,斜桩施工费用比直桩高得多,部分高桩码头亦可采用全直桩。

1. 单桩水平承载特性

竖直桩的水平承载力主要依赖于周围土体的水平抵抗刚度和桩身长度,且长桩主要由桩的水平位移和桩身弯矩控制;短桩则为水平位移和倾斜度控制,参见图 5-16。此外,桩顶约束条件不同时的桩身内力和挠曲不尽相同,但桩的水平承载力仍可由上述两种条件确定。单桩水平承载力可以

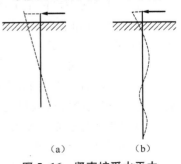

(a)　　　　(b)

图 5-16　竖直桩受水平力

通过单桩水平静载荷试验确定或采用理论分析计算法确定。《建筑桩基技术规范》(JTJ 94)中规定了受水平荷载较大的设计等级为甲级、乙级的建筑桩基,单桩水平承载力特征值应通过单桩水平静载试验确定。

2. 单桩水平静载荷试验

单桩水平静载试验是确定桩水平承载力和桩侧土体水平抗力系数的可靠方法,预先在试桩桩身内预埋量测元件,还可测定出桩身应力应变,进而求得桩身弯矩分布。

1) 试验装置

试验装置的合理与否将直接关系到试验成败,且应根据现场的具体条件灵活采用。

(1) 顶推法。单桩水平静载荷试验,一般采用千斤顶施加水平力,力的作用线应通过工程桩基承台底面标高处、千斤顶与试桩接触处宜设置一球形铰座,以保证作用力能水平通过桩身轴线。桩的水平位移,宜用大量程百分表量测,若需测定地面以上桩身转角时,在水平力作用线以上500 mm左右还应安装一只或二只百分表,参见图5-17,或采用测斜仪。固定百分表的基准桩宜打设在试桩侧面靠位移的反方向,与试桩的净距不少于6倍试桩直径。

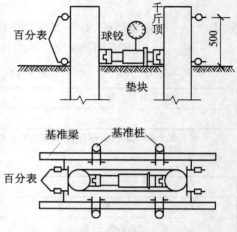

图 5-17　单桩水平静载荷试验装置

(2) 牵引法。牵引法加荷时,采用绞车或卷扬机带动钢丝绳施加水平力,拉力用测力计测量。在港口码头设置基准桩时,由于水深往往较大,可采用专门设置的桩作基准桩。同组试桩的基准桩一般不少于2根。搁置在基准桩上的基准梁要有一定刚度,以减少晃动。整个基准装置系统应保持相对独立,为减少温度对量测的影响,基准梁应采取简支形式,顶上有篷布遮阳。

2) 试验加载方法

根据实际工程荷载性质,水平承载桩静载荷试验加载方法一般有:①单向单循环维持荷载法,此法简单明了,应用经验多;②单向多循环加卸载法,此法多用于船舶对桩基码头的作用,以及抵抗地震荷载、制动力、风荷载等循环性荷载;③双向多循环加卸载法,此法多用于外海受波浪频繁作用的开敞式码头和海上平台等工程;④单向恒速连续加载法,多用于受长期水平荷载作用桩基,如受土压力作用的桥台下的桩基等。一般推荐单向多循环加卸载法,每级荷载增量约为预估水平极限承载力的1/10～1/15,每级荷载施加后,恒载4 min测读水平位移,然后卸载至零,停2 min测读残余水平位移;或加载、卸载各10 min,如此循环5次,再施加下一级荷载,试验不得中途停歇。

3) 试验终止加载条件

①在恒定荷载作用下,横向位移急剧增加,变形速率逐渐加快,地基土出现明显的斜裂缝;或已达到试验要求的最大荷载或最大位移。

②当桩身折断或桩顶水平位移超过30～40 mm(软土取40 mm),即可终止试验。

4) 水平承载力的确定

根据单桩水平静载荷试验,一般应绘制桩水平荷载～时间～桩水平位移($H_0 \sim t \sim x_0$)

曲线,参见图5-18(a);或绘制水平荷载~位移梯度($H_0 \sim \Delta x_0 / \Delta H_0$)曲线,参见图5-18(b);或水平荷载~位移($H_0 \sim x_0$)曲线,参见图5-18(c);当同步测试桩身应力时,应绘制应力沿桩身分布图及水平荷载与最大弯矩截面钢筋应力($H_0 \sim \sigma_g$)曲线,参见图5-18(d)。

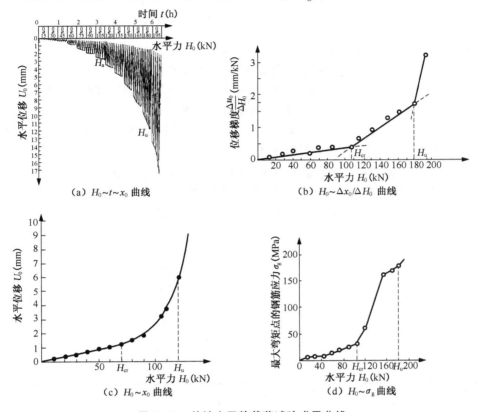

图5-18 单桩水平静载荷试验成果曲线

单桩水平载荷试验成果曲线中通常有临界荷载H_{cr}和极限荷载H_u(单桩水平极限承载力)两类特征点,参见图5-18。其中,极限荷载H_u一般可取:① $H_0 \sim t \sim x_0$曲线明显陡降的前一级荷载或水平位移包络线向下凹曲(图5-18)时的前一级荷载;②$H_0 \sim \Delta x_0 / \Delta H_0$曲线第二直线段终点所对应的荷载;③桩身折断或钢筋应力达到流限的前一级荷载。

根据单桩水平静载试验,对于桩身配筋率小于0.65%的灌注桩的单桩水平承载力特征值R_h(kN)为

$$R_{ha} = H_u/2 \quad 或 \quad R_{ha} = 0.75H_{cr} \tag{5-29}$$

当试验成果曲线特征点不明确时,《建筑桩基技术规程》(JTJ 94)中规定,对于钢筋混凝土预制桩、钢桩和桩身全截面配筋率不小于0.65%的灌注桩,可取地面处水平位移为10 mm或对于水平位移敏感的建筑物取6 mm所对应的荷载为H_{cr}。此外,当验算地震作用的水平承载力时,上述承载力设计值应提高25%,验算永久荷载作用时的桩基水平承载力时,将上式(5-29)得到单桩水平承载力特征值再乘以0.80的调整系数。

3. 单桩水平承载力计算

当缺少单桩水平静载试验资料时,单桩水平承载力特征值R_{ha},可按下列公式估算。

（1）桩身配筋率小于 0.65% 的灌注桩的单桩水平承载力特征值 R_{ha}，可以根据桩身混凝土抗拉强度设计值 f_t 和桩身配筋率 ρ_g，按下式计算：

$$R_{ha} = \frac{0.75\alpha\gamma_m f_t W_0}{\upsilon_M}(1.25 + 22\rho_g)\left(1 \pm \frac{\zeta_N \cdot N}{\gamma_m f_t A_n}\right) \tag{5-30}$$

式中　α——桩的水平变形系数，参见式(5-83)；

　　　γ_m——桩截面模量塑性系数，圆形截面 $\gamma_m=2$，矩形截面 $\gamma_m=1.75$；

　　　ζ_N——桩顶垂直力影响系数，垂直压力取 0.5，取"+"；垂直拉力取 1.0，压力，取"—"；

　　　N——在荷载效应标准组合下桩顶的垂直力(kN)；

　　　υ_M——桩身最大弯矩系数。按表 5-14 取值，当单桩基础和单排桩基纵向轴线与水平力方向相垂直时，按桩顶铰接考虑。

表 5-14　桩顶(身)最大弯矩系数 υ_M 和桩顶水平位移系数 υ_x

桩顶约束情况	桩的换算埋深（αh）	υ_M	υ_x
铰接、自由	4.0	0.768	2.441
	3.5	0.750	2.502
	3.0	0.703	2.727
	2.8	0.675	2.905
	2.6	0.639	3.163
	2.4	0.601	3.526
固接	4.0	0.926	0.940
	3.5	0.934	0.970
	3.0	0.967	1.028
	2.8	0.990	1.055
	2.6	1.018	1.079
	2.4	1.045	1.095

注：① 铰接(自由)的 υ_M 系桩身的最大弯矩系数，固接的 υ_M 系桩顶的最大弯矩系数；
　　② 当 $\alpha h > 4$ 时取 $\alpha h = 4.0$。

上式中的桩身换算截面受拉边缘的截面模量 W_0 和桩身换算截面积 A_n，可根据截面形状分别按下式计算：

圆形截面
$$W_0 = \frac{\pi d}{32}[d^2 + 2(\alpha_E - 1)\rho_g d_0^2] \tag{5-31}$$
$$A_n = \frac{\pi d^2}{4}[1 + (\alpha_E - 1)\rho_g]$$

方形截面
$$W_0 = \frac{b}{6}[b^2 + 2(\alpha_E - 1)\rho_g b_0^2] \tag{5-32}$$
$$A_n = b^2[1 + (\alpha_E - 1)\rho_g]$$

式中　d, b——分别为圆形截面桩的直径和方形截面桩的边长，对于混凝土护壁的挖孔桩，计算单桩水平承载力时，其设计桩径取护壁内直径；

　　　d_0, b_0——分别为扣除保护层厚度圆形截面桩的直径和方形桩截面桩宽度；

　　　α_E——为钢筋弹性模量与混凝土弹性模量的比值。

同样，验算永久荷载控制的桩基的水平承载力时，式(5-30)确定的单桩水平承载力特征值应乘以调整系数 0.80；验算地震作用桩基的水平承载力时，乘以调整系数 1.25。

(2) 当桩的水平承载力由水平位移控制,且缺少单桩水平静载试验资料时,可按下式估算预制桩、钢桩、桩身配筋率不小于 0.65% 的灌注桩单桩水平承载力特征值:

$$R_{ha} = 0.75 \frac{\alpha^3 EI}{\upsilon_x} x_{0a} \tag{5-33}$$

式中 EI——桩身抗弯刚度,对于钢筋混凝土桩,$EI=0.85E_cI_0$;其中 I_0 为桩身换算截面惯性矩:圆形截面为 $I_0=W_0d_0/2$;矩形截面为 $I_0=W_0b_0/2$。

x_{0a}——桩顶允许水平位移。

υ_x——桩顶水平位移系数,按表 5-14 取值,取值方法同 υ_M。

4. 基桩水平承载力估算

群桩基础(不含水平力垂直于单排桩基纵向轴线和力矩较大的情况)的基桩水平承载力特征值 R_h 应考虑由承台、桩群、土相互作用产生的群桩效应,可按下列公式确定:

$$R_h = \eta_h R_{ha} \tag{5-34}$$

群桩效应综合系数 η_h 由桩群相互影响系数 η_i、桩顶约束效应系数 η_t、承台侧土层抗力影响系数 η_{ch} 和承台底摩阻效应系数 η_b 按下式(5-35)计算。《建筑桩基技术规范》(JTJ 94)中规定,根据承台下基底数量和布置方式可计算得到 η_i;根据承台底桩顶的约束条件(自由或固接)和桩基换算长度 αh 可查表得到 η_t。

$$\eta_h = \eta_i \eta_t + \eta_{ch} + \eta_b \tag{5-35}$$

设承台宽度和高度分别为 B_c 和 h_c,承台容许水平位移为 χ_{0a},则承台侧土层抗力影响系数 η_{ch} 可按"m"法且考虑承台计算宽度 B_c',可按下式计算:

$$\eta_{ch} = \frac{R_c}{\sum R_{hai}} = \frac{\frac{mh_c}{2}\chi_{a0}B_c'h_c}{n_1 n_2 R_{ha}} = \frac{m\chi_{a0}(B_c+1)h_c^2}{2n_1 n_2 R_{ha}} \tag{a}$$

与上式(a)推导类似,可得承台底摩阻效应系数 η_b 如下:

$$\eta_b = \frac{R_b}{\sum R_{hai}} = \frac{\mu \eta_c f_{ak}(A_c - nA_p)}{n_1 n_2 R_{ha}} \tag{b}$$

式中,n、n_1 和 n_2 分别为承台基桩数量、水平力或弯矩作用面基桩数量和其法向基桩数量,且 $n=n_1 n_2$。η_c 为复合桩基承台底的承台承载效应系数,参见表 5-17。A_c 为承台底面积(m),A_p 为桩身截面面积(m),$A_c - nA_p$ 为承台底净面积(m)。

5.3.3 桩的负摩阻力

当桩周土体因某种原因发生下沉,其沉降速率大于桩的下沉时,则桩侧土就相对于桩向下位移,而使土体对桩产生向下作用的摩阻力,即称其为负摩阻力,是分布于桩侧的附加荷载,其合力可称为下拉荷载 Q_n。下拉荷载的存在不仅降低了桩的承载力,增加了桩承担的荷载,有可能导致桩发生过量的附加沉降,引起结构产生不均匀沉降,造成建筑物开裂、倾斜或因沉降过大而影响使用。

1. 负摩阻力产生原因

桩的负摩阻力能否产生,主要是看桩与桩周土的相对位移发展情况。通常,有可能使桩发生负摩擦力的环境条件有:

(1) 当桩身穿过欠固结的土层(河口与海岸的新沉积土层或松散填土),支承于较硬土层中,桩侧土体因固结而产生的沉降大于桩的沉降时;

(2) 水下桩基设置建成后,由于河床的大量冲刷和随后的大量沉淀淤积,形成欠固结的淤泥层回淤在桩身周围的固结沉降,将会产生一定的负摩擦力;

(3) 桩侧地面受到大面积的地面荷载(堆载或码头后方的快速吹填)作用,导致桩侧软土地基大量下沉时;

(4) 饱和黏土中密集设置排土桩群的排土效应叠加引起地基中的超静孔隙水压力积聚,成桩后超静孔隙水压力消散时产生地基附加固结沉降,使桩侧土产生负摩擦力;

(5) 在正常固结黏土或粉土地基中,当桩侧土层因抽水或其他原因导致大面积地下水位下降,上覆土自重增大及土中的有效应力增加,导致可压缩性土层压缩下沉时;

(6) 桩设置在易受环境影响(浸水、解冻、动力振动或地震等)而沉陷或重新固结而大量下沉的地层(自重湿陷性黄土、季节性冻土层或可液化土层)的地基中,当受水浸湿、融化或受振液化导致地基土大量下沉时。

2. 负摩擦力分布特性

桩在荷载作用下,桩侧土的下沉量有可能在某一深度处与桩身的沉降(位移)量相等,此处桩侧摩阻力为零,即桩身正、负摩擦阻力的分界深度,称之为中性点。中性点深度以上,由于桩侧土的下沉量大于桩的沉降,桩身受到向下作用的负摩阻力;而在该点以下,由于桩的沉降大于桩侧土的下沉,桩身受到向上作用的正摩阻力,参见图 5-19。

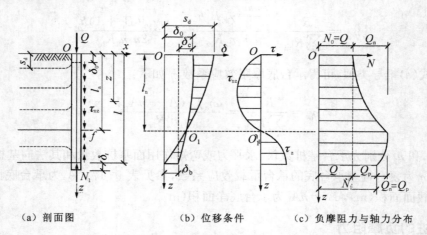

(a) 剖面图　　　　　(b) 位移条件　　　　　(c) 负摩阻力与轴力分布

图 5-19　桩身存在负摩擦力的竖向荷载传递

地面至中性点的深度为 l_n,中性点的位置主要取决于基桩承载特征和桩周土的性质。当桩侧土层压缩变形较大,桩底以下土层坚硬,桩的下沉量较小时,中性点位置就会下移;反之,中性点位置就会上移。此外,由于桩侧土层及桩端土层的性质与荷载特征的不同,其变形速度也不一样,中性点位置随着时间也会发生变化。对打到基岩的桩,一般认为中性点位于桩端处。桩身中性点 l_n 处的累计下拉荷载达到最大值,对应截面轴力达到最大值 $(Q+Q_n)$。

引入中性点深度 l_n 与桩周软弱高压缩土层(底板)下限深度 l_0 的比值,即中性点深度比 $\beta = l_n/l_0$。对于端承桩的允许沉降在不超过有害范围时,可取 $\beta=0.85\sim0.95$;对不允许产生沉降和基岩上的桩可取 $\beta=1.0$;对于摩擦桩可取 $\beta=0.7\sim0.8$。根据桩端支撑条件,《建筑桩基技术规范》(JTJ 94)建议的中性点深度比 β,参见表 5-15。工程实践中,桩穿过自重湿陷性黄土层时,l_n 可按表列值增大 10%,但不超过基岩上土层厚度。此外,当桩周土层计算沉降量小于 20 mm 时,l_n 应按表列值乘以 $0.4\sim0.8$ 折减。在桩顶荷载 Q 的作用下,桩周土层的压缩固结随时间而变化,故土层的垂直位移和桩身截面位移都是时间的函数,中性点位置、摩阻力以及轴力等也都相应地发生变化。当分析得到桩周土层固结与桩基沉降同时完成时,取 $l_n=0$。

表 5-15　中性点深度 l_n

持力层性质	黏性土、粉土	中密以上砂	砾石、卵石	基岩
中性点深度比 $\beta=l_n/l_0$	$0.5\sim0.6$	$0.7\sim0.8$	0.9	1.0

3. 负摩擦力的确定

基桩桩侧总负摩阻力的下拉荷载标准值 Q_s^n,可取单桩下拉荷载 Q_s^n 乘以负摩阻力桩群桩效应系数 η_n 得到:

$$Q_s^n = u \sum_{i=1}^{n} q_{si}^n l_i \tag{5-36}$$

$$Q_g^n = \eta_n Q_s^n = \eta_n u \sum_{i=1}^{n} q_{si}^n l_i \tag{5-37}$$

式中　q_{si}^n——第 i 层土桩侧负摩阻力标准值(kPa);当按式(5-38)或式(5-41)计算值大于正摩阻力标准值时,取正摩阻力标准值进行设计。

l_i——中性点以上第 i 土层的厚度(m)。

u——桩的周长(m)。

n——中性点以上土层数。

η_n——负摩阻力群桩效应系数,对于单桩基础时 $\eta_n=1$;群桩基础时 $\eta_n \leqslant 1$。

多数学者认为桩侧负摩擦力的大小与桩侧土的有效应力有关,贝伦(Bierrum)提出的"有效应力法"较为接近实际。采用 5.2.2 节桩侧摩阻力"有效应力法"法原理,《建筑桩基技术规范》(JTJ 94)建议,当无实测资料时,桩侧负摩阻力及其引起的下拉荷载,可按贝伦的"有效应力法"计算:

$$q_{si}^n = \xi_{ni} \sigma_i' \tag{5-38}$$

式中　ξ_{ni}——桩周第 i 层土负摩阻力系数,可按表 5-16 取值,或根据桩周土的侧压力系数 K_0 和有效内摩擦角 φ',采用 $\xi_{ni}=K_0 \tan \varphi'$ 计算;

σ_i'——桩周第 i 层土平均垂直有效应力(kPa)。

表 5-16 负摩阻力系数 ξ_n

土类	ξ_n
饱和软土	0.15～0.25
黏性土、粉土	0.25～0.40
砂土	0.35～0.50
自重湿陷性黄土	0.20～0.35

注：① 对于挤土桩，取表中较大值；对于非挤土桩，取表中较小值。
　② 填土按其组成取表中同类土的较大值。

当地面分布大面积均布荷载 p(kPa)和地基土体自重引起高压缩性软土、填土、自重湿陷性黄土湿陷、欠固结土层产生固结，或由于地下水降低，引起桩周土附加沉降，导致桩侧负摩擦力时，桩周第 i 层土平均垂直有效应力计算，类似于土体自重应力计算，即：

$$\sigma_i' = p + \sigma_{\gamma i}' = p + \sum_{m=1}^{i-1} \gamma_m \Delta z_m + \frac{1}{2} \gamma_i \Delta z_i \tag{5-39}$$

式中　$\sigma_{\gamma i}'$——由土自重引起的桩周第 i 层土平均垂直有效应力(kPa)；桩群外围桩自地面算起，桩群内部桩自承台底算起；

γ_i、γ_m——分别为第 i 计算土层、其上 $i-1$ 层土中第 m 土层的重度，地下水位以下取浮重度(kN/m³)；

Δz_i、Δz_m——第 i 层土、$i-1$ 层土中第 m 层土的厚度(m)。

桩侧负摩阻力也可根据黏性土和砂性土，分别按下式计算：

$$q_{si}^n = c_u \tag{5-40}$$

$$q_{si}^n = N_i/5 + 3 \tag{5-41}$$

式中　c_u——软土或中等强度黏土的不排水抗剪强度(kPa)；

N_i——桩周第 i 层砂性土经钻杆长度修正后的平均标准贯入试验击数(击)。

5.4 基桩承载力验算

由桩群与承台组成的桩基础称为群桩基础，或简称桩基。在承台荷载作用下，群桩基础中各基桩的承载力和沉降性状，往往与单桩有显著差别，且承台底与地基土接触面上的土反力也可能分担部分荷载。

5.4.1 桩基作用机理

群桩基础的工作性状主要取决于基桩竖向荷载的传递特征，群桩相互作用机制十分复杂且量化分析困难，《建筑桩基技术规范》(JTJ 94)中仅考虑承台与基桩的共同承载。端承型基桩在桩顶荷载作用下的沉降较小，绝大部分或全部桩顶荷载由桩身直接传递到桩端持力层，桩侧摩阻力所占比例很小且水平扩散效应相应较小；桩端承压面积相对较小，持力层抗力与刚度很高，各基桩的桩端作用力可视为彼此互不影响，参见图 5-20。同时，桩顶沉降很小时的承台下桩间地基土基本不承担荷载,可忽略承台承担承载作用。因此,端承型基桩群桩效应系数 $\eta=1$,群桩基础的承载力等于各单桩的承载力之和,群桩基础沉降量也与单桩基本相同,可类似于单桩进行设计和验算。

此时,基桩垂直承载力特征值 R_a 为单桩垂直承载力特征值,即由单桩垂直极限承载力标准值 Q_{uk} 按下式确定:

$$R_a = \frac{Q_{uk}}{K} = \frac{Q_{uk}}{2} \tag{5-42}$$

1. 摩擦型群桩基础

摩擦型群桩主要通过群桩中各桩的桩侧摩擦阻力将上部荷载传递到桩周土体及桩端土层中,且一般可假定桩侧摩阻力在土中引起的附加应力 σ_z 按某一角度 α 沿桩长向下扩散至桩端平面处,参见图 5-21。当桩数很少或桩中心距 s_a 较大(如 $s_a > 6d$)时,桩端平面处各桩传来的压力互不重叠或重叠影响较小,此时群桩中各桩的工作情况与单桩接近,群桩的承载力亦可近似等于各单桩承载力之和,参见图 5-21(a)。反之,当桩数较多且桩距较小时,桩间基体与桩端持力层承担由各桩传来的垂直附加应力场将相互重叠而显著提高,桩端持力层的沉降影响深度亦明显增大,且对桩侧土体的摩阻力产生影响,参见图 5-21(b)。

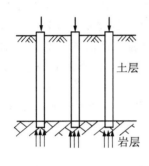
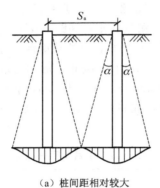
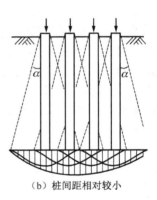

图 5-20 端承型群桩基础 　　图 5-21 摩擦型群桩桩端平面上的压力分布

　　(a)桩间距相对较大　　(b)桩间距相对较小

相应一定的桩顶荷载水平,机制上群桩效应将导致群桩中的基桩沉降量显著大于单桩情况,桩顶刚度降低是群桩效应最为显著的标志之一。基于弹性理论的传统群桩作用效应分析,往往会低估群桩基础的承载能力。工程实践中需要注意:①群桩基础的沉降量只需满足建筑物对桩基变形允许值的要求,无需按单桩的沉降量控制;②群桩基础中的一根桩与单桩的工作条件不同,一方面,排土群桩设置时,对桩间松散状态砂土和粉土等存在排土挤密增强效应,群桩应力叠加可使土质桩端持力层承载力提高等;另一方面,群桩设置排土设置效应,易导致饱和软黏土损伤与孔压积聚,应力叠加引起桩端土质持力层附加沉降增加。

2. 承台的带桩作用

对于低桩承台群桩基础,承台底面地基土有可能会参与工

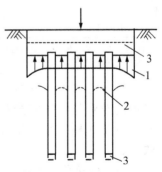

图 5-22 复合桩基
1—台底土压力;2—上层土位移;
3—桩端贯入、桩基整体下沉

作,即承台底面土的反力可能会分担部分外荷载。由桩和承台底地基土共同承担荷载作用的桩基,一般称为复合桩基,参见图 5-22。

桩基承台基底地基分担荷载的比例可从百分之十几直至百分之三十。桩基刚性承台底面接触反力仍然呈马鞍型分布,参见图 5-22。若以桩群外围包络线为界,将台底面积分为内外两区,则内区反力比外区小而且比较均匀。利用台底反力分布的上述特征,可以通过加大外区与内区的面积比,提高承台分担荷载的水平。

对于上部结构整体刚度较好、体型简单的建(构)筑物,对差异沉降适应性较强的排架结构和柔性构筑物,按变刚度调平原则设计的桩基刚度相对弱化区,以及软土地基的减沉复合疏桩基础等摩擦型桩基,采用承台效应系数 η_c 考虑承台效应,按下列公式确定复合基桩的垂直抗压承载力特征值 R:

不考虑地震作用时 $\qquad R = R_a + \eta_c f_{ak} A_c \quad A_c = (A - n A_p)/n$ (5-43a)

考虑地震作用时 $\qquad R = R_a + \dfrac{A_c - n A_P}{1.25n} \zeta_E \eta_c f_{ak}$ (5-43b)

式中 f_{ak}——承台下 1/2 承台宽度且不超过 5 m 的深度范围内,各层土的地基承载力特征值按厚度加权的平均值(kPa);

    ζ_E——地基抗震承载力调整系数按岩土类型和性状取 $\zeta_E = 1.0 \sim 1.5$,参见 2.2 节。

根据桩基承台相对宽度 B_c/l 和基桩相对间距 s_a/d,承台效应系数 η_c 可按表 5-17 取值。对于饱和黏性土中的挤土桩基、软土地基上的桩基承台,η_c 宜取表中低值的 0.8 倍。对于单排桩条形承台,当承台宽度小于 1.5d 时,η_c 按非条形承台取值。对于柱下独立桩基,承台计算面积 A_c 为承台总面积。对于桩筏基础,A_c 为柱、墙筏板的 1/2 跨距和悬臂边 2.5 倍筏板厚度所围成的面积。单片墙下集中布桩的桩筏基础,取墙两边各 1/2 跨距围成的面积,且按条基计算 η_c。

表 5-17 承台效应系数 η_c

B_c/l \ s_a/d	3	4	5	6	>6
≤0.4	0.06~0.08	0.14~0.17	0.22~0.26	0.32~0.38	0.50~0.80
0.4~0.8	0.08~0.10	0.17~0.20	0.26~0.30	0.38~0.44	
>0.8	0.10~0.12	0.20~0.22	0.30~0.34	0.44~0.50	
单排桩条形承台	0.15~0.18	0.25~0.30	0.38~0.45	0.50~0.60	

注:表中 s_a/d 为桩中心距与桩径之比;B_c/l 为承台宽度与桩长之比。当计算基桩为非正方形排列时,$s_a = \sqrt{A/n}$,A 为承台计算域面积,n 为总桩数。

复合桩基承台分担荷载是以低桩承台基础一定程度的整体沉降为前提的,当桩基沉降不危及建筑物的安全和正常使用时,才可考虑承台底地基土的承载能力,单独承台下桩数少于 4 根的摩擦型桩基,不考虑承台效应。且下列情况通常不考虑承台的荷载分担效应:

(1)承受经常出现的动力作用,如铁路桥梁桩基;

(2)承台下存在可能产生负摩擦力的土层,如湿陷性黄土、欠固结土、新填土、高灵敏度软土以及可液化土,或由于降水地基土固结而与承台脱开;

（3）在饱和软土中沉入密集桩群，引起超静孔隙水压力和土体隆起，随着时间推移，桩间土逐渐固结下沉而与承台脱离等。

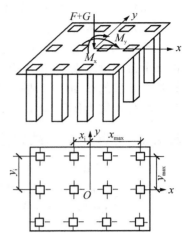

5.4.2 作用效应分析

桩顶作用效应分为荷载效应和地震作用效应，相应的作用效应组合分为荷载效应基本组合和地震效应组合。

1. 桩顶荷载作用效应

对于一般建筑物和受水平力较小的高大建筑物，当桩基中桩径相同时，通常可假定：①承台是刚性的；②各桩刚度相同；③矩形承台 x，y 轴线是桩基平面的惯性主轴，参见图 5-23。按下列公式计算基桩的桩顶作用效应。

图 5-23 桩顶荷载的计算简图

（1）设桩基中桩数为 n，相应荷载作用效应标准组合时的承台顶轴心垂直荷载值为 F_k（kN）、承台自重 G_k（kN），则基桩或复合基桩的平均垂直力 N_k：

$$N_k = \frac{F_k + G_k}{n} \tag{5-44}$$

式中，桩基承台和承台上土自重标准值 G_k 在稳定地下水位以下部分应扣除水浮力。

（2）垂直偏心荷载作用或弯矩作用下，对应荷载效应标准组合时的承台底面绕桩群形心的 x、y 主轴的力矩分别为 M_{xk} 和 M_{yk}（kN·m），则第 i 基桩或复合基桩的垂直力 N_{ik}：

$$N_{ik} = N_k \pm \frac{M_{xk} y_j}{\sum y_j^2} \pm \frac{M_{yk} x_i}{\sum x_i^2} \tag{5-45}$$

式中，x_i 和 y_j 分别为 i 列基桩至 y 轴距离和 j 排至 x 轴的距离。

（3）对应荷载效应标准组合时的基底水平荷载值为 H_k，则简单条件时的作用于第 i 基桩或复合基桩的水平力 H_{ik}（kN）为：

$$H_{ik} = \frac{H_k}{n} \tag{5-46}$$

当基桩承受较大水平力，或为高承台桩基时，桩顶作用效应的计算应考虑承台与基桩协同工作和土的弹性抗力影响。对烟囱、水塔、电视塔等高耸结构物桩基，则常采用圆形或环形刚性承台，当基桩布置在直径不等的同心圆的圆周上，且同一圆周上的桩距相等时，仍可按式(5-46)计算。

2. 地震作用效应

对于主要承受垂直荷载的抗震设防区低承台桩基，当同时满足下列条件时，计算桩顶作用效应时，可不考虑地震作用：

（1）按《建筑抗震设计规范》(GB 50011)中规定的可不进行天然地基和基础抗震承载力计算的建筑物；

（2）不位于斜坡地带和地震可能导致滑移、地裂地段的建筑物；

（3）桩端及桩身周围无可液化土层；

（4）承台周围无可液化土、淤泥和淤泥质土。

位于基本烈度 8 度和 8 度以上的抗震设防区和其他承受较大水平力的高层建筑，当其桩基承台刚度较大，或由于上部结构与承台协同作用能增强承台的刚度时，低承台桩基在计算各个基桩的作用效应、桩身内力和位移时，可考虑承台（包括地下墙体）与基桩的共同工作和土的弹性抗力作用（承台开挖土体扰动小，且回填密实）。

5.4.3 桩基垂直承载力验算

1. 一般验算

轴心垂直荷载作用下，对应荷载作用效应标准组合时的基桩垂直承载力验算应满足（5-47a）。当在偏心垂直荷载作用下，除满足式（5-47a）外，尚应满足式（5-47b）。

$$N_k \leqslant R \qquad (5\text{-}47a)$$

$$N_{kmax} \leqslant 1.2R \qquad (5\text{-}47b)$$

在考虑地震作用效应和荷载效应标准组合的条件下，轴心垂直力作用下基桩垂直承载力验算应满足式（5-48a）。当在偏心垂直荷载作用下，除满足式（5-48a）外，还应满足式（5-48b）的要求。

$$N_{Ek} \leqslant 1.25R \qquad (5\text{-}48a)$$

$$N_{Ekmax} \leqslant 1.5R \qquad (5\text{-}48b)$$

式中　N_{Ek}——考虑地震作用效应标准组合时的基桩或复合基桩的平均垂直力（kN）；

　　　N_{Ekmax}——地震作用效应标准组合时的基桩或复合基桩的最大垂直力（kN）。

一般建筑物或水平荷载较小的高大建筑物单桩基础和群桩基础，基桩桩顶承受水平力同样应满足上述表达式（5-47a）和（5-48a）的要求。验算时，以对应荷载效应标准组合时基桩桩顶处的水平力 H_{ik} 代替式中 N_k，以基桩水平承载力特征值 R_h（kN）代替 R。

2. 软弱下卧层验算

当桩端持力层影响范围内存在软弱下卧层时，应进行下卧层的整体剪切承载力验算，参见图 5-24。软弱下卧层经深度 z 修正后的地基承载力特征值为 f_{az}（kPa），软弱层顶面上各土层重度加权平均值为 γ_m（kN/m³），下卧软土层承载力验算应满足下式：

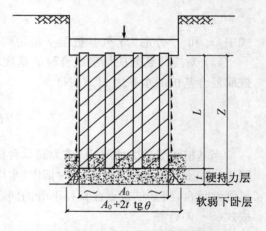

图 5-24　软弱下卧层承载力验算

$$\sigma_z + \gamma_m z \leqslant f_{az} \qquad (5\text{-}49)$$

式中　z——地面至软弱层顶面的深度。

对桩距 $s_d \leqslant 6d$ 的群桩基础，桩端持力层下存在承载力低于桩端持力层承载力 1/3 的软弱下卧层时，一般可作整体冲剪破坏考虑，按式(5-50)计算下卧层顶面的附加应力 σ_z：

$$\sigma_z = \frac{(F_k + G_k) - 3/2(A_0 + B_0)\sum q_{sik}l_i}{(A_0 + 2t\tan\theta)(B_0 + 2t\tan\theta)} \tag{5-50}$$

式中 A_0、B_0——分别为桩群外缘矩形底面的长、短边边长(m)；

q_{si}——桩周第 i 层土的极限侧阻力标准值(kPa)，无当地经验时，可根据成桩工艺，按表 5-3 取值；

θ——桩端硬持力层压力扩散角，按表 5-18 取值。

表 5-18 桩端硬持力层压力扩散角 θ

E_{s1}/E_{s2}	$t = 0.25B_0$	$t \geq 0.50B_0$
1	4°	12°
3	6°	23°
5	10°	25°
10	20°	30°

注：① E_{s1}、E_{s2} 为硬持力层、软弱下卧层的压缩模量。
② 当 $t < 0.25B_0$ 时，取 $\theta = 0°$，必要时，宜通过试验确定；当 $0.25B_0 < t < 0.50B_0$ 时，可内插取值。

3. 负摩阻力

负摩阻力验算时的基桩垂直承载力设计值 R，取桩身计算中性点以上(负)侧摩阻力为零，即基桩垂直承载力的特征值 R_a 只计中性点以下部分的侧摩阻值及端阻值。

对于摩擦型基桩，按下式验算基桩承载力：

$$N_k \leq R_a \tag{5-51}$$

对于端承型基桩，除应满足上式要求外，尚应按式(5-37)计算下拉荷载 Q_g^n，按下式验算基桩承载力：

$$N_k + Q_g^n \leq R_a \tag{5-52}$$

此外，当土层不均匀和建筑物对不均匀沉降较敏感时，尚应将负摩阻力引起的下拉荷载计入附加荷载验算桩基沉降。

5.4.4 垂直抗拔承载力验算

桩顶作用上拔力的桩基，应按下列公式同时验算群桩基础呈整体破坏和呈非整体破坏时基桩的抗拔承载力：

$$N_k \leq T_{gk}/2 + G_{gp} \tag{5-53}$$

$$N_k \leq T_{uk}/2 + G_p \tag{5-54}$$

式中 G_{gp}——群桩基础所包围体积的桩土总自重除以总桩数，地下水位以下取浮重度(kN)；

G_p——基桩自重，地下水位以下取浮重度，对于扩底桩应按表 5-12 确定桩、土柱体周长，计算桩和土自重(kN)。

季节性冻土上及膨胀土地基上轻型建筑的短桩基础，应验算群桩基础呈整体破坏和非整体破坏的抗拔稳定性。拉拔荷载作用下基桩抗力确定，尚应考虑基桩承受的桩承台底面以上建筑物自重、承台及其上土重标准值。此外,尚应按《混凝土结构设计规范》(GB50010)等验算桩身的抗拉承载力,并按规定裂缝宽度或抗裂性验算。

5.5 桩基结构分析

5.5.1 基桩结构分析

基桩为简单结构杆构件,垂直设置时,竖向荷载作用下的压、拉结构分析相对简单。

1. 桩身基本构造

地基基础设计年限不应低于上部结构,基础构件耐久性要求较高。设计使用年限不少于 50 年时,不同环境条件和不同基桩类型的混凝土强度等级,参见表 5-19。在腐蚀环境中的桩,桩身混凝土的强度等级应符合国家标准《混凝土结构设计规范》(GB 50010)的有关规定。设计使用年限不少于 100 年时,桩身混凝土强度等级宜适当提高。桩的主筋配置通过计算确定,构造配筋一般不低于表 5-20 要求,实践中配筋率初估可取 1%。灌注桩最小配筋率对于小直径桩取大值,反之亦然。桩顶以下 3～5 倍桩身直径范围内,箍筋宜适当加强加密。基桩主筋混凝土保护层厚度,不应小于 50 mm(预制桩不应小于 45 mm,预应力管桩不应小于 35 mm);腐蚀环境中的灌注桩不应小于 55 mm,参见表 5-19。

表 5-19 基桩混凝土强度等级

基桩类型	预制桩		灌注桩		
制作与环境	常规	预应力	非腐蚀环境	微腐蚀环境	水下浇筑
强度等级	≥C30	≥C40	≥C25	≥C30	≤C40
保护层(mm)	≥45	≥35	≥50	≥55	

表 5-20 基桩配筋率 ρ(%)

预 制 桩			灌注桩
锤击沉桩	静压沉桩	预应力桩	
0.8	0.6	0.5	0.2～0.65

2. 预制桩

混凝土预制桩的截面边长不应小于 200 mm;预应力混凝土预制实心桩的截面边长不宜小于 350 mm。基桩承受水平荷载和弯矩较大时,桩身配筋长度应通过计算确定。预制桩的桩身配筋应按吊运、打桩及桩在使用中的受力等条件计算确定,主筋直径不宜小于 Φ14,一般选用 4～8 根直径为 14～25 mm 的钢筋;箍筋直径可取 6～8 mm,间距≤200 mm;打入桩桩顶以下 4～5 倍桩身直径长度范围内箍筋应加密,并设置钢筋网片,例如设置 3 层 φ6@40～70 mm 的钢筋网、层距 50 mm,参见图 5-25。预制桩的桩尖可将主筋合拢焊在桩尖辅助圆钢上;对于持力层为密实砂和碎石类土时,宜在桩尖处包以钢钣桩靴,加强桩尖,参见图 5-25。

预制桩的分节长度应根据施工条件及运输条件确定,每根桩的接头数量不宜超过 3 个。

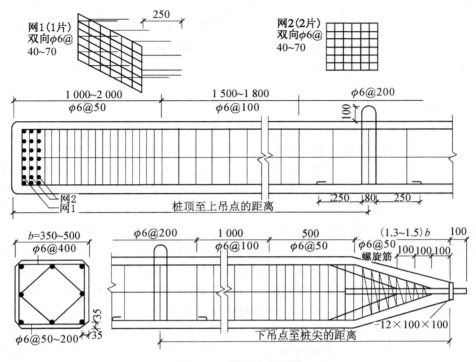

图 5-25　混凝土预制桩

预制桩除了满足基桩工作荷载作用下各类验算之外,还应验算运输、起吊和锤击过程中不同工况施工应力的截面强度配筋和抗裂耐久性能。

1) 吊装施工荷载

预制桩的吊立过程中(桩由水平变为垂直吊入打桩设备龙口),由于自重、水浮力的作用,桩身可能产生最大的弯拉应力,常控制桩身截面强度和抗裂验算。随着长桩的使用,桩在吊运和吊立过程中的截面强度、配筋与抗裂验算问题也将更为突出。预制桩身应按需埋设吊环,位置由计算确定。桩在自重作用下产生的弯曲应力与吊点的数量和位置有关。预制桩吊运一般采用四点吊、二点吊、六点吊,也可根据具体情况采用三点吊等布点形式。桩长在 20 m 以下者,起吊时一般采用双点吊;在打桩架龙门吊立时,采用单点吊。吊点位置可以按吊点间的正弯矩和吊点处的负弯矩相等的条件确定,如图 5-26 所示。图中,q 为桩身单位长度的重力,K 为考虑在吊运过程中桩可能受到的冲击和振动的动力系数提高系

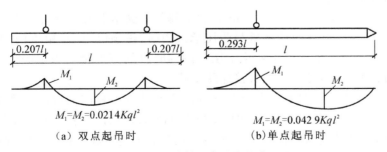

$$M_1 = M_2 = 0.021\,4Kql^2$$

（a）双点起吊时

$$M_1 = M_2 = 0.042\,9Kql^2$$

（b）单点起吊时

图 5-26　预制桩的吊点位置和弯矩图

数,可取 1.3。部分外海深水工程,需要将吊运桩长增加到 60 m,且吊点布置还需考虑沿桩身荷载非均质特征(如桩端有实心段,桩下端需浸水等),需进行专项吊点位置优化设计。桩在运输或存放的支点应放在起吊吊点处。普通混凝土预制桩配筋,一般由起吊和吊立施工过程中的强度计算控制,桩身混凝土强度必须达设计强度的 100% 才可起吊和搬运。

2)设置荷载

预制桩锤击法沉桩时的桩顶承受冲击荷载作用,桩头是直接承受桩锤冲击作用,引起桩头损毁。同时,桩顶垂直冲击作用下桩身正截面轴向压缩与横向拉胀,由于混凝土抗拉变形能力相对抗压时小得多,易导致桩身纵向裂缝。此外,桩顶冲击产生应力波沿桩身传到桩端后经不同材质界面反射回到桩顶,形成周期性拉压应力,易导致桩身上段出现环向裂缝。一般设计要求锤击过程中的压应力应小于桩身材料的抗压强度设计值;拉应力应小于桩身材料的抗拉强度设计值。《港口工程桩基规范》(JTJ 254)规定了钢筋混凝土和预应力混凝土方桩锤击沉桩压应力标准值为 12.0~20.0 MPa;高等级预应力混凝土管桩压应力标准值为 20.0~25.0 MPa。此外,预应力混凝土方桩锤击沉桩拉应力标准值分为 4 级,即 5.0、5.5、6.0、6.5(MPa);对预应力混凝土管桩拉应力标准值则为 6.0~11.0 MPa。根据桩锤、桩垫、桩长、土质等具体情况选定。例如,锤击能量和锤击速度较小,或桩垫弹性较大,或无明显的软硬土层相间情况,或桩长小于 30 m 时,压、拉应力标准值可取上述较小设计值;当桩长较短(<20 m)时,拉应力标准值可略低于 5.0 MPa。当在软黏土或松散砂夹层的粘性土中沉桩时,锤击能量小、频率低,且采用软而厚的锤垫和桩垫,以及桩长<12 m 时,锤击拉、压应力较小,一般可不考虑锤击拉、压应力影响。

3. 灌注桩构造

港口工程中的基桩最小配筋率不得小于 0.6%,腐蚀环境中的灌注桩主筋直径不宜小于 6Φ16,非腐蚀性环境中灌注桩主筋直径不应小于 6Φ12,纵向主筋应沿桩身周边均匀布置,其净距不应小于 60 mm。钻孔灌注桩构造钢筋的长度不宜小于桩长的 2/3,配筋长度应穿过淤泥、淤泥质土层或液化土层,进入稳定土层深度不应小于 2~3 倍桩身直径。桩身配筋可沿桩深度分段变截面非均匀配筋。基桩先行施工的基坑工程,考虑后开挖时的施工荷载意外交互作用和基底隆起作用,基桩钢筋长度不宜小于基坑深度的 1.5 倍。基桩承受水平荷载和弯矩较大时,桩身配筋长度应通过计算确定,设计泥面以下的配筋长度不宜小于 4 倍桩的相对刚度特征值,主筋宜采用热轧带肋钢筋,一般工程主筋不应小于 8Φ12,港口工程主筋不应小于 12Φ16。需考虑稳定的坡地岸边的基桩、地震设防烈度 8 度或以上抗震的基桩以及抗拔桩和嵌岩端承桩均应通长配筋。

构造箍筋宜采用 φ8@200~300 mm 的螺旋箍筋。受水平荷载较大桩基、承受水平地震作用的桩基、或考虑主筋作用计算桩身受压承载力时,桩顶以下 5d 范围内的箍筋应加密,间距不应大于 100 mm。桩身位于液化土层范围内时箍筋应加密。当钢筋笼长度超过 4 m 时,应每隔 2 m 设一道 φ16~18 的焊接加劲箍筋。

桩顶嵌入承台内的长度不应小于 50 mm。主筋伸入承台内的锚固长度不应小于钢筋直径(HPB235)的 30 倍和钢筋直径(HRB335 和 HRB400)的 35 倍。对于大直径灌注桩,当采用一柱一桩时,可设置承台或将桩和柱直接连接,且应符合高杯口基础的截面尺寸和配筋要求,柱纵筋插入桩身长度应满足锚固长度的要求。

4. 扩底桩构造

对于持力层岩土承载力较高、上覆土层较差的抗压桩;或桩端以上有一定厚度较好土层的抗拔桩,可采用扩底,参见图 5-27。桩端截面积 A_p,按扩底端的尺寸确定应符合下列规定:

① 扩底端直径与桩身直径之比 D/d,应根据承载力要求及扩底端侧面和桩端持力层土性特征,以及扩底施工方法综合确定;一般挖孔桩的 D/d 不应大于 3;钻孔桩的 D/d 不应大于 2.5;

② 扩底端侧面的斜率,应根据实际成孔及土体自立条件确定,采用几何归一化指标 a/h_c 进行控制时,一般可取 1/4～1/2,其中砂土可取 1/4,粉土、黏性土可取 1/3～1/2;

③ 抗压桩扩底端底面宜呈锅底形,矢高 h_b 可取 $(0.15～0.20)$ D 进行控制。

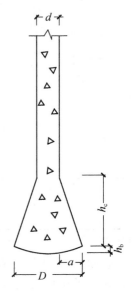

图 5-27 扩底桩构造

5. 基桩屈曲稳定

随着外海开敞码头前沿不断向深海海域发展,大陆架石油的勘探和开发也已经由浅海向深海推进,使得弹性长桩、超长桩的应用越来越普遍。这类长细比很大基桩,在竖向荷载作用下容易发生极值点失稳问题。深水离岸基桩由于其自由长度较大、受环境荷载影响严重、特别是当桩周土软弱($c_u < 10$ kPa)或遇地震易液化,且桩端支承在基岩或坚硬土层中时,桩身可能发生屈曲破坏。此时,应考虑桩的压屈影响,且应将轴向力对截面重心的初始偏心矩 e_i 乘以偏心矩增大系数 η,详见《混凝土结构设计规范》(GB 50010)。

桩身压屈计算长度 l_c,可根据桩顶约束情况、桩身露出地面的自由长度 l_0(低承台桩基 $l_0 = 0$)、桩的入土长度 h、桩侧和桩底土质条件,按表 5-21 确定。桩的压屈稳定系数 φ,可根据上述桩身压屈计算长度 l_c 和桩的设计直径 d(或矩形桩短边尺寸 b),按表 5-22 确定。对于钢筋混凝土轴心受压桩的桩顶以下 $5d$ 范围的桩身螺旋式箍筋间距不大于 100 mm,且配筋符合构造要求时,可根据桩身正截面面积 A_{ps} 和纵向主筋截面面积 A_s,采用下式 (5-55)确定其承载力;当桩身配筋不符合现行规范构造要求时,则可采用下式(5-56)确定其承载力:

$$N \leqslant \varphi(\psi_c f_c A_{ps} + 0.9 f'_y A'_s) \tag{5-55}$$

$$N \leqslant \varphi \psi_c f_c A_{ps} \tag{5-56}$$

式中　N——对应荷载效应基本组合时的桩顶轴向压力设计值(kN);

f_c——混凝土轴心抗压强度设计值(kPa);

f'_y——纵向主筋抗压强度设计值(kPa)。

上式中的基桩成桩工艺系数 ψ_c 考虑了成孔工艺与环境、排土设置效应、桩长与混凝土强度等级影响。混凝土预制桩、预应力混凝土空心桩,取 $\psi_c = 0.85$;干作业非挤土灌注桩,取 $\psi_c = 0.90$;泥浆护壁和套管护壁非挤土灌注桩、部分挤土灌注桩、挤土灌注桩,取 $\psi_c = 0.7～0.8$;软土地区挤土灌注桩,取 $\psi_c = 0.6$。基桩压屈影响稳定系数 φ,一般取稳定系数 $\varphi = 1.0$。

表 5-21　桩身压屈计算长度 l_c

桩 顶 铰 接				桩 顶 固 接			
桩底支于非岩石土中		桩底嵌于岩石内		桩底支于非岩石土中		桩底嵌于岩石内	
$h<\dfrac{4.0}{\alpha}$	$h\geqslant\dfrac{4.0}{\alpha}$	$h<\dfrac{4.0}{\alpha}$	$h\geqslant\dfrac{4.0}{\alpha}$	$h<\dfrac{4.0}{\alpha}$	$h\geqslant\dfrac{4.0}{\alpha}$	$h<\dfrac{4.0}{\alpha}$	$h\geqslant\dfrac{4.0}{\alpha}$
$l_c=1.0\times$ (l_0+h)	$l_c=0.7\times$ $\left(l_0+\dfrac{4.0}{\alpha}\right)$	$l_c=0.7\times$ (l_0+h)	$l_c=0.7\times$ $\left(l_0+\dfrac{4.0}{\alpha}\right)$	$l_c=0.7\times$ (l_0+h)	$l_c=0.5\times$ $\left(l_0+\dfrac{4.0}{\alpha}\right)$	$l_c=0.5\times$ (l_0+h)	$l_c=0.5\times$ $\left(l_0+\dfrac{4.0}{\alpha}\right)$

注：表中桩的水平变形系数 α，符号含义参见式(5-83)。

必须指出，当桩侧有厚度为 d_1 的液化土层时，桩露出地面长度 l_0 和桩的入土长度 h 分别按表 5-8 的土层液化折减系数 ψ_1 调整为：

$$l_0' = l_0 + (1-\psi_1)d_1$$
$$h' = h - (1-\psi_1)d_1$$

表 5-22　桩身稳定系数 φ

l_c/d	$\leqslant 7$	8.5	10.5	12	14	15.5	17	19	21	22.5	24
l_c/b	$\leqslant 8$	10	12	14	16	18	20	22	24	26	28
φ	1.00	0.98	0.95	0.92	0.87	0.81	0.75	0.70	0.65	0.60	0.56
l_c/d	26	28	29.5	31	33	34.5	36.5	38	40	41.5	43
l_c/b	30	32	34	36	38	40	42	44	46	48	50
φ	0.52	0.48	0.44	0.40	0.36	0.32	0.29	0.26	0.23	0.21	0.19

注：b 为矩形桩短边尺寸，d 为桩直径。

5.5.2　承台结构设计

承台是桩基础的一个重要组成部分，桩基承台可分为柱下独立承台、柱下或墙下条形承台(梁式承台)，以及筏板承台和箱形承台等。承台的作用是将桩联结成一个整体，并把建筑物的荷载传递给各桩，承台应有足够的强度、刚度和耐久性。

1. 外形尺寸及构造要求

承台外形尺寸包括确定承台材料、形状、高度、底面标高和平面尺寸。承台的平面尺寸一般是由上部结构、桩数及布桩形式决定。墙下桩基一般采用条形承台，即梁式承台；柱下桩基宜采用板式承台，如矩形或三角形承台，参见图 5-28。其剖面形状可作成锥形、台阶形或平板形。

桩基承台应满足抗冲切、抗剪切、抗弯承载力和上部结构的要求，承台高度应 $\geqslant$ 300 mm，宽度 $\geqslant$500 mm。基于边桩外侧承台底钢筋嵌固以及承台斜截面承载力(冲切)的

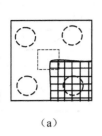 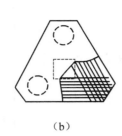 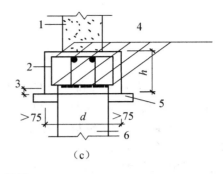

（a） （b） （c）

图 5-28 承台配筋

1—墙；2—箍筋直径≥6 mm；3—桩顶入承台≥50 mm；4—承台梁内主筋
除须按计算配筋外尚应满足最小配筋率；5—垫层 100 mm 厚 C10 混凝土

要求，矩形承台边缘至边桩中心距离不应小于桩的直径或边长，且桩外边缘至承台边缘的挑出部分应≥150 mm。基于承台梁与地基共同工作可增强承台梁的整体刚度，条形承台梁挑出部分应≥75 mm，参见图 5-28(c)。承台的混凝土强度等级宜≥C20。承台构造配筋，对于矩形承台板，宜双向均匀通长布置，钢筋直径宜≥φ10，间距应满足 100～200 mm，参见图 5-28(a)；对于三桩承台，应按三向板带均匀配置，最里面 3 根钢筋相交围成的三角形，应位于柱截面范围以内，参见图 5-28(b)。承台梁的纵向主筋应≥φ12，架立筋宜≥φ10，箍筋直径宜≥φ6，参见图 5-28(c)。柱下独立桩基承台的最小配筋率不应小于 0.15%。钢筋锚固长度自边桩内侧（当为圆桩时，应将其直径乘以 0.886 等效为方桩）算起，锚固长度不应小于 35 倍钢筋直径，当不满足时应将钢筋向上弯折，此时钢筋水平段的长度不应小于 25 倍钢筋直径，弯折段的长度不应小于 10 倍钢筋直径。承台基底钢筋的混凝土保护层厚度宜≥70 mm，当有混凝土垫层时，不应小于 40 mm。

两桩桩基的承台，宜在其短向设置连系梁。连系梁顶面宜与承台顶位于同一标高，梁宽应≥200 mm，梁高可取承台中心距的 1/10～1/15，并配置不小于 4φ12 的钢筋。承台埋深应≥600 mm。在季节性冻土、膨胀土地区宜埋设在冰冻线、大气影响线以下。但当冰冻线、大气影响线深度≥1 m，且承台高度较小时，则应视土的冻胀、膨胀性等级分别采取换填无黏性垫层、预留空隙等隔胀措施。

2. 承台弯拉作用效应

承台应有足够的厚度及受力钢筋以保证其抗弯及抗剪切强度，可按《混凝土结构设计规范》(GB 50010)等规范执行。承台结构设计中，承台下基桩桩顶竖向反力设计值取相应于上部荷载作用效应基本组合时的桩顶竖向反力设计值 N (kN)，且类似于扩展浅基础应扣除承台和其上填土自重，为对应基本组合时的桩顶净反力设计值，后文中不再赘述。模型试验研究揭示，柱下独立桩基承台（四桩及三桩承台）在配筋不足的情况下将产生弯曲破坏，其破坏特征呈梁式破坏，最大弯矩产生于屈服线处。

1）柱下矩形承台

柱下四桩承台破坏模式中沿柱边方向的 4 组屈服线正交规则分布，最大弯矩产生于屈服线所在截面，且全部由钢筋承担，参见图 5-29。因此，计算截面应取在柱边和承台高度变阶处（杯口外侧或台阶边缘），x 轴和 y 轴计算截面上的弯矩设计值分别为 M_y 和 M_x (kN·m)，可按下式计算

$$M_x = \sum N_i y_i \qquad (5\text{-}57a)$$

$$M_y = \sum N_i x_i \qquad (5\text{-}57b)$$

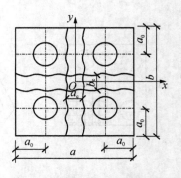

式中 x_i, y_i——垂直 y 轴和 x 轴方向自桩轴线到相应计算
截面的距离(m),参见图 5-29;

N_i——承台下第 i 根基桩竖向反力设计值(kN)。

2) 柱下三角形承台

柱下三角形承台的承台形心至两腰边边缘和底边边缘
正交截面范围内板带的弯矩设计值分别为 M_1 和 M_2(kN·

图 5-29 四桩承台基础破坏模式

m),参见图 5-30(c)。根据三桩三角形承台的屈服面通过柱
边(考虑柱作用)破坏模式和通过承台中心(不考虑柱作用)最不利破坏模式,利用钢筋混凝
土板屈服线理论,按机动法基本原理,可分别得到两种破坏模式对应的控制板带正截面弯矩
值,平均后可得 M_1 和 M_2 如下:

$$M_1 = \frac{N_{\max}}{3}\left(s_a - \frac{0.75}{\sqrt{4-\alpha^2}}c_1\right) \qquad (5\text{-}58a)$$

$$M_2 = \frac{N_{\max}}{3}\left(\alpha s_a - \frac{0.75}{\sqrt{4-\alpha^2}}c_2\right) \qquad (5\text{-}58b)$$

式中 $N_{\max}$——三桩中最大基桩顶竖向反力或复合基桩竖向反力设计值(kN);

s_a——长向桩中心距(m);

α——短向桩中心距与长向桩中心距之比,当 α 小于 0.5 时,按变截面二桩承台设计;

c_1、c_2——分别为垂直于、平行于承台底边的柱截面边长(m)。

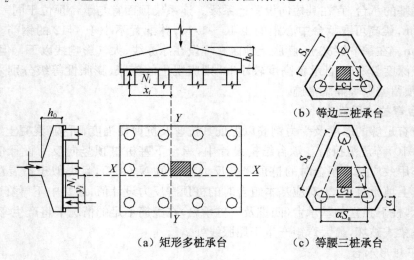

(a)矩形多桩承台   (b)等边三桩承台

(c)等腰三桩承台

图 5-30 承台弯矩计算示意

等边三角形时,取上式(5-58)中的中心距比 $\alpha = 1.0$,则可得控制板带正截面弯矩值 M
如下:

$$M = \frac{N_{\max}}{3}\left(s_a - \frac{\sqrt{3}}{4}c\right) \tag{5-59}$$

式中　M——通过承台形心至各边边缘正交截面范围内板带的弯矩设计值（kN·m）；

　　　s_a——桩中心距（m）；

　　　c——方柱边长，圆柱时 $c = 0.8d$，d 为圆柱直径（m）。

3. 承台冲剪切验算

承台应有足够的高度，可按混凝土冲切及剪切强度确定。一般可先按冲切计算，再按剪切复核。承台混凝土强度验算包括受冲切、受剪切、局部承压及受弯计算。

1）冲切计算

若承台有效高度不足将产生冲切破坏，破坏方式可分为：沿柱（墙）边的冲切和单一基桩对承台的冲切两类。因此，桩基承台厚度确定，应满足柱（墙）对承台的冲切和基桩对承台的冲切承载力验算要求。

（1）柱边冲切验算

柱边冲切破坏分析一般选用冲切锥体模型，承台锥体斜面与承台底面的夹角大于或等于 45°，该斜面的上周边位于柱与承台交接处或承台变阶处，下周边位于相应的桩顶内边缘处，参见图 5-31。冲切斜截面的上下边水平投影距离为冲跨 a_0，并定义冲跨比 λ 为冲跨 a_0 与承台计算高度 h_0 之比 $\lambda = a_0/h_0$。当 $\lambda < 0.25$ 时，取 $\lambda = 0.25$；当 $\lambda > 1.0$ 时，取 $\lambda = 1.0$。由承台斜面冲跨比 λ 可得柱（墙）冲切系数 β_0。对于柱下矩形承台且基桩对称布置时，冲切破坏锥体上冲切力设计值

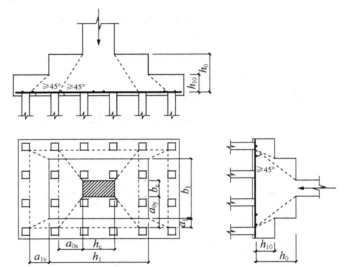

图 5-31　柱对承台的冲切计算示意

F_l 应小于由承台有效高度 h_0 所提供的冲切抗力，可按下式验算：

$$F_l \leqslant \beta_{hp}\beta_0 u_m f_t h_0 \tag{5-60a}$$

$$\beta_0 = \frac{0.84}{\lambda + 0.2}, \quad \lambda = \frac{a_0}{h_0} \tag{5-60b}$$

式中　β_{hp}——承台受冲切承载力截面高度影响系数，同 2.5.3 节扩展浅基础验算。当 $h \leqslant 800$ mm 时，β_{hp} 取 1.0；$h \geqslant 2\,000$ mm 时，β_{hp} 取 0.9，其间按线性内插法取值；

　　　u_m——承台冲切破坏锥体高度 $h_0/2$ 处的周长（m）；

　　　f_t——承台混凝土抗拉强度设计值（N/mm²）。

冲切破坏锥体上冲切力设计值 F_l，可以根据对应荷载效应基本组合时的柱（墙）底垂直荷载设计值 F（不计承台上土重 G），按下式计算：

$$F_1 = F - \sum N_i \tag{5-60c}$$

式中　　$\sum N_i$——冲切破坏锥体内各基桩或复合基桩的反力设计值之和（kN）。

柱下矩形独立承台受柱冲切的承载力验算时，图 5-31 中冲切椎体 x 方向冲切面的上边、下边、冲跨和冲跨比分别为柱截面的边长 b_c、斜面下边长 $b_c + 2a_{0y}$、冲跨 a_{0x} 和 $\lambda_{0x} = a_{0x}/h_0$；同理 y 方向冲切面的上边、下边、冲跨和冲跨比分别为 h_c、$h_c + 2a_{0x}$、a_{0y} 和 $\lambda_{0y} = a_{0y}/h_0$。则可按下列公式验算柱冲切的承载力：

$$F_1 \leqslant 2[\beta_{0x}(b_c + a_{0y}) + \beta_{0y}(h_c + a_{0x})]\beta_{hp}f_t h_0 \tag{5-61}$$

$$\beta_{0x} = \frac{0.84}{\lambda_{0x} + 0.2}, \quad \beta_{0y} = \frac{0.84}{\lambda_{0y} + 0.2}$$

式中　　β_{0x}，β_{0y}——矩形承台短边和长边冲切面的冲切系数。

对于圆柱及圆桩，计算时应将其截面换算成方柱及方桩，换算柱截面边长 $b_c = h_c = 0.8d_c$（d_c 为圆柱直径），换算桩截面边长 $b_p = 0.8d$（d 为圆桩直径）。对于柱下两桩承台，两桩净距为 l_n，计算跨距为 $l_0 = 1.15l_n$，当 $l_0/h < 5.0$ 时，可按深受弯构件计算受弯与受剪承载力，不需要进行受冲切承载力计算。

（2）单桩冲切验算

对位于柱（墙）冲切破坏锥体以外的基桩，尚应考虑单桩对承台的冲切作用，并按四桩承台、三桩承台等不同情况计算受冲切承载力，参见图 5-32。

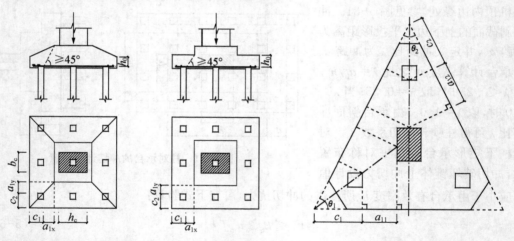

（a）四桩或以上矩形锥形承台　　（b）四桩或以上矩形阶形承台　　（c）三桩三角形承台

图 5-32　承台角桩冲切计算示意

①如图 5-32（a）和（b）所示，角桩冲跨比 λ_1 和冲切系数 β_1 概念与取值规定同上述柱边冲切。从矩形承台基底角桩内边缘引 45°冲切斜面与承台顶面相交，该交线至角桩内边缘的水平距离为冲垮 a_1，$\lambda_1 = 1.0$。当承台顶柱（墙）边或承台变阶处位于该 45°线以内时，取由柱（墙）边或承台变阶处与桩内边缘连线为冲切锥体，且其两者水平间距为冲垮 a_1，$\lambda_1 < 1.0$。根据角桩（含复合基桩）反力设计值 N_1，可得矩形承台受角桩冲切的承载力验算如下：

$$N_l \leqslant [\beta_{1x}(c_{1y} + a_{1y}/2) + \beta_{1y}(c_{1x} + a_{1x}/2)]\beta_{hp}f_t h_1 \tag{5-62a}$$

$$\beta_1 = \frac{0.56}{\lambda_1 + 0.2}, \quad \lambda_1 = \frac{a_1}{h_1} \tag{5-62b}$$

式中　c_{1x}，c_{2y}——分别为角桩 x 轴和 y 轴方向内侧至相应承台外边缘的距离(m)；

　　　　h_1——承台外边缘的有效高度(m)，对于锥形承台偏于安全。

② 如图 5-32(c)所示的三桩三角形承台，承台底角桩顶内边缘引 45°冲切面与承台顶面相交，该交线至角桩内侧边缘的水平距离为冲垮 a_1；同理当柱边位于该 45°线以内时，取柱边处与桩内边缘的水平距离为冲垮 a_1。根据底部角桩和顶部角桩的不同受力特征，分别可按下列公式计算受角桩冲切的承载力：

底部角桩：
$$N_l \leqslant \beta_{11}(2c_{11} + a_{11})\beta_{hp}\tan\frac{\theta_1}{2}f_t h_1 \tag{5-63}$$

顶部角桩：
$$N_l \leqslant \beta_{12}(2c_{12} + a_{12})\beta_{hp}\tan\frac{\theta_2}{2}f_t h_1 \tag{5-64a}$$

$$\beta_1 = \frac{0.56}{\lambda_1 + 0.2}, \quad \lambda_1 = \frac{a_1}{h_1} \tag{5-64b}$$

式中　c_{11}、c_{12}——分别为三角形承台底部角桩内侧至相应三角形角点的距离(m)。

2）受剪切计算

桩基承台的剪切破坏面为一通过柱(墙)边与桩边连线所形成的斜截面，参见图 5-33。柱(墙)下桩基承台，应分别对柱(墙)边、变阶处和基桩内边连线形成的贯通承台的斜截面的受剪承载力进行验算，且当承台悬挑边布置有多排基桩时，应对每个斜截面的受剪承载力分别进行验算。桩基承台斜截面受剪承载力计算同一般混凝土结构，由于桩基承台多属小剪跨比($\lambda < 1.40$)，故需将混凝土结构限制剪跨比延伸 $\lambda \in 0.25 \sim 3.00$)的范围。

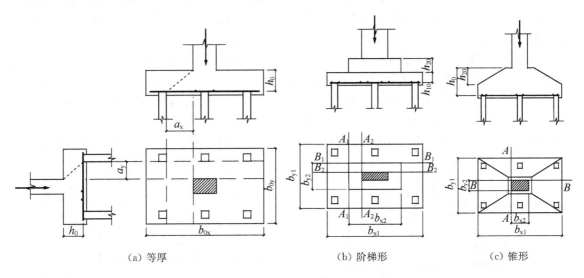

(a) 等厚　　　　　　　(b) 阶梯形　　　　　　　(c) 锥形

图 5-33　矩形承台斜截面受剪计算示意

(1) 柱下单独桩基等厚度承台斜截面受剪分析，参见图 5-33(a)。设剪跨 a_x 和 a_y 分别为 y 轴和 x 轴方向计算一排桩的桩边至相应柱边(墙边)或承台变阶处的水平距离，相应的

剪跨比 λ 定义为 $\lambda_x = a_x/h_0$ 和 $\lambda_y = a_y/h_0$,且当 $\lambda < 0.25$ 时,取 $\lambda = 0.25$;当 $\lambda > 3$ 时,取 $\lambda = 3$。不计承台及其上土自重,对应荷载效应基本组合时的斜截面的最大剪力设计值为 $V(kN)$。承台计算截面计算宽度为 b_0、有效高度为 h_0,则斜截面受剪应满足下式要求:

$$V \leqslant \beta_{hs} \alpha f_t b_0 h_0 \tag{5-65a}$$

$$\alpha = \frac{1.75}{\lambda + 1} \tag{5-65b}$$

$$\beta_{hs} = \left(\frac{800}{h_0}\right)^{1/4} \tag{5-65c}$$

式中　α——承台剪切系数;

　　　f_t——混凝土轴心抗拉强度设计值(N/mm^2);

　　　β_{hs}——受剪切承载力截面高度影响系数,同 2.5.3 节扩展浅基础验算,当 $h_0 <$ 800 mm 时,取 $h_0 = 800$ mm;当 $h_0 > 2000$ mm 时,取 $h_0 = 2000$ mm;其间按线性内插法取值。

(2) 对于阶梯形承台,应分别在变阶处(A_1—A_1)和(B_1—B_1)断面、柱边处(A_2—A_2)和(B_2—B_2)断面进行斜截面受剪承载力计算,参见图 5-35(b)。变阶处(A_1—A_1)和(B_1—B_1)的斜截面有效高度均为 h_{10},截面计算宽度分别为 b_{y1} 和 b_{x1}。柱边截面(A_2—A_2)和(B_2—B_2)的斜截面有效高度均为 h_0,根据正截面面积相等原则,可得柱边斜截面计算宽度 b_{y0} 和 b_{x0}。同理,锥形承台柱边截面有效高度为 h_0,根据正截面面积相等原则,可得斜截面的计算宽度 b_{y0} 和 b_{x0}。参见 2.5.3 节扩展浅基础高度剪切验算有关内容。

3) 局部受压计算

对于柱下桩基承台,当混凝土强度等级低于柱的强度等级时,应按《混凝土结构设计规范》(GB 50010)等验算承台的局部受压承载力。当进行承台的抗震验算时,尚应根据《建筑抗震设计规范》(GB 50011)规定对承台的受弯、受剪切承载力进行抗震调整。

【例题 5-3】　某二级建筑桩基如例图 5-3 所示,柱截面尺寸为 450 mm×600 mm,对应荷载作用效应基本组合时的基础顶面荷载设计值为:$F = 2800$ kN,$M = 210$ kN·m(作用于长边方向),$H = 145$ kN,拟采用截面为 350 mm×350 mm 的预制混凝土方桩,桩长 $L = 12$ m,已确定基桩垂直承载力特征值 $R = 370.0$ kN,水平承载力设计值 $R_h = 45$ kN,承台混凝土强度等级为 C20,配置 HRB335 级(Ⅱ级)钢筋,试设计该桩基础(不考虑承台效应)。

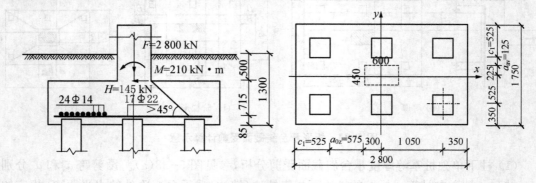

例图 5-3　承台尺寸

解：

已知：C20 混凝土，$f_t = 1\,100$ kPa，$f_c = 9\,600$ kPa；HRB335 级（Ⅱ级）钢，$f_y = 300$ N/mm^2。

（1）确定桩数 n 及布桩

结构重要性系数取 $\gamma_0 = 1.0$，根据表达式(1-8)，准永久值控制基本组合设计值为：

$$S = 1.35 S_k$$

初选桩数

$$n > \frac{F_k}{R} = \frac{F}{1.35R} = \frac{2\,800}{1.35 \times 370} = 5.6 \text{ 根}$$

初步选取 6 桩承台，基桩间距 $s = 3d = 3 \times 0.35$ m $= 1.05$ m，按矩形布置如例图 5-3 所示。

（2）初定承台尺寸

设承台长边和短边分别为 a 和 b，则

$$a = 2 \times (0.35 \text{ m} + 1.05 \text{ m}) = 2.8 \text{ m}$$
$$b = 2 \times 0.35 \text{ m} + 1.05 \text{ m} = 1.75 \text{ m}$$

承台基底埋深 1.3 m，承台高 $h = 0.8$ m，桩顶伸入承台 50 mm，钢筋保护层取 35 mm，则承台有效高度为：

$$h_0 = 800 - 50 - 35 = 715 \text{ mm}$$

（3）计算桩顶荷载设计值

取承台及其上土的平均重度 $\gamma_G = 20$ kN/m^3，则桩顶平均竖向力设计值 N 和最大值 N_{max}，以及基桩竖向承载力验算如下：

$$N = \frac{F}{n} = \frac{2\,800}{6} = 466.7 \text{ kN}$$

$$N_k = \frac{N}{1.35} + \frac{G_k}{n} = \frac{466.7}{1.35} + \frac{1.35 \times 20 \times 2.8 \times 1.75 \times 1.3}{6}$$

$$= 345.7 + 21.2 = 366.9 \text{ kN} < R = 370 \text{ kN}$$

$$M + Hh = 210 + 145 \times 0.8 = 326 \text{ kN·m}$$

$$\frac{(M + Hh)x_{max}}{\sum x_i^2} = \frac{(210 + 145 \times 0.8) \times 1.05}{4 \times 1.05^2} = 77.6 \text{ kN},$$

$$N_{max} = N + \frac{(M + Hh)x_{max}}{\sum x_i^2} = 466.7 + 77.6 \text{ kN} = 544.3 \text{ kN}$$

$$N_{\substack{kmax \\ kmin}} = N_k \pm \frac{(M + Hh)x_{max}}{1.35 \sum x_i^2} = 366.9 \pm \frac{77.6}{1.35} = 366.9 \pm 57.5 = \left.\begin{matrix} 424.4 \text{ kN} \\ 309.4 \text{ kN} \end{matrix}\right\}$$

$N_{kmax} = 424.4$ kN $< 1.2R = 444.0$ kN，且 $N_{mix} > 0$，基桩竖向承载力满足要求。

基桩水平力设计值 $H = 145$ kN，6 根基桩分担后小于单桩水平承载力设计值 $R_h = 45$ kN。

（4）承台冲切验算

① 柱边冲切验算

根据表达式(5-61)，可得冲跨、冲跨比和冲切系数如下：

$$a_{0x} = s - \frac{b}{2} - \frac{h_c}{2} = 1\,050 - 175 - 300 = 575 \text{ mm} \Rightarrow \lambda_{0x}$$

$$= \frac{a_{0x}}{h_0} = \frac{575}{715} = 0.804 \in (0.25 \sim 1.0)$$

$$\beta_0 = \frac{0.84}{\lambda + 0.2} \Rightarrow \beta_{0x} = \frac{0.84}{\lambda_x + 0.2} = \frac{0.84}{0.804 + 0.2} = 0.837$$

$$a_{0y} = \frac{s}{2} - \frac{b}{2} - \frac{b_c}{2} = 125 \text{ mm} \Rightarrow \lambda_{0y} = \frac{a_{0y}}{h_0} = \frac{125}{715} = 0.174 < 0.25$$

取 $\lambda_{0y} = 0.25$，则有：

$$\beta_{0y} = \frac{0.84}{\lambda_y + 0.2} = \frac{0.84}{0.25 + 0.2} = 1.867$$

根据表达式(5-61)，柱边冲切荷载 $\gamma_0 F_1 = 2\,800$ kN，由 $h = 800$ mm，得 $\beta_{hp} = 1.0$，则有：

$$2[\beta_{0x}(b_c + a_{0y}) + \beta_{0y}(h_c + a_{0x})]\beta_{hp} f_t h_0$$

$$= 2 \times [0.837 \times (450 + 125) + 1.867 \times (600 + 575)] \times 1.1 \times 10^{-3} \times 715，满足要求。$$

$$= 4207 \text{ kN} > \gamma_0 F_1 = 2\,800 \text{ kN}$$

② 角桩冲切验算

根据表达式(5-62)，从角柱内边缘主承台外边缘距离 $c_1 = c_2 = 0.525$ m，$a_{1x} = a_{0x}$，$\lambda_{1x} = \lambda_{0x}$，$a_{1y} = a_{0y}$，$\lambda_{1y} = \lambda_{0y}$

$$\beta_{1x} = \frac{0.56}{\lambda_{1x} + 0.2} = \frac{0.56}{0.804 + 0.2} = 0.558，\beta_{1y} = \frac{0.56}{\lambda_{1y} + 0.2} = \frac{0.56}{0.25 + 0.2} = 1.244$$

$$[\beta_{1x}(c_{1y} + a_{1y}/2) + \beta_{1y}(c_{1x} + a_{1x}/2)]\beta_{hp} f_t h_1$$

$$= [0.558 \times (525 + 125/2) + 1.244 \times (600 + 575/2)] \times 1.1 \times 10^{-3} \times 715，满足要求。$$

$$= 1\,140 \text{ kN} > \gamma_0 N_{max} = 544.3 \text{ kN}$$

(5) 承台剪切验算

根据表达式(5-65)，由 $h_0 = 715$ mm < 800 mm，得 $\beta_{hs} = 1.0$。剪跨比与以上冲跨比相同。

x 轴计算斜截面

$$\lambda_{1x} = \lambda_{0x} = 0.804 \in (0.3, 1.4) \Rightarrow \alpha = \frac{1.75}{\lambda + 1} = \frac{1.75}{0.804 + 1} = 0.970$$

$$\beta_{hs} \alpha f_t b_0 h_0 = 0.97 \times 1.1 \times 10^{-3} \times 1\,750 \times 715 = 1\,335 \text{ kN} > V$$
$$= 2\gamma_0 N_{max} = 1089 \text{ kN}，满足要求。$$

y 轴计算斜截面

$$\lambda_{1y} = \lambda_{0y} = 0.174 < 0.25 \Rightarrow \lambda_{1y} = 0.25 \Rightarrow \alpha = \frac{1.75}{\lambda + 1} = \frac{1.75}{0.25 + 1} = 1.400$$

$$\beta_{hs} \alpha f_t b_0 h_0 = 1.4 \times 1.1 \times 10^{-3} \times 2800 \times 715 = 3\,083 \text{kN} > V = \gamma_0 F_1/2$$
$$= 1\,400 \text{ kN}，满足要求。$$

（6）承台受弯验算

根据表达式(5-57)，可得短边 y 轴方向和长边 x 轴方向弯矩设计值如下：

$$M_y = \sum N_i x_i = 2 \times 544.3 \times 0.75 = 816 \text{ kN} \cdot \text{m}$$

$$M_x = \sum N_i y_i = 3 \times 466.7 \times 0.3 \text{ m} = 420 \text{ kN} \cdot \text{m}$$

短边 y 轴方向配筋，$A_{sy} = \dfrac{M_x}{0.9 f_y h_0} = \dfrac{455.0 \times 10^6}{0.9 \times 310 \times 715} = 2\,105 \text{ mm}^2$，选用 19Φ12@150，$A_{sy} = 2\,149 \text{ mm}^2$，沿平行 y 轴方向均匀布置。

长边 x 轴方向配筋，$A_{sy} = \dfrac{M_y}{0.9 f_y h_0} = \dfrac{816 \times 10^6}{0.9 \times 310 \times 715} = 4\,092 \text{ mm}^2$，选用 17Φ18@160，$A_{sx} = 4\,326 \text{ mm}^2$，沿平行 x 轴方向均匀布置。

5.6　桩基沉降与验算

桩基沉降沉降变形的允许值（限值），应根据上部结构对桩基沉降变形的适应能力和使用要求确定。桩基沉降特征值（沉降量、沉降差、整体倾斜和局部倾斜）应根据不同建筑结构类型和要求的选用，选用类似于 2.4.3 节。地基基础设计等级为甲级的建筑物桩基；体型复杂、荷载不均匀或桩端以下存在软弱土层的设计等级为乙级的建筑物桩基；以及摩擦型桩基，需要应进行桩基的沉降验算，且桩基沉降变形计算值应小于桩基沉降变形允许值。

5.6.1　桩基沉降计算原理

桩基础最终沉降量包括桩端下压缩层固结压缩量 s_c 和基桩桩身弹性压缩量 s_e。桩端下压缩层固结压缩量 s_c 计算采用各向同性均质线性变形体理论，土体变形视为线性压缩体模型，桩端下压缩层附加应力 σ_z 则采用弹性理论计算。类似于浅基础沉降计算原理，引入桩基沉降计算修正系数 ψ_p，可得桩基础沉降计算通式：

$$s = \psi_p s_c + s_e = s = \psi_p \sum_{i=1}^{n} \frac{\sigma_{zi}}{E_{si}} \Delta z_i + s_e \tag{5-66}$$

式中　σ_{zi}——桩端平面计算点以下第 i 层土 1/2 厚度处的竖向附加应力之和，为沉降计算点平面影响范围内各基桩荷载产生；

　　　Δz_i——第 i 计算土层厚度（m）；

　　　n——桩端下桩基沉降计算深度范围内压缩层计算分层数；

　　　E_{si}——第 i 分层土体在自重压力至自重压力加附加压力范围内的压缩模量（MPa）。

5.6.2　按整体计算沉降

《建筑桩基技术规范》(JGJ 94)中规定，对于桩中心距 $s_a \leqslant 6$ 倍桩径的桩基，桩基础最终沉降量计算可采用等效作用分层总和法，即桩端下卧压缩层的单向压缩分层综合法，且不考虑桩身弹性压缩量 s_e。等效作用面位于桩端平面，面积为桩基承台的投影面积 $L_c \times B_c$，附加压力近似取对应荷载效应准永久组合时的承台基底平均附加压力 p_0,参见图 5-34。根据平均附加压力 p_0,桩端等效作用面上任一沉降计算点以下任意深度 z 处的竖向附加应力,可采用布辛奈斯克弹性理论的角点法求得,则桩基础任一点最终沉降量 s 的等效作用分层总和法可表示为:

$$s = \psi_p s_c = \psi \psi_e s_c \qquad (5\text{-}67)$$

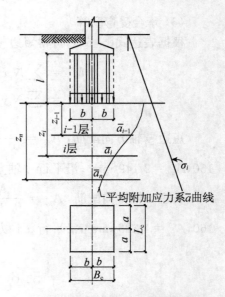

图 5-34 桩基沉降计算示意图

桩端下压缩层固结压缩量 s_c 计算,同浅基础沉降计算。桩基沉降计算修正系数 ψ_p 由考虑原位土层压缩特征修正的桩基沉降计算经验系数 ψ 和考虑相对桩长和承台几何形状修正的桩基等效沉降系数 ψ_e 组成。桩基础总沉降一般系指桩基础的中点沉降,即桩端等效作用面中点下计算深度 z_n 范围土体压缩量。计算深度 z_n 按 $\sigma_z \leqslant 0.2\sigma_c$ 的应力比法确定。

根据群桩距径比 s_a/d、长径比 l/d 及基础长宽比 L_c/B_c,可按《建筑桩基础技术规范》(JGJ 94)中附录 E 查表得到参数 C_0、C_1 和 C_2 值,则桩基等效沉降系数 ψ_e 可按下列公式计算:

$$\psi_e = C_0 + \frac{n_b - 1}{C_1(n_b - 1) + C_2} \qquad (5\text{-}68)$$

$$n_b = \sqrt{n \cdot B_c / L_c} \qquad (5\text{-}69)$$

式中 n_b——矩形布桩时的短边布桩数,当布桩不规则时可按式(5-69)近似计算,$n_b > 1$;当 $n_b = 1$ 时,桩基沉降计算按 5.6.3 节桩体沉降方法计算;

桩基沉降计算经验系数 ψ 可以根据地区经验确定。当缺乏当地可靠经验时,可根据表达式(2-36)得到计算深度范围内压缩模量的当量值,再按表 5-23 选用。必须指出,由表 5-23 中得到经验系数 ψ 实际应用时,对于饱和土地基中预制桩(不含复打、复压、引孔沉桩),应再乘以 1.3~1.8 的挤土效应提高系数,且饱和土地基的渗透性愈低,桩距愈小,桩数愈多,沉桩速率愈快,提高系数取大值。此外,对于采用后注浆施工工艺的灌注桩,可乘以 0.7~0.8 的后注浆折减系数,当桩端持力层为砂、砾和卵石时取小值;当桩端持力层为黏性土和粉土时取大值。

表 5-23 桩基沉降计算经验系数 ψ

$\overline{E}_s$(MPa)	$\leqslant 10$	15	20	35	$\geqslant 50$
ψ	1.2	0.9	0.65	0.50	0.40

注:ψ 可根据 $\overline{E}_s$ 内插取值,$\overline{E}_s$ 计算参见式(2-36)。

5.6.3 按桩体计算沉降

对于单桩、单排桩、桩中心距 $s_a > 6$ 倍桩径的疏桩基础的沉降计算,采用考虑桩径影响的明德林解,计算桩身荷载传递作用于桩端下卧层的附加应力场,并考虑了平面影响范围内各基桩对应力计算点产生的附加应力叠加。桩长为 l 的基桩桩顶竖向荷载 Q 可以分解为桩端竖向力 αQ,桩侧矩形均匀分布荷载 βQ 和桩侧三角形线性分布荷载 $(1-\alpha-\beta)Q$,参见图 5-35。其中,α 为基桩桩端阻力比,β 为桩侧矩形分布摩阻比。根据考虑桩径影响的明德林解,可得该桩在桩端平面任意点下深度为 z 的 i 点处的附加应力如下:

$$\sigma_{pi} = \sigma_{pbi} + \sigma_{psi} = \frac{Q}{l^2}\alpha I_{p,i} + \frac{Q}{l^2}\left[\beta I_{s1,i} + (1-\alpha-\beta)I_{s2,i}\right] \tag{5-70}$$

式中　$I_{p,i}$,$I_{s1,i}$ 和 $I_{s2,i}$——分别为考虑桩径影响的明德林解得到的桩端阻力、桩侧均布矩形分布荷载和三角形线性分布荷载对 i 点的应力影响系数,可根据 l/d、ρ/l 和 z/l 按《建筑地基基础设计规范》(GB 50007)附录 R 计算得到。

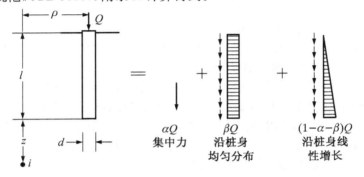

图 5-35　桩端下压缩层附加应力明德林解原理

《建筑桩基础技术规范》(JGJ 94)中,对于一般摩擦型桩可假定桩侧摩阻力沿桩身深度线性三角形分布,此时 $\beta=0$。以沉降计算点为圆心的 0.6 倍桩长为半径的平面影响范围内的基桩数为 n_e,平面影响范围内的第 j 根桩对应荷载效应准永久组合时的桩顶附加竖向荷载为 Q_{jk}(kN)。必须指出,当地下室埋深超过 5 m 时,沉降计算时的桩顶荷载 Q_{jk} 取荷载效应准永久组合作用下的总荷载为考虑回弹再压缩的等代附加荷载。根据上式(5-70),桩端平面计算点以下深度 z 处的 i 点的附加应力可按下式进行叠加计算:

$$\sigma_{pi} = \sum_{j=1}^{n_e} \frac{Q_j}{l_j^2}\left[\alpha_j I_{p,ij} + (1-\alpha_j)I_{s,ij}\right] \tag{5-71a}$$

式中　l_j、α_j——平面影响范围内的第 j 桩的桩长(m)和桩端阻力分担比,α_j 可近似取极限总端阻力与单桩极限承载力之比;

$I_{p,ij}$,$I_{s,ij}$——分别为第 j 桩的桩端阻力和三角形线性分布桩侧阻力对计算点轴线上第 i 土层 1/2 厚度对应深度处的应力影响系数,可按《建筑桩基础技术规范》(JGJ 94)附录 F 确定,其中系数 $I_{s,ij}$ 即为上式(5-70)中 $I_{s2,ij}$。

当考虑承台底地基土分担荷载作用进行桩基沉降计算时,尚应叠加承台基底压力产生的桩端下压缩层附加应力场,根据计算点平面位置将承台板划分为 m 个矩形块,承台基底压力对应力桩端平面计算点以下第 i 计算土层 1/2 厚度对应深度处产生的附加应力 σ_{ci},可按布辛奈斯克弹性理论的角点法计算:

$$\sigma_{ci} = \sum_{j=1}^{m} \alpha_{ij} p_{ckj} \tag{5-71b}$$

式中 α_{ij}——第 j 块承台底角点处,桩端平面以下第 i 计算分层 1/2 厚度深度处的附加应力系数,可按《建筑桩基础技术规范》(JGJ 94)附录确定。

承台底地基承载力特征值为 f_{ak} 时,第 j 块承台底均布压力可按 $p_{c,kj} = \eta_{c,k} f_{ak}$ 取值,且 $\eta_{c,k}$ 为第 j 块承台底板的承台效应系数,可参照表 5-17 选用。必须指出,上式(5-71b)承台基底角点法附加应力系数 α_{ij} 确定时,i 点深度 z 为基底至该点距离,不同于等效作用分层综合法。由上述(5-71)式计算的附加应力叠加,并计入桩身压缩量 s_e,可得最终沉降量 s 计算公式如下:

$$s = \psi \sum_{i=1}^{n} \frac{\sigma_{pi} + \sigma_{ci}}{E_{si}} \Delta z_i + s_e \tag{5-72}$$

式中 Δz_i——第 i 计算土层厚度(m);

E_{si}——第 i 计算土层的压缩模量(MPa),采用土的自重压力至土的自重压力与附加压力作用之间的压缩模量。

不考虑承台底地基土分担荷载时,上述(5-72)式中承台底附加应力 $\sigma_{ci} = 0$。对于单桩、单排桩、桩中心距 $s_a > 6d$ 的疏桩基础和疏桩复合桩基础的最终沉降计算深度 z_n 同样按应力比法确定,即 z_n 处由桩引起的附加应力 σ_{zp} 与由承台底压力引起的附加应力 σ_{zc} 之和与相对深度处土的自重应力 σ_c 应符合 $\sigma_{zp} + \sigma_{zc} \leq 0.2\sigma_c$ 要求。桩端下压缩性土层压缩特征修正经验系数 ψ,可按地区经验选取,当无地经验时,可取 1.0。

《建筑桩基技术规范》(JTJ 94)规定,按桩体计算沉降时计算点应选毗邻最近的基桩中性点,且该基桩桩身压缩量 s_e 计算,应根据桩顶的附加荷载 Q_{jk},桩身截面面积 A_{ps},桩身混凝土的弹性模量 E_c,考虑桩端端阻力分担比修正的桩身压缩系数 ξ_e,按下式计算:

$$s_e = \xi_e \frac{Q_j l_j}{E_c A_{ps}} \tag{5-73}$$

式中,桩身压缩系数 ξ_e 取值,端承型桩 $\xi_e = 1.0$;摩擦型桩,当 $l/d \leq 30$ 时,取 $\xi_e = 2/3$;$l/d \geq 50$ 时,取 $\xi_e = 1/2$;介于两者之间可线性插值。

5.7 桩 基 础 设 计

桩基础设计(包括承台)应首先根据建筑类型与场地条件确定桩基设计等级,在结合上部结构特点与使用要求,荷载的性质与大小,地质条件和水文资料,以及材料供应和施工条件等,选择适宜的桩基类型、组成构件的材料与尺寸。通过桩基的承载力、变形和稳定验算,确定桩基中基桩数量、布置、深度和构件几何尺寸等;通过桩基构件的弯拉、压曲、冲切与剪切等内力分析与验算完成桩基结构承载力设计,需要时根据环境类别进行构件裂缝验算等耐久性设计。

5.7.1 设计原则

根据建筑规模、功能特征、对差异变形的适应性、场地地基和建筑物体型的复杂性,以及由于桩基问题可能造成建筑破坏或影响正常使用的程度,应将桩基设计分为三个设计等级,参见表 5-24。

表 5-24 建筑桩基设计等级

设计等级	建 筑 类 型
甲级	(1)重要的建筑 (2)30 层以上或高度超过 100 m 的高层建筑 (3)体型复杂且层数相差超过 10 层的高低层(含纯地下室)连体建筑 (4)20 层以上框架-核心筒结构及其他对差异沉降有特殊要求的建筑 (5)场地和地基条件复杂的 7 层以上的一般建筑及坡地、岸边建筑 (6)对相邻既有工程影响较大的建筑
乙级	除甲级、丙级以外的建筑
丙级	场地和地基条件简单、荷载分布均匀的 7 层及 7 层以下的一般建筑

桩基设计,应首先确定建筑物设计等级。除临时性建筑外,桩基重要性系数 γ_0 不应小于 1.0,使用年限不宜低于结构设计使用年限。抗震设防区,桩基结构抗震验算时,应采用地震作用效应和荷载效应的标准组合,其承载力调整系数 γ_{RE} 应按《建筑抗震设计规范》(GB 50011)的规定采用。《建筑桩基础技术规范》(JGJ 94)中桩基极限状态分析同样可分为承载能力极限状态和正常使用极限状态,参见表 5-25。

表 5-25 桩基荷载效应组合与相应的抗力与限值

项目	内容	作用效应	抗力与限制
桩基承载力	桩数和布桩	荷载效应标准组合	基桩承载力特征值
桩基变形	沉降、差异沉降、整体与局部倾斜	荷载效应准永久组合	桩基沉降与变形容许值
	桩基水平位移	水平荷载效应准永久组合	桩基变位与变形容许值
	水平地震荷载、风荷载作用下的桩基水平位移	水平地震作用、风载效应标准组合	桩基变位与变形容许值
桩基整体稳定	坡地、岸边建筑桩基整体稳定性分析	荷载效应标准组合	综合安全系数
结构承载力	结构尺寸和配筋	荷载效应基本组合	结构材料强度设计值等
结构裂缝验算	结构裂缝控制验算	分别采用荷载效应标准组合和荷载效应准永久组合	

5.7.2 设计资料

设计桩基之前必须充分掌握设计原始资料,包括建筑类型、荷载、工程地质勘察资料、材料来源及施工技术设备等情况,并尽量了解当地使用桩基的经验。对桩基的详细勘察除满足现行勘察规范有关要求外,尚应满足以下要求:

(1)勘探钻孔点平面布置:端承型桩和嵌岩桩,主要由桩端持力层顶面坡度决定,点距一般为 12~24 m,若相邻两勘探点揭露出的层面坡度大于 10%,应视具体情况适当加密勘探点;摩擦型桩,点距一般为 20~30 m,若土层性质或状态在水平向分布变化较大或存在可能对成桩不利的土层时,也应适当加密勘探点;在复杂地质条件下的柱下单桩基础应按桩列线布置勘探点,并宜逐桩设点。

（2）勘探钻孔深度:钻孔总数的 1/3～1/2 作为控制性钻孔,且一级建筑桩基场地至少应有 3 个,二级建筑桩基应不少于 2 个。控制性孔应穿透桩端平面以下压缩层厚度,一般性勘探孔应深入桩端平面以下 3～5 m;嵌岩桩钻孔应深入持力岩层不小于 3～5 倍桩径;当持力岩层较薄时,部分钻孔应钻穿持力岩层。岩溶地区,应查明溶洞、溶沟、溶槽、石笋等分布情况。

5.7.3 设计要点

所有桩基均应进行承载能力极限状态计算,部分建筑桩基尚应进行沉降或水平位移验算,需要时进行抗裂或裂缝宽度验算。

桩长确定的关键在于选择桩底持力层,桩端极限端阻力随着进入良好持力层的深度而增加,达到一定深度后的极限端阻力渐趋稳定,该深度称为端阻临界深度 h_{cp},参见表 5-26。桩端最好进入坚硬土层或岩层,一般嵌岩桩或端承桩的承载力与刚度相对较高,有利于桩身材料强度发挥。桩端应力扩散范围内应无岩体临空面存在,并确保基底岩体的滑动稳定;桩端以下硬持力层厚度 $4d$ 范围不宜分布软弱下卧层,$3d$ 范围内应无软弱夹层、断裂带、洞穴和空隙分布,尤其是荷载大的柱下单桩。同一基础相邻桩的桩底标高差宜尽量小,例如对于非嵌岩端承型桩不宜超过相邻桩的中心距;对于摩擦型桩,在相同土层中不宜超过桩长的 1/10。

表 5-26　桩端进入持力层深度

持力层土分类	粘性土、粉土	砂类土	碎石类土	微或中等风化岩体
最小深度	$2d$	$1.5d$	$1.0d$	$0.5d$
临界深度	$5d\sim10d$	$3d\sim6d$		

根据选定持力层与桩长,结合工艺设备设置特点、施工环境等条件,选择钻孔桩与预制桩,且同一建筑物还应避免同时采用不同承载类型的基桩(如摩擦型桩和端承型桩,但用沉降缝分开者除外)。

1. 基桩数量

初步估算基桩用量时,先不考虑群桩效应。当桩基为轴心受压时,根据对应荷载作用标准组合时的承台承担的轴向压力 F_{k} 和单桩垂直承载力特征值 R,桩数 n 按下式估算

$$n \geqslant \frac{F_{\mathrm{k}} + G_{\mathrm{k}}}{R} \tag{5-74}$$

式中　G_{k}——承台及其上方填土的重力的标准值(kN)。

偏心受压时,对于偏心距固定的桩基,如果桩的布置使得群桩平面布置的重心与荷载合力作用点重合,桩数仍可按上式确定。否则,应将上式确定的桩数增加 10%～20%。

2. 间距

考虑桩与桩侧土的共同作用条件和施工的需要,对桩的间距(桩轴线中心距离)应有一定的要求。基桩间距过大,承台体积增加,造价提高;间距过小,桩的承载能力不能充分发挥,且给施工造成困难,尤其是对于长桩。一般桩的最小中心距应符合表 5-27 规定。对于

大面积桩群,尤其是挤土桩,桩的最小中心距还应按表列数值适当加大。

表 5-27 桩的最小中心距

土类与成桩工艺		排数不少于 3 排且桩数不少于 9 根的摩擦型桩桩基	其他情况
非挤土灌注桩		3.0d	3.0d
部分挤土桩		3.5d	3.0d
挤土桩	非饱和土	4.0d	3.5d
	饱和黏性土	4.5d	4.0d
钻、挖孔扩底桩		2D 或 D+2.0 m(当 D>2 m)	1.5D 或 D+1.5 m(当 D>2 m)
沉管夯扩、钻孔挤扩桩	非饱和土	2.2D 且 4.0d	2.0D 且 3.5d
	饱和黏性土	2.5D 且 4.5d	2.2D 且 4.0d

注:1. d—圆桩直径或方桩边长,D—扩大端设计直径。
  2. 当纵横向桩距不相等时,其最小中心距应满足"其他情况"一栏的规定。
  3. 当为端承型桩时,非挤土灌注桩的"其他情况"一栏可减小至 2.5d。

3. 布置

桩数确定后,可根据桩基受力情况选用单排桩桩基或多排桩桩基。多排桩在平面内可布置成矩形(包括正方形)、三角形和梅花形,参见图 5-36(a)。条形基础下的桩,可采用单排或双排布置,参见图 5-36(b),也可采用不等距布置。平面布置时,应尽可能使上部荷载的中心与桩群的横截面形心重合或接近,且应尽可能减小基础梁或基础板内力。

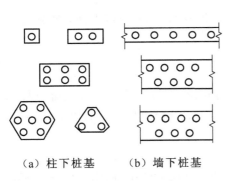

（a）柱下桩基　（b）墙下桩基

图 5-36 桩的平面布置示例

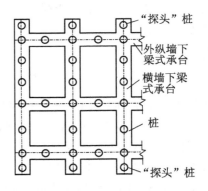

图 5-37 横墙下"探头"桩的布置

主裙楼连体建筑、框架~核心筒结构高层建筑等,当高层主体采用强化桩基(高刚度)时,裙房或核心筒外围宜采用天然地基、复合地基、疏桩或短桩基础等进行相对弱化;针对大体量筒仓、储罐的摩擦型桩基,可采用内强外弱布桩的变刚度调平设计原则;天然地基承载力基本满足结构荷载要求时,可采用减沉复合疏桩基础。

5.8 基桩内力与位移计算

桩基在荷载(包括竖向荷载、水平荷载和力矩)作用下要产生位移(包括竖向位移、水平位移和转角),竖向位移引起桩侧土的摩阻力和桩端土的端阻力,水平位移及转角使桩挤压桩侧土体,桩侧土必然对桩产生一横向土抗力。在横向力(包括弯矩)作用下,当桩的入土较深,刚度较小时,将桩作为弹性地基上的梁,按文克尔假定(梁身任一点的土抗力和该点的位移成正比)计算桩身的内力和位移计算,简称弹性地基梁法。弹性地基梁的弹性挠曲微分方程求解,可用数值解法、差分法及有限元法等方法。

5.8.1 桩侧土体水平抗力

1. 桩侧土弹性抗力

在桩顶水平荷载和弯矩作用下,桩身发生挠曲变形,包括桩轴线法线方向线位移(后文中均简称横向线位移)和相对桩轴线的桩身正截面转角(后文中均简称转角)。桩身深度 z 截面处,横向线位移将挤压桩侧土体,桩侧土必然对桩身产生一横向土抗力 σ_z,约束桩身横向线位移。当 σ_z 采用弹性理论分析时,则称之为桩侧土体弹性抗力。横向土抗力 σ_z 取决于土体性质、桩身刚度、桩的入土深度、桩的截面形状、桩距及荷载水平等因素。按弹性文克尔地基假定,深度 z 处桩侧土作用在桩上的水平抗力 $\sigma_z(kN/m^2)$ 与该深度桩身横向线位移 u_z 关系符合理想线弹性模型,即:

$$\sigma_z = Cu_z \tag{5-75}$$

式中 C——桩侧土体水平抗力系数,或称水平基床系数或地基系数(kN/m^3)。

水平抗力系数 C 的物理意义,桩侧土在弹性范围内产生单位水平位移时,桩侧单位面积上桩侧土体施加的水平荷载。水平抗力系数 C 与桩侧土体类别、物理力学性质和固有应力水平等有关。桩侧土体水平抗力系数 C 沿深度 z 的分布规律,常采用如下通式表示:

$$C = kz^n \tag{5-76}$$

桩侧土水平抗力系数 $C \sim z$ 分布模型的不同假设,直接影响挠曲线微分方程的求解和桩身截面内力与位移的计算结果。目前,桩侧土 $C \sim z$ 分布模型主要有以下几种形式,对应于不同基桩内力和位移计算方法。

1)"K_0"法,又称"张有龄法"

上个世纪 30 年代,我国学者张有龄提出"K_0"法。该方法中,假定桩侧土水平抗力系数 C 沿深度 z 均匀分布,即通式(5-76)中 $n=0$,即 $C=K_0$,又称为常数法,参见图 5-38(a)。"K_0"法计算中,桩侧土水平抗力系数为常数,由于桩顶水平位移一般最大,因此地基表面的桩侧土抗力最大,显然这与实际许多情况不符。显然,"K_0"法数学处理较为简单,若适当选择 K_0 值的大小,仍然可以保证一定的精度,满足工程应用需要。例如,地表层为超固结土或地面分布有效厚硬壳层时,可采用"K_0"法。

2)"K"法

鉴于上述地基表面桩侧土抗力最大存在不合理性,前苏联学者盖尔斯基(1934 年)提出了"K"法,即假定 C 在弹性挠曲曲线的第一位移零点 z_f 以上,按直线或抛物线变化,第一位移零点以下则为常数,参见图 5-38(b)。显然,此法克服了"K_0"法中地基表层土抗力偏高的不合理现象,且求解也比较容易,适合于计算一般预制桩或灌注桩的内力和水平位移,曾在我国广泛采用。

3）"m"法

前苏联学者（1939 年），假定桩侧土水平抗力系数 $C\sim z$ 分布模型为线性，按比例系数 $m(\mathrm{kN/m^4})$ 随深度 z 呈线性增加，即通式(5-76)中 $n=1$，即 $C=mz$，故称为"m"法，参见图 5-38(c)。该法早期用于计算板桩墙，1962 年用于管柱计算。水平荷载不大时（挠曲变形相对较小），"m"法可以较好地反映桩土相互作用，桩侧土体比例系数 m 值，可根据试验实测确定。当水平荷载较大、桩身横向发生较大位移，桩侧土体进入塑性工作状态时，"m"法计算将会出现较大误差。该法适合于桩身截面水平抗弯刚度 EI 很大、容许桩身横向位移较小的灌注桩。在我国铁道、公路和水利部门广泛采用，近年来建筑工程部门也采用此法。

4）"c"法

1964 年，日本久保浩一提出"c"法。该方法中，假定水平抗力系数 $C\sim z$ 分布模型为抛物线增加，即通式(5-76)中，$n=0.5$，$C=cz^{0.5}$，参数 c 同样称为比例常数，参见图 5-38(d)。在我国多用于公路部门桩径较大，且容许位移相对"m"法更小的情况。

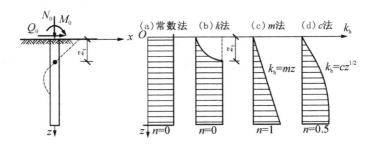

图 5-38 地基水平抗力系数的分布图式

目前，桩身内力与位移计算采用基于文克尔假定的弹性地基梁法，地基抗力系 $C\sim z$ 分布模型不同假设，计算结果有所差异。实测资料分析表明，即使选择某一合适的 $C\sim z$ 分布模型，用于计算分析水平承载桩时，所得挠度、转角和桩身最大弯矩不能同时与桩的实测数据和边界条件很好吻合。因此，宜根据土质特性和控制指标属性，合理选择恰当的 $C\sim z$ 分布模型。

2. 桩的计算宽度

水平荷载作用下，除桩身截面宽度范围内桩侧土体受到挤压外，桩身宽度外一定范围桩侧土体也受到一定程度的挤压（空间体力作用效应），且不同截面形状的桩，挤压影响宽度不同。为了将空间体力作用效应简化为平面受力，综合考虑桩的截面形状及多排桩

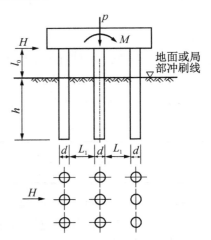

图 5-39 基桩相互作用

桩间相互遮蔽作用，采用相当于矩形截面桩的计算宽度 b_1，用于基桩水平位移后的桩侧土体水平抗力计算。按文克勒假定，桩身截面深度 z 处，桩身水平位移为 u_z 时，桩侧横向土抗力 $q_z(\mathrm{kN/m})$ 可用下式计算：

$$q_z = C_z u_z b_1 = m z u_z b_1 \tag{5-77}$$

式中 b_1——为桩侧横向位移时横向土抗力的计算宽度。

计算宽度 b_1 的换算方法如下：

$$b_1 = K_f K_0 K b (d \text{ 或 } B) \tag{5-78}$$

式中 $b(B \text{ 或 } d)$——横向力 H 作用面的法向矩形截面基桩边长、圆形截面基桩直径或圆端形与矩形组合截面宽度(m)，可用 B_H 统一表示，参见表 5-28。

表 5-28   计算宽度换算

名 称	符号		基 础 形 状			
			$H \rightarrow$ 矩形 $b \times a$	$H \rightarrow$ 圆形 d	$H \rightarrow$ 圆端形 B, d	$H \rightarrow$ 组合 B, d
形状换算系数	K_f		1.0	0.9	$1 - 0.1\, d/B$	0.9
受力换算系数	K_0	>1 m	$1 + 1/b$	$1 + 1/d$	$1 + 1/B$	$1 + 1/d$
		$\leqslant 1$ m	$1.5 + 0.5/b$	$1.5 + 0.5/d$	$1.5 + 0.5/B$	$1.5 + 0.5/d$

不同截面形状的形状换算系数 K_f，空间体力作用效应简化为平面受力时的受力换算系数 K_0，参见表 5-28。此外，如图 5-39 所示的水平力(或弯矩)的作用面内有多根桩(多排桩)时的桩间相互影响系数 K，按下式计算：

$$\left. \begin{array}{l} \text{当 } L_1 \geqslant 0.6\, h_1 \text{ 时，} \quad K = 1.0 \\ \text{当 } L_1 < 0.6\, h_1 \text{ 时，} \quad K = b_2 + \dfrac{1 - b_2}{0.6} \dfrac{L_1}{h_1} \end{array} \right\} \tag{5-79}$$

$$h_1 = 3(d + 1)$$

式中 L_1——横向力 H 作用面方向一列桩的桩间净距(m)；

h_1——地面或局部冲刷线以下基桩计算埋入深度(m)，不得大于基桩入土深度；

b_2——与横向力 H 作用面方向的每列基桩的排数 m 有关的参数，取值见表 5-29。

表 5-29   参数 b_2 取值

n	1	2	3	4
b_2	1.00	0.60	0.50	0.45

显然，桩基础中每一排桩列数为 n，则计算总宽度 $n b_1$ 不得大于 $B' + 1$，否则 $b_1 = (B' + 1)/n$。其中，B' 为边桩外侧边缘间的距离。当桩基础平面布置中，外力作用面方向的每列桩数不等，且相邻桩中心距 $\geqslant (b + 1)$ 时，可按桩数最多一列桩计算其相互影响系数 K 值，并且各桩可采用同一影响系数。为了不致使计算宽度发生重叠现象，要求以上综合计算得出的 $b_1 \leqslant 2b$。

3. "m"法参数确定

按"m"法计算桩身内力与位移时，比例系数 m 宜通过水平静载试验确定。如无试验资料时,土质地基可参考表 5-30 取值。

表 5-30 非岩土类土的 m 值 m_0 值

土 的 名 称	m 和 m_0 (kN/m^4)	土 的 名 称	m 和 m_0 (kN/m^4)
流塑性黏土 $I_L > 1.0$, 软塑性黏性土 $1.0 \geqslant I_L > 0.75$,淤泥	3 000~5 000	坚硬,半坚硬黏性土 $I_L \leqslant 0$, 粗砂、密实粉土	20 000~30 000
可塑性黏土 $0.75 \geqslant I_L > 0.25$	5 000~10 000	砾砂,角砾,圆砾,碎石,卵石	30 000~80 000
硬塑黏性土 $0.25 \geqslant I_L > 0$, 细砂、中砂、中密粉土	10 000~20 000	密实卵石夹粗砂,密实漂、卵石	80 000~120 000

如果桩侧主要影响深度 h_m 范围内有两层土组成时,比例系数分别为 m_1 和 m_2,且上层土厚度为 h_1 时,应求出 h_m 范围内 m_1 和 m_2 的加权平均值作为整个深度的 m 值,参见图5-40。主要影响深度 h_m 和该范围内加权平均值 m 的计算方法分别为:

$$h_m = 2(d+1) \tag{5-80a}$$

$$m = \gamma m_1 + (1-\gamma)m_2 \tag{5-80b}$$

$$\gamma = \begin{cases} 5\,(h_1/h_m)^2 & h_1/h_m \leqslant 0.2 \\ 1 - 1.25\,(1 - h_1/h_m)^2 & h_1/h_m > 0.2 \end{cases}$$

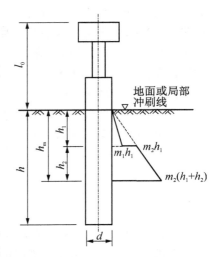

图 5-40 两层土 m 值换算计算示意图

桩的水平荷载与位移关系一般是非线性的,比例系数 m 值随荷载与位移增大而减小。一般可按普通桩在地面处最大位移不超过 10 mm,位移敏感的结构如桥梁工程、港航工程的基桩位移不超过 6 mm 时,可参照表5-30 取值。当位移相对较大时,应适当降低上述表列 m 值。当基础侧面有斜坡或台阶时,且其坡度(横:竖)或台阶总宽与深度之比大于 1:2.0 时,表中 m 值应减小 50% 取值。

桩端持力层土体竖直向抗力与抗力系数 C_b 的确定与上述水平作用时相似,桩端位移为 v_b 时,截面积为 A_b 时,则有:

$$p_h = C_b v_b A_b \tag{5-81a}$$

$$C_b = m_b h = mh \geqslant 10m_b \tag{5-81b}$$

上式中,m_b 为桩底面地基土垂直抗力系数的比例系数(kN/m^4),近似取 $m_b = m$,且当 h 小于 10 m 时,取 $C_b = 10m_b$。桩端进入基岩时,地基水平抗力系数 C_0 不随岩层深度变化,且同样地基水平抗力系数 C_b 近似等同于水平向抗力系数 $C_b = C_0$。岩基抗力系数 C_0 可通过原位试验确定,或岩石单轴饱和抗压强度标准值 f_{ak},按表 5-31 取值。当 1 MPa $< f_{ak} \leqslant 25$ MPa 时,可用直线内插法分析确定 C_0 值。对于水稳定性较差的泥岩等软岩,亦可采用采用天然含水量的单轴抗压强度标准值。

表 5-31　基岩抗力系数 C_r 值

编　号	f_{rk} (kPa)	C_0 (kN/m⁴)
1	1 000	300 000
2	≥25 000	15 000 000

承台侧面地基土水平抗力系数取值同桩侧水平抗力系数,承台底地基土垂直抗力系数 C_d,可按承台基底埋深 h_c (m)处的地基土水平抗力系数 m 确定,即:

$$C_d = mh_c \geqslant m \tag{5-82}$$

式中　当承台底埋深 h_c 小于 1 m 时,按 1 m 计算。

考虑抗震设计时,当承台基底以上土层为液化层时,不考虑台侧土体弹性抗力、基底竖向弹性抗力和摩阻力。当承台侧面为非液化土层,而基底下为液化土层(或欠固结、湿陷或振陷土层)时,应不考虑基底竖向弹性抗力和摩阻力,但应考虑承台台侧土体弹性抗力。当桩顶下 $(2d+1)$ 深度范围内存在液化夹层时,可按表 5-8 规定采用液化折减系数 ψ_1,折减上述比例系数 m 综合计算值。

4. 刚性桩与弹性桩

基桩桩身抗弯刚度 EI 计算中,常采用桩身混凝土抗压弹性模量 E_c 和换算截面模量 I_0,具体参见(5-33)式。由此,桩基中的基桩变形系数 α (1/m)可按下式计算:

$$\alpha = \sqrt[5]{\frac{mb_1}{EI}} \tag{5-83}$$

$$EI = 0.85E_c I_0$$

桥涵规范中,换算截面模量 I_0 近似取桩身毛截面惯性矩 I,不考虑除钢筋保护层和配筋率。桩的水平变形系数 α 为描述桩身柔度的参数,反映了桩土相对刚度的大小,α 愈大桩身相对越柔;反之则愈刚。因此,结合桩长 h,无量纲换算桩长 αh 可以用于桩身刚度划分,参见表 5-32。

表 5-32　内力位移计算时桩的刚度

桩身长度　　桩体刚度	短　桩		长桩柔性桩
	刚性桩	弹性桩	
换算桩长 αh	$\alpha h \leqslant 2.5$	$2.5 < \alpha h \leqslant 4.0$	$\alpha h > 4.0$

注:表中 α 称为桩的变形系数,参见表达式(5-83)

5. 符号规定

在公式推导和计算中,取图 5-41 所示的坐标系统,对力和位移的符号作如下规定:横向位移顺 x 轴正方向为正值;转角逆时针方向为正值;弯矩当左侧纤维受拉时为正值;横向力顺 x 轴方向为正值。

【例题 5-4】　某高桩承台采用 2 排×3 列钻孔灌注桩基础,桩身为 C20 钢筋混凝土,直径 $d=1.0$ m。已知:承台底部距离地面 $h_c=6.69$ m,地面以下桩长深度 $h=10.31$ m,承台水平力作用面方向基桩净排距为 $L_1=2.5$ m,地基土为密实卵石,土重度 $\gamma=20$ kN/m³,内摩擦角 $\varphi=40°$,比例系数 $m=120\ 000$ kN/m⁴。试求桩身计算宽度,并判断桩身刚度。

1. 计算宽度 b_1

根据圆形截面桩以及表 5-28 可得：形状换算系数 $K_f = 0.9$，受力换算系数 $K_0 = 2.0$。

桩间影响系数：考虑桩净距 $L_1 = 1.5 \text{ m} < h_1 = 3(d+1) = 3 \times 2 = 6 \text{ m}$，排数 $n = 2$，由表 5-29 查的 $b_2 = 0.60$，代入式（5-79）得：

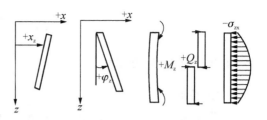

图 5-41 x_z、φ_z、M_z、Q_z 的符号规定

$$K = b_2 + \frac{1-b_2}{0.6} \frac{L_1}{h_1} = 0.6 + \frac{1-0.6}{0.6} \times \frac{1.5}{3 \times (1+1)}$$

$$= 0.767$$

计算宽度：$b_1 = K_f K_0 K d = 0.9 \times 2 \times 0.767 \times 1 = 1.38 \text{ m}$

满足 $nb_1 = 3 \times 1.38 = 4.14 \text{ m} \leqslant B' + 1 = 3 \times 1 + 2 \times 2.5 = 8 \text{ m}$ 和 $b_1 = 1.38 \text{ m} \leqslant 2b = 2 \text{ m}$ 条件，桩的计算宽度可取 $b_1 = 1.38 \text{ m}$。

2. 桩的变形系数 α

$$m = 120\,000 \text{ kN/m}^4; \quad E = 0.8E_c = 0.8 \times 2.55 \times 10^7 \text{ kN/m}^2;$$

$$I = \frac{\pi d^4}{64} = 0.049\,1 \text{ m}^4$$

根据公式（5-83）得：

$$\alpha = \sqrt[5]{\frac{mb_1}{EI}} = \sqrt[5]{\frac{120\,000 \times 1.38}{0.8 \times 2.55 \times 10^7 \times 0.049\,1}} = 0.698 \text{ m}^{-1}$$

地面下桩的深度 $h = 10.31 \text{ m}$，表 5-32 得计算长度：$\bar{h} = \alpha h = 0.698 \times 10.31 = 7.20 > 4.0$，故按柔性桩计算。

5.8.2 桩身挠曲微分方程

当桩顶与地面平齐（$z = 0$），且已知桩顶作用垂直荷载 P_0，水平荷载 H_0 和弯矩 M_0 在同一作用面内。此时，桩身发生弹性挠曲，桩侧土将产生横向位移 u_z 和桩侧土体横向抗力 q_z。将基桩视为弹性地基梁，根据材料力学可得桩身梁挠度 u_z 与梁上分布荷载 q_z 之间微单元微分控制方程，或称梁的挠曲微分方程如下：

$$EI \frac{\mathrm{d}^4 u_z}{\mathrm{d}z^4} + N \frac{\mathrm{d}^2 u_z}{\mathrm{d}z^2} = -q_z \tag{5-84}$$

式中 E、I——分别为桩身弹性梁的弹性模量（MPa）及截面惯矩（m^4），EI 为桩身抗弯刚度。

由于轴力影响很小（$<7\%$），可以忽略。结合表达式（5-77）可得到：

$$EI \frac{\mathrm{d}^4 u_z}{\mathrm{d}z^4} = -q_z = -\sigma_{zx} b_1 = -m z u_z b_1$$

整理后，可得：

$$\frac{\mathrm{d}^4 u_z}{\mathrm{d}z^4} + \frac{mb_1}{EI}zu_z = 0 \quad \text{或} \quad \frac{\mathrm{d}^4 u_z}{\mathrm{d}z^4} + \alpha^5 zu_z = 0 \tag{5-85}$$

5.8.3　微分方程求解

1. 通解

桩身挠曲微分控制方程(5-85)为四阶线性变系数齐次常微分方程,在求解过程中将运用材料力学中有关梁的挠度 u_z 与转角 φ_z、弯矩 M_z 和剪力 V_z 之间的关系,即:

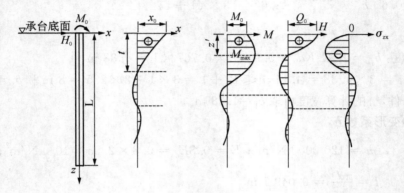

图 5-42　桩身受力图示

$$\left.\begin{array}{l} \varphi_z = \dfrac{\mathrm{d}u_z}{\mathrm{d}z} \\[2mm] M_z = EI\,\dfrac{\mathrm{d}^2 u_z}{\mathrm{d}z^2} \\[2mm] V_z = EI\,\dfrac{\mathrm{d}^3 u_z}{\mathrm{d}z^3} \end{array}\right\} \tag{5-86}$$

桩身挠曲微分控制方程式(5-85),可采用幂级数展开的方法,求出桩挠曲微分方程的解(具体解法可参考有关专著)。设桩身截面抗弯刚度为 EI、入土深度为 h,则根据桩顶边界条件,即地面处 $z=0$ 处,桩顶横向位移 u_0、转角 φ_0、弯矩 M_0 和剪力 $V_0 = H_0$,可得桩身挠曲微分方程(5-85)的解答,即桩身任一深度 z 截面的水平位移 u_z 的表达式:

$$u_z = u_0 A_1 + \frac{\varphi_0}{\alpha}B_1 + \frac{M_0}{EI\alpha^2}C_1 + \frac{H_0}{\alpha^3 EI}D_1 \tag{5-87a}$$

根据上式(5-87a)关于 x_z 的解答,对深度 z 分别求一、二和三阶导数,分别代入式(5-86),通过归纳整理后,便可求得桩身任一深度 z 截面的转角 φ_z、弯矩 M_z 和剪力 V_z 的表达式:

$$\frac{\varphi_z}{\alpha} = u_0 A_2 + \frac{\varphi_0}{\alpha}B_2 + \frac{M_0}{\alpha^2 EI}C_2 + \frac{H_0}{\alpha^3 EI}D_2 \tag{5-87b}$$

$$\frac{M_z}{\alpha^2 EI} = u_0 A_3 + \frac{\varphi_0}{\alpha}B_3 + \frac{M_0}{\alpha^2 EI}C_3 + \frac{H_0}{\alpha^3 EI}D_3 \tag{5-87c}$$

$$\frac{V_z}{\alpha^3 EI} = u_0 A_4 + \frac{\varphi_0}{\alpha} B_4 + \frac{M_0}{\alpha^2 EI} C_4 + \frac{H_0}{\alpha^3 EI} D_4 \qquad (5\text{-}87\text{d})$$

同样,根据桩梁挠曲唯一解答(5-87a),基于文克勒弹性地基梁的表达式(5-77),可求出桩侧任一深度 z 土体横向抗力如下:

$$q_z = m z u_z b_1 = m z b_1 \left(u_0 A_1 + \frac{\varphi_0}{\alpha} B_1 + \frac{M_0}{\alpha^2 EI} C_1 + \frac{H_0}{\alpha^3 EI} D_1 \right) \qquad (5\text{-}87\text{e})$$

上式(5-87)中,A_i、B_i、C_i、$D_i (i=1\sim4)$ 为 16 个无量纲系数,是桩身不同深度的换算深度 αz 的函数,已将其制成表 5-41 查用。

2. 桩顶横向位移与转角

桩身的内力、位移和桩侧土横向抗力解答(5-87)中,需要已知桩顶横向位移 u_0、转角 φ_0、弯矩 M_0 和水平力 H_0。其中,桩顶作用荷载 M_0 和 H_0 可由上部结构荷载的静力平衡原理分析得到,而桩顶位移 u_0 和 φ_0,则需根据基桩的桩端不同约束边界条件求解。

1) 非嵌岩桩

如图 5-43 所示,在桩顶荷载作用下,非嵌岩桩(摩擦桩或基岩面上支撑桩)桩端产生转角位移 φ_h 时,设桩端底面某一点 dA_b(微分面积)至桩底截面中心点横向力作用方向的距离为 x,则该点沿 z 轴向的位移 w_{bx} 和轴向土抗力 dP_{bx} 分别为:

$$w_{bx} = x \varphi_h$$
$$dP_{bx} = -w_{bx} C_b dA_b = -x \varphi_h C_b dA_b$$

因此,桩端底面第一个边界条件,可以根据桩端底面弯矩值 M_h 分析确定,即:

$$M_h = \int_{A_b} x \, dP_{bx} = -\int_{A_b} x x \varphi_h C_b dA_b = -\varphi_h C_b \int_{A_b} x^2 dA_b = -\varphi_h C_b I_b$$

式中　A_b——桩底面积(m^2);

　　　I_b——桩底面积对其重心轴的惯性矩(m^3);

　　　C_b——桩底正截面法向土体抗力系数 $C_b = m_0 h (kN/m^3)$。

此外,非嵌岩桩桩端底面接触面摩阻力相对较小,可以忽略。由此,可得桩端底面另一个边界条件即为桩端底面剪力 $V_h = 0$。

因此,非嵌岩桩的桩端边界条件为桩端正截面静力平衡边界条件 $M_h = -\varphi_h C_b I_b$ 和 $V_h = 0$,结合表达式(5-87b)、(5-87c)和(5-87d),可得方程组如下:

$$\left. \begin{array}{l} M_h = \alpha^2 EI \left(u_0 A_3 + \dfrac{\varphi_0}{\alpha} B_3 + \dfrac{M_0}{\alpha^2 EI} C_3 + \dfrac{H_0}{\alpha^3 EI} D_3 \right) = -\varphi_h C_0 I_0 \\[4mm] V_h = \alpha^3 EI \left(u_0 A_4 + \dfrac{\varphi_0}{\alpha} B_4 + \dfrac{M_0}{\alpha^2 EI} C_4 + \dfrac{H_0}{\alpha^3 EI} D_4 \right) = 0 \\[4mm] \varphi_h = \alpha \left(u_0 A_2 + \dfrac{\varphi_0}{\alpha} B_2 + \dfrac{M_0}{\alpha^2 EI} C_2 + \dfrac{H_0}{\alpha^3 EI} D_2 \right) \end{array} \right\}$$

并定义系数 K_h 为:

$$\frac{C_0 I_0}{\alpha EI} = K_{\mathrm{h}} \tag{5-88}$$

求解上述方程组，可得桩顶位移 u_0 和 φ_0 如下：

$$\left.\begin{array}{l} u_0 = H_0 \delta_{\mathrm{H0}} + M_0 \delta_{\mathrm{HM0}} \\ \varphi_0 = - H_0 \delta_{\mathrm{MH0}} - M_0 \delta_{\mathrm{M0}} \end{array}\right\} \tag{5-89}$$

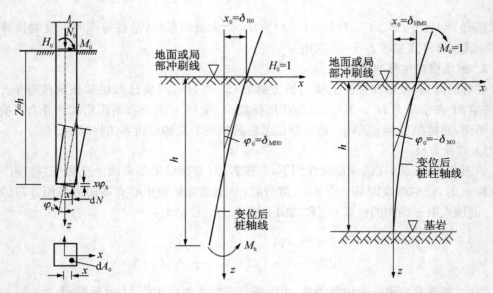

图 5-43　桩底抗力分析　　　　图 5-44　桩顶柔度系数物理意义

式中，δ_{H0}、δ_{M0}、δ_{MH0} 和 δ_{HM0} 为桩顶为自由端时的桩顶柔度系数，物理意义为单位作用下的桩顶位移与转角，参见图 5-44。

2）嵌岩桩

对于桩底嵌固于良好岩层内且有足够深度时，桩端底面两个边界条件分别为 $u_{\mathrm{h}}=0$ 和 $\varphi_{\mathrm{h}}=0$ 的桩端截面变位约束条件，结合表达式（5-87a）和（5-87b）可得桩端截面约束方程组：

$$\left.\begin{array}{l} u_{\mathrm{h}} = u_0 A_1 + \dfrac{\varphi_0}{\alpha} B_1 + \dfrac{M_0}{\alpha^2 EI} C_1 + \dfrac{H_0}{\alpha^3 EI} D_1 = 0 \\ \varphi_{\mathrm{h}} = \alpha\left(u_0 A_2 + \dfrac{\varphi_0}{\alpha} B_2 + \dfrac{M_0}{\alpha^2 EI} C_2 + \dfrac{H_0}{\alpha^3 EI} D_2 \right) = 0 \end{array}\right\}$$

求解上述方程组，同样可得到表达式（5-89），且桩顶柔度系数 δ_{H0}、δ_{M0}、δ_{MH0} 和 δ_{HM0} 的物理意义相同，参见图 5-44。但是，嵌岩桩桩顶柔度系数 δ_{H0}、δ_{M0}、δ_{MH0} 和 δ_{HM0} 的表达式与非嵌岩桩不同。

3）桩顶柔度系数

如上所述，非嵌岩桩与嵌岩桩的桩顶柔度系数 δ_{H0}、δ_{M0}、δ_{MH0} 和 δ_{HM0} 的定义如下：桩顶仅作用单位水平力 $H_0=1$，且 $M_0=0$ 时，桩顶横向位移为 δ_{H}，桩顶转角位为 $-\delta_{\mathrm{MH}}$；桩顶作用单位弯矩时 $M_0=1$，且 $H_0=0$ 时，桩顶横向位移为 δ_{HM}、转角为 $-\delta_{\mathrm{M}}$，参见图 5-44。桩端

约束条件不同时,对应桩顶柔度系数 δ_{H0}、δ_{M0}、δ_{MH0} 和 δ_{HM0} 计算公式,参见表 5-33。根据单位作用力条件下,虚功原理求解位移 δ_{HM0} 和转角 δ_{MH0} 时的图乘法弯矩图相同,必然有 $\delta_{HM}=\delta_{MH}$。

表 5-33 桩顶变位柔度系数计算汇总

桩顶荷载	柔度系数	非嵌岩桩	嵌岩桩
$H_0=1$ $M_0=0$	δ_{H0}	$\dfrac{1}{\alpha^3 EI} \times \dfrac{(B_3 D_4 - B_4 D_3) + K_h (B_2 D_4 - B_4 D_2)}{(A_3 B_4 - A_4 B_3) + K_h (A_2 B_4 - A_4 B_2)}$	$\dfrac{1}{\alpha^3 EI} \times \dfrac{B_2 D_1 - B_1 D_2}{A_2 B_1 - A_1 B_2}$
	δ_{MH0}	$\dfrac{1}{\alpha^2 EI} \times \dfrac{(A_3 D_4 - A_4 D_3) + K_h (A_2 D_4 - A_4 D_2)}{(A_3 B_4 - A_4 B_3) + K_h (A_2 B_4 - A_4 B_2)}$	$\dfrac{1}{\alpha^2 EI} \times \dfrac{A_2 D_1 - A_1 D_2}{A_2 B_1 - A_1 B_2}$
$H_0=0$ $M_0=1$	δ_{HM0}	$\delta_{HM}=\delta_{MH}$	
	δ_{M0}	$\dfrac{1}{\alpha EI} \times \dfrac{(A_3 C_4 - A_4 C_3) + K_h (A_2 C_4 - A_4 C_2)}{(A_3 B_4 - A_4 B_3) + K_h (A_2 B_4 - A_4 B_2)}$	$\dfrac{1}{\alpha EI} \times \dfrac{A_2 C_1 - A_1 C_2}{A_2 B_1 - A_1 B_2}$

非嵌岩桩桩顶柔度系数表达式中,参数 K_h 反映了桩端转动时,桩底持力层土体抗力对桩顶位移与转角的影响,可称为桩端转动抗力影响系数。桩端持力层为沉积土,且 $\alpha h \geqslant 2.5$(弹性桩)时或桩端支承于岩层表面(未嵌入),且 $\alpha z \geqslant 3.5$ 时,桩端底面转动 φ_h 很小,M_h 几乎为零,桩端转动抗力影响系数 K_h 对计算结果的影响很小。此时,近似 $K_h = 0$,桩顶柔度系数 δ_{H0}、δ_{M0}、δ_{MH0}(或 δ_{HM0})计算公式可进一步简化,参见表达式(5-90)。同时,计算分析表明:$\alpha h \geqslant 4.0$ 时(柔性桩),桩身在地面处的位移 u_0、转角 φ_0 与桩端边界(平衡还是约束)条件几乎无关。因此,当 $\alpha h \geqslant 4.0$,且 $K_h = 0$ 时,桩顶柔度系数计算通用公式如下:

$$
\left.
\begin{aligned}
\delta_{H0} &= \frac{B_3 D_4 - B_4 D_3}{\alpha^3 EI (A_3 B_4 - A_4 B_3)} = \frac{B_2 D_1 - B_1 D_2}{\alpha^3 EI (A_2 B_1 - A_1 B_2)} = \frac{C_H}{\alpha^3 EI} \\
\delta_{M0} &= \frac{A_3 C_4 - A_4 C_3}{\alpha EI (A_3 B_4 - A_4 B_3)} = \frac{A_2 C_1 - A_1 C_2}{\alpha^2 EI (A_2 B_1 - A_1 B_2)} = \frac{C_M}{\alpha EI} \\
\delta_{MH0}(\delta_{HM0}) &= \frac{A_3 D_4 - A_4 D_3}{\alpha^2 EI (A_3 B_4 - A_4 B_3)} = \frac{A_2 D_1 - A_1 D_2}{\alpha^3 EI (A_2 B_1 - A_1 B_2)} = \frac{C_{MH}}{\alpha^2 EI}
\end{aligned}
\right\} \quad (5\text{-}90)
$$

式中,$\alpha h \geqslant 4.0$ 时的参数 C_H、C_M、C_{MH}(或 C_{HM})均为常数,桩端不同支撑类型时,近似相等,参见表 5-34。

表 5-34 $\alpha h \geqslant 4.0$ 时 C_H、C_M、C_{MH}(或 C_{HM})系数汇总

		A_3	A_4	B_3	B_4	C_3	C_4	D_3	D_4
非嵌岩桩		-1.614 28	9.243 68	-11.730 66	-0.357 62	-17.918 60	-15.610 5	-15.075 5	-23.140 4
	C_H	2.440 66							
	C_M	1.750 58							
	$C_{MH}(C_{MH})$	1.621 00							

续表 5-34

		A_1	A_2	B_1	B_2	C_1	C_2	D_1	D_2
嵌岩桩		$-5.853\,33$	$-6.533\,16$	$-5.940\,97$	$-12.158\,1$	$-0.926\,77$	$-10.608\,4$	$4.547\,80$	$-3.766\,47$
	C_H	2.400 7							
	C_M	1.732 2							
	$C_{HM}(C_{MH})$	1.599 8							

桩顶横向位移 u_0 和转角 φ_0 求出后,便可连同已知的 M_0 和 Q_0 一起代入式(5-87),求得地面以下任一深度 z 桩截面的内力、位移及桩侧横向土抗力。

5.8.4 内力与位移应用

1. 桩身内力与位移

单桩或水平荷载作用方向单排桩($n=1$)且均匀分担荷载时,基桩内力分析可按如下步骤进行:

(1) 根据静力平衡条件,求得地表面处桩顶荷载 H_0 和 M_0;

(2) 根据基桩桩端嵌固条件和基桩换算长度 αh,计算或查表得到 A_i、B_i、C_i、D_i($i=1\sim4$)无量纲系数;

(3) 根据桩端不同约束条件(非嵌岩桩、嵌岩桩),将 A_i、B_i、C_i、D_i($i=1\sim4$)代入上表 5-33 相应约束条件的表达式,得到桩顶位移系数 δ_{H0}、δ_{M0} 和 δ_{HM0}(或 δ_{MH0});

(4) 根据桩顶荷载 H_0 和 M_0,以及 δ_{H0}、δ_{M0} 和 δ_{HM0}(或 δ_{MH0}),由表达式(5-89)计算桩顶水平位移 u_0 和转角 φ_0;

(5) 根据桩身计算截面换算深度 αz,查表得到计算截面无量纲系数 A_i、B_i、C_i、D_i($i=1\sim4$),结合桩顶水平位移 u_0 和转角 φ_0,一并代入表达式(5-87),得到桩身任一深度 z 截面的转角 φ_z、弯矩 M_z 和剪力 V_z,以及该深度 z 处桩身横向位移 u_z 和桩侧土体横向抗力 q_z(或应力 σ_{zx});

(6) 绘制 $M_z\sim z$ 分布图,得到桩身最大弯矩截面深度 z_c 和最大弯矩值 M_{max},用于基桩受力钢筋配筋数量与变截面设计,桩顶水平位移 u_0 和转角 φ_0 用于桩柱顶位移验算。

2. 最大弯矩与位置

如上所述,最大弯矩所在截面的位置 z_c 与最大弯矩值 M_{max},一般可将沿桩身不同深度 z 处的 M_z 值求出后,绘制 z-M_z 图,图解法求得 z_c 和 M_{max}。同时,可根据在最大弯矩截面 z_c 截面的剪力 V_{zc} 为零,用数解法求得 z_c 与 M_{max} 值。

求出桩顶位移 u_0 和 φ_0 后,再代入桩身任意截面剪力计算的表达式(5-87d),并令 $V_{zc}=0$,经过整理后则有:

$$\frac{\alpha M_0}{H_0} = C_I \tag{5-91}$$

得到参数 C_I 后,根据 αh 查表 5-35 求得最大弯矩截面换算深度 αz_c 和深度 z_c。

根据上述求得的 αz_c,查附表可得对应的无量纲系数 A_3、B_3、C_3、D_3,代入表达式(5-87c)整理后,可得桩身 z_c 截面的最大弯矩 M_{max} 如下:

$$M_{Max} = M_z \big|_{z=z_c} = M_0 C_{II} \tag{5-92}$$

式中,参数 C_{II} 类似于 C_I,可由 αz_c 和 αh 查表得到。

表 5-35 桩身最大弯矩截面深度系数 C_I 和最大弯矩系数 C_{II}

换算深度 $h=\alpha y$	C_I						C_{II}					
	$\alpha h=4.0$	$\alpha h=3.5$	$\alpha h=3.0$	$\alpha h=2.8$	$\alpha h=2.6$	$\alpha h=2.4$	$\alpha h=4.0$	$\alpha h=3.5$	$\alpha h=3.0$	$\alpha h=2.8$	$\alpha h=2.6$	$\alpha h=2.4$
0.0	∞	∞	∞	∞	∞	∞	∞	∞	∞	∞	∞	∞
0.1	131.252	129.489	120.507	112.954	102.805	90.196	131.250	129.551	120.515	113.017	102.839	90.226
0.2	34.186	33.699	31.158	29.090	26.326	22.939	34.315	33.818	31.282	29.218	26.451	23.065
0.3	15.544	15.282	14.013	13.003	11.671	10.064	15.738	15.476	14.206	13.197	11.864	10.258
0.4	8.781	8.605	7.799	7.176	6.368	5.409	9.039	8.862	8.057	7.434	6.625	5.667
0.5	5.539	5.403	4.821	4.385	3.829	3.183	5.855	5.720	5.138	4.702	4.147	3.502
0.6	3.710	3.597	3.141	2.811	2.400	1.931	4.086	3.973	3.519	3.189	2.778	2.310
0.7	2.566	2.456	2.089	1.826	1.506	1.150	2.999	2.899	2.525	2.263	1.943	1.587
0.8	1.791	1.699	1.377	1.160	0.902	0.623	2.282	2.191	1.871	1.655	1.398	1.119
0.9	1.238	1.151	0.867	0.683	0.471	0.248	1.784	1.698	1.417	1.235	1.024	0.800
1.0	0.824	0.740	0.484	0.327	0.149	−0.032	1.425	1.342	1.091	0.934	0.758	0.577
1.1	0.503	0.420	0.187	0.049	−0.100	−0.247	1.157	1.077	0.848	0.731	0.564	0.416
1.2	0.246	0.163	−0.052	−0.172	−0.299	−0.418	0.952	0.873	0.664	0.546	0.420	0.299
1.3	0.034	−0.049	−0.249	−0.355	−0.465	−0.557	0.792	0.714	0.522	0.418	0.311	0.212
1.4	−0.145	−0.229	−0.416	−0.508	−0.597	−0.672	0.666	0.588	0.410	0.319	0.229	0.148
1.5	−0.299	−0.384	−0.559	−0.639	−0.712	−0.769	0.563	0.486	0.321	0.241	0.166	0.101
1.6	−0.434	−0.521	−0.634	−0.753	−0.821	−0.853	0.480	0.402	0.250	0.181	0.118	0.067
1.7	−0.555	−0.645	−0.796	−0.854	−0.898	−0.025	0.411	0.333	0.193	0.134	0.082	0.043
1.8	−0.665	−0.756	−0.896	−0.943	−0.975	−0.987	0.353	0.276	0.147	0.097	0.055	0.026
1.9	−0.768	−0.862	−0.988	−1.024	−1.043	−1.043	0.304	0.227	0.110	0.068	0.035	0.014
2.0	−0.865	−0.961	−1.073	−1.098	−1.105	−1.092	0.263	0.186	0.081	0.046	0.022	0.007
2.2	−1.048	−1.148	−1.225	−1.227	−1.210	−1.176	0.196	0.122	0.040	0.019	0.006	0.001
2.4	−1.230	−1.328	−1.360	−1.338	−1.299	0	0.145	0.075	0.016	0.005	0.001	0
2.6	−1.420	−1.507	−1.482	−1.434	0		0.106	0.043	0.005	0.001	0	
2.8	−1.635	−1.692	−1.593	0			0.074	0.021	0.001	0		
3.0	−1.893	−1.886	0				0.049	0.008	0			
3.5	−2.994	0					0.010	0				
4.0	0						0					

【例题 5-5】 如例题 5-4 条件,上部承台传至地面处桩身的作用力为:弯矩 $M_0 = 192.51$ kN·m,水平力 $H_0 = 59.76$ kN。试求基桩桩身内力。

由【例题 5-4】可知,$\bar{h} = \alpha h = 0.698 \times 10.31 = 7.20 (>4)$,非嵌岩桩 $K_h = 0$,且可不考虑桩端支撑边界条件的影响。根据表 5-34 查得 $C_H = 2.440\,66$、$C_M = 1.750\,58$、$C_{MH} = C_{HM} = 1.621\,00$。由表达式(5-90)可得地面处桩身柔度系数:

$$\delta_{H0} = \frac{C_H}{\alpha^3 EI} = \frac{2.440\,66}{0.698^3 EI} = \frac{7.177}{EI}$$

$$\delta_{M0} = \frac{C_M}{\alpha EI} = \frac{1.750\,58}{0.698 EI} = \frac{2.508}{EI}$$

$$\delta_{MH0} = \delta_{HM0} = \frac{C_{MH}}{\alpha^2 EI} = \frac{1.621\,00}{0.698^2 EI} = \frac{3.327}{EI}$$

由公式(5-89)可得地面处桩身位移:

$$u_0 = H_0 \delta_{H0} + M_0 \delta_{HM0} = 59.76 \times \frac{7.177}{EI} + 192.51 \times \frac{3.327}{EI} = \frac{1\,069.378}{EI}$$

$$\varphi_0 = -H_0 \delta_{MH0} - M_0 \delta_{M0} = -59.76 \times \frac{3.327}{EI} - 192.51 \times \frac{2.508}{EI} = -\frac{681.637}{EI}$$

据此,将由公式(5-87)可求得地面下桩身内力,参见例图 5-4。

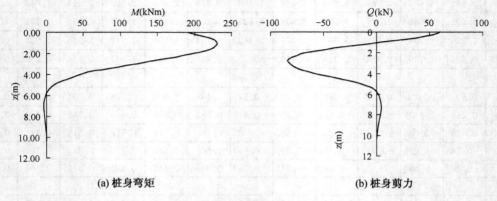

(a) 桩身弯矩   (b) 桩身剪力

例图 5-4   地面下桩身内力计算

3. 立柱顶位移计算

以非嵌岩桩为例说明桩柱顶位移计算原理,桩顶为自由端时,基桩露出地面自由段长度为 l_0,立柱顶位移 u、转角 φ,并作用荷载 Q 及 M,参见图5-45。露出地面的 l_0 段视为下端固定悬臂梁(后文中简称为固端悬臂梁),在柱顶横向力 H 作用下产生的柱顶横向线位移为 u_{1H},在柱顶 M 作用下产生的柱顶横向线位移为 u_{1M}。根据弹性叠加原理,柱顶水平位移 u 由桩顶(地面或最大冲刷线处)水平位移 u_0、桩顶转角 φ_0 所引起的柱顶水平位移 $\varphi_0 l_0$ 与 u_{1H} 和 u_{1M} 叠加得到:

$$u = u_0 - \varphi_0 l_0 + u_1 = u_0 - \varphi_0 l_0 + u_{1H} + u_{1M} \tag{5-93a}$$
$$u_1 = u_{1H} + u_{1M}$$

式中 φ_0 逆时针为正,所以式中用负号。

基于同样的叠加原理,桩顶转角 φ,则由(地面或最大冲刷线处)桩顶转角 φ_0、柱顶荷载 H 和 M 作用下,固端悬臂梁 l_0 的转角 φ_{1H} 及 φ_{1M} 组成,即:

$$\varphi = \varphi_0 + \varphi_1 = \varphi_0 + \varphi_{1H} + \varphi_{1M} \tag{5-93b}$$

$$\varphi_1 = \varphi_{1H} + \varphi_{1M}$$

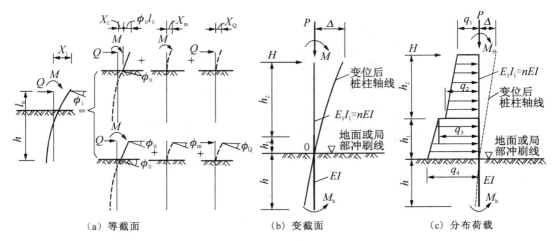

图 5-45 桩顶位移计算

桩顶(地面或最大冲刷线处 $z=0$)横向力 H_0 和弯矩 M_0,可以根据静力平衡原理得到:

$$\left.\begin{array}{l} M_0 = M + Hl_0 \\ H_0 = H \end{array}\right\} \tag{5-94}$$

将上式代入表达式(5-89),可得桩柱顶横向线位移 u_0 和转角 φ_0:

$$\left.\begin{array}{l} u_0 = H\delta_{H0} + (M + Hl_0)\delta_{HM0} \\ \varphi_0 = -H\delta_{MH0} - (M + Hl_0)\delta_{M0} \end{array}\right\} \tag{5-95a}$$

上述表达式(5-93)中的 u_{1H}、u_{1M}、φ_{1H} 和 φ_{1M},可按固端悬臂梁 l_0 的材料力学解答求得。基于相同的物理意义,可采用 δ_{H1}、δ_{M1} 和 δ_{MH1}(或 δ_{HM1})作为固端悬臂梁 l_0 的柱顶柔度系数,参见表 5-36。由此,可得固端悬臂梁 l_0 分别作用桩柱顶横向力 H 和弯矩 M 时,对应桩柱顶横向线位移 u_1 与转角 φ_1 如下:

$$\left.\begin{array}{l} u_1 = u_{1H} + u_{1M} = H\delta_{H1} + M\delta_{HM1} \\ \varphi_1 = \varphi_{1H} + \varphi_{1M} = -H\delta_{MH1} - M\delta_{M1} \end{array}\right\} \tag{5-95b}$$

表 5-36 悬臂段柱顶变位柔度系数

柔度系数	δ_{H1}	δ_{M1}	δ_{MH1}(或 δ_{HM1})
等截面	$l_0^3 (3EI)^{-1}$	$l_0 (EI)^{-1}$	$l_0^2 (2EI)^{-1}$
变截面	$\dfrac{nh_1^3 + h_2^3 + 3nh_1h_2(h_1+h_2)}{3E_1I_1}$	$\dfrac{h_1 + nh_2}{E_1I_1}$	$\dfrac{h_2^2 + nh_1(2h_2+h_1)}{2E_1I_1}$

当上部柱截面与桩截面不同时,即固端变截面悬臂梁 l_0 的上段长度为 h_1,柱截面的毛截面惯性矩为 I_1,抗弯刚度 $E_1I_1 = 0.8E_cI_1 = nEI$;变截面固端悬臂梁 l_0 下段柱(桩)长 $h_2 = l_0 - h_1$,抗弯刚度为 EI,参见图 5-45(b)。变截面固端悬臂梁 l_0,桩柱顶横向线位移 u_1 与转角 φ_1 同样可采用柱顶柔度系数 δ_{H1}、δ_{M1} 和 δ_{MH1}(或 δ_{HM1})计算,相应变截面柱的柔度系数,参见表 5-36。

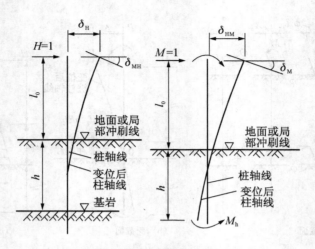

图 5-46　桩柱顶柔度系数物理意义

进一步可由表达式(5-95)算得 u_0 和 φ_0、及 u_1 和 φ_1 后，代入式(5-93)，整理后可得含露出段桩柱顶总的横向线位移 u 和转角 φ 如下：

$$\left.\begin{array}{l} u = H\delta_H + M\delta_{HM} \\ \varphi = -H\delta_{MH} - M\delta_M \end{array}\right\} \tag{5-96}$$

同理，上式中 δ_H、δ_M 和 δ_{MH}（或 δ_{HM}）为含露出段 l_0 的桩柱顶柔度系数，物理意义参见图 5-46。具体表达式，参见表 5-37。

表 5-37　桩柱顶变位柔度系数

δ_H	δ_M	δ_{MH}（或 δ_{HM}）
$\delta_{H0} + 2\delta_{HM0}l_0 + \delta_{M0}l_0^2 + \delta_{H1}$	$\delta_{M0} + \delta_{M1}$	$\delta_{HM0} + \delta_{M0}l_0 + \delta_{HM1}$

工程实践中，桩柱顶横向位移控制相对更加重要。当桩柱变截面，且柱身分布横向荷载（例如土压力时）时，以非嵌岩桩为例，参见图 5-45(c)。变截面桩柱顶荷载作用与桩柱身悬臂段横向分布荷载联合作用时，仍可根据静力平衡条件，求得(地面或最大冲刷线处)桩顶的横向荷载 H_0 与弯矩 M_0 如下：

$$H_0 = H + \frac{1}{2}(q_1 + q_2)h_2 + \frac{1}{2}(q_3 + q_4)h_1 \tag{5-97a}$$

$$M_0 = M + H(h_2 + h_1) + \frac{1}{6}\left[(2q_1 + q_2)h_2 + 3(q_1 + q_2)h_1\right] + \frac{1}{6}(2q_3 + q_4)h_1^2 \tag{5-97b}$$

根据桩顶横向荷载 H_0 与弯矩 M_0，可按表达式(5-95a)计算桩顶水平位移 u_0 和转角 φ_0。

根据桩柱顶横向荷载 H 与弯矩 M，按表达式(5-95b)计算变截面固端悬臂梁 l_0 桩柱顶横向位移 u_{1H} 和 u_{1M}。根据变截面固端悬臂梁 l_0 桩柱身分布横向荷载 q，计算桩柱顶横向线位移 u_{1q}。基于弹性叠加原理，可得桩柱顶荷载与桩柱身分布横向荷载联合作用下，变截面固端悬臂梁 l_0 桩柱顶横向挠曲位移 u_1 如下：

$$u_1 = u_{1H} + u_{1M} = H\delta_{H1} + M\delta_{HM1} + u_{1q} \tag{5-98}$$

$$u_{1q} = \frac{1}{120E_1I_1} \begin{bmatrix} (11h_2^4 + 40nh_2^3h_1 + 20nh_2h_1^3 + 50nh_2^2h_1^2)q_1 + \\ 4(h_2^4 + 10nh_2^2h_1^2 + 5nh_2^3h_1)q_2 + \\ (11nh_1^4 + 15nh_2h_1^3)q_3 + (4nh_1^4 + 5nh_2h_1^3)q_4 \end{bmatrix}$$

根据前面求出的桩顶横向线位移 u_0 和转角 φ_0，以及上式求得的变截面固端悬臂梁 l_0 桩柱顶横向挠曲位移 u_1，代入表达式(5-93a)，即可得变截面桩柱顶作用横向荷载 H 与弯矩 M，桩柱身分布横向荷载 q 时，桩柱顶总的横向位移如下：

$$u = u_0 - \varphi_0 l_0 + u_1 = u_0 - \varphi_0 l_0 + H\delta_{H1} + M\delta_{HM1} + u_{1q} \tag{5-99}$$

基于弹性叠加原理，表达式(5-98)可以视为通式，当桩柱身横向分布荷载 $q_1 = q_2 = q_3 = q_4 = 0$ 时，表达式(5-98)即转变为表达式(5-96)，即高桩承台计算模式。此时，将 $n=1$ 代入变截面固端悬臂段 l_0 柱顶柔度系数 δ_{H1}、δ_{M1} 和 δ_{MH1}(或 δ_{HM1})，即转变为等截面桩柱相应的柔度系数，参见表 5-36。

5.8.5 桩台基础弹性分析

本教材介绍的桩台基础，均假定桩台刚性连接，承台为刚体。承台基底中心点作用竖向荷载 P_c、水平向荷载 H_c 和弯矩 M_c。其中，竖向荷载 P_c 与水平向荷载 H_c 构成竖直面称为承台基底荷载作用面。单桩承台下基桩竖直向设置，且不考虑承台约束作用时；单排桩桩台基础，基底水平荷载与 x 轴重合，竖向设置 m 根相同基桩且对称于荷载作用面，且同样不考虑承台约束作用时，可直接采用上述 5.8.4 节内容进行分析。

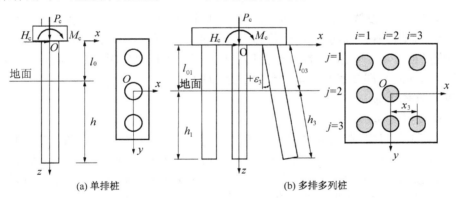

(a) 单排桩　　　　　(b) 多排多列桩

图 5-47　桩台基础示意图

对于多排多列桩台基础，设承台基底中心点为坐标原点 O，水平向荷载 H_c 作用方向与 x 轴方向重合，且为基桩布置列方向，多列多排基桩布置对称于承台 x 轴，即承台无扭转。基桩竖向深度方向为 z 轴方向，H_c 的法线方向为 y 方向，亦为排方向，参见图 5-47(b)。此时，刚性承台线位移与转动将约束各桩桩顶位移与转角，形成刚性承台基底与桩(柱)顶的位移协调边界条件，即桩台约束条件；同时不存在(高桩承台)或可忽略承台侧向土体水平抗力作用和承台基底抗力作用时，承台基底荷载必然满足与各桩(柱)顶荷载反力累加后的整体静力平衡边界条件，即桩台平衡条件。基于上述桩台约束条件和平衡条件，多桩承台基础可视为平面框架,按结构变形法求解各排桩中的基桩桩(柱)顶分担各项荷载,即基桩轴向力 P_i、弯矩 M_i 和横向力 H_i。由此,再按悬臂构件静力平衡原理,求出(地面或最大冲刷线处)桩顶作用各项荷载,即轴向力 P_{i0}、弯矩 M_{i0} 和横向力 H_{i0}。接下来即可采用上述 5.8.4 节有关内容,求解基桩内力、位移与桩侧土抗力等。

1. 桩台约束条件

多桩承台基础中,当第 i 排基桩设置倾角均为 ε_i,沿水平力作用方向倾斜($+x$ 轴和 $+z$ 轴相限内)时为正,反之($-x$ 轴和 $+z$ 轴相限内)为负。i 排基桩距承台中心点 O 在 x 方向的距离为 x_i,参见图 5-48。当承台沿 x 轴和 z 轴线位移分别为 u_c 和 w_c,承台中心点转动为 φ_c,则 i 排基桩桩顶沿 x 轴和 z 轴线位移 u_i、w_i 和桩顶转角 φ_i 分别为:

$$\left.\begin{array}{l} u_i = u_c \\ w_i = w_c + x_i \varphi_c \\ \varphi_i = \varphi_c \end{array}\right\} \quad (5\text{-}100)$$

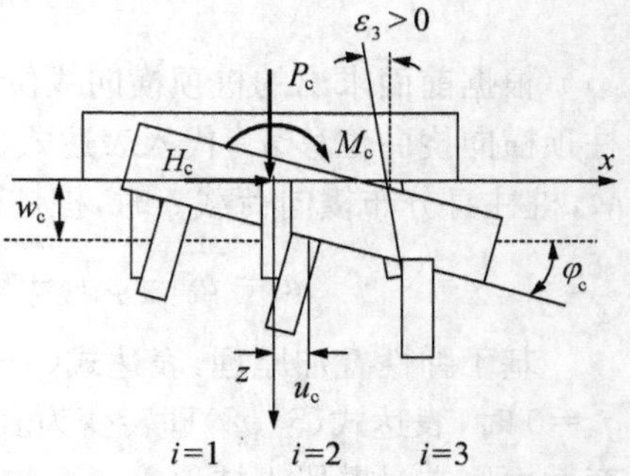

图 5-48 桩台约束条件

根据几何关系,上述 i 排基桩桩顶沿基桩轴线方向线位移 w_{Pi}、横向(轴线法线方向)线位移 u_{Hi} 和桩顶转角 φ_i 分别为:

$$\left.\begin{array}{l} u_{Hi} = u_i \cos\varepsilon_i - w_i \sin\varepsilon_i = u_c \cos\varepsilon_i - (w_c + x_i\varphi)\sin\varepsilon_i \\ w_{Pi} = u_i \sin\varepsilon_i + w_i \cos\varepsilon_i = u_c \sin\varepsilon_i + (w_c + x_i\varphi)\cos\varepsilon_i \\ \varphi_i = \varphi_c \end{array}\right\} \quad (5\text{-}101)$$

当 i 排基桩垂直设置时,$\varepsilon_i = 0$,则上式(5-101)转化为式(5-100)。由此,建立了 i 排基桩倾斜设置时,基桩桩顶轴向、横向线位移与承台水平与线位移间的几何方程,即桩台基础的基桩约束条件。不难看出,刚性承台位移与基桩设置方向已知时,基桩位移仅取决基桩排号i(承台无扭转时),即基底基桩至承台中心点 O 的距离 x_i。

2. 桩顶荷载计算

1)平衡方程建立

设基桩桩顶为自由端,定义桩顶作用轴向力 ρ_P 时,桩顶仅产生单位轴向线位移 $w_p = 1$。同理定义,桩顶作用横向力 ρ_H 时,桩顶产生单位横向线位移;桩顶作用弯矩 ρ_M 时,桩顶产生单位转角;桩顶作用横向力 $-\rho_{HM}$ 时,桩顶产生单位转角和桩顶作用弯矩 $-\rho_{MH}$ 时,桩顶产生单位横向线位移。同样,根据虚功原理,有 $\rho_{HM} = \rho_{MH}$。基于上述,表征了桩顶产生单位位移时所对应的桩顶荷载 ρ_P、ρ_H、ρ_M、ρ_{HM}(或 ρ_{MH}),可称之为桩顶荷载劲度系数。当已知承台沿 x 轴和 z 轴线位移分别为 u_c 和 w_c,承台中心点转动为 φ_c 时,可根据几何方程(5-101)得到第 i 排基桩桩柱顶轴向线位移 w_{Pi}、横向线位移 u_{Hi} 和转角 φ_i,再根据上述桩柱顶劲度系数定义,可得 i 排基桩的桩顶荷载轴向力 P_i、横向力 H_i 和弯矩 M_i 值如下:

$$\left.\begin{array}{l} P_i = \rho_{Pi} w_{Pi} = \rho_{Pi}[u_c \sin\varepsilon_i + (w_c + x_i\varphi_c)\cos\varepsilon_i] \\ H_j = \rho_{Hi} u_{Pi} - \rho_{HMi}\varphi_i = \rho_{Hi}[u_c \cos\varepsilon_i - (w_c + x_i\varphi_c)\sin\varepsilon_i] - \rho_{HMi}\varphi_c \\ M_j = \rho_{Mi}\varphi_i - \rho_{MHi}u_{Hi} = \rho_{Mi}\varphi_c - \rho_{MHi}[u_c \cos\varepsilon_i - (w_c + x_i\varphi_c)\sin\varepsilon_i] \end{array}\right\} \quad (5\text{-}102)$$

可以看出,只要求解出刚性承台位移 u_c 和 w_c,承台中心点转动 φ_c,以及任意 i 排基桩的桩顶劲度系数 ρ_{Pi}、ρ_{Hi}、ρ_{Mi}、ρ_{HMi}(或 ρ_{MHi}),即可求解出相应 i 排基桩桩顶荷载轴向力 P_j、弯矩 M_j 和横向力 H_j 值。显然,上式为承台变位引起的桩柱顶荷载分配控制方程,可以简称为桩顶荷载控制方程。

2)桩顶劲度系数

设第 i 排基桩的桩柱正截面抗压刚度为 E_iA_i,桩端地基土轴向抗力系数 C_{bi},桩顶作用轴向荷载 P_i 时,桩顶轴向位移值 w_{Pi}(包括基桩桩身压缩量和桩端下土层压缩量之和),则:

$$w_{Pi} = \frac{P_i(l_{0i} + \xi h_i)}{A_iE_i} + \frac{P_i}{C_{bi}A_{0i}} \tag{5-103}$$

式中,A_{0i} 为 i 排桩的基桩桩端作用换算面积。当基桩为摩擦桩时,桩端下地基土弹性压缩计算换算面积 A_{0i},取基桩桩端扩散面积和基桩的单元面积两者中的小值;当基桩为端承桩时,直接取桩端截面积 A_{bi}(等截面桩时即为 A_i),即:

摩擦桩
$$A_{0i} = \min\left[\pi\left(\frac{d_i}{2} + h_i\tan\frac{\bar{\phi}}{4}\right)^2, \frac{\pi}{4}s_i^2\right]$$

端承桩
$$A_{0i} = A_{bi} = \frac{\pi}{4}d_i^2$$

式中 d_i——第 i 列基桩正截面直径(m);

h_i——第 i 列基桩穿越土层中长度(m);

s_i——第 i 列基桩桩间距(m);

$\bar{\phi}$——基桩穿越土层平均摩擦角。

表达式(5-103)尽管建立在充分简化线性模型的基础上,采用系数 ξ 反映桩端支撑条件对桩身弹性压缩量的影响。当端承桩时,$\xi=1.0$;其他情况时,沉管灌注桩时,$\xi=2/3$;钻(挖)孔灌注桩时,$\xi=1/2$。当桩顶作用轴向力 $P_i=\rho_{Pi}$ 时,桩顶产生单位轴向线位移 $w_{Pi}=1.0$,悬臂段 $l_{0i}=0$,代入式(5-103)可得:

$$\rho_{Pi} = \frac{1}{\dfrac{\xi h_i}{A_iE_i} + \dfrac{1}{C_{bi}A_{0i}}} \tag{5-104}$$

当承台底面 i 排基桩的桩柱顶作用弯矩 M_i 和横向力 H_i 时,可按 5.8.4 节求得桩柱顶(承台基底)的柔度系数 δ_{Hi}、δ_{Mi}、δ_{HMi}(或 δ_{MHi}),则根据表达式(5-96),可求得桩顶横向位移 u_{Hi} 和转角 φ_i 分别为:

$$\left.\begin{array}{l} u_{Hi} = H_i\delta_{Hi} + M_i\delta_{HMi} \\ \varphi_i = -H_i\delta_{MHi} - M_i\delta_{Mi} \end{array}\right\}$$

联立求解上述二元方程,可得:

$$\left.\begin{array}{l} H_i = \dfrac{u_{Hi}\delta_{Mi} - \varphi_i\delta_{HMi}}{\delta_{Hi}\delta_{Mi} - \delta_{HMi}^2(\text{或 }\delta_{MHi}^2)} \\[4mm] M_i = \dfrac{\varphi_i\delta_{Hi} - u_{Hi}\delta_{MHi}}{\delta_{Hi}\delta_{Mi} - \delta_{HMi}^2(\text{或 }\delta_{MHi}^2)} \end{array}\right\} \tag{5-105}$$

根据桩顶劲度系数 ρ_{Pi}、ρ_{Hi}、ρ_{Mi}、ρ_{MHi}（或 ρ_{MHi}）的物理意义，当 $u_{Hi}=1$，$\varphi_i=0$ 时，$\rho_{Hi}=H_i$，$\rho_{MHi}=-M_i$；当 $u_{Hi}=0$，$\varphi_i=1$ 时，$\rho_{Mi}=M_i$，$\rho_{MHi}=-H_i$，且 $\rho_{Muj}=\rho_{H\varphi j}$，由此可得桩柱顶劲度系数 ρ_{Pi}、ρ_{Hi}、ρ_{Mi}、ρ_{MHi}（或 ρ_{MHi}）表达式，汇总于参见表 5-38 中。

表 5-38　桩顶变位劲度系数计算汇总

桩顶荷载	劲度系数	表达式
$w_{Pi}=1.0$, $u_{Hi}=0$, $\varphi_i=0$	ρ_{Pi}	$\left(\dfrac{l_{0i}+\xi h_i}{A_i E_i}+\dfrac{1}{C_{0i} A_{0i}}\right)^{-1}$
$w_{Pi}=0$, $u_{Hi}=1$, $\varphi_i=0$	ρ_{Hi}	$\delta_{Mi}\left(\delta_{Hi}\delta_{Mi}-\delta_{HMi}^2\right)^{-1}$
	ρ_{MHi}	$\delta_{MHi}\left(\delta_{Hi}\delta_{Mi}-\delta_{HMi}^2\right)^{-1}$
$w_{Pi}=0$, $u_{Hi}=0$, $\varphi_i=1$	ρ_{HMi}	ρ_{Muj}
	ρ_{Mi}	$\delta_{Hi}\left(\delta_{Hi}\delta_{Mi}-\delta_{HMi}^2\right)^{-1}$

3）承台劲度系数

根据表 5-38 桩柱顶劲度系数，可根据承台基底静力平衡条件，采用结构力学变形法求出承台的竖向位移 w_c、水平向位移 u_c 和绕承台中心点的转角 φ_c。

沿刚性承台底面取隔离体，参见图 5-49。可建立承台底面中心点荷载作用 P_c、H_c 和 M_c 与基底全部基桩桩顶荷载竖直反力 P'_{zi}、水平反力 H'_{zi} 和反弯矩 M'_i 之和的静力平衡方程，即承台平衡方程：

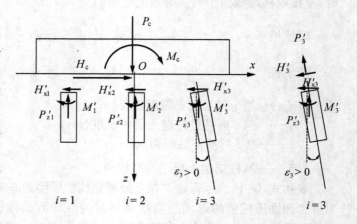

图 5-49　桩台平衡条件

$$\left.\begin{array}{l}\sum P'_{zi}=P_c \\ \sum H'_{zi}=H_c \\ \sum M'_i=M_c\end{array}\right\} \tag{5-106}$$

根据承台基底 i 排基桩设置方向 ε_i，桩顶荷载轴向反力 P'_i 和横向反力 H'_i 可转化成基桩桩顶竖向力反力 P'_{zi}、水平相力反力 H'_{xi}，参见图 5-49 中第 3 列。由此可得：

$$\left.\begin{array}{l}P'_{zi}=P'_i\cos\varepsilon_i-H'_i\sin\varepsilon_i \\ H'_{xi}=P'_i\sin\varepsilon_i+H'_i\cos\varepsilon_i\end{array}\right\} \tag{5-107a}$$

当承台产生单位水平位移 $u_c=1$，且 $w_c=0$，$\varphi_c=0$ 时，代入桩柱顶荷载约束控制方程（5-102），可得 i 排基桩桩柱顶荷载轴向反力 P'_j、反弯矩 M'_j 和横向反力 H'_j 值如下：

$$\left.\begin{array}{l}P'_i=\rho_{Pi}\sin\varepsilon_i \\ H'_i=\rho_{Hi}\cos\varepsilon_i \\ M'_i=-\rho_{MHi}\cos\varepsilon_i\end{array}\right\} \tag{5-107b}$$

将上式代入(5-107a),可得 $u_c=1$,且 $w_c=0$, $\varphi_c=0$ 时,P'_{zi} 和 H'_{xi} 如下：

$$
\left.
\begin{array}{l}
P'_{zi}= (\rho_{Pi} - \rho_{Hi}) \sin \varepsilon_i \cos \varepsilon_i \\
H'_{xi}= \rho_{Pi} \sin^2 \varepsilon_i + \rho_{Hi} \cos^2 \varepsilon_i \\
M'_i= -\rho_{MHi} \cos \varepsilon_i
\end{array}
\right\}
\tag{5-107c}
$$

假定承台基底水平力作用 x 方向为单列 m 排基桩,当承台发生单位水平位移 $u_c=1$,且 $w_c=0$, $\varphi_c=0$ 时,承台基底所有基桩作用于承台的竖向反力之和为 γ_{PH}、水平反力之和为 γ_H、反弯矩之和为 γ_{MH},并可称之为承台劲度系数,则有：

$$
\left.
\begin{array}{l}
\gamma_{PH} = \sum_1^m P'_{zi} = \sum_1^m (P'_i \cos \varepsilon_i - H'_i \sin \varepsilon_i) \\
\gamma_H = \sum_1^m H'_{xi} = \sum_1^m (P'_i \sin \varepsilon_i + H'_i \cos \varepsilon_i) \\
\gamma_{MH} = \sum_1^m (M'_i + P'_{zi} x_i)
\end{array}
\right\}
\tag{5-108}
$$

将表达式(5-107c)代入上式,整理后可得：

$$
\left.
\begin{array}{l}
\gamma_{PH} = \sum_1^m (\rho_{Pi} - \rho_{Hi}) \sin \varepsilon_i \cos \varepsilon_i \\
\gamma_H = \sum_1^m (\rho_{Pi} \sin^2 \varepsilon_i + \rho_{Hi} \cos^2 \varepsilon_i) \\
\gamma_{MH} = \sum_1^m [(\rho_{Pi} - \rho_{Hi}) x_i \sin \varepsilon_i \cos \varepsilon_i - \rho_{MHi} \cos \varepsilon_i]
\end{array}
\right\}
\tag{5-109a}
$$

同理,当承台产生单位竖向位移 $w_c=1$,且 $u_c=0$, $\varphi_c=0$ 时,代入桩柱顶荷载约束控制方程(5-102),可得 i 排基桩桩顶荷载轴向反力 P'_i,反弯矩 M'_i 和横向反力 H'_i 值,再代入表达式(5-107a)得到 P'_{zi},类似于上式(5-108)建立平衡方程,可得承台基底所有基桩的竖向反力之和 γ_P、水平反力之和 γ_{HP} 时、反弯矩之和 γ_{MP}：

$$
\left.
\begin{array}{l}
P'_i= \rho_{Pi} \cos \varepsilon_i \\
H'_i= -\rho_{Hi} \sin \varepsilon_i \\
M'_i= \rho_{MHi} \sin \varepsilon_i \\
P'_{zi}= \rho_{Pi} \cos^2 \varepsilon_i + \rho_{Hi} \sin^2 \varepsilon_i
\end{array}
\right\}
$$

$$
\left.
\begin{array}{l}
\gamma_P = \sum_1^m (P'_i \cos \varepsilon_i - H'_i \sin \varepsilon_i) = \sum_1^m (\rho_{Pi} \cos^2 \varepsilon_i + \rho_{Hi} \sin^2 \varepsilon_i) \\
\gamma_{HP} = \sum_1^m (P'_i \sin \varepsilon_i + H'_i \cos \varepsilon_i) = \sum_1^m (\rho_{Pi} - \rho_{Hi}) \sin \varepsilon_i \cos \varepsilon_i = \gamma_{PH} \\
\gamma_{MP} = \sum_1^m (M'_i + P'_{zi} x_i) = \sum_1^m [(\rho_{Pi} \cos^2 \varepsilon_i + \rho_{Hi} \sin^2 \varepsilon_i) x_i + \rho_{MHi} \sin \varepsilon_i]
\end{array}
\right\}
\tag{5-109b}
$$

当承台产生单位转角 $\varphi_c = 1$，且 $u_c = 0$，$w_c = 0$ 时，代入桩柱顶荷载约束控制方程 (5-102)，可得 i 排基桩桩顶荷载轴向反力 P'_j、反弯矩 M'_j 和横向反力 H'_j 值，再代入表达式 (5-107a) 得到 P'_{zi}，类似于上式 (5-108) 建立平衡方程，可得承台基底所有基桩的竖向反力之和 γ_{PM}、水平反力之和 γ_{HM} 时、反弯矩之和 γ_M：

$$
\left.\begin{aligned}
P_i &= \rho_{Pi} x_i \cos \varepsilon_i \\
H_i &= -\rho_{Hi} x_i \sin \varepsilon_i - \rho_{HMi} \\
M_i &= \rho_{Mi} + \rho_{MHi} x_i \sin \varepsilon_i \\
P'_{zi} &= \rho_{Pi} x_i \cos^2 \varepsilon_i + \rho_{Hi} x_i \sin^2 \varepsilon_i + \rho_{HMi} \sin \varepsilon_i
\end{aligned}\right\}
$$

$$
\left.\begin{aligned}
\gamma_{PM} &= \sum_1^m (P'_i \cos \varepsilon_i - H'_i \sin \varepsilon_i) = \sum_1^m (\rho_{Pi} x_i \cos^2 \varepsilon_i + \rho_{Hi} x_i \sin^2 \varepsilon_i + \rho_{HMi} \sin \varepsilon_i) \\
\gamma_{HM} &= \sum_1^m (P'_i \sin \varepsilon_i + H'_i \cos \varepsilon_i) = \sum_1^m [(\rho_{Pi} - \rho_{Hi}) x_i \sin \varepsilon_i \cos \varepsilon_i - \rho_{HMi} \cos \varepsilon_i] \\
\gamma_M &= \sum_1^m (M'_i + P'_{zi} x_i) = \sum_1^m [\rho_{Mi} + 2\rho_{MHi} x_i \sin \varepsilon_i + (\rho_{Pi} \cos^2 \varepsilon_i + \rho_{Hi} \sin^2 \varepsilon_i) x_i^2]
\end{aligned}\right\}
$$

$$(5\text{-}109c)$$

根据上述表达式 (5-109)，承台发生单位水平位移的劲度系数 γ_P、γ_H、γ_M、γ_{HP}（或 γ_{PH}）、γ_{MP}（或 γ_{PM}）和 γ_{MH}（或 γ_{HM}）表达式汇总，参见表 5-39。

表 5-39　承台单位位移或转角对应承台劲度系数

桩顶荷载	劲度系数	表　达　式
$w_c = 1$，且 $u_c = 0$，$\varphi_c = 0$	γ_P	$\sum_1^m (\rho_{Pi} \cos^2 \varepsilon_i + \rho_{Hi} \sin^2 \varepsilon_i)$
	γ_{HP}	$\sum_1^m (\rho_{Pi} - \rho_{Hi}) \sin \varepsilon_i \cos \varepsilon_i$
	γ_{MP}	$\sum_1^m [(\rho_{Pi} \cos^2 \varepsilon_i + \rho_{Hi} \sin^2 \varepsilon_i) x_i + \rho_{MHi} \sin \varepsilon_i]$
$u_c = 1$，且 $w_c = 0$，$\varphi_c = 0$	γ_{PH}	γ_{HP}
	γ_H	$\sum_1^m (\rho_{Pi} \sin^2 \varepsilon_i + \rho_{Hi} \cos^2 \varepsilon_i)$
	γ_{MH}	$\sum_1^m [(\rho_{Pi} - \rho_{Hi}) x_i \sin \varepsilon_i \cos \varepsilon_i - \rho_{MHi} \cos \varepsilon_i]$
$\varphi_c = 1$，且 $u_c = 0$，$w_c = 0$	γ_{PM}	γ_{MP}
	γ_{HM}	γ_{MH}
	γ_M	$\sum_1^m [\rho_{Mi} + 2\rho_{MHi} x_i \sin \varepsilon_i + (\rho_{Pi} \cos^2 \varepsilon_i + \rho_{Hi} \sin^2 \varepsilon_i) x_i^2]$

当承台布置多排 $(i = 1, 2, 3, \cdots, m)$ 多列 $(j = 1, 2, 3, \cdots, n)$ 基桩，且基桩平面布置对称于荷载作用面，在承台基底中心点作用 x 轴向力 H_c、z 轴向力 P_c 和弯矩 M_c 时，承台不会发生扭转。由此，可将上述单列桩台劲度系数按多列桩进行叠加计算即可，且不同排、列的

桩数可以不同,但需对称于 x 轴布置,参见图 5-47(b)或图 5-49。以承台劲度系数 γ_P 为例,任一 j 列相应基桩排数为 $i = 1, 2, 3, \cdots, m_j$,可按表 5-35 得到的 j 列基桩承台劲度系数 γ_{Pj},再按列数叠加即可得到 n 列总的承台劲度系数 γ_P 如下:

$$\gamma_p = \sum_1^n \gamma_{pj} \tag{5-110}$$

$$\gamma_{pj} = \sum_{i=1}^{m_j} (\rho_{Pji} \cos^2 \varepsilon_{ji} + \rho_{Hji} \sin^2 \varepsilon_{ji})$$

其他承台劲度系数 γ_{Hj}、γ_{Mj}、γ_{HPj}、γ_{MPj} 和 γ_{MHj} 亦可采用相同弹性叠加原理求得,此处不再赘述。

4) 承台位移求解

根据表 5-39 的承台劲度系数,以及承台基底静力平衡方程(5-106),也即桩台平衡条件,可得承台基底中心性 O 竖向位移 w_c、水平向位移 u_c 和绕承台中心点转角 φ_c 时的承台基底总的静力平衡方程如下:

$$\begin{vmatrix} \gamma_P & \gamma_{PH} & \gamma_{PM} \\ \gamma_{HP} & \gamma_H & \gamma_{HM} \\ \gamma_{MP} & \gamma_{MH} & \gamma_M \end{vmatrix} \begin{Bmatrix} w_c \\ u_c \\ \varphi_c \end{Bmatrix} = \begin{Bmatrix} P_c \\ H_c \\ M_c \end{Bmatrix} \tag{5-111}$$

求解上述桩台平衡方程,可得承台中心点的线位移 w_c、u_c 和转角 φ_c,连同任一 i 排基桩的桩顶劲度系数 ρ_{Pi}、ρ_{Hi}、ρ_{Mi}、ρ_{HMi}(或 ρ_{MHi})一起代入桩柱顶荷载约束控制方程(5-102),即可得到任一 i 排基桩的桩顶荷载 P_i、M_i 和 H_i 值。

5.8.6 高桩承台

1. 简单高桩承台

为了方便陈述高桩承台计算原理,设高桩承台竖直向设置 m 排 $\times n$ 列满堂均匀布置,且桩列对称承台基底荷载作用面,基桩换算桩长 $\alpha h \geq 4.0$,基桩桩长和截面相同,且为等截面桩,参见图 5-50。因为换算桩长 $\alpha h \geq 4.0$,非嵌岩桩 $K_h = 0$,且可不考虑桩端支撑边界条件的影响。根据表 5-34 可得 C_H、C_M、C_{MH}(或 C_{HM})。根据表达式(5-90)可得桩顶柔度系数如下:

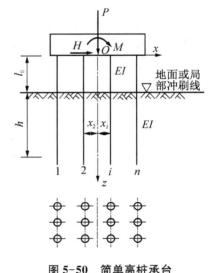

图 5-50 简单高桩承台

$$\left. \begin{aligned} \delta_{H0} &= \frac{C_H}{\alpha^3 EI} \\ \delta_{M0} &= \frac{C_M}{\alpha EI} \\ \delta_{MH0} (\delta_{HM0}) &= \frac{C_{MH}}{\alpha^2 EI} \end{aligned} \right\} \tag{5-112a}$$

根据表 5-36,嵌固悬臂段 l_0 柱顶柔度系数为:

$$\left.\begin{array}{l} \delta_{H1} = \dfrac{l_0^3}{3EI} \\[3mm] \delta_{M1} = \dfrac{l_0}{EI} \\[3mm] \delta_{MH1}(\delta_{HM1}) = \dfrac{l_0^2}{2EI} \end{array}\right\} \qquad (5\text{-}112b)$$

根据表 5-37,可得桩柱顶柔度柔度系数如下:

$$\left.\begin{array}{l} \delta_H = \delta_{H0} + 2\delta_{HM0}l_0 + \delta_{M0}l_0^2 + \delta_{H1} \\ \delta_M = \delta_{M0} + \delta_{M1} \\ \delta_{HM}(\delta_{MH}) = \delta_{HM0} + \delta_{M0}l_0 + \delta_{HM1} \end{array}\right\} \qquad (5\text{-}113)$$

取 n 列基桩中,任一 j 列 m 排桩进行分析,各桩的桩柱顶的劲度系数相同,即:

$$\left.\begin{array}{l} \rho_P = \left(\dfrac{l_0 + \xi h}{AE} + \dfrac{1}{C_b A_0}\right)^{-1} \\[3mm] \rho_H = \delta_M\,(\delta_H \delta_M - \delta_{HM}^2)^{-1} \\[2mm] \rho_M = \delta_H\,(\delta_H \delta_M - \delta_{HM}^2)^{-1} \\[2mm] \rho_{HM}(\rho_{MH}) = \delta_{MH}\,(\delta_H \delta_M - \delta_{HM}^2)^{-1} \end{array}\right\} \qquad (5\text{-}114)$$

基桩均为竖向设置 $\varepsilon_i = 0$,承台劲度系数中 $\gamma_{HP} = \gamma_{PH} = 0$,且注意到基底高桩承台为 m 排×n 列满堂均匀对称布置,即:

$$\sum_1^m x_i = 0$$

由此,可得 $\gamma_{MP} = \gamma_{PM} = 0$。根据表 5-39,可得其他 4 个 j 列基桩承台劲度系数和承台总的劲度系数和承台总的劲度系数分别如下:

$$\left.\begin{array}{l} \gamma_{Pj} = m\rho_P \\[2mm] \gamma_{Hj} = m\rho_H \\[2mm] \gamma_{MHj}(\gamma_{HMj}) = -m\rho_{MH} \\[2mm] \gamma_{Mj} = m\rho_M + \sum_1^m \rho_P x_i^2 \end{array}\right\} \qquad (5\text{-}115a)$$

$$\left.\begin{array}{l} \gamma_P = \sum_i^n \gamma_{Pj} = nm\rho_P \\[4mm] \gamma_H = \sum_i^n \gamma_{Hj} = nm\rho_H \\[4mm] \gamma_{MH}(\gamma_{HM}) = \sum_i^n \gamma_{MHj}(\text{或}\ \gamma_{HMj}) = -nm\rho_{MH} \\[4mm] \gamma_M = \sum_i^n \gamma_{Mj} = n\left(m\rho_M + \rho_P \sum_1^m x_i^2\right) \end{array}\right\} \qquad (5\text{-}115b)$$

将上式(5-115b)代入求解承台竖向位移 w_c、水平向位移 u_c 和绕承台中心点转角 φ_c 的静力平衡方程(5-111),可得:

$$\begin{vmatrix} \gamma_P & 0 & 0 \\ 0 & \gamma_H & \gamma_{HM} \\ 0 & \gamma_{MH} & \gamma_M \end{vmatrix} \begin{Bmatrix} w_c \\ u_c \\ \varphi_c \end{Bmatrix} = \begin{Bmatrix} P_c \\ H_c \\ M_c \end{Bmatrix} \tag{5-116a}$$

或

$$\begin{vmatrix} \gamma_{Pj} & 0 & 0 \\ 0 & \gamma_{Hj} & \gamma_{HMj} \\ 0 & \gamma_{MHj} & \gamma_{Mj} \end{vmatrix} \begin{Bmatrix} w_c \\ u_c \\ \varphi_c \end{Bmatrix} = \frac{1}{n} \begin{Bmatrix} P_c \\ H_c \\ M_c \end{Bmatrix} \tag{5-116b}$$

求解上式,可得:

$$\left. \begin{aligned} w_c &= \frac{P_c}{\gamma_P} \\ u_c &= \frac{\gamma_M H_c - \gamma_{HM} M_c}{\gamma_H \gamma_M - \gamma_{HM}^2} \\ \varphi_c &= \frac{\gamma_H M_c - \gamma_{MH} H_c}{\gamma_M \gamma_H - \gamma_{MH}^2} \end{aligned} \right\}, \text{或} \quad \left. \begin{aligned} w_c &= \frac{P_c}{n \gamma_{Pj}} \\ u_c &= \frac{\gamma_{Mj} H_c - \gamma_{HMj} M_c}{n(\gamma_{Hj} \gamma_{Mj} - \gamma_{HMj}^2)} \\ \varphi_c &= \frac{\gamma_{Hj} M_c - \gamma_{MHj} H_c}{n(\gamma_{Mj} \gamma_{Hj} - \gamma_{HMj}^2)} \end{aligned} \right\} \tag{5-117}$$

注意到基底高桩承台为 m 排×n 列满堂均匀对称布置条件下,仅仅需要将承台总荷载均匀分配给各列计算列单元(承台列向板带单元),即可采用单列计算单元求解承台竖向位移 w_c、水平向位移 u_c 和绕承台中心点转角 φ_c,可以显著减少计算工作量,参见表达式(5-116b)和(5-117b)。

将上述求得承台位移与转角 w_c、u_c 和 φ_c 代入桩柱顶荷载约束控制方程(5-102),即可得到各基桩第 i 排基桩的桩顶荷载轴向力 P_i、弯矩 M_i 和横向力 H_i 值如下:

$$\left. \begin{aligned} P_i &= \rho_{Pi}(w_c + x_i \varphi_c) \\ H_i &= \rho_{Hi} u_c \cos \varepsilon_i - \rho_{HMi} \varphi_c \\ M_i &= \rho_{Mi} \varphi_c - \rho_{MHi} u_c \end{aligned} \right\} \tag{5-118}$$

【例题 5-6】 如例图 5-6 所示高桩承台底部距离地面 $l_0 = 6.69$ m,桩在地面以下深度 $h = 10.31$ m;承台采用 C20 混凝土,尺寸为 2.0 m×4.5 m× 8.0 m,承台底面中心处作用总荷载分别为 $\sum N = 8\,591.4$ kN,$\sum M = 5\,334.5$ kN·m,$\sum H = 358.6$ kN。桩身和地基土层参数,见【例题 5-4】。试对该高桩承台计算分析。

解:

1. 计算宽度、桩身变形系数

由例题 1 可知,桩身计算宽度 $b_1 = 1.38$ m;变形系数 $\alpha = 0.698$ m^{-1}。

2. 桩顶劲度系数 ρ_{Pi}、ρ_{Hi}、ρ_{Mi}、ρ_{HMi}(或 ρ_{MHi})基础为高桩承台,$l_0 = 6.69$ m,$h = 10.31$ m,钻孔灌注桩 $\xi = 1/2$,$A = \pi d^2 / 4 = 0.785$ m^2。

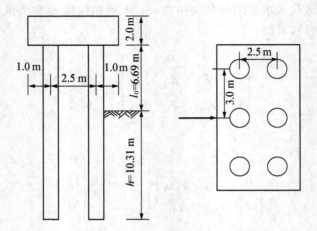

例图 5-6　高桩承台算例图

$$C_0 = m_0 h = 120\,000 \times 10.31 = 1.237 \times 10^6 \text{ kN/m}^3$$

$$A_0 = \min \begin{cases} \pi\left(\dfrac{d}{2} + h\tan\dfrac{\bar{\phi}}{4}\right)2 = \pi\left(\dfrac{1}{2} + 10.31 \times \tan\dfrac{40°}{4}\right) = 10.88 \text{ m}^2 \\ \dfrac{\pi}{4}S^2 = \dfrac{\pi}{4} \times 2.5^2 = 4.91 \text{ m}^2 \end{cases} = 4.91 \text{ m}^2$$

由公式(5-114)可求得桩顶劲度系数 ρ_{Pi}：

$$\rho_{Pi} = \frac{1}{\dfrac{l_{0i} + \xi h_i}{A_i E_i} + \dfrac{1}{C_{0i} A_{0i}}} = \frac{1}{\dfrac{6.69 + 10.31/2}{0.785 \times 0.8 \times 2.55 \times 10^7} + \dfrac{1}{1.237 \times 10^6 \times 4.91}}$$

$$= 1.11 \times 10^6 \text{ kPa} = 1.108EI$$

参见【例题 5-5】，根据表 5-34 查得 $C_H = 2.440\,66$、$C_M = 1.750\,58$、$C_{MH} = C_{HM} = 1.621\,00$。由表达式(5-90)可得地面处桩身柔度系数：

$$\delta_{H0} = \frac{C_H}{\alpha^3 EI} = \frac{2.440\,66}{0.698^3 EI} = \frac{7.177}{EI}$$

$$\delta_{M0} = \frac{C_M}{\alpha EI} = \frac{1.750\,58}{0.698 EI} = \frac{2.508}{EI}$$

$$\delta_{MH0} = \delta_{HM0} = \frac{C_{MH}}{\alpha^2 EI} = \frac{1.621\,00}{0.698^2 EI} = \frac{3.327}{EI}$$

根据表 5-37，嵌固悬臂段 l_0 顶柔度系数为：

$$\delta_{H1} = \frac{l_0^3}{3EI} = \frac{6.69^3}{3EI} = \frac{99.806}{EI}$$

$$\delta_{M1} = \frac{l_0}{EI} = \frac{6.69}{EI}$$

$$\delta_{MH1} = \delta_{HM1} = \frac{l_0^2}{2EI} = \frac{6.69^2}{2EI} = \frac{22.378}{EI}$$

根据表 5-37,可求得桩柱顶柔度系数为:

$$\delta_H = \delta_{H0} + 2\delta_{HM0}l_0 + \delta_{M0}l_0^2 + \delta_{H1} = \frac{263.7466}{EI}$$

$$\delta_M = \delta_{M0} + \delta_{M1} = \frac{9.198}{EI}$$

$$\delta_{HM} = \delta_{MH} = \delta_{HM0} + \delta_{M0}l_0 + \delta_{HM1} = \frac{42.4835}{EI}$$

根据表 5-38,则桩顶劲度系数 ρ_{Hi}、ρ_{Mi}、ρ_{HMi}(或 ρ_{MHi})为:

$$\rho_{Hi} = \delta_M(\delta_H\delta_M - \delta_{HM}^2)^{-1} = 0.0148EI$$

$$\rho_{Mi} = \delta_H(\delta_H\delta_M - \delta_{HM}^2)^{-1} = 0.425EI$$

$$\rho_{HMi} = \rho_{MHi} = \delta_{MH}(\delta_H\delta_M - \delta_{HM}^2)^{-1} = 0.0684EI$$

3. 计算承台位移 w_c、u_c 和 φ_c

根据公式(5-115b)求得承台劲度系数:

$$\gamma_P = nm\rho_{Pi} = 3 \times 2 \times 1.108EI = 6.648EI$$

$$\gamma_H = nm\rho_{Hi} = 3 \times 2 \times 0.0148EI = 0.0888EI$$

$$\gamma_{MH} = \gamma_{HM} = -nm\rho_{MHi} = -3 \times 2 \times 0.0684EI = -0.4104EI$$

$$\gamma_M = n\left(m\rho_{Mi} + \rho_{Pi}\sum_1^m x_i^2\right) = 3 \times [2 \times 0.425EI + 1.108EI \times 2 \times 1.25^2] = 12.94EI$$

承台底汇总荷载 $\sum N = 8591.4$ kN,$\sum M = 5334.5$ kN·m,$\sum H = 358.6$ kN,由公式(5-117)可求得承台位移:

$$w_c = \frac{\sum N}{\gamma_P} = \frac{8591.4}{6.648EI} = \frac{1292.33}{EI}$$

$$u_c = \frac{\gamma_M\sum H - \gamma_{HM}\sum M}{\gamma_H\gamma_M - \gamma_{HM}^2} = \frac{12.94EI \times 358.6 + 0.4104EI \times 5334.5}{0.0888EI \times 12.94EI - (0.4104EI)^2} = \frac{6964.17}{EI}$$

$$\varphi_c = \frac{\gamma_H\sum M - \gamma_{MH}\sum H}{\gamma_M\gamma_H - \gamma_{MH}^2} = \frac{0.0888EI \times 5334.5 + 0.4104EI \times 358.6}{12.94EI \times 0.0888EI - (0.4104EI)^2} = \frac{633.11}{EI}$$

4. 每根桩顶作用力 P_i、M_i、H_i

根据公式(5-118)可得:

竖向力:

$$P_i = \rho_{Pi}(w_c + x_i\varphi_c) = 1.108EI\left(\frac{1292.33}{EI} \pm 1.25 \times \frac{633.11}{EI}\right) = \begin{cases} 2308.76 \text{ kN} \\ 555.04 \text{ kN} \end{cases}$$

弯矩:

$$M_i = \rho_{Mi}\varphi_c - \rho_{MHi}u_c = 0.425EI \times \frac{633.11}{EI} - 0.0684EI \times \frac{6964.17}{EI} = -207.28 \text{ kN·m}$$

水平力：$H_i = \rho_{Hi}u_c - \rho_{HMi}\varphi_c = 0.0148EI \times \dfrac{6\,964.17}{EI} - 0.068\,4EI \times \dfrac{633.11}{EI} = 59.76$ kN

5. 地面处桩身作用力

根据表达式(5-94)可得：

$$P_0 = 2308.76 + 0.785 \times 6.69 \times 15 = 2387.53 \text{ kN}$$

$$M_0 = M_i + H_i l_0 = -207.28 + 59.76 \times 6.69 = 192.51 \text{ kN} \cdot \text{m}$$

$$H_0 = H_i = 59.76 \text{ kN}$$

求得 P_0、M_0、H_0 后即可按单桩进行计算和验算，方法同【例题 5-5】。

2. 桩柱横向作用

基桩对称承台荷载作用面，且当高出地面（或最大冲刷线）以上 l_0 的桩柱柱身作用横向分布荷载 q 时，参见图 5-51。例如路基桥台填土直接作用于露出地面段桩柱身 l_0 上的土压力时，需考虑 l_0 段轴向分布荷载 q 的作用。

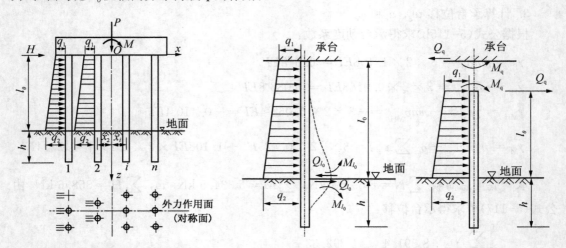

图 5-51 桩柱 l_0 段作用轴向荷载　　　图 5-52 桩柱 l_0 段固端、弹性嵌固模型

首先根据台下基桩直径与间距，按 5.1.1 节确定基桩计算宽度 b_1，再根据土压力计算原理，确定桥台填土作用于桩柱 l_0 横向线荷载强度 q_1 和 q_2(kN/m)。然后，根据桩柱 l_0 段横向土压力分布，求解桩柱（与承台基底连接处）顶弯矩 M_{qb} 和剪力 H_{qb}，桩顶（地面或最大冲刷线）弯矩 M_{q0} 和剪力 H_{q0}。横向分布荷载 q 作用下的桩柱 l_0 段计算模型假定为：柱顶与承台基底刚性连接；柱底（桩顶）支撑条件为弹性嵌固，且符合上述表达式(5-89) u_0 和 φ_0 的计算原理，参见图 5-52。

桩柱 l_0 段上端为固端、下端为弹性嵌固的构件内力计算的力学解答如下：

$$\left.\begin{array}{l} M_{q0} = M_{qb} + H_{qb}l_0 + \left(\dfrac{q_1}{2!} + \dfrac{q_2 - q_1}{3!}\right)l_0^2 \\[3mm] H_{q0} = H_{qb} + \left(q_1 + \dfrac{q_2 - q_1}{2!}\right)l_0 \end{array}\right\} \tag{5-119}$$

桩柱 l_0 段固端、弹性嵌固模型中，下端弹性嵌固的材料力学变位解答如下：

$$u_{q0} = \frac{1}{EI}\left[\frac{M_{qb}l_0^2}{2!} + \frac{H_{qb}l_0^3}{3!} + \frac{q_1 l_0^4}{4!} + \frac{(q_2 - q_1)l_0^4}{5!}\right]$$
$$\varphi_{q0} = \frac{1}{EI}\left[M_{qb}l_0 + \frac{H_{qb}l_0^2}{2!} + \frac{q_1 l_0^3}{3!} + \frac{(q_2 - q_1)l_0^3}{4!}\right]$$
(5-120)

根据表达式(5-89)分析原理,可得:

$$\frac{1}{EI}\left[\frac{M_{qb}l_0^2}{2!} + \frac{H_{qb}l_0^3}{3!} + \frac{q_1 l_0^4}{4!} + \frac{(q_2 - q_1)l_0^4}{5!}\right] = H_{q0}\delta_{H0} + M_{q0}\delta_{HM0}$$
$$\frac{1}{EI}\left[M_{qb}l_0 + \frac{H_{qb}l_0^2}{2!} + \frac{q_1 l_0^3}{3!} + \frac{(q_2 - q_1)l_0^3}{4!}\right] = -H_{q0}\delta_{MH0} - M_{q0}\delta_{M0}$$
(5-121)

联立方程组(5-119)和(5-121)可以求出桩柱顶弯矩 M_{qb} 和剪力 H_{qb};桩顶弯矩 M_{q0} 和剪力 H_{q0}。由已知的桩柱顶弯矩 M_{qb} 和剪力 H_{qb},采用承台变位求解控制方程(5-111)的静力平衡原理,可得桩柱 l_0 段作用横向分布荷载时,承台位移转角控制方程如下:

$$\begin{vmatrix} \gamma_P & \gamma_{PH} & \gamma_{PM} \\ \gamma_{HP} & \gamma_H & \gamma_{HM} \\ \gamma_{MP} & \gamma_{MH} & \gamma_M \end{vmatrix}\begin{Bmatrix} w_c \\ u_c \\ \varphi_c \end{Bmatrix} = \begin{Bmatrix} P_c \\ H_c \\ M_c \end{Bmatrix} + \begin{Bmatrix} P_{cq} \\ H_{cq} \\ M_{cq} \end{Bmatrix}$$
(5-122)

式中,
$$P_{cq} = \sum_1^k H_{qbi}\sin\varepsilon_i$$
$$H_{cq} = -\sum_1^k H_{qbi}\cos\varepsilon_i$$
$$M_{cq} = \sum_1^k (-M_{qbi} + H_{qbi}x_i\sin\varepsilon_i)$$

由上式可以求出承台竖向位移 w_c、水平向位移 u_c 和绕承台中心点转角 φ_c,代入桩柱顶荷载约束控制方程(5-102),即可得到 i 排基桩的桩顶荷载轴向力 P_i、弯矩 M_i 和横向力 H_i 值。上式中,设置方向 ε_i 规定同表达式(5-107),竖向垂直设置时,$\varepsilon_i = 0$,参见图 5-51。对于桩柱 l_0 段分布横向土压力的基桩,叠加分布荷载 q 产生的桩柱顶弯矩 M_{qb} 和剪力 H_{qb},即可得桩柱顶总的横向力 H_{ri} 和弯矩 M_{ri} 如下:

$$H_{ri} = H_i + H_{qbi}$$
$$M_{ri} = M_i + M_{qbi}$$
(5-123)

桩柱顶总横向力 H_{ri} 和弯矩 M_{ri} 之后,同样根据静力平衡原理,可得桩顶(地面处)的剪力 H_{r0i} 和弯矩 M_{r0i} 如下:

$$H_{r0i} = H_{ri} + \left(q_1 + \frac{q_2 - q_1}{2!}\right)l_0 = H_{ri} + \frac{q_2 + q_1}{2!}l_0$$
$$M_{r0i} = M_{ri} + H_{ri}l_0 + \left(\frac{q_1}{2!} + \frac{q_2 - q_1}{3!}\right)l_0^2 = M_{ri} + H_{ri}l_0 + \frac{2q_1 + q_2}{3!}l_0^2$$
(5-124)

由上式得到桩顶(地面处)的剪力 H_{r0i} 和弯矩 M_{r0i} 后,即可按 5.1.4 节有关内容计算出基桩桩身各截面的剪力、弯矩和侧向土压力等。必须指出,上述(5-122)~(5-124)中,下角标 i 不再是前文中的台下基桩排号,而是累计 k 根露出段作用横向土压力的基桩的序号。

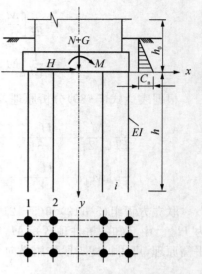

5.8.7 低桩承台

低承台桩基系指承台基底位于地面(或最大冲刷线)以下时的桩基础。此时,应考虑承台侧面土的水平抗力,但忽略承台基底的竖向抗力和摩阻力。设承台位移与转角 w_c、u_c 和 φ_c 时,承台基底深度 d_c 处承台侧面土体水平抗力系数为 C_d,横向力作用法向承台宽度为 b_c,承台侧面土体水平抗力计算宽度为 b_{c1},则承台侧面任意深度 z 的水平位移和水平抗力可以表示成:

图 5-53　地桩承台示意图

$$u_{cz} = u_c + \varphi_c(d_c - z)$$

$$C_z = mz = \frac{z}{d_c}C_d \tag{5-125}$$

$$\sigma_{cz} = u_{cz}C_z = [u_c + \varphi_c(d_c - z)]\frac{z}{d_c}C_d$$

由上述可得,承台侧面水平抗力 Q_E 如下:

$$Q_E = \int_0^{d_c} q_{cz}dz = \int_0^{d_c} \sigma_{cz}b_{c1}dz = b_{c1}\int_0^{d_c}[u_c + \varphi_c(d_c - z)]\frac{z}{d_c}C_ddz \tag{5-126}$$

$$= \frac{d_c}{2}C_db_{c1}u_c + \frac{d_c^2}{6}C_db_{c1}\varphi_c = \gamma_{cH}u_c + \gamma_{cHM}\varphi_c$$

此外,承台侧面土体水平抗力 q_z 产生的承台基底弯矩 Q_M 为:

$$Q_M = \int_0^{d_c}(d_c - z)q_{cz}dz$$

$$= b_{c1}\int_0^{d_c}[u_c + \varphi_c(d_c - z)]\frac{(d_c - z)z}{d_c}C_ddz \tag{5-127}$$

$$= \frac{d_c^2}{6}C_db_{c1}u_c + \frac{d_c^3}{12}C_db_{c1}\varphi_c = \gamma_{cMH}u_c + \gamma_{cM}\varphi_c$$

鉴于承台侧面水平抗力 Q_E 和承台基底弯矩 Q_M 作用方向与承台基桩相同,根据承台位移与转角 w_c、u_c 和 φ_c 求解方程(5-109),可得:

$$\begin{vmatrix} \gamma_P & \gamma_{PH} & \gamma_{PM} \\ \gamma_{HP} & \gamma_H + \gamma_{cH} & \gamma_{HM} + \gamma_{cHM} \\ \gamma_{MP} & \gamma_{MH} + \gamma_{cMH} & \gamma_M + \gamma_{cM} \end{vmatrix} \begin{Bmatrix} w_c \\ u_c \\ \varphi_c \end{Bmatrix} = \begin{Bmatrix} P_c \\ H_c \\ M_c \end{Bmatrix} \tag{5-128}$$

同 5.1.6 简化条件下,上式可写成:

表5-40 计算桩身作用效应无量纲系数用表

h=αz	A1	B1	C1	D1	A2	B2	C2	D2	A3	B3	C3	D3	A4	B4	C4	D4
0	1.000 00	0.000 00	0.000 00	0.000 00	0.000 00	1.000 00	0.000 00	0.000 00	0.000 00	0.000 00	1.000 00	0.000 00	0.000 00	0.000 00	0.000 00	1
0.1	1.000 00	0.100 00	0.005 00	0.000 17	0.000 00	1.000 00	0.100 00	0.005 00	−0.00 017	−0.000 01	1.000 00	0.100 00	−0.005 00	−0.000 33	−0.000 01	1
0.2	1.000 00	0.200 00	0.020 00	0.001 33	−0.000 07	1.000 00	0.200 00	0.020 00	−0.001 33	−0.000 13	0.999 99	0.200 00	−0.020 00	−0.002 67	−0.000 20	0.999 99
0.3	0.999 98	0.300 00	0.045 00	0.004 50	−0.000 34	0.999 96	0.300 00	0.045 00	−0.004 50	−0.000 67	0.999 94	0.300 00	−0.045 00	−0.009 00	−0.001 01	0.999 92
0.4	0.999 91	0.399 99	0.080 00	0.010 67	−0.001 07	0.999 83	0.399 98	0.080 00	−0.010 67	−0.002 13	0.999 74	0.399 98	−0.080 00	−0.021 33	−0.003 20	0.999 66
0.5	0.999 74	0.499 96	0.125 00	0.020 83	−0.002 60	0.999 48	0.499 94	0.124 99	−0.020 83	−0.005 21	0.999 22	0.499 91	−0.124 99	−0.041 67	−0.007 81	0.998 96
0.6	0.999 35	0.599 87	0.179 98	0.036 00	−0.005 40	0.998 70	0.599 81	0.179 98	−0.036 00	−0.010 80	0.998 06	0.599 74	−0.179 97	−0.071 99	−0.016 20	0.997 41
0.7	0.998 60	0.699 67	0.244 95	0.057 16	−0.010 00	0.997 20	0.699 51	0.244 94	−0.057 16	−0.020 01	0.995 80	0.699 35	−0.244 90	−0.114 33	−0.030 01	0.994 4
0.8	0.997 27	0.799 27	0.319 88	0.085 32	−0.017 07	0.994 54	0.798 91	0.319 83	−0.085 32	−0.034 12	0.991 81	0.798 54	−0.319 75	−0.170 60	−0.051 20	0.989 08
0.9	0.995 08	0.898 52	0.404 72	0.121 46	−0.027 33	0.990 16	0.897 79	0.404 62	−0.121 44	−0.054 66	0.985 24	0.897 05	−0.404 43	−0.242 84	−0.081 98	0.980 32
1.0	0.991 67	0.997 22	0.499 41	0.166 57	−0.041 67	0.983 33	0.995 83	0.499 21	−0.166 52	−0.083 29	0.975 01	0.994 45	−0.498 81	−0.332 98	−0.124 93	0.966 67
1.1	0.986 58	1.095 08	0.603 84	0.221 63	−0.060 96	0.973 75	1.092 62	0.603 46	−0.221 52	−0.121 92	0.959 75	1.090 16	−0.602 68	−0.442 92	−0.182 85	0.946 34
1.2	0.979 27	1.191 71	0.717 87	0.287 58	−0.086 32	0.958 55	1.187 56	0.717 16	−0.287 37	−0.172 60	0.937 83	1.183 42	−0.715 73	−0.574 50	−0.258 86	0.917 12
1.3	0.969 08	1.286 60	0.841 27	0.365 36	−0.118 83	0.938 17	1.279 90	0.840 02	−0.364 96	−0.237 60	0.907 27	1.273 20	−0.837 53	−0.729 50	−0.356 31	0.876 38
1.4	0.955 23	1.379 10	0.973 73	0.455 88	−0.159 73	0.910 47	1.368 65	0.971 63	−0.455 15	−0.319 33	0.865 73	1.358 21	−0.967 46	−0.907 54	−0.478 83	0.821 02
1.5	0.936 81	1.468 39	1.114 84	0.559 97	−0.210 30	0.873 65	1.452 59	1.111 45	−0.558 70	−0.420 39	0.810 54	1.436 80	−1.104 68	−1.116 09	−0.630 27	0.747 45
1.6	0.912 80	1.553 46	1.264 03	0.678 42	−0.271 94	0.825 65	1.530 20	1.258 72	−0.676 29	−0.543 48	0.738 59	1.506 95	−1.248 08	−1.350 42	−0.814 66	0.651 56
1.7	0.882 01	1.633 07	1.420 61	0.811 93	−0.346 04	0.764 13	1.599 63	1.412 47	−0.808 48	−0.691 44	0.646 37	1.566 21	−1.396 23	−1.613 40	−1.036 16	0.528 71
1.8	0.843 13	1.705 75	1.583 62	0.961 09	−0.434 12	0.686 45	1.658 67	1.571 50	−0.955 64	−0.867 15	0.529 97	1.611 62	−1.547 28	−1.905 77	−1.299 09	0.373 68
1.9	0.794 67	1.769 72	1.750 90	1.126 37	−0.537 68	0.589 67	1.704 68	1.734 22	−1.117 96	−1.073 57	0.385 03	1.639 69	−1.698 89	−2.227 45	−1.607 70	0.180 71
2.0	0.735 02	1.822 94	1.924 02	1.308 01	−0.658 22	0.470 61	1.734 57	1.898 72	−1.295 35	−1.313 61	0.206 76	1.646 28	−1.848 18	−2.577 98	−1.966 20	−0.056 52
2.2	0.574 91	1.887 09	2.272 17	1.720 42	−0.956 16	0.151 27	1.731 10	2.222 99	−1.693 34	−1.905 67	−0.270 87	1.575 38	−2.124 81	−3.359 52	−2.848 58	−0.691 58
2.4	0.346 91	1.874 50	2.608 82	2.195 35	−1.338 89	−0.302 73	1.612 86	2.518 74	−2.141 17	−2.663 29	−0.948 85	1.352 01	−2.339 01	−4.228 11	−3.973 23	−1.591 51
2.6	0.033 146	1.754 73	2.906 70	2.723 65	−1.814 79	−0.926 02	1.334 85	2.749 72	−2.621 26	−3.599 87	−1.877 30	0.916 79	−2.436 95	−5.140 23	−5.355 41	−2.821 06
2.8	−0.385 48	1.490 37	3.128 43	3.287 69	−2.387 56	−1.175 48	0.841 77	2.866 53	−3.103 41	−4.717 48	−3.107 91	0.197 29	−2.345 58	−6.022 99	−6.990 07	−4.444 91
3.0	−0.928 09	1.036 79	3.224 71	3.858 38	−3.053 19	−2.824 10	0.068 37	2.804 06	−3.540 58	−5.999 79	−4.687 88	−0.891 26	−1.969 28	−6.764 60	−8.840 29	−6.519 72
3.5	−2.927 99	−1.271 72	2.463 04	4.979 82	−4.980 62	−6.708 06	−3.586 47	1.270 18	−3.919 21	−9.543 67	−10.340 40	−5.854 02	1.074 08	−6.788 95	−13.692 40	−13.826 10
4	−5.853 33	−5.940 97	−0.926 77	4.547 80	−6.533 16	−12.158 10	−10.608 40	−3.766 47	−1.614 28	−11.730 66	−17.918 60	−15.075 50	9.243 68	−0.357 62	−15.610 50	−23.140 40

$$\begin{vmatrix} \gamma_P & 0 & 0 \\ 0 & \gamma_H + \gamma_{cH} & \gamma_{HM} + \gamma_{cHM} \\ 0 & \gamma_{MH} + \gamma_{cMH} & \gamma_M + \gamma_{cM} \end{vmatrix} \begin{Bmatrix} w_c \\ u_c \\ \varphi_c \end{Bmatrix} = \begin{Bmatrix} P_c \\ H_c \\ M_c \end{Bmatrix} \quad (5\text{-}129)$$

同理,由上述求得承台位移与转角 w_c、u_c 和 φ_c 值后,代入表达式(5-111),即可得到任一第 i 排基桩的桩顶荷载轴向力 P_i、弯矩 M_i 和横向力 H_i 值,继而采用 5.1.4 求解单桩内力与位移。

同理,在各列基桩相同条件下,可将承台侧面土体水平抗力引起的承台劲度系数 γ_{CH}、γ_{CM} 和 $\gamma_{CMH}(\gamma_{CHM})$,即除以列数 n 后,再代入表达式(5-111),则可以采用单列基桩进行计算,参见下式:

$$\begin{vmatrix} \gamma_{Pj} & 0 & 0 \\ 0 & \gamma_{Hj} + \gamma_{cH}n^{-1} & \gamma_{HMj} + \gamma_{cHM}n^{-1} \\ 0 & \gamma_{MHj} + \gamma_{cMH}n^{-1} & \gamma_{Mj} + \gamma_{cM}n^{-1} \end{vmatrix} \begin{Bmatrix} w_c \\ u_c \\ \varphi_c \end{Bmatrix} = \frac{1}{n}\begin{Bmatrix} P_c \\ H_c \\ M_c \end{Bmatrix} \quad (5\text{-}130)$$

思考题与习题

5-1 简述单桩的荷载传递规律。

5-2 简述单桩垂直静载试验中试桩位置的选定、试桩加载方法与加载量确定原则。

5-3 什么叫负摩阻力、中性点?试述主要成因与影响因素。

5-4 单桩水平承载力与哪些因素有关?设计时如何确定?

5-5 何谓群桩、群桩效应和承台效应?群桩承载力和单桩承载力之间有什么内在联系?

5-6 如何确定承台的平面尺寸及厚度?设计时应做哪些验算?

5-7 桩基础的基桩平面布设上有什么基本要求?

5-8 高桩承台和低桩承台各有哪些优缺点,它们各自适用于什么情况?

5-9 结合单桩承载力经验公式,试述基桩不同设置效应对基桩承载力影响,并说明黏性土和砂土的基桩设置时效有何差异。

5-10 考虑基桩的纵向挠曲时,桩的计算长度应如何确定?为什么?

5-11 钻孔灌注桩有哪些成孔方法,各适用什么条件?

5-12 从哪些方面来检测桩基础的质量?各有何要求?

5-13 简述基桩水平抗力模型与各自特点。

5-14 简述减沉疏桩与传统桩基区别、减沉疏桩适用条件。

5-15 某一桩基础工程,每根基桩顶位于地表面,桩顶轴向荷载 $P=1\,500$ kN,地基土第一层为塑性黏性土,厚 2 m,天然含水量 $w=28.2\%$,$WL=36\%$,$\gamma=19$ kN/m³;第二层为中密中砂,$\gamma=20$ kN/m³,砂层厚数十米,地下水在地面下 20 m。现采用钻孔灌注桩(旋转钻施工),设计桩径 $d=1$ m,请确定其入土深度。

5-16 某承台下设置了 6 根边长为 300 mm 的实心混凝土预制桩,桩长 $l=12$ m(从承台底面算起),桩周土上部 10 m 为淤泥质土,$q_{sk}=12$ kPa,淤泥质土下为很厚的硬塑黏性土,$q_{sk}=43$ kPa,$q_{pk}=2\,000$ kPa。试计算单桩竖向承载力特征值 R_a。

5-17 某钻孔灌注桩,桩身直径 $d=1\,000$ mm,扩底直径 $D=1\,400$ mm,扩底高度 $h_c=$

$1.0\ \mathrm{m}$,桩长 $l=12.5\ \mathrm{m}$。桩侧土层分布情况如下:$0\sim6.0\ \mathrm{m}$ 黏土层,桩极限侧阻力标准值 $q_{sk}=35\ \mathrm{kPa}$;$6.0\sim10.7\ \mathrm{m}$ 粉土层,$q_{sk}=45\ \mathrm{kPa}$;$10.7\ \mathrm{m}$ 以下是中砂层 $q_{sk}=65\ \mathrm{kPa}$,$q_{pk}=4\ 900\ \mathrm{kPa}$。求单桩承载力设计值。

5-18 已知某预制桩,截面为 $300\times300\ \mathrm{mm}^2$,桩顶位于地面下 $1.0\ \mathrm{m}$,桩长 $l=12.5\ \mathrm{m}$,土层分布情况如下:$0\sim1.0\ \mathrm{m}$ 填土,$\gamma=17\ \mathrm{kN/m}^3$,$1.0\sim4.0\ \mathrm{m}$ 粉质黏土,$\gamma=19\ \mathrm{kN/m}^3$,$4.0\sim10.0\ \mathrm{m}$ 淤泥质黏土,$\gamma=18.2\ \mathrm{kN/m}^3$,$10.0\sim12.0\ \mathrm{m}$ 黏土,$\gamma=18.5\ \mathrm{kN/m}^3$,以下为砾石。当地下水位由 $-0.5\ \mathrm{m}$ 下降至 $-6.0\ \mathrm{m}$ 后,求桩身所受的总负摩阻力。

5-19 某桥台为多排桩钻孔灌注桩基础,承台及桩基尺寸,参见习图 5-2 所示。以荷载组合Ⅰ控制基桩设计,纵桥向作用于承台底面中心处的设计荷载为:$N=6\ 400\ \mathrm{kN}$,$H=1\ 365\ \mathrm{kN}$,$M=714\ \mathrm{kN\cdot m}$。桥台处无冲刷。地基土为砂性土,土的内摩擦角 $\varphi=36°$;土的重度 $\gamma=19\ \mathrm{kN/m}^3$,极限摩阻力 $\tau=45\ \mathrm{kN/m}^2$,地基系数的比例 $m=8\ 200\ \mathrm{kN/m}^4$;桩底土基本容许承载力 $[\sigma_0]=250\ \mathrm{kN/m}^2$;计算参数取 $\lambda=0.7$,$m_0=0.6$,$k_2=4.0$。试确定桩长并设计配筋设计。

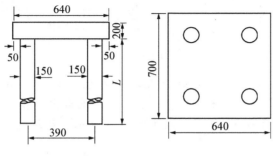

习图 5-1

5-20 有一根悬臂钢筋混凝土预制方桩,参见习图 5-3。已知:桩的边长 $b=40\ \mathrm{cm}$,入土深度 $h=10\ \mathrm{m}$,桩的弹性模量(受弯时)$E=2\times10^7\ \mathrm{kPa}$,桩的变形系数 $\alpha=0.5\ \mathrm{m}^{-1}$,桩顶 A 点承受水平荷载 $Q=30\ \mathrm{kN}$。试求:桩顶水平位移 x_A,桩身最大弯矩 M_{max} 所在位置。如果承受水平力时,桩顶弹性嵌固(转角 $\varphi=0$,但水平位移不受约束),桩顶水平位移 x_A 又为多少?

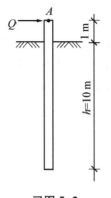

习图 5-2

5-21 某一级建筑预制桩基础,预制桩截面尺寸 0.4×0.4 m^2,C30 混凝土,桩长 $l=$ 16 m,承台尺寸 3.2×3.2 m^2,底面埋深 2.0 m,土层分布和桩位布置,参见习图 5-3 所示。承台上作用竖向轴力设计值 $F=6\,500$ kN,弯矩设计值 $M=700$ kN·m,水平力设计值 $H=$ 80 kN,假设承台底 1/2 承台宽度深度范围(≤5 m)内地基土极限阻力标准值 $f_{ak}=$ 250 kPa。黏土,$q_{sk}=36$ kPa;粉土,$q_{sk}=64$ kPa,$q_{pk}=2\,100$ kPa。试求当承台底土阻力群桩效应系数 η_c 为 0.3 时,复合基桩竖向抗压承载力设计值 R_a。

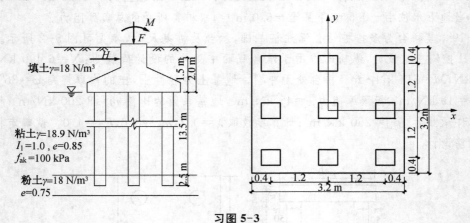

习图 5-3

5-22 某柱下桩基,柱截面 0.5 m×0.5 m,基桩平面布置,参见习图 5-4 所示。桩径 d $=0.6$ m,承台有效高度 $h_0=1.0$ m,冲垮比 $\lambda=0.7$,承台混凝土抗拉强度设计值 $f_t=$ 1.71 MPa,作用于承台顶面的竖向力设计值 $F=7\,500$ kN,试验算柱冲切承载力。

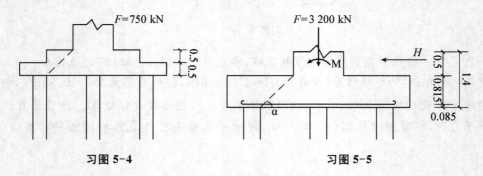

习图 5-4　　　　　　　习图 5-5

5-23 某6桩群桩基础,参见习图 5-5。预制方桩 0.35 m×0.35 m,桩距 1.2 m,承台 3.2 m×2.0 m,高 0.9 m,承台埋深 1.4 m,桩伸入承台 0.05 m,承台作用竖向荷载设计值 $F=3\,200$ kN,弯矩设计值 $M=170$ kN·m,水平力设计值 $H=150$ kN,承台 C20 混凝土,钢筋 HRB335,试验算承台冲切承载力、角桩冲切承载力、承台受剪承载力、受弯承载力和配筋。

第6章 沉井基础

6.1 概　述

沉井的应用已有很长的历史,它是由古老的掘井作业发展而成的一种施工方法,用沉井法修筑的基础叫做沉井基础,参见图 6-1。沉井是一种井筒状空腔结构物,是在预制好的井筒内挖土,依靠井筒自重或借助外力克服井壁与地层的摩擦阻力逐步沉入地下至预定设计标高,形成建筑物基础的一种深基础型式。近年来,随着先进施工机械设备的使用、施工技术和施工工艺的不断革新,沉井在国内外都得到了更加广泛的应用和发展。

沉井本身就是基础的组成部分,在下沉的过程中起着挡土和防水的临时围堰的作用,不需要另设坑壁支撑或板桩围堰。在各类地下构筑物中,沉井结构又可作为地下构筑物的围护结构,沉井内部地下空间亦可得到充分利用。此外,沉井在深基础施工中,具有占地面积小,挖土量少,对邻近建筑物等环境影响比较小的优点。同时,沉井施工不需特殊专业设备,且操作简便、技术可靠、节省投资。如江阴大桥北锚墩沉井,总下沉深度 58 m,承受悬索桥主缆 640 000 kN 拉力,上部 30 m 采用排水下沉,下部 28 m 采用不排水下沉,总排土量 20.41 万 m³,采用空气幕助沉技术,堪称当时世界最大沉井,参见图 6-2。必须指出,沉井基础施工工期较长,对粉、细砂类土在井内抽水易发生流砂现象,造成沉井倾斜;沉井下沉过程中遇到大的孤石、树干或井底岩层表面倾斜过大,也会给施工带来一定的困难。近年来,沉井的施工技术和施工机械都有很大改进。

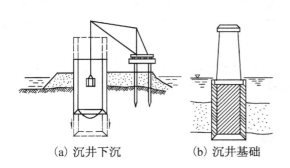

| (a) 沉井下沉 | (b) 沉井基础 |

图 6-1　沉井基础示意

图 6-2　江阴长江公路大桥北锚沉井

沉井基础的典型施工方法为自沉工法,适用于一些软地层及沉设深度较浅的情况。但是,自沉工法下沉过程中,某些条件下易发生倾斜,或下沉摩阻力过大,导致沉井下沉困难等问题。常见的助沉辅助措施包括了涂润滑剂、填充减摩泥浆(触变泥浆润滑套法)、射水和壁后压气(空气幕)法等多种措施。针对自沉工法的弊病,近年来出现了压沉法、SS(Space System Caisson)工法和 SOCS(Super Open Caisson System)自动控制沉井等工法。例如,1997 年日本日产建设和沉井研究所共同开发的 SS 沉井技术,次年获日本国技术审查通过证书。该工法采用了沉井刃脚钢靴外撇以形成地层与井筒间缝隙(20 cm),缝隙中填充卵石辅助循环水技术,沉井下沉时的井壁与地层间的滑动摩擦变为球体滚动摩擦,下沉阻力大幅度减小(可降至 7 kN/m²);同时 SS 沉井技术采用导槽技术控制沉井姿态,保证了井筒的垂直度(偏心量<0.1 m,倾斜<1/150),参见图 6-3。由于 SS 沉井技术设备简单、成本低,下沉姿态稳定,故问世以来,工程实例猛增,成为一种极有竞争力的新工法。SOSC 工法是由井筒预制管片拼装系统、自动挖土排土系统和自动沉降管理系统三部分构成的自动化施工系统。SOSC 工法采用预制管片拼接井筒,自动挖土、排土,自动压沉,并可高精度控制井筒姿态。SOSC 工法适用于 8 m<φ(直径)<30 m 的沉井,且适用于抗压强度<5 MPa 的各类土层;SOSC 工法作业周期短,且施工过程振动小、噪声小,对周围地层的影响小;SOSC 工法可节约人力与劳动强度,成本低,尤其适合于有快速施工要求的市区施工。

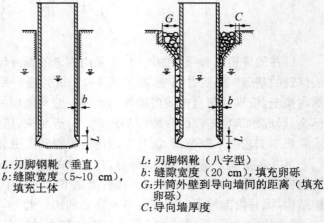

L:刃脚钢靴(垂直)
b:缝隙宽度(5~10 cm),填充土体

L:刃脚钢靴(八字型)
b:缝隙宽度(20 cm),填充卵砾
G:井筒外壁到导向墙间的距离(填充卵砾)
C:导向墙厚度

(a)一般自沉法施工　　　　(b)SS工法施工

图 6-3　SS 沉井与普通自沉沉井

相对而言,沉井更适于在不太透水土层中下沉,不仅可排水挖土,且比较容易控制下沉的方向,避免沉井倾斜。同时,在无水的条件下,若土层中遇到障碍物需要清除,或者下沉到设计标高后需要进行基底处理更加方便。反之,沉井下沉时遇到大量渗水时,沉井内的水无法抽干或抽水引起涌砂造成沉井倾斜,只能采取不排水下沉。此时,挖土效率相对较低,且如果遇到障碍物需要处理时则更加困难。在技术层面上,下列情况可考虑采用沉井基础:

① 上部荷载较大,表层地基土承载力不足,扩大基础开挖工作量大,以及支撑困难,而在一定深度下有较好的持力层,且与其他基础方案相比较为经济合理;

② 在山区河流中,虽土质较好,但冲刷大,或河中有较大卵石不便桩基础施工;

③ 岩层表面较平坦且覆盖层薄,但河水较深,采用扩大基础施工围堰有困难。

6.2　类型与构造

6.2.1　沉井分类

沉井可按数量和相互影响,分为单井和群井。单个独立的沉井,或多个沉井,但沉井之间的间距较大,功能独立,互不影响时,可视为单井。沉井数量较多,沉井之间的间距较小,

功能相互影响的沉井群,称之为群井。沉井深度超过 30 m,可以称为大深度沉井。此外,沉井可按施工方法、材料等进行分类。

(1) 按施工方法不同,沉井可分为一般陆上沉井和浮运沉井。一般陆上沉井是指直接在基础设计位置上制造,然后挖土,依靠沉井自重下沉;若基础位于水中,则可首先人工筑岛形成局部陆域作业面,再在岛上筑井下沉。浮运沉井指先在岸边制造,再浮运就位下沉的沉井。通常在深水地区(如水深大于 10 m),或水流流速大,有通航要求,人工筑岛困难,或不经济时,可采用浮运沉井。

(2) 按制造沉井的材料不同可分为混凝土沉井、钢筋混凝土沉井、竹筋混凝土沉井和钢沉井等。混凝土沉井因抗压强度高,抗拉强度低,多做成圆形,且仅适用于下沉深度不大(4~7 m)的松软土层。钢筋混凝土沉井抗压、抗拉强度高,下沉深度大(可达数十米以上),可做成重型就地制造下沉的沉井,也可做成薄壁浮运沉井及钢丝网水泥沉井等,在工程中应用最广。钢沉井由钢材制作,其强度高、重量轻、易于拼装、适于制造空心浮运沉井,但用钢量大,国内较少采用。

(3) 按沉井的平面形状可分为圆形、矩形和圆端形三种基本类型。根据井孔的布置方式,又可分为单孔、双孔、多孔沉井和多排孔(有纵横隔墙的多仓结构)沉井,参见图 6-4。

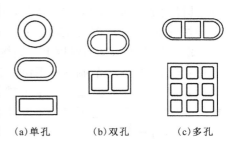

(a)单孔　　(b)双孔　　(c)多孔

图 6-4　沉井的平面形状

圆形沉井在下沉过程中易于控制方向;当采用抓泥斗挖土时,比其他沉井更能保证其刃脚均匀地支承在土层上,在侧压力作用下,井壁仅受轴向压应力作用,即使侧压力分布不均匀,弯曲应力亦相对较低,能充分利用混凝土抗压强度大的特点,多用于斜交桥或水流方向不定的桥墩基础。

矩形沉井制造方便,受力有利,能充分利用地基承载力,与上部矩形墩台协配良好。沉井四角一般做成圆角,以减少井壁摩阻力和除土清孔的困难。矩形沉井在侧压力作用下,井壁受较大的挠曲力矩;在流水中阻水系数较大,冲刷较严重。圆端形沉井控制下沉、受力条件、阻水冲刷等均较矩形沉井有利,但施工较为复杂。对平面尺寸较大的沉井,可在沉井中设隔墙,构成双孔、多孔或多排孔沉井,以改善井壁受力条件及均匀取土下沉。

(4) 按沉井的立面形状可分为柱形、阶梯形和锥形沉井(图 6-5)。柱形沉井受周围土体约束较均衡,下沉过程中不易发生倾斜,井壁接长较简单,模板可重复利用,但井壁侧阻力

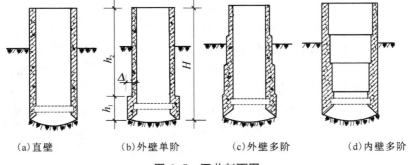

(a)直壁　　　(b)外壁单阶　　　(c)外壁多阶　　　(d)内壁多阶

图 6-5　沉井剖面图

较大,当土体密实,下沉深度较大时,易出现下部悬空,造成井壁拉裂,故一般用于入土不深或土质较松软的情况。阶梯形沉井和锥形沉井可以减小土与井壁的摩阻力,井壁抗侧压力性能较为合理,但施工较复杂,消耗模板多,沉井下沉过程中易发生倾斜。该类沉井多用于土质较密实,沉井下沉深度大,且要求沉井自重不太大的情况。通常锥形沉井井壁坡度竖/横为 1/20~1/50,阶梯形井壁的台阶宽约为 100~200 mm,最底下一层台阶高度 $h_1 = (1/3 \sim 1/4)H$,且应与上述井壁坡度相当。

6.2.2　沉井构造

1. 沉井轮廓尺寸

沉井基础的平面形状常取决于上部结构底部的形状。对于矩形沉井,为保证下沉的稳定性,纵、横向刚度相差不宜太大,沉井的长短边之比不宜大于 3。若结构物的长宽比较接近,可采用方形或圆形沉井。沉井顶面尺寸为结构物底部尺寸加襟边宽度。襟边宽度不宜小于 0.2 m,且大于沉井全高的 1/50,浮运沉井则不应小于 0.4 m。如沉井顶面需设置围堰,其襟边宽度根据围堰构造还需加大。结构物边缘应尽可能支承于井壁上或顶板支承面上,对井孔内未采取混凝土填实的空心沉井,不允许结构物边缘全部置于井孔内。

沉井的入土深度需根据上部结构、水文地质条件及各土层的承载力等确定。若沉井入土深度较大时,应分节制造和下沉。若底节沉井高度过高沉井过重,将给制模浇注、筑岛作业面处理、下沉前抽除垫木等施工带来困难。因此,每节高度不宜大于 5 m;当底节沉井在松软土层中下沉时,还不应大于沉井宽度的 0.8 倍。

2. 沉井一般构造

沉井一般由井壁(侧壁)、刃脚、内隔墙、井孔、封底和顶盖板等组成,参见图 6-6。有时井壁中还预埋射水管等其他构件。钢筋混凝土的配筋率一般大于 1‰,混凝土强度等级,参见表 6-1。

表 6-1　沉井混凝土强度等级

井 身		刃脚	封底混凝土		隔板	腹腔填充料
一般	薄壁		土基	岩基		
≥C20	≥C25	≥C25	≥C25	≥C20	≥C25	≥C15

1) 井壁

井壁是沉井的主要部分,应有足够的厚度与强度,以承受在下沉过程中各种最不利荷载组合(水土压力)所产生的内力,一般沉井混凝土强度等级,参见表 6-1。同时,要有足够厚度,提供充足重量,使沉井结构能在自重作用下顺利下沉到设计标高。设计时,通常先假定井壁厚度,再进行强度验算。一般厚度为 0.8~1.2 m(钢筋砼薄壁沉井及钢模薄壁浮运沉井可不受此限制),甚至达 1.5~2.0 m,一般不宜小于 0.4 m。

对于薄壁沉井,可采用钢筋混凝土或钢模薄壁结构。其中,混凝土强度等级,参见表 6-1。下沉时,应采用触变泥浆润滑套、壁外喷射高压空气等减阻助沉措施,以降低

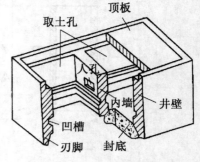

图 6-6　沉井构造图

沉井下沉时的摩阻力,达到减薄井壁厚度的目的。但对于这种薄壁沉井的抗浮问题,应谨慎核算,并采取适当有效的措施。

2) 刃脚

井壁最下端一般都做成刀刃状的"刃脚",其主要功用是减少下沉阻力。刃脚应具有足够的强度,刃脚混凝土强度等级,参见表 6-1,以免在下沉过程中损坏。刃脚底水平面称为刃脚踏面,踏面宽度一般 10~20 cm,如为软土地基,可适当放宽;刃脚斜面与水平面交角应大于 45°(一般 45°~60°)。为防止刃脚下沉过程中损坏,刃脚底面应以型钢(角钢或槽钢)加强,刃脚斜面高度视井壁厚度、便于抽除踏面下的垫木、以及封底状况(是干封、还是湿封)综合确定,一般不小于 1.0 m,参见图 6-7。刃脚的式样应根据沉井下沉时所穿越土层的软硬程度和刃脚单位长度上的反力大小决定,沉井重、土质软时,踏面要宽些。相反,沉井轻,又要穿过硬土层时,踏面要窄些,有时甚至要用角钢加固的钢尖刃脚。

图 6-7　刃脚构造示意

3) 内隔墙

根据使用和结构上的需要,在沉井井筒内设置内隔墙,混凝土强度等级,参见表 6-1。内隔墙的主要作用是增加沉井在下沉过程中的整体刚度,减小井壁受力(弯拉)的计算跨度。同时,又把整个沉井分隔成多个施工井孔(取土井),使挖土和下沉可以较均衡地进行,也便于沉井偏斜时,非对称取土应力补偿纠偏。内隔墙因不承受水土压力,厚度相对沉井外壁要薄一些,约 0.5~1.0 m。隔墙底面应高出刃脚踏面 0.5 m 以上,避免被土搁住而妨碍下沉。如为人工挖土,还应在隔墙下端设置过人孔(小于 1.0×1.0 m),以便工作人员在井孔间往来。

4) 井孔

沉井内设置的内隔墙、或纵横隔墙、或纵横框架间形成的格子空间称为井孔,为挖土、排土的工作场所和通道,平面尺寸应满足工艺要求,最小边长(或直径)一般不小于 3.0 m,且一般不超 5~6 m,其布置应简单、对称,以便对称挖土,保证沉井下沉均匀。

5) 射水管

当沉井下沉深度大,穿过的土质较好,估计下沉困难时,可在井壁中预埋用于减阻助沉的射水管组。射水管应均匀对称布置,以利于控制水压和水量来调整下沉方向,一般水压不小于 600 kPa。如使用触变泥浆润滑套减阻时,应有预先设置的压射泥浆管路,详见 6.3.3 节。

6) 封底及顶盖

当沉井下沉到设计标高,经过技术检验并对井底清理整平后,即可进行封底,以防止地下水渗入井内。为了使封底混凝土和底板与井壁间有更好的连接,以传递基底反力,使沉井成为空间结构受力体系,常于刃脚上方井壁内侧预留凹槽,以便在该处浇筑钢筋混凝土底板、楼板或井内构件,参见图 6-6。凹槽的高度应根据底板厚度决定,主要为传递底板反力而采取的构造措施。凹槽底面一般距刃脚踏面 2.5 m 左右,槽高约 1.0 m,凹深约为 150~250 mm。封底混凝土顶面应高出凹槽 0.5 m,以保证封底工作顺利进行。封底混凝土强度等级、井孔内填充的混凝土强度等级,参见表 6-1。

沉井封底后,若条件允许,为节省圬工量,减轻基础自重,在井孔内可不填充形成空心沉井基础,或仅填以砂石。此时,应在井顶设置钢筋混凝土结构顶板,以承托上部结构的全部荷载。顶板厚度一般为 1.5~2.0 m,钢筋配置由内力分析计算确定。

3. 浮运沉井构造

浮运沉井有不带气筒的浮运沉井和带气筒的浮运沉井两种,分述如下。

1) 不带气筒的浮运沉井

不带气筒的浮运沉井适用于水深较浅、流速不大、河床较平和冲刷较小的自然条件。一般在岸边制造,通过滑道拖拉下水,浮运到墩位,再接高下沉到河床。这种沉井可用钢、木、钢筋混凝土、钢丝网水泥等材料或组合结构。

其中,钢丝网水泥薄壁沉井是由内、外壁组成的空心井壁沉井,是制造浮运沉井良好方案之一,具有施工方便、节省钢材等优点。沉井的内壁、外壁及横隔板都是钢筋、钢丝网水泥制成,即将若干层钢丝网均匀地铺设在钢筋网两侧,外面涂抹不低于 M5 的水泥浆,使它充满钢筋网和钢丝网之间的间隙并形成厚 1~3 mm 的保护层。典型钢筋、钢丝网水泥薄壁浮运沉井结构,参见图 6-8。

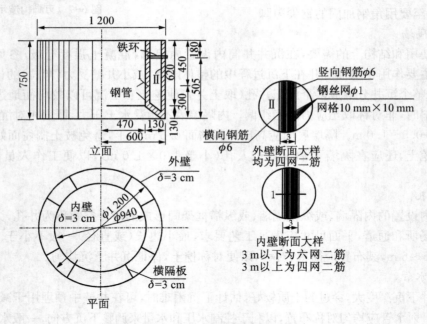

图 6-8　钢丝网水泥薄壁浮运沉井

此外,不带气筒的浮运沉井可采取设置临时底板形式的浮运沉井。底板一般是在底节的井孔下端刃脚处设置的木质底板及其支撑。底板的结构应保证其水密性,能承受工作水压并便于拆除。带底板的浮运沉井就位后,即可接高井壁使其逐渐下沉,沉到河床后向井孔充水至与井外水面齐平,即可拆除临时底板。这种带底板的浮运沉井与水域沉井施工的筑岛法、围堰法施工相比,可以节省工程量,施工速度也相对较快。

2) 带钢气筒的浮运沉井

带钢气筒的浮运沉井适用于水深流急的巨型沉井。带钢气筒的圆形浮运沉井主要由双壁的沉井底节、单壁钢壳和钢气筒等组成,典型构造图参见图 6-9。双壁钢沉井底节是一个可

以自浮于水中的壳体结构;底节能上能下
的井壁采用单壁钢壳,它一般由6 mm厚的
钢板及若干竖向肋骨角钢构成,并以水平
圆环作承受井壁外水压时的支撑,钢壳沿
高度可分为几节,在接高时拼焊,单壁钢壳
既是防水结构,又是接高时灌注沉井外圈
混凝土的模板一部分;钢气筒是沉井内部
的防水结构,它依据压缩空气排开气筒内
的水提供浮式沉井在接高过程中所需的浮
力,同时在悬浮下沉中可以通过给气筒充
气或放气及不同气筒内的气压调节使沉井
实现上浮、下沉及调正偏斜,当沉至河床后
偏移过大,还可以将气筒全部充气,使沉井
重新浮起,重新定位下沉。

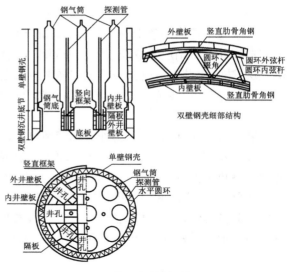

图6-9 带钢气筒的浮运沉井

4. 组合式沉井

当采用低桩承台而围水挖基浇筑承台有困难时,或沉井刃脚遇到倾斜较大的岩层或在
沉井范围内地基土软硬不均匀而水深较大时,可采用沉井下设置桩基的混合式基础,或称组
合式沉井。施工时按设计尺寸做成沉井,下沉到预定标高后,浇筑封底混凝土和承台,在井
内其上预留孔位钻孔灌注成桩。这种混合式沉井既有围水挡土作用,又作为钻孔桩的护筒,
还可作为桩基础的承台。

6.3 施 工 与 控 制

沉井基础施工一般可分为陆域旱地施工、水中筑岛及浮运沉井三种。施工前应详
细了解场地的地质和水文条件。水中施工应做好河流汛期、河床冲刷、通航及漂流物
等的调查研究,充分利用枯水季节,制订出详细的施工计划及必要的措施,确保施工
安全。

6.3.1 陆域沉井施工

桥梁墩台位于陆域旱地区域,沉井基础可就地制造、挖土下沉、封底、充填井孔、以及浇
筑顶板等工序,参见图6-10。在这种情况下,一般较容易施工,具体工序如下:

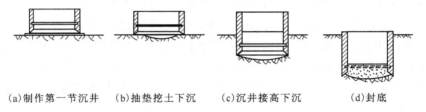

(a)制作第一节沉井　(b)抽垫挖土下沉　(c)沉井接高下沉　　(d)封底

图6-10 沉井施工顺序示意

1) 清整场地

要求施工场地平整干净。若天然地面土质较硬,只需将地表杂物清净并整平,就可在其上制造沉井。否则应采取浅层置换加固或在基坑处铺填一层不小于0.5 m厚夯实的砂或砂砾垫层,防止沉井在混凝土浇筑之初强度生成之前,地面沉降不均产生裂缝。为减小下沉深度,也可采用下挖浅坑方式,在坑底制作底节沉井,但坑底应高出地下水面0.5~1.0 m。

2) 制造第一节沉井

制造沉井前,应先在刃脚处对称铺满垫木,以支承第一节沉井的重量,并按定位垫木立模板以绑扎钢筋,参见图6-11。垫木数量可按垫木底面压力不大于100 kPa计算,其布置应考虑抽撤垫木方便。垫木一般为枕木或方木(200×200 mm),其下铺设一层厚约0.3 m找平砂垫层,垫木之间间隙用砂填实(填到半高即可)。然后在刃脚位置处放上刃脚角钢,竖立内模,绑扎钢筋,再立外模浇筑第一节沉井,参见图6-12。模板应有较大刚度,以免挠曲变形。当场地土质较好时,也可采用土模。

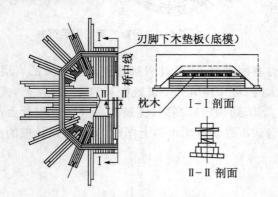

图6-11　垫木布置实例

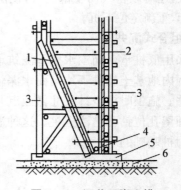

图6-12　沉井刃脚立模

1—内模;2—外模;3—立柱;
4—角钢;5—垫木;6—砂垫层

3) 拆模及抽垫

当沉井混凝土强度达设计强度70%时,可拆除模板,达设计强度后,方可抽撤垫木。抽撤垫木应分区、依次、对称、同步地向沉井外抽出。其顺序为:先内壁下,再短边,再长边,最后定位垫架。长边下垫木隔一根抽一根,以固定垫木为中心,由远而近对称抽除,最后抽除固定垫木,并随抽随用砂土回填捣实,以免沉井开裂、移动或偏斜。

4) 除土下沉

沉井宜采用不排水除土下沉,在稳定的土层中,也可采用排水除土下沉。除土方法可采用人工或机械除土两类。排水下沉时,常用人工除土,可使沉井均匀下沉,且易于清除井内障碍物,但应有安全措施。不排水下沉时,可使用空气吸泥机、抓土斗、水力吸石筒、或水力吸泥机等机械除土方法。通过黏土、或胶结层除土困难时,可采用高压射水破坏土层。

沉井正常下沉时,应自中间向刃脚处均匀对称除土,排水下沉时应严格控制设计支承点土的排除,并随时注意沉井正位姿态,保持竖直下沉,无特殊情况不宜采用爆破施工。

5) 接高沉井

当第一节沉井下沉至一定深度,井顶露出地面不小于0.5 m(或露出水面不小于1.5 m)

时,停止挖土,接筑下节沉井。接筑前刃脚不得掏空,并应尽量纠正上节沉井的倾斜,凿毛顶面,立模,然后对称均匀浇筑混凝土,待强度达设计要求后再拆模,继续除土下沉。

6)设置井顶防水围堰

若沉井顶面低于地面或水面,应设置井顶接筑时的临时性防水围堰,围堰的平面尺寸略小于沉井,其下端与井顶上预埋锚杆相连,待墩台顶标高高于地面或地下水后即可拆除。

7)基底检验和处理

沉井沉至设计标高后,应检验基底地质情况是否与设计要求的持力层相符。其中,排水下沉时可直接检验;不排水下沉则应进行水下检验,必要时可用钻机取样进行试验评价。

当确认基底达设计要求后,应对地基进行必要的处理。砂性土或黏性土地基,一般可在井底铺一层砾石或碎石至刃脚底面以上 200 mm。未风化岩石地基,应凿除风化岩层,若岩层倾斜,还应凿成阶梯形。要确保井底浮土、软土清除干净,封底混凝土、沉井与地基结合紧密。

8)沉井封底

基底检验合格后应及时封底。排水下沉时,如渗水量上升速度≤6 mm/min 可采用普通混凝土封底;否则宜用水下混凝土封底。若沉井面积大,可采用多导管先外后内、先低后高依次浇筑。封底一般为素混凝土,但必须与地基紧密结合,不得存在有害的夹层、夹缝。

9)井孔填充和顶板浇筑

封底混凝土达设计强度后,再排干井孔中的水,填充井内坞工。如井孔中不填料或仅填砾石,则井顶应浇筑钢筋混凝土顶板,以支承上部结构,且应保持无水施工。然后砌筑井上构筑物,并随后拆除临时性的井顶围堰。

6.3.2 水域沉井施工

1. 筑岛法

当水深小于 3 m,流速≤1.5 m/s 时,可采用砂或砾石在水中筑岛,周围用草袋围护,参见图 6-13(a);若水深或流速加大,可采用围堤防护筑岛,参见图 6-13(b);当水深较大(通常<15 m)或流速较大时,宜采用钢板桩围堰筑岛,参见图 6-13(c)。岛面应高出最高施工水位 0.5 m 以上,砂岛地基强度应符合要求,围堰筑岛时,围堰距井壁外缘距离 $b \geqslant H\tan(45°-\varphi/2)$ 且 ≥2 m,(H 为筑岛高度,φ 为砂在水中的内摩擦角)。其余施工方法与旱地沉井施工相同。

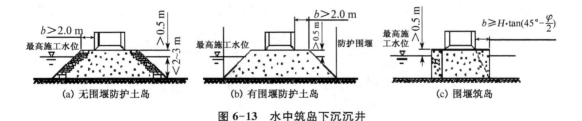

(a) 无围堰防护土岛   (b) 有围堰防护土岛   (c) 围堰筑岛

图 6-13 水中筑岛下沉沉井

2. 浮运沉井施工

若水深较大(如大于 10 m),人工筑岛困难或不经济时,可采用浮运法施工。即将沉井在岸边作成空体结构,或采用其他措施(如带钢气筒等)使沉井浮于水上,利用在岸边铺成的滑道滑入水中,然后用绳索牵引至设计位置,参见图6-14。在悬浮状态下,逐步将水或混凝土注入空体中,使沉井徐徐下沉至河底。若沉井较高,需分段制造,在悬浮状态下逐节接长下沉至河底,但整个过程应保证沉井本身稳定。当刃脚切入河床一定深度后,即可按一般沉井下沉方法施工。

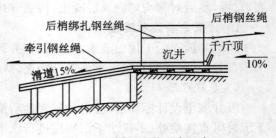

图6-14 浮运沉井下水示意

此外,水域沉井施工也可采用土围堰、砖围堰和钢板桩围堰。若水深流急,围堰高度大于5.0 m时,宜采用钢板桩围堰。围堰应因地制宜,合理选用。

6.3.3 减阻助沉工法

对于下沉较深的沉井,井侧土质较好时,井壁与土层间的摩阻力很大,若采用增加井壁厚度或压重等办法受限时,通常可采用触变泥浆润滑套(井壁后填充减摩泥浆)法和空气幕(壁后压气)法,降低井壁阻力。其中,壁后压气沉井减阻助沉法,相对泥浆润滑套法更为方便,如在停气后即可恢复井壁与土间接触摩阻力,下沉量易于控制,且所需施工设备简单,可以水下施工,经济效果好,适用于细、粉砂类土和黏性土中。

1. 泥浆润滑套

泥浆润滑套是借助泥浆泵和输送管道将特制的泥浆压入沉井外壁与土层之间,在沉井外围与岩土接触面上形成有一定厚度的泥浆层。泥浆通常由膨润土(35%～45%)、水(55%～65%)和碳酸钠分散剂(0.4%～0.6%)配置而成,具有良好的固壁性、触变性和胶体稳定性。主要利用泥浆的润滑减阻,降低沉井下沉中的摩擦阻力(可降低至3～5 kPa,一般黏性土约为25～50 kPa)。相对而言,该技术具有施工效率高,井壁圬工数量少,沉井下沉深、速度快,并具有良好的施工稳定性等优点。

泥浆润滑套的构造主要包括:射口挡板,地表围圈及压浆管。射口挡板作用是防止压浆管射出的泥浆直冲土壁,以免土壁局部坍落堵塞射浆口。射口挡板可用角钢或钢板弯制,置于每个泥浆射出口处固定在井壁台阶上,参见图6-15。压浆管可分为内管法(厚壁沉井)和外管法(薄壁沉井)两种,分别参见图6-15(a)和图6-15(b),通常用$\phi38\sim\phi50$的钢管制成,沿井周边每3～4 m布置一根。地表围圈用木板或钢板制成,埋设在沉井周围,其作用是防止沉井下沉时土壁坍落,保持一定储量泥浆的流动性,用于沉井下沉过程中新造成的空隙的

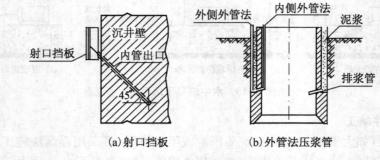

(a)射口挡板　　　　　(b)外管法压浆管

图6-15 射口挡板与压浆管构造

泥浆补充及调整各压浆管出浆的不均衡。围圈高度与沉井台阶相同,高约 1.5～2.0 m,顶面高出地面或岛面 0.5 m,圈顶面宜加盖,参见图 6-16。

沉井下沉过程中要勤补浆,勤观测,发现倾斜、漏浆等问题要及时纠正。当沉井沉到设计标高时,若基底为一般土质,且井壁摩阻力较小,井底基底清理时会引起沉井继续下沉的现象。此时,应压入水泥砂浆置换泥浆,以增大井壁的摩阻力。此外,该法不宜用于容易漏浆的卵石、砾石土层。

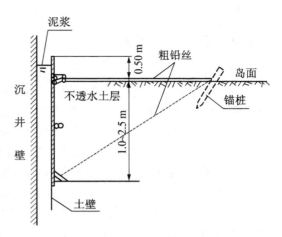

图 6-16　泥浆润滑套地表围圈

2. 壁后压气沉井法

用空气幕下沉是一种减少下沉时井壁摩阻力的有效方法。江阴大桥北锚墩沉井采用空气幕井壁减阻助沉技术,通过向沿井壁四周预埋的气管中压入高压气流,气流沿喷气孔射出再沿沉井外壁上升,在沉井周围形成一圈空气"帷幕"(即空气幕),井壁周围土松动或液化,摩阻力减小,促使沉井顺利下沉。

空气幕沉井在构造上增加了一套压气系统,该系统由气斗、井壁中的气管、压缩空气机、贮气筒以及输气管等组成,参见图 6-17。

气斗是沉井外壁上凹槽及槽中的喷气孔,凹槽的作用是保护喷气孔,使喷出的高压气流有一扩散空间,然后较均匀地沿井壁上升,形成气幕。气斗应布设简单、不易堵塞、便于喷气,目前多为棱锥形(150×150 mm),其数量根据每个气斗作用有效面积确定。喷气孔直径 1 mm,可按等距离分布,上下交错排列布置。

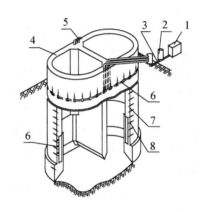

图 6-17　空气幕沉井压气系统构造

1—压缩空气机;2—贮气筒;
3—输气管路;4—沉井;5—竖管;
6—水平喷气管;7—气斗;8—喷气孔

气管有水平喷气管和竖管两种,可采用内径 25 mm 的硬质聚氯乙烯管。水平管连接各层气斗,每 1/4 或 1/2 周设一根,以便纠偏;每根竖管连接两根水平管,并伸出井顶。

由压缩空气机输出的压缩空气应先输入贮气筒,再由地面输气管送至沉井外壁,以防止压气时压力骤然降低而影响压气效果。

在整个下沉过程中,应先在井内除土,消除刃脚下土的抗力后再压气,但也不得过分除土而不压气,一般除土面低于刃脚 0.5～1.0 m 时,即应压气下沉。压气时间不宜过长,一般不超过 5 min/次。压气顺序应先上后下,以形成沿沉井外壁上喷的气流。气压不应小于喷气孔最深处理论水压的 1.4～1.6 倍(一般取静水压力 2.5 倍),并尽可能使用风压机的最大值。

停气时应先停下部气斗,依次向上,最后停上部气斗,并应缓慢减压,不得将高压空气突然停止,防止造成瞬时负压,使喷气孔内吸入泥沙而被堵塞。空气幕下沉沉井适用于砂类土、粉质土及黏性土地层,对于卵石土、砾类土及风化岩等地层同样由于漏气而不宜使用。

6.3.4 沉井下沉控制

1) 偏斜

沉井偏斜大多发生在下沉不深时,导致偏斜的主要原因有:①土岛表面松软,或制作场地或河底高低不平,软硬不均;②刃脚制作质量差,井壁与刃脚中线不重合;③抽垫方法欠妥,回填不及时;④除土不均匀对称,下沉时有突沉和停沉现象;⑤刃脚遇障碍物顶住而未及时发现;⑥排土堆放不合理,或单侧受水流冲击淘空等导致沉井承受不对称外力作用,引起偏移。

纠正偏斜,通常可用除土、压重、顶部施加水平力或刃脚下支垫等方法处理,空气幕沉井也可采用单侧压气纠偏。若沉井倾斜,可在高侧集中除土,加重物,或用高压射水冲松土层;低侧回填砂石;且必要时在井顶施加水平力扶正。若中心偏移则先除土,使井底中心向设计中心倾斜,然后在对侧除土,使沉井恢复竖直,如此反复至沉井逐步移近设计井位中心。当刃脚遇障碍物时,须先清除再下沉。如遇树根、大孤石或钢料铁件,排水施工时可人工排除,必要时用少量炸药(少于 200 g)炸碎。不排水施工时,可由潜水工进行水下切割或爆破。

2) 难沉

即沉井下沉过慢或停沉。导致难沉的主要原因是:①开挖面深度不够,正面阻力大;②偏斜,或刃脚下遇到障碍物、坚硬岩层和土层;③井壁摩阻力大于沉井自重;④井壁无减阻措施或泥浆套、空气幕等减阻构件遭到破坏。

解决难沉的措施主要是增加压重和减少井壁摩阻力。增加压重的方法有:①提前接筑下节沉井,增加沉井自重;②在井顶加压砂袋、钢轨等重物迫使沉井下沉;③不排水下沉时,可井内抽水,减少浮力,迫使下沉,但需保证土体不产生流砂现象。减小井壁摩阻力的方法有:①将沉井设计成阶梯形、钟形,或使外壁光滑;②井壁内埋设高压射水管组,射水辅助下沉;③利用泥浆套或空气幕辅助下沉;④增大开挖范围和深度,必要时还可采用 $0.1\sim0.2\,kg$ 炸药起爆助沉,但同一沉井每次只能起爆一次,且需适当控制炮振次数。

3) 突沉

突沉常发生于软土地区,容易使沉井产生较大的倾斜或超沉。引起突沉的主要原因是井壁摩阻力较小,当刃脚下土被挖除时,沉井支承削弱,或排水过多、挖土太深、出现流塑等。防止突沉的措施一般是控制均匀挖土,减小刃脚处挖土深度。此外,在设计时可采用增大刃脚踏面宽度或增设底梁的措施提高刃脚阻力。

4) 流砂

在粉、细砂层中下沉沉井,经常出现流砂现象,若不采取适当措施将造成沉井严重倾斜。产生流砂的主要原因是土中动水压力的水头梯度大于临界值。故防止流砂的措施是:①排水下沉时发生流砂,可采取向井内灌水,或不排水除土下沉时,减小水头梯度;②采用井点,或深井和深井泵降水,降低井壁外水位,改变水头梯度方向使土层稳定,防止流砂发生。

6.4 设计与计算

沉井既是结构物的基础,又是施工过程中挡土、挡水的结构物。因此,沉井的设计与计算一般包括两部分内容,即沉井作为整体深基础计算,施工过程中的结构强度计算。

　　沉井设计与计算前,必须掌握如下有关资料:①上部或下部结构尺寸要求,设计荷载;②水文和地质资料(如设计水位、施工水位、冲刷线或地下水位标高,土的物理力学性质,沉井下沉深度范围内是否会遇到障碍物等);③拟采用的施工方法(排水或不排水下沉,筑岛或防水围堰的标高等)。

6.4.1　沉井整体深基础设计

　　沉井作为整体深基础设计,主要是根据上部结构特点、荷载大小及水文和地质情况,结合沉井的构造要求及施工方法,拟定出沉井埋深、高度和分节数量、平面形状和尺寸,井孔大小及布置,井壁厚度和尺寸,以及封底混凝土和顶板厚度等,然后进行沉井基础的计算。沉井基础埋置深度在最大冲刷线以下≤5 m 时,按浅基础进行设计验算,不考虑沉井侧壁土体摩阻力,根据需要确定是否考虑井侧土体水平抗力。当沉井埋置较深时,则需要考虑基础井壁侧面土体摩阻力与水平抗力,进行地基基础的承载力、变形和稳定性分析与验算。

　　沉井基础一般要求下沉到坚实的土层或岩层作为沉井基础基底持力层,对应荷载效应标准组合时的沉井顶面竖向荷载 F_k(kN)和沉井自重标准值 G_k(kN),沉井基底的地基强度验算应满足:

$$F_k + G_k \leqslant R_a = R_b + R_s \tag{6-1}$$

式中　R_a、R_b 和 R_s——分别为沉井基础承载力特征值、沉井基底地基土提供基底承载力标准值和沉井井壁各土层提供的总摩阻力标准值(kN)。

　　沉井底部地基土支承面积为 A 时,沉井基底地基土承载力特征值为 f_a(kN),则沉井基底总的承载力标准值 R_b 为:

$$R_b = f_a A \tag{6-2}$$

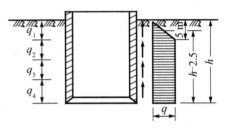

图 6-18　井侧摩阻力分布假定

　　沉井侧壁与土接触面提供的抗力,可假定井壁外侧与土的摩阻力沿深度呈梯形分布,距地面 5 m 范围内按三角形分布,5 m 以下为常数,如图 6-18 所示,故总摩阻力为

$$R_s = U(h - 2.5)q_{sk} \tag{6-3}$$

$$q_{sk} = \frac{\sum q_{ski}h_i}{\sum h_i} = \frac{\sum q_{ski}h_i}{h}$$

式中　U、h ——分别为沉井的周长(m)与入土深度(m);

　　　　q_{sk}——沉井入土深度范围内各土层单位面积平均摩阻力标准值平均值(kN);

　　　　h_i——各土层厚度(m);

　　　　q_{ski}——土层 i 井壁单位面积摩阻力标准值(kPa),可根据试验或实践经验,或按表 6-2 选用。

表 6-2　土与井壁间摩阻力

土的名称	土与井壁间摩阻力(kPa)	土的名称	土与井壁间摩阻力(kPa)
黏性土	25~50	砾 石	15~20
砂性土	12~25	软 土	10~12
卵 石	15~30	泥浆套	3~5

注：本表适用于深度不超过 30 m 的沉井。

沉井基础作为整体深基础时,沉井结构的刚度大,在横向外力作用下可以认为只发生刚性转动,而无挠曲。沉井深基础可以视为刚性桩柱,即相当于"m"法中 $\alpha h \leqslant 2.5$ 刚性桩,计算其内力和井壁外侧土抗力。因此,考虑沉井侧壁土体弹性抗力时,基本假定条件如下：

(1) 地基土作为弹性变形介质,水平向地基系数随深度成正比例增加；

(2) 不考虑基础与土之间的黏着力和摩阻力；

(3) 沉井基础的刚度与土刚度的比值,可认为是无限大。

根据上述假定,考虑基础底面的工程地质情况,沉井结构内力和井壁外侧土抗力计算分析,可进一步分为非基岩地基和基岩地基两种情况分析。

1. 非岩石地基上沉井基础计算

对应相应极限状态规定的荷载效应组合时的沉井基础上墩柱顶面水平力设计值为 H 及偏心距为 e 的沉井基底竖向力设计值为 N 时,参见图 6-19(a)。可以通过采用调整水平力 H 距离基底的作用高度 λ,简化基底竖向荷载设计值为中心荷载 N,参见图 6-19(b)。

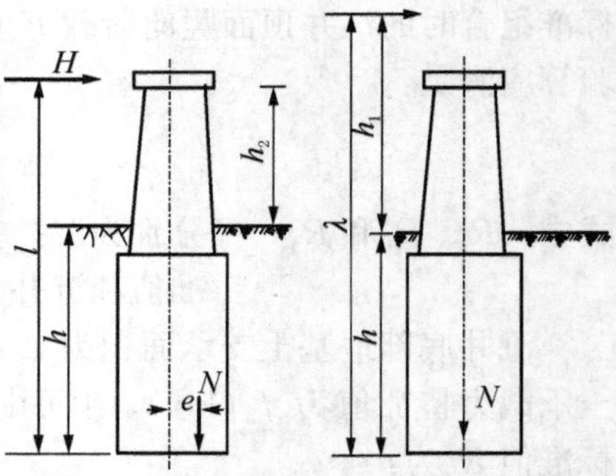

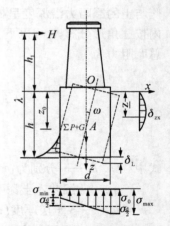

$$\lambda = \frac{Ne + Hl}{H} = \frac{\sum M}{H} \quad (6-4)$$

(a) 偏心荷载剖面　(b) 对称荷载剖面

图 6-19　荷载作用情况

首先,考虑沉井在水平力 H 作用下,沉井将围绕位于地面下 z_0 深度处 A 点转动 ω 角,参见图 6-20,地面下深度 z 处沉井基础产生的水平位移 Δx 和土的横向抗力 σ_{zx} 分别为

$$\Delta x = (z_0 - z)\tan\omega$$

$$\sigma_{zx} = \Delta x C_z = C_z(z_0 - z)\tan\omega = mz(z_0 - z)\tan\omega \quad (6-5)$$

式中　z_0——转动中心 A 离地面的距离(m)；

m——地基系数随深度变化的比例系数(kN/m^4)；

C_z——深度 z 处水平向地基系数,$C_z = mz(kN/m^3)$。

由上式可见,沉井井壁外侧土的横向抗力沿深度为二次抛物线变化。

沉井基础底面处的压应力计算,考虑基底水平面上竖向地基系数 C_0 不变,故其压应力图形与基础竖向位移图相似,有

图 6-20　偏心荷载作用下的应力分布

$$\sigma_{0.5d} = C_0 \delta_L = C_0 0.5d \tan\omega \tag{6-6}$$

式中 基底面竖向地基系数 $C_0 = mh$（见桩基础），且不得小于 10 m，d 为基底宽度或直径。

在上述公式中，有两个未知数 z_0 和 $\tan\omega$ 求解，可建立沉井基础水平作用力等于零 $\sum H = 0$ 和沉井基础顶面 O 点弯矩等于零 $\sum M_0 = 0$ 的两个静力平衡方程式求解。

$$\sum H = 0 \Rightarrow H - \int_0^h \sigma_{zx} b_1 \mathrm{d}z = H - b_1 m \tan\omega \int_0^h z(z_0 - z)\mathrm{d}z = 0 \tag{a}$$

$$\sum M_0 = 0 \Rightarrow H h_1 - \int_0^h \sigma_{zx} b_1 z \mathrm{d}z - \sigma_{0.5d} W = 0 \tag{b}$$

式中 b_1——横向力作用面基础计算宽度（m）；

W——沉井基底截面模量（m^3）。

联立以上（a）和（b）二式可求解 z_0 和 $\tan\omega$ 如下：

$$z_0 = \frac{\beta b_1 h^2 (4\lambda - h) + 6dW}{2\beta b_1 h(3\lambda - h)} \tag{6-7a}$$

$$\tan\omega = \frac{12\beta H(2h + 3h_1)}{mh(\beta b_1 h^3 + 18Wd)} = \frac{6H}{\xi mh} \tag{6-7b}$$

$$\beta = \frac{C_h}{C_0} = \frac{mh}{C_0}$$

$$\xi = \frac{\beta b_1 h^3 + 18Wd}{2\beta(3\lambda - h)}$$

式中 参数 β——沉井基底深度 h 处的井侧水平向地基系数 C_h 与沉井基底竖向地基系数 C_0 的比值；

ξ——计算参数。

将上述求出的 z_0 和 $\tan\omega$ 分别代入表达式（6-5）和式（6-6）可得沉井侧壁横向抗力 σ_{zx} 和基底边缘处的竖向力 σ_{max} 和 σ_{min} 如下：

$$\sigma_{zx} = \frac{6H}{\xi h} z(z_0 - z) \tag{6-8}$$

$$\sigma_{0.5d} = \frac{3dH}{\xi\beta} \Rightarrow \sigma_{min}^{max} = \frac{N}{A} \pm \frac{3Hd}{\xi\beta} \tag{6-9}$$

再根据 σ_{zx}，可得离地面或最大冲刷线以下深度 z 处的沉井基础截面上的弯矩如下：

$$M_z = H(\lambda - h + z) - \int_0^z \sigma_{zx} b_1 (z_0 - z_1)\mathrm{d}z_1$$
$$= H(\lambda - h + z) - \frac{H b_1 z^3}{2h\xi}(z_0 - z) \tag{6-10}$$

2. 基底嵌入基岩内的计算方法

若沉井基底嵌入基岩内，可以认为基底不发生水平位移，则基础旋转中心 A 与基底中心点吻合,即已知 $z_0 = h$,参见图 6-21。因此,在基底嵌入处便存在一水平阻力 P,由于 P 对基底中心点的力臂很小,一般可忽略 P 对 A 点的力矩。

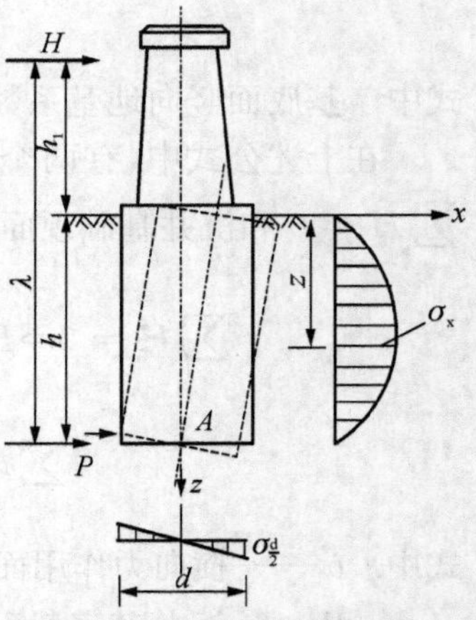

基于上述位移模式假定,当基础水平力 H 作用时,地面下 z 深度处产生的水平位移 Δx 和井壁外侧土的横向抗力 σ_{zx} 分别为

$$\Delta x = (h - z)\tan\omega$$

$$\sigma_{zx} = \Delta x m z = m z (h - z)\tan\omega \qquad (6\text{-}11)$$

同理,可得基底边缘处的竖向应力为:

$$\sigma_{0.5d} = C_0 \frac{d}{2}\tan\omega = \frac{mhd}{2\beta}\tan\omega \qquad (6\text{-}12)$$

图 6-21　嵌入基岩井身内力分布

上述公式中未知数 ω 求解,仅需建立一个弯矩平衡方程便可,即沉井基础底面 A 点弯矩为零 $\sum M_A = 0$,可以得到:

$$H(h + h_1) - \int_0^h \sigma_{zx} b_1 (h - z)\mathrm{d}z - \sigma_{0.5d} W = 0$$

解上式得

$$\tan\omega = \frac{H}{mhD} \qquad (6\text{-}13)$$

$$D = \frac{b_1 \beta h^3 + 6Wd}{12\lambda\beta}$$

将求得的 $\tan\omega$ 分别代入表达式(6-11)和表达式(6-12),可以得到:

$$\sigma_{zx} = (h - z)z\frac{H}{Dh} \qquad (6\text{-}14)$$

$$\sigma_{0.5d} = \frac{Hd}{2\beta D} \Rightarrow \sigma_{min}^{max} = \frac{N}{A} \pm \frac{Hd}{2\beta D} \qquad (6\text{-}15)$$

根据沉井水平向荷载的平衡条件 $\sum H = 0$,可以求出嵌入处未知的水平阻力 P

$$P = \int_0^h b_1 \sigma_{zx}\mathrm{d}z - H = H\left(\frac{b_1 h^2}{6D} - 1\right) \qquad (6\text{-}16)$$

同理,地面以下 z 深度处,沉井基础截面上的弯矩为

$$M_z = H(\lambda - h + z) - \frac{b_1 H z^3}{12Dh}(2h - z) \qquad (6\text{-}17)$$

尚需注意,当基础仅受偏心竖向力 N 作用时,$\lambda \to \infty$,上述公式均不能应用。此时,应以 $M = Ne$ 代替沉井基础 O 点弯矩等于零平衡式中的 Hh_1,同理可导得上述两种情况下相应的计算公式,此不赘述。

3. 墩台顶面的水平位移

根据使用极限状态准永久荷载效应组合时的沉井基础水平力 H 和力矩 M,墩台顶水平位移 δ 由地面处水平位移 $z_0\tan\omega$、地面至墩顶 h_1 范围内水平位移 $h_1\tan\omega$ 以及台身(或立柱)的弹性挠曲变形引起的墩顶水平位移 δ_0 三部分所组成:

$$\delta = (z_0 + h_1)\tan\omega + \delta_0 \tag{6-18}$$

沉井基础转角很小,故 $\tan\omega = \omega$。但沉井基础实际刚度并非无穷大,故引入系数 K_1 和 K_2 反映实际刚度对地面处水平位移及转角的影响,从而得到:

非嵌岩沉井 $\qquad \delta = (z_0 K_1 + K_2 h_1)\omega + \delta_0 \tag{6-19a}$

嵌岩沉井 $\qquad \delta = (h K_1 + h_1 K_2)\omega + \delta_0 \tag{6-19b}$

式中 K_1 和 K_2 是 αh 和 λ/h 的函数,其值可按表 6-3 查用。墩身(或立柱)视为下端嵌固、跨度为 h_1 的悬臂梁计算其弹性挠曲变形 δ_0。

表 6-3 墩顶水平位移修正系数

αh	系数	λ/h				
		1	2	3	4	∞
1.6	K_1	1.0	1.0	1.0	1.0	1.0
	K_2	1.0	1.1	1.1	1.1	1.1
1.8	K_1	1.0	1.1	1.1	1.1	1.1
	K_2	1.1	1.2	1.2	1.2	1.2
2.0	K_1	1.1	1.1	1.1	1.1	1.1
	K_2	1.2	1.3	1.4	1.4	1.4
2.2	K_1	1.1	1.2	1.2	1.2	1.2
	K_2	1.2	1.5	1.6	1.6	1.7
2.4	K_1	1.1	1.2	1.3	1.3	1.3
	K_2	1.3	1.8	1.9	1.9	2.0
2.6	K_1	1.2	1.3	1.4	1.4	1.4
	K_2	1.4	1.9	2.1	2.2	2.3

注:如 $\alpha h < 1.6$ 时,$K_1 = K_2 = 1.0$。$\alpha = \sqrt[5]{\dfrac{mb_1}{EI}}$ 为沉井水平变形系数。

4. 承载力与位移验算

1) 基底应力验算

沉井基底地基承载力验算时,对应荷载效应标准组合时的 N_k 和 H_k 代入上式(6-9)和(6-15),可得沉井基底最大应力 σ_{kmax},不应超过沉井底面处地基土的承载力容许值 $[f_a]$:

$$\sigma_{kmax} \leqslant [f_a] \tag{6-20}$$

2) 横向抗力验算

同样采用 N_k 和 H_k,代入表达式(6-8)和(6-14)可得沉井侧壁深度 z 处地基土的横向抗力 σ_{zx} 应小于井壁周围地基土的极限抗力值。沉井基础在外力作用下,深度 z 处产生水平位移 Δx 时达到被动土压力极限状态时,井壁(背离位移)一侧将产生主动土压力 p_a,而另一

侧将产生被动土压力 p_p，故其极限抗力可以用土压力表示为

$$\sigma_{zx} + p_a \leqslant p_p \tag{6-21}$$

将下式朗肯土压力公式代入式(6-21)，再引入结构修正系数 η_1（一般取 1.0，对拱桥则 $\eta_1 = 0.7$）和荷载修正系数 η_2 可以得到：

$$p_p = \gamma z \tan^2\left(45° + \frac{\varphi}{2}\right) + 2c \tan\left(45° + \frac{\varphi}{2}\right)$$

$$p_a = \gamma z \tan^2\left(45° - \frac{\varphi}{2}\right) - 2c \tan\left(45° - \frac{\varphi}{2}\right) \tag{6-22}$$

$$\sigma_{zx} \leqslant \frac{4\eta_1\eta_2}{\cos\varphi}(\gamma z \tan\varphi + c)$$

$$\eta_2 = 1 - 0.8\frac{M_g}{M}$$

式中　γ——土的平均重度（kN/m³）；

　　　φ、c——分别为土的内摩擦角（°）和黏聚力（kPa）；

　　　M_g、M——分别为恒载对基础重心所产生的弯矩（kN·m）和总弯矩（kN·m）。

同时，根据试验数据可知，沉井侧壁地基土横向抗力 σ_{zx} 最大值一般出现在 $z = h/3$ 和 $z = h$ 处，代入上式(6-10)和(6-17)求得 $\sigma_{hx/3}$ 和 σ_{hx}，应满足上式(6-22)要求。

3）墩台顶面水平位移验算

桥梁墩台设计时，除应考虑基础沉降外，还需验算地基变形和墩身弹性水平变形所引起的墩顶水平位移是否满足上部结构设计要求，例如墩顶水平位移 δ 应满足：

$$\delta \leqslant 0.5\sqrt{L}\text{（cm）} \tag{6-23}$$

式中　L——相邻跨中最小跨的跨度（m），当跨度 $L < 25$ m 时，L 按 25 m 计算。

6.4.2　施工工况沉井结构强度计算

施工及营运过程的不同阶段，沉井荷载作用不尽相同。沉井结构强度必须满足各阶段最不利情况荷载作用的要求。沉井各部分设计时，必须了解和确定不同阶段最不利荷载作用状态，拟定出相应的计算模型，然后计算控制截面内力，进行配筋与截面尺寸设计，通过结构抗力分析与验算，以保证沉井结构在施工各阶段中的强度和稳定。沉井结构在施工过程中主要进行下列验算。

1. 沉井自重下沉验算

为了使沉井能在自重下顺利下沉，沉井重力（不排水下沉时，应扣除浮力）应大于土与井壁间的摩阻力，将两者之比称为下沉系数，要求

$$K = \frac{Q_k}{T_k} > 1 \tag{6-24a}$$

$$T_k = \sum q_{ski}h_i u_i \tag{6-24b}$$

式中　K——下沉系数，应根据土类别及施工条件取大于 1 的数值，一般为 1.15～1.25；

Q_k、T_k——分别为对应荷载作用效应标准组合时的沉井自重(kN)和井壁与土接触面的总摩阻力(kN);

h_i、u_i——分别为沉井穿过第 i 层土的厚度(m)和该段沉井的周长(m)。

第 i 层土井壁摩阻力 q_{ski} 应根据实践经验或实测资料确定,如缺乏资料时,可以根据土的性质按表 6-2 选用。当不能满足上式要求时,可选择下列措施直至满足要求:加大井壁厚度或调整取土井尺寸;如为不排水下沉者,则下沉到一定深度后可采用排水下沉;增加附加荷载压沉或射水助沉;采用泥浆润滑套或壁后压气法减阻等措施。

2. 底节沉井竖向挠曲验算

底节沉井在抽垫及除土下沉过程中,由于施工方法不同,刃脚下支承亦不同。沉井自重将导致井壁产生较大的竖向挠曲应力,应根据不同支承情况,进行井壁强度验算。若挠曲应力大于沉井材料的抗拉强度,应增加底节沉井高度或在井壁内设置水平向钢筋,防止沉井竖向开裂。根据施工方法不同,对应荷载效应基本组合时的沉井自重设计值 $G = 1.35G_k$ 等,可采用如下井壁竖向挠曲模型。

1) 排水挖土下沉

排水挖土下沉的整个过程中,沉井支承点相对容易控制。可将沉井视为支承于四个固定支点上的梁,且支点控制在最有利位置处,即支点和跨中所产生的弯矩大致相等。对矩形和圆端形沉井,若沉井长宽比大于 1.5,支点可采用长边 0.7L 设置方法,如图 6-22(a)所示;圆形沉井的四个支点可布置在两相互正交直线上的端点处。

2) 不排水挖土下沉

不排水挖土下沉施工中,机械挖土时刃脚下的支点位置很难控制,沉井下

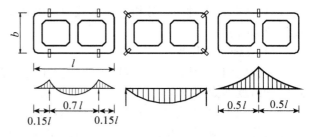

(a) 排水除土下沉　(b) 不排水除土下沉　(c) 不排水除土下沉

图 6-22　底节沉井支点布置示意

沉过程中可能出现最不利支承。对矩形和圆端形沉井,因除土不均将导致沉井支承于四角,成为一简支梁跨中弯矩最大,沉井下部竖向开裂,参见图 6-22(b);也可能因孤石等障碍物,使沉井支承于井壁长边的中点,形成悬臂梁,支点处沉井顶部产生竖向开裂,参见图 6-22(c);圆形沉井则可能出现支承于直径上的两个支点。沉井长边的跨中或跨边支承两种情况,均应对跨中附近最小截面上、下缘进行抗弯拉和抗裂验算。

若底节沉井隔墙跨度较大,还需验算隔墙的抗拉强度。其最不利受力情况是下节沉井内土已挖空,上节沉井刚浇筑尚未形成强度,此时隔墙成为两端支承在井壁上的梁,承受两节沉井隔墙和模板等重量。若底节隔墙强度不够,可布置水平向抗弯拉钢筋,或在隔墙下夯填粗砂以承受荷载。

3. 沉井刃脚受力计算

沉井在下沉过程中,刃脚受力较为复杂,即刃脚切入土中时,受到向外弯曲应力;挖空刃脚下内侧土体时,受到向内弯曲的外部土、水压力作用。为简化起见,一般按竖向和水平向分别计算。竖向分析时,近似地将刃脚结构视为固定于刃脚根部井壁处的悬壁梁,根据刃脚内、外侧作用力不同组合,可能向外或向内挠曲,参见图 6-23。在水平面上,则视刃脚结构

为一封闭的框架,在水、土压力作用下使其在水平面内发生弯曲变形。根据悬臂及水平框架两者的变位关系及其相应的假定,分别可推出刃脚悬臂分配系数 α 和水平框架分配系数 β 如下。

刃脚悬臂作用的分配系数 α 为

$$\alpha = \frac{0.1L_1^4}{h_f^4 + 0.05L_1^4} \quad (\alpha \leqslant 1.0) \tag{6-25}$$

刃脚框架作用的分配系数 β 为

$$\beta = \frac{h_k^4}{h_f^4 + 0.05L_2^4} \tag{6-26}$$

式中　h_f——刃脚斜面部分的高度,即刃脚高度(m)

L_1、L_2——支承于隔墙间的井壁最大和最小计算跨度(m)。

上述分配系数仅适用于内隔墙底面高出刃脚底面不超过 0.5 m,或大于 0.5 m 而采用垂直埂肋承托加强的情况。否则 $\alpha = 1.0$,刃脚不起水平框架作用,但需按构造布置水平钢筋,以承受一定的正、负弯矩。外力经上述分配后,即可将刃脚受力情况分别按竖、横两个方向计算。同时,刃脚内力分析应按承载力极限状态,对应荷载效应基本组合时的各作用力的设计值进行验算。

1) **刃脚向外挠曲**

刃脚竖向受力情况一般截取单位宽度井壁来分析,把刃脚视为固定在井壁上的悬臂梁,悬臂梁跨度即为刃脚高度。内力分析有下述两种情况。

一般认为,当沉井下沉过程中刃脚内侧切入土中深约 1.0 m,同时接筑完上节沉井,且沉井上部露出地面或水面约一节沉井高度时,刃脚斜面上土的抗力最大,且井壁外土、水压力最小,处于刃脚向外挠曲的最不利位置。此时,沉井因自重将导致刃脚斜面土体抵抗刃脚下沉引起刃脚向外挠曲。如图 6-23 所示,作用在刃脚高度范围内的外力主要有刃脚外侧土、水压力的合力、刃脚外侧摩阻力和刃脚下的土体抵抗力。

(1) 刃脚下竖向反力 R_v

如图 6-23,刃脚下竖向反力 R_v(kN)可按井壁外侧每沿米宽度总的侧摩阻力 T(kN/m)和沉井每沿米宽度重量 G(水下部分应考虑水的浮力,kN/m),按下式计算

$$R_v = G - T \tag{6-27}$$

井壁入土深度范围内沿井壁外周长单位宽度上的摩阻力 T_1 可按表达式(6-24b)计算,同时按朗肯土压力理论得到的井壁外侧每沿米宽度主动土压力 E 的 0.5 倍作为井壁摩阻力 $T_2 = 0.5E$。沉井入土部分外侧单位宽度上的摩阻力 T 按最不利取小值原则,可得:

$$T = \min(T_1, T_2) \tag{6-28}$$

(2) 刃脚外侧土水压力

如图 6-24,刃脚外侧土压力为 E(kN/m)与水压力为 W(kN/m),根据作用在刃脚根部外侧朗金主动土压力 p_1 及水压力 u_1,刃脚底面外侧的土压力 p_2 及水压力 u_2,梯形分布时的刃脚外侧土水压力合力 P_{EW} 及其距离刃脚根部 h_0 可分别按下式计算:

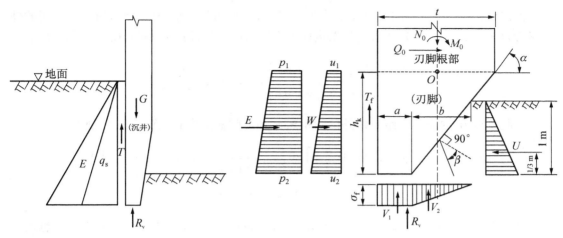

图 6-23　井壁阻力与刃脚反力　　　　图 6-24　刃脚下 V 作用点计算

$$P_{EW} = E + W = \frac{p_1 + p_2 + u_1 + u_2}{2} h_k \tag{6-29}$$

$$h_0 = \frac{h_k}{3} \cdot \frac{p_2 + u_2 + 2(p_1 + u_1)}{p_2 + u_2 + p_1 + u_1}$$

地面下深度 h_i 处刃脚承受的土压力 p_i 和水压力 u_i 可按公式计算：

$$p_i = \bar{\gamma}_i h_i \tan^2\left(45° - \frac{\varphi}{2}\right)$$

$$u_i = \gamma_w h_{wi}$$

式中　γ_i——深度 h_i 范围内土的平均容重（kN/m³），在水位以下应考虑浮力；

　　　γ_w——水的容重（kN/m³）；

　　　h_{wi}——计算深度至水面的距离（m）。

水压力计算尚应考虑施工情况和土质条件影响。为安全起见，一般规定按上式（6-29）计算所得刃脚外侧土、水压力合力不得大于静水压力的 70%，否则按静水压力的 70% 计算。

（3）刃脚根部内力分析

如图 6-24 所示取刃脚隔离体，按其作用力系平衡可得刃脚根部内力 M_0、N_0 和 Q_0。

基于表达式（6-28）分析原理，按最不利取大值原则，可得刃脚高度外侧每沿米宽度总的侧摩阻力 T_f（kN/m）如下：

$$T_f = \max(T_{f1}, T_{f2}) \tag{6-30}$$

$$T_{f1} = q_{sf} h_f, \quad T_{f2} = 0.5 E_f$$

假设刃脚踏面宽度为 a(m)，踏面下反力假定为均匀分布，合力即 V_1；假定斜面上反力成三角形分布，则刃脚斜面水平投影面竖向反力为三角形分布，合力即 V_2，参见图 6-24。由此，刃脚下竖向反力 R_v 可表示成：

$$R_v = V_1 + V_2 \tag{6-31}$$

根据上式和刃脚下竖向反力 R_v 分布模型,设刃脚斜面与水平面成 α 角,斜面与土间的外摩擦角为 β(一般 $\beta=30°$),并注意刃脚内侧入土斜面在水平面上的投影长度 $b=\cot\alpha$,则有:

$$\left.\begin{array}{l} V_1 = \sigma_1 a \\ V_2 = \frac{1}{2}\sigma_1 b = \frac{1}{2}\sigma_1\cot\alpha \end{array}\right\}, \quad \sigma_1 = \frac{2R_v}{2a+\cot\alpha}$$

由此可得 R_v 的作用点距井壁外侧的距离 x 和刃脚根部中心轴距离 x_v 分别为:

$$x = \frac{1}{R_v}\left[V_1\frac{a}{2}+V_2\left(a+\frac{b}{3}\right)\right] = \frac{1}{2a+\cot\alpha}\left[a^2+\left(a\cot\alpha+\frac{\cot^2\alpha}{3}\right)\right]$$

$$x_v = \frac{t}{2}-x$$

基于上述刃脚斜面上反力成三角形分布,在开挖面处为 0,水平力 U 的应力图形也是呈三角形分布,可得刃脚斜面上水平反力 U 和作用点离刃脚根部的距离 h_u 分别为:

$$U = V_2\tan[90-(90-\alpha)-\beta] = V_2\tan(\alpha-\beta) \tag{6-32}$$

$$h_u = 1/3 \text{ m}$$

井壁厚度为 t(m),则刃脚(单位宽度)自重 G_f 及其作用点至刃脚根部中心轴的距离 x_G(m)分别为:

$$G_f = \frac{t+a}{2}h_f\gamma_c \tag{6-33}$$

$$x_G = \frac{t^2+at-2a^2}{6(t+a)}$$

式中 γ_c——钢筋混凝土刃脚的重度(kN/m³),不排水施工时应扣除浮力。

求出以上各力的大小、方向及作用点位置后,再根据图 6-24 可以算出各力对刃脚根部中心轴的弯矩总和值 M_0,竖向力 N_0 及剪力 Q 如下:

$$M_0 = M_V+M_U+M_{E+W}+M_T+M_G = R_v x_v+Uh_u-P_{EW}h_0+T_f\frac{t}{2}-G_f x_G \tag{6-34}$$

$$N_0 = R_v+T_f-G_f \tag{6-35}$$

$$Q_0 = U-P_{EW} = U-E-W \tag{6-36}$$

式中 M_V、M_U、M_{E+W}、M_T 和 M_G——分别为反力 R_v、土压力及水压力 P_{EW}、横向力 U、刃脚底部的外侧摩阻力 T_F 以及刃脚自重 G_F 对刃脚根部中心轴点 O 的弯矩。

必须指出,上述作用在刃脚部分的各水平力均应按规定考虑刃脚悬臂作用的分配系数 a,参见表达式(6-29)。根据 M_0、N_0 及 Q_0 值就可验算刃脚根部应力,并计算出刃脚内侧所需的竖向钢筋用量。一般刃脚钢筋截面积不宜少于刃脚根部截面积的 0.1%。刃脚的竖直钢筋应伸入根部以上 $0.5L_1$(L_1 为支承于隔墙间的井壁最大计算跨度)。

2)刃脚向内挠曲

刃脚向内挠曲的最不利位置是沉井已下沉至设计标高,刃脚下土体挖空而尚未浇筑封底混凝土,参见图 6-25。此时,刃脚同样视为根部固定在井壁上的悬臂梁,以此计算最大向内弯矩。

作用在刃脚上的力有刃脚外侧的土压力、水压力、摩阻力以及刃脚本身的重力。各力的计算方法同前。但水压力计算应注意实际施工情况,偏于安全考虑,一般井壁外侧水压力以 100% 计算,井内水压力取 50%,或按施工可能出现的水头差计算。若排水下沉时,不透水土取静水压力的 70%,透水性土按 100% 计算。计算所得各水平外力同样应按表达式(6-25)考虑悬臂作用分配系数 α。再由外力计算出对刃脚根部中心轴的弯矩、竖向力及剪力,以此求得刃脚外壁钢筋用量。其配筋构造要求与向外挠曲相同。

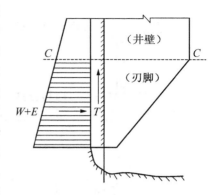

图 6-25 刃脚向内挠曲受力分析

3) 刃脚水平钢筋计算

刃脚水平向受力最不利的情况是沉井已下沉至设计标高,刃脚下的土已挖空,尚未浇筑封底混凝土的时候,由于刃脚有悬臂作用和水平闭合框架作用,故作用于框架的水平力应乘以分配系数 β 后,参见表达式(6-30),其值作为水平框架上的外力,由此求出框架的弯矩及轴向力值,再计算框架所需的水平钢筋用量。

常用沉井水平框架的平面形式中,单孔矩形框架式沉井,参见图 6-26。设其短边长度为 a,长边长度为 b,参数 $K = a/b$,则最不利断面弯矩和轴力计算,参见表 6-4。单孔圆端形沉井,参见图 6-27。设沉井端部半圆形井壁内侧半径为 r,圆心至圆端形井壁中心的距离为 L,并定义参数 $K = L/r$,则最不利断面弯矩和轴力计算,参见表 6-5。双孔矩形沉井,参见图 6-28,最不利断面弯矩和轴力计算,参见表 6-6。轴向力双孔圆端形沉井,参见图 6-29。内力分析中引入如下 4 个计算参数,可以得到最不利断面弯矩和轴力计算,参见表 6-7。

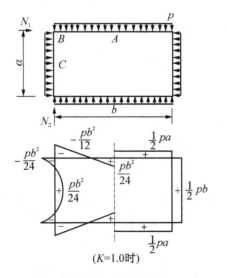

图 6-26 单孔矩形

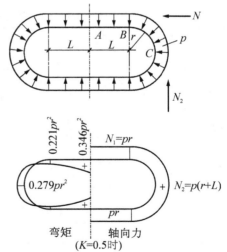

图 6-27 单孔圆形

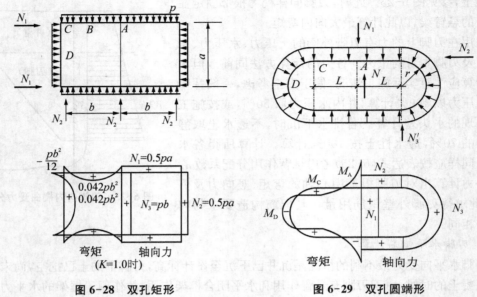

图 6-28　双孔矩形　　　　图 6-29　双孔圆端形

表 6-4　矩形框架式沉井最不利断面弯矩和轴力

弯 矩 计 算		轴 力 计 算	
控制点	表达式	控制点	表达式
跨中 A	$M_A = \dfrac{1}{24}(-2K^2 + 2K + 1)pb^2$	井壁长边 b	$N_1 = \dfrac{1}{2}pa$
角点 B	$M_B = -\dfrac{1}{12}(K^2 - K + 1)pb^2$	井壁短边 a	$N_2 = \dfrac{1}{2}pb$
跨中 C	$M_C = \dfrac{1}{24}(K^2 + 2K - 2)pb^2$		

表 6-5　单孔圆端形沉井最不利断面弯矩和轴力

弯 矩 计 算		轴 力 计 算	
控制点	表达式	控制点	表达式
跨中 A	$M_A = \dfrac{K(12 + 3\pi K + 2K^2)}{6\pi + 12K}pr^2$	井壁长边 b	$N_1 = pr$
角点 B	$M_B = \dfrac{2K(3 - K^2)}{3\pi + 6K}pr^2$	井壁短边 a	$N_2 = p(r + l)$
跨中 C	$M_C = \dfrac{K(3\pi - 6 + 6K + 2K^2)}{3\pi + 6K}pr^2$		

表 6-6　双孔矩形沉井最不利断面弯矩和轴力

弯 矩 计 算		轴 力 计 算	
控制点	表达式	控制点	表达式
隔墙支撑 A	$M_A = \dfrac{K^3 - 6K - 1}{12(2K + 1)}pb^2$	井壁长边	$N_1 = \dfrac{1}{2}pa$

续表 6-6

弯 矩 计 算		轴 力 计 算	
隔仓跨中 B	$M_B = \dfrac{-K^3 + 3K + 1}{24(2K+1)} pb^2$	井壁短边	$N_2 = \dfrac{K^3 + 3K + 2}{4(2K+1)} pb$
角点 C	$M_C = -\dfrac{2K^3 + 1}{12(2K+1)} pb^2$	内搁墙体	$N_3 = \dfrac{2 + 5K - K^3}{4(2K+1)} pb$
短边跨中 D	$M_D = \dfrac{2K^3 + 3K^2 - 2}{24(2K+1)} pb^2$		

表 6-7 双孔圆端形沉井最不利断面弯矩和轴力

弯 矩 计 算		轴 力 计 算	
控制点	表达式	控制点	表达式
隔墙支撑 A	$M_A = p\dfrac{\zeta\delta_1 - \rho\eta}{\delta_1 - \eta}$	内搁墙体	$N_1 = 2N$
隔仓直边 C	$M_C = M_A + NL - p\dfrac{L^2}{2}$	井壁直边	$N_2 = pr$
圆端跨中 D	$M_D = M_A + N(L+r) - pL\left(\dfrac{L}{2} + r\right)$	圆端井壁	$N_3 = p(L+r) - \dfrac{N_1}{2}$

$$① \ \zeta = \frac{L\left(0.25L^3 + \frac{\pi}{2}rL^2 + 3r^2L + \frac{\pi}{2}r^3\right)}{L^2 + \pi rL + 2r^2}; \quad ② \ \eta = \frac{\frac{2}{3}L^3 + \pi rL^2 + 4r^2L + \frac{\pi}{2}r^2}{L^2 + \pi rL + 2r^2};$$

$$③ \ \rho = \frac{\frac{1}{3}L^3 + \frac{\pi}{2}rL^2 + 2r^2L}{2L + \pi r}; \quad ④ \ \delta_1 = \frac{L^2 + \pi rL + 2r^2}{2L + \pi r}; \quad ⑤ \ N = \frac{\zeta - \rho}{\eta - \delta_1}$$

圆形沉井在均匀土中平稳下沉,受到周围均布的水平压力,则刃脚作为水平圆环的任意截面上的内力弯矩 $M = 0$,剪力 $Q = 0$,轴向压力 $N = p \times R$,其中 R 为沉井刃脚外壁的半径(m),参见图 6-30。但是,如果沉井下沉过程中发生倾斜或土质不均匀时,都将使环形刃脚截面产生弯矩。因此,应根据实际情况考虑水平压力的分布。为了便于计算,可以对土压力的分布作如下的假设:在井壁(刃脚环面)互成 90°的截面上的径向压力分别为 P_A 和 P_B,计算 P_A 时土的内摩擦角可增大 2.5°～5°,计算 P_B 时则减小 2.5°～5°,模拟荷载非对称。并假设正交断面 A、B 间其他各点的土压力 p_a 按下式变化

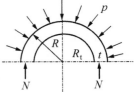

$$p_{a\alpha} = P_A[1 + (\omega - 1)\sin\alpha], \quad \omega = \frac{P_B}{P_A} \qquad (6\text{-}37)$$

式中 一般取 $\omega = 1.5 \sim 2.5$,可根据土质不均匀情况和覆盖层厚度确定 ω。

由此,圆形沉井则作用在相互正交的 A 截面上的轴向力 N_A 和弯矩 M_A(kNm)、B 截面(垂直于 A 截面)上的轴向力 N_B(kN) 和弯矩 M_B(kNm) 分别为:

$$N_A = P_A r[1 + 0.785(\omega - 1)] \qquad (6\text{-}38a)$$

$$M_A = -0.149 P_A r^2 (\omega - 1) \qquad (6\text{-}38b)$$

$$N_B = P_A r[1 + 0.5(\omega - 1)] \qquad (6\text{-}38c)$$

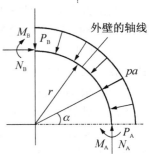

图 6-30 圆形井壁土压力

$$M_B = 0.137 P_A r^2 (\omega - 1) \tag{6-38d}$$

式中　r——井壁(刃脚)轴线的半径(m)。

4. 井壁受力计算

1) 井壁竖向拉应力验算

沉井在下沉过程中,上部土层工程性能相对下部土层明显偏优时,当刃脚下土体已被挖空,沉井上部良好土层将提供足够侧壁摩擦力(大于沉井自重)阻止沉井下沉,则形成下部沉井呈悬挂状态,井壁结构就有在自重作用下被拉断的可能。因此,需要验算井壁的竖向拉应力是否满足井壁抗拉承载力要求。拉应力的大小与井壁摩阻力分布有关,在判断可能夹住沉井的土层不明显时,井壁摩阻力分布可近似假定在地面处摩阻力最大,而刃脚底面处为零的倒三角形分布,参见图6-31。

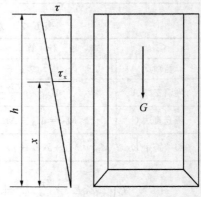

图 6-31　井壁摩阻力分布

针对等截面沉井且井身长度等于入土深度为 h 时,假设沉井自重为 G,井壁外侧周长为 u,根据井壁摩阻力倒三角形分布模型,地面处井壁上的摩阻力 τ_h 和距离刃脚底 x 处的摩阻力 τ_x,可分别按下式计算:

由 $G = \frac{1}{2} \tau_h hu$,可得 $\tau_h = \frac{2G}{hu}$,则 $\tau_x = \frac{\tau_h}{h} x = \frac{2G}{h^2 u} x$

则根据井壁 x 处拉力 S_x 等于 x 以下部分沉井自重减去该部分井壁摩阻力,可以得到:

$$S_x = \frac{Gx}{h} - \frac{\tau_x}{2} xu = \frac{Gx}{h} \left(1 - \frac{x}{h}\right)$$

由 $\frac{dS_x}{dx} = 0$,可得 $x = \frac{1}{2} h$,代入上式可得:

$$S_{max} = \frac{1}{4} G \tag{6-39}$$

台阶形变截面沉井,最大拉力发生在个截面变化处。因此,每段沉井都应进行拉力验算,且基本原理与上述相同。

2) 井壁横向受力计算

当沉井沉至设计标高,且刃脚下土已挖空而尚未封底时,井壁承受的土、水合力为最大。此时,应按水平框架分析内力,验算井壁材料强度,其计算方法与刃脚框架计算相同。

刃脚根部断面以上高度等于井壁厚度的一段井壁视为计算分析的水平框架,参见图6-32。该横向受力验算同水平框架,除承受作用于该段水平向的土、水压力外,还承受由刃脚悬臂作用传来的水平剪力 Q,且刃脚内挠时受到的水平外力应

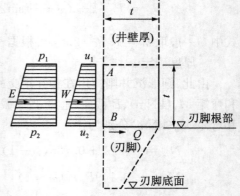

图 6-32　井壁框架承受外力

乘以分配系数 α。

此外,台阶形变截面沉井的井壁横向受力分析中,还应验算每节沉井最下端处,单位高度井壁作为水平框架的强度,并以此控制该节沉井的设计。作用于分节验算井壁框架上的水平外力,仅为水平向土压力和水压力,且不需乘以分配系数 β。

采用泥浆套下沉的沉井,若台阶以上泥浆压力(即泥浆相对密度乘泥浆高度)大于上述土、水压力之和,则井壁压力应按泥浆压力计算。

5. 混凝土封底及顶盖的计算

1)封底混凝土计算

沉井封底混凝土的厚度应根据基底承受的反力情况而定。作用于封底混凝土的竖向反力可分为两种情况:①是沉井水下封底后,在施工抽水时封底混凝土需承受基底水和地基土的向上反力;②是空心沉井在使用阶段,封底混凝土须承受沉井基础全部最不利荷载组合所产生的基底反力,如井孔内填砂或有水时,可扣除其重力。封底混凝土厚度,可按下列两种方法计算,并取其最大厚度控制。

(1)弯拉验算

封底混凝土视为支承在凹槽或隔墙底面和刃脚上的底板,按周边支承的双向板(矩形或圆端形沉井)或圆板(圆形沉井)计算,底板与井壁的连接一般按简支考虑。但是,当连接可靠(由井壁内预留钢筋连接等)时,也可按弹性固定考虑。具体验算时,要求计算所得的弯曲拉应力应小于混凝土的弯曲抗拉设计强度。封底混凝土厚度 h_t(m)可按下式计算:

$$h_t = \sqrt{\frac{6\gamma_{si}\gamma_m M_{tm}}{bR_w^j}} \tag{6-40}$$

式中 M_{tm}——在最大均布反力作用下的最大计算弯矩(kNm),按简支或弹性固定支承不同条件考虑的荷载系数,可由结构设计手册查取;

R_w^j——混凝土弯曲抗拉极限强度(kPa);

γ_{si}——荷载安全系数;

γ_m——材料安全系数;

b——计算宽度,此处取 1 m。

(2)剪切验算

封底混凝土按受剪计算,即计算封底混凝土承受基底反力后是否有沿井孔范围内周边剪断的可能性。若剪应力超过其抗剪强度则应加大封底混凝土的抗剪面积。

2)钢筋混凝土盖板计算

空心或井孔内填以砾砂石的沉井,井顶必须浇筑钢筋混凝土顶板,用以支承墩台及其上部全部荷载。盖板厚度一般是预先拟定的,按盖板承受最不利荷载组合,假定为均布荷载的双向板进行内力计算和配筋设计。

如墩身全部位于井孔内,还应验算盖板的剪应力和井壁支承压力。如墩身较大,部分支承在井壁上则不需进行盖板的剪力验算,只进行井壁压应力的验算。

6.4.3 浮运沉井计算要点

1. 浮运沉井稳定性验算

浮运沉井在浮运过程中和就位接高下沉过程中均为浮体,要有一定的吃水深度,使重心较低而不易倾覆,保证浮运时稳定。同时,沉井还必须具有足够的高出水面高度,使沉井不因风浪等而沉没。因此,除前述计算外,还应考虑沉井浮运过程中的受力情况,进行浮体稳定性(沉井重心、浮心和定倾半径分析确定与比较)和井壁露出水面高度等的验算。现以带临时性底板的浮运沉井为例,说明浮运沉井稳定性验算。

2. 计算浮心位置

根据沉井重量等于沉井排开水的重量浮力原理,参见图 6-33。沉井吃水的截面积为 $A_0(\text{m}^2)$,底板以上部分排水体积 $V_0(\text{m}^3)$,从底板算起的沉井吃水深 h_0 为:

$$h_0 = \frac{V_0}{A_0}, \quad A_0 = 0.785\,4d^2 + Ld \quad (6\text{-}41)$$

式中　d——圆端形沉井圆端直径或矩形沉井的宽度(m);

　　　L——圆端形沉井矩形部分长度或矩形沉井长度(m)。

设以刃脚底面起算的浮心位置(高度)为 Y_1,可由下式求得:

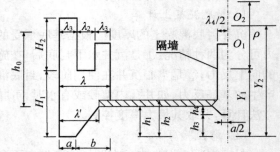

图 6-33　计算浮心位置示意图

$$Y_1 = \frac{M_1}{V_1} \tag{6-42}$$

沉井各排水体积总和为 $V(\text{m}^3)$,包括了底板以上部分排水体积 V_0、刃脚体积 V_2 和底板下隔墙体积 V_3,各排水体积 V_0、V_2 和 V_3 分别乘以各自中心至刃脚底面距离的乘积的总和为 M_1,则:

$$M_1 = M_0 + M_2 + M_3$$

$$V_1 = V_0 + V_2 + V_3$$

$$M_0 = V_0\left(h_1 + \frac{h_0}{2}\right)$$

$$M_2 = V_2\,\frac{h_1}{3}\,\frac{2\lambda' + a}{\lambda' + a}$$

$$M_3 = V_3\left(\frac{h_4}{3}\,\frac{2\lambda_1 + a_1}{\lambda_1 + a_1} + h_3\right)$$

式中　h_1、h_3——分别为刃脚踏面至底板和隔墙底的距离(m);

　　　h_4——底板至隔墙底的距离,即地板下隔墙高度(m);

　　　λ'、λ_1——分别为底板处的刃脚厚度和隔墙厚度(m);

　　　a、a_1——分别为隔墙底刃脚踏面的宽度和踏面的宽度(m)。

3. 重心位置计算

设沉井结构的重心位置 O_2 离刃脚底面的距离为 Y_2,则:

$$Y_2 = \frac{M_{\text{II}}}{V} \tag{6-43}$$

式中 M_{II}——假定沉井各部分圬工的单位重相同时的沉井各部分体积与其形状中心到刃脚底面距离的乘积。

令重心与浮心的高差为 Δ，则：

$$\Delta = Y_2 - Y_1 \tag{6-44}$$

4. 定倾半径的计算

定倾半径 ρ 为定倾中心到浮心的距离，正浮时可由下式计算：

$$\rho = \frac{I_{x-x}}{V_0} \tag{6-45}$$

式中 I_{x-x}——沉井吃水截面积的惯性矩（m⁴）。

对于图 6-34 所示圆端形沉井正浮时的吃水截面的惯性矩为：

$$I_{x-x} = 0.049d^4 + \frac{1}{12}Ld^3$$

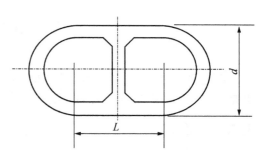

图6-34 圆端形沉井截面

正浮时的水线处为矩形断面长宽分别为 L 和 B 时，I_{x-x} 仅含上式的后一项，且以正浮水线截面宽度 B 代替式中的半径 d，结合式（6-46），由上式（6-45）可得沉井矩形断面定倾半径 ρ 如下：

$$\rho = \frac{I_{x-x}}{V_0} = \frac{LB^3}{12A_0h_0} = \frac{B^2}{12h_0}$$

由此可见，沉井吃水深度愈浅，截面宽度愈大，定倾半径愈大，沉井等浮体的稳定性愈高。此外，带气筒浮运沉井可根据气筒布置、各阶段气筒使用与连通情况，分别确定不同工况的定倾半径 ρ。

5. 浮运沉井稳定的必要条件

以刃脚底面起算，正浮时的浮体定倾中心高度 $\rho + Y_1$ 高于浮体重心高度 Y_2 时，回复力矩为正值，浮体小幅倾斜后会回复到初始平衡位置，始终处于稳定状态。因此，浮运沉井的稳定性应满足重心到浮心的距离 Δ 小于定倾中心到浮心的距离 ρ，即：

$$\rho + Y_1 - Y_2 = \rho - \Delta > 0 \tag{6-46}$$

6. 浮运沉井露出水面最小高度验算

沉井浮运过程中，受到牵引力、风力等荷载作用，不免产生一定的倾斜，故一般要求沉井顶面高出水面不小于 $0.5 \sim 1.0$ m 为宜，以保证沉井在拖运过程中的安全。

牵引力及风力等对浮心产生弯矩 M，因而使沉井旋转（倾斜）角度 θ，在一般情况下不允许 θ 值大于 $6°$，可按下式分析验算：

$$\theta = \arctan \frac{M}{\gamma_{\mathrm{w}}V(\rho - \Delta)} \leqslant 6° \tag{6-47}$$

式中 γ_{w}——水的容重，取为 10 kN/m³。

沉井浮运时露出水面的最小高度 h 按下式计算：

$$h = H - h_0 - h_1 - d\tan\theta \geqslant f \tag{6-48}$$

式中　H——浮运时沉井的高度（m）；

　　　f——浮运沉井发生最大倾斜时，顶面露出水面的安全距离，其值为 $0.5\sim1.0$ m。

表达式(6-48)中，最小高度验算的倾斜修正，采用了 $d\tan\theta$（d 为圆端形的直径），为弯矩作用使沉井没入水中深度计算值（$d\tan\theta/2$）的两倍，主要是考虑浮运沉井倾斜边水面存在波浪，波峰高于无波水面。

6.5　其他深基础简介

深基础种类很多，除桩基、沉井外，墩基、地下连续墙和沉箱等都属于深基础。其主要特点是需采用特殊的施工方法，解决基坑开挖、排水等问题，减小对邻近建筑物的影响。

6.5.1　墩基础

墩是一种利用机械或人工在地基中开挖成孔后灌注混凝土形成的大直径桩基础，由于其直径粗大如墩（一般直径 $d>1\,800$ mm），故称为墩基础。这种基础现用机械或人工成孔，一般将底部扩大为钟型，形成扩底墩，而后浇筑混凝土而成，其功能与桩相似。墩底直径最大已达 7.5 m，深度一般为 $20\sim40$ m，最大可达 $60\sim80$ m。当支承于基岩上时，竖向承载力可达 $60\sim70$ MN，且沉降量极小，尤其适用于一柱一墩。

墩基能较好地适应复杂的地质条件，常用于高层建筑中柱基础。墩身可穿越浅部不良地基达到深部基岩或坚实土层，并可通过扩底工艺获得很高的单墩承载力。但其混凝土用量大，施工时有一定难度，故不宜用于荷载较小、地下水位较高、水量较大的小型工程及相当深度内无坚硬持力层的地区。

墩基设计时要详细掌握工程地质和水文地质资料，以及施工设备及技术条件，论证其经济合理和技术可行性，并综合考虑如下因素：

（1）墩基承载力高，原则上应采用一柱一墩。墩深一般不宜超过 30 m，扩底墩的中心距宜 $\geqslant1.5d_b$（图 6-35 所示），D/d 宜 $\leqslant$ 3.0(2.5~3.5)，扩大头斜面高宽比 h/b 不宜小于 1.5(1.5~3.0)，具体数值应根据持力层土体稳定条件确定。

（2）墩基持力层必须承载力较高且具有一定厚度，其厚度不得小于(1.5~2.0) d_b，并保证土层在扩底施工时具有足够的稳定性。持力层一般选择在岩石(包括风化岩层)、碎石土、中密~密实和坚硬~硬塑黏性土层上。墩底一般可做成锅底状，进入持力层深度不宜小于 0.5 m。当持力层为基岩时，应嵌入岩层一定深度，当岩面倾斜时宜

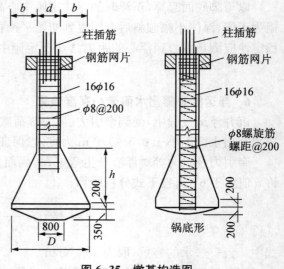

图 6-35　墩基构造图

做成台阶形,并进行稳定性验算,以防止滑动失稳。

(3)墩基的混凝土强度等级一般≥C20,钢筋不少于 ϕ10@200,最小配筋率当受压时应≥0.2％,受弯时≥0.4％。箍筋不少于 ϕ8@300,墩顶 1.5 m 范围内应加密至@100,并设置 ϕ14@200 加劲筋。主筋保护层厚度不小于 35 mm,水下浇注混凝土时不小于 50 mm。墩顶应嵌入承台不小于 100 mm,承台厚度≥300 mm,墩边至承台边的距离不小于 200 mm。此外,还宜在墩的双向设置拉梁,拉梁配筋可按所联柱子轴力值的 10％设置。

(4)因墩基承载力高,多为一柱一墩,一旦发生质量问题,其后果严重且难以处理。故墩基的施工技术和质量对工程的成败起主要作用,设计时必须明确规定施工和质检方案,提出监控指标及安全、技术措施,并预计到可能出现的不利变化及人为因素等造成的影响,以确保墩基的施工质量。

(5)墩基施工前应查明土层的渗透性,地下水的类型、流量及补给条件,地下土层中的有害气体等,进行周密的施工组织设计,并考虑施工过程中可能遇到的各种问题,如坍孔、缩颈、地下水条件的可能变化、施工时对周围建筑物及环境的影响等。

6.5.2　地下连续墙

地下连续墙是 20 世纪 50 年代由意大利米兰 ICOS 公司首先开发成功的一种新的支护型式。它是在泥浆护壁条件下,使用专门的成槽机械,在地面开挖一条狭长的深槽,然后在槽内设置钢筋笼,浇注混凝土,逐步形成一道连续的地下钢筋混凝土连续墙。用以作为基坑开挖时防渗、截水、挡土、抗滑、防爆和对邻近建筑物基础的支护以及直接成为承受上部结构荷载的基础的一部分。

地下连续墙的优点是无需放坡,土方量小;全盘机械化施工,工效高,速度快,施工期短;混凝土浇筑无需支模和养护,成本低;可在沉井作业、板桩支护等方法难以实施的环境中进行无噪音、无振动施工;并穿过各种土层进入基岩,无需采取降低地下水的措施,因此可在密集建筑群中施工;尤其适用于二层以上地下室的建筑物,可配合"逆筑法"施工(从地面逐层而下修筑建筑物地下部分的一种施工技术),而更显出其独特的作用。目前,地下连续墙已发展有后张预应力、预制装配和现浇预制等多种形式,其使用日益广泛,目前在泵房、桥台、地下室、箱基、地下车库、地铁车站、码头、高架道路基础、水处理设施,甚至深埋的下水道等,都有成功应用的实例。

地下连续墙的成墙深度由使用要求决定,大都在50 m 以内,墙宽与墙体的深度以及受力情况有关,目前常用 600 mm 及 800 mm 两种,特殊情况下也有 400 mm 及1 200 mm 的薄型及厚型地下连续墙。地下连续墙的施工工序,参见图 6-36。

1)修筑导墙

沿设计轴线两侧开挖导沟,修筑钢筋混凝土(钢、木)

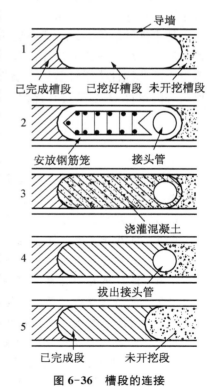

图 6-36　槽段的连接

导墙,以供成槽机械钻进导向、维护表土和保持泥浆稳定液面。导墙内壁面之间的净空应比地下连续墙设计厚度加宽 40~60 mm,埋深一般为 1~2 m,墙厚0.1~0.2 m。

2）制备泥浆

在地下连续墙成槽过程中,为了槽壁保持稳定而不发生坍塌,主要依靠槽内充满由膨润土或细泥土制成的不易沉淀的泥浆。泥浆起到护壁作用,由泥浆搅拌机搅拌,可循环使用。泥浆以膨润土或细粒土在现场加水搅拌制成,用以平衡侧向地下水压力和土压力,泥浆压力使泥浆渗入土体孔隙,在墙壁表面形成一层组织致密、透水性很小的泥皮,保护槽壁稳定而不致坍塌,并起到携渣、防渗等作用。泥浆液面应保持高出地下水位 0.5~1.0 m,比重（1.05~1.10）应大于地下水的比重。其浓度、黏度、PH 值、含水量、泥皮厚度以及胶体率等多项指标应严格控制并随时测定、调整,以保证其稳定性。

3）成槽

成槽是地下连续墙施工中最主要的工序,对于不同土质条件和槽壁深度应采用不同的成槽机具开挖槽段。成槽机械可用冲击式钻机、液压抓斗或液压铣槽机等。例如大卵石或孤石等复杂地层可用冲击钻;而切削一般土层,特别是软弱土,常用导板抓斗、铲斗或回转钻头抓铲。采用多头钻机开槽,每段槽孔长度可取 6~8 m,采用抓斗或冲击钻机成槽,每段长度可更大。墙体深度可达几十米。

4）槽段的连接

地下连续墙各单元槽段之间靠接头连接。接头通常要满足受力和防渗要求,并施工简单。国内目前使用最多的接头型式是用接头管连接的非刚性接头。在单元槽段内土体被挖除后,在槽段的一端先吊放接头管,再吊入钢筋笼,浇筑混凝土,然后逐渐将接头管拔出,形成半圆形接头,如图 6-36 所示。

地下连续墙既是地下工程施工时的围护结构,又是永久性建筑物的地下部分。因此,设计时应针对墙体施工和使用阶段的不同受力和支承条件下的内力进行简化计算;或采用能考虑土的非线性力学性状以及墙与土的相互作用的计算模型以有限单元法进行分析。地下连续墙的设计,一般要进行侧面土压力、墙体内力、强度、稳定性和变形等方面的计算。

练习题

6-1 何谓沉井基础?其适用于哪些场合?与桩基础相比,其荷载传递有何异同?

6-2 沉井基础的主要构成有哪几部分?沉井类型与工程中如何选择沉井的类型?

6-3 沉井在施工中会遇到哪些问题,应如何处理?

6-4 沉井作为整体深基础,其设计计算应考虑哪些内容?

6-5 沉井在施工过程中应进行哪些验算?

6-6 浮运沉井的计算有何特殊性?

6-7 沉井基础根据其埋置深度不同有哪几种计算方法?各自的基本假定又是什么?

6-8 封底混凝土厚度取出于什么因素?其厚度是如何计算的?

6-9 什么叫下沉系数?如果计算值小于容许值,该如何处置?

6-10 就地灌注式钢筋混凝土沉井施工顺序是什么?

6-11 浮运沉井特点,底节沉井下水常用的方法有哪几种?

6-12 导致沉井倾斜的主要原因是什么?该用何方法纠偏?

6-13 产生突沉的原因是什么?

6-14 空气幕下沉沉井的有哪些优点?泥浆润滑套的特点和作用是什么?

6-15 何谓墩基础?桩基础相比,其有何特点?

6-16 何谓地下连续墙?其主要施工工序有哪些?适用于哪些场合?

6-17 地下连续墙施工中对泥浆有何要求?

6-18 某旱桥桥墩为钢筋混凝土圆形沉井基础,各地基土层物理力学性质资料及沉井初拟尺寸如习图 6-1 所示。底节沉井及盖板混凝土等级为 C20,顶节为 C15,井孔中空。作用于井顶中心处竖向荷载 7 075 kN,水平力 350 kN,弯矩 2 455 kN·m,试验算该沉井基础的基底应力是否满足要求?

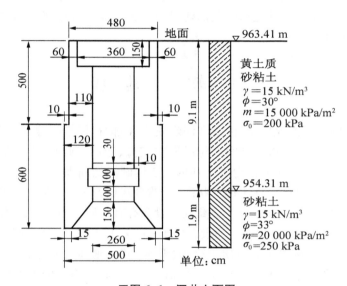

习图 6-1 沉井立面图

第7章 地基处理

我国地域辽阔,从沿海到内陆,从山区到平原,广泛分布着各种各样的土类。软土多为静水或缓慢流水环境中沉积。特殊土系指具有一些特殊的成分、结构和工程性质的天然沉积土,例如湿陷性黄土、膨胀土等。特殊土沉积物的地理分布存在着一定的规律,可称为区域性特殊土。由软土层和特殊土层控制的建(构)筑物地基时,称为软土地基或特殊土地基,一般需采取地基处理。

7.1 软 土 地 基

软土主要包括淤泥、淤泥质土、泥炭和泥炭质土和部分冲填土、杂填土以及其它高压缩性土等。淤泥和淤泥质土一般系指第四纪后期在滨海、湖泊、河滩、三角洲和冰碛等地质环境下沉积而成,广泛分布于东南沿海地区和内陆江河湖泊的周围。

天然沉积淤泥和淤泥质土处于饱和状态,天然含水量($w = 35\% \sim 80\%$)超过液限,孔隙比大 $e = 1.0 \sim 2.0 > 1.0$,黏粒含量高且一般含有有机质。当天然沉积软土物理状态指标 $I_L \geqslant 1.0$,且 $1 \leqslant e < 1.5$ 时,称之为淤泥质土;$I_L \geqslant 1.0$,且 $e > 1.5$ 时,称之为淤泥。当有机质含量大于 5% 时,称之为有机质土;当大于 60% 时,则称之为泥炭。

天然沉积软土的不排水强度 $c_u = 5 \sim 25$ kPa,且 $\varphi_u \approx 0$;有效内摩擦角 $\varphi' = 12° \sim 35°$,固结不排水内摩擦角 $\varphi_{cu} = 12° \sim 17°$。饱和软土压缩系数 $a_{1-2} = 0.5 \sim 1.5$ MPa^{-1},可高达 $a_{1-2} = 4.5$ MPa^{-1},压缩指数约为 $C_c = 0.35 \sim 0.75 (\approx 0.014\,7w - 0.213)$。软弱土层的渗透系数一般为 $k = 10^{-6} \sim 10^{-8}$ cm/s,渗透固结速率很慢。软土一般为絮凝结构,呈现出高位结构性和亚稳状态特征。我国沿海软土的灵敏度 $S_t = 4 \sim 8$,属于高灵敏土,触变响应显著。外荷载作用下的饱和软土流变性显著,其松弛效应可引发稳定问题,蠕变特征可产生可观的地基次固结沉降。

软土地基承载力低 $f_a = 50 \sim 80$ kPa。外荷载作用下的饱和软土渗透固结,其强度增长且压缩性降低。许多场合,软土地基的变形(沉降与差异沉降)控制更加复杂和困难,一般采用软土地基承载力与稳定安全基础上的变形控制设计原则。

7.2 处 理 方 法

地基处理也称地基加固,是人为改善岩土的工程性质或地基组成,使之适应基础工程需要而采取的措施。经过处理的地基一般称之为人工地基。只有在天然地基工程特性不能满足设计要求时,才需进行地基处理。根据地基加固基本原理,地基处理方法主要分为置换、密实、排水、胶结、加筋和热学等。地基处理的工法多样,特点与机理各异,任意工法具有一种或多种加固功能,在不同土类中加固效果不同,同时亦存在着局限性,参见表 7-1。

表 7-1　地基处理分类、主要方法与功能

机理	方法	功能						
		提高地基承载力	(差异)沉降控制	加速固结	地下水控制	降低液化	耐久性	整体稳定
动力密实法	振动碾压	***	***			***		*
	动力置换	***	***	*		***		*
	强夯加固	***	***			***		*
	振冲密实	***	***			***		
	孔内夯实	***	***			*		
	爆破密实	***	***			*		
预压法	加载预压	***	***					
	竖井预压	***	***	***				
	水浸密实		***					
	真空预压	***	***					
	湿土疏干	*	*		***	*	*	***
	反压平台							***
加筋法	加筋土工	*						***
	土钉支护						*	***
	树根桩	***	*				*	*
	抗滑桩							***
	桩承路堤	*	***	*				
置换法	挖土置换	*	***	*				
	挤土置换	***	*	*				
	轻质填料		***					
搅拌法	水泥石灰桩	***	*	*	***	*		*
	原位搅拌桩	*	*	*	***	*		***
	改良土填筑						*	***
	基底固化	***	***					
注浆法	渗流注浆	*	*		***		*	***
	劈裂注浆	*	***	***	*			***
	气压注浆	***	***		***			***
	压密注浆	***	***	*				
	孔穴充填	*	***		***			
其他	冻结法				***			***
	灼热法	*						*

地基处理的目的主要是改善软土地基的工程性质,达到满足上部结构对地基强度、刚度(降低压缩性)和稳定的基本要求,包括:①提高土的抗剪强度,满足地基承载力和地基基础整体稳定要求;②降低土的压缩性,减小地基沉降;③控制土中水的渗流,确保地基渗流稳定;④消除液化、湿陷和胀缩等特殊土病害的不利影响等。对任一工程来讲,处理目的可能是单一的,也可能需同时在几个方面达到一定要求。实践中,应通过综合分析与比选,确定技术可靠、经济合理、施工可行的一种或多种组合的地基加固方案。

托换技术是指需对原有建筑物地基和基础进行处理、加固或改建,或在原有建筑物基础下修建地下工程或因邻近建造新工程而影响到原有建筑物的安全时,所采取的地基加固技术措施的总称。

7.3 排 水 固 结

7.3.1 排水固结概念

根据太沙基固结理论,饱和黏性土固结所需的时间和排水距离的平方成正比。排水固结法实践中,可采用预先设置砂井或塑料排水板等竖向排水体(PVDs——Prefabriceted Vertical Drains),缩短排水距离。预压法中,排水系统由竖向排水体和水平排水通道组成,参见图 7-1。竖向排水体或简称竖井,可采用砂井、袋装砂井和塑料排水板等;水平排水通道一般由地表砂垫层组成,使土层孔隙水先流入竖向排水体,再流入水平排水通道而排出,缩短渗透固结时间。当饱和黏土层较薄,或软土层与(弱)透水层互层分布时,亦可进行天然地基直接预压。预压法中,附加荷载施加可以采用堆载预压,真空预压和主动降排水等方法。工程实践中,可单独使用一种方法,也可将几种方法联合使用,参见图 7-1(b)。

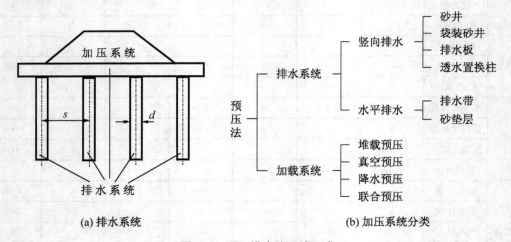

(a) 排水系统　　　　　　　　　　　　　(b) 加压系统分类

图 7-1 预压排水法系统组成

竖向排水井的平面布置和影响范围,参见图 7-2。井位的布置一般有两种形式,即等边三角形布置和矩形布置。砂井处理影响范围,可采用一个砂井在平面上的排水影响面积的等面积影响圆表示。则井影响圆直径 d_e 与排水井间距 s 的关系如下

等边三角形布置 $\qquad d_e = \sqrt{\dfrac{2\sqrt{3}}{\pi}}s = 1.05s$ $\qquad\qquad$ (7-1a)

矩形布置 $\qquad\qquad d_e = \sqrt{\dfrac{4}{\pi}}s = 1.13s$ $\qquad\qquad$ (7-1b)

预设竖井预压法中,等面积影响圆直径 d_e 与砂井直径 d_w 之比,称之为径井比 n,是预设排水井的重要设计参数之一,可表示成

$$n = \frac{d_e}{d_w} \qquad\qquad (7\text{-}2)$$

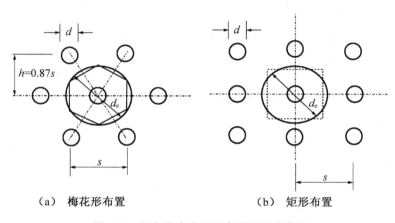

（a）梅花形布置　　　　　（b）矩形布置

图 7-2　竖向排水井平面布置和影响范围

塑料排水板采用当量直径 d_w 的概念,则各类竖向排水体直径 d_w、径井比 n 的取值,参见表 7-2。

表 7-2　不同类型竖井设计参数

排水体	排水体直径 d_w(mm)	径井比 n
普通砂井	300～500	6～8
袋装砂井	70～100	15～22
塑料排水板	50～60	15～22

塑料排水板当量(换算)直径 d_w,一般根据等排水面积原理计算,可乘以一折减系数 $\alpha = 0.75 \sim 1.0$,参见表达式(7-3a)。研究表明,更简单、更实用的一种换算方法(Rixner et al,1986),可直接采用表达式(7-3b)。

$$d_w = \alpha \frac{2(b+\delta)}{\pi} \qquad\qquad (7\text{-}3a)$$

$$d_w = \frac{b+\delta}{2} \qquad\qquad (7\text{-}3b)$$

式中　b、δ——分别为 PVDs 的宽度和厚度(mm)。

事实上,采用表达式(7-3b)确定的塑料排水板当量直径,基本等同于等排水面积原理

表达式(7-3a)计算中,当量直径再乘以 $\alpha = 0.75$ 折减系数的结果。

7.3.2 单元井固结理论

根据上述预设竖井等面积影响圆概念,将砂井(或其他竖向排水体)三维固结问题,简化成二维轴对称条件下的理想单元井固结课题,包括了竖向排水固结与水平径向轴对称排水固结,参见图 7-3。Redulic 在传统土力学竖向一维固结理论的基础上,提出了 Redulic-Terzaghi 固结理论控制方程如下:

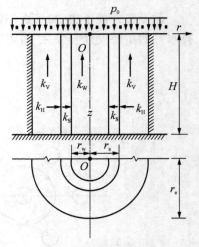

$$\frac{\partial u}{\partial t} = C_V \frac{\partial^2 u}{\partial z^2} + C_r \left(\frac{\partial^2 u}{\partial r^2} + \frac{1}{r} \frac{\partial u}{\partial r} \right) \qquad (7\text{-}4)$$

式中 C_V、C_r——分别为地基的竖向和水平径向固结系数(m/s^2);

r、z——距离砂井中轴线的水平距离和深度(m)。

采用分离变量原理,设地基的竖向和水平径向超静孔隙水压力分别为 u_v 和 u_r,则有 $u = u_v u_r$,式(7-4)可分解成竖向固结微分控制方程和水平径向固结微分控制方程,分别见式(7-5a)和(7-5b)。

图 7-3 单元井固结

$$\frac{\partial u_z}{\partial t} = C_V \frac{\partial^2 u}{\partial z^2} \qquad (7\text{-}5a)$$

$$\frac{\partial u_r}{\partial t} = C_r \left(\frac{\partial^2 u}{\partial r^2} + \frac{1}{r} \frac{\partial u}{\partial r} \right) \qquad (7\text{-}5b)$$

表达式(7-5a)竖向固结微分控制方程,可采用经典 Terzaghi 一维固结理论的解答:

$$U_{vt} = 1 - \frac{4}{\pi} \sum_{m=1}^{\infty} \frac{1}{2m-1} \sin \frac{(2m-1)\pi z}{2H} e^{-\frac{(2m-1)^2 \pi^2}{4} T_v} \qquad (7\text{-}6)$$

$$m = 1, 2, 3, \cdots$$

$$T_v = \frac{C_v}{H^2} t, \quad C_V = \frac{(1+e)k_v}{a\gamma_w}$$

水平径向固结微分控制方程,即表达式(7-5b),则一般采用等应变条件下的 Barron(1948)解答,其水平径向固结度的计算公式为

$$U_{rt} = 1 - \exp\left(-\frac{8T_r}{F_n}\right) \qquad (7\text{-}7)$$

$$T_r = \frac{C_h t}{d_e^2}, \quad C_h = \frac{(1+e)k_h}{a\gamma_w}, \quad F_n = \frac{n^2}{n^2-1} \ln n - \frac{3n^2-1}{4n^2}$$

式中 k_h、k_v——分别为地基土水平渗透系数和竖直向渗透系数(m/s);

T_v、T_r——分别为固结时间 $t(s)$ 时,竖直向和水平径向固结的时间因素,无量纲;

H——地基软土层竖向排水距离,单面排水时,H 为软土层厚度(打穿时亦为竖井长

度 L);双面排水时,为软土层厚度的一半(m)。

根据前述的分离变量原理,N. Carrilo(1942)推导出瞬时加载条件下,任意深度 z 与时间 t 的竖向 U_z 和水平径向 U_h 固结排水组合情况的平均固结度,即 Carrilo 定理如下

$$\frac{U_{tz}}{U_0} = \frac{U_h}{U_0} \cdot \frac{U_z}{U_0} \qquad (7-8)$$

则地基任一深度 z 与时间 t 的固结度解答如下

$$U_{tz} = 1 - (1-U_h)(1-U_z)$$

同理,根据地基整体竖向 U_v 和径向 U_r 固结度,可得到地基整体平均固结度 U_t 如下

$$U_t = 1 - (1-U_r)(1-U_v) \qquad (7-9)$$

【例题 7-1】 饱和软黏土层厚度 $2H = 15$ m,其下卧砂层。砂井穿透该土层,进入下卧砂土层。砂井直径 $d_w = 30$ cm,平面布置为等边三角形,间距 $s = 2.5$ m。地基土的垂直向固结系数 $C_v = 1.5 \times 10^{-3}$ cm^2/s,水平向固结系数 $C_h = 2.94 \times 10^{-3}$ cm^2/s。求在瞬时施加的均匀荷载下,预压 3 个月后的固结度。

解:

(1)竖向固结度 U_v 计算,因为是双面排水,垂直向最大渗径 $H = 750$ cm,则:

$$T_v = \frac{C_v t}{H^2} = \frac{1.5 \times 10^{-3}}{750^2} \times 3 \times 30 \times 86\,400 = 0.021$$

只取(7-6)式中的第一项,即 $m = 1$,则有

$$U_v = 1 - \frac{8}{\pi^2} \exp\left(-\frac{\pi^2}{4} T_v\right) = 23.0\%$$

(2)径向固结度 U_r 计算,因砂井的平面布置为等边三角形,所以有:

$$d_e = 1.05 \times 250 = 262.5 \text{ cm}$$

$$n = \frac{d_e}{d_w} = \frac{262.5}{30} = 8.75$$

$$F_n = \frac{n^2}{n^2-1} \ln n - \frac{3n^2-1}{4n^2} = 1.45$$

$$T_r = \frac{C_h t}{d_e^2} = 0.332$$

$$U_r = 1 - \exp\left(-\frac{8T_r}{F_n}\right) = 1 - \exp\left(-\frac{8 \times 0.332}{1.45}\right) = 84\%$$

(3)砂井预压法处理该地基的平均固结度

$$U = 1 - (1-U_r)(1-U_v) = 87.7\%$$

可以看出,采用砂井后固结度提高了约 64%,明显加快了地基的排水固结。

7.3.3 工程分析方法

井的固结分析理论需考虑饱和软土层相对厚时,竖井可能未穿透软土层的情况,以及堆

载时分级加载速率的影响等。此外，砂井、袋装砂井或塑料排水板的竖向渗流总有一定的阻力，且随着排水井深度增加，井体通水性能相对降低，竖井渗流阻力影响随之增加，称为井阻（Well Resistance）效应。竖向排水体设置采用引管插拔施工时的排土设置，对井壁附近一定区域的土体具有涂抹作用，降低了土体的径向渗透系数，称为施工涂抹作用（Swear Effect）。近年来，断面尺寸较小的袋装砂井和塑料排水板的广泛的应用，井径 d_w 减小，井间距 d_e 缩短，考虑井阻和涂抹作用时的非理想井固结理论具有了现实的工程意义。

1. 排水体未穿透软土层修正

若软弱黏土层较厚，砂井未能打穿软土层，地基软土压缩层总厚度 H 为砂井打入深度 H_1 和下卧层厚度 H_2 之和，即 $H = H_1 + H_2$，参见图 7-4。砂井深度 H_1 范围内土层平均固结度 U_1，可根据上述单元井固结理论进行计算；砂井以下部分 H_2 范围内土层平均固结度 U_2，则可简单地假定砂井底面为一排水面，采用竖向固结度的 Terzaghi 解答计算。整个土层的平均固结度 U，则可采用下式计算

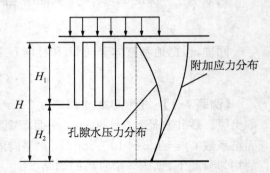

图 7-4 砂井未打穿软弱黏性土层

$$U = \eta U_1 + (1-\eta)U_2, \quad \eta = \frac{H_1}{H_1+H_2} \tag{7-10}$$

式中 η——砂井贯入度，为砂井打入深度 H_1 与整个固结土层厚度 $H_1 + H_2$ 的比值。

Hart et. al(1958)最早对未打穿砂井地基的固结问题进行了研究，并通过理论分析和室内试验研究，同样采用上述砂井贯入度 η，提出了计算未打穿砂井地基平均固结度 U 的公式：

$$U = \eta U_{rz} + (1-\eta)U_z \tag{7-11}$$

式中 U_{rz}、U_z——分别为假定砂井打穿软弱地基和未设砂井天然地基的平均固结度，前者采用单元井固结理论计算；后者则采用天然地基经典按 Terzaghi 一维固结理论计算。

【例题 7-2】 例题 7-1 中，假定井深度为 7.5 m，其他条件相同，求在瞬时施加的均匀荷载下，预压 3 个月后的固结度。饱和软黏土层厚度 $2H = 15$ m，其下卧砂层。砂井穿透该土层，进入下卧砂土层。砂井直径 $d_w = 30$ cm，平面布置为等边三角形，间距 $s = 2.5$ m。地基土的垂直向固结系数 $C_v = 1.5 \times 10^{-3}$ cm²/s，水平向固结系数 $C_h = 2.94 \times 10^{-3}$ cm²/s。

解：

(1) 根据表达式(7-10)，U_{v1} 的单面排水最大渗径与例题 7-1 双面排水时相同，均为 $H/2$，则有 $U_{v1} = U_v = 34.0\%$。

井区下卧层竖向固结度最大渗径为 $H/4$，则有

$$T_{v2} = 4\frac{C_v t}{H^2} = 4T_v = 0.083, \quad U_2 = 1 - \frac{8}{\pi^2}\exp\left(-\frac{\pi^2}{4}T_{v2}\right) = 34.0\%$$

同理，井区的径向固结度 U_r 计算与例题 7-1 相同，$U_1 = U_r = 89.4\%$。

砂井贯入度 $\eta = 0.5$，根据规范推荐表达式(7-10)，整个压缩层的平均固结度：

$$U = \eta U_1 + (1-\eta)U_2 = 0.5 \times 0.877 + (1-0.5) \times 0.34 = 60.9\%$$

(2) 根据 Hart(1958)的方法，则有 $U_{rz} = U_1 = 87.7\%$、$U_z = U_{v1} = 23.0\%$，砂井贯入度 $\eta = 0.5$，根据表达式(7-11)有

$$U = \eta U_{rz} + (1-\eta)U_z = 0.5 \times 0.877 + (1-0.5) \times 0.23 = 55.4\%$$

可以看出，考虑砂井贯入度 η 影响的土层整体固结度计算，假定井区底面为排水面，显然高估了井区的排水能力；而 Hart 仅仅是一种数学上简单归一化的方法，相对平均固结度偏低，不失其合理性。

2. 逐级加荷修正

实际工程中，预压荷载总是分级施加的，例如路基填土的分级填筑，不同于上述理论推导中瞬时加载的基本假定，参见图 7-5。考虑分级加荷的修正方法，最常见的有改进的 Terzaghi 法和改进的高木俊介法。

《建筑地基处理规范》(JGJ 79)中采用了改进的高木俊介法。设第 i 级荷载加载速率 $\dot{q}_i$，修正后平均固结度为：

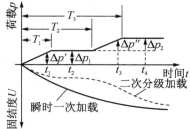

图 7-5　分级等速加荷固结计算

$$\overline{U}_t = \sum_{i=1}^{n} \frac{\dot{q}_i}{\sum \Delta p} \Big[(T_i - T_{i-1}) - \frac{\alpha}{\beta} e^{-\beta t} (e^{\beta T_i} - e^{\beta T_{i-1}}) \Big] \qquad (7-12)$$

上式(7-12)中，参数 α 和 β 表达式，参见表 7-3。其中，参数 F 的计算分别采用径井比系数 F_n、涂抹系数 F_s 和井阻系数 F_r 考虑竖井间距、涂抹作用和井阻作用的影响。

$$F = F_n + F_s + F_r \qquad (7-13)$$

$$F_n = \ln(n) - \frac{3}{4}, \ n \geqslant 15 \qquad (a)$$

$$F_s = \Big[\frac{k_h}{k_s} - 1\Big]\ln(s), \ s = \frac{d_s}{d_w} \qquad (b)$$

$$F_r = \frac{\pi^2 L^2}{4} \frac{k_h}{q_w} \qquad (c)$$

式中　q_w——井纵向通水量，为单位水力梯度下单位时间的排水量(cm^3/s)；

　　　d_s、s——分别为砂井涂抹区外边界形成的圆的直径(cm)和涂抹比($s = 2.0 \sim 3.0$)；

　　　k_s——涂抹区内扰动土的水平渗透系数 $k_s = (1/5 \sim 1/3)k_h$。

表 7-3　计算参数 α 和 β

参数	竖向排水	径向排水	竖向径向组合排水	井阻与涂抹
α	$\dfrac{8}{\pi^2}$	1	$\dfrac{8}{\pi^2}$	$\dfrac{8}{\pi^2}$
β	$\dfrac{\pi^2 C_V}{4H^2}$	$\dfrac{8C_h}{F_n d_e^2}$ 或 $\dfrac{8C_h}{F d_e^2}$	$\dfrac{8C_h}{F_n d_e^2} + \dfrac{\pi^2 C_V}{4H^2}$	$\dfrac{8C_h}{F d_e^2} + \dfrac{\pi^2 C_V}{4H^2}$

【例题 7-3】 地基为淤泥质黏土层,厚度 $H = 20$ m,固结系数 $C_h = C_v = 1.8 \times 10^{-3}$ cm^2/s,水平渗透系数 $k_h = 1.0 \times 10^{-7}$ cm/s,砂井渗透系数 $k_w = 2.0 \times 10^{-2}$ cm/s,涂抹区土的涂抹比取 $s = 2$,渗透系数 $k_s = 0.2k_h = 0.2 \times 10^{-7}$ cm/s。袋装砂井直径 $d_w = 70$ mm,等边三角形布置,间距 $s = 1.4$ m。砂井打穿软土层,下卧层不透水。预压荷载 $p = 100$ kPa,分前后两级等速加载,加载量与历时分别为 60 kPa/10 d 和 40 kPa/10 d,第一级加载完成后预压 20 d,然后施加第二级荷载。求加载开始后 120 d 时受压土层之平均固结度。

解:

$d_e = 1.05s = 1.05 \times 1.4 = 1.47$ m

$n = d_e/d_w = 1.47/0.07 = 21$

$q_w = k_w \dfrac{\pi d_w^2}{4} = 2 \times 10^{-2} \times 3.14 \times 7^2/4 = 0.769$ cm^3/s

$F_n = \ln(n) - 0.75 = \ln 21 - 0.75 = 2.29$

$F_r = \dfrac{\pi^2 L^2}{4} \dfrac{k_h}{q_w} = \dfrac{3.14^2 \times 2\,000^2}{4} \times \dfrac{1 \times 10^{-7}}{0.769} = 1.28$

$F_s = \left[\dfrac{k_h}{k_s} - 1\right]\ln(s) = \left[\dfrac{1 \times 10^{-7}}{0.2 \times 10^{-7}} - 1\right] \times \ln 2 = 2.77$

由此可得:$F = F_n + F_s + F_r = 6.34$

$\alpha = \dfrac{8}{\pi^2} = 0.81$

$\beta = \dfrac{8C_h}{Fd_e^2} + \dfrac{\pi^2 C_V}{4H^2} = \dfrac{8 \times 1.8 \times 10^{-3}}{6.34 \times 147^2} + \dfrac{3.14^2 \times 1.8 \times 10^{-3}}{4 \times 2\,000^2} = 0.009\,2/\text{d}^{-1}$

第一级荷载加荷速率 $\dot{q}_1 = 60/10 = 6$ kPa/d

第二级荷载加荷速率 $\dot{q}_2 = 40/10 = 4$ kPa/d

由此,根据表达式(7-13)可得地基平均固结度如下:

$$\bar{U}_t = \sum_{i=1}^{n} \frac{\dot{q}_i}{\sum \Delta p}\left[(T_i - T_{i-1}) - \frac{\alpha}{\beta} e^{-\beta t}(e^{\beta T_i} - e^{\beta T_{i-1}}) \right]$$

$$= \frac{6}{100}\left[(10-0) - \frac{0.81}{0.009\,2}e^{-0.009\,2 \times 120}(e^{0.009\,2 \times 10} - e^0)\right] +$$

$$\frac{4}{100}\left[(40-30) - \frac{0.81}{0.009\,2}e^{-0.009\,2 \times 120}(e^{0.009\,2 \times 40} - e^{0.009\,2 \times 30})\right]$$

$$= 0.68$$

上述算例中,如 $F = F_n = 2.29$ 不考虑井阻与涂抹效应时,可得地基平均固结度为 $U = 0.93$,井阻与涂抹效应的影响十分显著。

7.3.4 地基强度增长规律

1. 预压排水法原理

预压排水法加固地基基本原理是饱和黏性土在外荷载作用下排水固结的强度增长与压缩性降低规律,参见图 7-6。

初始应力 p_a(自重应力状态)对应土体初始孔隙比 e_a,当固结应力增加至 p_b(预压后的

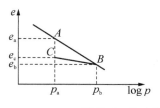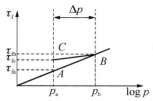

图 7-6 排水预压法加固原理

自重应力与预压荷载附加应力 Δp 之和，$p_b = p_a + \Delta p$），且固结完成时，对应孔隙比降低至 e_b，即压缩曲线上由 A 点沿正常固结线压缩至 B 点，孔隙比减少 $\Delta e = e_a - e_b$。若加载固结稳定后卸荷(解除预压应力 Δp)，固结应力退至初始应力 p_a，土体回弹沿回弹曲线由 B 点至 C 点，对应孔隙比为 e_c，显著低于原初始应力状态对应孔隙比 e_a。若重新再加荷至 p_b(施加结构荷载)，则土体的孔隙比将由 C 点重新回到 B 点，土体孔隙比再次降至 e_b，相应孔隙比减少 $\Delta e_r = e_c - e_b$。显然，卸载再加载时的再压缩 Δe_r 明显低于预压荷载施加时的 Δe。通过地基预压，土体压缩性显著降低，显著减少结构荷载施加时的地基沉降与工后沉降。同样，对应初始应力状态，预压卸载(回弹)后 C 点的抗剪强度 τ_{fc} 与预压前 A 点的初始抗剪强度 τ_{fa} 亦有明显提高，也即饱和软黏土地基的固结强度增长特性，这对于预压稳定后结构荷载施加(再加载)时，地基承载力稳定十分重要。

若预压荷载水平为 $p_b = p_a + \Delta p$，实际结构荷载水平 p_d，则当 $p_b > p_d$ 时，称为超载预压；当 $p_b = p_d$ 时，则称为等载预压；当 $p_b < p_d$ 时，称为欠载预压。传统土力学认为，经过超载预压的地基土体，对应结构荷载时的地基土体处于超固结状态，加固效果相对更好。超载预压尤其适用于次固结变形相对较大的软土地基，可以有效降低有机质含量较高的淤泥质土显著蠕变的不利影响。

2. 固结强度增长规律

饱和软黏土在附加荷载作用下排水固结，伴随着土体孔隙比减少，强度增加与压缩性降低。但是，预压荷载加载速度过快，超静孔压集聚引起饱和软土有效应力降低，可能导致地基的强度破坏。因此，施工时应控制加荷速率，确保地基不发生失稳破坏。

地基在附加荷载作用下，对应某一固结时间，土体中任意一点抗剪强度 S 可用下式表示

$$S = S_u + \Delta S_c - \Delta S_\tau \tag{7-14}$$

式中　S_u——加荷前天然地基抗剪强度(kPa)；

　　　ΔS_c——由于固结而增长的抗剪强度(kPa)；

　　　ΔS_τ——由于剪切应力水平提高和应变发展所引起的土体强度衰减(kPa)。

由于目前对 ΔS_τ 的研究不够深入，定量描述困难，可将表达式(7-14)改写成

$$S = \eta(S_u + \Delta S_c) \tag{7-15}$$

式中　η——为考虑土体剪切应力、应变和其他因素对强度影响的一个综合性折减系数，一般取值 $\eta = 0.75 \sim 0.90$；当然如果预压作用地基强度没有衰减时，则 $\eta = 1.0$。

强度增量 ΔS_c 可采用土力学有效应力原理进行分析，正常固结饱和软黏土有效黏聚力为 $c' = 0$，剪切面上有效内摩擦角为 $\varphi'(°)$，根据摩尔库伦极限平衡理论，可得：

$$S = \frac{\sigma_1' - \sigma_3'}{2}\cos\varphi' \qquad (7\text{-}16)$$

$$\sigma_3' = \frac{1 - \sin\varphi'}{1 + \sin\varphi'}\sigma_1', \quad c' = 0$$

联立上述两式,可将表达式(7-16)改写成

$$S = \frac{\sin\varphi'\cos\varphi'}{1 + \sin\varphi'}\sigma_1' = K\sigma_1', \quad K = \frac{\sin\varphi'\cos\varphi'}{1 + \sin\varphi'} \qquad (7\text{-}17)$$

式中　σ_1'——该点有效最大主应力(kPa);

　　　K——计算参数。

由此,对应于 $\Delta\sigma_1$ 作用某一时刻 t 的固结度为 U_t,可以得到固结产生的饱和软土的强度增长规律如下:

$$\Delta S_c = K\Delta\sigma_1' = K(\Delta\sigma_1 - \Delta u) = K\Delta\sigma_1\left(1 - \frac{\Delta u}{\Delta\sigma_1}\right) = K\Delta\sigma_1 U_t \qquad (7\text{-}18)$$

式中　Δu——荷载引起的地基中某点的孔隙水压力增量(kPa),由现场测定;

　　　$\Delta\sigma_1$——荷载引起的地基中某点的最大主应力增量(kPa),由弹性理论计算。

大面堆载预压工程(荷载作用面积远大于压缩层厚度)时,可近似采有效固结压力 $\Delta\sigma_c' = \Delta\sigma_z'$ 和固结不排水内摩擦角 φ_u 表示成:

$$\Delta S_c = \Delta\sigma_c U_t \tan\varphi_{cu} = \Delta\sigma_z U_t \tan\varphi_{cu} \qquad (7\text{-}19)$$

天然沉积饱和软黏土的不排水强度,可用十字板剪切试验指标 S_u 或无侧限抗压试验指标 q_u 来描述。根据经验,深厚饱和软土的 S_u 随深度 z 呈直线性增长趋势,见图7-7。因此,可以得到经验公式

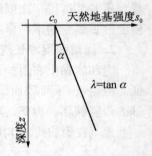

$$S_{uz} = c_{u0} + \lambda z \qquad (7\text{-}20)$$

式中　c_{u0}——地面处地基的初始不排水强度(kPa)。

实践中,采用上式(7-20)求得任一深度 z 软土初始不排水强度 S_{uz},由表达式(7-18)或表达式(7-19)求得深度 z 处固结时间为 t 时刻的软土固结后不排水强度增量 ΔS_{cz},代入表达式(7-15)可得固结后的不排水强度。

图 7-7　地基初始强度与深度

7.3.5　预压方法

在预压法中,地基中固结压力的荷载来源一般分三大类:一是利用建筑物自身重量加压的方法;二是外加预压荷载(堆载)加压的方法;三是通过减小地基中孔隙水压力而增加固结压力的方法。

1) 建(构)筑物自重加压

利用建筑物本身重量对地基加压是一种经济而有效的方法,属于堆载预压范畴。该加载方式适用于地基稳定性控制为主,容许较大变形的建(构)筑物,如路堤、土坝、贮矿场、油罐、水池等。例如,油罐或水池等构筑物可利用充水加压检验罐壁防渗质量时的水压力,采

用分级逐渐充水控制加载速率的预压方法;路堤或土坝等构筑物的分级填筑控制加载速率的预压方法。

2)堆载预压方法

堆载预压法,是在被加固的软基面积范围内,预先堆填等于或大于设计荷载的压重材料,例如石料、砂和砖等散粒料。堆载预压施工时,堆载范围不得小于建筑的基础底面积,且应适当扩大,以保证建筑物范围内地基得到均匀加固。同上,堆载预压法应严格控制堆载的速率,保证各级荷载下地基的稳定性。

堆载预压时,严格控制加荷速率,保证被加固地基的地基承载力稳定至关重要。特别是竖向排水体施工扰动后的软弱黏性土地基,无论是出于保证地基承载力的强度稳定,还是为了控制地基的工后沉降变形,都要求更加精心组织施工。

3)真空预压法

减少地基中孔隙水压力的方法一般采用真空技术,真空预压法处理地基必须设置排水竖井与砂垫层。通过降低砂垫层和竖向排水体中的孔隙水压力至 p_v 形成负压区,相对天然土体原来承受的一个大气压 p_a,在被加固地基中的排水体和基体间形成压差($p_a - p_v$)作用下,迫使土中水排出固结。

真空预压法首先在砂垫层中埋设吸水管道,并与抽真空装置连接,形成抽气、抽水系统。同时在砂垫层上铺设不透气的封闭膜,薄膜四周埋入土中一定深度密封良好,抽提时确保砂垫层和竖向排水体中的负压区压差的作用下,孔隙水排出土体而固结,直至加固区的土体和排水体间的压差趋于零,渗流固结基本完成,参见图7-8。真空预压法的真空度一般可达 80 kPa,且一般要求竖井深度范围内土层的平均固结度应大于 90%。真空预压法中真空度施加预压荷载,不存在软土地基预

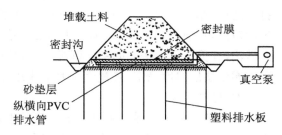

图 7-8 真空和堆载联合预压加固软土地基

压荷载作用的稳定问题,可一次连续抽真空至最大压力,预压固结施工周期相对分级堆载预压要短。真空预压法适用于一般均匀饱和软黏土地基,但对于黏土层与透水层互层相间的成层地基,抽真空时地下水会大量流入,难以达到规定负压,故不宜采用此法。

理论研究和实践表明,真空预压和堆载预压的效果可以叠加,即联合加载预压法。真空预压时形成负压区的压差($p_a - p_v$),堆载预压时形成正压区的压差($p_p - p_a$),抽真空和堆载联合预压时的被加固地基土体在压差($p_p - p_v$)作用下,土中水流向排水体,土体发生固结。显然,由于联合预压时,压差的增大,土体固结完成后的加固效果相对更好。

4)降低水位预压法

降低水位预压法是借井点抽水降低地下水位,以增加土的自重应力(相当于水位下降高度水柱的重量),达到预压目的。这一方法最适用于渗透性较好的砂土或粉土或在软黏土层中存在砂土层的情况,使用前应摸清土层分布及地下水位情况等。对于深厚的软黏土层,可设置砂井,并采用井点降低地下水位。必须指出,降低地下水位法可能引起邻近建筑物基础的附加沉降环境岩土稳定问题,对此必须引起足够的重视。

7.3.6 预压设计

预压法包括堆载预压法和真空预压法,适用于处理淤泥质土、淤泥和冲填土等饱和黏性土地基。

1) 排水系统布置

通常砂井直径、间距和深度的选择,应满足在预期固结时间内,地基固结度能达到或超过 70%～80% 以上。竖井直径和间距,取决于软黏土层的固结特性和施工预压周期的控制。一般可根据竖井类型确定其直径 d_w,然后选择合适的径井比 n,参见表 7-2。软土深厚或预压周期短时,选用相对较小 n 值;反之亦然。竖井深度选择与土层分布、地基中的附加应力大小和施工期限等因素有关。实践中,对以地基抗滑稳定性控制的工程,竖井深度至少应超过最危险滑动面 2.0 m;对以变形控制的建筑竖井深度应根据在限定的预压时间内需完成的变形量确定,且一般竖井宜穿透受压土层。竖井有效深度,一般不超过 20 m。竖井平面布置一般按正方形或等边三角形布置,参见图 7-2。预压荷载顶面的范围应等于或大于建筑物基础外缘所包围的范围。

地表排水通道一般设置在竖井顶面,可采用铺设排水砂垫层或砂沟或土工合成材料水平排水带(管),连通竖井引出从软土层排入砂井的渗流水。一般采用砂垫层作为地表水平排水通道,厚度宜大于 500 mm(水下砂垫层厚为 1 000 mm 左右),平面布置宽度应超过竖井加固范围,且应不小于 $2d_w$。如砂料缺乏,可采用砂沟,一般在纵向或横向每排砂井设置一条砂沟,在另一方向按中间密两侧疏的原则设置砂沟,并使之与竖井良好连通。砂沟的高度可参照砂垫层厚度确定,其宽度应大于砂井直径 d_w,且不应小于 500 mm。

2) 制定预加荷载计划

当天然地基土的强度满足预压荷载下地基的稳定性要求时,可一次性加载。否则,应分级逐渐加载,且待前期预压荷载下地基土的强度增长满足下一级荷载下地基的稳定性要求时方可加载。为此,要拟定加载计划,设计时可按以下步骤初步拟定加载计划:

(1) 利用地基的天然抗剪强度计算第一级容许施加的荷载;

(2) 计算第一级荷载下地基强度增长值,并以此增长值确定第二级所能施加的荷载;

(3) 计算第一级荷载下达到指定固结度所需的时间,作为第二级荷载开始的时间;

(4) 以此类推,完成整个分级加载设计。

预压荷载大小主要根据设计荷载水平确定,对于沉降有严格限制的建筑,应采用超载预压法。超载作用大小应根据预压时间内要求完成的变形量,通过计算确定。并宜使预压荷载下受压土层各点的有效竖向应力大于建筑物荷载引起的相应点的附加应力。

3) 分析验算

饱和软土地基固结分析、强度增长可采用上述方法。需要时预压加载过程中必须验算每级荷载作用下的地基整体稳定性。整体稳定分析,通常假定地基的滑动面为圆筒面,可采用圆弧法(条分法)进行。此外,预压荷载下地基的最终竖向变形量 s_f,可采用传统分层综合法按下式计算:

$$s_f = \xi \sum_{i=1}^{n} \frac{e_{0i} - e_{1i}}{1 + e_{0i}} h_i \tag{7-21}$$

经验系数 ξ 可根据预压荷载的性质取值,且荷载作用水平相对较高、地基土层相对软弱时,取较大值;否则取较小值,参见表 7-4。变形计算时,可取附加应力与土自重应力的比值为 0.1 的深度,作为受压层的计算深度。

表 7-4　预压法沉降计算经验系数 ξ

预压方法	堆载预压	真空预压	堆载真空联合预压
经验系数 ξ	1.1～1.4	0.8～0.9	0.9

7.4　置 换 加 固

7.4.1　基本概念

复合地基是指天然地基经加固处理,部分土体得到加强,或被置换,或在天然地基中设置加筋材料,形成由两种或两种以上具有不同强度与模量的材料组成的,可共同承受荷载作用且可协调变形的人工地基。复合地基一般是由基体(天然土体)和增强体(置换体或加固体)组成的二元复合结构。人工增强体存在,使其区别于天然地基;增强体与基体协调变形共同承担荷载的特性,使其不同于传统桩基础。近年来,增强体几何尺寸、材料和设置工艺多元化,形成了刚柔、长短桩柱增强体组合的多元复合地基。根据增强体的材料性质和布置方向进行分类,参见图 7-9 和图 7-10。

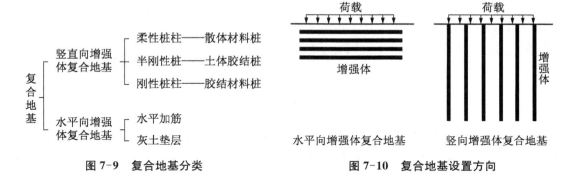

图 7-9　复合地基分类　　　　　图 7-10　复合地基设置方向

复合地基中增强体的材料性质不同,桩体与基体协配共同承担外载作用的工作机理亦不尽相同。散体材料没有黏结强度,依赖于周围土体的围箍作用才能形成桩体,主要为软土置换挤密加固机理,可以称之为柔性桩体复合地基。土体胶结材料增强体(水泥搅拌桩等)具有一定的黏结强度和刚度,一般为软土置换与桩体荷载传递综合加固机理,可以称为半刚性桩复合地基。胶结材料(CFG 等)增强体的本身具有相对的高强度与高刚度,桩体荷载分担与传递加固为主,可以称为刚性桩复合地基。增强体刚度不仅取决于增强体的相对模量高低,且与桩的相对长度和支撑条件有关。例如,软土层相对较薄且下卧持力层良好,水泥搅拌桩直径较大且长径比较小时,呈现出刚性桩复合地基承载特征;反之,长径比相对偏大时,则可能表现出柔性桩承载特征。

7.4.2 浅层置换

1. 浅层换填

将基础底面下处理范围内的软弱土层部分或全部挖去,然后换填工程性能良好的材料,并分层碾压(或夯实、振密)至要求密实度的地基处理方法,称为换土垫层法(Replacement Method),适用于浅层软弱地基及不均匀地基的处理。按回填材料不同,可分为砂垫层、碎石垫层、素土垫层、灰土垫层、以及高炉干渣垫层和粉煤灰垫层等。垫层材料应具备强度高、压缩性低、稳定性好、无侵蚀性以及可填性能良好等工程特性。

就软土地基而言,浅层置换加固中的一定厚度的砂石等材料的高强度、低压缩性以及其应力扩散效应的综合,不仅可以提高基底下地基承载力,且可减小地基沉降。尤其是软土层较薄或浅层薄层软土整体置换时,地基承载力与刚度将显著提高。同时,砂石等渗透性能良好的置换层形成水平排水通道,还可加速地基排水固结与强度增长。

1) 垫层设计

换填法设计的主要内容是确定断面的合理宽度和厚度,一般可将各种材料的垫层设计,都近似地按砂垫层的计算方法进行设计。设计垫层时,不但要求满足建筑物对地基变形及稳定的要求,而且应符合经济合理的原则。

(1) 垫层厚度的确定

根据垫层作用原理,垫层的厚度必须满足如下要求:当上部荷载通过垫层按一定的扩散角传至下卧软弱土层时,参见图 7-11。该下卧软弱土层顶面所受的自重应力 p_{cz}(kPa)与附加应力 p_z(kPa)之和,不大于该深度处软弱土层的地基承载力设计值 f_{az}(kPa),参见下式:

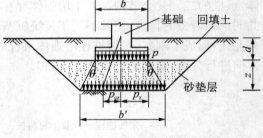

图 7-11 砂垫层剖面图

$$p_z + p_{cz} \leqslant f_{az} \qquad (7-22)$$

当基底埋深为 d(m),置换垫层厚度为 z(m)时,垫层底面处的附加应力值 p_z 可用弹性理论计算,也可按应力扩散角 θ 进行简化计算如下:

条形基础
$$p_z = \frac{b(p - p_c)}{b + 2z\tan\theta} \qquad (7-23a)$$

矩形基础
$$p_z = \frac{bl(p - p_c)}{(b + 2z\tan\theta)(l + 2z\tan\theta)} \qquad (7-23b)$$

式中 b——矩形基础或条形基础底面的宽度(m);

l——矩形基础底面的长度(m);

p——基础底面接触压力(kPa);

p_c——基础底面自重应力(kPa);

θ——垫层材料的压力扩散角,在缺少资料时,可参照表 7-5 选用。

表 7-5　垫层材料压力扩散角 $\theta(°)$

换填材料　z/b	砂、碎石	灰土	粉煤灰	黏性土或粉土 $8<I_P<14$
0.25	20	30	22	6
≥0.5	30	30	22	23

注：① 当 $z/b<0.25$ 时，除灰土仍取 $\theta=30°$ 外，其他材料均取 $=0$；
　　② 当 $0.25<z/b<0.50$ 时，砂石垫层的 θ 值可内插求得。

《公路桥涵地基与基础设计规范》(JTG D63) 规范中，垫层应力扩散后采用了上述均匀分布模型，压力扩散角取值，参见表 7-6。

表 7-6　垫层压力扩散角 $\theta(°)$

垫层材料　z/b	中砂、粗砂、砾砂、圆砾、角砾、卵石、碎石
≤0.25	20
≥0.5	30

注：当 $0.25<z/b<0.5$ 时，θ 值可内插确定。

换填法设计时，一般先根据初步拟定的垫层厚度，再用式(7-22)进行承载力验算复核垫层厚度 z。垫层厚度一般不宜大于 3 m，避免填挖方工作量太大，施工困难；同时也不宜小于 0.5 m，太薄则换土垫层的加固作用不显著。上述垫层厚度的构造要求，不适用于非加固性垫层，如基底排水垫层、刚度协调褥垫层等。

（2）砂垫层底面尺寸的确定

垫层底面尺寸的确定，一方面要满足应力扩散的要求；另一方面要防止基础周边砂垫层向两侧的挤出。常用的经验扩散角法，参见图 7-11。此时，矩形基础的垫层底面的长度 l_m 及宽度 b_m 分别为：

$$b_m（或 l_m）\geqslant b（或 l）+2z\tan\theta \qquad (7\text{-}24a)$$

式中　θ——垫层压力扩散角，按表 7-5 或表 7-6 取值。

条形基础，则只需计算垫层底面宽度 b_m。在上海市标准《地基处理技术规范》(DBJ 08) 中，对 b_m 的确定采用了更加简单而明确的计算方法如下：

$$b_m = b+2z\tan45° = b+2z \qquad (7\text{-}24b)$$

垫层顶面尺寸应为基础尺寸每边加宽不小于 300 mm，或从垫层开挖底面向上，按当地基坑经验开挖要求，放坡延伸至地面。整片垫层的宽度，可根据施工的要求适当加宽。当垫层的厚度、宽度和放坡线一经确定，即得垫层的设计断面。

【例题 7-4】　某居民楼采用砖混结构条形基础，条形基础，宽 $b=1.0$ m，埋深 $d=0.8$ m。作用在基础顶面的竖向荷载标准值 $N_k=130$ kN/m。地基土情况：表层为素填土，容重 $\gamma_1=17.5$ kN/m³，层厚 1.3 m；第二层为淤泥质土，$f_{ak}=70$ kPa，$\gamma_2=17.8$ kN/m³，层厚 10 m；第三层为密实砂砾土层。地下水位距地表 1.3 m。拟采用砂垫层处理，试设计其砂垫层。

解：

砂垫层材料采用粗砂，要求分层压实，压实度达到 0.95，则其承载力特征值 $f_{ak}=150$ kPa。初步设计砂垫层厚度 $z=1.2$ m，验算如下：

（1）地基承载力特征值

砂垫层底面以上地基土体的厚度加权平均重度 γ_m：

$$\gamma_m = \frac{1.3\times17.5+0.7\times7.8}{2} = 14.1 \text{ kN/m}^3$$

淤泥质土的承载力修正系数 $\eta_b = 0$，$\eta_d = 1.0$，垫层底面淤泥质土的承载力特征值 f_{az}：

$$f_{az} = f_{ak} + \eta_d \gamma_m (D - 0.5) = 70 + 14.1 \times (2.0 - 0.5) = 91.2 \text{ kPa}$$

（2）垫层底面自重应力

$$p_{cz} = \gamma_1 h_1 + \gamma_2' (d + z - h_1) = 17.5 \times 1.3 + 7.8 \times 0.7 = 28.2 \text{ kPa}$$

（3）垫层底面处附加应力

基础底面附加应力 p_0：

$$p_0 = p - \gamma_1 d = \frac{N + \gamma_0 db}{b} - \gamma_1 d = \frac{130 + 20 \times 0.8 \times 1.0}{1.0} - 17.5 \times 0.8 = 132 \text{ kPa}$$

粗砂应力扩散角 $\theta = 30°$，$\tan\theta = \tan 30° = 0.577$，扩散角法计算深度 z 附加应力如下：

$$p_z = \frac{p_0 b}{b + 2z\tan\theta} = \frac{132 \times 1.0}{1.0 + 2 \times 1.2 \times 0.577} = 55.4 \text{ kPa}$$

（4）验算垫层底面承载力

$$p_{cz} + p_z = 28.2 + 55.4 = 83.6 \text{ kPa} < f_{az} = 91.2 \text{ kPa}，满足要求。$$

（5）确定砂垫层底宽 b_m

$$b_m = b + 2z\tan\theta = 1.0 + 2 \times 1.2 \times 0.577 = 2.3848 \text{ m} \approx 2.4 \text{ m}$$

2）沉降计算

对于重要的建筑或垫层下存在软弱下卧层时，还要求按分层总和法计算基础的沉降量，以便使建筑物基础的最终沉降量小于建筑物的容许沉降值。建筑物沉降由两部分组成，一部分是垫层的沉降 S_m，另一部分是垫层下压缩层范围内的软弱土层的沉降 S_g。

$$S = S_m + S_g \tag{7-25}$$

沉降 S_m 的计算中，应力可简单地取垫层顶面和底面的压力的平均值。垫层材料的压缩性指标，在无资料时，对于砂垫层，$E_s = 12 \sim 24 \text{ MPa}$；而对于粉煤灰，则 $E_s = 8 \sim 20 \text{ MPa}$。无论是地基还是垫层，其沉降的计算均可按分层总和法进行。

2. 加筋垫层

土工织物水平向增强体复合地基可以提高地基承载力，并可减小地基的不均匀沉降。土工织物水平加筋体复合地基，筋材位于基底下距离 D 处，在基底荷载 p 作用下产生沉降 w_b，基底压力 p 按 $1:2$ 扩散至筋材深度处（$D + w_b$）时的应力扩散宽度为 B'，对应 B' 两端的筋材嵌压张拉挠曲圆弧的半径为 r，且 B' 两端处的筋材张拉力 T 倾角为 θ，D 范围内的被动土压力为 P_P，且与水平面的夹角为 δ，参见图 7-12。

浅层加筋置换层复合地基承载力由天然地基承载力、筋材张拉兜提增强效应、边载增强效

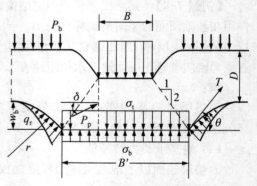

图 7-12 土体织物加筋复合土层假设应力条件

应和侧向围箍增强效应等组成。由此,土工织物筋材复合地基的极限承载力公式如下:

$$q_f = c_u N_c + (\gamma D + \gamma w_{max} + q_r) N_q + \frac{2T\sin\theta}{B'} + \frac{2P_p\sin\delta}{B} \tag{7-26}$$

$$P_p = \frac{1}{2}\gamma D^2 \left(1 + \frac{2p_b}{D}\right)\frac{K_p}{\cos\delta}, \quad q_r = \frac{T}{r}$$

式中　γ——土体重度(kN/m³);

　　　c_u——天然地基土体的不排水抗剪强度(kPa);

　　　K_p——深度 D 范围内土体的被动土压力系数;

　　　p_b——基底边缘竖向边载(kPa),地面上无附加荷载时,即为基底处地基自重应力;

　　　N_c、N_q——天然地基承载力系数,一般取 $N_c = 5.3$,$N_q = 1.4$。

筋材张拉力 T 可取其抗拉强度,加筋处应力扩散边缘的筋材张拉力倾角 $\theta = 10 \sim 17(°)$,假想嵌压挠曲圆弧半径一般取 3 m 或为软土层厚度一半,且不大于 5.0 m。

7.4.3　桩体复合地基原理

复合地基的工作机理主要包括桩体置换增强和加筋稳定,且部分桩体材料可加速饱和软土地基固结,桩体设置排土效应可挤密松散砂性土地基。

(1)桩体置换增强。复合地基中桩柱增强体具有分担更多基底荷载且传递至桩柱端深层良好土层中的桩体承载与荷载传递特征,增强体材料具有相对软弱基体的低压缩性特征,两者综合可提高地基承载力与地基整体刚度。

(2)加筋稳定功能。复合地基中增强体材料高强度特征的加筋作用,增强了地基的抗剪强度,提高了地基承载力与整体滑动稳定性。

(3)排水固结功能。复合地基增强体材料为碎石等散体透水材料时的良好透水性能与复合地基整体刚度提高,可显著加速地基的排水固结速率。

(4)挤密增强功能。复合地基增强体振动排土设置工艺挤密或振密作用,可以显著改善松散大孔隙土体的密实状态。

此外,增强体材料采用生石灰类等具有吸水、发热和膨胀作用的材料,成桩后的膨胀、吸水效应,同样对桩间基体起到挤密固结。

1. 复合地基破坏模式

复合地基破坏模式主要包括刺入破坏、鼓胀破坏、整体剪切破坏和滑动破坏 4 种,参见图 7-13。复合地基破坏模式与复合地基的桩型、桩身强度、土层条件、荷载形式、复合地基上基础结构形式和边界条件等有关。

(1)刺入破坏。当复合地基桩体刚度相对较大,或基体相对软弱时,容易发生桩体刺入破坏,参见图 7-13(a)。桩体发生刺入破坏后,承担荷载水平降低,进而引起桩间土屈服,导致复合地基全面破坏。刚性桩复合地基较易发生此类破坏。

(2)鼓胀破坏。在荷载作用下,桩间土不能提供足够围压,阻止黏结性弱的桩体发生过大侧向变形,从而产生桩体鼓胀破坏,并引起复合地基全面破坏,参见图 7-13(b)。散体材料桩复合地基通常容易发生鼓胀破坏。

（3）剪切破坏。在荷载作用下，复合地基将出现局部塑性区，在滑动面上增强体与基体均发生剪切破坏，参见图 7-13(c)。散体材料桩复合地基较易发生整体剪切破坏，柔性桩复合地基在一定条件下也可能发生此类破坏。

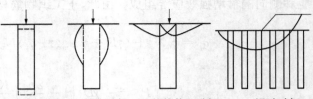

(a) 刺入破坏　(b) 鼓胀破坏　(c) 整体剪切破坏　(d) 滑动破坏

图 7-13　复合地基破坏模式

（4）滑动破坏。在荷载作用下，复合地基沿某一滑动面产生滑动破坏，参见图 7-13(d)。在滑动面上，桩体和桩间土均发生剪切破坏。各种复合地基在特殊结构型式、特殊边界和特殊荷载作用下，都可能发生这类型式的破坏。

2. 基底垫层工作机制

复合地基与基础间的构造褥垫层，可调节桩土相对变形，毋庸置疑。刚性基础基底等应变条件下，基底褥垫层设置是利用其塑性流动特征协调桩土变形，合理调动基底桩间土的承载力参与工作，优化基桩与承台设计。柔性基础（土工结构）基底设置垫层则是利用结构垫层的刚度与劲度，及时有效发挥增强体承载性能，避免软弱基体承担过大荷载，确保复合地基中软弱基体的抗力稳定。因此，不同基础类型，基底垫层的工作机理不尽相同。

《地基规范》规定复合地基中增强体（桩体）顶部应设置褥垫层，可采用中砂、粗砂、砾砂、碎石和卵石等散体材料，碎石、卵石褥垫层宜掺入 20%～30% 砂，厚度 100～300 mm。

3. 复合地基工作原理

1）复合地基参数

竖向增强体复合地基的增强体一般按正方形或三角形平面布置，参见图 7-14(a)。通常将上述一根桩所分担处理面积换算为面积相等的等效影响圆面积 A_e 及直径 d_e。若桩体的横截面积为 A_p 及其桩身直径为 d_p，则复合地基置换率 m 定义为：

$$m = \frac{A_p}{A_e} = \frac{d_p^2}{d_e^2} \tag{7-27}$$

设增强体平面布置间距为 s（相邻桩的中心距），按正方形布置时一根桩分担的处理面积为 $A_e = s^2$；等边三角形时，一根桩分担的处理面积为 $A_e = 0.866s^2$；影响圆直径 d_e 计算，参见表达式(7-1)。在荷载作用下，复合地基桩体顶面增强体的竖向平均应力为 σ_p，桩间土竖向平均应力为 σ_s，参见图 7-14(b)，则桩土应力比 n 为：

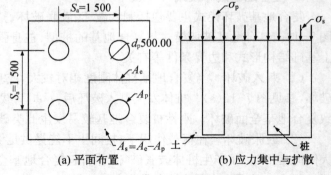

(a) 平面布置　　　(b) 应力集中与扩散

图 7-14　复合地基作用效应分析

$$n = \frac{\sigma_p}{\sigma_s} \tag{7-28}$$

桩土应力比 n 不仅取决于桩土相对刚度,且与荷载水平、面积置换率、增强体长度、固结时间和垫层设置等有关,十分复杂。

2)复合地基应力

由散体材料形成的柔性桩体复合地基,桩土间基本符合等应变协调条件,桩土应力比 n 也接近桩土材料的(压缩)模量比。当复合地基的增强体承载力 f_p 和基体的承载力 f_s 同时发挥时,桩土应力比 n 也可表示为增强体承载力和基体的承载力之比,即:

$$n = \frac{\sigma_p}{\sigma_s} = \frac{E_p}{E_s} = \frac{f_p}{f_s} \tag{7-29}$$

根据增强体和基体平面截面面积简单叠加原理,复合地基承载力 f_{sp} 可按下式确定

$$f_{sp} = mf_p + (1-m)f_s = \left. \begin{array}{l} m\dfrac{R}{A_p} + (1-m)f_s \\[2mm] [1 + m(n-1)]f_s \end{array} \right\} \tag{7-30}$$

基于上述相同原理,设复合地基桩体顶面平均应力为 σ_{sp},可以得到复合地基表面应力分配如下:

$$\sigma_{sp} = [1 + m(n-1)]\sigma_s = \frac{\sigma_s}{\mu_s} \quad 或 \quad \sigma_s = \mu_s \sigma_{sp} \tag{7-31a}$$

$$\sigma_{sp} = \frac{[1 + m(n-1)]}{n}\sigma_p = \frac{1}{n\mu_s}\sigma_p = \frac{1}{\mu_p}\sigma_p \quad 或 \quad \sigma_p = \mu_p \sigma_{sp} \tag{7-31b}$$

$$\mu_s = \frac{1}{1 + m(n-1)}, \quad \mu_p = n\mu_s$$

可以看出,μ_s 表征了复合地基顶面(基础底面)的荷载分配应力扩散效应,可以称之为基体应力扩散系数,且与增强体置换率 m 与桩土应力比 n 成反比;与之对应,μ_p 则为增强体的应力集中系数,且与置换率 m 与应力比 n 成正比。因此,复合地基表面荷载分配有明显的向桩体集中和向基体扩散的基本特征。

3)复合地基刚度

复合地基加固区由桩体和桩间土两部分组成,呈非均质。但在复合地基计算中,可将加固区简化视作为一均质的复合土层,则与原非均质复合土体等价的均质复合土体的模量称为复合地基的复合压缩模量,一般按平面面积置换率 m 分析如下:

$$E_{ps} = mE_p + (1-m)E_s \tag{7-32a}$$

或

$$E_{ps} = [1 + m(n-1)]E_s = \frac{E_s}{\mu_s} \tag{7-32b}$$

复合地基的复合模量与增强体置换率 m 与桩土应力比 n 成正比。上式(7-32a)只有在增强体与基体等应变条件成立;而式(7-32b)则更具普适性。

4）复合地基强度

复合地基整体稳定分析的核心是确定复合地基的综合抗剪强度 τ_{ps}，一般可按桩体和基体均发挥抗剪强度进行简化分析，此时按平面面积置换率可得：

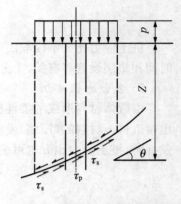

$$\tau_{ps} = m\tau_p + (1-m)\tau_s \qquad (7\text{-}33)$$

式中 τ_{ps}、τ_p、τ_s——复合地基、桩体和桩间土的抗剪强度（kPa）。

如图 7-15 分析单元，复合地基上作用荷载为 p，基体和桩体的重度分别为 γ_s 和 γ_p，基体和桩体的材料内摩擦角和黏聚力分别为 φ_s、c_s 和 φ_p、c_p。根据上述表达式（7-33）原理，在如图 7-15 的滑动面上展开后，可以得到：

图 7-15　复合地基滑动面剪切

$$
\begin{aligned}
\tau_{ps} &= m\tau_p + (1-m)\tau_s \\
&= mc_p + (1-m)c_s + \left[(1-m)(\mu_s p + \gamma_s z)\tan\varphi_s + m(n\mu_s p + \gamma_p z)\tan\varphi_p\right]\cos^2\theta \\
&= c_c + \left[(1-m)(\mu_s p + \gamma_s z)\tan\varphi_s + m(n\mu_s p + \gamma_p z)\tan\varphi_p\right]\cos^2\theta
\end{aligned}
$$

$$\qquad (7\text{-}34a)$$

$$c_c = mc_p + (1-m)c_s \qquad (7\text{-}34b)$$

式中 z——滑动圆弧分析中，条分单元滑动面在复合地基中的深度（m）；

θ——滑动圆弧分析中，条分单元圆弧剪切面与水平面的夹角（°）。

Aboshi（1979）认为增强体为散体材料的 $c_p = 0$，基体饱和软黏土 $\varphi_s = 0$，将散体材料桩复合地基综合抗剪强度表达式简化成：

$$\tau_{ps} = (1-m)c_s + m(n\mu_s p + \gamma_p z)\cos^2\theta\tan\varphi_p \qquad (7\text{-}35)$$

Preibe（1978）按复合地基综合强度指标计算时，复合土体黏聚力 c_c 和内摩擦角 φ_c 可分别采用以下两个表达式：

$$\tan\varphi_c = \omega \cdot \tan\varphi_p + (1-\omega) \cdot \tan\varphi_s \qquad (7\text{-}36a)$$

$$c_c = \omega c_p + (1-\omega)c_s \qquad (7\text{-}36b)$$

$$\omega = mn\mu_s = m\mu_p$$

式中 参数 ω 取值为 $\omega = 0.4 \sim 0.6$，其他参数符号含义与上述相同，不再赘述。

7.4.4　复合地基承载力

复合地基承载力特征值宜采用原位载荷试验提取或验证，分为单桩复合地基试验和多桩复合地基荷载试验。前者承压板（刚性）面积为一根桩体承担的处理面积；后者承压板（刚性）尺寸按实际桩体数所承担的处理面积选定。单桩的中心或多桩的形心应与承压板的中心保持一致，并与荷载作用点相重合。承压板底高程宜接近基础底面设计高程，且底面下宜铺设与复合地基褥垫层相近的垫层构造层，垫层顶面宜铺设中、粗砂找平层。试坑的长度和宽度不小于承压板尺寸的 3 倍，基准梁的支点应设在试坑之外。

加荷等级可分为 8～12 级。最大加载压力不宜小于设计要求压力值的 2 倍。每加一级荷载均各读记承压板沉降一次,以后每隔半小时读记一次。当 1 h 内沉降小于 0.1 mm 时,即可加下一级荷载。当出现下列现象之一时,可终止试验:(1)沉降量急剧增大,土被挤出或承压板周围出现明显的隆起;(2)承压板的累计沉降量已大于其宽度或直径的 10%;(3)当达不到极限荷载,而最大加载压力已大于设计值的 2 倍。卸载级数可为加载级数的一半,即每级卸载为加载分级的两倍。每卸一级,读记回弹量,直至变形稳定。原位载荷试验,确定复合地基承载力特征值,可按如下规定取值:

① 当载荷板 $P \sim s$ 成果曲线上,可确定比例极限和极限荷载时,极限荷载大于等于比例界限 2 倍时,可取比例界限;反之取极限荷载的一半,作为复合地基承载力特征值;

② 按载荷板 $P \sim s$ 成果曲线上,无明显比例极限和极限荷载时,采用相对变形值 s/d 所对应的荷载确定复合地基承载力特征值,参见表 7-7。

表 7-7 $P \sim s$ 成果曲线相对变形值确定复合地基承载力特征值

类型	振冲砂石桩		土、灰(土)桩		水泥土桩 或旋喷桩	CFG 桩或夯实 水泥土桩
	黏性土	粉土砂性土	土桩灰桩	挤密灰土		
s/d	0.020	0.015	0.015	0.008	0.004～0.008	0.010

1. 一般表达式

初步设计时的复合地基承载力特征值估算,一般采用复合求合法。根据桩的类型不同,复合求和法计算公式略有差别,参见表达式(7-37)。

$$f_{sp,k} = m f_{p,k} + \beta (1-m) f_{s,k} \tag{7-37a}$$

或

$$f_{sp,k} = m \frac{R_a}{A_p} + \beta (1-m) f_{s,k} \tag{7-37b}$$

或

$$f_{sp,k} = [1 + m(n-1)] f_{s,k} \tag{7-37c}$$

式中 $f_{sp,k}$、$f_{p,k}$ 和 $f_{s,k}$——分别为复合地基、桩体和桩间土承载力特征值(kPa);

R_a——单桩竖向承载力特征值(kN)。

表达式中,参数 β 为桩间土承载力折减系数且一般 $\beta \leqslant 1.0$,β 取值不仅与桩端土及桩侧土的性质等有关,同时与桩体刚度和布置间距(置换率 m)有关,参见表 7-8。散体材料桩刚度相对较低,基体承载力容易充分发挥,取 $\beta = 1.0$。CFG 等高强胶结材料桩的桩身刚度虽然相对较高,但平面布置间距较大,且基底要求设置一定厚度的塑性流动褥垫层,基体承载力得以充分发挥且取 $\beta = 0.75 \sim 0.9$。当水泥搅拌桩置换率 m 相对较高,桩端持力层支承条件相对良好时,基体软土承载力发挥有限,宜取 $\beta = 0.1 \sim 0.4$。反之,宜取 $\beta = 0.5 \sim 0.9$。

表 7-8 桩间土承载力折减系数 β

振冲碎石桩	水泥搅拌桩		CFG 桩或 素混凝土桩
	桩端为软土	桩端为硬土	
1.0	0.5～0.9	0.1～0.4	0.75～0.90

注:CFG 桩为水泥、粉煤灰碎石桩

2. 散体材料桩

散体材料桩无胶结性,刚度相对较低,且其承载力形成需要(碎石)散体柱体周围软土提供足够的围压抗力,为典型柔性桩柱。散体材料桩复合地基承载力特征值,应通过现场复合地基载荷试验确定。初步设计时,可采用表达式(7-37c)估算,桩土应力比在无实测资料时可取 $n = 2 \sim 4$,碎石基体强度高则取大值,反之则取小值。

对散体材料桩,当桩入土深度大于 4 倍桩径时,一般不会发生刺入破坏;且桩顶部位的剪切破坏仅可能发生于基础底面积较小,缺乏足够的桩侧抗力边界条件下。因此,地基承载力控制设计时,绝大多数碎石桩的破坏都为鼓胀破坏,参见图 7-13(b)。目前,估算碎石桩的单桩极限承载力的侧向极限应力法中,根据散体材料桩体被动土压力系数 K_{pp},通式为:

$$f_{pu} = \sigma_{ru} K_{pp} \tag{7-38}$$

散体材料置换柱间基体为饱和软黏土时,不排水强度 c_u 和内摩擦角 $\varphi_{su} = 0$,且对应基体的被动土压力系数 $K_{ps} = 1.0$。碎石桩柱体的侧限围箍力包括:①桩间土承载力,由于折减系数 $\beta = 1.0$ 且 $K_{ps} = 1.0$,则地表分布荷载产生的围箍效应等于桩间基体的极限承载力 $\sigma_{rup} = c_u N_c = 4 \sim 5c_u$;②饱和软黏土的初始围箍效应 $\sigma_{ru0} = 2c_u(K_{ps} = 1.0)$。由此可得:

$$\sigma_{ru} = \sigma_{rup} + \sigma_{ru0} = c_u N_c + 2c_u \sqrt{K_{ps}} = 6c_u \tag{7-39a}$$

再取 $\varphi_p = 38°$,代入上式可以得到 Thorburn(1976)建议的经验公式

$$f_{pu} = 6K_{pp}c_u = 25.2c_u \tag{7-39b}$$

有学者提出荷载影响深度的自重应力应折半取值的建议,根据碎石桩鼓胀破坏临界深度 $z_c = (2 \sim 3)d$(桩柱直径),取 $z_c = 2d$ 且 $K_{ps} = 1.0$,则(7-39a)式可改写成:

$$\sigma_{ru} = 6c_u + \frac{z_c}{2}\gamma = 6c_u + \gamma d \tag{7-40}$$

上式再代入表达式(7-38),可得考虑碎石桩鼓胀破坏断面临界深度影响的碎石桩桩身极限承载力公式。

【例题 7-5】 天然地基承载力特征值 $f_{sk} = 90 \text{ kPa}$,等效不排水强度 $c_u = 13.2 \text{ kPa}$,取安全系数 $K = 1.5$;碎石桩 $d = 60 \text{ cm}$,$\varphi_p = 38°$。碎石桩复合地基承载力特征值 $f_{spk} = 120 \text{ kPa}$,试求碎石桩为正方形布桩时的桩间距。

解:

$$\left.\begin{array}{l} \varphi_p = 38° \\ c_u = 13.2 \text{ kPa} \end{array}\right\} \Rightarrow f_{up} = 6C_u K_{pp} = 22.5 C_u = 297 \text{ kPa}$$

$$K = 1.5 \Rightarrow f_{pk} = \frac{f_{up}}{K} = 199.0 \text{ kPa}$$

$$f_{sp,k} = m f_{p,k} + \beta(1-m)f_{s,k} \xrightarrow{\beta = 1.0} m = \frac{f_{spk} - f_{sk}}{f_{pk} - f_{sk}} = \frac{120 - 90}{199 - 90} = 0.275$$

$$d = 60 \Rightarrow A_p = \frac{\pi \times 60^2}{4} = 0.283 \text{ m}^2 \Rightarrow A_e = \frac{A_p}{m} = \frac{0.283}{0.275} = 1.027 \text{ m}^2$$

$$s = \sqrt{A_e} = 1.00 \text{ m}$$

3. 胶结材料桩

胶结材料桩柱体具有一定胶结强度和刚度,通常为半刚性桩,具有一定桩体承载特征。不同材料增强体间的地基承载力发挥系数,参见表 7-8。胶结桩柱复合地基的承载力特征值,应通过现场单桩或多桩复合地基荷载试验确定。初步设计时,可采用表达式 (7-37b)。

胶结增强体单桩的竖向承载力特征值,宜通过现场载荷试验确定。初步设计时也可按下式(7-41a)估算,且应同时满足式(7-41b)材料强度要求,且应使由桩身材料强度确定的单桩承载力 R_a 略大于(或等于)由桩周土和桩端土的抗力所提供的单桩承载力。

$$R_a = u_p \sum_{i=1}^{n} q_{si} l_i + \alpha q_p A_p \tag{7-41a}$$

$$R_a \leqslant \eta f_{cu} A_p \tag{7-41b}$$

式中　f_{cu}——胶结材料极限抗压强度标准值(kPa);

　　　q_{si}、q_p——分别为桩周第 i 层土的侧阻力特征值,参见表 7-9,桩端地基土未经修正的承载力特征值,可按国标《建筑地基基础设计规范》(GB 50007)有关规定确定;

　　　α——桩端天然地基土的承载力折减系数,水泥搅拌桩承载力高时取低值,参见表 7-10;

　　　η——桩身强度折减系数,参见表 7-10。

对于水泥搅拌桩,抗压强度标准值 f_{cu} 采用室内加固土试块(边长为 70.7 mm 或 50 mm 的立方体)在标准养护条件下龄期 90 d 的抗压强度平均值(kPa);对于 CFG 桩体,混合料强度 f_{cu} 采用边长 150 mm 立方体试块,标准养护 28 d 的抗压强度平均值。

表 7-9　桩周土的侧阻力特征值

桩侧土类	淤泥	淤泥质土	软塑黏性土	可塑黏性土
侧阻力特征值/kPa	4~7	6~12	10~15	12~18

表 7-10　桩身强度折减系数 η 和桩端地基承载力折减系数 α

η			α	
水泥搅拌桩		CFG 桩	水泥搅拌桩	CFG 桩
干法	湿法			
0.20~0.30	0.25~0.33	1/3	0.4~0.6	1.0

【例题 7-6】　天然地基各土层厚度及其参数见例表 7-1,采用深层搅拌桩复合地基加固,桩径 0.5 m,桩长 13 m,水泥土试块立方体抗压强度平均值为 2.5 MPa,桩身折减系数 $\eta = 0.25$,桩端承载力折减系数为 0.40,试求:①搅拌桩单桩承载力特征值;②复合地基承载力 $f_{s,k}$ 要求达到 150 kPa,设桩间土承载力 $f_{sk} = 60$ kPa,折减系数 $\beta = 0.5$,试求置换率 m 和桩间距 S_a。

例表 7-1

图层序号	厚度(m)	侧阻力特征值(kPa)	端阻力特征值(kPa)
1	3	7	120
2	4	6	100
3	5	7	100
4	10	8	180

解:

（1）根据表达式（7-41），确定单桩承载力特征值

$$R_a = \eta f_{cu} A_p = 0.25 \times 2.5 \times 10^3 \times 3.14 \times 0.25^2 = 122.7 \text{ kN}$$

$$R_a = u_p \sum q_{si} l_i + \alpha q_p A_p$$

$$= 0.5 \times 3.14 \times (3 \times 7 + 4 \times 6 + 5 \times 7 + 1 \times 8) + 0.40 \times 3.14 \times 0.25^2 \times 180$$

$$= 152.4 \text{ kN}$$

两者取较小值，则 $R_a = 122.7$ kN。根据桩径 $d = 0.5$ m，可得

$$f_{p,k} = \frac{R_a}{\pi (d/2)^2} = \frac{122.7}{3.14 \times 0.25^2} = 625.2 \text{ kPa}$$

（2）根据表达式（7-37），确定水泥搅拌桩置换率 m，即根据

$$f_{sp,k} = m f_{p,k} + \beta(1-m) f_{s,k}$$

可得：

$$m = \frac{f_{spk} - \beta f_{sk}}{f_{pk} - \beta f_{sk}} = \frac{150 - 60 \times 0.5}{625.2 - 60 \times 0.5} = 0.202$$

由置换率 m 可求得一根桩分担的地基处理面积的等效圆直径 d_e：$d_e = d/\sqrt{m} = 1.113$ m，则水泥搅拌桩为正方形布置时，桩间距为 $S_a = d_e/1.13 = 0.985$ m。

7.4.5 复合地基沉降

复合地基沉降计算中通常把复合地基沉降量分为两部分：复合地基加固区变形量 S_1 和加固区下卧层变形量 S_2，参见图 7-16。复合地基总沉降量，可以按上述两部分压缩叠加得到：

$$S = S_1 + S_2 \qquad (7-42)$$

1. 加固区压缩量计算

复合地基加固区压缩变形量计算，可采用复合法模量、应力修正法和桩身压缩量法，参见表 7-11。

《建筑地基处理技术规范》（JGJ 79）中，推荐了复合模量法，即将复合地基加固区中桩体和桩间土视为一复合土体，采用复合压缩模量表征复合土体的变形特征，参见表达式（7-32）。采用 Boussenesq 弹性地

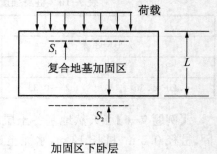

图 7-16 复合地基沉降计算示意图

应力场解答求解加固区任意分层外荷载作用下的附加应力。

散体材料柔性桩柱复合地基,复合压缩模量分析一般采用表达式(7-32b),桩土应力比 n 在无实测资料时取值,黏性土可取 $n=2\sim4$;粉土和砂土可取 $n=1.5\sim3$,天然沉积土强度低者取大值,强度高者取小值,且考虑散体材料桩施工挤密作用时,加密深度内土层的压缩模量应通过原位测试确定。水泥搅拌桩半刚性桩柱复合地基,一般采用表达式(7-32a),其中搅拌桩压缩模量可取 $E_p=(100\sim120)f_{cu}$,一般为 $E_p=15\sim25$ MPa,对桩较短或桩身强度较低者,可取低值;反之可取高值。根据表达式(7-32b),CFG 刚性桩柱复合地基的复合模量可写成:

$$E_{ps}=\frac{E_s}{\mu_s} \xrightarrow{f_{a,k}=\mu_s f_{sp,k}} E_{ps}=\frac{f_{sp,k}}{f_{a,k}}E_s=\zeta E_s \qquad (7\text{-}43)$$

表 7-11　复合地基的沉降计算

名称	附加应力	变形指标	S_1 计算公式
复合模量法	Δp	$E_{ps}=mE_p+(1-m)E_s$ $E_{sp}=[1+m(n-1)]E_s$	$\sum\frac{\Delta p_i}{E_{ps}}h_i$ 或 $\frac{\Delta p}{E_{ps}}l$
应力修正法	$\mu_s\Delta p$	E_s	$\mu_s\sum\frac{\Delta p_i}{E_{si}}h_i$
桩身压缩量法	$\Delta p=\frac{n\mu_s p+p_{b0}}{2}$	E_p	$\frac{\Delta p}{E_p}l+\Delta$

注:E_s、E_p 和 E_{ps} 分别为分析基体、桩体和复合地基压缩模量;Δp 为 Boussenesq 弹性应力解;p 为复合地基上的作用荷载;p_{b0} 为桩体底端土的承载力;Δ、l 为分别为桩体刚性刺入量、桩长。

在明确加固区附加应力场和变形规律(复合压缩模量)后,即可采用一般分层总和法计算加固区压缩量。搅拌桩复合地基沉降计算中,加固区可以简化为均值化的一层土计算,参见表 7-11。CFG 桩复合地基变形计算经验系数 ψ_s,根据当地沉降观测资料及经验确定,也可采用表 7-12 取值。

表 7-12　变形计算经验系数 ψ_s

$\bar{E}_s$(MPa)	2.5	4.0	7.0	15.0	20.0
ψ_s	1.1	1.0	0.7	0.4	0.2

CFG 桩复合地基变形计算经验系数 ψ_s 取值与变形计算深度范围内压缩模量的当量值 $\bar{E}_s$ 有关,桩长加固范围内按复合土层的压缩模量取值,$\bar{E}_s$ 计算同(2-36)。

加固区沉降计算的应力修正法将桩间基体作为压缩变形计算对象,采用应力扩散系数 μ_s 折减基体附加应力场,再采用传统天然地基分层总和法计算地基沉降,参见表 7-11。加固区沉降计算的桩柱压缩量法将桩体作为压缩变形计算对象,采用应力集中系数 μ_p 修正与经验关系得到桩身平均附加应力,再采用材料力学杆件压缩方法计算桩身压缩量,并与弹性理论或经验公式得到的桩身刺入变形进行叠加,参见表 7-11。

2. 下卧层沉降计算

加固区下卧层的变形计算一般采用常规分层总和法计算。下卧层沉降 S_2 计算中,复合地基下卧层附加应力场合理确定成为关键。常见的方法是首先算出加固区底面的附加应力

p_b，再按 Boussenessq 弹性理论求解下卧层中的附加应力。p_b 的计算以应力扩散法和等效实体法最具代表性，参见图 7-17。设复合地基上荷载作用的宽度为 B(m)和长度为 D(m)，复合地基加固区的厚度为 l(m)，则加固区底面的附加应力 p_b 为：

应力扩散
$$p_b = \frac{BDp}{(B+2l\tan\theta)(D+2l\tan\theta)} \tag{7-44}$$

等效实体
$$P_b = \frac{BDp - 2(B+D)lf_{sm}}{BD} \tag{7-45}$$

式中　θ——应力扩散角(°)；

$\quad\quad f_{sm}$——加固区厚度 l 范围内桩侧摩阻力标准值的分层厚度平均值(kPa)，参见表 7-9。

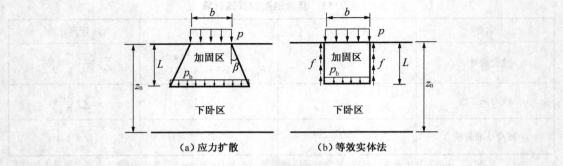

图 7-17　加固区底面附加应力计算

近年来，也有人尝试采用 Boussenessq 解和 Mindlin 或 Mindlin-Geddes 解积分相耦合方法计算下卧层附加应力，计算原理更加合理。但是，这一方法需要已知桩体的荷载传递规律，或建立简单的荷载传递模型，应用起来并不方便。

特殊情况下，复合地基不仅仅要满足承载力、变形要求，还需进行整体稳定验算。整体滑动破坏验算分析方法很多，通常采用圆弧分析法，参见图 7-18。在分析计算时，圆弧滑动面经过加固区和未加固区，设在滑动面上的总滑动力矩为 M_s，总抗滑力矩为 M_R，则沿滑动面发生破坏的安全系数 K 为：

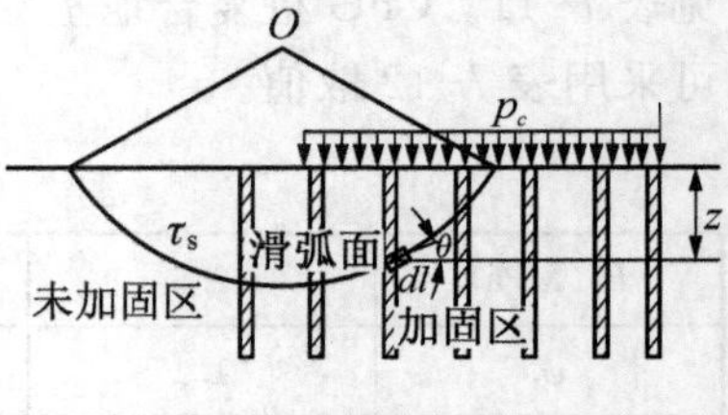

图 7-18　圆弧分析法

$$K = \frac{M_R}{M_s} \tag{7-46}$$

取不同的滑动面进行计算，找出最小的安全系数值，从而判断复合地基整体稳定性。在计算时，地基土的强度应分区计算，未加固区采用天然地基土的强度指标，加固区土体强度指标可分别采用桩体和桩间土的强度指标，也可采用复合土体的综合强度指标，参见上述 7.4.3 有关内容。

7.4.6　典型工法介绍

胶结土体置换桩体复合地基，系指采用特殊深层的搅拌设备在地基中原位将软土与固化剂强制拌合,或注浆设备采用液压或气压等将可凝固浆液注入岩土介质,使局部范围内原位土体硬结,并形成高强度、低压缩性和低渗透性的固化土体或结石体,达到改善地基工程性状的目的。前者称为深层搅拌法,后者称为注浆法。

1. 搅拌桩复合地基

深层搅拌法是将深层搅拌机安放在设计的孔位上,并按图 7-19 所示操作顺序,先对地基土一边切碎搅拌,一边下沉搅拌机,达到要求的深度。然后在提升搅拌机时,边搅拌、边喷射水泥浆,将搅拌机提升到地面。再次让搅拌机搅拌下沉,又再次搅拌提升。在重复搅拌升降中使浆液与四周土均匀掺和,形成原位强制性拌和水泥土桩体。深层搅拌桩一般采用水泥(或石灰或其他固化材料)作为固化剂,强制搅拌时的固化剂为浆液时,称为深层搅拌法(湿法);为粉体时,则称为粉体喷搅法(干法)。一般认为,深层搅拌桩加固过程不包括对搅拌体周围基体(土体)的挤密作用。水泥土搅拌法搅拌机头可以分为单轴、双轴或多轴;以及单向和双向搅拌头等类型。

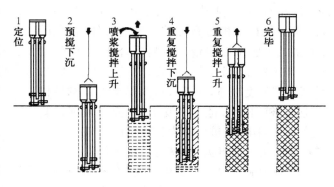

图 7-19 深层搅拌桩施工工艺流程
1—定位;2—预搅下沉;3—提升喷浆搅拌;
4—重复下沉搅拌;5—重复提升搅拌;6—成桩结束

深层搅拌桩适用于处理正常固结的淤泥与淤泥质土、粉土、饱和黄土、素填土、黏性土以及无流动地下水的饱和松散砂土等地基。水泥土搅拌桩的桩径不应小于 500 mm,湿法的加固深度不宜大于 20 m,干法不宜大于 15 m。搅拌桩长度应根据上部结构对承载力和变形的要求确定,并宜穿透软弱土层到达承载力相对较高的土层;同时为提高抗滑稳定性而设置的搅拌桩,其桩长应超过危险滑弧以下 2.0 m。固化剂宜选用强度等级为 42.5 级及以上的普通硅酸盐水泥。水泥掺量除块状加固时,可用被加固湿土质量的 $a_w = 7\% \sim 12\%$ 外,其他情况宜为 $12\% \sim 20\%$。湿法的水泥浆水灰比可选用 $0.45 \sim 0.55$。外掺剂可根据工程需要和土质条件选用具有早强、缓凝、减水以及节省水泥等作用的材料,但应避免污染环境。在刚性基础和桩之间设置厚度 $200 \sim 300$ mm 的褥垫层,可有效调整桩和土的荷载分担,实现桩土共同承载。褥垫层可选用中砂、粗砂或级配砂石等材料,最大粒径不宜大于 20 mm。

但是,当地基土的天然含水量小于 30%(黄土含水量小于 25%)、大于 70%,或地下水的 pH 值小于 4 时,不宜采用干法;且地基土为泥炭土、有机质土或塑性指数 I_P 大于 25 的黏土,或地下水具有腐蚀性时,必须通过现场试验确定其适用性。天然地基承载力特征值大于 120 kPa 时,一般不再适合于水泥土搅拌法。

竖向承载搅拌桩的平面布置与置换率,可根据上部结构特点及对地基承载力和变形的要求,采用柱状、壁状、格栅状或块状等加固型式。水泥搅拌桩具有一定的黏结强度,桩可只在基础平面范围内布置,且独立基础下的桩数不宜少于 3 根。柱状加固可采用正方形、等边三角形等布桩型式,搅拌桩间距 $s = 2 \sim 4d$(d 为桩体直径)。对于一般建筑物,应在满足强度要求的条件下,以沉降分析控制设计。

2. 刚性桩复合地基

胶结材料桩体置换复合地基,主要采用 CFG 桩和素混凝土桩,一般为刚性桩复合地基范畴。CFG 桩柱单桩承载力、复合地基承载力宜按静载荷试验确定。初步设计时,CFG 桩柱单桩承载力、复合地基承载力可以分别采用表达式(7-41)和(7-37b)估算。

CFG 桩是水泥粉煤灰碎石桩(Cement Flyash Gravel Pile)的简称,由碎石、石屑、粉煤灰掺适量水泥加水拌合成胶结性集料,一般可采用挤土成桩工艺(振动沉管打桩机)或部分挤土成桩工艺(长螺旋钻孔)成孔,孔内浇筑 CFG 集料并振密,形成一种具有相对高黏结强度的桩体,参见图 7-20。通过调整水泥掺量和集料配合比,桩体强度可在 C5~C20 之间变化,一般为 C5~C10。CFG 桩系高黏结强度桩体,一般被认为是典型的刚性桩复合地基,桩身全长范围内受力,可充分发挥桩侧摩阻力和桩端承力,桩土应力比高($n = 10 \sim 40$),具有承载力提高幅度大,地基变形小等特点。

图 7-20　水泥粉煤灰桩碎石(CFG)桩

在承载力满足要求的条件下,CFG 桩复合地基设计强调按变形控制的设计思想。CFG 桩桩径宜取 350~600 mm,桩距应根据设计要求的复合地基承载力、建筑物控制沉降量、土性、施工工艺等确定,宜取 3~5 倍桩径。CFG 桩不仅用于承载力较低地基加固(材料强度不宜超过 10 MPa),也可用于承载力较高($f_{ak} = 200$ kPa)的情况。同时,在天然地基承载力满足荷载要求,但地基沉降偏大时,高黏结强度的 CFG(宜超过 10 MPa)可用于"减沉"补偿地基刚度不足,从而具有类似于"减沉"疏桩的工作机理。同时,CFG 桩加固机理主要为桩体置换作用(软黏土地基加固),同时亦具有一定挤振密实作用(松散砂土类地基)。CFG 桩适用于条基、独立基础、箱基和筏基等不同基础形式;适用于黏土、粉土、砂土和正常固结的素填土等不同类型地基,但对淤泥质土应通过现场试验确定其适用性。

饱和软黏土地基受到排土成孔工艺的扰动不利影响,桩间距不宜过小,且可通过调整桩长来调整桩距,即桩越长,桩间距可以越大。一般 CFG 桩平面布置可仅限于基础地面范围内。CFG 桩实践中应特别重视在基础和桩顶之间设置一定厚度的砂石料构造褥垫层,刚性基底垫层设置有利于桩间地基承载力发挥,确保形成桩、土共同承载的复合地基。垫层厚度一般取 100~300 mm。一般黏性土地基中桩土应力比为 8~15,而软土地基中可达 30~50。

7.5　深 层 密 实

深层密实法主要包括重锤夯实法、强夯法和振冲挤密法等。重锤夯实法是利用重锤自由下落时的冲击能,来夯实浅层杂填土地基,在地表面形成一层较为均匀的硬壳层,适用于天然含水量接近于最佳含水量的浅层土。振冲挤密法,主要用于加固砂性土层,或小于 0.005 mm 的黏粒含量小于 10% 的土,若黏粒含量大于 30%,则效果明显降低。强夯法是将很重的锤,从高处自由落下,反复多次夯击地面,提高地基土的强度、降低其压缩性,一般适用于无黏性土、杂填土、非饱和黏性土以及湿陷性黄土或易液化地基等。

7.5.1 挤密振密原理

置换柱密实砂土类地基的加固机理,一方面依靠施工过程中,机械的(强力)振动使饱和砂层发生液化,砂颗粒重新排列,孔隙减少,即振冲过程的振密作用;另一方面依靠沉管成孔时排土效应,以及在加回填料振密或夯实过程中,通过填料使砂层挤压加密,即振冲过程的挤密作用,且形成回填料置换柱,还具有桩柱复合地基的加固机理。

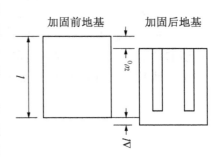

图 7-21 加固前后地基剖面对比情况

当不考虑柱体置换排土作用引起的地表隆起时,对于砂土类地基,可以采用孔隙比指标描述土体的物理状态,置换柱体间距 s、直径 d 和加固前孔隙比(e_1)和加固后孔隙比(e_2)的关系,参见图 7-21。根据沉桩排土后的面积不变原理,正三角形布置时,可以得到:

$$\frac{\frac{\sqrt{3}}{4}s^2}{1+e_1} = \frac{\frac{\sqrt{3}}{4}s^2 - \frac{\pi}{8}d^2}{1+e_2}$$

根据上述关系,采用修正系数 ξ 考虑柱体置换排土施工过程中的振动下沉密实作用,可以得到:

$$s = 0.95\xi d\sqrt{\frac{1+e_1}{e_1-e_2}} \tag{7-47a}$$

同理,正方形布置时,可以得到:

$$s = 0.89\xi d\sqrt{\frac{1+e_1}{e_1-e_2}} \tag{7-47b}$$

一般情况下,砂类土地基挤密后的相对密实度应达到 $D_r = 0.70 \sim 0.85$,对应加固后的孔隙比 e_1 为

$$e_1 = e_{max} - D_r(e_{max} - e_{min}) \tag{7-48}$$

柱体置换挤密黏性土地基时,黏性土的物理状态指标通常采用干密度 ρ_d 和压实度 λ_c 表示,根据经典土力学基本原理,挤密黏性土的最大干重度为 ρ_{dmax},则加固前后的孔隙比与对应干密度的关系如下:

$$\rho_{d1} = \frac{\rho_s}{1+e_1}$$

$$\rho_{d2} = \lambda_c \rho_{dmax} = \frac{\rho_s}{1+e_2}$$

将上式代入表达式(7-47a),可以得到黏性土地基中桩体正三角形布置时,置换挤密要求压实度与桩体间距的关系

$$s = 0.95\xi d\sqrt{\frac{\lambda_c \rho_{d\max}}{\lambda_c \rho_{d\max} - \rho_{d1}}} \tag{7-49a}$$

显然,柱体置换排土施工过程中的振动下沉密实作用很小时,$\xi = 1.0$;反之,当考虑振动下沉密实作用时,$\xi = 1.1 \sim 1.2$。

对于松散砂土和粉土地基,应同时考虑振密和挤密两种作用。综合考虑挤密与振密作用引起的地表隆沉效应时,可同时考虑桩端以下土体挤密振密作用的修正,参见图 7-21。砂土类地基正三角形布置时,要求压实度与桩体间距的关系

$$s = 0.95\xi d\sqrt{\frac{l - w_0}{\frac{1+e_1}{e_1 - e_2}(l + \Delta l) - w_0}} \tag{7-49b}$$

式中 l——砂石桩长度(m);

w_0——挤密与振密作用引起地表隆沉值,沉降时,取正值;隆起时,取负值;

Δl——桩端下土体挤密振密影响深度(m)。

此外,不同工法的振冲和挤密的作用不尽相同。例如,振冲碎石桩即为典型的振冲与挤密联合作用的工法;沉管灌注碎石桩,则主要表现为振动挤密作用占优。显然,置换柱振冲挤密法对于易液化地基振冲挤密的同时,还具有良好的预震抗液化作用。置换柱密实黏性土类地基,尤其是饱和黏性土地基,主要加固机理包括设置竖向排水通道加速地基固结、桩体置换复合地基加固等作用。同时,还可具有垫层作用(深厚软土层中悬浮设置“短而密”的碎石桩)和加筋作用(在滑坡等防治地质灾害防治中抗滑加固)。

【例题 7-7】 某松散砂土地基,处理前现场测得砂土的孔隙比为 0.81,砂土最大和最小孔隙比分别为 0.9 和 0.6,采用碎石桩处理地基,要求挤密后砂土地基相对密实度达到 0.8。如碎石桩桩径为 0.7 m,等边三角形布桩,试求碎石桩的间距($\xi = 1.0$)。

解:碎石桩间距为

$$s = 0.95\xi d\sqrt{\frac{1+e_1}{e_1 - e_2}} = 0.95 \times 1.0 \times 0.7 \times \sqrt{\frac{1+0.81}{0.81 - e_2}}$$

$$e_1 = e_{\max} - D_r(e_{\max} - e_{\min}) = 0.9 - 0.8 \times (0.9 - 0.6) = 0.66$$

故 $s = 0.95 \times 1.0 \times 0.7 \times \sqrt{\frac{1+0.81}{0.81 - 0.66}} = 2.54\ \text{m}$

7.5.2 (灰)土桩挤密桩

通过成孔设置过程中的横向排土挤密桩间土,然后将备好的灰土或素土(黏性土)分层填入桩孔内并捣实至设计标高,分别称为灰土挤密桩和土挤密桩,统称为(灰)土挤密桩。消石灰与土的体积配合比宜为 2∶8 或 3∶7。(灰)土挤密桩适用于处理地下水位以上的湿陷性黄土、素填土和杂填土等地基,处理深度一般为 5~15 m。当地基土的含水量大于 24%、饱和度大于 65%时,且晾晒疏干困难,不宜选用灰土挤密桩法或土挤密桩法。当以消除地基土的湿陷性为主要目的时,宜选用土挤密桩法;当以提高地基土的承载力或增强其水稳性为主要目的时,宜选用承载力和水稳性更好的灰土挤密桩法。

1. 设计要点

(灰)土挤密桩复合地基承载力特征值,应通过现场单桩或多桩复合地基载荷试验确定。初步设计当无试验资料时,可按当地经验确定。灰土挤密桩复合地基的承载力特征值,不宜大于处理前的 2.0 倍且不宜大于 250 kPa;土挤密桩复合地基的承载力特征值,不宜大于处理前的 1.4 倍且不宜大于 180 kPa。(灰)土挤密桩复合地基的变形计算,应符合国家标准《建筑地基基础设计规范》(GB 50007)的有关规定,复合土层的压缩模量可采用载荷试验的变形模量代替。挤密桩地基处理的深度,应根据建筑场地的土质情况、工程要求和成孔及夯实设备等因素综合确定。桩孔直径宜为 300~450 mm,平面宜按等边三角形布置,桩孔中心距离一般为桩孔直径的 2.0~2.5D 倍,或应满足 7.5.1 要求。(灰)土挤密桩地基处理面积,应大于基础或建筑物底层面积。单独或条形基础下局部处理时,每边超出基础底面的宽度不应小于基底宽度 B 的 0.25 倍,并不应小于 0.50 m;自重湿陷性黄土地基时不应小于 $0.75B$,并不应小于 1.0 m。大面积满堂地基处理时,每边超出宽度不宜小于处理土层厚度的 $1/2H$,并不应小于 2 m。桩顶标高上的应预留松动土层挖除或夯(压)密实后,铺设灰土垫层。

2. 施工控制

(灰)土挤密桩成孔应按设计要求、成孔设备、现场土质和周围环境等情况,选用沉管(振动、锤击)或冲击等方法。桩顶设计标高以上的预留覆盖土层厚度,宜符合下列要求:①沉管(锤击、振动)成孔,宜为 0.50~0.70 m;②冲击成孔,宜为 1.20~1.50 m。(灰)土挤密桩成孔和孔内回填夯实的施工顺序,当建筑结构下整片处理时,宜从里(或中间)向外间隔 1~2 孔进行;当单独基础或条形基础下局部范围处理时,宜从外向里间隔 1~2 孔进行;且对大型工程,可分段施工。向孔内填料前,孔底应夯实,并应适量(1~2 孔/台班)抽样检查桩孔的直径、深度和垂直度。桩孔的垂直度偏差不宜大于 1.5%;桩孔中心点坐标偏移不宜超过桩距设计值的 5%。桩间土的平均挤密系数 η_c 一般不应小于 0.90,对重要工程则不小于 0.93。平均挤密系数 η_c 物理概念上等同于压实度 λ_c,可按成孔挤密深度内桩间土的平均干密度 $\bar{\rho}_d$ 与桩间土的最大干密度 $\rho_{d\max}$ 比值确定,平均干密度检测试样数不应少于 6 组。桩孔内灰土或素土分层回填夯实时的平均压实系数 λ_c 均不应小于 0.96。桩顶标高以上应设置 300~500 mm 厚的 2∶8 灰土垫层,且压实系数不小于 0.95。

排土成孔挤密时,地基土接近其最优含水量或黏性土地基塑限含水量时($w = 12\% \sim 24\%$),成孔施工速度快,桩间土的挤密效果好。否则,应采取地基的增湿或晾干措施。当土的含水量低于 12% 时,宜在地基处理前 4~6 d,对拟处理范围内的土层进行渗水孔增湿,增湿土的加水量 Q,应考虑损耗系数 k(1.05~1.1),可按下式估算:

$$Q = V \bar{\rho}_d (w_{op} - \bar{w}) k \tag{7-50}$$

式中　V、$\bar{\rho}_d$——拟加固土体中体积和平均干密度;

　　　$\bar{w}$、w_{op}——土的天然含水量平均值和最优含水量,缺少数据时采用塑限含水量换算最优含水量,通过室内击实试验求得。

7.5.3　砂石桩

砂石桩是指采用振冲、干振、沉管或冲击等方式在软弱地基中成孔后,再将砂或碎石挤压入已成的孔中,形成大孔径的砂石所构成的密实桩体。砂石桩复合地基可用于松散砂土、粉土、素填土及杂填土地基。此外,砂石桩处理可液化地基综合了深层密实、置换、预振与减压等多重抗液化加固机理,效果显著。饱和软黏土地基中砂石桩排土设置效应,不仅严重扰动软土饱和软土,进一步降低了软土地基有限的围箍抗力,且可产生显著超静孔压积聚,不能迅速消散。《建筑地基处理技术规范》(JGJ 79)中提出,在饱和黏土地基上对变形控制要求不严时,才可采用砂石桩置换处理,且宜通过现场试验后再确定是否采用。实践中一般采用相对较大桩径、较大间距加固方案,即可提供合理的置换率,又可降低孔压积聚及扰动。

1. 平面布置范围与形式

砂石桩的平面布置,一般可采用等边三角形或正方形。当砂石桩主要用于提高桩周松散砂土类等地基土密度时,宜采用等边三角形,地基挤密较为均匀。软黏土地基砂石桩桩体置换加固时,可选用任一平面布置形式。大面积满堂处理,桩位布置宜用等边三角形布置;对单独基础或条形基础,宜用正方形、矩形或等腰三角形布置。砂石桩等散体材料桩处理范围,考虑基底应力扩散作用以及外围的 2～3 排桩挤密效果较差的影响,一般要求基础底面范围外加宽 1～3 排桩,地基越松散则应加宽越多。重要的建筑以及要求荷载较大的情况应加宽多些。砂石桩法用于处理液化地基,当加固处理的深度为 H 时,基础外应处理的宽度可取 $1/2～1H$,同时不宜小于 5 m。

2. 桩体直径与桩长

砂石桩直径取决于施工设备桩管大小和地基土条件,一般为 300～800 mm,饱和黏性土地基宜选用较大的直径。振动沉管的桩管直径愈小,挤密质量愈均匀,但施工效率低;反之亦然。振冲桩的平均直径可按每根桩所用填料量计算。砂石桩长度应根据地基稳定和变形验算确定,当相对硬层埋深不大时,应按相对硬层埋深确定;当相对硬层埋深较大时,按建筑物地基变形允许值确定;在可液化地基中,桩长应按要求的抗震处理深度确定;且稳定控制中的桩长应达到滑动弧面以下。荷载作用下,砂石桩桩体在桩顶下 4 倍桩径范围内将发生侧向膨胀,设计加固深度应大于主要受荷深度,一般不宜小于 4.0 m。

3. 碎石桩间距

砂石桩的间距应通过现场试验确定。对粉土和砂土地基,不宜大于砂石桩直径的 4.5 倍;对黏性土地基不宜大于砂石桩直径的 3 倍。砂石桩间距估算,可在明确桩的排列布置和桩径后,采用表达式(7-47)估算砂石桩间距。地基挤密加固后的密实度标准,应根据建筑结构地基的承载力、变形或防止液化等需要而定。当沉管法成桩加固松散砂土类地基时,尚综合沉管插拔对地基振密和挤密的双重作用,且振密作用地表下沉一般为 100～300 mm,参见表达式(7-49b)。砂石桩实际直径难以准确地定出,实践中有将砂石桩体积改为灌砂石量进行控制的方法。

对于软黏土砂石桩体置换复合地基,宜选用大直径桩管和相对较大间距的布置方案,即在满足合理置换率前提下,尽量减小对软黏土基土的扰动程度,提高砂石桩复合地基加固效果。根据复合地基原理,黏性土中砂石桩置换率 m 确定,必须满足表达式(7-37)地基承载力验算要求,再根据砂石桩截面积 A_p,可以得到单根砂石桩处理面积 A_e,从而得到砂石桩布置间距。

4. 砂石桩材料

砂石桩材料要求,对于松散砂土类地基,一般应根据就地取材原则,只要比原土层砂质好,且易于施工即可。例如碎石、卵石、矿渣或其他性能稳定的硬质材料,不宜使用风化易碎的石料。当然,最好采用级配较好的中、粗砂,当然也可用砂砾及碎石。对饱和软黏土砂石桩体复合地基,宜选用级配好、强度高的砂砾混合料或碎石,确保桩体置换作用形成与发挥。填料中最大颗粒尺寸的限制,取决于桩管直径和桩尖的构造,以能顺利出料为宜,一般不应超过 50 mm。考虑有利于排水,同时保证具有较高的强度,规定砂石桩用料中小于 0.005 mm 的颗粒含量(即含泥量)不能超过 5%。

7.5.4　振冲密实法

根据砂土类地基中注水振动密实原理,采用特殊的上下端设有喷水口的振冲器,在下沉与提升过程中利用振动密实与水冲切加固的工法,称之为振冲法。振冲法包括了振冲密实(Vibro-Compaction)和振冲置换(Vibro-Displacement),对于不加填料振冲加密砂土类地基,属于振冲加密原理;填料振冲加密砂土类地基,属于振冲密实和振冲置换的综合。

振冲桩复合地基分析验算类似上述碎石桩复合地基,不再赘述。振冲桩的间距尚应结合所采用的振冲器功率大小综合考虑,荷载大或对黏性土宜采用较小的间距,荷载小或对砂土宜采用较大的间距,参见表 7-13。常用的填料粒径选择,应结合振冲器功率综合确定,参见表 7-13。振冲桩的平均直径,一般可按每根桩所用填料量计算。

表 7-13　振冲器规格与砂石桩体主要参数关系

振冲器功率(kW)	30	55	75
布置间距(m)	1.3~2.0	1.4~2.5	1.5~3.0
桩身直径(mm)	80		90~150
处置深度(m)	<7		<15~20
填料粒径(mm)	20~80	30~100	40~150
加固电流(A)	45~55	75~85	80~95

振冲施工可根据设计荷载的大小、原土强度的高低、设计桩长等条件选用不同功率的振冲器。施工前应在现场进行试验,以确定水压、振密电流和留振时间等各种施工参数。升降振冲器的机械可用 8~25 t 汽车吊起重机、自行井架式施工平车或其他合适的设备。施工设备应配有电流、电压和留振时间自动信号仪表。振冲施工工序,参见图 7-22。清理平整施工场地,机具就位后,一般可按下列步骤进行施工:

(1)启动供水泵和振冲器,水压可用 200~600 kPa,水量可用 200~400 L/min,将振冲器徐徐沉入土中,造孔速度宜为 0.5~2.0 m/min,直至达到设计深度。记录振冲器经各深度的水压、电流和留振时间。

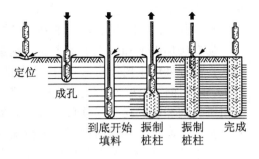

图 7-22　振冲碎石桩成桩工艺

(2)造孔后边提升振冲器边冲水直至孔口,再放至孔底,重复两三次扩大孔径并使孔内泥浆变稀,开始填料制桩。

(3)大功率振冲器投料可不提出孔口,小功率振冲器下料困难时,可将振冲器提出孔口填料,每次填料厚度不宜大于 50 cm。将振冲器沉入填料中进行振密制桩,当电流达到规定的密实电流值和规定的留振时间后,将振冲器提升 30～50 cm。

(4) 重复以上步骤,自下而上逐段制作桩体直至孔口,记录各段深度的填料量、最终电流值和留振时间,并均应符合设计规定。

此外,施工现场应事先开设泥水排放系统或组织好运浆车辆将泥浆运至预先安排的存放地点,应尽可能设置沉淀池重复使用上部清水。

不加填料振冲加密宜采用大功率振冲器,为了避免造孔中塌砂将振冲器抱住,下沉速度宜快,造孔速度宜为 8～10 m/min,到达深度后将射水量减至最小,留振至密实电流达到规定时,上提 0.5 m,逐段振密直至孔口,一般每米振密时间约 1 分钟。在粗砂中施工如遇下沉困难,可在振冲器两侧增焊辅助水管,加大造孔水量,但造孔水压宜小。不加填料振冲加密孔间距视砂土的颗粒组成、密实要求、振冲器功率等因素而定,砂的粒径越细,密实要求越高,则间距越小。使用 30 kW 振冲器,间距一般为 1.8～2.5 m;使用75 kW 振冲器,间距可加大到 2.5～3.5 m。振冲加密孔布孔宜用等边三角形或正方形。对大面积挤密处理,用前者比后者可得到更好的挤密效果。振密孔施工顺序宜沿直线逐点逐行进行。

7.5.5 强夯密实

强夯法是通过 8～40 t 的重锤(最重可达 200 t)和 8～25 m 的落距(最高可达 40 m),对地基土反复施加冲击和振动能量,将地基土夯实的地基处理方法,参见图 7-23。2005 年在大连新港南海罐区地基处理工程中,成功进行了 16 000 kN·m 能级强夯地基加固。置换法是通过向夯击形成的夯坑内回填砂石、钢渣等硬粒料,形成密实墩体的地基处理方法。强夯法和强夯置换法可提高地基土的强度、降低土的压缩性、改善砂土的抗液化条件、消除湿陷性黄土的湿陷性等。同时,可提高土层的均匀程度,减少将来可能出现的差异沉降。强夯技术由创始初期仅用于加固砂土和碎石土地基,逐渐应用于低饱和度粉土和黏土、杂填土和素填土、砂土液化地基、湿陷性黄土、抛石填海地基、砾质黏性土等地基。

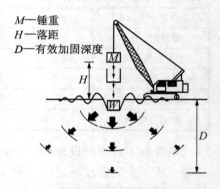

M—锤重
H—落距
D—有效加固深度

图 7-23 强夯法加固地基

强夯法加固饱和软土地基主要问题是如何解决有效排水,即孔隙水压力消散问题。饱和软土强夯处理主要技术形式有:动力排水固结法、强夯联合降水加固法、挤密碎石桩加强夯法、砂桩加强夯法及强夯置换法。《建筑地基处理技术规范》(JGJ 79)规定:"强夯置换法适用于高饱和度的粉土与软塑～流塑的黏性土等地基上对变形控制要求不严的工程"。强夯置换法在设计前必须通过现场试验确定其适用性和处理效果。此外,强夯法和强夯置换法施工中的振动和噪声会对环境造成一定的影响。对振动有特殊要求的建筑物或精密仪器设备等,当强夯施工对其可能造成有害影响时,应采取隔振或防振措施。

1. 加固机理

如图 7-23,强夯法处理地基时,重锤自由下落的过程,也就是势能大部分转换冲击动能使土体颗粒在其平衡位置附近产生振动,并以压缩波(亦称纵波、P 波)、剪切波(横波、S 波)和瑞利波(表面波、R 波)波体系联合在地基中传播,体波(P 波和 S 波)从夯击点出发向地基深处传递,引起土体的压缩固结和剪切变形;地表传播的表面 R 波引起表层土的松动,不起加固作用。因此,强夯加固后地基可分为三个区,即表面波扰动形成的地表松动区;在其下一定深度内,受到体波作用形成的加固;加固区以下,应力波逐渐衰减对地基不再起加固作用的弹性区。目前,强夯法加固地基主要机理有:

(1) 动力密实。强夯对于多孔隙、粗颗粒土的加固主要是基于动力密实的机理,即在冲击型动力荷载作用下,土体中的土颗粒互相靠挤,排除孔隙中的气体,颗粒重新排列密实,从而提高地基土的强度。

(2) 动力置换。强夯置换法就是在夯坑内回填部分块石、碎石、建筑垃圾等粗颗粒材料,通过夯锤的强大冲击力将粗粒料挤入土中,形成相对独立、完整和连续的置换增强体,主要是靠碎石内摩擦角和墩间土的侧限围箍维持桩体的平衡,并与墩间土一起形成复合地基,参见图 7-24。

此外,不同于传统 Terzaghi 固结理论,L. Menard 基于饱和黏性土强夯瞬间产生数十厘米沉降的现象而提出了冲击作用下饱和黏性土的动力固结梅那模型,用于阐述饱和黏性土强夯加固机制。其要点可概述如

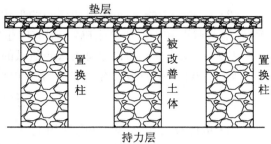

图 7-24　强夯置换复合地基

下:①反复冲击作用下饱和软黏土地基孔压积聚局部液化,土中微气泡受压溶解与消散时的膨胀排除,加速排水固结;②强夯冲击积聚的超静孔压形成地基内部树枝状排水网络与夯坑附近土体竖向裂缝连接,加速排水固结;③局部液化与土体结构破坏(抗剪强度为零),颗粒外层弱吸附水变成自由水随土体固结而排出,颗粒间重新接触更加紧密,且相对较薄的吸附水层逐渐稳定,电分子引力引起原始黏聚力重新增强恢复,土体抗剪强度和变形模量大幅提高。显然,黏性土强度触变恢复特性的快慢与效果,同土质种类有关,故饱和黏性土强夯加固效果的检验工作,宜在夯后休止 4～5 周进行。

2. 强夯设计

目前,强夯法和强夯置换法的施工与设计尚未形成一套系统和完整的分析设计方法,诸如有效加固深度、夯击能、夯击次数、遍数、间隔时间、夯击点布置和处理范围等主要设计参数,都是根据规范或工程经验初步选定,有些核心参数还应通过先导试夯试验性施工进行验证与调整,最后确定适合现场土质条件的设计参数。

(1) 有效加固深度是指最初起夯面下,经强夯法加固后土的强度、变形等指标,均满足设计要求的深度。土体有效加固深度既是反映地基处理效果的重要参数,又是选择地基处理方案的重要依据。鉴于有效加固深度问题的复杂性,以及目前尚无普适的计算公式,强夯法的有效加固深度 H(m),应根据现场或当地经验确定。在缺乏试验资料或经验时,强夯锤质量 M(t)和落距 h(m),按表达式(7-51)或按表 7-14 估算。

$$H \approx \alpha \sqrt{Mh} \tag{7-51}$$

式中　α——系数,根据所处理地基土的性质而定,对软土可取 0.5,对黄土可取 0.34～0.5。

表 7-14　强夯法的有效加固深度(m)

单击夯击能(kN·m)	碎石土、砂土等	粉土、黏性土、湿陷性黄土
1 000	5.0～6.0	4.0～5.0
2 000	6.0～7.0	5.0～6.0
3 000	7.0～8.0	6.0～7.0
4 000	8.0～9.0	7.0～8.0
5 000	9.0～9.5	8.0～8.5
6 000	9.5～10.0	8.5～9.0

　　(2) 单击夯击能 E 即锤重和落距的乘积,参见下式(7-52)。一般根据工程要求的加固深度、地基状况和土质成分来确定,但有时也取决于现有的起重设备。我国初期采用的单位夯击能为 1 000 kN·m,随着强夯起重机械的发展,目前采用的最大夯击能量为 16 000 kN·m,国际上曾经采用的最大夯击能量为 50 000 kN·m,设计加固深度达 40 m。

$$E = Mgh \qquad (7-52)$$

　　(3) 单位夯击能指单位加固面积上所施加的平均总夯击能,单位夯击能的大小与地基土的类别有关,一般来说在相同条件下细颗粒土的单位夯击能要比粗颗粒土适当大些。此外,加固深度等也是选择单位夯击能的重要因素。在初步选定单位夯击能后,应通过试夯确定施工采用的单位夯击能。单位夯击能过大,不仅浪费能源,对饱和黏性土加固,液化后的夯能加固效率几乎为零,甚至会降低加固效果。土谷尚提出了不同土类强夯加固单位夯击能推荐值以及我国工程实践中采用的单位夯能,参见表 7-15。

表 7-15　单位夯击能(kN·m/m²)

土类	碎石和砂砾	砂质土	黏性土	泥炭	垃圾土
土谷尚	2 000～4 000	1 000～3 000	5 000	3 000～5 000	2 000～4 000
国内经验	1 000～3 000		1 500～4 000		
锤底面积(m²)	2～4		3～4	4～6	4.5～5.5*

　　注:* 表示的锤底面积是针对湿陷性黄土强夯加固时的建议值。

　　(4) 根据工程实践经验,一般情况下夯锤和落距选择分别为:夯锤 10～25 t,落距 8～25 m。锤底面积宜按土的性质与锤重确定,对于粗颗粒土宜选用较小的面积,细颗粒土宜选用较大的锤底面积。工程实践中,常用锤底静压力来控制,锤底静压力一般可取 25～40 kPa。

　　(5) 单点夯击次数是指在一个夯点上夯击最有效的次数,以夯坑的压缩量最大、夯坑周围隆起量最小为确定原则。一般通过现场试夯得到的夯击次数与夯沉量的关系曲线确定。对于碎石土、砂土、低饱和度的湿陷性黄土和填土等地基,夯击时的夯坑周围往往没有隆起或隆起量很小,可增加夯击次数进一步提高加固效果。对于饱和度较高的黏性土地基,随着夯击次数的增加,夯坑下的地基土产生较大的侧向位移,引起夯周围地面隆起,此时如继续夯击,并不能使地基土得到有效的夯实而造成浪费,有时甚至造成地基土强度的降低。因此,在工程实践中,除了按现场试夯得到夯击次数和夯沉量关系曲线确定夯击次数外,并同时满足下列条件:①最后两击的平均夯沉量不宜大于下列数值:当单击夯击能小于 4 000 kN·m 时为 50 mm;当单击夯击能为 4 000 kN·m～6 000 kN·m 时为 100 mm;当单击夯击能大于 6 000 kN·m 时为 200 mm;②夯坑周围地面不应发生过大的隆起;③不因夯坑过深而发生提锤困难。

(6) 夯击遍数应根据地基土的性质和使用要求来确定。一般情况采用点夯遍数 2～3 遍,最后再以低能量满夯 1～2 遍,满夯可采用轻锤或低落距锤多次夯击,锤印搭接 1/2～1/3 锤径。对于渗透性弱的细粒土地基,必要时夯击遍数可适当增加。强夯前后两遍夯击之间应有一定的时间间隔,尽可能消除由前一遍夯击引起的超孔隙水压力,使夯击能更加有效。对土颗粒细、含水量高、土层厚、渗透性差的黏性土地基,一般需要数周或一个月以上的时间才能消散完。对颗粒较粗、地下水位较低、透水性较好的砂土地基或含水量较小的回填土,一般在短时间内,如数小时内即可消散完,甚至可不考虑间隔时间,进行连续夯击。此外,夯点间距愈小,超静孔压消散时间愈长;反之亦然。可利用先导试夯区埋设孔隙水压力测头适时监测孔压消散情况,确定前后两遍夯击之间的间隔时间。缺少实测孔压资料时,对于渗透性较差的黏性土地基,间隔时间一般应不少于 3～4 周。

(7) 夯点的平面布置形式应根据建筑物的结构类型,地基条件与加固深度等综合确定。根据建筑结构类型一般可采用等边三角形、等腰三角形或正方形布点。对于某些基础面积较大的建筑物或构筑物(如油罐、筒仓等),为便于施工,可按等边三角形或正方形布置夯点;对于条形基础,可根据承重墙的位置布点;对独立柱基础,可按柱网设置夯点。由于基础的应力扩散作用加固范围应大于建筑物基础范围,对于一般建筑物,每边超出基础外缘的宽度宜为设计处理深度的 1/2～1/3,并不小于 3 m,对于重要建筑物,每边超出基础处边缘的宽度宜为设计处理的深度。若为非稳定边坡应加固到最危险一滑弧范围处。

(8) 夯点间距的选择宜根据建筑物结构类型、加固土层厚度和土质条件通过试夯确定。对细颗粒土来说,为便于超静水压力的消散,夯点间距不宜过小。当加固深度要求较大时,第一遍的夯点间距不宜过小。此外,当然夯点间距过大,也会影响夯实效果。《建筑地基处理技术规范》(JGJ 79)中,提出第一遍夯击点间距可取夯锤直径的 2.5～3.5 倍,第二遍夯击点位于第一遍夯击点之间,以后各遍夯击点间距可适当减小。处理深度较深或单击夯击能较大时,第一遍夯击点间距宜适当增大,数值上宜等同于强夯加固深度。

很多工程实例证明,采用了强夯组合综合处理方法取得了很好的技术经济效果,例如强夯与碎石桩、强夯与排水体、强夯与堆石体垫层以及强夯与主动降排水等联合处置技术,在饱和软黏土地基等加固中具有特殊意义。

3. 强夯置换

强夯置换墩的深度由土质条件、单击能和锤型尺寸等决定,深度一般不宜超过 7 m。对于淤泥质、泥炭等黏性土软弱土层,置换墩应穿透软土层,着底在较好的土层上,以免产生较多下沉。对深厚饱和粉土、粉砂,墩身可不穿透该层,因墩下在施工中密度增大,强度提高。强夯置换法的单击能和夯击次数应根据现场试验确定。夯点的夯击次数,应同时满足下列条件:

(1) 墩底穿透软弱土层,且达到设计墩长。

(2) 累计夯沉量为设计墩长的 1.5～2.0 倍。

(3) 最后两击的平均夯沉量不宜大于下列数值:当单击夯击能小于 4 000 kN·m 时为 50 mm;当单击夯击能为 4 000 kN·m～6 000 kN·m 时为 100 mm;当单击夯击能大于 6 000 kN·m 时为 200 mm。

墩的布置宜采用等边三角形或正方形。对于独立基础或条形基础可根据基础形状与宽度相应布置。墩间距的大小应根据荷载大小、加固前土的承载力经计算确定。当满堂布置时可取夯锤直径的 2～3 倍,对于柱基或条形基础可取夯锤直径的 1.5～2.0 倍。墩的计算直径可取夯锤直径的 1.1～1.2 倍。当墩间净距较大时,应适当提高上部结构和基础的刚度。保证基础刚度与墩间距相匹配,应使基底处墩顶和墩间土下沉一致。处理范围应大于建筑物的基础范围,每边超出基础外缘的宽度宜为基底下设计处理深度的 1/2～1/3,并不宜小于 3.0 m。

墩顶应铺设一层不小于 500 mm 的压实垫层,垫层材料与墩体相同,粒径不宜大于 100 mm。墩体材料可采用级配良好的块石、碎石、矿渣,建筑垃圾等坚硬颗粒材料,粒径大于 300 mm 的颗粒含量不宜超过全重的 30%。

7.6 特 殊 地 基

基础下地基主要受力层为区域性特殊土,或区域性特殊土层控制地基承载力、稳定与变形时,可称为特殊地基。本节亦包括易液化土层抗震有关内容。

7.6.1 湿陷性黄土地基

黄土是一种产生于第四纪地质历史时期干旱条件下的沉积物,一般分为不具层理的风积原生黄土和原生黄土经流水冲刷、搬运和重新沉积形成的次生黄土,常具层理和砾石夹层。对应一定压力时的部分黄土受水浸湿,天然土结构迅速破坏,强度迅速降低并产生显著湿陷性附加下沉时,其称为湿陷性黄土。根据荷载作用对湿陷性的影响特征又可分为,在自重应力作用时的受水浸湿即发生湿陷的湿陷性黄土称为自重湿陷性黄土;在土自重应力作用下不发生湿陷,但在自重和附加荷载共同作用下发生湿陷的称为非自重湿陷性黄土。

黄土的湿陷现象是一个复杂的地质、物理和化学过程,存在毛细管假说、溶盐假说、胶体不足假说、欠压密理论和结构学假说等不同的湿陷机理。黄土受水浸湿和一定水平荷载作用是湿陷发生外部条件。黄土的结构特征及物质成分是产生湿陷性的内在根本。湿陷性黄土颗粒间胶结以较难溶解的碳酸钙为主时,湿陷性减弱;反之以石膏等易溶碳酸盐、硫酸盐和氯化物等易溶盐为主时,则颗粒粒间胶结的水稳性降低,湿陷性增强。湿陷性黄土的天然孔隙比越大,饱和度愈低,则湿陷性越强。饱和度 $S_r \geqslant 80\%$ 的黄土,称为饱和黄土,湿陷性基本退化。黄土的湿陷性与应力水平或附加荷载大小有关,附加应力越大,湿陷性增强;但当附加应力超过某一限制,天然沉积状态压缩压密效应占优时,则再增加压力,湿陷量反而减少。归根结底,黄土湿陷性是荷载与增湿综合作用导致土体内原有平衡破坏的宏观表征。

黄土在世界各地分布甚广,其面积达 1 300 万 km^2,约占陆地总面积的 9.3%,主要分布于中纬度干旱、半干旱地区。我国黄土分布面积约 64 万 km^2,其中湿陷性黄土约占四分之三,以黄河中游地区最为发育。《湿陷性黄土地区建筑规范》(GB 50025)给出了我国湿陷性黄土工程地质分区略图。

1. 湿陷性判定与评价

黄土地基的湿陷性评价主要包括:①判别一定压力下黄土是否具有湿陷性;②判别自重湿陷性还是非自重湿陷性的场地湿陷类型;③判定湿陷黄土地基的湿陷等级。

1) 黄土湿陷性与程度判定

黄土湿陷性的有无与强弱,可按一给定压力下土体浸水后的湿陷系数 δ_s 来衡量,即单位厚度土层由于浸水在规定压力下产生的湿陷量 δ_s,可采用室内压缩试验测定。设土样原始高度为 h_0,则压力 p 作用下的土的湿陷系数 δ_s 为

$$\delta_s = \frac{h_p - h_p'}{h_0} \tag{7-53}$$

式中　h_p——原状试样逐级加压到规定压力 p,压缩稳定后测得试样高度;

　　　h_p'——加水浸湿试样压缩稳定后的高度。

表 7-16　《湿陷性黄土地区建筑规范》(GB 50025—2004)

湿陷系数 δ_s	<0.015	≥0.015		
		≤0.03	0.03~0.07	>0.07
湿陷性判定	非湿陷性	弱湿陷性黄土	中等湿陷性黄土	强湿陷性黄土

《湿陷性黄土地区建筑规范》(GB 50025)采用湿陷系数 δ_s 进行湿陷性和湿陷性强弱判定,参见表 7-16。其中,测定湿陷系数的压力 p 应采用黄土地基实际压力,当不同阶段实际压力大小难以预估时,自基础底面(地面下 1.5 m)算起,10 m 以上的土层采用 200 kPa;10 m以下至非湿陷性土层顶面,采用其上覆土饱和自重应力(≤300 kPa)。如基底压力大于300 kPa 时,宜用实际压力判别黄土的湿陷性。

当黄土承担荷载低于某一水平时,即使浸水也只产生压缩变形而无湿陷现象,该荷载水平称为湿陷起始压力 p_{sh}(kPa),如兰州地区一般为 20~50 kPa,洛阳地区则分布在 120 kPa以上。黄土的湿陷起始压力随土的密度、湿度、胶结物含量以及土的埋藏深度等增加而提高。非自重湿陷性黄土地基荷载水平相对较低时,可通过适当选取基础底面尺寸及埋深或基底垫层厚度,使基底或垫层底面总压应力 $p \leqslant p_{sh}$,避免湿陷发生。因此,湿陷起始压力 p_{sh}是一个很有实用价值的指标。

【例题 7-8】　某场地经勘察为黄土地基,由探井取 3 个原状土样进行浸水压缩试验。取样深度为 3.0 m、5.0 m 和 7.0 m。实测数据见下表。分别判断此黄土是否属于湿陷性黄土。

例表 7-2　黄土浸水压缩试验结果

试样编号	1	2	3
取样深度(m)	3	5	7
加 200 kPa 压力后百分表稳定读数	38	62	42
浸水后百分表稳定读数	156	188	92

解:按公式(7-53)计算各土样的湿陷系数

(1) $\delta_{s1} = \dfrac{h_p - h_p'}{h_0} = \dfrac{19.62 - 18.44}{20.00} = 0.059 > 0.015$,判别为湿陷性黄土;

(2) $\delta_{s2} = \dfrac{h_p - h_p'}{h_0} = \dfrac{19.38 - 18.12}{20.00} = 0.063 > 0.015$,判别为湿陷性黄土;

(3) $\delta_{s3} = \dfrac{h_p - h_p'}{h_0} = \dfrac{19.58 - 19.08}{20.00} = 0.025 > 0.015$,判别为湿陷性黄土。

2）场地湿陷类型

自重湿陷性黄土地基仅在自重应力作用下，受水浸湿后即迅速发生剧烈湿陷，一些很轻的建筑物也难免遭受其害。非自重湿陷性黄土地基，则很少发生类似病害。建筑物场地湿陷类型，可按实测自重湿陷量或计算自重湿陷量 Δ_{zs} 判定。《湿陷性黄土地区建筑规范》（GB 50025）采用计算自重湿陷量 Δ_{zs} 划分黄土地基湿陷类型时：当计算自重湿陷量 $\Delta_{zs} \leqslant 7.0$ cm 时，定为非自重湿陷性黄土场地；当 $\Delta_{zs} > 7.0$ cm 时，则应定为自重湿陷性黄土场地。

$$\Delta_{zs} = \beta_0 \sum_{i=1}^{n} \delta_{zsi} h_i \tag{7-54}$$

式中　δ_{zsi}——第 i 层地基土样在压力值等于上覆土的饱和（$S_\gamma > 85\%$）自重应力（$\leqslant$ 300 kPa）时，试验测定的自重湿陷系数，测定和计算方法同上述 δ_s；

　　　　h_i——地基中第 i 层土的厚度（m）；

　　　　n——从基底算起至全部湿陷性黄土层底面为止的计算总厚度内土层数。

Δ_{zs} 计算中，当 $\delta_{zs} < 0.015$ 的非湿陷性黄土层不累计在内。根据我国各地区土质而异和建设经验，提出的修正系数 β_0，参见表 7-17。

表 7-17　黄土地基湿陷类型判定中修正系数 β_0

地区	陇西地区	陇东、陕北地区	关中地区	其他地区（如山西、河北、河南等）
修正系数 β_0	1.5	1.2	0.7	0.5

3）地基湿陷等级

湿陷性黄土地基的湿陷等级，即地基土受水浸湿，发生湿陷的程度，可以用地基各土层湿陷下沉稳定后所发生湿陷量的总和（总湿陷量），结合上述计算自重湿陷量综合确定，参见表 7-18。《湿陷性黄土地区建筑规范》（GB 50025）中对湿陷性黄土地基在规定压力下充分浸水后可能发生的湿陷变形值，即地基总湿陷量 Δ_s（cm）采用下式计算

$$\Delta_s = \sum_{i=1}^{n} \beta \delta_{si} h_i \tag{7-55}$$

式中　δ_{si}——第 i 层土的湿陷系数，参见表达式（7-53）。

用上式计算时，考虑地基土浸水几率、侧向挤出条件等因素提出的修正系数 β，规定在基底下 5 m（或压缩层）深度内取 $\beta = 1.5$；5 m（或压缩层）以下，非自重湿陷性黄土地基 $\beta = 0$，自重湿陷性黄土地基可按式（7-54）$\beta = \beta_0$ 取值。显然，工程实践中应根据黄土地基的湿陷等级考虑相应的设计措施，相同情况下湿陷程度愈高，设计措施要求也愈高。

表 7-18　湿陷性黄土地基的湿陷等级

Δ_s（cm） ＼ Δ_{zs}（cm）	非自重湿陷性场地	自重湿陷性场地	
	$\Delta_{zs} \leqslant 7$	$7 < \Delta_{zs} \leqslant 35$	$\Delta_{zs} > 35$
$\Delta_s \leqslant 30$	I（轻微）	II（中等）	—
$30 < \Delta_s \leqslant 60$	II（中等）	II 或 III	III（严重）
$\Delta_s > 60$	—	III（严重）	IV（很严重）

注：① 当总湿陷量 30 cm $< \Delta_s <$ 50 cm，计算自重湿陷量 7 cm $< \Delta_s <$ 30 cm 时，可判为 II 级；
　　② 当总湿陷量 $\Delta_s \geqslant$ 50 cm，计算自重湿陷量 $\Delta_s \geqslant$ 30 cm 时，可判为 III 级。

【例题 7-9】 关中地区某场地经勘察为黄土地基,基础埋深 1.0 m。岩土工程勘察结果如下表所示。判别该场地是否为自重湿陷性黄土场地,判别该地基的湿陷等级。

例表 7-3 关中某黄土地基勘察结果

土层厚度(m)	3.0	3.0	5.0
自重湿陷系数 δ_{zs}	0.051	0.045	0.018
湿陷系数 δ_s	0.059	0.063	0.025

解:(1)计算自重湿陷量

关中地区 $\beta_0 = 0.7$

$$\Delta_{zs} = \beta_0 \sum_{i=1}^{n} \delta_{zsi} h_i = 0.7 \times (0.051 \times 300 + 0.045 \times 300 + 0.018 \times 500) = 26.46 \text{ cm}$$

因 $\Delta_{zs} = 26.46 \text{ cm} > 7 \text{ cm}$,应该判别为自重湿陷性黄土场地;

(2)计算总湿陷量

基地下 5 m 深度内 $\beta = 1.5$,5 m 以下,$\beta = 0.7$

$$\Delta_s = \sum_{i=1}^{n} \beta \delta_{si} h_i = 1.5 \times (0.059 \times 300 + 0.063 \times 300) + 0.7 \times 0.025 \times 500$$
$$= 63.65 \text{ cm}$$

根据表 7-18,总湿陷量 $\Delta_s = 63.65 \text{ cm}$,自重湿陷量 $\Delta_{zs} = 26.46 \text{ cm}$,判定该地基的湿陷等级为 Ⅲ 级(严重)。

2. 湿陷性黄土地基处理

湿陷性黄土地基的设计和施工,应满足地基承载力、湿陷变形、压缩变形及稳定性要求。湿陷性黄土地基基础工程中的主要措施包括地基处理、排水措施和结构措施等。地基处理是主要的工程措施,若地基处理消除了全部地基的湿陷性,就不必再考虑其他措施;若只是消除了地基主要部分湿陷量,则还应辅以防水和结构措施。

(1)地基处理的目的在于破坏湿陷性黄土的大孔隙结构,以便全部或者部分消除地基的湿陷性,从根本上避免或削弱湿陷现象的发生。常用的地基处理方法包括,换土垫层法、深层挤密法、动力夯实法和预浸水法,参见表 7-19。处理深度可分为全部湿陷性黄土层处理,部分湿陷性黄土层处理,或以土层的湿陷起始压力来控制处理厚度。湿陷性黄土层部分深度处理方案,应确保剩余部分土层湿陷量较小,且不致影响建筑物的安全和使用。

(2)防水措施的目的,是尽量避免黄土发生湿陷变形的外因。做好建筑物在施工过程及长期使用期间的防水、排水工作,防止地基土受水浸湿。尤其在雨季、冬季选择垫层法、夯实法和挤密法处理地基时,施工期间应采取防雨与防冻措施,应防止地面水流入已处理和未处理的基坑或基槽内。基本防水措施包括:做好场地平整和防水系统,防止地面积水;压实建筑物四周地表土层,做好散水防止雨水直接渗入地基;主要给排水管道离建筑物有一定防护距离;提高防水地面、排水沟、检漏管沟和井等设施的设计标准,避免漏水浸泡局部地基土体等。同时,在建筑使用期间,对建筑物和管道应经常进行维护和检修,确保防水措施的有效发挥,防止地基浸水湿陷。

(3)从地基基础和上部结构相互作用概念出发,在建筑结构设计中采取适当措施,以减小建筑物的不均匀沉降或使结构能适应地基的湿陷变形。如选取适宜的结构体系和基础型式,加强上部结构整体刚度,采用简支梁等对不均匀沉降不敏感的结构类型,预留沉降净空等,加大基础刚度抵抗不均匀沉降。同时,对长度较大且体形复杂的建筑物,采用沉降缝将其分为若干独立沉降的结构单元。

表 7-19　湿陷性黄土地基常用的处理方法

加固方法		适用范围	基底下处理深度(m)
垫层法		地下水位以上,局部或整片处理	1～3
夯实法	强夯	$S_r<60\%$的湿陷性黄土,局部或整片处理	3～6
	重夯		1～2
挤密法		地下水位以上,局部或整片处理	5～15
桩基础		基础荷载大,有可靠的持力层	≤30
预浸水法		Ⅲ、Ⅳ级自重湿陷性黄土场地,6 m 以上尚应采用垫层等方法处理	可消除地面下 6 m 以下全部土层的湿陷性
单液硅化或碱液加固法		用于加固地下水位以上的已有建筑物地基	≤10;单液硅化加固最大深度达 20

7.6.2　膨胀土地基

膨胀土系指黏粒成分主要由亲水性矿物组成的黏性土,具有显著的吸水膨胀和失水收缩季节周期性变化特性(会呼吸的土),常给工程带来严重危害。世界上已有 40 多个国家发现膨胀土造成的危害,目前每年给工程建设带来的经济损失已超过百亿美元,比洪水、飓风和地震所造成的损失总和的两倍还多。

膨胀土的膨胀与收缩变形实际上是由土中水分的得与失引起,膨胀土水分得失变化过程的物理化学机制及其力学效应十分复杂。膨胀土的胀缩特征不仅取决于膨胀土的物质组成与结构特征,且与所处环境条件与初始状态等密切相关。目前,晶格扩张理论和双电层理论解释最为常见。膨胀土中亲水性黏土矿物成分(蒙脱石、伊利石水云母类)与微细黏土颗粒大比表面是膨胀土胀缩的物质基础,膨胀土颗粒的阳离子交换量一般在 20% 以上。例如,蒙脱石的非稳定性结构吸水后晶格扩张膨胀,体积增大几倍到几十倍,亲水性特别强。膨胀土的初始稠度(含水量)愈高,孔隙比愈小,浸水原有平衡势破坏后的膨胀愈强烈;反之,则失水收缩愈强烈。当自然界的温度、湿度、蒸发和降雨等气候环境条件变化剧烈,高地大临空面的水分蒸发条件好时,膨胀土含水量相对变化幅度大,胀缩变形也较剧烈。建筑物以及周围树木的环境影响,同样会导致胀缩变形的差异。

膨胀土不同程度的分布于美国、印度、澳大利亚、南美洲、非洲和中东等国家与地区,其中美国 50 个州中分布有膨胀土的占 40 个州。膨胀土在我国亦分布广泛,以黄河以南地区较多,多呈岛状分布,出露于二级及二级以上的河谷阶地、山前和盆地边缘及丘陵地带。地形坡度平缓,一般坡度小于 12 度,无明显的天然陡坎。我国膨胀土一般地质年代多属第四纪晚更新世 Q_3 或更早一些,仅少数属全新世 Q_4。

1. 膨胀土判别

1)自由膨胀率 δ_{ef}。

自由膨胀率表示膨胀土在无结构力影响下和无压力作用下的膨胀特性,可反映土的矿物成分及含量影响特征,用于初步判定是否为膨胀土。δ_{ef} 较小,膨胀潜势较弱,建筑物损坏轻微;δ_{ef} 较大,膨胀潜势较强,建筑物损坏严重。因此,《膨胀土地区建筑技术规范》(GBJ 50112)按 δ_{ef} 大小来判别是否为膨胀土,划分土的膨胀潜势强弱,揭示胀缩性高低及其对建筑物的危害程度,参见表 7-20。

根据人工制备的磨细烘干土样(结构内部无约束力)体积 V_0(mL),以及使该土样充分吸水膨胀至稳定后测定的体积 V_w(mL),可按下式计算自由膨胀率 δ_{ef}:

$$\delta_{ef} = \frac{V_w - V_0}{V_0} \quad\quad (7\text{-}56)$$

2) 膨胀率 δ_{ep} 和膨胀力 p_e

膨胀率 δ_{ep} 可用于评价地基的胀缩等级,计算膨胀土地基的变形量以及测定其膨胀力。膨胀率 δ_{ep} 系指原状土样在一定压力和侧限条件下,浸水膨胀稳定后的土样高度 h_w(mm)与原初始高度 h_0(mm)之比,按下式计算。

$$\delta_{ep} = \frac{h_w - h_0}{h_0} \quad\quad (7\text{-}57)$$

试验时,根据工程需要确定最大压力,并逐级加荷至最大压力,测定各级压力下膨胀稳定时的土样高度变化值。若以试验结果中各级压力下的膨胀率 δ_{ep} 为纵坐标,压力 p 为横坐标,可得 p-δ_{ep} 关系曲线,参见图 7-25。该曲线与横坐标的交点,可定义为膨胀力 p_e,即土样在体积不变时,由于浸水产生的最大内应力。在选择基础形式时,基底压力接近膨胀力 p_e,可减小膨胀变形。

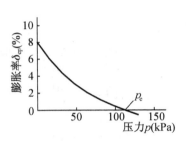

图 7-25 p-δ_{ep} 关系曲线

3) 线缩率 δ_s 和收缩系数 λ_s

膨胀土失水收缩特性,可用线缩率 δ_s 和收缩系数 λ_s 表示,是地基变形计算中的两个主要指标。线缩率 δ_s 指土的竖向收缩变形与原状土样高度之比,按下式计算

$$\delta_s(\%) = \frac{h_0 - h_i}{h_0} \times 100 \quad\quad (7\text{-}58)$$

式中 h_i——某含水量 w_i 时的土样高度(mm);

   h_0——土样的原始高度(mm)。

根据不同时刻的线缩率及相应含水量,可绘制出收缩曲线,参见图 7-26。可以看出,随着含水量的蒸发,土样高度逐渐减小,$\Delta\delta_s$ 增大。原状土样在直线收缩阶段,含水量每降低 1% 时,所对应的竖向线缩率的改变即为收缩系数 λ_s:

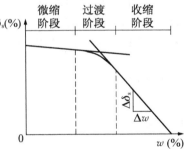

图 7-26 收缩曲线

$$\lambda_s = \frac{\Delta\delta_s}{\Delta w} \quad\quad (7\text{-}59)$$

式中 Δw——收缩过程中,直线变化阶段内两点含水量之差(%);

$\Delta\delta_s$——Δw 对应竖向线缩率之差(%)。

4) 膨胀土判别与膨胀势

膨胀土的判别主要依据是工程地质特征与自由膨胀率 δ_{ef} 指标,参见表 7-20。凡 $\delta_{ef} \geqslant 40\%$,且具有表 7-21 的膨胀土野外特征和建筑物开裂破坏特征,胀缩性能较大的黏性土应判定为膨胀土。需要时尚可根据蒙脱石含量含量大于 7%,判断为膨胀土。目前,按土的组成和土粒与水相互作用所呈现的水理性指标判别与划分体系,参见表 7-20。此外,特殊情况下尚可根据土中所含阳离子成分与阳离子交换容量来、风干含水量 W_{65}、塑性图和 Hamming 贴近度模型法等方法。

表 7-20　膨胀土膨胀势分类指标

膨胀土类别	黏粒含量(%)	粉粒含量(%)	液限(%)	塑性指数(%)	比表面积(%)	自由膨胀率(%)	蒙脱石(%)
强膨胀土	>50.0	<40.0	>48.0	>25.0	>300.0	>100	>25
中等膨胀土	35.0~50.0	40.0~50.0	40.0~48.0	18.0~25.0	150.0~300.0	70~100	15~25
弱膨胀土	<35.0	>50.0	<40.0	<18.0	<150.0	40~69	7~14

表 7-21　膨胀土的工程地质性质分类

类别	地貌	地层	岩性	矿物成分	分布典型区域
一类	盆地边缘与丘陵地带	第三纪至第四纪湖相沉积层	以灰白、灰绿等杂色黏土为主	以蒙脱石为主	蒙自、宁明、邯郸、襄樊
二类	河流阶地	第四纪冲积、冲洪积、坡积层	以灰褐、褐黄、红、黄色黏土为主,裂隙很发育,有光滑面或擦痕	以水云母为主	合肥、成都、枝江、临沂
三类	岩溶地区、平原谷底	碳酸盐岩类岩石的残积及洪积物	以红棕、棕黄色高塑性黏土为主,裂隙发育,有光滑面及擦痕		贵县、来宾、武宣

2. 膨胀土地基评价

根据膨胀土地基的膨胀、收缩变形对低层砖混结构的影响程度,评价膨胀土地基胀缩等级。《膨胀土地区建筑技术规范》(GBJ 50112)规定以 50 kPa 压力下(相当于一层砖石结构的基底压力)测定的土的膨胀率,计算地基分级变形量 s,作为划分膨胀土地基胀缩等级的标准,参见表 7-22。地基分级变形量 s 计算仍采用分层总和法。

膨胀变形
$$s_e = \psi_e \sum_{i=1}^{n} \delta_{epi} h_i \tag{7-60a}$$

收缩变形
$$s_s = \psi_s \sum_{i=1}^{n} \lambda_{si} \Delta w_i h_i \tag{7-60b}$$

胀缩变形
$$s = \psi \sum_{i=1}^{n} (\delta_{epi} + \lambda_{si} \Delta w_i) h_i \tag{7-60c}$$

其中，　　　　$\Delta w_i = \Delta w_1 - (\Delta w_1 - 0.01) \dfrac{z_{i-1}}{z_{n-1}}$　　$\Delta w_1 = w_1 - \psi_w w_p$

式中　δ_{epi}——基础底面下第 i 层土在该层土的平均自重应力与平均附加应力之和作用下的膨胀率,由室内试验确定(%);

λ_{si}——第 i 层土的收缩系数,应由室内试验确定;

Δw_i——地基土收缩过程中,第 i 层土可能发生的含水量变化的平均值(以小数表示);

w_1、Δw_1 和 w_p——地表下 1 m 处土的天然含水量、可能发生的含水量变化值和塑限含水量(以小数表示);

ψ_w——土的湿度系数,按《膨胀土地区建筑技术规范》(GBJ 50112)规定取值。

表 7-22 膨胀土地基的胀缩等级

地基分级变形量(mm)	级 别	破坏程度
$15 \leqslant s < 35$	I	轻 微
$35 \leqslant s < 70$	II	中 等
$s \geqslant 70$	III	严 重

注:地基分级变形量 S 应按公式(7-60)计算,式中膨胀率采用的压力应为 50 kPa。

基底下计算深度 z_n 应根据大气影响深度确定;有浸水可能时,可按浸水影响深度确定;收缩变形计算时,当有热源影响时,应按热源影响深度确定。计算深度 z_n 内所划分土层数为 n,第 i 层土的计算厚度为 h_i,一般为基底宽度的 0.4 倍分层。经验系数 ψ_e,宜根据当地经验确定,若无可依据经验时,3 层及 3 层以下建筑物,可取 $\psi_e = 0.6$;收缩变形量计算经验系数 ψ_s,宜根据当地经验确定,若无可依据经验时,3 层及 3 层以下建筑物,可取 $\psi_s = 0.8$;胀缩变形量计算经验系数 ψ,可取 0.7。

膨胀土地基分级变形量计算规定,当距地表 1 m 处地基土的天然含水量等于或接近最小值时,或地面有覆盖且无蒸发可能时,以及建筑物在使用期间经常受水浸湿的地基,可按表达式(7-60a)膨胀变形量计算,即 $s = s_e$;当距地表 1 m 处地基土的天然含水量大于 1.2 倍塑限含水量时,或直接受高温作用时,可按表达式(7-60b)收缩变形量计算,即 $s = s_s$;其他情况下可按胀、缩变形总量计算分级变形量 s,即表达式(7-60c)。

3. 膨胀土地基工程措施

选择场地时应避开地质条件不良地段,如浅层滑坡、地裂发育、地下水位剧烈等地段。尽量布置在地形条件比较简单、地质较均匀、胀缩性较弱的场地。坡地建筑应避免大开挖,依山就势布置,同时应利用和保护天然排水系统,并设置必要的排洪、借流和导流等排水措施,加强隔水、排水,防止局部浸水和渗漏。

1)设计措施

建筑上应力求体型简单,建筑物不宜过长,在地基土不均匀、建筑平面转折、高差较大及建筑结构类型不同处,应设置沉降缝。一般地坪可采用预制块铺砌,块体间嵌柔性材料,大面积地面作分格变形缝;对有特殊要求的地坪可采用地面配筋或地面架空等措施,尽量与墙体脱开。民用建筑层数宜多于 2 层,以加大基底压力,防止膨胀变形。并应合理确定建筑物与周围树木间距离,避免选用吸水量大、蒸发量大的树种绿化。

结构上应加强建筑物的整体刚度,承重墙体宜采用拉结较好的实心砖墙,不得采用空斗墙、砌块墙或无砂混凝土砌体,避免采用对变形敏感的砖拱结构、无砂大孔混凝土和无筋中型砌块等。基础顶部和房屋顶层宜设置圈梁,其他层隔层设置或层层设置。建筑物的角段和内外墙的连接处,必要时可增设水平钢筋。

基础工程设计中应加大基础埋深,且不应小于 1 m。当以基础埋深为主要防治措施时,基底埋置宜超过大气影响深度或通过变形验算确定。较均匀的膨胀土地基,可采用条基;基础埋深较大或条基基底压力较小时,宜采用墩基;当大气影响深度较深,且膨胀土层厚,相对地基加固或墩式基础施工有困难或不经济时,可选用桩基穿越方案,桩端应进入非膨胀土层或大气影响急剧层以下的土层中。地基处理方法可减小或消除地基胀缩对建筑物的危害。例如,换土应采用非膨胀性黏土,砂石或灰土等材料,厚度应通过变形计算确定,垫层宽度应大于基底宽度,土性改良可通过在膨胀土中掺入一定量的石灰来提高土的强度;还可采用压力灌浆将石灰浆液灌注入膨胀土的裂缝中起加固作用。

2) 施工措施

在施工中应尽量减少地基中含水量的变化。基槽开挖施工宜分段快速作业,避免基坑岩土体受到曝晒开裂或浸泡软化。雨季施工应采取防水措施,同时做好地表排水等。当基槽开挖接近基底设计标高时,宜预留 150～300 mm 厚土层,待下一工序开始前挖除;基槽验槽后应及时封闭坑底和坑壁;基坑施工完毕后,应及时分层回填夯实。

由于膨胀土坡地具有多向失水性和不稳定性,坡地建筑比平坦场地的破坏严重,故应尽量避免在坡坎上建筑。若无法避开,首先应采取排水措施,设置支挡和护坡进行治坡,整治环境,再开始兴建建筑。

3) 地形与地貌

根据场地的地形与地貌条件,可将膨胀土建筑场地分为:①平坦场地,地形坡度<5°,或为 5°～14°,且距坡肩水平距离大于 10 m 的坡顶地带;②坡地场地,地形坡度≥5°,或地形坡度<5°,但同一建筑物范围内局部地形高差大于 1 m。位于平坦场地的建筑物地基,承载力可由现场浸水载荷试验、饱和三轴不排水试验或《膨胀土地区建筑技术规范》(GBJ 112)承载力表确定,变形则按胀缩变形量控制。而位于斜坡场地上的建筑物地基,除上述计算控制外,尚应进行地基的稳定性计算。

7.6.3 液化土地基

地震灾害中,砂土液化造成的结构破坏在数量上占有很大的比例,且砂土液化的相关规定在各国抗震规范中均有所体现。地震、波浪、车辆行驶、机器振动、打桩及爆破等,都可能引起饱和砂土的液化,地震引起的大面积甚至深层砂土液化的危害最大。砂土的地震液化造成灾害的宏观特征主要有:喷砂冒水、地面沉陷、边坡滑坡和地基破坏。处理可液化地基失效问题,一般是从判别液化可能性和危害程度以及采取抗震对策两个方面来加以解决。

在相对高频率地震作用时,地基中的饱和松散细粉砂等承受从基岩传来的剪切波所引起的循环剪切作用,超静孔隙水压力随着循环荷载作用次数增加而积聚,某次循环荷载作用后的超静孔压将破坏颗粒间的连接,导致土体应变急剧增大、孔压急速上升和有效应力趋于零,土体强度丧失而进入液化状态,并产生不可逆的体积压缩。地震作用在饱和松散粉细砂中可产生相当高的超静孔隙水压力,并在覆盖层薄弱处或地震裂缝处喷出砂水混合物,水头可高达 2～3 m,持续时间可达几小时甚至十几天,造成严重的土水损失,引发重大灾害。

影响土体液化势的主要因素有地震作用、土颗粒矿物成分与粒度特征、可液化土体的物理状态与应力水平。地震的强度愈高,循环作用剪切力愈大;地震持续时间愈长,作用次数愈多,愈易发生液化。砂粒惰性矿物颗粒的黏聚力低;粒度较细的细粉砂排水降压与孔压消散慢;循环剪切作用下的大孔隙松散结构的不可逆体积压缩高;液化土层埋藏浅时的初始有效应力水平低等情况,地震作用时的超静孔压积聚水平相对更高,且土体相对更容易液化。

1. 液化判别和危险性估计方法

液化判别和处理的一般原则是,①对饱和砂土和饱和粉土(不含黄土)地基,除 6 度外,应进行液化判别;对 6 度区一般情况下可不进行判别和处理,但对液化沉陷敏感的乙类建筑,可按 7 度要求进行判别和处理;②存在可液化土层的地基,应根据建筑的抗震设防类别、地基的液化等级,结合具体情况采取相应的措施。对于一般工程项目,砂土或粉土液化判别及危害程度估计可按以下步骤进行。

1) 液化初判

首先,根据地质年代、黏粒含量、地下水位及上覆非液化土层厚度等作为判断条件,进行地基液化判别的初判,具体规定为:①基本烈度为 7 和 8 度地区,地质年代为第四纪晚更新世(Q_3)及以前时,可判为不液化;②对应基本烈度为 7、8 和 9 度地区,当粉土中黏粒粒组($d<0.005$ m)含量分别大于 10%、13% 和 16% 时,可判为不液化;③采用天然地基的建筑,基础埋置深度为 d_b(m)、上覆非液化土层厚度为 d_u(m)和地下水位深度为 d_w(m),当符合下列条件之一时,可不考虑液化影响。

$$d_u > d_0 + d_b - 2 \tag{7-61a}$$

$$d_w > d_0 + d_b - 3 \tag{7-61b}$$

$$d_u + d_w > 1.5d_0 + 2d_b - 4.5 \tag{7-61c}$$

上式中的地下水位深度 d_w 宜按建筑使用期内年平均最高水位取用,或可按近期内年最高水位采用。上覆非液化土层厚度 d_u 宜将淤泥和淤泥质土层扣除。基础埋置深度不超过 2 m 时,采用 2 m。此外,液化土特征深度 d_0(m)系指地震时一般能达到的液化深度,参见表 7-23。

表 7-23　液化土特征深度 d_0(m)

饱和土类别	7 度	8 度	9 度
粉土	6	7	8
砂土	7	8	9

2) 液化细判

根据上述初步判别,认为是可能液化地基时,当有成熟经验时,可采用地区性经验方法进行详细判别。否则,应采用标准贯入试验(SPT),对初判为可能液化地基进一步判别地面下 15 m 深度范围内土层的液化可能性;当采用桩基或埋深大于 5 m 的深基础时,尚应判别 15~20 m 范围内土层的液化可能性。

当饱和土的标贯击数 N(未经杆长修正)小于液化判别标贯击数临界值 N_{cr} 时,应判为液化土。在地面下 20 m 深度范围内,液化判别标贯击数临界值 N_{cr} 可按下式计算。

$$N < N_{cr} \tag{7-62a}$$

$$N_{cr} = N_0[0.9 + 0.1(d_s - d_w)]\sqrt{3/\rho_c} \quad d_s \leqslant 15\,m \tag{7-62b}$$

$$N_{cr} = N_0(2.4 - 0.1d_w)\sqrt{3/\rho_c} \quad 15\,m \leqslant d_s \leqslant 20\,m \tag{7-62c}$$

式中 N_0——液化判别标准贯入锤击数基准值,按表 7-24 取值;

d_s——饱和土标准贯入试验点深度(m);

ρ_c——黏粒含量百分率,当小于 3 或为砂土时,均应取 3。

表 7-24 标准贯入击数基准值 N_0

设计地震分组	7 度	8 度	9 度
第一组	6(8)	10(13)	16
第二、三组	8(10)	12(15)	18

注:括号内数值用于设计基本地震加速度为 0.15g 和 0.30g 的地区。

3) 地基液化评价

上述地基液化初判、细判都是针对土层钻孔柱状内一点而言。一个土层柱状(相应于地面上的一个点)总的液化水平,即地基液化程度可采用液化指数 I_{lE} 划分,参见表 7-25。在探明各液化土层的深度和厚度之后,可按公式(7-63)计算每个钻孔的液化指数 I_{lE} 如下:

$$I_{lE} = \sum_{i=1}^{n}\left(1 - \frac{N_i}{N_{cri}}\right)d_i W_i \tag{7-63}$$

式中 n——判别深度内每一个钻孔的标准贯入试验总数;

N_i、N_{cri}——分别为判别深度内 i 点标准贯入锤击数的实测值和临界值,当实测值大于临界值时取临界值的数值;

d_i——第 i 点所代表的土层厚度(m),可采用与该标贯试验点相邻的上、下两标贯试验点深度差的一半,但上界不高于地下水位深度,下界不深于可液化层深度;

W_i——第 i 层土考虑单位土层厚度的层位影响权函数值(m^{-1})。

上述计算中,层位影响权函数 W_i 值规定如下:若判别深度为 15 m,当该层中点深度不大于 5 m 时应采用 10,等于 15 m 时应采用零值,5~15 m 时应按线性内插法取值;若判别深度为 20 m,当该层中点深度不大于 5 m 时应采用 10,等于 20 m 时应取零值,5~20 m 时应按线性内插法取值。

表 7-25 液化指数与液化等级的对应关系

液化等级	轻微	中等	严重
判别深度为 15 m 时的液化指数	$0 < I_{lE} \leqslant 5$	$5 < I_{lE} \leqslant 15$	$I_{lE} > 15$
判别深度为 20 m 时的液化指数	$0 < I_{lE} \leqslant 6$	$6 < I_{lE} \leqslant 18$	$I_{lE} > 18$

【例 7-10】 某场地的土层分布及各土层中点处标准贯入击数如例图 7-1 所示。该地区抗震设防烈度为 8 度,由《建筑抗震设计规范》(GB 50011)附录 A 查得的设计地震分组组别为第一组。基础埋深按 2.0 m 考虑。试按《建筑抗震设计规范》(GB 50011)判别该场地土层的液化可能性以及场地的液化等级。

解：

（1）初判

根据地质年代，土层④可判为不液化土层，其他土层根据公式(7-61)进行判别如下：

由图可知 $d_w = 1.0$ m，$d_b = 2.0$ m。

对土层①，$d_u = 0$，由表 7-23 查得 $d_0 = 8.0$ m，计算结果表明不能满足上述三个公式的要求，故不能排除液化可能性。

对土层②，$d_u = 0$，由表 7-23 查得 $d_0 = 7.0$ m，计算结果不能排除液化可能性。

对土层③，$d_u = 0$，由表 7-23 查得 $d_0 = 8.0$ m，与土层①相同，不能排除液化可能性。

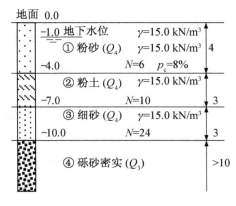

例图 7-1

（2）细判

对土层①，$d_w = 1.0$ m，$d_s = 2.0$ m，因土层为砂土，取 $\rho_c = 3$，另由表 7-24 查得 $N_0 = 10$，故由公式(7-62)算得标贯击数临界值 N_{cr} 为

$$N_{cr} = N_{cr} = N_0 \left[0.9 + 0.1(d_s - d_w) \right] \sqrt{3/\rho_c} = 10 \times [0.9 + 0.1 \times (2-1)] \times \sqrt{3/3} = 10$$ 因 $N = 6 < N_{cr}$，故土层①判为液化土。

对土层②，$d_w = 1.0$ m，$d_s = 5.5$ m，$\rho_c = 8$，$N_0 = 10$，由公式(7-62)算得 N_{cr} 为

$$N_{cr} = N_{cr} = N_0 \left[0.9 + 0.1(d_s - d_w) \right] \sqrt{3/\rho_c} = 10 \times [0.9 + 0.1 \times (5.5-1)] \times \sqrt{3/8} = 8.27$$ 因 $N = 10 > N_{cr}$，故土层②判为不液化土。

对土层③，$d_w = 1.0$ m，$d_s = 8.5$ m，$N_0 = 10$，因土层为砂土，取 $\rho_c = 3$，算得 N_{cr} 为

$$N_{cr} = N_{cr} = N_0 \left[0.9 + 0.1(d_s - d_w) \right] \sqrt{3/\rho_c} = 10 \times [0.9 + 0.1 \times (8.5-1)] \times \sqrt{3/3} = 16.5$$ 因 $N = 24 > N_{cr}$，故土层③判为不液化土。

（3）场地的液化等级

由上面已经得出只有土层①为液化土，该土层中标贯点的代表厚度应取为该土层的水下部分厚度，即 $d = 3.0$ m，按公式(7-63)的说明，取 $W = 10$。代入公式(7-63)，则有

$$I_{lE} = \sum_{i=1}^{n} \left(1 - \frac{N_i}{N_{cri}} \right) d_i W_i = (1 - 6/10) \times 3 \times 10 = 12$$

由表 7-25 查得，该场地的地基液化等级为中等。

2. 地基的抗液化措施及选择

当判明建筑物地基中有可液化的砂土层时，常用的抗液化工程措施综合考虑建筑物的重要性和地基液化等级。防止砂土液化的处理原则是避开、挖除或加固。如果可能液化的范围不大，可以根据具体情况避开或挖除。

1）抗液化措施

《建筑抗震设计规范》(GB 50011)提出了当液化土层较平坦且均匀时，地基抗液化措施宜按表 7-26 选用，尚可计入上部结构荷载作用水平抑制液化危害的影响，且可根据对液化震陷量的估计，适当调整抗液化措施。不宜将未处理的液化土层作为天然地基持力层。

表 7-26　液化土层的抗液化措施

建筑抗震设防类别	地基的液化等级		
	轻微	中等	严重
乙类	部分消除液化沉陷,或对基础和上部结构处理	全部消除液化沉陷,或部分消除液化沉陷且对基础和上部结构处理	全部消除液化沉陷
丙类	基础和上部结构处理,亦可不采取措施	基础和上部结构处理,或更高要求的措施	全部消除液化沉陷,或部分消除液化沉陷且对基础和上部结构处理
丁类	可不采取措施	可不采取措施	基础和上部结构处理,或其他经济的措施

由于位于基础正下方区域的液化土层应力水平高,地基液化主要危害来自基础外侧,使之失去侧边土压力支撑,并逐步被液化,此种现象称为液化侧向扩展。因此,在外侧易液化区的影响得到控制的条件下,轻微液化或中等液化等级土层作为基础的持力层是可行的,但工程中应经过严密的论证,必要时仍应采取有效的工程措施予以控制。

2) 全部消除地基液化沉陷

全部消除地基液化沉陷的地基基础措施主要包括桩基穿越和地基处理。当采用桩基时,桩端伸入液化深度以下稳定土层中的长度(不包括桩尖部分)应按计算确定,且对碎石土,砾、粗、中砂,坚硬黏土和密实粉土尚不应小于0.5 m,对其他非岩石土尚不宜小于1.5 m。采用其他深基础时,基础底面应埋入液化深度以下的稳定土层中,其深度不应小于0.5 m。

地基加固的措施主要有人工密实或置换、围封、降压及盖重等。加密法(如振冲、振动加密、挤密碎石桩、强夯等)处理深度至液化深度下界,且振冲或挤密碎石桩加固后的桩间土标贯击数原则不宜小于前述液化判别标贯击数的临界值。采用加密法或换土法处理时,在基础边缘以外的处理宽度应超过基础底面下理深度的1/2,且不小于基础宽度的1/5。换土法处理则可采用非液化土替换全部液化土层。围封是用板桩把基础范围内,将有可能液化地基分格围封。盖重是在可能液化范围的地面上加载(如堆土)等,增加可液化砂层的上覆压力。此外,高强复合型排水板PVDs的张拉加筋与排水降压,也可用于地基抗液化处理。

此外,上述处置方案还可以组合使用,例如在采取增加上覆压力措施的同时,设置排水措施,则可以综合盖重、降压、密实和加筋作用,抗液化效果相对单一措施方案可能更好。因此,采用振冲加固或挤密碎石桩加固后桩间土的实测标贯值仍低于相应临界值时,尚应考虑排水和增大地基刚度等多重作用,不宜简单地判为液化。

3) 部分消除地基液化沉陷

部分消除地基液化沉陷的措施,主要是地基处理方案。其中,处理深度应使处理后的地基液化指数减小,当判别深度为15 m时,其值不宜大于4;判别深度为20 m时,其值不宜大于5。对独立基础和条形基础尚不应小于基础底面下液化土的特征深度和基础宽度的较大值。采用振冲或挤密碎石桩加固后,桩间土的标贯击数不宜小于前述液化判别标贯击数的临界值。基础边缘以外的处理宽度同上。

4) 基础和上部结构处理调整

减轻液化影响的基础和上部结构处理,可综合采用下列各项措施:①选合适的基础埋置深度、合理调整基础底面积,减少基础偏心;②加强基础的整体性和刚度,如采用箱基、筏基或钢筋混凝土交叉条形基础,加设基础圈梁等;③减轻荷载,增强上部结构的整体刚度和均匀对称性,合理设置沉降缝,避免采用对不均匀沉降敏感的结构形式等;④管道穿过建筑物处应预留足够尺寸或采用柔性接头等。

3. 对于液化侧向扩展产生危害的考虑

为了有效地避免和减轻液化侧向扩展引起的震害,《建筑抗震设计规范》(GB 50011)提出对于液化等级为中等液化和严重液化的古河道、现代河滨和海滨地段,当存在液化扩展和流滑可能时,在距常时水线约 100 m 以内不宜修建永久性建筑,否则应进行抗滑验算(对桩基亦同)、采取防土体滑动措施或结构抗裂措施。抗滑验算可按下列原则考虑:①非液化上覆土层施加于结构的侧压相当于被动土压力,破坏土楔的运动方向与被动土压发生时的运动方向一致;②液化层中的侧压相当于竖向总压的1/3;桩基承受侧压的面积相当于垂直于流动方向桩排的宽度。

当土体产生引张裂缝并流向河心或海岸线时,基础底面的极限摩阻力形成对基础的撕拉力,理论最大值等于建筑物重力荷载之半乘以土与基础间的摩擦系数,实际上常因基础底面与土有部分脱离接触而减少。减小地裂对结构影响的措施包括:①将建筑的主轴沿平行于河流的方向设置,且使建筑的长高比小于3;②采用筏基或箱基,基础板内应根据需要加配抗拉裂钢筋,筏基内的抗弯钢筋可兼作抗拉裂钢筋,抗拉裂钢筋可由中部向基础边缘逐段减少。

思考题与习题

7-1 何谓软土地基?其有何特征?在工程中应注意采取哪些措施?

7-2 根据加固机理,地基处理方法一般分哪几类?

7-3 排水固结法由哪两个系统所组成?两个系统相互间的关系是什么,各自包含的内容是什么?

7-4 对比堆载预压法和真空预压法的加固原理及静力固结理论和动力固结理论的主要区别。

7-5 换土垫层法中垫层的主要作用有哪些?

7-6 什么是复合地基?复合地基主要包括哪些主要类型,复合地基破坏模式有哪几种?

7-7 简述复合地基中的桩体作用。

7-8 振密、挤密法适用于处理什么样的地基,其加固机理是什么?

7-9 强夯置换法与强夯法有何主要区别?

7-10 简述振冲法施工质量控制的"三要素"。

7-11 影响黄土湿陷性的因素有哪些?工程中如何判定黄土地基的湿陷等级,并应采取哪些工程措施?

7-12 膨胀土具有哪些工程特征?影响膨胀土胀缩变形的主要因素有哪些?

7-13 有一 10 m 厚的饱和黏土层,土层底部为不透水层,采用砂井处理,砂井直径 20 cm,长 10 m,按梅花形布置,砂井间距分别取 200 cm,250 cm 和 300 cm,土层竖向固结系数为 2.0×10^{-4} cm²/s,水平固结系数为 8.0×10^{-4} cm²/s,试计算地面瞬时大面积加荷后 30 d 时的土层平均固结度分别是多少。

7-14 饱和软土层厚 15 m,土层底部为不透水层,在地面均布荷载作用下软土层的最终沉降为 100 cm。现采用砂井处理,砂井长度为 12 m,砂井直径 25 cm,按梅花形布置,砂井间距 250 cm;软土层竖向固结系数为 3.2×10^{-4} cm²/s,水平固结系数为 7.8×10^{-4} cm²/s,试计算地面瞬时加荷一个月后土层的平均固结度是多少?

7-15 某基础底面长度为 2.0 m,宽度为 1.6 m,基础埋深 $d = 1.2$ m,作用于基底的轴心荷载为 1 500 kN(含基础自重),因地基为淤泥质土,采用粗砂进行换填,粗砂容重为 20 kN/m³,砂垫层厚度取 1.4 m,基底以上为填土,其容重为 18 kN/m³,淤泥质土的承载力标准值 $f_k = 50$ kPa,$\eta_b = 1.1$,试问:① 垫层厚度满足要求否? ② 垫层底面的长度及宽度应多少?

7-16 天然地基承载力特征值 $f_{sk} = 80$ kPa,采用水泥土深层搅拌桩加固,桩径为 50 cm,桩长为 10 m,搅拌桩单桩承载力特征值 $R_a = 160$ kN,桩间土承载力折减系数取 0.75,要求复合地基承载力特征值 f_{spk} 达到 180 kPa,试求水泥土深层搅拌桩为三角形布桩时的桩间距。

7-17 某软土地基承载力特征值 $f_{sk} = 70$ kPa,采用水泥土深层搅拌桩加固,桩径为 50 cm,桩长为 10 m,等边三角形布桩。桩周摩阻力特征值 $q_s = 15$ kPa,桩端阻力特征值 $q_p = 60$ kPa,水泥土立方体试样无侧限抗压强度为 1.5 MPa。试求复合地基承载力特征值($\eta = 0.3$,$\alpha = 0.5$,$\beta = 0.65$)。

7-18 某建筑场地为松砂,天然地基承载力特征值为 100 kPa,孔隙比为 0.78,要求采用振冲法处理后孔隙比为 0.68,初步设计考虑采用桩径为 0.5 m,桩体承载力特征值为 500 kPa 的碎石桩处理,按正方形布桩,不考虑振动下沉密实作用。试估算初步设计的桩间距和此方案处理后复合地基承载力特征值。

7-19 某松散砂土地基的承载力标准值为 90 kPa,拟采用旋喷桩法加固。现分别用单管法、双重管法和三重管法进行试验,桩径分别为 1 m、1.5 m 和 2 m,单桩轴向承载力标准值分别为 200 kN、350 kN 和 620 kN,三种方法均按正方形布桩,间距为桩径的 3 倍。试分别求出加固后复合地基承载力标准值的大小。

7-20 某场地设计基本地震加速度为 $0.15g$,设计地震分组为第一组,地下水位深度 2.0 m,地层分布和标准贯入点深度及锤击数见习表 7-1。按照《建筑抗震设计规范》(GB 50011)计算液化指数,判定液化等级。

习表 7-1 地层分布和标准贯入点深度及锤击数

土层序号		土层名称	层底深度(m)	标贯深度 d_s(m)	标贯击数 N
①		填土	2.0		
②	②-1	粉土(黏粒含量为 6%)	8.0	4.0	5
				6.0	6
③	③-1	粉细砂	15.0	9.0	12
				12.0	18
④		中粗砂	20.0	16.0	24
⑤		卵石			

7-21 某黄土地区一电厂从坝工地,施工前钻孔取土样,测得各土样 δ_{si} 和 δ_{zsi} 如习表

7-2所示,试确定该场地的湿陷类型和地基的湿陷等级。

习表 7-2   土样 δ_{si} 和 δ_{zsi} 实测值

取土深度(m)	1	2	3	4	5	6	7	8	9	10
δ_{ef}	0.017	0.022	0.022	0.022	0.026	0.039	0.043	0.029	0.014	0.012
δ_{epi}	0.086	0.074	0.077	0.078	0.087	0.094	0.076	0.049	0.012	0.002
备注	δ_{epi} 或 $\delta_{ef}<0.015$,属非湿陷土层									

7-22   某膨胀土地基试样原始体积 $V_0 = 10$ ml,膨胀稳定后的体积 $V_w = 15$ ml,该土样原始高度 $h_0 = 20$ mm,在压力 100 kPa 作用下膨胀稳定后的高度 $h_w = 21$ mm,试计算该土样的自由膨胀率和膨胀率,并确定其膨胀潜势。

第8章 基坑支护结构

8.1 概　　述

基坑工程（Excavation Engineering）是一项综合性系统工程，建（构）筑物地下部分基坑开挖与基础施工，不仅需要进行支护围挡、施工降水，同时还要对基坑周边的地面建（构）筑物和地下管线进行监测和维护。基坑工程还具有以下特点：

（1）临时性。基坑支护结构一般为临时结构，安全储备相对较低，风险性相对较大。

（2）个案性。基坑场地的工程水文地质条件、岩土工程性质，以及周边环境条件的差异性，决定了基坑工程具有相对更强的区域个案性特征。

（3）时空效应。基坑开挖深度、平面尺度和形状直接影响基坑支护结构体系的稳定和变形，即空间效应；基坑支护结构为临时性结构，支护周期愈长，气候环境变化、系统降水、土体蠕变与应力松弛等可降低基坑支护结构稳定性，加剧变形及其环境影响，即时间效应。

（4）环境效应。基坑开挖支护体系刚度与施工降水等，引起周边地基中应力场，地下水位改变导致周围土体变形，对相邻建（构）筑物和地下管线等产生影响，严重者将危及到它们的安全和正常使用。同时，大量土方运输也将对交通和环境卫生产生影响。

综合地区工程经验、区域工程地质水文条件和具体工程环境特点，因地制宜成为基坑工程设计的关键要素之一。

8.1.1　结构选型

在基坑工程实践中，逐渐形成了多种成熟的周边围护结构类型，主要有放坡开挖、灌注桩排桩支护结构、水泥土重力式围护墙、土钉墙、地下连续墙、型钢水泥土搅拌墙（SMW 工法）、钢板桩和钢筋混凝土板桩等结构类型作用在桩墙支挡结构上的土、水压力相对较大时，还需设置内撑系统或墙撑系统。

根据基坑周边环境、开挖深度、工程地质与水文地质、施工作业设备和施工季节等条件，支护结构类型，可参照表8-1选用。

表 8-1　支护结构选型

结构类型		适用条件		
		安全等级	基坑深度、环境条件、土类和地下水条件	
支挡式结构	锚拉式结构	一级、二级、三级	适用于较深的基坑	1. 排桩适用于可采用降水或截水帷幕的基坑 2. 地下连续墙宜同时用作主体地下结构外墙,可同时用于截水 3. 锚杆不宜用在软土层和高水位的碎石土、砂土层中 4. 当邻近基坑有建筑物地下室、地下构筑物等,锚杆的有效锚固长度不足时,不应采用锚杆 5. 当锚杆施工会造成基坑周边建(构)筑物的损害或违反城市地下空间规划等规定时,不应采用锚杆
	支撑式结构		适用于较深的基坑	
	悬臂式结构		适用于较浅的基坑	
	双排桩		当锚拉式、支撑式和悬臂式结构不适用时,可考虑采用双排桩	
	支护结构与主体结构结合的逆作法		适用于基坑周边环境条件很复杂的深基坑	
土钉墙	单一土钉墙	二级、三级	适用于地下水位以上或经降水的非软土基坑,且基坑深度不宜大于 12 m	当基坑潜在滑动面内有建筑物、重要地下管线时,不宜采用土钉墙
	预应力锚杆复合土钉墙		适用于地下水位以上或经降水的非软土基坑,且基坑深度不宜大于 15 m	
	水泥土桩垂直复合土钉墙		用于非软土基坑时,基坑深度不宜大于 12 m;用于淤泥质土基坑时,基坑深度不宜大于 6 m;不宜用在高水位的碎石土、砂土、粉土层中	
	微型桩垂直复合土钉墙		适用于地下水位以上或经降水的基坑,用于非软土基坑时,基坑深度不宜大于 12 m;用于淤泥质土基坑时,基坑深度不宜大于 6 m	
重力式水泥土墙		二级、三级	适用于淤泥质土、淤泥基坑,且基坑深度不宜大于 7 m	
放坡		三级	1. 施工场地应满足放坡条件 2. 可与上述支护结构形式结合	

注:1. 当基坑不同部位的周边环境条件、土层性状、基坑深度等不同时,可在不同部位分别采用不同的支护形式;
　　2. 支护结构可采用上、下部以不同结构类型组合的形式。

8.1.2　设计原则

基坑支护结构设计,应采用以分项系数表示的极限状态法,不同验算内容的极限状态选择,参见表 8-2。基坑支护结构设计中的基坑侧壁安全等级及重要性系数,参见表 8-3。

表 8-2　基坑支护设计承载力极限状态

构件与连接(ULT)	支护结构与土体、地基失稳(SLT)
强度、压曲或局部失稳	整体滑动、推移与倾覆、锚固破坏、地基承载力破坏、坑底隆起与渗流破坏

表 8-3 基坑侧壁安全等级及重要性系数

安全等级	破 坏 后 果	γ_0
一级	支护结构失效、土体失稳或过大变形对基坑周边环境及地下结构施工影响很严重	1.1
二级	支护结构失效、土体失稳或过大变形对基坑周边环境及地下结构施工影响严重	1.0
三级	支护结构失效、土体失稳或过大变形对基坑周边环境及地下结构施工影响不严重	0.9

注:有特殊要求的建筑基坑侧壁安全等级可根据具体情况另行确定。

1) 承载力极限状态(ULT)设计

根据表 8-3 中重要性系数 γ_0,结构构件控制断面与连接节点承担的荷载效应标准值 S_k(弯矩 M_k、剪力 V_k 和轴力 N_k),支护结构构件与连接承载力极限状态设计时,应符合下式:

$$\gamma_0 S_d \leqslant R_d \tag{8-1a}$$

$$S_d = \gamma_F S_k$$

式中 S_d 和 S_k——分别为荷载设计值与作用标准组合效应值;

  γ_F——作用基本组合效应综合分项系数,一般不小于 1.25;

  R_d——结构或构件抗力设计值。

2) 正常使用极限状态(SLT)设计

支护结构或构件抗滑、抗倾和支护构件抗拔等承载力极限状态设计时,根据抗力标准值 R_d 和相应规定的安全储备 K,可按下式进行验算:

$$\frac{R_k}{S_k} \geqslant K \tag{8-1b}$$

正常使用极限状态设计时,支护结构水平位移、周边建(构)筑物和地面附加沉降的作用标准组合设计值 S_d,应小于相应限制 C,即:

$$S_d \leqslant C \tag{8-1c}$$

支护结构位移与周边环境沉降限制 C 取值,应根据地区经验按具体基坑工程条件确定,但应满足基坑影响范围内建(构)筑物与地下设施正常使用对其变形的限值,以及支护结构作为主体地下结构构件时,主体地下结构对其变形的限值。

8.1.3 水平荷载作用

基坑支护结构开挖深度以上的坑外主动土压力称为水平荷载,开挖深度以下的坑内被动土压力称为水平抗力。基坑支护结构的荷载效应主要是侧向土压力,主要采用①朗肯(Rankine)和库仑(Coulomb)等理论公式计算的土压力。计算时还应考虑地面荷载,地面不规则几何形状等对土压力的影响。土压力与水压力可分开计算,也可合并计算。合算时,地下水以下土的重度取饱和重度,降水后土层按稍湿状态考虑。对于黏性土库仑土压力计算时,可适当增加内摩擦角的等效方法考虑黏聚力影响。②根据基坑支护实测土压力简化的土压力分布模型(图示法),或土的侧压系数法。图示法中采用较多的是 Terzaghi-Peck 所建议的土压力分布模型法,参见图 8-1。

正常支护工作状态下,支挡构件向坑内位移可能无法达到主动土压力状态所需位移量。

一种观点认为,支护结构向内位移足以使开挖深度以上的外侧土压力接近主动土压力极限状态,且采用经典土压力理论近似计算开挖面以上坑外水平荷载作用,相对上述 Terzaghi-Peck 土压力分布模型法,偏于安全。但是,当严格限制支护结构水平位移时,开挖面以上外侧土压力计算宜采用静止土压力。

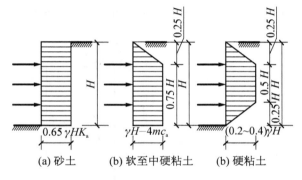

图 8-1 太沙基—佩克提出的侧向土压力图

γ—土的重度(kN/m³);H—开挖深度(m);C_u—土的不排水抗剪强度(kPa);K_a—主动土压力系数;m—修正系数,一般情况取 1、当基底下为软土层时取 0.4

在基坑开挖深度以下,基坑内外水平力确定更为困难。目前,在基坑开挖深度以下的水平抗力,可采用考虑支护结构与土相互作用的弹性理论方法"m"法计算,或采用经典朗肯土压力理论计算。

1. 水平荷载分析

支护墙水平荷载作用计算,不仅要考虑土体自重(包括地下水),还应考虑基坑周边建构(筑)物荷载与施工荷载,且应考虑土体冻胀、温度变化等附加作用。支护墙水平荷载作用包括支护墙外侧水平荷载作用 p_{ak} 和内侧水平荷载作用 p_{pk}(抗力),宜按当地可靠经验确定。当无经验时,《建筑基坑支护规程》(JGJ 120)建议第 i 层土中,支护墙外侧和内侧水平荷载作用标准值 p_{ak} 和 p_{pk},可根据图 8-2 计算模式,按朗肯主动土压力理论计算。

$$p_{ak} = (\sigma_{ak} + \Delta\sigma_k - u_a)K_{ai} - 2c_i\sqrt{K_{ai}} + u_a \tag{8-2a}$$

$$u_a = \gamma_w h_a$$

$$p_{pk} = (\sigma_{pk} - u_p)K_{pi} + 2c_i\sqrt{K_{pi}} + u_p \tag{8-3a}$$

$$u_p = \gamma_w h_p$$

$$K_{ai} = \tan^2\left(45 - \frac{\varphi_i}{2}\right), \ K_{pi} = \tan^2\left(45 + \frac{\varphi_i}{2}\right)$$

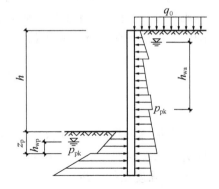

图 8-2 基坑外侧护墙水平荷载作用

式中 $\Delta\sigma_k$——计算点 i 处,基坑顶外侧附加荷载作用标准值(kPa);

σ_{ak}、σ_{pk}——分别为计算点 i 处,支护墙外侧和内侧土中竖向总应力标准值(kPa);

u_a、u_p——分别为计算点 i 处,支护墙外侧和内侧所承受的水压力(kPa);

h_a、h_p——分别为计算点 i 处,支护墙外侧和内侧地下水为距离 i 点距离(水头)(m);

K_{ai}、K_{pi}——分别为计算点 i 处,支护墙外侧主动土压力系数和内侧被动土压力系数;

c_i、φ_i——分别为计算点 i 处,土层黏聚力(°)和内摩擦角(kPa);

γ_w——地下水重度,一般 $\gamma_w = 10$ kN/m³。

地下水位以下,黏性土等低渗透性土层采用土水合算法,即采用土体天然重度计算 σ_{ak} 和 σ_{pk},再采用总应力强度指标按上式计算水平荷载作用标准值 p_{ak} 和 p_{pk},且 $u_a = u_p = 0$;粉土、砂性土等透水性土层则应采用饱和重度计算 σ_{ak} 和 σ_{pk},再采用有效强度指标按上式计算

p_{ak} 和 p_{pk}，且 $u_a \neq 0$ 和 $u_p \neq 0$ 应扣除。地下水位以上时，同上述土水合算法。

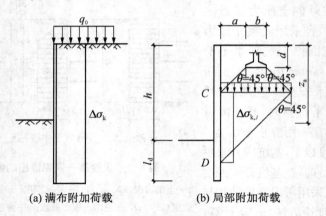

(a) 满布附加荷载   (b) 局部附加荷载

图 8-3   地面作用荷载土压力计算

当支护结构外侧地面作用满布附加荷载 q_0 时（例如，施工荷载一般可按 20 kPa），参见图 8-3(a)。基坑外侧任意深度由荷载 q_0 产生的附加竖向应力标准值 $\Delta\sigma_k$ 为：

$$\Delta\sigma_k = q_0 \tag{8-4a}$$

当距支护墙外侧 a 处，地表或地表下深度 d 处的基础底面 $l \times b$（b 为垂直于基坑边缘的基础尺寸）上作用均布附加荷载为 p_0 时，参见图 8-3(b)。基坑支护墙外侧深度 z_a 在 CD 范围内时的附加竖向应力标准值 $\Delta\sigma_k$ 按下式计算：

$$\Delta\sigma_k = \frac{p_0 bl}{(b+2a)(l+2a)} \tag{8-4b}$$

$$d+a \leqslant z_a \leqslant d+3a+b$$

支护墙外侧深度 z_a 在 CD 范围以外时，附加竖向应力标准值 $\Delta\sigma_k = 0$。当沿基坑边缘方向为条形荷载时，取 $l+2a=1$ 代入式(8-4b)即可。

2. 强度指标选用

按照土力学基本理论，采用水土合算原则计算土压力时，相应的抗剪强度指标应采用土的总应力指标 c、φ。采用水土分算原则计算土压力时，相应的抗剪强度指标应采用土的有效指标 c'、φ'。具体强度指标选用，可参考表 8-4。

表 8-4   水平荷载计算时的强度指标选择

土　类	水　　上		水　　下	
黏性土、黏质粉土	总应力法	c_{cu}、φ_{cu} 或 c_{cq}、φ_{cq}	土水合算	c_{cu}、φ_{cu} 或 c_{cq}、φ_{cq}
砂质粉土、砂性土	总应力法	c'、φ'	土水分算	c'、φ'

考虑到有效强度指标 c'、φ' 确定困难，缺少有效强度指标时，上表中水土分算时，也可采用总应力指标的三轴固结不排水强度指标 c_{cu} 和 φ_{cu} 或 c_{cq} 和 φ_{cq} 代替。水下黏性土、黏质粉土欠固结状态时，宜采用有效自重压力下预固结的三轴不固结不排水抗剪强度指标 c_{uu} 和 φ_{uu}。在基坑开挖过程中，土体的应力路径与竖向加载情况不同，坑底土和墙后土分别表现

为竖向卸荷与侧向卸荷。由于土体的强度指标与应力路径关系密切,合理的强度指标确定方法应根据基坑开挖工程的特点,通过三轴卸荷试验分析得到。

8.2　基坑稳定性分析

基坑稳定性分析方法主要有工程地质类比法和力学分析法。工程地质类比法是通过大量已有工程的实践,结合设计项目的实际情况,确定支护结构类型与嵌固深度;力学分析法是采用土力学基本理论,结合支护结构设计,验算拟定支挡结构设计是否稳定。两种分析方法都有其局限性,在具体分析过程中应相互补充和验证。

8.2.1　嵌固稳定验算

1. 嵌固倾覆稳定

嵌固倾覆稳定分析,可用于支挡式支护结构嵌固深度拟定,主要适用于悬臂式、重力式、内撑和锚撑支挡组合结构。根据支护墙外侧和内侧水平荷载作用标准值 p_{ak} 和 p_{pk} 分布,可以得到坑内墙胸和坑外墙背水平荷载合力标准值 E_{ak} 和 E_{pk},及其对应的合力作用点距墙底距离 a_a 和 a_p,参见图 8-4。由此,以墙底趾点为转动中心,按绕墙底趾点力矩平衡进行基坑坑底以下支挡结构倾覆稳定分析,可得墙身嵌固深度 l_d 应满足如下要求:

$$\frac{\sum M_{Ep}}{\sum M_{Ea}} \geqslant K_{el} \qquad (8\text{-}5)$$

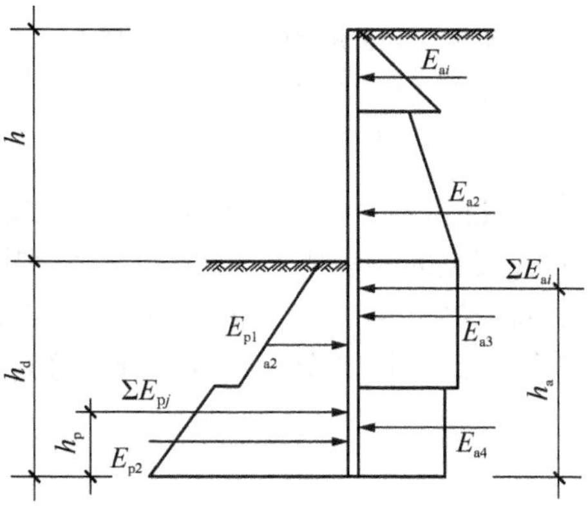

排桩、地下连续墙悬臂支挡结构等截面厚度相对墙高较小时,墙身自重合力作用点至墙趾距离 $a_g \approx 0$,可忽略墙身自重 G_k 抗倾覆作用($M_{gk}=0$),则:

$$\frac{E_{pk}a_p}{E_{ak}a_a} \geqslant K_{el} \qquad (8\text{-}6)$$

图 8-4　悬臂桩墙嵌固深度计算简图

当双排桩支护结构等合力作用点至墙趾距离 a_g 不能忽略时,墙身自重为 G_k(包括双排桩、钢架梁和桩间土的自重之和),由式(8-5)可得其嵌固深度倾覆稳定验算表达式如下:

$$\frac{E_{pk}a_p + G_k a_g}{E_{ak}a_a} \geqslant K_{el} \qquad (8\text{-}7)$$

水泥搅拌桩重力式挡墙,墙底位于水位以下时,墙身自重计算应考虑墙底面水压力 u_m 折减,参见式(8-8),再代入(8-5)可得其嵌固深度验算表达式如下:

$$\frac{E_{pk}a_p + (G_k - u_m B)a_g}{E_{ak}a_a} \geqslant K_{el} \qquad (8\text{-}8)$$

$$u_m = \gamma_w \frac{h_a + h_p}{2}$$

式中 B——水泥土重力式挡墙底面宽度(m)。

支挡式支护结构的嵌固倾覆稳定分析安全系数取值一般规定,对于嵌固安全等级为一级、二级和三级的悬臂结构、双排桩悬臂结构,K_{el} 分别不宜小于 1.25、1.2 和 1.15;对于水泥搅拌桩重力式支挡,则不宜小于 1.3。

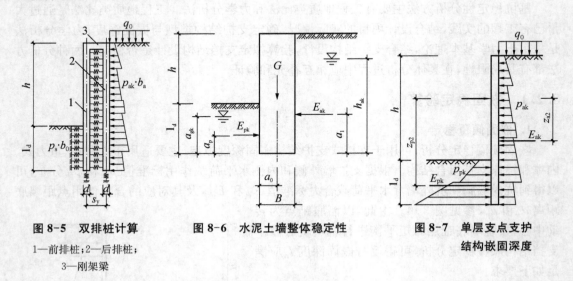

图 8-5　双排桩计算　　　　图 8-6　水泥土墙整体稳定性　　　图 8-7　单层支点支护
1—前排桩;2—后排桩;　　　　　　　　　　　　　　　　　　　　　　结构嵌固深度
3—刚架梁

此外,对于单层锚杆或单层支撑的支挡结构嵌固深度 l_d,同样可按上式(8-5)验算。以单层支点为转动中心,设 z_a 和 z_p 分别取坑内墙胸和坑外墙背水平荷载合力作用点距支点的距离,式(8-5)中 a_a 和 a_p 分别用 z_a 和 z_p 代替即可,参见图 8-7。忽略墙身自重 G_k 影响,按绕单层支点力矩平衡进行嵌固倾覆稳定分析,可得嵌固深度 l_d 需满足:

$$\frac{E_{pk} z_p}{E_{ak} z_a} \geqslant K_{el} \tag{8-9}$$

2. 嵌固滑移稳定

锚拉式或支撑式支护结构,当坑底以下为软土时,以下层支点为转动中心,按绕最下层支点圆弧滑动总应力条分法稳定分析验算嵌固深度 l_d。

分析时,不考虑(或不存在)地下水位渗流线的影响,将最下层支点平面设为坑外基准面,确定坑外宽度为 b_i 的第 i 个分条表面荷载 q_i(包括支点基准面上土水自重和坑外地表荷载 q_0),且 i 分条自重 ΔG_i 采用天然重度或饱和重度按总应力法计算,参见图 8-8。

根据简单条分法原理,可得:

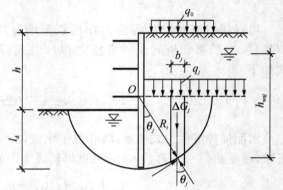

图 8-8　绕下层支点圆弧滑动稳定性验算

$$M_{p1} = R \sum c_i \frac{b_i}{\cos \varphi_i} + (q_i b_i + \Delta G_i) \cos \theta_i \tan \varphi_i \tag{8-10a}$$

$$M_a = R \sum (q_i b_i + \Delta G_i) \sin \theta_i \tag{8-10b}$$

$$\frac{M_{p1}}{M_a} = \frac{\sum c_i \dfrac{b_i}{\cos \varphi_i} + (q_i b_i + \Delta G_i) \cos \theta_i \tan \varphi_i}{\sum (q_i b_i + \Delta G_i) \sin \theta_i} \geqslant K_{sl} \tag{8-10c}$$

$$q_i = \gamma_m h_1 + q_0$$

$$\Delta G_i = \gamma_i h_i$$

式中 h_1、h_i——分别为最下层支点基准面至坑外地表距离和 i 土条高度(m);

γ_m、γ_i——对应 h_1 和 h_i 范围内的土体天然重度平均值(kN/m³);

c_i、φ_i——第 i 土条圆弧滑动面上土体黏聚力(kPa)和内摩擦角(°);

θ_i——第 i 土条圆弧滑动面中点法线与垂直面的夹角(°);

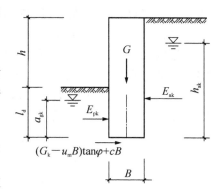

K_{sl}——绕最下层支点圆弧滑动稳定安全系数。

重力式水泥搅拌桩支护挡墙的滑动稳定,类似于传统挡土墙,参见图 8-9。按沿墙底平面滑动稳定控制,参见式(8-7)。其他符号定义同前。

$$\frac{E_{pk} + (G_k - u_m B) \tan \varphi + cB}{E_{ak}} \geqslant K_{sl} \tag{8-11}$$

嵌固滑动稳定安全系数 K_{sl},对于锚拉式或支撑式支护结构的安全等级为一级、二级和三级时,分别不宜小于 2.2、1.9 和 1.7;对于重力式水泥搅拌桩支护挡墙,抗滑安全系数不应小于 1.2。

图 8-9 抗滑移稳定性验算

8.2.2 整体稳定性验算

对于锚拉式、悬臂式支挡结构和双排桩支挡结构的整体滑动稳定分析,可采用圆弧滑动条分法进行验算,参见图 8-10。第 j 层锚杆极限抗拔承载力 $R_{k,j}$ 取滑动面外锚固段提供的极限抗拔承载力标准值和锚杆杆体抗拉承载力标准值中的小者,滑动圆弧半径为 R,则锚杆极限抗滑力矩 M_{p2} 可采用下式计算:

$$M_{p2} = R \sum \frac{R_{k,j}}{s_{x,j}} [\cos(\theta_j + \alpha_j) + \psi_v] \tag{8-12a}$$

$$\psi_v = 0.5 \sin(\theta_j + \alpha_j) \tan \varphi_j$$

式中 θ_j——第 j 层锚杆处,滑面外法线与竖直面的夹角(°);

α_j——第 j 层锚杆相对水平面的倾角(°);

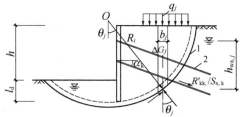

图 8-10 圆弧滑动条分法整体稳定性验算

1—任意圆弧滑动面;2—锚杆

φ_j——第 j 层锚杆与滑弧交点处，土的内摩擦角(°)；

$s_{x,j}$——第 j 层锚杆水平间距(m)。

计算参数 ψ_v 为考虑锚杆极限抗拔承载力 $R_{k,j}$ 在圆弧滑动面上法向应力增量通过滑面土体摩擦角 $\tan\varphi_j$ 产生的抗滑力矩，出于安全仅取其一半用于验算。

滑体总的滑动力矩为 M_a，表达式同上式(8-10b)，但坑外基准面为地表面，即 q_i 仅为坑外地表荷载 q_0，且第 i 土条自重仍为 ΔG_i。根据有效应力原理，圆弧滑面上土体强度提供的总的有效抗滑力矩为 M'_{p1}，考虑砂质粉土、砂性土和碎石土中水压力 u_i 影响，可表示为：

$$M'_{p1} = R\sum c_i\frac{b_i}{\cos\varphi_i} + \left[(q_ib_i+\Delta G_i)\cos\theta_i - u_i\frac{b_i}{\cos\varphi_i}\right]\tan\varphi_i \tag{8-12b}$$

$$u_i = \begin{cases} 0 & \text{水位线以上或黏性土} \\ \gamma_w h_{a,j} & \text{墙外侧} \\ \gamma_w h_{p,j} & \text{墙内侧} \end{cases}$$

式中　$h_{a,i}$ 和 $h_{p,i}$——在滑弧为砂质粉土、砂性土和碎石土时，分别表示墙外和墙内第 i 土条在滑面中点处的水头高度(m)。

根据(8-10b)、(8-12a)和(8-12b)，可得锚拉式、悬臂式支挡结构和双排桩支挡结构的整体滑动稳定分析表达式(8-12c)。

$$\frac{M_p}{M_a} = \frac{M'_{p1}+M_{p2}}{M_a}$$

$$= \frac{\sum c_i\dfrac{b_i}{\cos\varphi_i} + \left[(q_ib_i+\Delta G_i)\cos\theta_i - u_il_i\right]\tan\varphi_i + \sum\dfrac{R_{k,j}}{s_{x,j}}\left[\cos(\theta_j+\alpha_j)+\psi_v\right]}{\sum(q_ib_i+\Delta G_i)\sin\theta_i} \geqslant K_s \tag{8-12c}$$

整体滑动稳定分析中，对于悬臂式、双排桩支护结构(未设置锚杆)，取 $M_{p2}=0$；土条滑面为黏性土时，可不考虑水压力影响 $u_i=0$，按总应力法进行验算，参见下式(8-13)。

土钉一般设置在疏干状态土层中，土钉墙基坑支护结构整体滑动稳定分析可以不考虑地下水及其水压力影响。同时，第 j 层土钉或锚杆对圆弧滑动体的极限拉力值 $R_{k,j}$(kN)，应取土钉在滑动面以外的锚固体极限抗拔承载力标准值($f_{yk}A_s$)与杆体受拉承载力标准值($f_{ptk}A_p$)的较小值(详见 8.4.3)，类似于式(8-12c)可得土钉整体滑动安全系数 K_s 如下：

$$\frac{M_p}{M_a} = \frac{M_{p1}+M_{p2}}{M_a}$$

$$= \frac{\sum c_i\dfrac{b_i}{\cos\varphi_i} + (q_ib_i+\Delta G_i)\cos\theta_i\tan\varphi_i + \sum\dfrac{R_{k,j}}{s_{x,j}}\left[\cos(\theta_j+\alpha_j)+\psi_v\right]}{\sum(q_ib_i+\Delta G_i)\sin\theta_i} \geqslant K_s \tag{8-13}$$

水泥搅拌桩重力式支挡，滑动圆弧位于墙底或以下时，同样可采用上式(8-12)或

(8-13)式进行整体稳定分析,一般不设置锚杆,取 $M_{p2} = 0$。

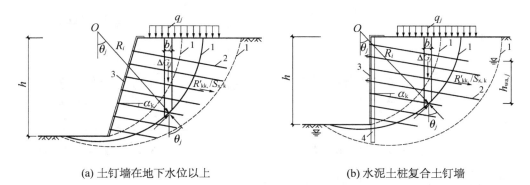

(a) 土钉墙在地下水位以上　　　　　(b) 水泥土桩复合土钉墙

图 8-11　土钉墙整体稳定性验算

1—滑动面;2—土钉或锚杆;3—喷射混凝土面层;4—水泥土桩或微型桩

整体滑动稳定验算时安全系数 K_s 取值,对于安全等级为一级、二级和三级悬臂式、双排桩支护结构,整体滑动稳定安全系数 K_s 分别不宜小于 1.35、1.3 和 1.25;对于水泥搅拌桩重力式支挡,则整体滑动稳定安全系数 $K_s \geqslant 1.3$;对于土钉墙验算时,对于安全等级为二级和三级的支挡结构,K_s 分别不宜小于 1.3 和 1.25。

当基坑面以下存在软弱下卧土层时,整体稳定性验算滑动面中尚应包括由圆弧与软弱土层层面组成的复合滑动面。复合滑动面整体稳定分析,显然不同于绕最下层支点圆弧滑动(图 8-8)稳定验算,其圆弧滑动面需要通过数学规划技术,搜索最小安全系数得到。

8.2.3　基坑底土体稳定

基坑土体的开挖过程,实际是对基坑底部土体的一个卸荷应力解除的过程。在支护墙外土体作用下,导致基坑底部土体隆起。尤其是当基坑底为软土,且支护结构嵌固深度不足时,基坑底部土体的隆起严重,甚至将导致基坑失稳。因此,应对基坑底为软土的情况,需进行基坑底部土体抗隆起稳定分析。根据地基承载力假定,将墙底面的平面作为求极限承载力基准面,参照普朗特尔或太沙基的地基承载力公式,其滑动线形状,参见图 8-12。当不考虑支护桩(墙)弯曲抗力影响,支护式结构可采用下式进行抗隆起安全系数验算 K_b,求得或验算支护结构的嵌固深度 l_d:

$$\frac{\gamma_2 D N_q + c N_c}{\gamma_1 h + \gamma_2 D + q_0} \text{ 或 } \frac{\gamma_2 l_d N_q + c N_c}{\gamma_1 h + \gamma_2 l_d + q_0} \geqslant K_b \qquad (8\text{-}14)$$

$$N_q = \tan^2\left(45 + \frac{\varphi}{2}\right) e^{\pi\tan\varphi}$$

$$N_c = \frac{N_q - 1}{\tan \varphi}$$

式中　γ_1、γ_2——分别为基坑底面至地面之间(h 范围内)土层的加权重度(kN/m³)和支挡构件底部至基坑底面之间(D 范围内,$D = l_d$)土体加权重度(kN/m³),水位以上为天然重度,水位以下取饱和重度。

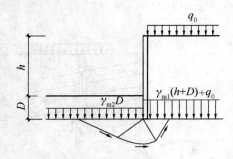
图 8-12　承载力极限平衡理论

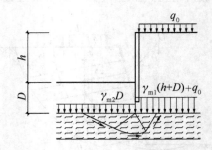
图 8-13　软弱下卧层的抗隆起稳定性验算

当支挡构件底面以下存在软弱下卧层时，坑底隆起稳定性验算部位应包括软弱下卧层。距离坑底面深度为 D 的下卧软弱层顶面隆起稳定验算，可同样采用式(8-14)，式中 l_d 由 D 替代，γ_1 同表达式(8-14)，γ_2 取软弱下卧层顶面以上至基坑底面 D 范围内($D>l_d$)的土体重度平均值。

同理，土钉墙基坑底面以下深度 D 存在软弱土层时(图 8-14)，应按下式(8-15)进行坑底隆起稳定验算。如果设土钉墙边坡坡率为 1：m，则 $b_1=mh$，且取 $b_2=h$ 时，则根据上式(8-14)，可得：

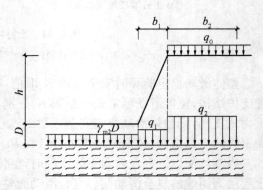
图 8-14　坑底下软土层土钉墙抗隆起稳定性验算

$$\frac{\gamma_2 DN_q+cN_c}{(q_1b_1+q_2b_2)/(b_1+b_2)}=\frac{\gamma_2 DN_q+cN_c}{mq_1+q_2}(m+1)\geqslant K_b \quad b_2=h \quad (8-15)$$

$$q_1=0.5\gamma_1 h+\gamma_2 D$$

$$q_2=\gamma_1 h+\gamma_2 D+q_0$$

重力式水泥搅拌桩墙墙底隆起稳定验算时，只需注意当搅拌桩内外墙嵌固深度不同时，γ_{2a} 和 γ_{2p} 分别对应外墙嵌固深度 l_{da} 和内墙嵌固深度 l_{dp}，基于上述支挡式抗隆起分析原理，水泥搅拌桩墙墙底下卧软土层隆起稳定验算，可参见下式：

$$\frac{\gamma_{2p}l_{dp}N_q+cN_c}{\gamma_1 h+\gamma_{2a}l_{da}+q_0}\geqslant K_b \quad (8-16)$$

当基坑底为软土时，不排水内摩擦角 $\varphi_u=0$，不排水抗剪强度 c_u，承载力系数 $N_q=1.0$，$N_c=5.14$，且 $l_{da}=l_{dp}=l_d$ 时，可按下式进行支护墙端以下向上隆起稳定验算：

$$\frac{5.14c_u+\gamma_2 l_d}{\gamma_1 h+\gamma_2 l_d+q_0}\geqslant 1.6 \quad (8-17)$$

基坑底部土体隆起稳定验算时，当采用支挡式支护结构时，对应安全等级为一级、二级和三级的支挡结构,抗隆起安全系数 K_b 分别不宜小于 1.8、1.6 和 1.4;当采用土钉墙支护时,对应安全等级为一级、二级和三级的支挡结构,抗隆起安全系数 K_b 分别不宜小于 1.6 和 1.4。

【例 8-1】 某基坑深 6.5 m,嵌固深度 6.0 m,拟采用悬臂式排桩支护。地质剖面与土性指标,参见例图 8-1,地面超载 $q=10$ kPa,桩长范围内无地下水。试计算基坑抗隆起安全系数。

解:

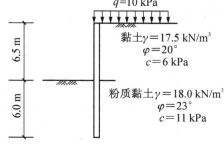

(1) 参数计算

$$\gamma_1' = \frac{\gamma_1 \cdot h + \gamma_2 \cdot h_d}{h + h_d}$$

$$= \frac{17.5 \times 6.5 + 18 \times 6.0}{6.5 + 6.0} = 17.74 \text{ kN/m}^3$$

$$\gamma_2' = \gamma_2 = 18.0 \text{ kN/m}^3$$

$$\tau_0 = c_2 + \gamma_2 z_2 \tan \varphi_2 = 11 + 18.0 \times 6.0 \times \tan 23°$$

$$= 56.84 \text{ kPa}$$

例图 8-1

(2) 根据表达式(8-17),代入上述计算参数,可得:

$$\frac{N_c \tau_0 + \gamma_2 h_d}{\gamma_1 (h + h_d) + q} = \frac{5.14 \times 56.8 + 18.0 \times 6.0}{17.74 \times 12.5 + 10.0} = 1.72 \geqslant 1.6$$

满足基坑抗隆起要求。

8.2.4　渗流和承压稳定

1. 抗渗流稳定性验算

当基坑外地下水很高,内外存在水头差时,在支护结构的四周,流线和等势线很集中,当向上的渗流力(渗透力、动水压力)大于土的有效重度时,将会产生流砂、管涌等渗流破坏现象,参见图 8-15。因此,支护结构嵌固深度,必须考虑其抵抗渗流破坏的能力。悬挂式截水帷幕底端位于碎石土、砂性土或粉土层时,均值含水层支护结构底部土体抗渗流,即流土稳定性验算,可根据动水力作用原理按照下式进行分析验算:

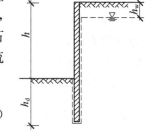

$$\frac{\gamma'}{j} = \frac{[0.8(h - h_a) + 2h_d] \gamma'}{\Delta h \gamma_w} \geqslant K_f \qquad (8-18)$$

$$\Delta h = h_a - h_p$$

图 8-15　基坑抗流砂验算

式中　h_a 和 h_p——分别为坑外和坑内地下水位(m);其他符号意义同前。

对于渗透系数不同的非均质含水层,宜采用数值方法进行渗流稳定分析。对应安全等级为一级、二级和三级的支挡结构,流土稳定性安全系数 K_f 分别不宜小于 1.6、1.5 和 1.4。

2. 抗突涌稳定性验算

如果在基底下的不透水层较薄,而且在不透水层下面存在有较大水压的滞水层或承压水层时,当上开挖后剩余覆土重不足以抵挡下部的水压时,基坑底土体将会发生突涌破坏。因此,在设计坑底下有承压水的基坑时,应进行抗承压水稳定性验算,参见图 8-16。根据压力平衡概念,基坑底抗承压水稳定性应满足:

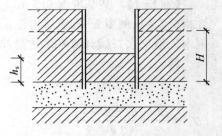

$$\frac{\gamma h_s}{\gamma_w h_w} \geqslant K_h = 1.1 \qquad (8\text{-}19)$$

式中　h_s——基坑底面不透水层厚度(m);

　　　h_w——承压水位高于含水层顶板高度(m);

　　　γ——基坑底不透水层天然重度(kN/m^3)。

图 8-16　基坑底抗突涌稳定性验算

当验算结果不能满足土体突涌稳定要求时,可以采用以下两种方法:①施工封闭截水帷幕,截断含水层,同时在基坑施工减压井,降低承压水头;②在基坑坑底进行地基加固,增加土体强度和重度。抗渗流和抗承压水稳定安全度指标如表 8-5 所示。

表 8-5　抗渗流和抗承压水稳定安全度指标

建筑地基基础设计规范(GB 50007)	1.1
建筑基坑工程技术规范(YB 9258)	1.1~1.2
上海市基坑工程技术规范(DG/TJ08-61 J11577)	抗渗流取 1.5~2.0;抗承压水取 1.05
上海市地基基础规范(DGH 08-11)	抗渗流取 2.0;抗承压水取 1.05

8.3　支挡结构分析

支挡构件的结构分析主要包括:①基于静力平衡原理,不考虑构件与土相互作用的简化理论分析方法;②基于弹性地基梁原理,可考虑构件与土相互作用的平面弹性支点法。后者为数值方法,可用于各类支挡式基坑支护体系的支挡结构分析,也是目前规范主要推荐方法。支挡结构分析,不仅可用于确定或验证支挡构件嵌固深度,且可得到各类支挡构件内力、支撑和锚撑支点反力,从而为各类构件截面设计与强度验算提供合理的荷载作用效应。

8.3.1　静力平衡分析方法

悬臂式桩(墙)支护结构的设计计算,常采用静力平衡法、布鲁姆(H. Blum)简化计算法和《规范》简化分析方法等。

1. 悬臂支挡——布鲁姆简化法

悬臂式支护结构的基坑开挖深度为 h,基坑顶标高 A 点以下的深度为 z,悬臂支挡结构简化三角形土压力分布模型,参见图 8-17。该模型中假定:①h 范围内基坑外侧墙后作用主动土压力 p_{az};②坑底以下嵌固段($z \geqslant h$)的基坑内侧墙前作用被动土压力 p_{pz}、坑外墙后主动土压力 p_{az},相应静土压力为 $p_{jz} = p_{pz} - p_{az}$;③支护构件嵌入深度足够长且嵌入底段出现反向挠曲位移,则嵌入底端 C 点墙外侧土体达到被动土压力极限状态 p'_{pc}、墙内侧作用主动土压力 p'_{ac},即嵌入底端 C 点墙外侧作用被动土压力 p'_{pc},C 点静土压力为 $p'_{jc} = p'_{pc} - p'_{ac}$。

根据上述悬臂结构土压力三角形模型中假定①和②,可计算出支挡构件嵌固段墙后主动土压力 p_{az} 与墙前被动土压力 p_{pz} 合力为零($p_{jo} = p_{po} - p_{ao} = 0$)的第一个土压力零点 O,基坑底面至 O 点的深度为 u,可计算出 O 点以上墙后静土压力合力 $\sum E$,O 点以上 $h+u$ 可称为基坑换算深度。根据直线土压力分布模型中假定②和③,O 点以下支挡结构嵌固深度为 t,该深度范围内的静土压力三角形分布如图 8-17 所示。如已知,墙前 $\triangle O21$ 的静土压力为 E_p 和反向挠曲墙后 $\triangle 1C4$ 静土压力为 E'_p,如果求出 $\triangle 234$ 的高度 v,取支挡构件的单位墙宽或排桩墙每根桩的计算宽度作为分析单元,则有:

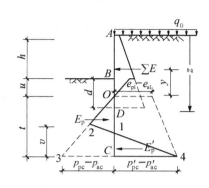

图 8-17　悬臂式桩墙计算静力平衡法

$$E_p + E'_p = \left[(p_{pc} - p_{ac}) + (p'_{pc} - p'_{ac})\right]\frac{v}{2} - (p_{pc} - p_{ac})\frac{t}{2}$$

静力平衡法中首先求解出第一个静土压力零点 O 的位置 u 和 $\sum E$,再根据上式和静力平衡原理,可以建立悬臂支挡构件的水平力平衡方程 $\sum H = 0$ 和嵌固端点 C 的弯矩平衡方程 $\sum M_c = 0$,即可解出上式中的未知量 v 和 t。引入安全储备,则嵌入基坑底面以下的嵌固深度设计值可 l_d 取:

$$l_d = u + (1.1 \sim 1.2)t \tag{8-20}$$

再根据最大弯矩点剪力为零($\sum Q = 0$),求出最大弯矩点 D 离基坑底的距离 d,再根据 D 点以上所有力对 D 点取矩,可求得最大弯矩 M_{max}。

鉴于上述三角形分布静土压力模式,嵌入底端坑外墙背被动土压力状态假定的不确定性,且计算相对复杂。布鲁姆简化法更具适用性,即假定支挡构件嵌入底端坑外墙背被动土压力合力 E'_p 作用点近似位于桩墙端部($v/3 \approx 0$),忽略其对墙端部 C 点的弯矩作用。因此,仅需根据底端 C 点的力矩平衡条件,即可求解嵌入段有效嵌固深度 t。

$$\sum M = (y + t)\sum E - \frac{t}{3}E_p = 0 \tag{8-21}$$

其中:
$$E_p = (p_{pc} - p_{ac})\frac{t}{2} = \frac{1}{2}\gamma(K_p - K_a)t^2$$

则可得到

$$t^3 - \frac{6\sum E}{\gamma(K_p - K_a)}t - \frac{6y\sum E}{\gamma(K_p - K_a)} = 0 \tag{8-22}$$

式中　K_a 和 K_p——分别为主动土压力和被动土压力系数;

γ——土体重度(kN/m³);

求解(8-22)关于 t 的超越方程,可得有效嵌固深度 t。同样,基于嵌入稳定安全储备要

基 础 工 程

求,采用布鲁姆法简化原理时,基坑底面以下支挡构件最小嵌入深度 l_d 应为:

$$l_d = u + (1.1 \sim 1.4)t \tag{8-23}$$

同样,最大弯矩应在剪力为零(即 $\sum Q = 0$)处,于是有:

$$\sum E - \frac{1}{2}\gamma(K_p - K_a)x_m^2 = 0$$

由此,可求得最大弯矩点距土压力零点 O 的距离 x_m 和此处的最大弯矩 M_{max} 分别为

$$x_m = \sqrt{\frac{2\sum E}{\gamma(K_p - K_a)}} \tag{8-24a}$$

$$M_{max} = (y + x_m)\sum E - \frac{\gamma(K_p - K_a)}{6}x_m^3 \tag{8-24b}$$

【例 8-2】 某基坑开挖深度 $h = 5.0$ m,土层重度 $\gamma = 20$ kN/m³,内摩擦角 $\varphi = 20°$,粘聚力 $c = 10$ kPa,地面超载 $q_0 = 10$ kPa。现拟采用悬臂式排桩支护,试确定桩的最小长度和最大弯矩。

解:

沿支护墙长度方向取 1 延米进行计算,土压力系数:$K_a = 0.49$ $K_p = 2.04$。

基坑开挖底面处,桩墙后侧土压力 p_a 和土压力零点距开挖面的距离 u 分别为

$$p_a = (q_0 + \gamma h)K_a - 2c\sqrt{K_a} = (10 + 20 \times 5) \times 0.49 - 2 \times 10 \times \sqrt{0.49}$$
$$= 39.90 \text{ kN/m}^2$$

$$u = \frac{(q_0 + \gamma h)K_a - 2c(\sqrt{K_a} - \sqrt{K_p})}{\gamma(\sqrt{K_p} - \sqrt{K_a})} = \frac{11.33}{31.00} = 0.37 \text{ m}$$

开挖面以上,桩墙后侧地面超载引起的侧压力 E_{a1} 和作用点距地面的距离 h_{a1} 分别为

$$E_{a1} = q_0 K_a h = 1.0 \times 0.49 \times 5 = 24.5 \text{ kN}$$

$$h_{a1} = \frac{1}{2}h = \frac{1}{2} \times 5 = 2.5 \text{ m}$$

开挖面以上,排桩后侧主动土压力 E_{a2},作用点距地面的距离 h_{a2} 分别为

$$E_{a2} = \frac{1}{2}\gamma h^2 K_a - 2ch\sqrt{K_a} + \frac{2c^2}{\gamma}$$
$$= \frac{1}{2} \times 20 \times 5^2 \times 0.49 - 2 \times 10 \times 5 \times \sqrt{0.49} + \frac{2 \times 10^2}{20} = 62.5 \text{ kN}$$

$$h_{a2} = \frac{2}{3}\left(h - \frac{2c}{\gamma\sqrt{K_a}}\right) = \frac{2}{3} \times \left(5 - \frac{2 \times 10}{20 \times \sqrt{0.49}}\right) = 2.38 \text{ m}$$

桩墙后侧开挖面至土压力零点间的静土压力为 E_{a3} 和作用点距地面的距离 h_{a3} 分别为

$$E_{a3} = \frac{1}{2}p_a u^2 = \frac{1}{2} \times 39.90 \times 0.37^2 = 2.73 \text{ kN}$$

$$h_{a3} = h + \frac{1}{3}u = 5 + \frac{1}{3} \times 0.37 = 5.12 \text{ m}$$

第一个静土压力零点 O 以上,作用于桩后的土压力合力 $\sum E$ 和作用点距地面的距离 h_a 分别为

$$\sum E = E_{a1} + E_{a2} + E_{a3} = 24.5 + 62.5 + 2.73 = 89.73 \text{ kN}$$

$$h_a = \frac{E_{a1}h_{a1} + E_{a2}h_{a2} + E_{a3}h_{a3}}{\sum E} = \frac{24.5 \times 2.5 + 62.5 \times 2.38 + 2.73 \times 5.12}{89.73} = 2.50 \text{ m}$$

将上述计算得到的 K_a、K_p、u、$\sum E$、h_a 值代入式(8-22)的布鲁姆简化法,可得:

$$t^3 - \frac{6 \times 89.73}{20 \times (2.04 - 0.49)}t - \frac{6 \times 89.73 \times (5 + 0.37 - 2.50)}{20 \times (2.04 - 0.49)} = 0$$

即 $t^3 - 17.37t - 49.84 = 0$,采用试算法求解或 Matlab 求解,可得 $t = 5.19$ m。取增大系数 1.3,则桩得嵌固深度 l_d 和最小长度 h_{min} 分别为:

$$l_d = u + 1.3 \times t = 0.37 + 1.3 \times 5.19 = 7.12 \text{ m},$$

$$h_{min} = h + u + 1.3 \times t = 5 + 0.37 + 1.3 \times 5.19 = 12.12 \text{ m}$$

最大弯矩点距土压力零点得距离 x_m 和最大弯矩 M_{max} 分别为

$$x_m = \sqrt{\frac{2\sum E}{(\sqrt{K_p} - \sqrt{K_a})\gamma}} = \sqrt{\frac{2 \times 89.73}{(2.04 - 0.49) \times 20}} = 2.41 \text{ m}$$

$$M_{max} = 89.73 \times (5 + 0.37 + 2.41 - 2.50) - \frac{20 \times (2.04 - 0.49) \times 2.41^3}{6}$$

$$= 401.45 \text{ kN} \cdot \text{m}$$

2. 自由端法

当单支点支挡构件的坑底下嵌固深度较浅,且坑内侧被动土压力假设全部发挥时,底端 C 坑外侧土体土压力 $E_p' = 0$,支挡构件可视为单层支点 A 为铰支座,底端 C 为自由结构的计算模型,参见图 8-18。单支点 A 距地面深度为 h_0,其他符号同上。取支挡构件的单位墙宽或排桩墙每根桩的控制宽度作为分析单元,根据支点 A 的力矩平衡条件可得:

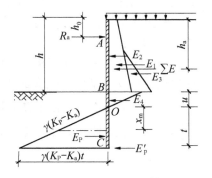

图 8-18　单支点桩墙计算简图

$$\sum M_A = \sum E(h_a - h_0) - E_p\left(h - h_0 + u + \frac{2}{3}t\right) = 0$$
$$(8-25)$$

由上式(8-25)超越方程,可以求得有效嵌固深度 t,采用上述布鲁姆法简化法的表达式(8-23)即可确定桩墙在基坑底以下的最小设计插入深度 l_d。按水平力平衡条件 $\sum X = 0$,可求出支点 A 的水平力 R_a:

$$R_a = \sum E - E_p \tag{8-26}$$

根据最大弯矩截面的剪力等于零,可求得最大弯矩截面距土压力零点的距离 x_m 和最大弯矩 M_{max}:

$$x_m = \sqrt{\frac{2(\sum E - R_a)}{\gamma(K_p - K_a)}} \tag{8-27a}$$

$$M_{max} = \sum E(h - h_a + u + x_m) - R_a(h - h_0 + u + x_m) - \frac{1}{6}\gamma(K_p - K_a)x_m^3 \tag{8-27b}$$

8.3.2 等值梁分析方法

单支点内支撑或锚撑支挡式结构,顶端附近设有一道支撑或拉锚,可认为在支点处无水平移动,支挡构件可简化成一简支结构,但支挡构件下端支承条件则与嵌固深度有关。

1. 单支点等值梁法

当支挡构件嵌固较深时,嵌固段底端向后倾斜 $E_p' \neq 0$ 时,支挡构件在土中处于弹性嵌固状态,相当于上端简支而下端嵌固的超静定梁,且嵌入段弯矩包络图将有一弯矩为零的反弯点,参见图 8-19。根据结构力学原理将反弯点 b 可视为一自由支座,如果在反弯点 b 切开,则图中简支梁 ab 称之为 ac 梁中 ab 梁段的弯矩等值梁。一旦确定反弯点位置 b,则单支护结构的支点力、嵌固深度及结构内力(剪力和弯矩)就可以按照弹性结构的连续梁法求解,即等值梁法近似计算方法。

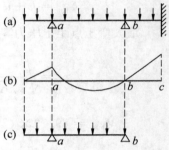

图 8-19 等值梁法基本原理

实测结果表明,单支点支挡构件坑内、外侧静土压力零点的位置与弯矩零点(反弯点)位置很接近。因此,假定反弯点位于静土压力零点 b 点。等值梁法应用于单支点支挡构件计算步骤如下:

(1)计算作用于支挡构件坑内侧与坑外侧静土压力零点 b,作为正负弯矩反弯点位置,且弯矩零点 b 至基坑开挖底面的距离为 u。

(2)基于与上述自由端法相同符号规定,根据等值梁 ab 的静力平衡方程 $\sum M_a = 0$ 和 $\sum M_b = 0$,分别计算出支点 a 反力 R_a 和反弯点 b 点的剪力 V_b 如下:

$$R_a = \frac{\sum E(h - h_a + u)}{(h - h_0 + u)} \tag{8-28}$$

$$V_b = \frac{\sum E(h_a - h_0)}{h - h_0 + u} \tag{8-29}$$

(3)取支挡构件下段 bc 为隔离体,取 $\sum M_c = 0$,可求出有效嵌固深度 t:

$$t = \sqrt{\frac{6V_b}{\gamma(K_p - K_a)}} \tag{8-30}$$

再按式(8-23),确定桩墙在基坑底以下的最小设计插入深度 l_d。

(4) 由等值梁 ab 求算最大弯矩 M_{max}。由于作用于桩墙上的力均已求得,M_{max} 可以很方便地求出。

【例 8-3】 某基坑工程开挖深度 $h = 8.0\,\mathrm{m}$,采用单支点桩锚支护结构,支点离地面距离 $h_0 = 1\,\mathrm{m}$,支点水平间距为 $S_\mathrm{h} = 2.0\,\mathrm{m}$。地基土层参数加权平均值为:黏聚力 $c = 0$,内摩擦角 $\varphi = 28°$,重度 $\gamma = 18.0\,\mathrm{kN/m^3}$。地面超载 $q_0 = 20\,\mathrm{kPa}$。试用等值梁法计算桩墙的入土深度 t,水平支锚力 R_a 和最大弯矩 M_{max}。

解: 取每根桩的控制宽度 S_h 作为计算单元,主动和被动土压力系数分别为 $K_\mathrm{a} = 0.36$,$K_\mathrm{p} = 2.77$。

地面处,桩墙后土压力 p_a1

$$p_\mathrm{a1} = q_0 K_\mathrm{a} - 2c\sqrt{K_\mathrm{a}} = 20 \times 0.36 - 2 \times 0 \times \sqrt{0.38} = 7.20\,\mathrm{kPa}$$

基坑底面处,桩墙后土压力 p_a2

$$p_\mathrm{a2} = (20 + 18 \times 8) \times 0.36 - 2 \times 0 \times \sqrt{0.38} = 59.04\,\mathrm{kPa}$$

静土压力零点距基坑底距离 u

$$u = \frac{p_\mathrm{a2}}{\gamma(K_\mathrm{p} - K_\mathrm{a})} = \frac{59.04}{18 \times (2.77 - 0.38)} = 1.36\,\mathrm{m}$$

静土压力零点以上,换算开挖深度桩墙后静土压力 $\sum E$ 和作用点离地面的距离 h_a

$$\sum E = \frac{1}{2} \times (7.20 + 59.04) \times 8 \times 2 + \frac{1}{2} \times 59.04 \times 1.36 \times 2 = 610.21\,\mathrm{kN}$$

$$h_\mathrm{a} = \frac{\frac{1}{2} \times 7.2 \times 8^2 + \frac{1}{3} \times (59.04 - 7.2) \times 8^2 + \frac{1}{2} \times 59.04 \times 1.36 \times \left(2 + \frac{1}{3} \times 2\right)}{610.21}$$

$$= 4.94\,\mathrm{m}$$

支点水平锚固拉力 R_a

$$R_\mathrm{a} = \frac{\sum E(h + u - h_\mathrm{a})}{h + u - h_0} = \frac{610.21 \times (8 + 1.36 - 4.94)}{8 + 1.36 - 1.0} = 322.62\,\mathrm{kN}$$

土压力零点(即弯矩零点)剪力 V_b

$$V_\mathrm{b} = \frac{\sum E(h_\mathrm{a} - h_0)}{h + u - h_0} = \frac{610.21 \times (4.94 - 1.0)}{8 + 1.36 - 1.0} = 287.59\,\mathrm{kN}$$

桩的有效嵌固深度 t_c

$$t = \sqrt{\frac{6V_\mathrm{b}}{\gamma(K_\mathrm{p} - K_\mathrm{a})S_\mathrm{h}}} = \sqrt{\frac{6 \times 287.59}{18 \times (2.77 - 0.36) \times 2.0}} = 4.46\,\mathrm{m}$$

$$t_\mathrm{c} = 1.4t$$

桩的最小长度 $l = h + u + 1.4t = 8 + 1.36 + 1.4 \times 4.46 = 15.6\,\mathrm{m}$

求剪力为零点离地面距离 h_q 和最大弯矩 M_{max}，

$$R_a - \frac{1}{2}\gamma h_q^2 K_a S_h - q_0 K_a S_h = 0$$

$$h_q = \sqrt{\frac{2R_a - q_0 K_a S_h}{\gamma K_a S_h}} = \sqrt{\frac{2 \times 322.62 - 20 \times 0.36 \times 2.0}{18 \times 0.36 \times 2.0}} = 6.98 \, \text{m}$$

$$M_{max} = 322.62 \times (6.98 - 1.0) - \frac{1}{6} \times 18 \times 6.98^2 \times 0.36 \times 2.0 - \frac{1}{2} \times$$

$$20 \times 6.98^2 \times 0.36 \times 2.0 = 843.93 \, \text{kN} \cdot \text{m}$$

2. 多支点连续梁法

多支撑支护结构可当作刚性支承（支座无位移）的连续梁，参见图 8-20。应按以下各施工阶段相应工况分别计算。

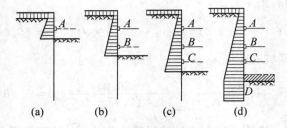

(a)　　　(b)　　　(c)　　　(d)

图 8-20　各施工阶段的计算简图

在设置支撑 A 以前的开挖阶段，挡墙视为一端嵌固在土中的悬臂梁，参见图 8-20(a)。

在设置支撑 B 以前的开挖阶段，二支点模型同上述单支点等值梁法求解，参见图 8-20(b)。

在设置支撑 C 以前的开挖阶段，挡墙是具有三个支点的连续梁，三个支点分别为 A、B 及静土压力零点，参见图 8-20(c)。

在浇筑底板以前的开挖阶段，挡墙是具有四个支点的三跨连续梁，支点分别为 A、B、C 点和静土压力零点，参见图 8-20(d)。

增加一个支点铰支座，则相应增加一个支点弯矩平衡方程，同单支点等值梁法原理，可以求出相应支座反力。

8.3.3　弹性支点分析方法

静力平衡法和等值梁法是均未考虑土与支护结构相互作用的近似方法，实际上作用在支挡构件上的土压力与支挡结构变形有关。弹性支点法采用弹性地基梁分析原理，考虑土与支护结构相互作用，即位移协调关系，可以分析支护构件挠曲变形，工程界又称为弹性抗力法或地基反力法。基坑支护结构内力和变形弹性支点法，相对水平荷载作用下弹性桩计算分析，区别在于基坑开挖面以下开挖作用有侧向水平附加荷载，参见图 8-21。

1. 微分控制方程

弹性支点法是将支护桩作为竖向设置于土中的弹性地基梁，假定支点力为不同水平刚度系数的弹簧，基坑开挖面以下支挡构件内侧地基视为文克勒弹性地基，水平抗力为地基反

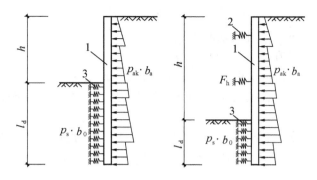

图 8-21　弹性支点法计算简图

力系数与变形的乘积。支挡构件外侧荷载可直接按朗肯主动土压力理论计算,也可按矩形分布的经验土压力模式计算。假定地基反力系数的分布为"m"法,参照水平荷载作用下弹性桩,可以建立挠曲微分方程。忽略支挡构件轴力影响,作为弹性地基梁的挠曲控制基本方程为:

$$EI \frac{\mathrm{d}^4 x}{\mathrm{d}z^4} = -q_{zy}$$

考虑开挖的不同工况,其挠曲方程分为开挖面以上及开挖面以下两部分。在开挖面以上($0 \leqslant z < h$)梁上分布荷载只有基坑外侧墙背荷载 $q_{zy} = -p_a b_s$,代入上式可得挠曲控制方程:

$$q_{zy} = -p_a b_a \Rightarrow EI \frac{\mathrm{d}^4 y}{\mathrm{d}z^4} - p_a b_a = 0 \quad (0 \leqslant z \leqslant h) \tag{8-31a}$$

式中　EI —— 支护结构的抗弯刚度(kN·m²);

y —— 支护结构的水平挠曲变形(m);

b_a —— 坑外侧主动荷载作用宽度,排桩取桩间距,地下连续墙取单位宽度(m)。

在开挖面以下($z \geqslant h$),梁上分布荷载包括基坑外侧墙背荷载 $p_a b_a$、挠曲土反力 σ_{zx} 和挡土构件嵌固段上的基坑内侧初始土压力强度 p_{y0},即:

$$\sigma_{zx} = m(z-h)y \Rightarrow q_{zy} = [m(z-h)y + p_{y0}]b_0 - p_a b_a$$

将上式代入弹性地基梁挠曲控制基本方程,可得开挖面以下($z \geqslant h$)支挡构件挠曲控制方程为:

$$EI \frac{\mathrm{d}^4 y}{\mathrm{d}z^4} + [m(z-h)y + p_{y0}]b_0 - p_a b_a = 0 \quad (z \geqslant h) \tag{8-31b}$$

式中　b_0 —— 支护结构计算宽度(m);

m —— 地基土的水平抗力系数(kN/m⁴)。

2. 边界条件

锚杆或竖向斜撑和水平对撑的法向预加力为 P_h 时(不预加轴向压力时,支撑 $P_h = 0$),挡土构件计算宽度 b_a 内,锚杆和内支撑作用产生的弹性支点水平反力为:

$$F_h = k_R(v_R - v_{R0}) + P_h \tag{8-32}$$

式中 k_R——计算宽度内弹性支点刚度系数(kN/m);

v_R——挡土构件在支点处的水平位移值(m);

v_{R0}——设置支点时,支点的初始水平位移值(m)。

当支点有预加力 P_h,且按式(8-32)确定的支点力 $F_h \leqslant P_h$ 时,按该层支点位移为 v_{R0}。

3. 参数确定

基坑内侧初始土压力强度 p_{y0},可按朗肯主动土压力计算,但不考虑黏聚力 $c = 0$,则基坑内侧基坑底面以下计算点 i 的初始土压力强度 p_{y0},可写成:

$$p_{y0} = (\sigma_{pk} - u_p)K_{ai} + u_p \tag{8-33}$$

"m"法中,支挡构件坑内墙胸土的水平反力系数的比例系数 $m(\mathrm{MN/m^4})$,宜按桩的水平荷载试验及地区经验取值;缺少试验和经验时,可土的黏聚力 $c(\mathrm{kPa})$ 和内摩擦角 $\varphi(°)$,按下列经验公式计算:

$$m = \frac{0.2\varphi^2 - \varphi + c}{v_b} \tag{8-34}$$

式中 v_b——挡土构件在坑底处的水平位移量(mm),当此处的水平位移不大于 10 mm 时,可取 $v_b = 10$ mm。

挡土结构采用排桩且取单根支护桩进行分析时,排桩外侧土压力荷载计算分析单元宽度 b_a 取排桩间距 s_p。排桩中坑内被动区单桩土反力计算宽度 b_0,根据截面形状、尺寸,按表规定计算确定,参见表 8-6。当按表(8-6)计算单桩土反力计算宽度 b_0 大于排桩间距 s_p 时,取 b_0 等于排桩间距 $b_0 = s_p$。

表 8-6 单桩土反力计算宽度 b_0

圆形截面直径 d		矩形或工字型截面宽度 b	
$\leqslant 1.0$ m	>1.0 m	$\leqslant 1.0$ m	>1.0 m
$0.9(1.5d+0.5)$	$0.9(d+1)$	$1.5b+0.5$	$b+1$

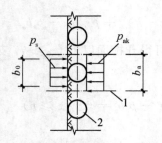
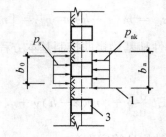

(a) 圆形截面排桩计算宽度   (b) 矩形或工字型截面排桩计算宽度

图 8-22 排桩计算宽度

1—排桩对称中心线;2—圆形桩;3—矩形桩或工字型桩

当锚杆轴向拉力标准值或支撑轴向压力标准值为 N_k,则锚杆的预加轴向拉力值或支撑的预加轴向压力值一般应取 $P = 0.75N_k \sim 0.9N_k$。设锚杆倾角或斜支撑仰角为 α,锚杆或支撑水平间距为 s,则挡土构件分析单元计算宽度 b_a 内的锚杆或竖向斜撑和水平对撑的法向预加力 P_h 为:

$$P_h = \frac{Pb_a}{s}\cos\alpha \tag{8-35}$$

式中　水平对撑时,$\alpha = 0$,即 $\cos\alpha = 1$。

根据锚杆抗拔循环加荷或逐级加荷试验试验成果 $Q \sim s$ 曲线,对应锚杆锁定值 Q_1 与轴向拉力标准值 Q_2 的锚头位移实测值分别为 s_1 和 s_2。忽略支撑腰梁或冠梁的挠度时,则锚拉式支挡结构计算宽度 b_a 的弹性支点刚度系数可按下式计算:

$$k_R = \frac{(Q_2 - Q_1)b_a}{(s_2 - s_1)s} \tag{8-36}$$

支撑式支挡结构的弹性支点刚度系数宜通过对内支撑结构整体进行线弹性结构分析得出的支点力与水平位移的关系确定。对水平对撑,忽略支撑腰梁或冠梁的挠度时,根据内支撑受压支撑构件的长度 l_0(m)、水平间距 s(m),以及支撑材料的弹性模量 E(kPa)和支撑的截面面积 A(m^2),计算宽度 b_a 内的弹性支点刚度系数(k_R)可按下式计算:

$$k_R = \frac{\alpha_R E A b_a}{\lambda l_0 s} \tag{8-37}$$

式中　α_R——支撑松弛系数,对混凝土支撑和预加轴向压力的钢支撑,取 $\alpha_R = 1.0$,对不预加支撑轴向压力的钢支撑,取 $\alpha_R = 0.8 \sim 1.0$。

水平对撑计算宽度内弹性支点刚度系数 k_R 确定,引入了支撑不动点调整系数 λ。当水平支撑两对边基坑的土性、深度、周边荷载等条件相近,且分层对称开挖时,支撑不动点调整系数 $\lambda = 0.5$。当支撑两对边基坑的土性、深度、周边荷载等条件或开挖时间有差异时,对土压力较大或先开挖的一侧,取 $\lambda = 0.5 \sim 1.0$,另一侧则相应取 $(1-\lambda)$,且差异大时取大值,反之取小值。当基坑一侧取 $\lambda = 1$ 时,基坑另一侧应按固定支座考虑。对竖向斜撑构件,斜撑支座视为固端,取 $\lambda = 1$。

当锚杆或内支撑的腰梁或冠梁挠度不可忽略不计时,上述支点刚度系数尚应考虑其挠度对弹性支点刚度系数的影响。挡土结构采用地下连续墙且取单幅墙进行分析时,地下连续墙外侧土压力计算宽度 b_a 和嵌固段内侧土反力计算宽度 b_0,均应取包括接头的单幅墙宽度。

4. 内力计算

根据上述基本挠曲微分方程(8-31),支点边界条件(8-32)和相关计算参数取值方法(8-33)~(8-37),可采用数值分析方法求解支挡构件挠曲变形 y 值,进而求得各土层的弹性抗力和计算单元弹性支点反力,结合坑外侧墙背荷载分布 $p_a b_s$,可按静力平衡方法计算支当构件结构内力。

8.4　构件强度分析

支护结构主要构件包括支挡构件、支撑与锚撑构件、以及围檩构件和支撑立柱等。对于钢筋混凝土构件,通过上述 8.3 节的结构分析得到构件内力后,可按相关钢筋混凝土规范进行设计与验算。本节仅讨论锚杆、土钉和水泥土重力式支挡构件强度稳定分析方法。

8.4.1 锚杆承载力

1. SLT 极限状态

根据锚杆极限抗拔承载力标准值 R_k(kN)和锚杆轴向拉力标准值 N_k(kN),按正常使用极限状态设计时,锚杆构件极限抗拔承载力验算应符合下式要求:

$$\frac{R_k}{N_k} \geqslant K_t \tag{8-38}$$

式中　K_t——锚杆抗拔安全系数;安全等级为一级、二级、三级的支护结构,K_t 分别不应小于 1.8、1.6、1.4。

根据锚杆支挡体系弹性支点法分析,可得到的计算宽度内的锚杆弹性支点水平反力 F_h,则挡土构件计算宽度 b_a 内的锚杆轴向拉力标准值 N_k 应按下式计算:

$$N_k = \frac{F_h s_b}{b_a \cos\alpha} \tag{8-39}$$

式中　α——锚杆倾角(°)。

锚杆支挡体系坑外土体内潜在理论滑动面假设为朗肯直线破坏面,且与支挡构件交点为嵌固段基坑外侧主动土压力与基坑内侧被动土压力等值点 O 处,参见图 8-23。对多层土地层且存在多个等值点时,应按其中最深处的等值点 O 作为直线破坏面与支挡构件交点进行计算。设锚杆的锚头中点至基坑底面的距离为 a_1(m)、基坑底面至最深处的等值点 O 为 a_2(m),则锚杆自由段长度 l_f(且不应小于 5.0 m)应按下式(8-40)确定:

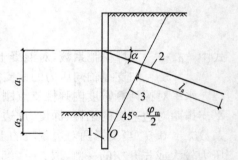

图 8-23　理论直线滑动面

1—挡土构件;2—锚杆;3—理论直线滑动面

$$l_f \geqslant \frac{(a_1 + a_2 - d\tan\alpha)\sin\left(45° - \frac{\varphi_m}{2}\right)}{\sin\left(45° + \frac{\varphi_m}{2} + \alpha\right)} + \frac{d}{\cos\alpha} + 1.5 \tag{8-40}$$

式中　d——挡土构件的水平尺寸(m);

　　　φ_m——O 点以上各土层按厚度加权的内摩擦角平均值(°)。

锚杆极限抗拔承载力 R_k 应通过原位抗拔试验确定。初步设计时,锚杆极限抗拔承载力标准值 R_k 也可按式(8-41)估算,但应满足抗拔验证性试验检测。设锚杆设计长度为 l_{bd},锚杆在理论直线滑动面以外锚固总长度为 $l_a = l_{bd} - l_f$,当 l_a 穿越多层土体时,锚杆锚固段在第 i 土层中的长度为 l_i(m),则锚杆极限抗拔承载力标准值 R_k 可按下式估算。

$$R_k = \pi d \sum q_{sik} l_i \tag{8-41}$$

$$l_a = \sum l_i$$

式中　d ——锚杆的锚固体直径(m);

　　　q_{sik} ——锚固体与第 i 土层之间的极限粘结强度标准值(kPa),按表 8-7 取值。

初步设计时,锚杆锚固体与第 i 土层之间的极限粘结强度标准值 q_{sik} 取值应考虑工程经验、锚杆设置工艺、穿越土层性质和锚固长度等综合选取。采用泥浆护壁成孔工艺时,应按表取低值后再根据具体情况适当折减;采用套管护壁成孔工艺时,可取表中的高值;扩孔工艺或分段劈裂二次压力注浆工艺时,可在表中数值基础上适当提高。砂土中的细粒含量超过总质量的 30% 时,按表取值后应乘以 0.75 的系数;对有机质含量为 5%～10% 的有机质土,应按表取值后适当折减。当锚杆锚固段长度≥16 m 时,应对表中数值适当折减。此外,当锚杆锚固段主要位于黏土层、淤泥质土层、填土层时,应考虑土的蠕变对锚杆预应力损失的影响,并应参照有关规范,根据蠕变试验确定锚杆的极限抗拔承载力。

表 8-7　锚杆的极限粘结强度标准值

土的名称	土的状态或密实度	q_{sik}(kPa)	
		一次常压注浆	二次压力注浆
填土		16～30	30～45
淤泥质土		16～20	20～30
黏性土	$I_L > 1$	18～30	25～45
	$0.75 < I_L \leqslant 1$	30～40	45～60
	$0.50 < I_L \leqslant 0.75$	40～53	60～70
	$0.25 < I_L \leqslant 0.50$	53～65	70～85
	$0 < I_L \leqslant 0.25$	65～73	85～100
	$I_L \leqslant 0$	73～90	100～130
粉土	$e > 0.90$	22～44	40～60
	$0.75 \leqslant e \leqslant 0.90$	44～64	60～90
	$e < 0.75$	64～100	80～130
粉细砂	稍密	22～42	40～70
	中密	42～63	75～110
	密实	63～85	90～130
中砂	稍密	54～74	70～100
	中密	74～90	100～130
	密实	90～120	130～170
粗砂	稍密	80～130	100～140
	中密	130～170	170～220
	密实	170～220	220～250
砾砂	中密、密实	190～260	240～290
风化岩	全风化	80～100	120～150
	强风化	150～200	200～260

2. 承载力极限状态

锚杆杆体的受拉承载力应按承载力极限状态验算,且应符合下式规定:

$$N \leqslant f_{py}A_p \qquad (8\text{-}42)$$

$$N = \gamma_0 N_d = \gamma_0 \gamma_F N_k$$

式中 N——锚杆轴向拉力设计值(kN),其他符号同表达式(8-1);

f_{py}——预应力钢筋抗拉强度设计值(kPa),当锚杆杆体采用普通钢筋时,取普通钢筋强度设计值(f_y);

A_p——预应力钢筋或普通钢筋的截面面积(m^2)。

8.4.2 水泥土墙截面验算

水泥土重力式围护墙厚度在满足上述抗倾覆稳定的同时,水泥土重力式围护墙厚度 B 确定,尚应满足墙体正截面强度验算要求。重力式水泥土墙的正截面应力验算控制断面包括:①基坑面以下主动、被动土压力强度相等处;②基坑底面处;③水泥土墙的截面突变处。设水泥土墙验算截面的弯矩设计值为 M_i(kN·m/m),验算截面至水泥土墙顶的垂直距离为 z_i(m),验算截面以上(z 范围内)主动土压力标准值和被动土压力标准值分别为 $E_{ak,i}$ 和 $E_{pk,i}$(kN/m)。其中,验算截面在基坑底面以上时,取 $E_{pk,i} = 0$。由此,验算断面正截面应力:边缘拉应力、压应力和截面剪应力验算应满足:

边缘拉应力:
$$\frac{6M_i}{B^2} - \gamma_{cs}z_i \leqslant 0.15 f_{cs} \qquad (8\text{-}43a)$$

边缘压应力:
$$\gamma_0 \gamma_F \gamma_{cs}z_i + \frac{6M_i}{B^2} \leqslant f_{cs} \qquad (8\text{-}43b)$$

截面剪应力:
$$\frac{E_{ak,i} - E_{pk,i}}{B} - \mu z_i \leqslant \frac{1}{6} f_{cs} \qquad (8\text{-}43c)$$

式中 f_{cs}——开挖龄期水泥土轴心抗压强度设计值(kPa),应根据现场试验或工程经验确定;

γ_F、γ_0——分别为荷载综合分项系数($\gamma_F \geqslant 1.25$)和重要性系数 γ_0(参见表 8-3);

μ——墙体材料的抗剪断深度影响系数,取 $0.4 \sim 0.5$。

水泥土重力式支挡构件截面验算,本应采用极限承载力状态设计。但考虑到水泥土构件的特殊性,上式中仅式(8-43b)正截面压应力验算时,采用了承载力极限状态荷载组合基本值,且考虑结构重要性系数;而正截面拉应力和剪应力验算,则采用的是正常使用极限状态荷载标准组合。同时,水泥土重力式支护结构截面宽度 B 构造要求应满足:对淤泥质土,不宜小于 $0.7 h$,对淤泥,不宜小于 $0.8 h$。

【例 8-4】 某基坑开挖深度 $4.0\,m$,采用水泥土墙支护,取墙体宽度为 $B = 3.7\,m$,嵌固深度为 $l_d = 4.5\,m$,墙体重度为 $20\,kN/m^3$。地层为淤泥质粉质黏土,重度 $\gamma = 17.4\,kN/m^3$,内摩擦角 $\varphi = 17.5°$,黏聚力 $c = 4.0\,kPa$,地面施工荷载 $q_0 = 29.1\,kPa$。试计算墙体的稳定性。

解:(1)水平荷载和水平抗力的计算,土压力系数 $K_a = 0.54$ 和 $K_p = 1.86$

地面坑外侧土压力

$$p_{a0} = q_0 K_a - 2c\sqrt{K_a} = 29.1 \times 0.54 - 2 \times 4 \times \sqrt{0.54} = 9.8\,kPa$$

开挖底坑外侧土压力

$$p_{ab} = (\gamma h + q_0)K_a - 2c\sqrt{K_a} = (17.4 \times 4.0 + 29.1) \times 0.54 - 2 \times 4 \times \sqrt{0.54}$$
$$= 47.2 \text{ kPa}$$

坑底上开挖段 h 土压力合力，$E_{a1} = \dfrac{1}{2} \times (9.8 + 47.2) \times 4 = 114 \text{ kN/m}$

坑底下嵌固段 l_d 土压力合力，$E_{a2} = 47.2 \times 4.5 = 212.4 \text{ kN/m}$

坑外 $(h + l_d)$ 总土压力合力，$\sum E_a = E_{a1} + E_{a2} = 114 + 212.4 = 326.4 \text{ kN/m}$

$$h_{a1} = \frac{9.8 \times 4 \times 2 + \dfrac{1}{2} \times (47.2 - 9.8) \times 4 \times \dfrac{4}{3}}{114} = 1.56 \text{ m}$$

$$h_{a2} = \frac{4.5}{2} = 2.25 \text{ m}$$

$$h_a = \frac{114 \times (1.56 + 4.5) + 212.4 \times 2.25}{326.4} = 3.6 \text{ m}$$

坑底内侧被动土压力

$$p_{pb} = 2c\sqrt{K_p} = 2 \times 4 \times \sqrt{1.86} = 10.9 \text{ kPa}$$

锚固端被动土压力

$$p_{pc} = \gamma l_d K_p + 2c\sqrt{K_p} = 17.4 \times 4.5 \times 1.86 + 2 \times 4 \times \sqrt{1.86} = 156.5 \text{ kPa}$$

锚固段 l_d 坑内侧总被动土压力合力及其距锚固端点 C 距离

$$\sum E_p = E_{p1} + E_{p2} = 49.05 + 327.6 = 376.65 \text{ kN/m}$$

$$h_p = \frac{49.05 \times 2.25 + 327.6 \times \dfrac{1}{3} \times 4.5}{376.65} = 1.60 \text{ m}$$

（2）墙体厚度验算

$$b = \sqrt{\frac{2 \times (2 \times 1.2\gamma_0 h_a \sum E_{ai} - h_p \sum E_{pi})}{\gamma_{cs}(h + h_d)}}$$

$$= \sqrt{\frac{2 \times (1.2 \times 1.0 \times 3.6 \times 326.4 - 1.6 \times 376.65)}{20 \times (4 + 4.5)}} = 3.1 \text{ m} < 3.7 \text{ m}$$

所以取 $b = 3.7$ m，满足抗倾覆验算。

（3）抗滑移稳定性的验算

$$K = \frac{G\tan\theta + cB + E_p}{E_a} = \frac{20 \times 3.7 \times 9.0 \times 0.315 + 4 \times 3.7 + 376.65}{326.4}$$

$$= 1.84 > 1.2$$

满足抗滑移稳定性。

（4）正截面承载力验算

取 $f_{cs} = 2\,000\,\text{kPa}$，剪力为零的地方左右土压力相等，土压力零点距基坑底面距离为：

$$u = \frac{p_{ab} - p_{pb}}{\gamma K_p} = \frac{47.2 - 10.9}{17.4 \times 1.86} = 1.12\,\text{m}$$

则弯矩为：

$$M_c = 9.8 \times 4 \times (2 + 1.12) + \frac{1}{2} \times (47.2 - 9.8) \times 4\left(\frac{1}{3} \times 4 + 1.12\right) + 47.2 \times 1.12 \times$$

$$\frac{1}{2} \times 1.12 - 10.9 \times 1.12 \times \frac{1}{2} - \frac{1}{2} \times (47.2 - 10.9) \times 1.12 \times \frac{1}{3} \times 1.12$$

$$= 321.0\,\text{kN} \cdot \text{m}$$

$$M = 1.25\gamma_0 M_c = 1.25 \times 1.0 \times 321.0 = 401.3\,\text{kN} \cdot \text{m} \quad W = \frac{bh^2}{6} = \frac{1 \times 3.7^2}{6} = 2.28\,\text{m}^3$$

① r 压应力验算

$$1.25\gamma_0 \gamma_{cs} z + \frac{M}{W} = 1.25 \times 1.0 \times 20 \times 5.12 + \frac{401.3}{2.28} = 304\,\text{kPa} \leqslant f_{cs} = 2\,000\,\text{kPa}$$

② 拉应力验算

$$\frac{M}{W} - \gamma_{cs} z = \frac{401.3}{2.28} - 20 \times 5.12 = 73.6\,\text{kPa} \leqslant 0.06 f_{cs} = 120\,\text{kPa}$$

满足要求。

8.4.3 土钉承载力

1. 正常使用极限状态

设第 j 层土钉轴向拉力标准值为 $N_{k,j}$(kN)，土钉的极限抗拔承载力标准值为 $R_{k,j}$(kN)，则单根土钉的抗拔承载力应符合下式规定：

$$\frac{R_{k,j}}{N_{k,j}} \geqslant K_t \tag{8-44}$$

式中 K_t——土钉抗拔安全系数，安全等级二级、三级土钉墙，K_t 分别不应小于 1.6、1.4。

根据土钉处主动土压力标准值 $p_{ak,j}$(kPa)，考虑墙面倾斜时的土压力折减系数 ζ 和土钉轴向拉力深度调整系数 η_j，第 j 层单根土钉的轴向拉力标准值 $N_{k,j}$(kN)可按下式计算：

$$N_{k,j} = \frac{1}{\cos\alpha_j}\zeta\eta_j p_{ak,j} s_{xj} s_{zj} \tag{8-45}$$

式中 α_j——第 j 层土钉的倾角(°)；

s_{xj}——土钉的水平间距(m)；

s_{zj}——土钉的垂直间距(m)。

坡面倾斜时，主动土压力折减系数 ζ 可按下式计算：

$$\zeta = \tan\frac{\beta - \varphi_m}{2}\left[\tan^{-1}\left(\frac{\beta + \varphi_m}{2}\right) - \tan^{-1}\beta\right]\tan^{-2}\left(45° - \frac{\varphi_m}{2}\right) \tag{8-46}$$

式中　β——土钉墙坡面与水平面的夹角(°)；

　　　φ_m——基坑底面以上各土层按土层厚度加权的内摩擦角平均值(°)。

设基坑深度为 h(m)，土钉层数 n，根据第 j 根土钉深度 z_j(m)处的主动土压力强度标准值 $p_{ak,j}$(kPa)，土钉轴向拉力深度调整系数 η_j，可按下列公式计算：

$$\eta_j = \eta_a - (\eta_a - \eta_b)\frac{z_j}{h} \tag{8-47}$$

$$\eta_a = \frac{\sum_{i=1}^{n}(h - \eta_b z_j)p_{ak,j}s_{xj}s_{zj}}{\sum_{i=1}^{n}(h - z_j)p_{ak,j}s_{xj}s_{zj}} \tag{8-48}$$

式中　η_a——计算参数；

　　　η_b——经验系数，可取 0.6~1.0。

类似于锚杆，计算单根土钉极限抗拔承载力时，土钉墙潜在滑动面同样假设为直线破坏面，参见图 8-24。土钉墙仰角为 β、基坑底面以上各土层按土层厚度加权的内摩擦角平均值为 φ_m，直线滑动面与水平面的夹角 δ 为两者平均值，即：

$$\delta = \frac{\beta + \varphi_m}{2}$$

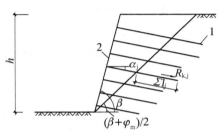

图 8-24　土钉抗拔承载力计算

1—土钉；2—喷射混凝土面层

类似于锚杆分析原理，第 j 层单根土钉的极限抗拔承载力应通过抗拔试验确定，土钉极限抗拔承载力标准值 $R_{k,j}$(kN)亦可按下式(8-49)估算，但应满足土钉抗拔试验证性检测要求(对安全等级为三级土钉墙，可仅按估算方法确定单根土钉的极限抗拔承载力)。

$$R_{k,j} = \pi d_j \sum q_{sik}l_i \leqslant \frac{f_{yk}A_n}{\gamma_0 \gamma_F} \tag{8-49}$$

式中　d_j——第 j 层土钉的锚固体直径(m)，成孔注浆土钉，按成孔直径计算；打入钢管土钉，按钢管直径计算；

　　　l_i——第 j 层土钉在滑动面外第 i 土层中的长度(m)；

　　　f_{yk}——土钉杆体的抗拉强度标准值(kPa)；

　　　A_n——土钉杆体的截面面积(m^2)。

土钉在第 i 层土中的极限粘结强度标准值 q_{sik}(kPa)，应由土钉抗拔试验确定，无试验数据时，可根据工程经验并结合表 8-8 取值。

表 8-8　土钉的极限粘结强度标准值 q_{sik}(kPa)

土的名称	土的状态	成孔注浆土钉	打入钢管土钉
素填土		15~30	20~35
淤泥质土		10~20	15~25

续表 8-8

土的名称	土的状态	成孔注浆土钉	打入钢管土钉
黏性土	$0.75 < I_L \leqslant 1$ $0.25 < I_L \leqslant 0.75$ $0 < I_L \leqslant 0.25$ $I_L \leqslant 0$	20～30 30～45 45～60 60～70	20～40 40～55 55～70 70～80
粉土		40～80	50～90
砂土	松散 稍密 中密 密实	35～50 50～65 65～80 80～100	50～65 65～80 80～100 100～120

2. 承载力极限状态

类似于锚杆杆体构件抗拉强度验算,土钉杆体的受拉承载力按土钉构件承载力极限状态设计,第 j 层土钉的轴向拉力设计值 N_j(kN),应符合下列规定:

$$N_j = \gamma_0 N_d = \gamma_0 \gamma_F N_k \leqslant f_y A_n \tag{8-50}$$

式中 f_y——土钉杆体的抗拉强度设计值(kPa);

A_n——土钉杆体的截面面积(m^2)。

需要指出,土钉构件承载力极限状态设计时,表达式(8-50)中的土钉轴向拉力标准值 N_k 需要考虑荷载分项修正系数和重要性系数修正;正常使用极限状态设计时,表达式(8-44)中 N_k 则不考虑该修正。

8.5 基坑支护设计

基坑工程设计时,首先应掌握以下设计资料:①岩土工程勘察报告;②红线图、周边地形图;③周边建(构)筑物、地下管线资料等;④建筑总平面图及主体工程地下建筑、结构资料等。

当基坑开挖深度为 H 时,基坑外勘察点布置范围不宜小于 $1H$,锚杆支撑时不宜小于 $2.0H$;基坑周边勘察点间距宜取 $15～25$ m,存在软弱土层或地质条件复杂时,宜加密勘察点;勘探孔深度不宜小于 $2H$,且孔深应穿越软弱土层和含水层。基坑内的场地勘察可利用建(构)筑物的勘察报告,必要时进行少量补勘。

基坑周边环境勘察须查明:①基坑周边地面建(构)筑物的结构类型、层数、基础类型、埋深、基础荷载大小及上部结构现状;②基坑周边地下建(构)筑物及各种管线等设施的分布和状况;③场地周围和邻近地区地表及地下水分布情况及对基坑开挖的影响程度。需要时,基坑勘察还应查明含水层分布特征、地下水位及其变化规律;揭示含水层类型(包括承压水水头)与补给与排泄条件;同时宜采用抽水试验测定各含水层渗透系数与影响半径。

8.5.1 支挡式支护结构设计

支挡式基坑支护体系由围护墙(排桩、连续墙和双排桩等)、支撑(或土层锚杆)以及围檩

（冠梁与腰梁）、隔水帷幕等组成。支挡式支护结构设计计算工况,应符合基坑分层开挖、支撑设置、主体地下结构分层施工、拆撑与换撑施工等各个工况节点实际条件。支护设计主要内容包括:支挡构件嵌固深度验算、支护结构内力与位移分析、各构件承载力验算与结构设计、排水系统设计与基坑监控设计等。

1. 设计方法

嵌固深度设计一般采用使用极限状态分析确定,一般可采用各类支挡构件的倾覆稳定性验算初步确定嵌固深度 l_d,再采用整体稳定性验算、坑底隆起稳定性验算和抗渗流稳定性验算,验证并优化设计嵌固深度 l_d,分析方法参见 8.2 节。设计嵌固深度 l_d 应满足嵌固深度构造要求,参见表 8-9。

表 8-9　构造嵌固深度

支撑类型	悬臂式	单支点	多支点
嵌固深度	0.8h	0.3h	0.2h
土质条件	淤泥质土	淤泥	黏性土、砂性土
双排桩	1.0h	1.2h	0.6h
水泥土墙	1.2h	1.3h	

目前,支挡结构分析时的坑外主动土压力作为支挡构件基坑外侧墙背荷载,一般采用标准值,且根据正常使用极限状态分析,验算基坑外地表面变形。支挡结构简化极限平衡分析,可确定对应荷载作用标准组合时支挡构件内力、以及支挡结构传递至支撑（或锚撑）的支点反力,参见 8.3.1 和 8.3.2 节;弹性支点法则同时还可确定支护结构变形,参见 8.3.3 节。此外,支挡式支护结构兼作主体结构外墙、梁或柱时,尚应按照主体结构设计所遵循的相关规范要求,验算永久使用阶段的结构内力和变形等。

根据承载力极限状态设计原则,上述支挡结构分析得到的支挡构件内力标准值,需采用综合分项修正系数 γ_F 和结构等级重要性系数 γ_0 修正,得到相应荷载效应基本组合时的控制断面设计值,进行支挡构件的结构设计。同理,支点力标准值经过系数 γ_F 和 γ_0 修正后得到的设计基本值,用于支撑体系平面与竖面的结构分析,可得支撑、立柱和围檩等构件控制断面内力设计值,用于内撑和锚撑构件设计与连接强度验算等。

必须指出,锚杆的锚固段抗拔承载力验算,以及支挡、支撑、立柱与围檩结构的裂缝验算等,则应直接采用使用极限状态设计时的支点力标准值分析计算。

2. 排桩支护墙

采用混凝土灌注桩时,基本构造要求,参见表 8-10。支护排桩中心距可根据悬臂高度、支撑或锚撑设置条件和土体稳定状态合理选择,且应≤2d。设置支撑或锚撑时的排桩中心距相对悬臂式式支护结构可适当放宽;土层稳定性能良好,可适当放宽。

表 8-10　排桩基本构造

排桩直径		中心距 S_p	混凝土强度	保护层厚度	
悬臂式	锚、撑式			水上	水下
≥600 mm	≥400 mm	≤2d	≥C25	≥35 mm	≥50 mm

支护桩纵向受力钢筋宜选用 HRB400、HRB335 级钢筋,且不宜少于 8 根,净间距不应

小于 60 mm,且沿截面周边非均匀配置纵向钢筋时,受压区的纵向钢筋根数不应少于 5 根。桩顶设置钢筋混凝土构造冠梁时,纵向钢筋进入冠梁的锚入长度宜取冠梁厚度。当冠梁按受力构件设置时,桩身纵向受力钢筋伸入冠梁的锚固长度应符合混凝土结构设计规范要求,需要时钢筋末端可采取机械锚固措施。箍筋可采用螺旋式箍筋,直径不应小于纵向受力钢筋最大直径的 1/4,且不应小于 6 mm;箍筋间距宜取 100~200 mm,且不应大于 400 mm 及桩的直径。加强箍筋配置应满足钢筋笼起吊安装要求,宜选用 HPB235、HRB335 级钢筋,间距宜取 1 000~2 000 mm。当采用的施工方法不能保证钢筋的设置方向时,不应采用沿截面周边非均匀配置纵向钢筋的形式。桩身分段配置纵向受力主筋的搭接应符合现行混凝土结构设计规范相关规定。

排桩冠梁宜低于主体建筑地下管线,宽度不宜小于桩径,高度不宜小于桩径的 0.6 倍,且应符合混凝土结构设计规范的构造配筋要求。冠梁用作支撑或锚杆的传力构件或按空间结构设计时,尚应按受力构件进行截面设计。排桩桩间土应采取防护措施,宜采用内置钢筋网或钢丝网的喷射混凝土面层,钢筋网的纵横向间距宜≤200 mm;混凝土面层厚度宜≥50 mm,强度等级宜≥C20。钢筋网或钢丝网宜采用横向拉筋与两侧桩体连接,拉筋直径宜≥12 mm,锚固在桩内长度宜≥100 mm;同时宜采用钢筋钉打入桩间土内固定,钢筋钉直径≥12 mm,打入桩间土中长度宜≥500 mm,且不小于排桩净间距 1.5 倍。

3. 地下连续墙

地下连续墙厚度宜按成槽机规格选取 600 mm、800 mm、1 000 mm 或 1 200 mm,常规一字形槽段长度宜取 4~6 m。转角处或有特殊要求时,单元槽段的平面形状可采用 L 形、T 形等。地下连续墙的混凝土设计强度等级宜取 C30~C40,同时用于截水时,墙体混凝土抗渗等级不宜小于 P6,槽段接头应满足截水要求。此外,当成槽施工可能对周边环境产生不利影响或槽壁稳定性较差时,应取较小的槽段长度,且可优化成槽时泥浆配比,必要时可采用搅拌桩对槽壁进行加固。

地下连续墙的竖向受力配筋宜采用 HRB335 级或 HRB400 级钢筋,应沿墙身两侧均匀配置,或可按内力大小沿墙体竖向分段配置,且通长配置竖向钢筋不应小于 50%。水平构造钢筋宜选用 HPB235、HRB335 或 HRB400 级钢筋。纵向受力和水平构造钢筋布置构造要求,参见表 8-11。此外,钢筋笼两侧端部与槽段接头之间或与相邻墙段混凝土接头面之间的间隙应不大于 150 mm,竖向钢筋下端 500 mm 长度范围内宜按 1∶10 的斜度向内收口。地下连续墙的墙顶钢筋进入冠梁连接设计,同上述排桩冠梁。

表 8-11　地下连续墙基本构造

竖向受力钢筋		水平构造钢筋		保护层厚度	
直径	净间距	直径	间距	内侧	外侧
≥16 mm	≥75 mm	≥16 mm	200~400 mm	≥50 mm	≥70 mm

地下连续墙的槽段接头应优先采用圆形锁口管接头、波纹管接头、楔形接头、工字形钢接头或混凝土预制接头等柔性接头。但是,当地下连续墙作为主体地下结构外墙,且需要形成整体墙体时,宜采用刚性接头(一字形或十字形穿孔钢板接头、钢筋承插式接头等)。当采取地下连续墙顶设置通长冠梁、墙壁内侧槽段接缝位置设置结构壁柱、基础底板与地下连续墙刚性连接等措施时,地下连续墙作为主体地下结构外墙时,也可采用柔性接头。

4. 锚撑设计

锚杆的锚固段宜设置在土体粘结强度高的土层内,上覆土层厚度不宜小于 4.0 m。当锚杆穿过地层上方存在天然地基的建筑物或地下构筑物时,宜避开易塌孔变形的地层。

土层中的锚杆锚固段长度不宜小于 6 m。锚杆水平间距不宜小于 1.5 m,多层锚杆竖向间距不宜小于 2.0 m。当锚杆间距小于 1.5 m 时,否则应根据群锚效应对锚杆抗拔承载力进行折减,且相邻锚杆应取不同的倾角。锚杆倾角宜取 15°～25°,且不应大于 45°或小于 10°。锚杆杆体全长应设置定位支架,应能使各根钢绞线相互分离。定位支架间距宜根据锚杆杆体组装刚度确定,自由段宜取 1.5～2.0 m,锚固段宜取 1.0～1.5 m,且应确保相邻定位支架中点处锚杆杆体的注浆固结体保护层厚度不小于 10 mm。锚杆自由段长度不应小于 5 m,且穿过潜在滑动面进入稳定土层的长度不应小于 1.5 m,应设置隔离套管。此外,锚杆杆体的外露长度应满足腰梁、台座尺寸及张拉锁定的要求。

锚杆腰梁可简化为连续梁或简支梁模型,按受弯构件验算其正截面、斜截面承载力,此时作用在腰梁上荷载为支挡结构分析时得到支点反力乘以系数 γ_F 和 γ_0 修正后的设计值。锚杆腰梁可采用型钢组合梁或混凝土梁,强度等级不宜低于 C25,梯形截面上边梁高不宜小于 250 mm。当锚杆锚固在混凝土冠梁上时,同样应按受弯构件设计。钢绞线锚杆、普通钢筋锚杆成孔直径宜取 100 mm～150 mm。普通钢筋锚杆的杆体宜选用 HRB335、HRB400 级螺纹钢筋,锚杆杆体钢绞线应符合现行预应力混凝土用钢绞线规程中有关规定。锚杆注浆应采用水泥浆或水泥砂浆,固结体强度不宜低于 20 MPa。

5. 内撑设计

内支撑选型基本原则为:①对称平衡且受力明确;②连接可靠且整体性强和③施工方便与工序衔接便捷。内支撑结构设计应充分考虑土层复杂性、开挖步序变化,宜采用超静定结构,尤其是在复杂环境或软弱土质中,赘余支撑约束将为支撑结构体系个别构件意外失效,提供荷载转移的安全保障。支撑构件与连接设计均应符合规范要求。

支撑体系平面结构分析时,采用挡土构件传至内支撑结构的水平荷载。需要时,还应考虑温度应力。基坑为矩形平面形状且水平支撑正交设置时,水平面内纵横两个方向的结构单元,均按支点力作用下的偏心受压构件进行分析。钢支撑承载力验算应考虑安装偏心误差的影响,偏心距取值不宜小于支撑计算长度的 1/1 000,且不宜小于 40 mm。混凝土支撑时的偏心距取值不宜小于 20 mm。水平面内的水平支撑受压计算长度,无水平支撑杆件交汇时,取支撑的实际长度;有杆件交汇时,取相邻交汇水平支撑杆件的中心间距;当交汇点不在同一水平面内时,宜取与相邻交汇支撑杆件中心间距的 1.5 倍。竖直面结构分析,尚应考虑支撑构件自重与支撑作为施工平台时的施工荷载。当支撑立柱下沉或隆起量较大时,还应考虑立柱间或支撑与挡土构件间的差异沉降产生的次应力。当水平支撑上的竖向施工荷载较小时,水平支撑按连续梁计算,立柱按轴心受压构件计算;否则宜按空间框架计算或立柱则按偏心受压构件计算。相邻两层水平支撑间的立柱受压计算长度,应取上下两层水平支撑的中心间距。多层支撑底层立柱(或单层支撑的立柱)的受压计算长度,应取底层支撑至基坑底面的净高度与立柱直径或边长的 5 倍之和。支撑的竖向布置应确保支撑与挡土构件之间不应出现拉力,应避开主体地下结构底板和楼板的位置,并应满足主体地下结构施工对墙、柱钢筋连接的要求。底层支撑(未拆除时)底面与下方主体结构楼板间的净距不宜小于 700 mm。支撑至基底的净高、多层水平支撑层间净高不宜小于 3 m。

混凝土支撑构件的强度等级不应低于 C25。混凝土支撑构件的截面高度不宜小于其竖向平面内计算长度的 1/20;腰梁的截面高度不宜小于其水平方向计算跨度的 1/10,截面宽度不应小于支撑的截面高度。支撑构件的纵向钢筋直径不宜小于 16 mm,沿截面周边的间距不宜大于 200 mm;箍筋的直径不宜小于 8 mm,间距不宜大于 250 mm。钢支撑构件可采用钢管、型钢及其组合截面。钢支撑杆件的长细比,受压时不应大于 150;受拉时不应大于 200。钢支撑连接宜采用螺栓连接,必要时可采用焊接连接。

立柱可采用钢格构、钢管、型钢或钢管混凝土等形式,立柱长细比不宜大于 25,且立柱与水平支撑的连接可采用铰接。当采用灌注桩作为立柱的基础时,钢立柱锚入桩内的长度不宜小于立柱长边或直径的 4 倍;当立柱穿过主体结构底板的部位,应有有效的止水措施。

水平斜撑和竖向斜撑均应按偏心受压杆件进行计算,支撑基础和腰梁(或冠梁)上应设置牛腿等抗剪连接措施,竖向斜撑基础应满足竖向承载力和水平承载力要求。不规则平面形状的平面杆系支撑、环形杆系或环形板系支撑,可按平面杆系结构采用平面有限元法进行计算,且应考虑基坑不同方向荷载变化,基坑各边土压力差异产生的土体被动变形的约束作用,合理设置水平约束支座,例如基坑阳角处不宜设置支座等。

8.5.2 水泥土重力墙

水泥土重力式墙一般采用水泥搅拌桩喷浆搅拌法,宜采用水泥土搅拌桩相互搭接形成的格栅状结构形式或相互搭接成满堂实体结构形式,水泥土搅拌桩的搭接宽度不宜小于 150 mm,且随桩长增加可适当加宽叠加厚度。当水泥土墙兼作截水帷幕时,尚应满足 8.6 节有关截水的相关要求。

重力式水泥土墙采用格栅形式时,置换率构造要求:对淤泥质土,不宜小于 0.7;对淤泥,不宜小于 0.8;对一般黏性土、砂土,不宜小于 0.6。格栅内侧的长宽比不宜大于 2,参见图 8-25。每个格栅的格栅内土体自重作用应满足水泥土格栅与格栅内土体间接触面剪切稳定,即格栅内土体截面面积 $A(\mathrm{m}^2)$ 应满足下式要求:

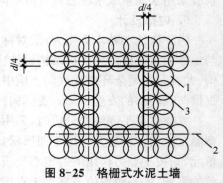

图 8-25 格栅式水泥土墙
1—水泥土桩;2—桩中心线;3—计算周长

$$\gamma_{\mathrm{m}} A \leqslant \tau_{\mathrm{u}} = \delta c u_{\mathrm{g}} \tag{8-51}$$

式中 δ——计算系数;对黏性土,取 $\delta = 0.5$;对砂土、粉土,取 $\delta = 0.7$;

c——格栅内土体黏聚力(kPa);

u_{g}——格栅内侧计算周长(m);

γ_{m}——格栅内土的天然重度(kN/m³),对成层土,取水泥土墙深度范围内各层土厚度加权的平均天然重度。

水泥土墙体 28 d 无侧限抗压强度不宜小于 0.8 MPa。当需要增强墙身的抗拉性能时,可在水泥土桩内插入杆筋。杆筋可采用钢筋、钢管或毛竹。杆筋的插入深度宜大于基坑深度。杆筋应锚入面板内。水泥土墙顶面宜设置混凝土连接面板,面板厚度不宜小于 150 mm,混凝土强度等级不宜低于 C15。

8.5.3　土钉支护设计

土钉作为主要承受拉力的构件,与被加固土体、坡面混凝土面层和必要的防水系统组成一个类似重力式挡土墙的支护结构,称为"土钉墙"(Soil Nailing Wall),见图 8-9。锚杆设置可施加预应力,给被加固土体以主动约束。土钉依靠其与土体之间的接触面上粘结力或摩擦力,在土体发生变形的条件下被动受力,不具备主动约束机制。土钉墙适用于二、三级非软土场地基坑支护,且基坑深度不宜大于 12 m。土钉墙支护结构的墙面坡度,一般不宜大于 1∶0.2。当地下水位高于基坑底面时,应采取降水和截水措施。坡顶和坡脚应设排水措施,坡面上可根据具体情况设置泄水孔。土钉墙顶应采用砂浆或混凝土临时性防护面层。

土钉水平间距和竖向间距宜为 1～2 m,基坑较深且被加固土体强度较低时,间距应取小值。土钉密度不宜太高,否则影响土钉效能与整体加固效果,在饱和黏土中水平间距可小到 1 m,并采用上下插筋交错排列;在硬黏土中可达到 2 m,垂直间距可根据土层及计算分析确定,且与开挖深度相对应。土钉长度应按各层土钉受力均匀,土钉拉力与相应土钉极限承载力的比值近于相等的原则确定。一般宜为土钉墙支护高度的 0.5～1.2 倍,密实砂土和坚硬黏土可取低值,软塑粘性土不应小于 1.0 倍。支挡构件顶部的土钉长度,宜适当增加。土钉倾角宜为 5°～20°,由土性和施工条件确定,土钉倾角越小,支护的变形越小,但注浆质量较难控制;反之倾角越大,支护的变形越大,但有利于土钉插入下层较好土层,注浆质量也易于保证。因此,利用重力向孔中注浆时,倾角不宜小于 15°;当用压力注浆,且有可靠排气措施时,倾角宜接近 0°。当上层土软弱时,可适当加大向下倾角,使土钉插入强度较高的下层土中;当遇有局部障碍物时,允许调整钻孔位置和方向。

成孔注浆型钢筋土钉成孔直径宜取 70～120 mm,土钉钢筋宜采用直径 16～32 mm 的 HRB400、HRB335 级钢筋,应根据土钉抗拔承载力设计要求确定。应沿土钉全长设置对中定位支架,其间距宜取 1.5～2.5 m,土钉钢筋保护层厚度不宜小于 20 mm。土钉孔注浆材料可采用水泥浆或水泥砂浆,其强度不宜低于 20 MPa。钢管土钉的钢管外径不宜小于 48 mm,壁厚不宜小于 3 mm。钢管注浆孔应设置在钢管里端 $l/2～2l/3$ 范围内(l 为钢管土钉总长度),注浆截面应对称设置注浆孔 2 个,孔径宜取 5～8 mm,注浆孔外应设置保护倒刺。土钉连接接头强度不应低于土钉杆体强度。

土钉墙喷射混凝土面层厚度宜取 80～100 mm,强度等级不宜低于 C20,面层中应配置钢筋网和通长的加强钢筋。钢筋网宜采用 $\Phi6$～10 mm 的 HPB235 级钢筋,网间距宜取 150～50 mm,搭接长度应大于 300 mm。加强钢筋的直径宜取 14～20 mm,且利用土钉杆体的抗拉强度时,加强筋截面面积不应小于土钉杆体截面的二分之一。

8.6　地　下　水　控　制

在地下水位较高的地区,基坑的排水系统是确保基坑工程安全和满足现场施工方便的需要。根据工程地质和水文地质条件、基坑周边环境要求及支护结构形式,地下水控制主要包括截水、降水、集水明排或其组合方法,以及地下水回灌等措施。

基坑降水目的在于降低地下水位、增加边坡稳定性、为基坑开挖创造便利条件。降压是当基坑开挖承压含水层上覆土的重量不足以抵抗承压水头的顶托力时,防止坑底突涌方法之一。截水切断基坑内外的水力联系和补给,可避免降水对基坑周边地面、地下建(构)筑造成危害或对环境造成长期不利影响,且可有效减少坑内排水量。此外,排水系统还包括地表明水、开挖期间的大气降水等的及时排除。

8.6.1 截水

工程实践中,当遇到①基坑降水造成周围水位大幅度下降,对基坑周围建(构)筑物和地下设施会带来不良影响时;②邻近基坑有地表水体(湖塘、渠道、河流),与基坑之间没有可靠隔水层时;③开挖深度以上或坑底以下接近坑底部位分布有粉土、粉砂,有可能产生流土时;④有承压水突涌可能,且无降水措施时,应采取隔水措施。隔水措施设置应根据场地地下水的渗流规律,合理预估隔水帷幕(Waterproof Curtain)内外的水压力差和坑底浮托力,作为隔水帷幕厚度及隔水体强度的验算依据。

1. 工作原理

工程实践中,截水帷幕宜采用沿基坑周边闭合的平面布置形式。当坑底以下存在连续分布、厚度较薄的隔水层时,止水帷幕一直深入到含水层底,且进入下卧不透水层情况,称为落底式竖向止水帷幕。防渗计算时,只需计算通过防渗帷幕的水量,参见图 8-26(a)。落底式帷幕进入下卧隔水层的深度应满足下式要求,且不宜小于 1.5 m:

$$l \geqslant 0.2\Delta h_{\mathrm{w}} - 0.5b \tag{8-52}$$

式中 l——帷幕进入隔水层的深度(m);

Δh_{w}——基坑内外的水头差值(m);

b——帷幕的厚度(m)。

当坑底以下含水层厚度大、底板埋藏深,竖向止水帷幕可不穿透含水时,则称为悬挂式隔水帷幕,一般用于隔断上层滞水(潜水)或延长承压水的渗透路径降压稳定。悬挂式隔水帷幕防渗计算时,尚需考虑绕过帷幕涌入基坑的水量,参见图 8-26(b)。悬挂式帷幕插入透水层深度设计,应根据地下水沿帷幕底端绕流的渗透稳定性验算和管涌可能性判别控制,并应对帷幕外地下水位下降引起的基坑周边建筑物、地下管线、地下构筑物沉降进行分析。当不满足渗透稳定性要求时,应采取增加帷幕深度、设置减压井等防止渗透破坏的措施。此外,悬挂式竖向隔水墙亦可与水平隔水设置相结合,可形成五面封闭的周底隔水。周底隔水时宜结合设减压井布设等其他辅助措施,形成封底与导渗相结合的防止渗透破坏综合截水

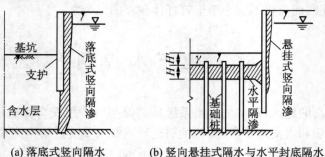

(a) 落底式竖向隔水　　　　(b) 竖向悬挂式隔水与水平封底隔水

图 8-26 基坑开挖隔水

措施,参见图 8-26(b)。

综上所述,隔水帷幕插入深度设计还应结合轻型井点降水、管井降水等不同降水工艺要求。若基坑不同区域高差相差较大,宜分区分别形成封闭隔水帷幕。此外,可以通过坑内外水位观测,检验隔水帷幕在降水期间是否发生渗漏,一旦基坑隔水帷幕出现渗水时,可设置导水管、导水沟等构成明排系统,并应及时封堵。水、土流失严重时,应立即回填后再采取补救措施。

2. 传统工艺

竖向截水帷幕可采用双轴水泥土搅拌桩、三轴水泥土搅拌桩、高压喷射注浆、地下连续墙、小止口钢板桩等施工工艺。隔水桩的垂直度、桩与桩之间的搭接尺寸应保证深层隔水帷幕的连续、隔水可靠,且隔水帷幕自身应具有一定的强度或刚度,避免发生危害结构的变形。止水帷幕可与支护结构(或地下主体工程)统一考虑,如采用地下连续墙、SMW 工法、水泥土重力式挡墙、钢板桩等。

水泥深层搅拌桩隔水帷幕的桩径宜取 450～800 mm,水灰比宜取 0.6～0.8,水泥掺量宜取土的天然重度的 15%～20%。对地下水位较高、渗透性较强的地层,宜采用双排搅拌桩截水帷幕。帷幕搅拌桩施工的桩位允许偏差应为 50 mm,垂直度的允许偏差应为 1.0%。深层搅拌桩隔水帷幕防渗效果更多地取决于深层隔水帷幕的连续性,搭接宽度控制十分重要,参见表 8-12。

表 8-12　止水帷幕柱墙搭接宽度

单排搅拌桩		双排搅拌桩		高压旋喷、摆喷	
深度(m)	搭接(mm)	深度(m)	搭接(mm)	深度(m)	搭接(mm)
≤10	150	≤10	100	≤10	150
10～15	200	10～15	150≤10	10～20	250
≥15	250	≥15	200	20～30	350

采用高压旋喷、摆喷注浆帷幕时,旋喷注浆固结体的有效直径、摆喷注浆固结体的有效半径宜通过试验确定;缺少试验时,可根据土的类别及其密实程度、高压喷射注浆工艺,按工程经验采用。水泥土固结体的设计有效半径一定时,可根据土的性状,合理选择喷射压力、注浆流量、提升速度、旋转速度等工艺参数,例如较硬粘性土、密实的砂土和碎石土宜取较小提升速度、较大喷射压力;反之亦然。当缺少类似土层条件下的施工经验时,应通过现场工艺试验确定施工工艺参数。帷幕的水泥土固结体搭接宽度,同样参见表 8-12。对地下水位较高、渗透性较强的地层,可采用双排高压喷射注浆帷幕。高压喷射注浆水泥浆液的水灰比宜取 0.9～1.1,水泥掺量宜取土的天然重度的 25%～40%。当土层中地下水流速高时,宜掺入外加剂改善水泥浆液的稳定性与固结性。

水平止水帷幕以高压旋喷等方法在基坑开挖深度以下一定位置形成足够强度的水泥土隔水底板,以水平隔水体自重、工程桩与底板之间的摩擦力和底板与坑底之间一定厚度土的自重来平衡地下水的托浮力,防止坑底隆起。常与悬挂式竖直止水帷幕结合,形成周底隔水,参见图 8-26(b)。

3. TRD 工法

TRD(Trench Cutting Re-mixing Deep Wall)工法是一种利用锯链式切削箱连续施工等厚水泥土搅拌墙的施工技术,TRD 与型钢组合的水泥土搅拌墙支挡防渗围护结构,隔水帷幕成墙深度可达到 60 m。TRD 技术不仅成功应用于黏性土、砂土和直径小于 100 mm 的砂砾及砾石层,且在标贯击数达 50～60 击的密实砂层和无侧限抗压强度不大于 5 MPa 的软岩地层成功应用。TRD 设备高度与施工深度无关,具有重心低(高度 10.1 m),稳定性好,适用于高度有限制(净空要求 11 m)的场所。

TRD 等厚度水泥土搅拌墙的成墙施工一般采用三工序成墙方法,即①先行挖掘②回撤挖掘和③成墙搅拌 3 个工序完成搅拌墙体施工。此外,成墙搅拌工序中还可压入型钢劲芯,形成支挡与隔水二墙合一组合支护形式,参见图 8-27。

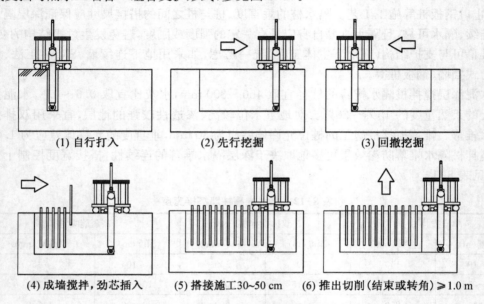

(1) 自行打入   (2) 先行挖掘   (3) 回撤挖掘

(4) 成墙搅拌,劲芯插入   (5) 搭接施工30~50 cm   (6) 推出切削(结束或转角)≥1.0 m

图 8-27　TRD 等厚度水泥土搅拌墙工艺要点

TRD 主要设计参数简介如下:①墙体厚度为 550～850 mm,墙厚宜大于型钢截面高度 100～150 mm,且可按 50 mm 模数调整。②内插型钢间距应均匀布置,不宜小于 550 mm,以便型钢拔出。③墙体深度应满足隔水深度要求,且宜深于插入型钢底部 0.5 m,以便型钢插入。④水泥掺量宜取 20%～30%,低渗透性地层中宜取低值,反之宜取高值,水灰比宜为 1.5～2.0,水泥土 28 d 强度不小于 0.5 MPa,整个墙体深度范围内水泥掺量均一。

由于各个地区地质条件存在较大差异,宜通过试成墙试验确定合适刀头、成墙工艺、水泥掺量、挖掘液、固化液和固化液混合泥浆配比与工艺参数控制指标。

8.6.2　集水明排法

集水明排法(Drainage by Gully)又称表面排水法,是在基坑四周开挖集水沟汇集坑壁及坑底渗水,并引向集水井抽出。集水明排法设备简单,费用低,一般土质条件均可采用。但当地基土为饱和粉细砂土等黏聚力较小的细粒土层时,由于抽水会引起流砂现象,造成基坑破坏和坍塌,应避免采用集水明排法,此时可设置坡脚和坑底盲沟排水。明沟排水可用于坑底表面汇水、基坑周边地表汇水及降水井抽出的地下水疏排。集水明排法单独使用时,降水深度不宜大于 5 m,否则在坑底容易产生软化、泥化,坡角流砂管涌,边坡塌陷,地面沉降等问题。集水明排法与其他方法结合使用时,其主要功能是收集基坑中和坑壁局部渗出的地下水和地面水。

排水沟的截面应根据设计流量确定,设计排水流量应符合下式规定:

$$Q \leqslant V/1.5 \tag{8-53}$$

式中　Q——排水沟的设计流量(m^3/d);

　　　V——排水沟的排水能力(m^3/d)。

基坑内集水明排法的排水系统,应能满足基坑明排水的排放要求,抽水设备应能满足排水流量的要求,对于深度较大的基坑也可采用分级抽水排放的方法。开挖阶段,应根据基坑特点在合适位置设置临时排水沟和集水井,临时排水沟和集水井,应随土方开挖过程适时调整。基坑采用多级放坡开挖时,可在放坡平台上设置截排水沟和集水井。土方开挖至坑底后,宜在坑内设置排水沟、盲沟、集水井,与坑边的距离不宜小于 0.5 m。基坑外侧场地设置集水井、截排水沟等地表排水系统,应有可靠的防渗措施,应能满足雨水、地下水的排放要求。截排水沟和集水井宜布置在基坑外侧不小于 0.5 m 距离,或距隔水帷幕外侧的距离不宜小于 0.5 m。排水沟底面应比挖土面(或地表面)低 0.3～0.4 m,集水井可布置在基坑四角或沿排水沟间隔 30～50 m 设置一个,集水井的净截面尺寸应根据排水流量确定,且井底面应比排水沟底面低 0.5 m 以上。明沟和盲沟坡度不宜小于 0.3%,且当采用明沟排水时,沟底和集水井应采取防渗措施;当采用盲沟排出坑底渗出的地下水时,其构造、填充料及其密实度应满足主体结构的要求,且集水井宜采用钢筋笼外填碎石滤料的构造形式。

当基坑侧壁出现分层渗水时,可按不同高程设置导水管、导水沟等构成明排系统;当基坑侧壁渗水量较大或不能分层明排时,宜采用导水降水法。基坑明排尚应重视环境排水,当地表水对基坑侧壁产生冲刷时,宜在基坑外采取截水、封堵、导流等措施。

基坑排水与市政管网连接前应设置沉淀池。明沟、集水井、沉淀池使用时应排水畅通并应随时清理淤积物。

8.6.3　基坑降水

基坑降水应根据场地的水文地质条件、基坑面积、开挖深度和各土层的渗透性等,选择合理的降水井类型、设备和方法。常用降水井类型和适用范围,参见表 8-13。

表 8-13　降水方法适用条件

方法	土类	渗透系数(m/d)	降水深度(m)
管井	粉土、砂土、碎石土	0.1～200.0	不限
真空井点	黏性土、粉土、砂土	0.005～20.0	单级井点<6,多级井点<20
喷射井点	黏性土、粉土、砂土	0.005～20.0	<20

1. 疏干降水

疏干降水措施可有效降低开挖深度范围内的地下水位标高,提供坑内干作业施工条件;同时可降低被开挖土体的含水量,增加坑内土体的固结强度,提高边坡稳定性。疏干降水的对象一般包括基坑开挖深度范围内上层滞水、潜水。当开挖深度较大时,疏干降水涉及微承压与承压含水层上段。当基坑周边设置了隔水帷幕,隔断基坑内外含水层之间的地下水水力联系时,一般采用坑内疏干降水,属于封闭型疏干降水,参见图 8-28(a)。当基坑周边未设置隔水帷幕,一般采用坑内与坑外联合疏干降水,属于敞开型疏干降水,参见图 8-28(b)。当基坑周边为悬挂式隔水帷幕,部分隔断基坑内外含水层之间的地下水水力联系时,一般采用坑内疏干降水,但属于半封闭型疏干降水,参见图 8-28(c)。

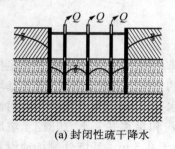
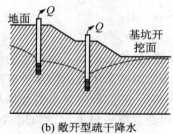
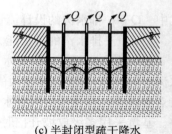

(a) 封闭性疏干降水　　　(b) 敞开型疏干降水　　　(c) 半封闭型疏干降水

图 8-28　疏干降水类型图

疏干降水方法,一般包括(多级)轻型井点降水、喷射井点降水、电渗井点降水、管井降水(管材可采用钢管、混凝土管、PVC 硬管等)和真空管井降水等方法。可根据工程场地的工程地质与水文地质条件及基坑工程特点,选择针对性较强的疏干降水方法,以求获得较好的降水效果。

2. 减压降水

当基坑承压水浮托力验算不稳定时,应根据含水层压力、位置和厚度,基坑开挖深度与面积,以及隔水帷幕插入深度等支护结构特点,综合考虑减压井群的平面布置、井结构及井深等。减压降水井布置在基坑隔水帷幕以内时,一般称为坑内减压降水;反之,可称为坑外减压降水。需要时,也可采取坑内与坑外联合减压降水措施。

1) 坑内减压降水方案

当竖向悬挂式隔水帷幕部分插入承压含水层中,插入承压含水层顶板以下的长度 L 不小于承压含水层厚度的 1/2 或承压含水层底板较深时的承压含水层顶板下 10.0 m 时,隔水帷幕对基坑内外承压水渗流具有明显的阻隔效应,参见图 8-29(a)。当隔水帷幕穿越承压含水层,并进入承压含水层底板以下的半隔水层或弱透水层中,则隔水帷幕已基本阻断了基坑内外承压含水层之间的水力联系,参见图 8-29(b)。上述隔水帷幕在降水目的承压含水层中可形成有效的隔水边界,应采用坑内减压降水方案。

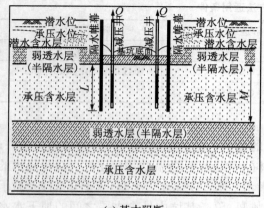
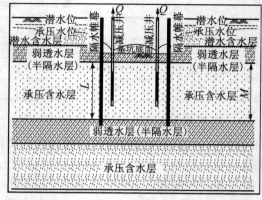

(a) 基本阻断　　　　　　　　　　(b) 完全阻断

图 8-29　坑内降水结构示意图

2）坑外减压降水方案

当隔水帷幕未进入下部降水目的承压含水层中，参见图 8-30（a）；或隔水帷幕进入降水目的承压含水层顶板以下的长度 L，远小于承压含水层厚度且不超过 5.0 m，参见图 8-30（b）。此时，隔水帷幕未能在降水目的承压含水层中形成有效的隔水边界，宜优先选用坑外减压降水方案。

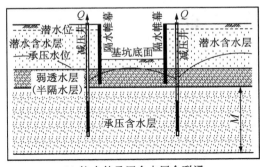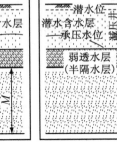

(a) 坑内外承压含水层全联通　　　　(b) 坑内外承压含水层几乎全联通

图 8-30　坑外降水结构示意图

当隔水帷幕的一部分深入承压含水层顶板以下，坑外减压井过滤器顶端深度，应超过隔水帷幕底端深度；坑内减压井过滤器底端深度，应小于隔水帷幕底端深度。显然，在保证坑内水位降深满足设计要求的前提下，坑内水位降深相对较小，降水引起的坑外相邻地面变形也较小。开挖深度内的微承压水、承压水降压应综合考虑环境因素，遵守"按需减压"的原则，根据工况分阶段制定微承压水、承压水降压水位控制标准，制定降水运行方案。

3. 涌水量分析

当降水井井底穿过透水含水层，插入下卧不透水层时，称为完整井；否则为非完整井。根据含水层的地下水有无超水位压力，降水井又可分为有承压井和无压井（潜水井），参见图 8-31。相对完整井，非完整井不仅从井侧流入，同时从井底渗入；相对潜水井，有承压井的水头压力影响井的涌水量或降深。因此，各种类型井的涌水量 Q_0 计算方法不同。

降水井涌水量 Q_0 计算解析方法，一般采用袭布依（Dupuit，1857）的水井理论，基本假定为：①含水层为均质和各向同性；②水流为层流，且渗流符合达西定律；③流动条件为稳定流；④水井出水量不随时间变化。

1）单井涌水量

根据袭布依（Dupuit）假设，在均质各向同性的含水层（粉土、砂土或碎石土）中有一潜水完整井，水流沿径向轴对称流入井内。抽水前地下水位水平，抽水后井周围水平面逐渐弯曲，并最终趋于稳定，形成漏斗状旋转曲面，即降落漏斗，参见图 8-31。降落漏斗的轴线和井轴线重合，并设为 z 轴，径向为 ρ 轴，k 为渗透系数（m/d），i 为水力梯度，A 为过水面积（m²）。根据达西定律，单井的涌水量 q_0（m³/d）的微分控制方程为

$$q_0 = kiA = k \frac{\mathrm{d}z}{\mathrm{d}\rho} 2\pi \rho z \qquad (8\text{-}54)$$

式（8-54）积分得

$$z^2 = \frac{q_0}{\pi k}\ln\rho + c \tag{8-55}$$

式中 z——降落漏斗对应径向距离 ρ 处的水位至底部不透水层距离(m)。

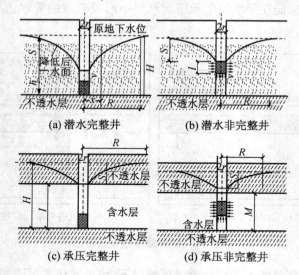

(a) 潜水完整井   (b) 潜水非完整井

(c) 承压完整井   (d) 承压非完整井

图 8-31 降水井种类

设水井半径为 r_w(m),水井影响半径为 R(m),原地下水位至底部不透水层距离为 H(m),井中水位至底部不透水层距离为 h(m)。将两个边界条件 $\rho = r_w$ 时, $z = h$ 和 $\rho = R$, $z = H$ 分别带入式(8-55),联立消去积分常数 c 后,可以得到:

$$q_0 = \pi k \frac{H^2 - h^2}{\ln(R/r_w)} \tag{8-56}$$

引入井中水位降深 s(m),根据几何关系 $H - h = s$ 和 $H + h = 2H - s$,代入上式可得潜水完整井单井涌水量 q_0 如下:

$$q_0 = \pi k \frac{(2H - s)s}{\ln(R/r_w)} \tag{8-57a}$$

对于承压含水层厚度为 M,亦可推得承压完整井的单井涌水量 q_0 如下:

$$q_0 = \frac{2\pi kMs}{\ln(R/r_w)} \tag{8-57b}$$

2) 井群涌水量 Q(大井筒)

设井点降水沿基坑四周布设 n 个井,同时抽水单井的涌水量相同且均为 q(m³/d),则基坑总涌水量 Q 为各个井点涌水量之和,即 $Q = nq$。由于各井的降落漏斗相互干扰,井降深相同时的干扰井单井用水量 q 小于上述理想单井涌水量 q_0。假设 n 个井点系统圆形布置,井点系统中心至各井点轴线的距离为 r_0,各井处降水后的水位为 h,降深为 s,参见图 8-32。将该圆形布置井点系统近似为一个半径

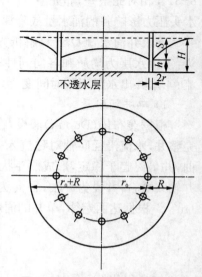

图 8-32 圆形布置的井点系统

为 r_0 大井筒,井位处位于井点系统平面中心,可得均质含水层潜水大井筒完整井涌水量 Q 如下:

$$Q = \pi k \frac{(2H-s)s}{\ln\left(1 + \dfrac{R}{r_0}\right)} \tag{8-58}$$

式中　s——井点处水位降深(m);

r_0——井点系统中心至井轴线距离(m)。

根据上述圆形均布井点系统概化大井分析原理,周围无隔水边界和邻近补给源的情况,对于均质含水层中的潜水非完整井、承压水完整井、承压水非完整井和承压~潜水非完整井的基坑群井降水总涌水量 Q 计算公式汇总,参见表 8-14。工程实践中,井降深 s 可取基坑设计降深 s_d,代入表中相关公式计算基坑降水总涌水量 Q。

表 8-14　基坑降水总涌水量 Q 计算公式

地下水压	设置类型	基坑降水总涌水量 Q(m³/d)	备注
潜水	完整	$Q = \pi k \dfrac{(2H-s)s}{\ln\left(1 + \dfrac{R}{r_0}\right)}$	
	非完整	$Q = \pi k \dfrac{H^2 - h_m^2}{\ln\left(1 + \dfrac{R}{r_0}\right) + \dfrac{h_m - l}{l}\ln\left(1 + 0.2\dfrac{h_m}{r_0}\right)}$	$h_m = \dfrac{H+h}{2}$ l 为过滤器工作部分的长度(m)
承压井	完整	$Q = 2\pi k \dfrac{Ms}{\ln\left(1 + \dfrac{R}{r_0}\right)}$	
	非完整	$Q = 2\pi k \dfrac{Ms}{\ln\left(1 + \dfrac{R}{r_0}\right) + \dfrac{M-l}{l}\ln\left(1 + 0.2\dfrac{M}{r_0}\right)}$	
承压~潜水井	非完整	$Q = \pi k \dfrac{(2H-M)M - h^2}{\ln\left(1 + \dfrac{R}{r_0}\right)}$	

4. 水位降深计算

《建筑基坑支护技术规程》(JTJ 120)中规定,当含水层为粉土、砂土或碎石土时,基坑地下水位降深为相邻降水井连线上各点的最小降深 s_{min}(m),则当相邻降水井的降深相同时,s_{min} 可取相邻降水井连线中点的降深,参见图 8-33。

1) 潜水完整井基坑降深

设基坑周边闭合降水井群累计个数为 n,按 n 口井干扰井群时的任意第 j 口降水井的单井流量为 q_j(m³/d)时,则潜水完整井时的基坑最小降深 s_{min} 可按下式计算:

$$s_{min} = H - \sqrt{H^2 - \frac{1}{\pi k}\sum_{j=1}^{n} q_j \ln\frac{R}{r_{ij}}} \tag{8-59}$$

式中　r_{ij}——第 j 口井中心至降深计算点 i 点的距离(m),当 $r_{ij} > R$ 时,取 $r_{ij} = R$。

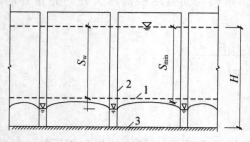

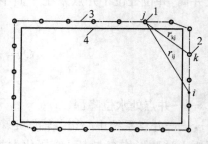

图 8-33 潜水完整井地下水位降深   图 8-34 计算点与降水井关系

如图 8-34 所示,基坑周边 n 口井的闭合降水井群中,若任意第 k 口井的井水位设计降深 s_{wk}(m)已知,则第 j 个降水井的单井流量 q_j 可按上式干扰井群分析原理,列出如下 n 维线性方程组求解。

$$s_{wk} = H - \sqrt{H^2 - \frac{1}{\pi k} \sum_{j=1}^{n} q_j \ln \frac{R}{r_{kj}}} \quad (k = 1, \cdots, n) \tag{8-60}$$

式中 r_{kj}——第 j 口井中心至第 k 口井中心的距离(m);当 $j = k$ 时,$r_{kj} = r_w$;当 $r_{kj} > R$ 时,取 $r_{kj} = R$。

当基坑周边 n 口降水井闭合降水所围平面形状近似圆形或正方形,且各降水井的间距、降深相同时,按干扰井群时的任意一个降水井的单井流量相同 q(m³/d),且任意相邻降水井连线中点处的地下水位降深近似相同,即为基坑地下水位降深 s_{min}。当各单井降深 $s_{wk} = s_w, k = 1, \cdots, n$ 相等且已知,可选择井群中任意一口井作为计算井,用于计算单井流量 q。并设其他 $n-1$ 口井中的第 j 口井至计算井的距离为 r_{qj},按上式(8-60)可得单井流量 q 如下:

$$q = \frac{\pi k (2H - s_w) s_w}{\ln \dfrac{R}{r_w} + \sum_{j=1}^{n-1} \ln \dfrac{R}{r_{qj}}} \tag{8-61}$$

式中 r_w——降水井半径(m)。

将按干扰井群时得到的单井流量 q 代入表达式(8-59),可得潜水完整井降水条件下的基坑地下水位降深 s_{min} 如下:

$$S = H - \sqrt{H^2 - \frac{q}{\pi k} \sum_{j=1}^{n} \ln \frac{R}{r_{sj}}} \tag{8-62}$$

式中 r_{sj}——为按 n 口干扰井群计算时的第 j 口井至基坑最小降深点的距离(m)。

2)承压完整井基坑降深

含水层为粉土、砂土或碎石土时,基于上述相同原理且类似于表达式(8-59)～(8-62),可以得到承压完整井的基坑地下水位最小降深 s_{min}、干扰井群单井流量联立方程如下:

$$s_{min} = \frac{1}{2\pi M k} \sum_{j=1}^{n} q_j \ln \frac{R}{r_{ij}} \tag{8-63}$$

$$s_{wk} = \sum_{j=1}^{n} \frac{q_j}{2\pi Mk} \ln \frac{R}{r_{kj}} \quad (k = 1, \cdots, n) \tag{8-64}$$

式中 M——承压含水层厚度(m)。

当各降水井所围平面形状近似圆形或正方形且各降水井的间距、降深相同时,基于相同的简化分析原理可得,将按干扰井群计算的单井流量 q 和基坑地下水位最小降深 s_{min} 如下:

$$q = \frac{2\pi Mks_w}{\ln \dfrac{R}{r_w} + \sum\limits_{j=1}^{n-1} \ln \dfrac{R}{r_{qj}}} \tag{8-65b}$$

$$s_{min} = \frac{q}{2\pi Mk} \sum_{j=1}^{n} \ln \frac{R}{r_{sj}} \tag{8-65a}$$

式中,按干扰井群计算,第 j 口井至基坑降深计算点距离 r_{sj} 和至任意一个降水井 $i(\neq j)$ 的换算距离的表达式同表达式(8-61)。

3) 计算参数

基坑涌水量计算中,降水影响半径 R 可应按现场稳定流抽水试验确定,或当地经验确定。降水影响半径的经验数据,参见表8-15。当基坑侧壁安全等级为二、三级时,潜水含水层和承压含水层,基坑降水影响半径 R,可分别按下列经验公式计算:

潜水含水层: $$R = 2s_w \sqrt{kH} \tag{8-66a}$$

承压含水层: $$R = 10s_w \sqrt{k} \tag{8-66b}$$

式中 s_w——井水位降深(m);当井水位降深小于10 m时,取 $s_w = 10$ m;式中渗透系数 k 单位取 m/d。

表8-15 降水影响半径 R 的经验数据

土的种类	极细砂	细砂	中砂	粗砂	极粗砂	小砾石	中砾石	大砾石
粒径(mm)	0.05~0.1	0.1~0.25	0.25~0.5	0.5~1	1~2	2~3	3~5	5~10
所占重量(%)	>70	>70	>50	>50	>50			
影响半径 R(m)	25~50	50~100	100~200	200~400	400~500	500~600	600~1 500	1 500~3 000

土体的渗透系数 k 宜按现场抽水试验确定;粉土和粘性土也可通过原状土样的室内渗透试验并结合经验确定。当缺少试验数据时,可根据土的其他物理指标按工程经验确定,或参考表8-16取值。

表8-16 土的渗透系数

土的名称	渗透系数 k		土的名称	渗透系数 k	
	m/d	cm/s		m/d	cm/s
黏土	<0.005	<6×10^{-6}	粗砂	20~50	2×10^{-2}~6×10^{-2}
粉质黏土	0.005~0.1	6×10^{-6}~1×10^{-4}	均质粗砂	60~75	7×10^{-2}~8×10^{-2}
粉质黏土	0.1~0.5	1×10^{-4}~6×10^{-4}	圆砾	50~100	6×10^{-2}~1×10^{-1}
黄土	0.25~0.5	3×10^{-4}~6×10^{-4}	卵石	100~500	1×10^{-1}~6×10^{-1}

续表 8-16

土的名称	渗透系数 k		土的名称	渗透系数 k	
	m/d	cm/s		m/d	cm/s
粉土	0.5~1.0	$6\times10^{-4}\sim1\times10^{-3}$	无充填物卵石	500~1 000	$6\times10^{-1}\sim1\times10$
细砂	1.0~5	$1\times10^{-3}\sim6\times10^{-3}$	稍有裂隙岩石	20~60	$2\times10^{-2}\sim7\times10^{-2}$
中砂	5~20	$6\times10^{-3}\sim2\times10^{-2}$	裂隙多的岩石	>60	$>7\times10^{-2}$
均质中砂	35~50	$4\times10^{-2}\sim6\times10^{-2}$			

5. 降水设计

基坑内的设计降水水位应低于基坑底面 0.5 m。当主体结构的电梯井、集水井等部位使基坑局部加深时,应按其深度考虑设计降水水位或对其另行采取局部地下水控制措施。基坑地下水控制采用截水结合坑外减压降水方法时,尚应规定降水井水位的最大降深值。

1) 基坑降水设计步骤

(1) 提出降水面积、降水深度以及降水时间等设计要求;

(2) 勘察揭示场地的工程地质和水文条件,掌握地层分布、土的物理性质指标和地下水位等。可用单孔稳定流抽水试验求得含水层的渗透系数 k 和降水漏斗的半径 R(影响半径);

(3) 根据场地施工工况条件,分析降水对邻近建筑的影响;

(4) 根据地基土层条件与设计降水深度,选择降水方法;

(5) 井点布置和设计;

(6) 制定施工、管理与监控技术要求。

2) 基坑设计降深

根据基坑地下水位的设计降深 s_d,确定降水井间距和井水位降深时,基坑地下水位最小降深 s_{min} 应满足:

$$s_{min} \geqslant s_d \tag{8-67}$$

如果基坑地下水位最小降深 s_{min} 大于或并接近设计降深值 s_d,井点数和井点布置满足设计要求;否则,须调整井点数和井点布局,再重新计算,直至符合要求为止。

3) 单井设计流量

在基坑周围无隔水边界和邻近补给源简单条件下,基坑降水的总涌水量为 Q 可按概化大井法分析计算,参见表 8-13。当降水井数量为 n,则降水井的设计单井流量为:

$$q = 1.1\frac{Q}{n} \tag{8-68}$$

各降水井井位应沿基坑周边以一定间距形成闭合状,井间距应大于 15 倍井管直径。当地下水流速较小时,降水井宜等间距布置;当地下水流速较大时,在地下水补给方向宜适当减小降水井间距;当基坑面积较大,开挖较深时,也可在基坑内设置降水井。对宽度较小的狭长形基坑,降水井也可在基坑一侧布置。概化大井筒得到设计单井流量 q,设计降深要求,且应考虑单井出水能力,

综上所述,降水井间距和井点水位设计降深应综合上述基坑设计降深要求、概化大井筒得到设计单井流量和单井出水能力,并结合当地经验确定。

4）单井出水能力

井点出水能力 q_c 应满足设计单径流量 q 要求，真空井点可按 $30 \sim 60$ m³/d 经验关系确定；真空喷射井点出水量，可按表 8-17 经验数据确定。

表 8-17　喷射井点设计出水量

外管直径 (mm)	喷射管		工作水压力 (MPa)	工作水流量 (m³/d)	设计单井出水流量 (m³/d)	适用含水层渗透系数 (m/d)
	喷嘴直径 (mm)	混合室直径 (mm)				
38	7	14	0.6~0.8	112.8~163.2	100.8~138.2	0.1~5.0
68	7	14	0.6~0.8	110.4~148.8	103.2~138.2	0.1~5.0
100	10	20	0.6~0.8	230.4	259.2~388.8	5.0~10.0
162	19	40	0.6~0.8	720	600~720	10.0~20.0

管井的设计出水量 q，根据过滤管长度 l 和过滤器半径 r_s，可按下式经验公式确定：

$$q_c = 120\pi r_s l \sqrt[3]{k} \tag{8-69}$$

过滤器长度 l 宜按下列规定确定：①真空井点和喷射井点的过滤器长度不宜小于含水层厚度的 $1/3$；②管井过滤器长度对承压水含水层宜与含水层厚度一致，对潜水含水层宜不小于动水位至含水层底板的厚度。

【例 8-5】　某矩形基坑面积为 30×30 m²，开挖深度为 5.5 m，位于例图 8-2.1 示地基上，承压水头在地表下 1.5 m 处，抽水影响半径 $R = 116$ m，细砂层渗透系数 $k = 4.6$ m/d，拟采用管井法降水，要求基坑中心水位降至坑底以下 1 m，试设计此降水工程。

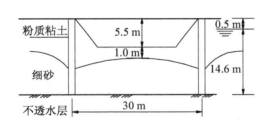

例图 8-2.1　井点降水剖面图

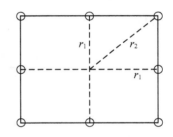

例图 8-2.2　井点布置示意图

解： 根据地质资料按承压完整井计算。有关设计参数如下：

含水层厚度 $M = 14.6$ m，基坑中心水位降 $s_d = 5.5 + 1.0 - 1.5 = 5.0$ m，影响半径 $R = 116$ m

基坑影响圆半径 $r_0 = \sqrt{A/\pi} = \sqrt{30 \times 30/3.14} = 16.9$ m

①　计算基坑涌水量

取井点水位降深 $s = s_d$，则：

$$Q = 2\pi k \frac{Ms}{\ln\left(1 + \dfrac{R}{r_0}\right)} = 2\pi \times 4.6 \frac{14.6 \times 5.0}{\ln\left(1 + \dfrac{116}{16.9}\right)} = 1\,023.1 \text{ m}^3/\text{d}$$

②　计算单井出水量

采用 550 mm 钻孔直径,过滤管长 1.2 m,据式(8-69)可得:

$$q = 120\pi r_s l \sqrt[3]{k} = 120 \times 3.14 \times 0.55/2 \times 1.2 \times \sqrt[3]{4.6} = 206.9 \text{ m}^3/\text{d}$$

③ 确定井点数

$$n = 1.1\frac{Q}{q} = 1.1 \times \frac{1\,023.0}{206.9} = 5.5,\text{取 8 个井点。}$$

④ 井点布置

井点布置如例图 8-2.2 所示,其中 $r_1 = 15.0$ m,$r_2 = 21.2$ m。

⑤ 校核基坑水位降深

图 8-2.2 正方形布置各井等间距和等降深时,r_{sj} 和 r_{qj} 等效换算值参见下表

$$r_{sj} = 2r_0\sin\frac{(2j-1)\pi}{2n}, \quad r_{sj} \geq R \text{ 时,取 } r_{sj} = R, \quad j = 1, \cdots, n$$

$$r_{qj} = 2r_0\sin\frac{j\pi}{n}, \quad r_{qj} \geq R \text{ 时,} r_{qj} = R, \quad j = 1, \cdots, n-1$$

例表 8-1

j	1	2	3	4	5	6	7	8	$\sum$
r_{sj}	6.6	18.8	28.1	33.2	33.2	28.1	18.8	6.6	
$\ln(R/r_{sj})$	2.87	1.82	1.42	1.25	1.25	1.42	1.82	2.87	14.72
r_{qj}	12.9	23.9	31.2	33.8	31.2	23.9	12.9	0.55/2	
$\ln(R/r_{qj})$	2.19	1.58	1.31	1.23	1.31	1.58	2.19	4.66	16.06

由此可得:

$$s_{min} = \frac{q}{2\pi Mk}\sum_{j=1}^{n}\ln\frac{R}{r_{sj}} = 7.22 \text{ m} > s_d = 5.0 \text{ m}$$

$$s_w = \frac{\left(\ln\frac{R}{r_w} + \sum_{j=1}^{n-1}\ln\frac{R}{r_{qj}}\right)q}{2\pi Mk} = 7.88 \text{ m}$$

满足设计要求,且根据按干扰井的管井降深 $s_w = 7.88$ m 进行管径设计。

8.6.4 降水控制

基坑降水导致基坑周围水位降低,有效应力增加,破坏了土体原有的力学平衡;同时水位降落漏斗范围内的水力梯度增加,作用土体上的渗流力增大,可导致基坑四周土层沉降变形。因此,在保证开挖施工顺利进行的同时,需采取有效防范措施,减少对周围环境(周围建筑物及地下管线)的不利影响。基坑工程降水控制的环境调研主要包括:

(1) 查明场地的工程地质及水文地质条件,即拟建场地应有完整的地质勘察资料,包括地层分布,含水层、隔水层和透镜体情况,以及其与水体的联系和水体水位变化情况,各层土体的渗透系数,土体的孔隙比和压缩系数等。

(2) 查明地下贮水体,如周围的地下古河道、古水塘之类的分布情况,防止出现井点和

地下贮水体穿通的现象。

（3）查明上、下水管线，煤气管道，电话、电讯电缆，输电线等各种管线的分布和类型，埋设的年代和对差异沉降的承受能力，考虑是否需要预先采取加固措施等。

（4）查明周围地面和地下建筑物的情况，包括这些建筑物的基础型式，上部结构型式，在降水区的位置和对差异沉降的承受能力。同时，降水前要查清这些建筑物的历年沉降情况和目前损伤的程度，判断是否需要预先采取加固措施等。

1. 合理降水

基坑降水必然会形成降水漏斗，从而造成周围地面的沉降，通过合理使用井点，可以将这类影响控制在周围环境可以承受的范围之内。

在建筑物和地下管线密集等对地面沉降控制有严格要求的地区开挖深基坑，可采用截水帷幕切断地下水联系与坑内降水疏干组合的方案，参见图8-35。在有条件或需要时，预先进行群井抽水试验，合理分析降水设计及其引起的地面附加沉降，做到按需降水，严格控制水位降深。选择稳定的降水井成孔工艺和反滤材料构造，减少井设置引起的土体搅动，避免土层中细颗粒的降水流失。此外，滤管宜布置在水平向连续分布的砂性土中，以获得相对平缓的降水漏斗曲线，减少对周围环境的影响。

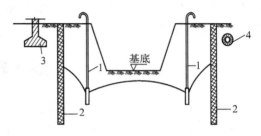

图8-35　设置止水帷幕减少不利影响

1—井点管；2—止水帷幕；
3—坑外建筑物前基础；4—坑外地下管线

轻型井点和喷射井点在原则上应埋在砂性土层内，除松砂以外，连续降水引起的沉降量很小，但如果降水间歇和反复进行，每次循环降水都会产生附加沉降，尽管每次降水的沉降量随着反复循环次数增加而减少，但沉降量累积可达到一个相当可观的程度。因此，井点应连续运转，尽量避免间歇或反复抽水。

如果降水场地周围有湖、河、浜等导、贮水体时，应考虑在井点与贮水体间设置隔水帷幕，以防范井点与贮水体贯通，不仅抽出大量地下水而水位不下降，反而带出许多土颗粒，甚至产生流砂现象，妨碍深基坑工程的开挖施工，并可能导致严重的环境岩土问题。

2. 截水回灌

降水场地外侧设置一圈止水帷幕，切断降水漏斗曲线的外侧延伸部分，减小降水影响范围，从而把降水对周围的影响减小到最低程度，参见图8-36。同时，为了进一步减少降水对周围建筑物和地下管线的影响，可采用回灌技术保持原有地下水位。回灌系统主要适用于粉土和粉砂土层，砂、砾土层因透水性强，回灌量与抽水量均很大，一般不适用。

回灌方式有两种：一种采用回灌沟回灌（图8-36），另一种采用回灌井回灌（图8-37）。其基本原理是：在基坑降水的同时，向回灌井或沟中注入一定水量形成一道阻渗水幕，且水幕土层应力维持原有平衡状态，实现基坑降水的影响范围不超过回灌点控制范围的目的。当建筑物距离基坑稍远，且为较均匀的透水层，中间无隔水层时，则可采用最简单的回灌沟方法进行回灌，简单经济，参见图8-36。当建筑物距离基坑近，且为弱透水层或透水层中间夹有弱透水层和隔水层时，则须用回灌井点进行回灌，参见图8-37。

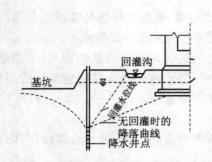 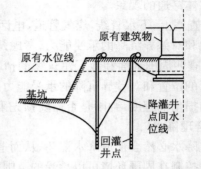

图 8-36 井点降水与回灌沟回灌示意图 图 8-37 井点降水与井点回灌示意图

回灌井点系统的工作条件恰好和抽水井点系统相反,将水注入井点以后,水从井点向四周土层渗透,在井点周围形成一个和抽水相反的倒转漏斗,有关回灌井点系统的设计,亦应按照水井理论进行计算与优化。

思考题与习题

8-1 支护结构主要有哪些类型? 各适用于什么条件?

8-2 简述作用于支护结构上的土水压力合算与分算原则。

8-3 简述基坑内被动区隆起稳定验算分析原理与适用条件。

8-4 桩墙支护结构内力计算中的静力平衡法和等值梁法有何区别? 各有什么局限性?

8-5 如何用弹性支点法计算支护结构的内力和位移?

8-6 何谓喷锚支护? 在加固机理上与土钉墙有何区别?

8-7 支护结构中,锚杆延长度分为几部分? 各部分长度如何确定?

8-8 井点降水法中的井点分为几类? 各适用于什么条件?

8-9 基坑降水时为什么同时又要采用回灌? 回灌是如何进行的?

8-10 某建筑基坑设计开挖深度为 6.0 m,采用排桩支护,为减小桩顶水平位移,桩顶采用一排锚杆进行锚拉,水平间距 2.0 m,有关参数及基坑断面如下习图 8-1 所示。试采用等值梁法计算桩的入土深度、锚杆所受拉力及桩身内的最大弯矩值。

8-11 一基坑开挖深度 8 m,采用下端自由支撑、上部有锚拉支点的板桩支护结构,锚拉支点距地表 1.5 m,水平间距 2.0 m。基坑周围土层厚度为 19 kN/m³,内摩擦角 φ 为 28°,黏聚力为 10 kPa。试按静力平衡法计算板桩的插入深度、板桩的最大弯矩和锚拉力。

8-12 如习图 8-2 所示,厚 10 m 的黏土层下为含承压水的砂土层,承压水头高 4 m,拟开挖 5 m 深的基坑,重要性系数 $\gamma_0 = 1.0$。使用水泥土墙支护,水泥土重度为 20 kN/m³,墙总高 10 m。已知每延米墙后的总主动土压力为 800 kN/m,作用点距墙底 4 m;墙前总被动土压力为 1 200 kN/m,作用点距墙底 2 m。如果将水泥土墙受到的水压力从自重中扣除,计算满足抗倾覆安全系数为 1.2 条件下的水泥土墙最小厚度。

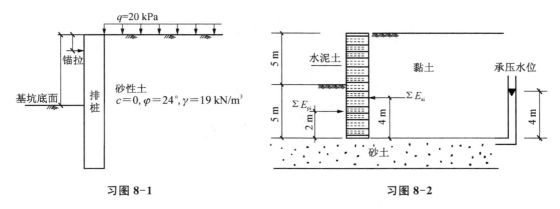

习图 8-1　　　　　　　　　　　习图 8-2

8-13　某场地 $30\,\text{m} \times 30\,\text{m}$，共布置 8 口潜水井，已知总抽水量 $Q = 5.0\,\text{m}^3/\text{s}$，每口井半径 $r_0 = 0.1\,\text{m}$，土渗透系数 $k = 0.1\,\text{m/s}$，含水层厚度 $H = 10\,\text{m}$，井群抽水影响半径 $R = 500\,\text{m}$。试求基坑中心点、井间中点和井位三点的地下水位降深。

8-14　某地下室基坑深 4 m，坑底以下为黏土隔水层，厚度为 3 m，重度为 $20\,\text{kN/m}^3$，黏土层下为粗砂层，粗砂层中存在承压水。问作用于黏土层底面的承压水的压力值超过多少时，坑底黏土层有可能被顶起而破裂？

8-15　悬臂式板桩墙如图 8-3 所示。砂土的天然容重 $\gamma = 17.3\,\text{kN/m}^3$，饱和容重 $\gamma_{\text{sat}} = 19.4\,\text{kN/m}^3$，$\varphi = 30°$；砂砾石的饱和容重 $\gamma_{\text{sat}} = 22.01\,\text{kN/m}^3$，$\varphi = 35°$。地下水位与砂砾石顶面齐平。试计算：(1)板桩前后的静土压力和水压力分布；(2)板桩需要进入坑底的深度；(3)最大弯矩位置及最大弯矩值。

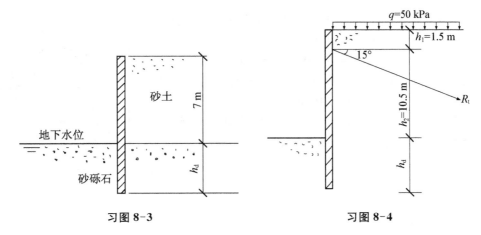

习图 8-3　　　　　　　　　　　习图 8-4

8-16　在砂土地集中开挖基坑，采用单锚式板桩墙，布置如习图 8-4 所示。砂土容重 $\gamma = 17.0\,\text{kN/m}^3$，$\varphi = 32°$。试计算：(1)板桩前后的静土压力分布；(2)每米墙长锚杆所受的轴向锚拉力 R_t；(3)板桩需要进入坑底的深度 l_d；(4)最大弯矩位置及最大弯矩值。

8-17　基坑开挖支护和土层分布，参见习图 8-5。软土层 $c_u = 30\,\text{kPa}$，$\varphi_u = 0$。验算基地隆起的稳定性。

8-18　有一开挖深度 $h = 5\,\text{m}$ 的基坑，采用水泥土重力式围护墙支护，墙体宽度 3.2 m，墙体入土深度(基坑开挖面以下)5.5 m，水泥的无侧限抗压强度为 800 kPa，墙体重度 $\gamma =$

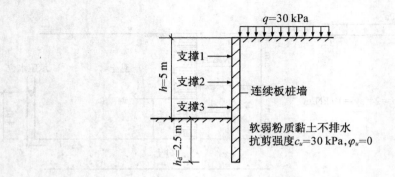

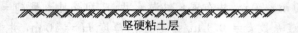

坚硬粘土层

习图 8-5

$20.0 \, \text{kN/m}^3$,墙体与土体摩擦系数 $\mu = 0.3$。基坑周围土层重度为 $\gamma = 18.0 \, \text{kN/m}^3$,内摩擦角 $\varphi = 12°$,黏聚力 $c = 10 \, \text{kPa}$。试计算水泥土墙抗倾覆稳定和抗水平滑动稳定性安全系数,并验算墙身强度是否满足要求。

8-19 某基坑开挖深度 6 m,。基坑周围土层重度 $\gamma = 19.2 \, \text{kN/m}^3$,内摩擦角 $\varphi = 18°$,黏聚力 $c = 11 \, \text{kN/m}^3$。地面施工荷载 $q_0 = 20 \, \text{kPa}$,采用灌注桩加一道水平支撑挡土,支撑位于地面以下 2 m 处,桩长范围内无地下水,试按等值梁法计算支护桩的入土深度 t 和桩身最大弯矩。

8-20 有一开挖深度 $h = 9$ m 的基坑,采用土钉支护结构支护,其计算参数和结构简图如习题 8-6。基坑边坡土层为砂质黏土,土层重度为 $\gamma = 18.0 \, \text{kN/m}^3$,内摩擦角 $\varphi = 35°$,黏聚力 $c = 12 \, \text{kPa}$。边坡坡度为 80°。土钉采用注浆型土钉,其长度为 5 m,钻孔直径 100 mm,土钉钢筋为 $\varphi 25 \, \text{mm}$,土钉竖横向间距均为 1.25 m。地面超载为 12 kPa。试验算该土钉墙内、外部稳定性和单个土钉抗拔稳定性。

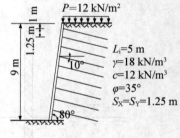

习图 8-6

参 考 文 献

［1］华南理工大学、浙江大学、湖南大学编. 基础工程(第三版). 北京:中国建筑工业出版社,2014

［2］王晓谋主编. 基础工程(第四版). 北京:人民交通出版社,2008

［3］东南大学、浙江大学、湖南大学、苏州科技学院合编. 土力学(第三版). 北京:中国建筑工业出版社,2012

［4］中华人民共和国国家标准. 建筑地基基础设计规范(GB 50007—2011). 北京:中国建筑工业出版社,2011

［5］中华人民共和国行业标准. 公路桥涵地基与基础设计规范(JTGD 63—2007). 北京:人民交通出版社,2007

［6］中华人民共和国行业标准. 建筑桩基技术规范(JGJ 94—2008). 北京:中国建筑工业出版社,2008

［7］中华人民共和国行业标准. 港口工程地基规范(JTS 147-1—2010). 北京:人民交通出版社,2010

［8］中华人民共和国行业标准. 港口工程桩基规范(JTS 167-4—2012). 北京:人民交通出版社,2012